JN440130

철도차량 시스템공학

철도연 철도연 철도연 우송대

백남욱 · 이병송 · 이성혁 · 강부병 공저

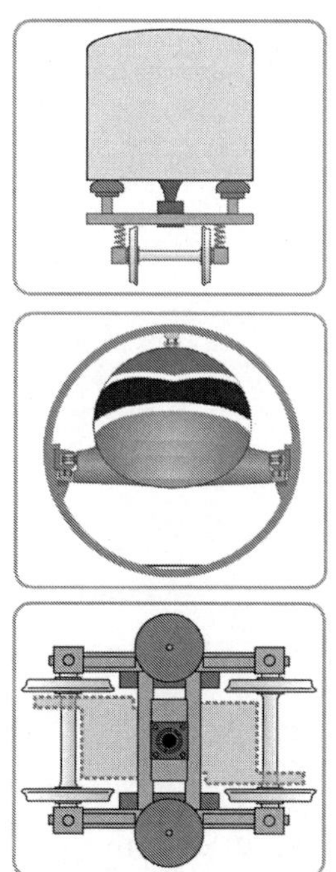

★ 불법복사는 지적재산을 훔치는 범죄행위입니다.
저작권법 제97조의 5(권리의 침해죄)에 따라 위반자는 5년 이하의 징역 또는 5천만원 이하의 벌금에 처하거나 이를 병과할 수 있습니다.

머리말

이 책은 1997년 11월에 발간한 저서「철도차량총서」를 근간으로 하여, 내용을 보완·수정 및 업데이트 하고, 거기에다 새로운 것을 더하여 집필한 것이다.

일부 중복된 내용도 있지만, 복습한다는 마음으로 이해하면 좋을 것이다.

저자의 생각으로는, 이 책은 출간된 저희 책 중에서 교재로 사용하여도 가장 손색이 없으며, 철도관련 각종 시험대비용 수험서로도 적절한 저서라고 감히 말씀드릴 수 있다.

신체적으로 어려운 여건 속에서도, 이러한 책이 발간되어 세상의 빛을 보게 되어 보람이 크다.

아무쪼록, 이 책을 접하는 사람들에게 많은 보탬이 되고, 아울러 대한민국의 철도분야의 발전에 기여했으면 한다.

끝으로, 발간될 때까지 버티어 준 나의 건강에 감사하고, 도서출판 골든벨 관계자께 고마움을 전한다.

2012년, 임진년 8월
장대비 내리는 어느 날
力著者

차 례

제 1 장 철도의 의의

제 2 장 철도의 역사

제 3 장 철도의 분류

제 6 장 차량의 재료

제 7 장 고속철도건설의 기술파급효과

제 8 장 철도차량용 연구·시험장비

제 9 장 철도차량의 용어

01 철도의 의의

1.1 철도의 정의

철도란 「레일 또는 일정한 가이드 웨이(guide-way)에 유도(誘導)되어 여객 및 화물을 운송하는 차량 및 운전하는 설비」를 일컫는다. 다시 말하면, 일정한 교통공간을 점유한 특정한 주행로(走行路, run way) 위를 전용(專用)의 차량이 유도되어 주행하는 육상 교통기관의 총칭이다. 따라서 광의(廣義)로는 강삭철도(鋼索鐵道, cable railway), 가공삭도(架空索道, aerial ropeway), 모노레일(monorail), 신교통시스템(new traffic system), 자기부상철도(磁氣浮上鐵道, magnetic levitation railway) 등도 포함되며, 협의(狹義)로는 레일이 부설(敷設, laying)된 선로 위에 동력을 이용한 차량을 운행하여 사람과 물건을 운반하는 교통시설(施設, facilities)을 의미한다.

철도법(鐵道法)에 의하면, 「철도라 함은 철(鐵)로 된 궤도(軌道)를 부설하고, 그 위에 차량을 운전하여 여객과 화물을 운송하는 설비를 말한다」 라고 규정되어 있다. 한편, 다른 나라에서는 철도를 다음과 같이 부르고 있다.

* 영국 : Railway
* 미국 : Railroad
* 독일 : Eisenbahn
* 프랑스 : Chemin de Fer
* 일본 : 데쯔도우(鉄道)

1.2 철도의 목적

철도는 공익사업으로 수많은 여객과 화물을 중・장거리에 걸쳐, 안전(安全)・신속(迅速)・정확(正確)하고 경제적으로 수송하여 공공의 편리(便利), 국토개발(國土開發), 산업발전(産業發展) 등을 도모하는데 있으며, 비상시에는 군대와 군수품을 수송하여 국토를 방위하는 중요한 역할도 수행한다.

1.3 철도의 특징

철도수송은, 항공 및 해상수송 수단과 다른 육상교통 수단에 비하여 아래와 같은 우수한 측면이 있기 때문에, 그 동안 많은 발전이 있어 왔고, 앞으로도 계속으로 발전할 것이다.

1) 신속성(迅速性, Speedy)

철도수송은, 수송비용이 높은 항공기에 비하면 속도측면에서 열세(劣勢)지만 자동차, 선박 및 기타 수송수단에 비하면 우수하다.

2) 신뢰성(信頼性, Reliability)

항공기를 비롯하여 다른 교통수단은 기후의 영향에 따라 정상적인 운행이 어려운 경우가 빈번하지만, 철도는 타 교통수단의 운행이 중지되는 악천후(惡天候) 아래에서도 거의 영향을 받지 않고 정상적인 운행이 가능하여, 정확한 시각에 목적지에 도착하는 서비스를 제공한다.

3) 안전성(安全性, Safety)

소중한 생명과 재화(財貨)를 안전하게 목적지까지 수송하는 것이 모든 교통수단의 가장 중요한 목적이다. 철도는 수송을 위해 부지(敷地, site)를 점유하고 차량을 레일로써 유도하는 특성을 지니고 있으므로 안전성 확보가 기본으로 되어 있으며, 아울러 그에 따르는 보안설비 등으로 인해 안전성 측면에서 보다 유리한 점을 지니고 있다.

4) 저렴성 (低廉性, In-expensiveness)

대량수송이 가능하여 수송능력이 높아 저렴한 수송을 제공할 수 있다.

5) 대량 수송성(大量 輸送性, Mass Transport)

대량수송 측면에서 단순히 비교하면 선박에 미치지 못한다. 하지만, 다른 교통수단과는 달리 열차 한 편성(編成)으로도 수송단위가 크며, 각 열차운행 시격(時隔, headway)의 유연한 관리로 인해 어느 교통수단보다 전체 수송력은 대단히 크다.

6) 장거리성(長距離性, Long Distance)

선박이나 항공기에는 못 미치지만, 철도는 전국 어디에나 또한 선로가 부설된 세계의 어느 곳이나, 도달할 수 있는 일관된 운행설비와 영업시스템을 확립할 수 있어, 전체적인 측면에서는 타 수송수단에 비해 장거리 측면에서도 우수하다.

7) 쾌적성(快適性, Amenity)

장시간 소요되는 여행에서 어느 수송수단이든지 여행자에게 쾌적한 서비스를 제공해야 하는 것은 승객에 대한 임무이다. 이러한 측면에서 살펴본다면 철도차량은 동요(動搖)가 적고, 넓은 공간제공, 넓은 의자 폭, 긴 의자간 거리(椅子間 距離, seat pitch), 낮은 차내 소음 등으로 승객에게 요구되는 생리적인 편안함과 쾌적함을 충만시킬 수 있는 조건을 갖추고 있다.

8) 편리성(便利性, Serviceability)

교통수단의 접근성(接近性, accessibility)에 있어 철도는 자동차에 비하지 못하나, 그 밖의 수송능력이 큰 비행기나 선박과 비교해 매우 우수하다. 또한, 도심지에서도 철도의 접근은 가능하다.

9) 저공해성(低公害性, Anti-Pollution)

철도는 다른 교통과 비교해 저공해성 측면에서 매우 우수하다. 다시 말하면, 자동차는 배기가스로 인하여 대기의 오염을 심각하게 하고, 항공기는 소음(騷音, noise)으로 인해 주변 주민에게는 물론, 자연환경에도 막대한 악영향을 준다.

10) 기타

앞에서 언급한 것처럼, 철도는 여러 측면에서 교통수단으로서의 우수성을 지니고 있지만, 다른 한편으로는 적은 사람과 물건의 수송에는 부적합하고 기동성이 떨어지며, 여행기간 동안 개인의 프라이버시(privacy)가 보장되지 않는 등의 결점도 있다. 하지만, 이런 결점들은 이미 언급한 장점들로 인해 상쇄하고도 남는다.

1.4 철도의 설비

철도의 설비는 운영에 필요한 시설과 장비를 총칭하여 차량, 선로, 정차장, 신호보안설비, 통신설비, 전철설비로 대별할 수 있다.

1) 차량(車輛, Rolling Stock, Vehicle, Car)

기관차, 동력차, 동력객차, 객차, 화차 등이 있다.

2) 선로(線路, Permanent Way, Roadway)

노반(路盤, track-bed, roadbed) 위에 궤도를 부설한 통로 전체. 노반, 교량, 터널, 궤도, 분기기(分

岐器), 기타 부속설비 등이 포함된다.

3) 정차장(停車場, Station)

역(驛), 조차장(操車場, shunting yard), 신호장(信號場) 등이 있다.

4) 신호보안설비(信號保安設備, Signalling & Safety Appliance)

신호장치, 연동장치, 폐색장치, 궤도회로, 열차운전제어장치(ATS, ATC, ATO), 열차집중제어장치(CTC), 진로제어장치(PRC), 건널목 보안장치 등이 포함된다.

5) 통신설비(通信設備, Telecommunication System)

전신, 유선통신, 무선통신, 역무자동화설비(AFC), 예약시스템, 종합정보통신시스템 등이 있다.

6) 전철설비(電鐵設備)

전차선로(catenary), 송・변전설비, 배전(配電)설비 등이 포함된다.

7) 기타 부대설비(附帶設備)

차량보수 및 정비설비, 철도용품의 보급설비, 철도기술의 연구 및 개발설비, 교육훈련설비 및 기타 설비(식당, 병원, 학교, 박물관 등)가 있다.

02 철도의 역사

2.1 철도의 효시

철도가 오늘날과 같이 눈부시게 발전하게 된 것은, 오랜 기간 동안 수많은 시행착오를 거치면서 점진적으로 진척을 가져왔기 때문이다. 1804년, 영국의 트레뷔딕(Richard · Trevithick)이 증기기관차를 제작하여, 십 톤의 철광석을 실은 화차를 연결하여 최고속도 80km/h로 주행하는데 성공하였다. 1813년에는 영국의 헤드레이(William · Hedley), 1814년에는 영국의 스티븐슨(George · Stephenson) 등에 의하여 증기기관차 제작에 성공하였다. 이들 증기기관차는 모두 전용(專用)철도로, 주로 광산의 석탄이나 광물을 운반하는 광산철도(鑛山鐵道)로 널리 이용되었다. 동력 측면에서 보면 이들 증기기관차의 운행이 철도의 기원(起源)이다.

세계에서 처음으로 철도가 공공용으로 탄생된 것은, 1825년 9월 27일 영국 스톡턴(Stockton)~달링턴(Darlington) 사이 약 40km 구간을 스티븐슨이 만든 증기기관차를 자신이 운전하여 시승객(試乘客)과 함께 석탄을 실은 35량의 차량을 시속 16km/h로 주행한 것이, 오늘날 철도차량의 사실상의 효시(嚆矢)라고 할 수 있다. 일반의 여객과 화물을 본격적으로 취급한 것은, 1830년 9월 영국의 도시 리버풀(Liverpool)~맨체스터(Manchester) 사이 50km의 구간에 철도운행을 개업한 것이 최초의 여객수송용 철도였다.

이때 스티븐슨 부자(父子)가 공동 제작한 「로켓(Rocket)」 호가 최대시속 46km/h를 기록하였는데, 이것이 현재의 도시 간 운행되는 철도와 거의 같은 형태를 갖추었으므로, 최초의 철도라고 할 수 있다.

2.2 세계 각국의 철도개통 현황

세계 각국의 철도개통 현황은 〈표 2.1〉에 표시한 바와 같다.

표2-1 세계 각국의 철도 개통 연도

연 도	국 명	연 도	국 명
1825. 09. 27	영국	1872. 10. 14	일본
1828. 10. 04	프랑스	1872	그루지아
1830. 12. 25	미국	1873	마케도니아
1834. 12. 17	아일랜드	1876	피지, 튀니지아, 중국, 베네주엘라
1835. 05. 03	벨기에	1877	미얀마
1835. 12. 07	독일	1879	보스니아
1836. 07. 03	캐나다	1880	과테말라
1837	쿠바	1881	니콰라과
1838. 01. 06	오스트리아	1882	엘살바도르
1838. 04. 14	러시아	1885	말레이시아, 베트남, 파나마, 말라야, 세네갈, 투르크메니스탄
1839. 09. 20	네덜란드		
1839. 10. 03	이탈리아	1887	코스타리카, 에리트리아, 모잠비크
1839	체코슬로바키아	1888	앙골라
1842	북부아일랜드	1889	볼리비아
1844. 06. 15	스위스	1890	수리남
1845	폴란드, 자메이카	1891	대만, 필리핀
1846	슬로베니아, 헝가리, 크로아티아, 유고	1892	이란, 이스라엘
1847. 06. 27	덴마크	1894	카자흐스탄, 만주
1848. 10. 28	스페인	1895	시리아, 베라논, 나미비아
1848	슬로바키아, 가이아나	1896	타이
1850	멕시코	1897	수단, 보츠와나
1851	페루	1898	콩고민주공화국, 짐바브웨
1852	칠레	1899. 09. 18	대한민국
1853. 04. 16	인도	1899	탄자니아
1854. 04. 30	브라질	1900	에티오피아, 지브티
1854. 09. 12	오스트레일리아	1901	가나, 나이지리아, 케나
1854	노르웨이	1903	마다카스카르
1855	이집트, 파나마	1904	말리, 기니아
1856	포르투갈, 스웨덴, 이집트 세르비아몬테네그로	1905	코트디브아르, 토고, 잠바니아
1857. 08. 30	아르헨티나	1908	요르단, 사우디아라비아, 말라위, 에콰도르
1858	리투아니아	1909	카메룬
1859	룩셈부르크	1911	리비아, 모로코, 우간다
1860. 10. 04	터키	1912	베난
1860	남아프리카공화국, 라트비아	1917	알바니아
1861	파키스탄, 파라과이	1920	이라크
1862	핀란드, 알제리아, 방글라데시	1924	키르키즈
1863. 12. 01	뉴질랜드	1927	네팔
1863	리투아니아	1932	캄보디아
1864	스리랑카	1934	부르키나파소, 콩고
1866	불가리아	1938	몽골
1868	인도네시아	1951	리베리아
1869	그리스, 루마니아, 우루과이	1963	모리타니아
1870	에스토니아, 온두라스	1978	가봉
1871	콜롬비아, 에콰도르, 타스마니아, 벨라루시	1982	아프카니스탄

※ **『최신 세계의 철도』** [일본의 (재)해외철도기술협력협회, 2005. 6.발행 ㈜교세이] 자료와 기타 자료 참조

이상의 자료에서 보듯이, 대한민국이 얼마나 고속 압축성장을 하였고 저력이 있는 국가인지 알 수 있다. 세계에서 고속열차 제작 및 운행국가는 우리나라를 비롯해 프랑스, 독일, 일본, 중국 이 5개 국가이기 때문이다. 한국을 제외한 4개국은 이십년에서 약 70년 이상먼저 철도를 도입한 국가이다. 우리나라는 20세기 진입 몇 달 전에 철도가 도입되었지만, 오늘날과 같이 장족의 기술발전을 이루었고, 앞으로도 계속해서 발전할 것이다.

또 하나 흥미로운 사실은, 철도를 아주 오래전에 도입했지만, 아직도 철도분야 후진국으로 남아있는 국가가 대부분이라는 것이다.

2.3 한국철도의 역사

우리나라는 올해(2012년)로, 최초로 철도가 개통된 지 113년이라는 역사를 가지고 있다. 19세기 말인 1899년 9월 18일 제물포~노량진 사이 33.2km 구간의 경인선이 최초로 개통되었다. 당시 기관차 4대, 객차 6량, 화차 28량, 역(驛) 7개소의 설비를 갖추고, 1일 4개 열차를 운행하는 영업을 개시하였는데, 이는 1825년 영국에서 세계 최초의 철도가 개통된 후 74년만의 일로 한국철도의 효시가 되었다.

20세기 진입초기인, 1904년 12월 말에는 경부선 철도가 완공되었으며, 그 후 1905년 1월에 경인선의 전체 노선이 개통되었다. 이어서 1906년 4월에 경의선, 1914년 1월에 호남선, 같은 해 8월에는 경원선이 각각 개통되었다. 또한, 1927년 9월에는 함경선, 이어서 1936년 12월에는 전라선, 1942년 4월에는 중앙선이 개통됨으로써 국내 주요 간선망(幹線網)이 형성되었다. 그리고 1945년 광복을 맞이하였다.

1948년 대한민국정부가 수립되면서 국가산업부흥계획의 일환으로 철도건설 연차계획을 세워, 1949년부터 영암선, 영월선, 문경선 등 3대 산업선의 건설에 착수하였다. 그러나 1950년 6.25전쟁으로 공사가 중단되었을 뿐만 아니라, 전국 철도의 시설과 장비가 많은 전화(戰禍)를 입었다. 전쟁 후, 1955년 7월에 문경선 22.5km가 개통되었으며, 1955년 12월에는 영암선 86.4km가 전체 노선이 개통되었고, 1957년 3월 영월선(현 태백선, 영월~함백 사이) 22.6km가 개통되었다.

1961년 5.16혁명 이후, 1962년부터 본격적인 국가경제개발 5개년 계획이 추진되어, 철도부문에 있어서도 근대화작업이 시작되었다. 1963년 9월에는 철도경영체제 개선의 일환으로 교통부로부터 철도청(鐵道廳, KNR, Korea National Railroad)을 분리시켜 독립체산제(獨立採算制)에 의한 철도수송영업을 전담토록 하였다. 같은 해에 최초로 국산화차량을 제작함으로써 철도차량의 국산화를 도모하였다.

1965년 1월에는 경인선 동인천~주안 사이 4.5km, 9월에는 영등포~주안 사이 23.3km를 각각 복선화하였고, 1966년 1월에는 태백선 34.3km가 개통되었다. 한편 1966년 10월 경북선 29.7km를 개통하여, 같은 해 1월에 개통한 점촌~예천 사이 28.9km와 함께 경북선을 완전히 개통시킴으로써, 경부선과 중앙선을 연결시켜 영동선(1955년 당시 영암선, 영주~철암 사이) 86.4km와 직결되었다. 아울러, 1968년 2월에는 경전선 진주~순천 사이 80.5km를 완전히 개통시켰다. 또한 1969년 6월에는 경부선에 초특급 관광호(현 새마을호)를 서울~부산 사이에 투입하여, 4시간 50분에 운행하여 종전에 비하여 1시간 단축하였다.

그 후, 1973년 3월에는 국내 협궤선(陝軌線) 2개 선구 중에서 하나인 수려선(수원~여주 사이) 73.4km가 폐선(閉線)되었다. 철도 근대화의 일환으로 중앙선 청량리~제천 사이 155.2km가 전철화(電鐵化)되었다. 또 1974년 8월에는 수도권의 경부선 서울~수원 사이, 경인선 구로~인천 사이, 경원선 용산~성북 사이 98.6km, 서울 지하철 1호선의 종로선 서울역~청량리 사이 9.5km와 함께 개통되었다.

1975년 11월부터 호남선에 새마을호가 운행을 개시하였고, 1975년 12월에는 영동선 철암~북평 사이 및 태백선 황지~백산 사이의 전철화로 중앙선을 포함한 산업선 320.8km의 전철화가 완성되었다. 1968년 1월 에 착공한 호남선의 대전~이리 사이 88.6km가 완전 복선화되었으며, 1980년 10월에는 충북선의 조치원~봉양 사이 126.9km가 복선화 개통되었다.

1974년 최초로 지하철이 개통된 이래, 1980년대에 들어와 본격적인 지하철 시대로 진입하였다. 현재 수도권 제1기 지하철(1, 2, 3, 4호선) 과 제2기 지하철(5, 6, 7, 8호선)이 완전 개통 운행 중이며, 9호선은 일부는 개통되었고, 미 개통 구간인 잠실의 종합운동장~보훈병원 사이는 계속 공사 중에 있다.

아울러 1980년대 들어와, 부산광역시를 비롯해 대구광역시, 인천광역시, 대전광역시, 광주광역시에도 지하철이 건설되어 운행 중에 있다. 또한, 노선 확대를 위한 공사가 일부 광역시에서 현재 진행되고 있다. 앞으로도 심각한 대도시 도로교통 문제를 해결하기 위해 지하철이 더욱더 보급될 전망이다.

이제는 세계 각국이 열차의 운행속도가 200km/h를 훨씬 능가하는 고속철도를 건설하는 데에 심혈을 기울이고 있다. 우리나라도 서울~부산 사이 약 430km의 구간에 고속철도를 건설하기 위해, 1992년 6월에 착공하여 2004년 4월에 개통되었으며, 2단계 구간인 대구~경주~부산 사이는 2010년 11월에 개통되었다.

이외에도 국토종합개발계획에 따라 고속철도건설이 여러 곳에 계획되어 있다.

03 철도의 분류

철도는 기술, 경제, 경영, 사회적 관점 측면에서 분류할 수 있다. 다음에는 이러한 관점에 따라 분류한 철도의 종류를 열거한다.

3.1 기술상 분류

1) 동력에 의한 구별

① 증기철도(Steam Railway)

② 전기철도(Electric Railway)

③ 내연기관철도(Internal Combustion Railway)

2) 궤간에 의한 구별

① 표준궤간철도(Standard Gauge Railway)

② 광궤철도(Broad Gauge Railway, Wide Gauge Railway)

③ 협궤철도(Narrow Gauge Railway)

3) 궤도의 수에 의한 구별

① 단선철도(Single Track Railway)

② 복선철도(Double Track Railway)

③ 다선철도(Multiple Track Railway)

4) 구동 및 지지방식에 의한 구별

① 점착(粘着)철도(Adhesion Railway, Conventional Railway)

② 치차(齒車)철도(Rack Railway)

③ 강삭(鋼索)철도(Cable Railway)

④ 가공(架空)철도(Rope Railway, Aerial Railway)

⑤ 단궤(單軌)철도(Monorail)

⑥ 무궤(無軌)철도(Railless Car, Trolley Bus)

위에서 점착철도를 보통철도, 그 외 5종은 특수철도라고 한다.

5) 부설지역에 의한 구별

① 평지철도(Plain Railway)

② 산악철도(Mountainous Railway)

③ 시가철도(Street Railway)

④ 해안철도(Seashore Railway)

⑤ 교외철도(Suburban Railway)

6) 시공기면의 위치에 의한 구별

① 지표철도(Surface Railway)

② 고가(高架)철도(Elevated Railway)

③ 지하철도(Underground Railway, Subway)

7) 운전속도에 의한 구별

① 완속철도(Low Speed Railway, 200km/h 이하)

② 고속철도(High Speed Railway, 300km/h 이하)

③ 초고속철도(Ultra or Super High Speed Railway, 300km/h 이상)

8) 선로등급에 의한 구별

① 1급선 철도(First Class Track Railway)

② 2급선 철도(Second Class Track Railway)

③ 3급선 철도(Third Class Track Railway)

④ 4급선 철도(Fourth Class Track Railway)

⑤ 공장선 및 자갈선철도(Factory or Ballast Transport Railway)

3.2 법제·경영상의 분류

1) 법제상의 구별

① 국유철도(National Railway, Government Railway)

② 지방철도(Local Railway)

③ 전용철도(Exclusive Railway)

④ 궤도(Street Railway)

2) 소유자(경영주체)에 의한 구별

① 국영철도(National Management Railway)

② 공영철도(Public Management Railway)

③ 사영철도(Private Management Railway)

3.3 경제상의 분류

1) 운송상의 중요도에 의한 구별

① 간선철도(Trunk Route Railway, Main Route Railway)

② 주요선철도(Main Line Railway)

③ 지선철도(Branch Line Railway, Spur Railway)

2) 수송대상에 의한 구별

① 일반철도(General Railway)

② 여객전용철도(Passenger-Exclusive Railway)

③ 화물전용철도(Freight-Exclusive Railway)

④ 특수물자수송철도(Railway for Particular Materials)

3) 수송목적에 의한 구별

① 도시간 철도(Intercity Railway)

② 도시고속철도(Urban Rapid Transit)

③ 개척(開拓)철도(Reclamation Railway)

④ 관광철도(Sightseeing Railway)

⑤ 군용철도(Military Railway)

⑥ 광산철도(Mining Railway)

⑦ 삼림철도(Forest Railway)

⑧ 임항(臨港)철도(Harbour Railway)

⑨ 산업철도(Industrial Railway)

04 철도차량

4.1 철도차량의 정의

철도차량(鐵道車輛, rolling stock)이란 「전용(專用)의 궤도 위를 한 쌍의 차륜(車輪, wheel)을 갖춘 두 세트(set) 이상의 차축 위에 차체를 싣고 주행하는 구조물로서, 그 기능에 있어 여객이나 화물의 운송을 목적으로 하는 차량과, 이들 차량을 견인(牽引, traction)하기 위하여 동력을 갖추어 주행하는 차량」을 총칭하여 철도차량이라 한다.

4.2 철도차량의 종류

철도차량은 그 용도 및 구조에 따라 여러 가지가 있지만, 크게 나누어 동력장치만 가지고 견인하는 동력차인 기관차, 견인되는 여객차와 화차 및 동력장치를 설치한 여객차(전기차, 디젤동차)가 있다. 기관차는 동력장치가 집약되어 있는 형태이므로 동력집중방식(動力集中方式)이라 말하고 전동차(우리나라의 지하철 등), 디젤동차는 각 차에 동력장치가 분산되어 있으므로 동력분산방식(動力分散方式)이라고 한다. 철도차량을 분류하는 방법에 있어 차이가 있으나 일반적으로 아래와 같이 3종류로 대별한다.

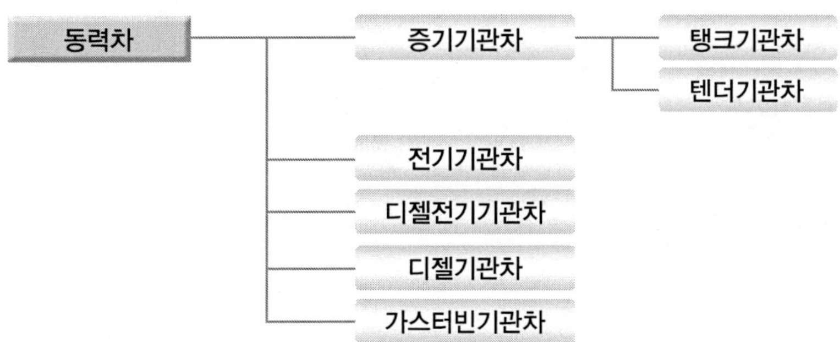

4.3 열차의 정의

4.3.1 열차의 의의와 종류

1) 열차의 의의

열차(列車, train)란 것은, 정차장 외의 본 선로를 운전할 목적으로 조성(組成)된 차량 또는 차량군(車輛群, fleet of car)을 말한다. 따라서 정차장 외의 본 선로를 주행하는 경우 1량짜리의 단행기관차(單行機關車)도 열차라고 부르지만, 정차장 내에서는 열차를 편성하기 위해 유치(留置)되어 있는 차량은 연결이 많이 되어 있어도 열차라고 말하지 않는다.

2) 열차의 종류

(1) 목적에 의한 분류

A. 여객열차 (Passenger Train)

주로 여객, 수·소하물(手·小荷物), 우편물 등을 수송하는 열차를 말하는 것으로서, 하물차량만으로 편성된 소하물열차(小荷物列車, parcel train), 객차와 소수의 화차로 구성된 혼합열차(混合列車, mixed train)도 이것에 포함된다.

B. 화물열차 (貨物列車, Freight Train)

때로는 화차 외에 회송객차(回送客車)를 연결하는 경우도 있으며 1, 2량의 객차를 추가하여 일부 구간에서 여객 수송을 이행하는 경우도 있지만(이러한 열차를 준(準)혼합열차라고 함), 이러한 것도 화물열차로서 취급한다.

C. 기타 열차

특별열차(特別列車, 귀빈용), 공사열차(工事列車), 배설열차(排雪列車), 제설열차(除雪列車), 시운전열차(試運轉列車), 구원열차(救援列車), 회송열차(回送列車), 단행기관차(單行機關車) 등이 있다.

(2) 운전시기에 의한 분류

A. 정기열차 (定期列車, Regular Train)

정해진 운전기일과 시간표에 따라 운행되는 열차.

B. 계절열차 (季節列車, Seasonal Train)

정기열차 중에서 계절에 따라 임시로 운행되는 여객열차.

C. 부정기열차 (不定期列車, Irregular Train)

운전기일을 정해 놓지 않고 필요할 때마다 운전되는 열차로서, 연간 50% 이상 운행되는 열차를 말한다.

D. 임시열차 (臨時列車, Special Train)

정기 또는 부정기열차로서는 수송력이 부족할 경우, 일시적으로 운행되는 열차를 말한다.

(3) 운전 거리에 의한 분류

A. 직통열차 (直通列車, Through Train)

비교적 장거리를 운전하는 열차(이 경우에는 직행열차라고 함)로서 2선구(線區) 이상,

또는 국철선 및 사철선과 직통하여 운전하는 열차(특히 일본의 경우), 또는 중간구간 없이 시점(始點)부터 종점(終點)까지 운전되는 열차를 말한다.

B. **구간열차** (區間列車, Local Train)

근거리 구간에 운전되는 열차를 말한다.

C. **소운전열차** (小運轉列車)

구간열차 중 특히 단거리에 운전되는 열차를 말한다.

4.3.2 열차의 편성

1) 여객열차

여객열차로 편성되는 각 차량은 일정 순서로 연결되어 있고, 편성 기준역(編成基準驛), 즉 지정된 종단역(終端驛) 또는 분기역(分岐驛) 방향으로 향하며, 예를 들면 다음과 같이 편성되어 있다.

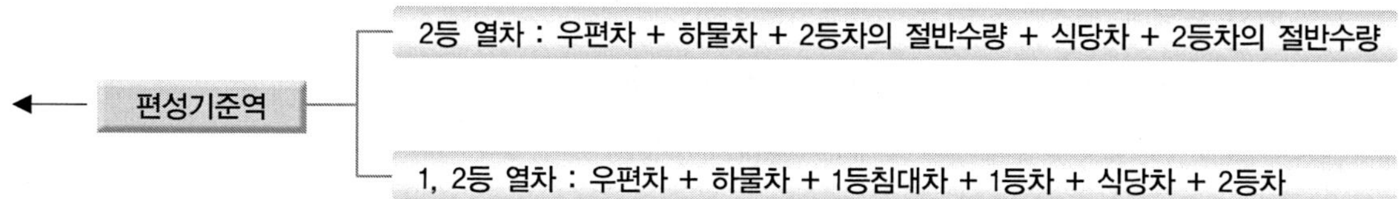

그러나 본 편성으로 되어 있으면서, 항상 1군으로서 운행되는 객차군 외에 부속편성, 즉 대략 1개월 이상 본 편성에 부속되는 정기 증결차(定期增結車) 또는 단기간 부속되는 임시 증결차(臨時增結車)를 연결하는 경우에는 다음의 순서에 따른다. 예를 들어, 일본국철의 여객열차의 경우, 연결 양수는 대략 구간열차의 경우 5~8량이고, 직통열차의 경우는 12~14량이다.

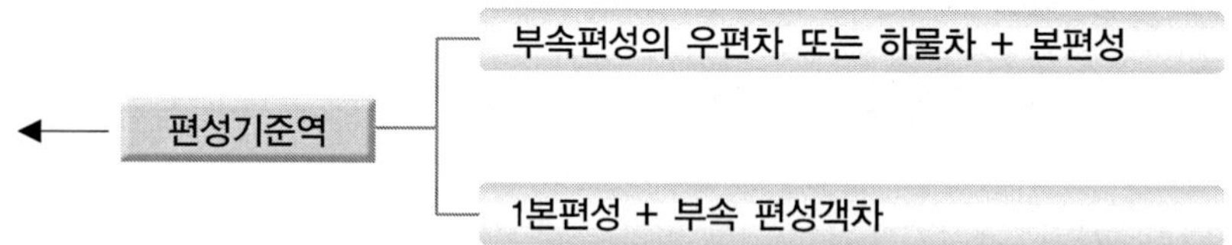

다음에 혼합열차는 그것을 견인하고 있는 기관차에 의해, 중간 역에서 화차의 해결(解結)이 이행되어지므로, 역순(驛順)으로 열거된 화차를 전부(前部)에, 객차를 후부(後部)에 연결한다. 〈표 4-1〉에는 일본의 경우 주요 간선의 편성 기준역을 나타낸다.

표4-1 주요 간선의 편성 기준역

노 선 명	편성기준역
도카이도선(東海道線) 산요본선(山陽本線)	고베 (神戶) 시모노세키 (下關)
도호쿠본선(東北本線)	우에노 (上野)
죠에츠선(上越線)	우에노

2) 화물열차

장거리 화물열차는 조차장(操車場, shunting yard) 단위에서 합쳐진 화차로 편성되지만, 근거리 화물열차에서는 가장 가까운 역순(驛順)으로 화차가 배열되고 있다. 그러나 차급화차(車扱貨車)는 전부(前部)에 소구급화차(小口扱貨車)는 후부(後部)에 연결된다.

화물열차의 연결 양수는 수송비의 경제측면으로부터 본다면 가능한 한 크게 하는 것이 유리하므로, 일반적으로 화물열차는 여객열차보다 장대화(長大化)되어 있다. 그러나 이유 없이 연결 양수를 증가할 수 없고, 수송속도에 대한 요구, 선로의 유효장(有效長), 기관차의 견인정수(牽引定數), 선로구배 등의 요인에 의해서 화차의 연결량수가 제한된다.

4.4 철도차량과 그 관련 기술

4.4.1 차량한계

1) 정의

차량을 제작하여 안전하게 운행하기 위해 일정한 한계를 정하여, 차량의 어떠한 부분도 이 한계를 침범하지 못하도록 규제한 차량단면상의 좌우, 상하의 한계를 말한다. 다만, 아래와 같은 경우에는 차량한계(車輛限界, rolling stock gauge, vehicle gauge, car gauge, car clearance, car limit)의 침범이 허용된다.

① 바퀴 폭 내에서의 차륜
② 레일도유기(塗油器, rail lubricator, 건축한계 내에 있는 경우)
③ 열린 상태의 문 종류(차량 정지 시)
④ 제설장치, 크레인, 기타 특수 장치(사용 중인 경우)
⑤ 보조배장기(補助排障器, rail guard)의 가요성(可撓性)이 있는 부분(건축한계 내의 경우)

2) 특징

① 제한치수는 평탄, 직선 궤도상의 정지 상태에서 차량 중심선과 궤도 중심선이 일치한 치수이다.

② 지상에 있는 건조물 및 시설물과 접촉하지 않도록 차량한계의 바깥에는 건축한계가 설정된다(역사설비, 신호기, 전주(電柱), 터널, 과선교(跨線橋), platform 등).

③ 공차상태 및 최대하중 적재 시에도 차량한계를 침범해서는 안 된다.

> ※ 최대하중
> - 입석차량 : 승무원 + 좌석인원 + 최대입석 승차인원
> - 좌석차량 : 승무원 + 좌석인원
> - 화물차량 : 최대적재하중
>
> *1인당 무게 : 통상 55kg(수하물 포함 시는 75kg)

④ 차량의 좌우동요, 상하동요(스프링하강, 차륜마모) 등을 고려해 건축한계와의 간격을 200~300mm 정도 유지한다.

⑤ 차량한계 및 건축한계는 철도건설 시 맨 처음에 결정되어야 한다.

⑥ 차량한계의 크기는 기본적으로 궤간에 의해 좌우된다.

⑦ 차량한계는 각 철도의 철도 규정으로 정해져 있다.

⑧ 차량한계는 국가별, 각 철도별로 결정되므로 여러 종류가 있다.

3) 곡선로에서의 차량한계

차량이 곡선궤도를 통과하는 경우 차량 중심선과 궤도 중심선이 편의(偏倚, deviation)가 지게 된다〈그림 4-1 참조〉.

이때 차량의 중앙부분은 곡선반경 측 내측으로 들어오고, 양 단부는 외측으로 돌출하여 평탄 직선 궤도상의 차량한계를 침범하게 된다. 침범한 정도를 편의량(偏倚量)이라고 하며, 이런 현상을 방지하기 위해 곡선로에서는 다음에 기술한 공식으로 산출된 수치를 양측에 추가한 차량한계를 적용한다.

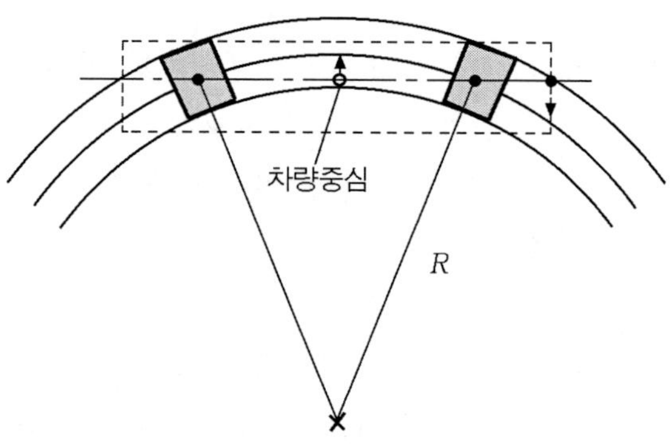

그림 4-1 곡선로에서의 차량 편의

아울러, 건축한계도 곡선로에서는 비례하여 확대된다. 이때 곡선로에서의 차량한계 및 건축한계는 캔트(cant)로 인해 경사진 단면이 된다〈그림 4-2 참조〉.

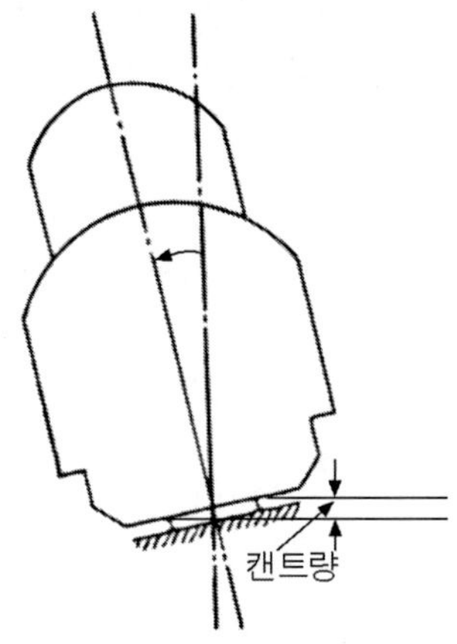

그림 4-2 곡선로에서의 건축한계 경사

4) 곡선로 운행을 위한 차량설계

곡선부에서는 차량한계가 확대되므로 건축한계와 일정 간격을 유지하기 위해, 확대된 치수만큼 건축한계를 크게 하여 안전을 유지한다. 각 노선에 따라 기준으로 정해진 치수(l_1, l_2)의 차량 중앙부 혹은 차단부(車端部)의 치수를 취하여, 최소 곡선 구간의 광폭 편의량으로 정해져 있다.

차량 설계시 치수 l_2의 치수만 크게 하여 전두부(前頭部)를 길게 하는 차량을 계획하는 경우는, 정해진 광폭 편의량에 들어가도록 전두의 단부(端部)를 좁히든지, 차체 폭을 좁게 하는 설계가 필요하다. 특히 전두부가 길면서 폭이 좁은 차량을 많이 볼 수 있는데 이러한 제약 때문이다〈그림 4-3 참조〉.

일례로, 곡선궤도상 차량한계 및 건축한계의 확대수치 산출 식은 아래와 같으며 곡선에서의 차량 편의량은 이 치수 이상 허용되지 않는다. 아래 식은 보통의 경우, 세계적으로 통용되고 있다.

W1 = 22500 / R
W2 = 11250 / R -- (1)

W1 : 차량한계 각 측에 확대할 치수(mm, 차량부분)
W2 : 팬터그래프 부분에 있어서 각 측에 추가할 치수(mm)
R : 곡선반경(m)

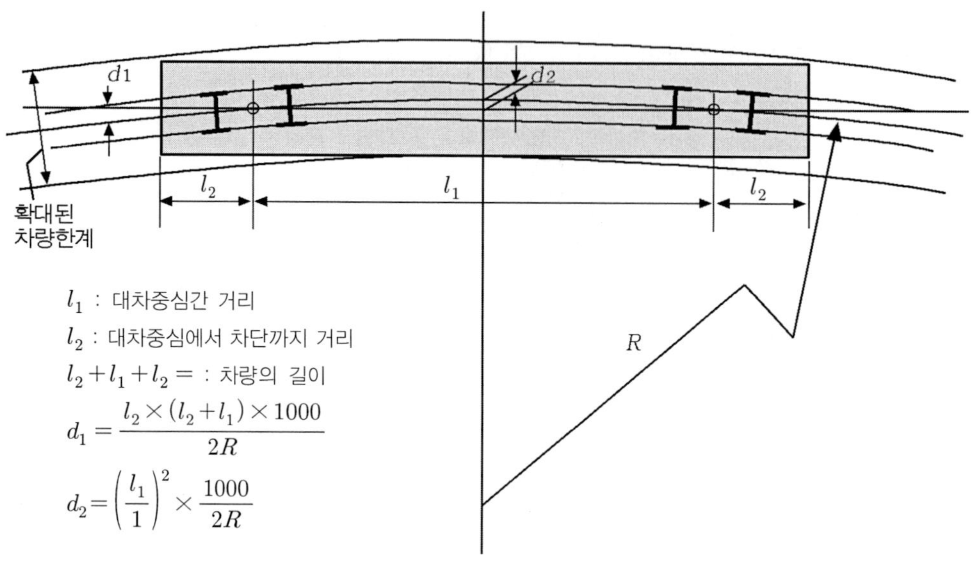

$$d_1 = \frac{l_2 \times (l_2 + l_1) \times 1000}{2R}$$

$$d_2 = \left(\frac{l_1}{1}\right)^2 \times \frac{1000}{2R}$$

그림 4-3 곡선로에서의 차량 편의량

4.4.2 건축한계

건축한계(建築限界, construction gauge, construction limit)는 차량의 운전에 지장이 없도록 궤도상에 일정공간을 유지하기 위한 한계로, 건물 및 기타 일체의 건조물은 이 안에 들어가는 것이 허용되지 않는다. 건축한계 치수는 먼저 소요 차량한계가 정해지고 이것에 상당 여유를 붙여 결정된다. 차량은 주행 중에 상하・좌우 운동을 하고, 또한 승무원과 승객이 차창(車窓)으로부터 신체의 일부가 밖으로 돌출할 수도 있으므로, 차량의 외측에는 당연히 어느 정도의 여유를 주어야 한다.

특히 곡선부와 터널 내에서는 선로공사 등에 의해 열차대피와 전선(電線), 전등(電燈)의 부착 등으로 건축한계를 상당히 확대하여야 한다. 또한 터널 내의 곡선부에서는 캔트 때문에 건축한계가 곡선의 내측으로 기울어 건축한계 외의 여유선이 터널단면에 접촉하게 되므로, 터널 중심선을 궤도 중심선보다 곡선의 내측 방향으로 겹치지 않도록 해야 한다.

1) 차량한계도와 건축한계도

다음 〈그림 4-4〉와 〈그림 4-5〉는 우리나라 한국철도시설공단(옛 철도청)이 규정한 차량한계와 건축한계이다.

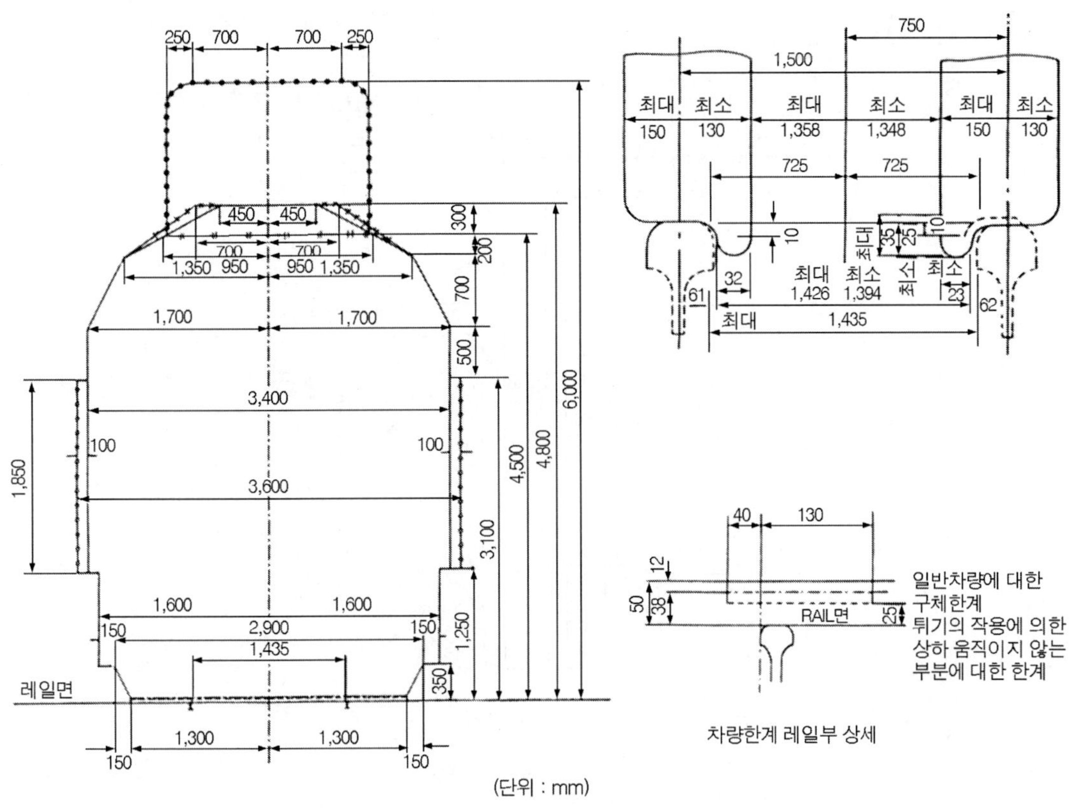

————————	일반차량에 대한 구체한계(이 한계는 전기운전을 하는 구간중 중앙, 태백, 영동 황지, 고한 각선과 함백선에 한해서만 —#—#—#— 로서 표시된 한도까지 축소하여야 한다.)
o-o-o-o-o-o-o-o-o	열차표지에 대한 한계
—·—·—·—·—·—·—	튀기의 작용에 의한 상하 움직이지 않는 부분에 대한 한계
------------------	제륜자 및 살사관에 대한 한계
●●●●●●●●●●	전기운전을 하는 차량의 집전장치를 한 경우에 있어서 옥상 장치에 대한 한계
×—×—×—×—×—×—×	가공전차선에 따라 전기운전을 하는 차량의 집전장치를 접은 경우에 있어서 옥상장치에 대한 한계

그림 4-4 한국철도의 차량한계도

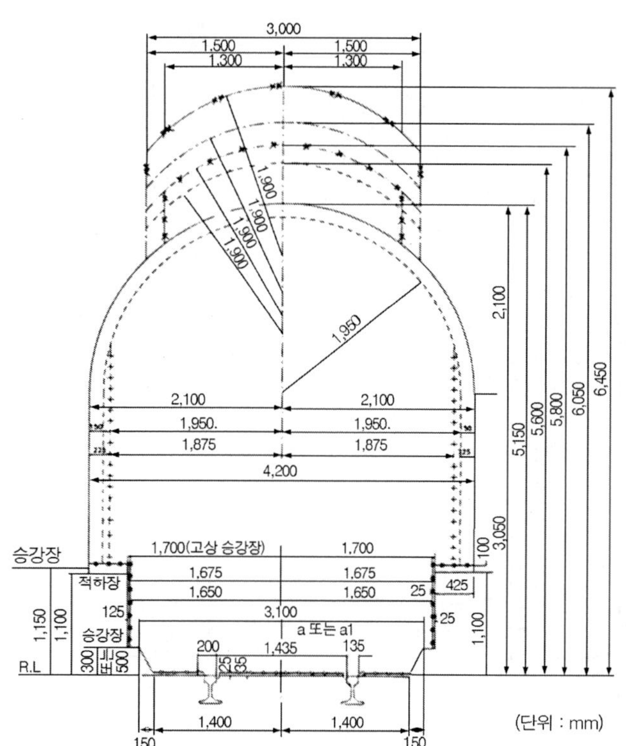

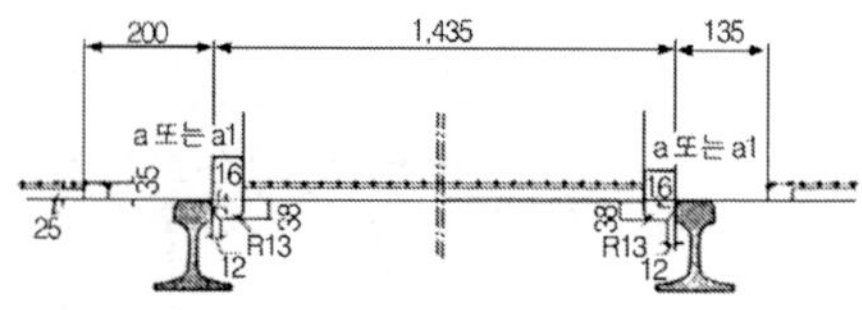

a, a1 또는 a2 …… 플랜지 웨이(바퀴길)
S ………………………… 슬랙

1. 일반의 경우 …… a = 75+S
2. 한쪽에 가드레일이 있는 경우
   가드레일이 있는 쪽 : a=40+S
   가드레일이 없는 쪽 : a=75+S
3. 텅레일의 경우 …… a=70+S
4. 크로싱부의 경우
   a1 … 크로싱 가드레일이 있는 쪽
   a2 … 크로싱 윙레일이 있는 쪽
   a1+a2 … 90+28로서 a=40+S
5. 가드레일이 있는 건널목의 경우 a=65+S
6. 고상승강장의 경우에는 궤도중심에서 승강장까지의 거리를 1.7m로 한다.

————————	일반의 경우에 대한 건축한계
—·—·—·—·—·—·—	전기운전을 하는 구간에 있어서 가공전차선 및 그 현수장치를 제외한 상부에 대한 건축한계(이 한계는 교량터널 구름다리 및 그 앞뒤에 있어서 필요한 경우 1급선 및 2급선에 있어서는 —··—··— 3급선 및 4급선에 있어서는 -------- 로 표시한 한도까지, 승강장 지붕 처마끝 부분 및 그 전후에 있어서 필요한 경우에는 ——x—— 로 표시한 한도까지 축소하고 또 정차장 내에 있어서 필요한 경우는 ——xx—— 로 표기한 한도까지 확대한다.)
------------------	축선에 있어서 급수, 급탄, 전차, 계중, 세차 등의 모든 설비 신호주, 가공 전차나 지지주, 차고의 문 및 내부장치 또는 본선(중앙, 태백, 영동, 황지, 고한 각선과 함백선에 한함)에 있어서 가설된 교량, 터널, 구름다리 및 그의 앞뒤에 있어서 부득이한 경우에는 가공전차선 지지물에 대한 건축한계를 축소할 수 있는 한계
++++++++++++	전철기 표지 등에 대하여 건축한계를 줄일 수 있는 한계
●-●-●-●-●-●-●-●-●	승강장 및 적하장에 대하여 건축한계를 줄일 수 있는 한계
o-o-o-o-o-o-o-o-o	타넘기 부분에 대하여 건축한계를 줄일 수 있는 한계

그림 4-5 한국철도의 건축한계도

4.4.3 차량의 운동역학

철도차량은 레일 위를 달리며 레일과의 상호작용에 의해 진동한다. 그러한 운동은 승차하고 있는 사람들에게 영향을 주고, 또한 심할 때에는 레일로부터 벗어나는 탈선(脫線, derailment) 현상이 발생한다. 이것에 대한 운동역학적인 면을 고찰하여 승차감을 좋게 하고, 탈선이 되지 않도록 하는 것이 차량 운동역학에 부과된 중요한 임무이다. 차량의 운동역학은 차량만의 연구가 아니라, 집전현상(集電現象)도 포함하여 그것과 밀접한 관계가 있는 궤도(軌道) 및 전차선(電車線, catenary) 또는 공기역학적(空氣力學的, aerodynamic)인 면도 고려하지 않으면 안 된다.

철도차량의 운동역학은 궤도 등 관련분야가 많아 진동 및 소음 등 난해한 현상도 있어 복잡하지만, 여기서는 근본적인 차량의 진동과 탈선 및 전복만을 언급한다.

1) 차량의 운동

(1) 윤축(輪軸, wheel-set) 운동

철도차량의 윤축은 일반적으로 한 쌍의 좌우 차륜 답면(車輪 踏面, wheel tread)으로 구성되며, 〈그림 4-6〉과 〈그림 4-7〉에서 보는 것처럼 차륜 답면은 테이퍼(taper)져 있어, 차량이 레일 상을 구르며 주행할 때 좌우로 기울어진 경우에는 복원력(復原力, restoring)이 작용한다.

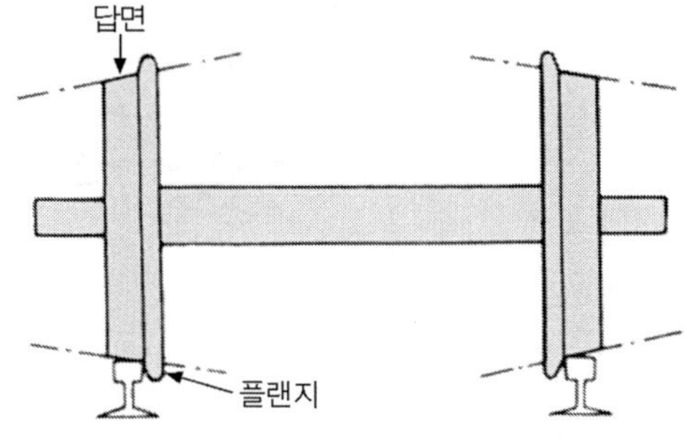

그림 4-6 철도차량의 윤축

〈그림 4-6〉에서 만약 이 윤축이 기울어져 좌측으로 약간 어긋나 밀리는 경우에는 좌측 차륜은 우측의 차륜보다 직경이 큰 부분으로 구르게 된다. 그렇게 되면 같은 회전수에서 좌측차륜 쪽이 앞으로 나가고 위치가 약간 올라가게 되어 우측으로 윤축을 되돌아오게 하는 힘이 발생한다. 우측으로 밀리는 경우는 그 반대가 된다. 결국 테이퍼 단면을 가진 윤축은 항상 중앙으로 향하는 힘이 작용되어 안정되게 주행한다. 이 테이퍼의 효과는 다음과 같다.

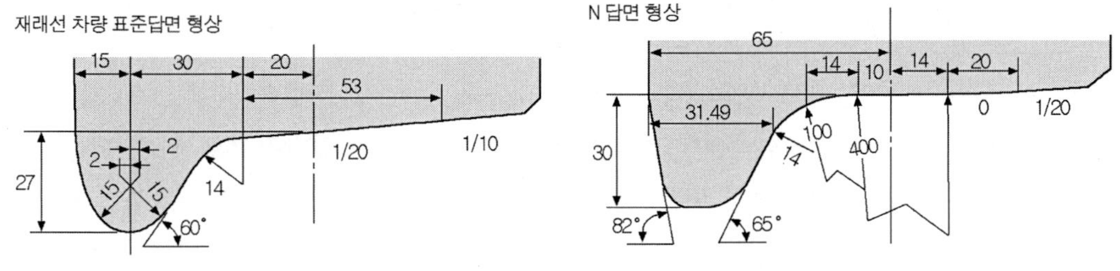

그림 4-7 차륜답면 형상

① 곡선을 통과할 때에 외측차륜은 내측차륜보다 긴 거리를 주행하게 되지만 테이퍼에 의해 무리 없이 진행된다.

② 좌·우 차륜 직경의 마모나 제작 정도(精度)에 의한 약간의 차이를 보완하여 무리 없이 진행된다.

③ 일단 한쪽으로 치우친 윤축은 복원되어 평형이 되면서 주행한다.

이러한 것으로부터 알 수 있듯이, 차륜 답면이 원추형(圓錐形)으로 되어 있는 것은 주행 안정상 최상의 것이다. 그러나 원추형 차륜 답면의 결점으로는 지나가는 것을 되돌리게 하는 힘의 반복 작용에 의하여 자려진동(自勵振動)이 되어 〈그림 4-8〉에서 보는 것처럼 사행동(蛇行動, hunting, snake motion)이 발생하기 쉽다. 이러한 사행동에 의해 차체는 횡(橫)으로 흔들려 요잉(yawing), 롤링(rolling)이 발생되고, 차륜 답면과 레일사이의 충돌에 의한 마모, 파손 심지어는 열차가 탈선하는 경우도 있다.

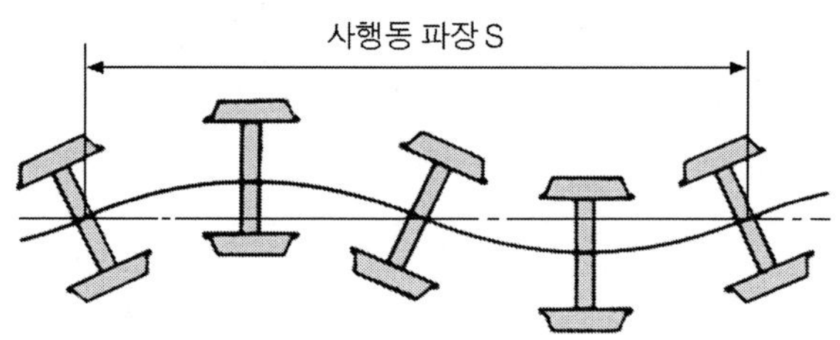

그림 4-8 윤축의 사행동

열차의 사행동은 〈그림 4-8〉에서 보는 것처럼 정현파(正弦波) 형상이 되어, 이론상 그 파장은 차륜 답면의 형상에 따라 기하학적으로 정해지며 다음 식으로 주어진다.

$$S_1 = 2\pi\sqrt{\frac{br}{\gamma}} \quad \text{(2)}$$

여기서, b : 좌우차륜과 레일사이의 접촉점 간 거리의 1/2
r : 그 접촉점에서의 차륜반경
γ : 접촉점 부근에서의 차륜의 평균 답면 구배

표준 답면형상 차륜에 따르면 $2b = 1.12\text{m}$, $r = 0.43\text{m}$, $\gamma = 1/20$로부터 $S_1 \fallingdotseq 13.8\text{m}$가 된다. 그러나 답면과 레일이 마모되면 γ는 크게 되어 사행동 파장은 일반적으로 짧게 된다.

2축 대차, 2축차처럼 대차프레임 또는 차체에 의해 전후 2축 상대변위를 구속하면 1축 대차와 같은 사행동은 발생되지 않지만, 2축 대차 또는 2축 차량으로서의 사행동이 발생된다. 이 경우 파장 이론식은 〈그림 4-9〉를 참조하면 다음과 같이 된다.

$$S_2 = 2\pi\sqrt{\frac{b\,r}{\gamma}\left(1+\frac{a^2}{b^2}\right)} \quad \text{(3)}$$

예를 들어, 축거(軸距, wheel base) 2.1m의 보기(bogie)차의 경우 앞에서 언급한 윤축을 사용하면 S_2 = 29.33m이고, 축거 5.3m의 2축차에서는 S_2 = 66.75m가 된다. 이러한 식에서도 알 수 있는 것처럼, 사행동 파장은 궤간이 넓은 쪽이 혹은 차륜직경이 큰 쪽이 길게 된다. 또 차륜답면구배(車輪踏面勾配)가 완만한 쪽이 길게 된다. 사행동은 기하학적으로는 위와 같이 정해지며, 이것은 열차의 속도와는 무관하다.

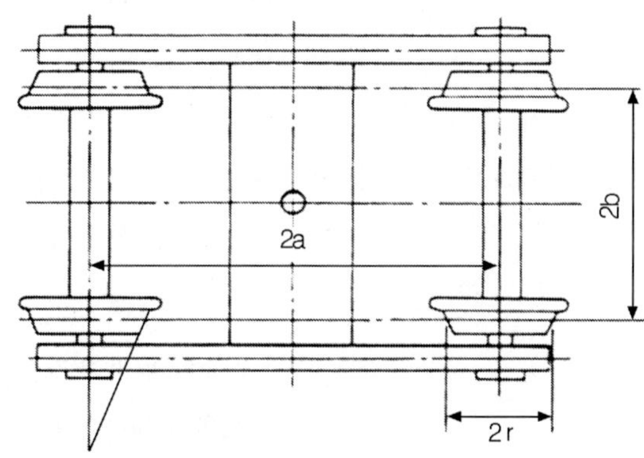

그림 4-9 2축 대차

그러나 열차의 속도를 높이면 〈그림 4-10〉과 같이 진동관성력(振動慣性力)이 작용하게 되어 주행조건이 더욱 악화된다. 이것에 의해 파동이 계속될 때마다 관성력이 크게 되어 차축이 레일과 만나는 각도(角度)가 크게 되며, 운동진폭도 크게 되어 발산형(發散形)으로 되고, 플랜지(flange)와 레일의 계속된 충돌에 의해, 주행 중 차축에 발생되는 횡압(橫壓)은 더 크게 되어 차체진동에 미치는 영향도 커진다.

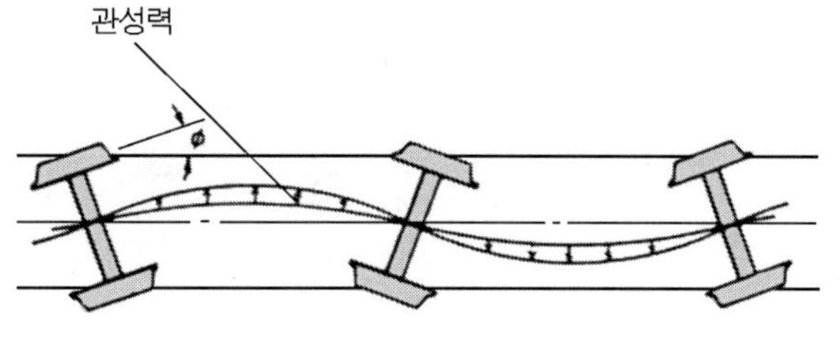

그림 4-10 윤축의 사행동과 진동관성력

사행동을 방지하는 방법으로는 답면구배를 적게 하여 기하학적 사행동 파장을 크게 하고, 일정 주행속도에서의 사행동 진동수를 감소시키는 것과, 1축 사행동을 발생하지 않도록 대차로부터의 윤축지지(輪軸支持)를 강하게 하고, 더불어 그 윤축지지에 적당한 스프링 및 댐퍼(damper) 등을 사용하여 공진(共振, resonance)되지 않도록 하는 것이 있다. 이 때문에 대차로부터의 윤축지지 방법, 혹은 차체와 대차의 연결방법에 대해 여러 가지 연구를 하고 있다.

(2) 차량의 진동

차량의 진동은 운전 상태에 따라서 변화한다. 그 진동은 진행방향(X), 좌우방향 (Y), 상하방향(Z)으로 나누어 시간적인 관계에 따라 분류하면 〈표 4-2〉에 나타난 것처럼 된다. 여기서 가속도의 관련형태라고 하는 것은 가속도의 시간변화를 나타내는 것으로, 예를 들면 가속도 변화상태를 모델화한 것이 〈그림 4-11〉이다. BC사이는 가속도가 정상영역이며 이것을 S로 나타내고, AB사이 또는 CD 사이를 가속도가 변화하는 영역으로 C로 표시한다. 또 중립점을 중심으로 짧은 시간에 변동하는 것을 진동이라고 하여 V로 나타낸다.

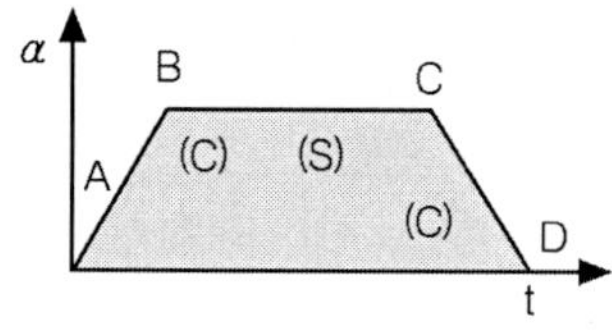

그림 4-11 가속도의 변화 모델

표4-2 주행상태에 대한 가속도의 증가모양

구 분	가속도 방향과 관련형태								
진 동 방 향	*X*			*Y*			*Z*		
운전상태	S	C	V	S	C	V	S	C	V
일반주행 시			○			○			○
가감속시	○	○							
곡선 통과 시				○	○	○			
분기기 통과 시					○	○			
종곡선 통과 시							○		○

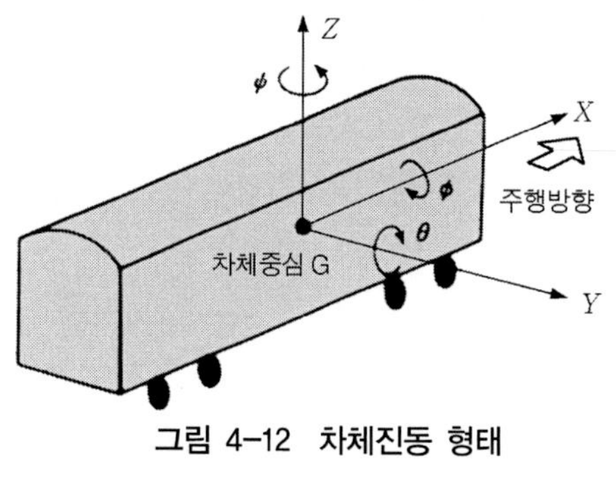

그림 4-12 차체진동 형태

다음에 차량진동을 방향과 그 성질에 의해 분류하면 〈그림 4-12〉와 같다. 방향은 앞에서 말한 바와 같이 X, Y, Z 방향에 의해 직진하는 것과 회전하는 것이 있으며, 전체 차체의 진동은 그 조합으로 표시할 수 있다.

2) 탈선

(1) 경합탈선

경합탈선(競合脫線)이라고 하는 것은, 차량이나 궤도 등의 단독원인으로 탈선이 되는 것이 아니고, 특별히 확실한 원인과 이유가 보이지 않지만, 그러한 것들의 상호작용에 의해 탈선이 되는 것을 의미한다. 이러한 탈선사고 방지를 위한 연구는 차량 운동역학의 가장 중요한 테마 중의 하나이다.

(2) 탈선의 종류

경합탈선은 차륜과 레일 간에서 일어나는 현상으로, 크게 나누면 타고 오르거나 미끄러져 오르는 탈선, 튀어 오르는 탈선으로 분류되어진다.

전자(前者)는 차륜 플랜지(wheel flange)가 회전하면서 레일에 접촉되어 타고 오르거나 또는 미끄러져 올라가는 것으로 주로 곡선구간에서 일어난다. 후자(後者)는 차륜 플랜지가 레일에 충돌하고, 그 힘으로 차륜이 튀어 올라 탈선하는 것으로 특히 고속에서 일어난다.

이러한 탈선에 대한 안전성은 차륜이 레일을 횡 방향으로 미는 힘 횡압(lateral force라 하고 일반적으로 Q로 나타냄)과 상하방향으로 누르는 힘 윤중(輪重, wheel load라 하고 일반적으로 P로 나타냄)의 비(比) Q/P를 탈선계수(脫線係數, derailment coefficient)라 하며, Q가 증가하고 P가 감소하는 정도, 결국 Q/P가 크게 되는 정도에 따라 탈선의 가능성은 크게 된다.

(3) 타고 오르는 탈선의 Q/P 한계치

차륜이 횡 방향 힘을 받아, 그 플랜지부에서 레일과 접촉하여 타고 오르게 되는 상황은 〈그림 4-13〉과 같이 된다. 이 경우 A점에서 차륜은 횡압 Q와 윤중 P를 레일에 가하게 되고, 이 힘의 비(比)가 탈선에 도달하는지 아닌지를 결정하는 한계 탈선계수가 된다.

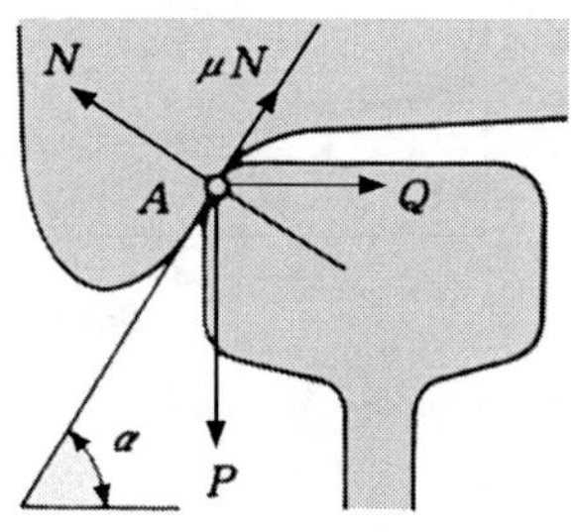

그림 4-13 차륜과 레일 사이에 작용하는 힘

〈그림 4-13〉로부터 탈선한계(脫線限界)에 대하여는 다음의 균형조건이 성립된다.

$$N = P\cos\alpha + Q\sin\alpha$$

$$P\sin\alpha - Q\cos\alpha = \pm\mu N \quad \text{(4)}$$

여기서, μ : 차륜과 레일간의 마찰계수

α : 차륜과 레일 접촉점에서 수평선이 되는 각도

이것으로부터 N을 소거하면

$$\left(\frac{Q}{P}\right)_{cr} = \frac{\tan\alpha \pm \mu}{1 \mp \mu\tan\alpha} \quad \text{-------- (5)}$$

이 되며, 이것이 유명한 나달(Nadal)의 식이다. 위 (5)식에서 분자의 ⊕부호는 마찰력이 하향으로 작용하여 미끄러져 오르는 탈선이고, ⊖부호는 마찰력이 상향으로 작용하여 타고 오르는 탈선으로 된다. Nadal식은 완전한 균형식은 아니고 오류를 포함하지만 엄격한 식으로서 가장 위험한 상태에서의 탈선기준을 제공한다.

(5)식에서 현재 표준 답면 플랜지 각도 $\alpha = 60°$ 인 경우와 그 주변의 한계를 보면 〈그림 4-14〉와 같다. 이것에 의하면 타고 오르는 탈선 쪽이 한계치는 적어 차륜과 레일과의 마찰계수는 크게 하는 쪽이 낮으며, 더구나 플랜지 각도는 심한 쪽이 한계치가 높은 것을 알 수 있다. 또한 표준적으로 생각하여 $\alpha = 60°$, $\mu = 0.25$인 경우 $Q/P \fallingdotseq 1$이 한계치인 것을 알 수 있다.

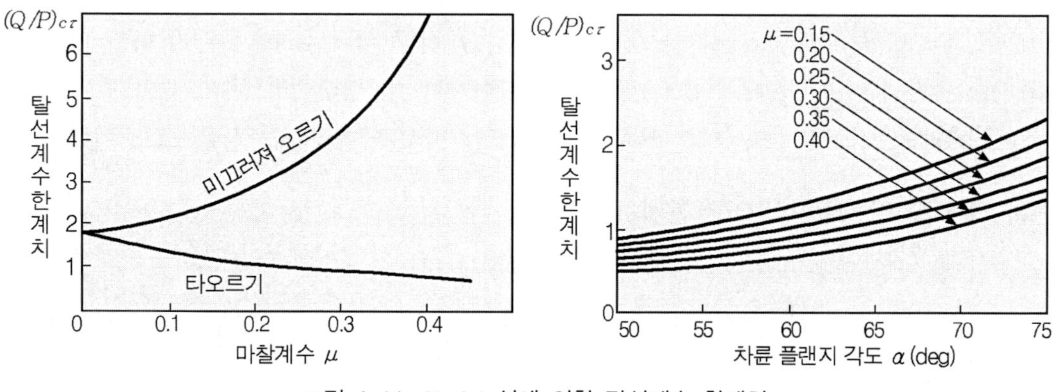

그림 4-14 Nadal 식에 의한 탈선계수 한계치

실제적으로는 주행 각(走行 角)의 영향, 차륜의 크리프(creep)현상 등도 연구되고 있으며, 정확성을 얻기 위해서는 이러한 것을 고려하지 않으면 안 되지만, 실제적으로는 (5)식 정도로 충분하다.

(4) 튀어 오르는 탈선의 Q/P 한계치

일본의 경우, 구(舊) 국철 철도기술연구소에서 실시한 모형실험(模型實驗)과 이론해석에 의해, 튀어 오르는 탈선상황을 규명하였다. 이것에 의하면 횡압은 대단히 짧은 시간만 작용되고, Q/P의 한계치는 보통으로 사용되는 차륜에서는 다음 식으로 나타낸다.

$$\frac{Q}{P} \fallingdotseq 0.05\,\frac{1}{t_1} \quad \text{(6)}$$

여기서, t_1 : 횡압이 작용하는 시간

(5) 탈선계수의 허용치

탈선에 대한 Q/P의 허용치(許容値)는 (5), (6)식에서 나타내고 있지만 실제적으로는 지금까지의 경험을 참고로 하여 20% 정도의 여유를 주어, 다음 (7), (8)식을 얻어 안전계수로 하여 〈그림 4-15〉와 같이 나타낸다.

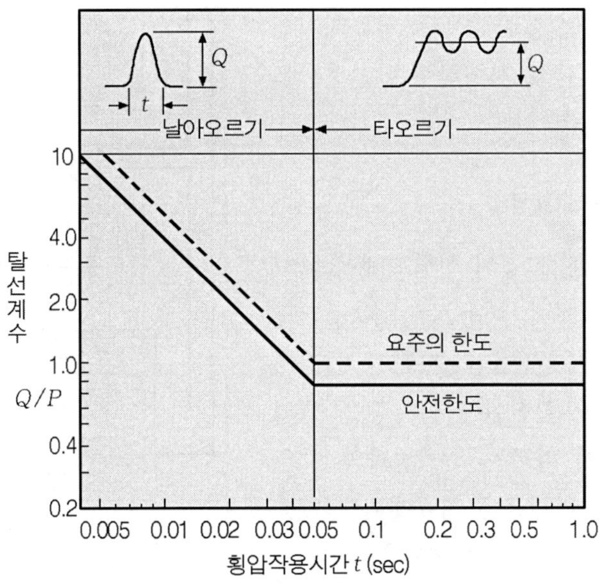

그림 4-15 탈선계수에 따른 안전한도

횡압이 비교적 긴 시간동안 걸리는 경우

$$\left(\frac{Q}{P}\right)_{cr} \leqq 0.8 \quad \text{(7)}$$

횡압이 충격적(衝擊的)으로 짧은 시간 걸리는 경우

$$\left(\frac{Q}{P}\right)_{cr} \leqq 0.04\,\frac{1}{t_1} \quad \text{(8)}$$

(6) 탈선현상에 대한 해명 노력

탈선현상을 해명하고 원인을 분석하여 대책을 수립하는 것은, 탈선을 감소시켜 승객의 안전성과 수송의 신뢰도를 높이기 위해 한결같이 진행하지 않으면 안 된다.

세계 각 철도 선진국은, 이론해석, 모형에 의한 실험, 본선(本線)에서의 주행시험, 실험선(實驗線)에서 실물화차(實物貨車)를 탈선시키는 시험 등을 중복하여, 단계적으로 차량과 궤도의 개량을 진행한 결과 과거 연간 십 수 건이었던 탈선사고도 현재는 연간 수 건으로 감소하고 있으며, 컴퓨터를 이용한 새로운 방법의 차량운동 시뮬레이션(simulation) 등 고도의 연구도 진행하여 탈선현상을 규명하기 위해 노력하고 있다.

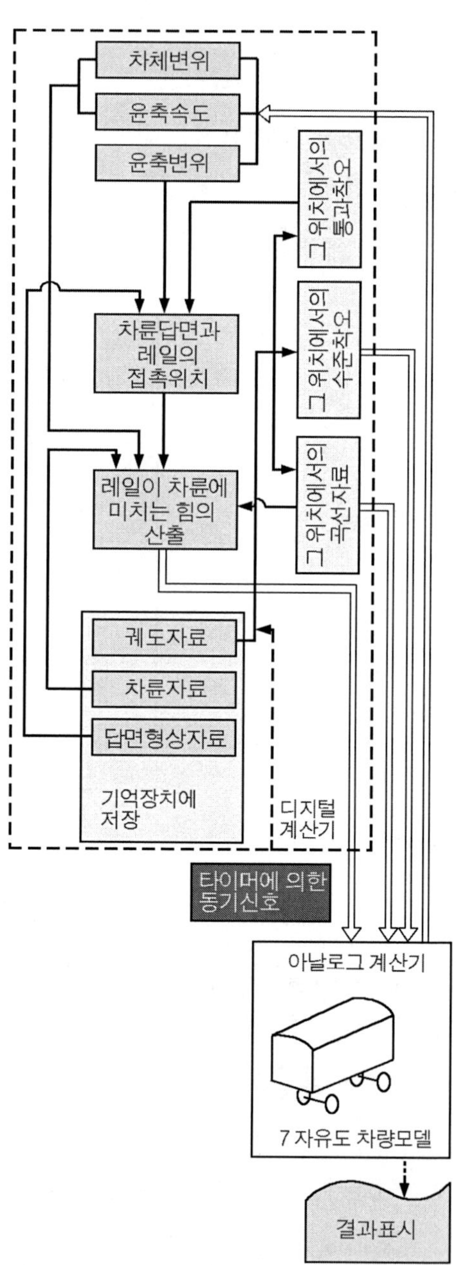

그림 4-16 하이브리드(hybrid) 계산에 의한 차량운동 시뮬레이션 개념

3) 차량운동 시뮬레이션

현차(現車) 주행시험은, 그것이 실험선에서 실시되어도 막대한 시간, 인력, 비용 등이 요구되므로, 자주 시행하는 것은 어렵다. 따라서 이것에 대한 이론해석에 의해 실험실에서 차량을 모의 주행시켜 현차 주행에 따르는 측정결과와 같은 효과를 얻을 수 있다. 차량운동 시뮬레이션을 통해 탈선사고 발생의 재현실험, 차량과 궤도를 변화시킨 주행시험 등을 간단히 실시하여 탈선사고의 원인 규명 및 대책 수립에 대단히 유용하게 쓰인다.

레일 위를 주행하는 철도차량의 운동을 역학적으로 규명하는 것은 대단히 어렵다. 그 이유는

① 철도차량은 그 운동에 많은 자유도(自由度)가 있고, 그러한 것이 상호적으로 복잡하게 연결되어 이루어진다.

② 차량의 스프링 지지계(支持系)에는 틈, 마찰, 비선형 스프링 특성 등이 많다.

③ 차륜과 레일간의 작용력도 크리프(creep) 등에 의해 복잡하다.

이러한 것 때문에 운동방정식을 구하여도 해석적으로 해(解)를 구하는 것은 불가능하므로, 어느 정도 해석모델을 단순화 할 필요가 있다. 그래서 그러한 비선형적 요소는 여러 개의 선형으로 치환하여 처리한다. 요즈음은 컴퓨터의 발달로 인해 미분방식을 풀 때 병렬계산이 가능하고, 각종 제어 가능한 디지털(digital) 계산기를 조합하는 하이브리드(hybrid) 방식을 많이 사용한다.

궤도, 차량, 답면형상 등의 계산에 필요한 데이터는 디지털부에 입력하고, 디지털부는 아날로그부로부터 차량모델의 상태를 읽어 들여 그때의 궤도 이상 상태를 보아 차륜답면에 작용하는 힘을 계산하고, 그 결과를 아날로그부에 준다〈그림 4-16〉. 결과 표시는 아날로그로 표시할 수 있다.

4) 전복(轉覆, turn over)

(1) 전복에 대한 위험도

곡선구간을 고속으로 주행하는 차량에 작용하는 외력을 〈그림 4-17〉에 나타낸다.

이러한 외력 중에서 전복에 대해 영향이 큰 것은

① 횡 방향 작용 시에, 큰 힘이 되는 차체에 대한 풍압력

② 주행에 의해 발생하는 횡 진동 관성력

③ 곡선 통과 시 원심력이 있다.

중력의 방향이 좌우차륜의 레일에 타고 있는 점 A, B 사이에 있으면 좋지만, 파선(破線)과 같이 한쪽 차륜을 타고 있는 점(B)을 통과할 때는 반대 측(A)의 윤중은 0이 되고, 더욱 외측으로 향하면 부상(浮上)하여 전복하게 된다.

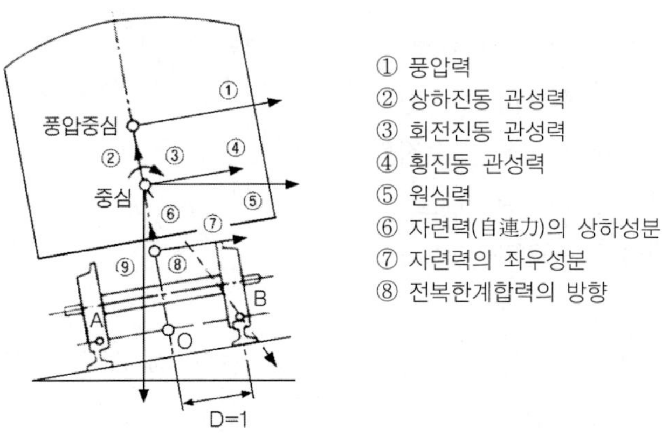

그림 4-17 차량에 가해지는 외력과 전복한계

차량의 전복에 대한 위험율을 D로 표시하면 〈그림 4-17〉의 파선과 같은 경우는 D=1로 한계치가 되며, 합력이 궤간의 중앙을 통과할 때는 D=0이 된다. 실제 설계에서는 D=1까지는 없고 안전을 고려하여 약간 낮은 수치로 한다.

(2) 전복에 관한 이론식

〈그림 4-18〉에 캔트(cant, superelevation)가 있는 어떤 곡선을 주행 중인 열차의 차체측면에 수직한 풍압이 작용하고 있는 상태를 나타낸다.

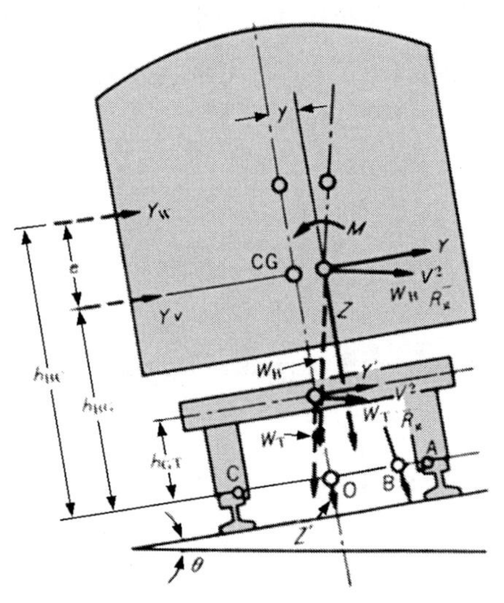

단, Y는 왼쪽방향, Z는 아래쪽방향,
M은 반시계회전을 (+)로 한다.

기호는

W_B	: 차체중량/2	kg
W_T	: 대차중량	kg
R	: 곡선반경	m
g	: 중력 가속도=9.8	m/s^2
v	: 주행속도	m/s
θ	: 캔트(cant) 각도	radian
G	: 차륜접촉점간격	m
ρ	: 공기밀도	$kg{-}s^2/m^4$
u	: 풍속	m/s
S	: 차체의 횡투영면적/2	m^2
C_Y	: 횡풍에 대한 차체의 저항계수	
α_Y	: 주행중의 차체의 중심위치에서의 횡진동가속도 g단위	
e	: 차체중심과 풍압중심거리 m	

그림 4-18 풍압을 받은 차량

이 그림에서,

- Y_W : 풍압력(風壓力)
- Y_V : 주행 중 차체의 진동에 의한 관성력(慣性力)
- Y : 차체에 작용하는 수평력(水平力)
- Z : 차체에 작용하는 수직력(垂直力)
- M : 차체중심 회전모멘트
- Y', Z' : 대차에 작용하는 수평, 수직력

횡 방향 작용력과 모멘트를 받았을 때, 지지장치 스프링의 휨에 의해 차체중심이 y만큼 이동하는 것을 고려하여 전복위험도를 계산하면, 다음과 같은 식을 얻는다(기호의 의미는 〈그림 4-18〉과 같음).

$$D = \frac{2h'_G}{G}\left(\frac{v^2}{R_g} - \frac{C}{G}\right) + \frac{2h'_G}{G}\left(1 - \frac{\mu}{1+\mu}\cdot\frac{h_{GT}}{h'_G}\right)\alpha_Y + \frac{h'_{BC}\,\rho\, u^2 S C_Y}{WG} \quad \text{-------- (9)}$$

여기서, $\mu = \dfrac{W_T}{W_B}$

$$h_G = \frac{W_B h_{GB} + W_T h_{GT}}{W} = \frac{h_{GB} + \mu h_{GT}}{1+\mu} \quad \text{---------- (10)}$$

$$W = W_T + W_B$$

$$h'_G = h_G + \frac{1}{1+\mu} C_y W_B \quad \text{---------- (11)}$$

$$h'_{BC} = h_{BC} + (C_y - C_{y\phi}\, e) W_B \quad \text{---------- (12)}$$

(11), (12)식은 차체스프링 휨에 의한 중심고와 풍압 중심고를 외관상 높게 하면 나타낼 수 있는 이론식으로 y와의 관계는 다음과 같다.

$$y = C_y Y + C_{y\phi} M \quad \text{---------- (13)}$$

C_y : 단위 횡력 당 중심의 횡 변위(橫變位) m/kg
$C_{y\phi}$: 단위 모멘트당 중심의 횡 변위 1/kg

(9)식의 우변 첫 번째 항목은, 초과 원심력에 의한 영향을 나타내고, 두 번째 항목은 진동 관성력에 의한 영향, 세 번째 항목은 풍압에 의한 영향으로 (9)식은 곡선 외측으로 전복하는 경우를 나타내고 D=1이 외측전복 한계이다.

곡선의 내측으로 전복하는 경우는 우변 2, 3항의 +를 −로 하여 $D = -1$이 전복 한계이다. 안전하게 허용속도를 올리는 데는 h'_G를 적게 하는 것이 효과적이고, h'_{BC}를 적게 하면 그러한 이유 때문에 $C_y W_B$를 적게 하는 것이 필요하다.

(9)식을 변형하여 풍속 u를 구하는 식으로 만들면

$$u = \sqrt{\frac{W\cdot G}{h'_{BC}\rho S C_Y}} \times \sqrt{D - \frac{2h'_G}{G}\left[\left(\frac{v^2}{R_g} - \frac{C}{G}\right) + \left(1 - \frac{\mu}{1+\mu}\cdot\frac{h_{GT}}{h'_G}\right)\alpha_Y\right]} \quad (14)$$

이 된다.

(9), (14)식에서 특별조건에 대해서는, 식 중의 수치를 특별한 것으로 하여도 좋다.

예를 들면 직선구간이라면 $R \to \infty$, $C/G = 0$, 정차중은 $v = 0$, $\alpha_Y = 0$, 횡압이 없는 경우는 $\mu = 0$이다.

α_Y는 〈그림 4-18〉에 나타낸 것처럼 주행 중의 차체 중심위치에서의 횡 진동 가속도를 g(重力加速度) 단위로 표시하므로 지금까지의 경험 및 측정 예로부터

$$\begin{aligned}\alpha_Y &= 0.00125\,V (V \le 80\text{km/h})\\ &= 0.1 \qquad (V > 80\text{km/h})\end{aligned}$$

로 보면 좋다.

또한, 일본 구(舊) 국철에서는 바람에 관련되는 운전규제는 운전취급 규정으로 정하여, 풍속이 30m/sec 이상일 때는 열차운전은 보류하도록 되어있다.

5) 승차감(乘車感, ride quality)

승객이 쾌적하게 생각하는지 또는 불쾌감을 느끼는지는 진동 및 소음의 크기, 성질 등에 의해 어느 정도 결정되어 진다. 그러나 지금까지 진동소음의 성질 등 기계적인 것과 사람의 감각과의 결부는 연구 분야가 서로 다르고 아직 완전하지는 않다. 금후로는 양방향을 결부하여 고려하는 감성공학적인 측면으로 접근해 가지 않으면 안 된다. 승차감에 대한 설명은 4.4.50 항(項)에서 상세히 설명하였다.

4.4.4 차체의 강도

차체 전체길이를 L, 대차중심간거리(臺車中心間距離)를 l_2, 단위길이 당 등분포하중(等分布荷重)을 w이라 하면, 측 구조(side frame)에 걸리는 전단력(剪斷力, shearing force) 및 굽힘 모멘트(bending moment)는 〈그림 4-19〉와 같이 된다. 수직하중은 자중에 최대 승차인원중량(1인당 55kg)을 더한 것으로부터 대차 중량을 공제한 정하중(靜荷重)에 대하여 상하 진동 가

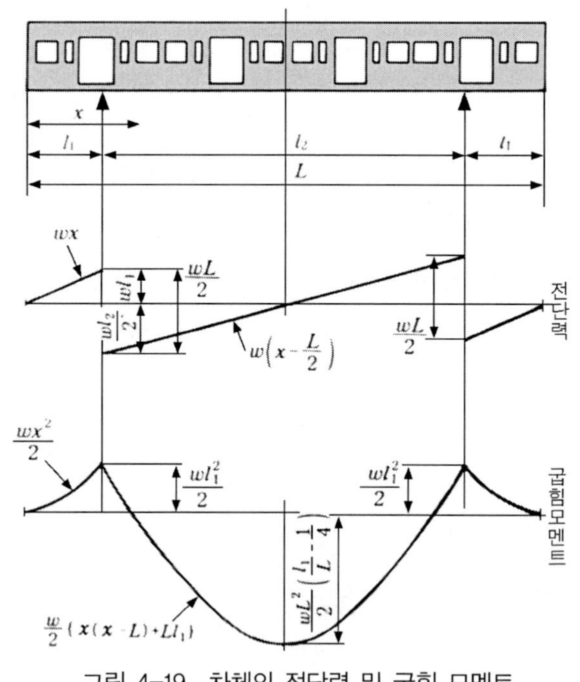

그림 4-19 차체의 전단력 및 굽힘 모멘트

속도로서 0.1g~0.3g를 할증한 것을 사용한다.

수평 압축하중(水平 壓縮荷重, horizontal compression load)은 전차의 경우에는 기관차에 견인되는 객차에 비해 차단충격력(車端衝擊力)이 적으므로 보통 30~50ton으로 하고 있다.

〈그림 4-20〉은 보통 통근형 전차에 대한 구체 하중시험 결과의 일례이며, 차체길이 19.5m, 정원 167명, 자중 38.8ton의 전차라고 가정하여 실험한 결과이다.

(a) 수직하중에 의한 변위,

(b) 차단(車端) 압축하중에 의한 변위

(c) 차체의 한쪽 끝을 고정하고, 다른 끝단에 비틀림 모멘트를 가했을 때 변위를 나타낸 곡선이다.

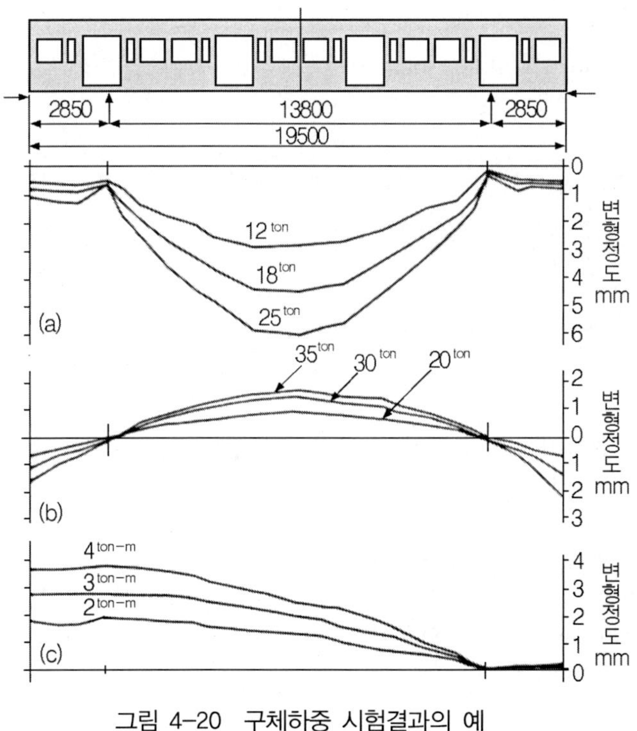

그림 4-20 구체하중 시험결과의 예

강도(强度, strength)상 문제가 되는 곳은 측구조의 개구부(開口部) 즉, 출입구 및 창 모퉁이부에 발생하는 응력, 언더프레임 볼스터(bolster)와 센터실(center sill)의 접합부 혹은 볼스터(bolster)와 사이드 실(side sill)의 접합부에 응력집중(應力集中)이 발생하므로 일반적으로 보강을 시행하고 있다.

4.4.5 차체의 강성과 고유진동수

1) 강성

차체는 각 부재(部材)에 생기는 응력(應力)들이 허용응력범위 안에 있으면 강도(强度)면에서는 충분하지만, 주행하는 차량 구조물의 특성상 동적인 안정성을 고려해서 설계해야 한다. 예를 들어, 어느 정도 이상의 강성(剛性, rigidity, stiffness)이 없으면 주행 중에 진동이 유발되기 쉽고, 또한 승차감을 나쁘게 하기도 하고, 공진(共振)을 일으킬 때에는 급격한 충격의 누적으로 인한 파손 및 반복 하중에 의한 피로파손이 발생할 수 있다. 그중 가장 큰 문제가 되는 것은 수직방향의 벤딩(bending)에 의한 굽힘 강성이다. 이 값은 정적하중 시험을 통하여 구할 수 있는데, 이론적으로는 볼스터(bolster) 상부에서 지지되고 있는 보(beam)가 단순보이면서 균일분포하중(均一分布荷重)을 받는 경우로 가정하여 차체 중앙부의 변위에 대한 처짐(deflection)으로부터 상당(相當)굽힘강성(EI, equivalent bending rigidity)을 구하는 식은 일반적으로 아래와 같다.

$$EI_{eq} = \frac{w \cdot l_2^{\,2}}{384\delta}(5l_2^{\,2} - 24l_1^{\,2}) \qquad (15)$$

여기서, EI_{eq} : 상당 굽힘강성(kg·mm^2)
w : 단위길이 당 하중 (kg/mm)
δ : 차체하단 중앙부의 처짐(mm)
l_1 : 대차중심에서 차단(車端)까지의 거리(mm)
l_2 : 대차중심간 거리(mm)

다음에는 처짐을 수치해석법에 의해 구하거나 측정에 의해 구한 뒤 식(15)에 대입해 상당굽힘강성을 구하는 예를 살펴본다.

(1) 컴퓨터 수치 계산에 의한 상당굽힘강성

수식화된 측 구조에 대하여 컴퓨터를 사용한 강도계산으로 수직방향변위 δ를 구하여 이를 상당굽힘강성 계산에 이용할 수 있다.

여기서, 만원(滿員) 시의 하중을 W = 43ton, 차량길이를 l = 19,500mm라고 가정하면 이때 균일 분포하중 w는 다음과 같다.

$$w = \frac{W}{l} = \frac{43,000}{19,500} = 2.21(\text{kg/mm}) \qquad (16)$$

l_1 = 2,850mm, l_2 = 13,800mm이고 컴퓨터 계산에 의한 처짐량 δ= 8.7mm라면 식 (15)로부터 상당굽힘강성 $EI = 2.18 \times 10^{14}$(kg·mm^2)이다.

(2) 측정값에 의한 상당굽힘강성

균일분포하중 w가 2.21kg/mm이고, l_1 = 2,850mm, l_2 = 13,800mm라 하고 측정(測定)된 처짐량을 δ = 4.7mm라 하면 상당굽힘강성 $EI = 1.77 \times 10^{14}$(kg·mm²)이다.

이 수치는 아래 〈표 4-3〉과 같은 기존 차체와 비교하면 EI의 값이 높은 쪽에 속한다.

표4-3 측정에 의한 기존 차체의 상당굽힘강성

차 종	EI × 10^{14}(kg·mm²)
Tokyo Deha 5000	0.407
KEIO 2700	0.45
KEIHIN 1800	0.52
OSAKA Subway 600	0.64
MOHA 72500	0.83
INDIA D.C	0.85
YASU 3.4	0.99
서울 메트로 1호선	1.34 (1974년 도입)
KIHA 45000	1.37
NAHA 10	1.42
Tokyo Subway Mz10-012	1.56
SAHA 87	1.63
KHK 700	1.62
India E.C	2.42
서울 메트로 2호선	1.77

일본 차량의 경우, 대표적인 차종에 대한 상당굽힘강성, 상당비틀림강성, 고유진동수를 〈표 4-4〉에 표시하였다.

표4-4 강성과 고유진동수

차 종	상당 강성		고유진동수(Hz)		비 고
	굽 힘 10^{14}kg·mm²	비 틀 림 10^{12}kg·mm²/rad	굽 힘	비틀림	
국철 모하101	1.26	47.7	10.0	6.0	
경왕 6000계	0.75	19.7	10.3	3.7	
소전급 9000계	1.09	33.2	11.0	—	
경빈 800형	1.05	32.0	13.4	4.4	
국철 201계	1.76	55.2	12.0	8.9	시작 차량
북총개발 7000형	0.95	44.3	13.9	8.7	스테인리스(외판 만)
동급 8000형	0.91	22.4	11.0	3.2	스테인리스(전체)
제부영단6000계	0.78	—	11.8	—	알루미늄

상당비틀림강성에 대해서도 똑같은 방법으로 비틀림을 받은 환봉으로 간주하여 하중시험으로부터 얻은 비틀림 각을 사용하여 구한다.

$$GJ_{eq} = \frac{M \cdot l}{\theta} \quad \text{------} \quad (17)$$

여기서, GJ_{eq} : 상당비틀림강성(kgf·mm^2/rad)
M : 비틀림 모멘트(kgf·mm)
l : 비틀림을 가한 두 점 간 길이(mm)
θ : 비틀림 각(rad)

2) 고유진동수(固有振動數)

차체의 상당굽힘강성 또는 상당비틀림강성으로부터 근사적으로 차체의 고유진동수(固有振動數)를 산출하는 것도 있지만, 실제적으로는 하중시험 시에 수종(垂鍾)을 낙하시켜 측정하여 1차 굽힘 또는 비틀림 진동 주파수를 측정한다.

보통강을 사용한 전차 차체에 대하여 살펴보았지만, 경량화 및 내식성 향상 등을 목적으로 스테인리스강제(鋼製), 알루미늄 합금제(合金製) 차체가 근년 대폭적으로 채용되고 있다.

〈표 4-5〉는 세계 주요 고속열차의 차체 중량과 고유진동수를 나타낸다.

표4-5 주요 고속열차의 차체중량과 고유진동수

항목 \ 차종	TGV (프랑스)	Shinkansen (일 본)	ICE (독 일)
1. 차체중량	• 동력차 : 9.4ton • 객 차 : 6.6ton	• 0 계 : 10.0ton • 200계 : 7.5ton	• 동력차 : 9.4ton • 객 차 : 8.5ton
2. 차체재료	• 동력차 AC52 고장력 동합금 • 객차 AC52 or AC37 고장력 동합금	• 알루미늄 합금 다이케스팅 (ALUMINUM – ZINC – MANGANIUM)	• 동력차 –언더 프레임 : CARBON STEEL –사이드 프레임 : 4302SS STEEL –운전실 끝단 : 4001SS(V2A) STEEL • 객차 알루미늄합금 다이케스팅 (ALUMINUM – ZINC – MANGANIUM)
3. 굽힘 고유진동수	• 동력차 : 8.0Hz • 객 차 : 6.0Hz (공차)	6.5Hz	• 동력차 : 10.2Hz • 객 차 –구 체 : 15 ~ 17Hz –완성차 : 10Hz (공차)
4. 수 명	20년(예상)	15년	20년(예상)

한편 차체의 굽힘 고유진동수 f 는 일반적으로 아래의 식을 사용하여 구한다.

$$f = \frac{\pi}{2l_2^2}\sqrt{\frac{EI \times g}{w\left(I + \frac{\pi^2}{6}\left(2\frac{l_1}{l_2}\right)^3\right)}} \qquad (18)$$

(1) 차체의 굽힘 고유진동수의 계산

$l_1 = 2,850mm$

$l_2 = 13,800mm$

$g = 9,800mm/\sec^2$

$w = 2.21kg/mm$라고 할 때,

여기서, l_1 = 대차중심에서 차단(車端)까지의 거리(mm)

l_2 = 대차 중심간 거리(mm)

컴퓨터 계산결과로부터 구한 상당굽힘강성 $EI = 2.18 \times 10^{14} kg{\cdot}mm^2$를 위 식에 대입하면 고유진동수는 다음과 같다.

$f = 7.68Hz$ (수치계산 결과 값 이용)

측정치로부터 구한 상당굽힘강성 $EI = 1.77 \times 10^{14} kg{\cdot}mm^2$로부터 구한 고유진동수는 다음과 같다.

$f = 6.9Hz$ (측정값 이용)

이상에서 알 수 있듯이, 계산 결과와 측정결과는 일치할 수도 있지만, 대부분 어느 정도 오차를 포함한 근사한 수치를 나타내는 것을 알 수 있다.

4.4.6 궤도중심간격

평행한 두 개의 궤도중심선 사이의 거리를 궤도중심간격(軌道中心間隔, distance between track center, track spacing)이라 한다. 궤도(線路)는 차량끼리의 접촉과 작업원의 위험을 방지하기 위하여 일정 간격을 정해 놓고 있다. 일반적으로 두 선인 경우는 3.6m 이상, 세 선의 경우에서는 인접하는 두 개의 중심선 가운데 어느 쪽이든지 한 쪽을 4m 이상 확보해야 한다. 역(驛) 구내에서는 3.4~4m 이상, 지방철도에서는 3.35m 이상, 궤도법에 따른 철도(노면전차 등)에서는 차량의 최대 폭에 400mm를 더한 치수 이상, 각각 간격을 내도록 규정되어 있다.

우리나라 경부선의 경우 궤도중심간 거리는 4.5m이고, 경부고속철도의 경우는 5m로 정해져 있다. 외국 고속철도의 경우 프랑스 TGV는 4.2m, 독일 ICE 4.7m, 신간선은 4.3m로 되어 있다.

4.4.7 제동시스템

1) 제동일반

(1) 개요

열차는 계획된 속도 및 시간표에 따라 운행되어야 하므로, 필요에 따라 그 속도를 억제(抑制) 또는 감속(減速)할 필요가 있으며, 정해진 위치 또는 비상시에 신속하게 완전한 정지를 할 수 있어야 하는데, 이러한 목적을 달성하기 위해 설치된 시스템이 제동장치(制動裝置, braking system)이다. 이 제동장치는 열차가 주행 중에 갖는 운동에너지를 다른 형태의 에너지로 변환시켜 제동의 목적을 달성하게 된다. 일반적으로 열차제동에는 운동에너지를 마찰열로 변환하는 마찰제동방식을 널리 사용하고 있으나, 열차의 고속화에 따라 마찰 부분을 최소화하고, 안전한 제동을 위해 전기제동방식(電氣制動方式, electric braking system)을 겸용하는 것이 세계적인 추세이다.

(2) 제동장치의 분류

제동장치에는 제동력(制動力, braking force)의 동력원(動力源)과 그 발생 방법에 따라 다음과 같이 분류할 수 있다.

A. 동력원에 의한 분류

가. 수용제동(手用制動)

사람의 힘에 의한 제동방식으로, 치차(gear), 스크류(screw), 유압, 체인 또는 지렛대(lever) 등을 이용하는 방식으로서, 정지되어 있는 차량이 자연히 전동(轉動)되는 것을 방지하거나, 저속으로 주행하는 차량을 정지시킬 목적으로 사용된다.

나. 진공제동(眞空制動)

진공펌프를 설치하여 제동통 피스톤 한쪽에서 공기를 빼내어 진공(절대압력 0.2 ~ 0.3kg/cm²)으로 만들어, 피스톤 반대쪽에 대기압의 공기력을 작용시켜, 제동작용을 하게 하는 방식으로, 구조가 복잡하면서도 제동력이 약하여 거의 사용하지 않고 있다.

다. 증기제동(蒸氣制動)

제동원력으로 증기를 사용하는 방식이다.

라. 공기제동(空氣制動)

공기압력만으로 제동지령을 열차의 각 차량에 전달하여 제동력을 제어하는 것으로서 구조가 간단하면서도 응답성이 좋으므로, 각국의 철도에서 가장 많이 사용되는 제동방식이라 할 수 있으며 선두 차에서, 편성된 전체 차량에 걸쳐 공기관을 연결시켜 각 차량의 보조기기들에 공기를 채워 넣는다. 제동제어는 선두 차에서 제동밸브(制動弁, braking valve)를 조작하여 제동관의 공기압력을 감압(減壓)함으로써 제동작용이 이루어진다.

마. 전기제동(電氣制動)

이것은 제동 시에 견인전동기를 발전기(發電機, generator)와 같은 역할을 하도록 하는 것으로 전기자(電機子)의 역 토크를 이용하여 제동력을 얻는 방식이다. 발전된 전기를 저항기(抵抗器)를 통해 열로 발산하는 저항제동방식(抵抗制動方式, rheostatic braking)과 가공전차선(catenary)을 통해 변전소 또는 다른 차량에 되돌려주는 회생제동방식(回生制動方式, regenerative braking) 등이 있다.

바. 컨버터(converter)제동

운동에너지를 기계적 마찰 이외의 수단에 의하여 열로 변환시켜 제동력을 발생하는 것으로, 디젤동차에서 액체식 토크 컨버터(torque converter)를 통하여 에너지를 흡수하는 방식이다. 디젤기관의 엔진 브레이크와 함께 고속용으로 사용되고 있으나, 제동력이 크지 않다.

B. 제동력 발생방법에 의한 분류

가. 마찰제동(摩擦制動)

제륜자(制輪子, brake shoe)를 차륜 또는 차축에 설치된 디스크(disc)에 압착(壓着)시켜, 이의 마찰력을 이용함으로써 제동력을 얻는 방식으로서, 제동력의 크기는 차륜과 레일간의 점착계수에 의해 제한된다. 마찰제동의 종류는 아래와 같은 것들이 있다.

i) 답면제동(踏面制動) : 일반적으로 많이 사용하는 제동방식으로 단식과 복식이 있으며, 차륜답면에서 직접 마찰작용이 일어나므로 차륜마모가 크다는 단점이 있다.

ii) 디스크(disc)제동 : 답면제동의 차륜마모가 큰 단점을 보완한 것으로, 차축에 디스크를 설치하고 제동패드를 디스크에 압착시켜 제동작용을 하는 방식이다.

iii) 드럼(drum)제동 : 차축에 고정되어 있는 제동드럼을 내측 또는 외측에서 브레이크 라이닝(brake lining)을 확장하거나 조임으로써 제동작용을 하는 방식이다.

나. 레일제동

트랙 브레이크라고도 말하는 이 제동방식은 브레이크슈(brake shoe)를 직접 레일에 밀어 붙임으로서 레일과 브레이크슈 간의 마찰력을 이용하여 제동을 하는 방식이다.

다. 제동장치의 구비조건

i) 신뢰성(信頼性)의 확보 : 열차에는 많은 여객과 화물을 수송하고 있으므로 어떠한 경우에도 제동 작용이 확실히 작동되어야 하며, 일부 고장의 경우에도 다른 제동 작용이 가능하도록 2중, 3중의 안전대책이 요구된다.

ii) 신속성(迅速性)의 확보 : 열차는 고속으로 주행하므로 제동작용 속도가 느릴 경우, 제동작용 조치 후 상당거리를 그대로 주행하게 되므로 가장 신속한 제동작용이 되도록 해야 한다.

iii) 안전성(安全性)의 확보 : 고속주행 중 급정차를 할 경우 바퀴에 스키드(skid)현상이 발생되고, 또한 승객들에게 충격으로 인한 안전상의 문제가 생길 수 있으므로, 안전성을 고려한 적절한 제동력을 확보해야 한다.

iv) 고(高)흡수에너지 용량 : 마찰제동의 경우 장시간 제동작용을 하게 될 경우는, 제륜자의 마찰열이 매우 크게 되므로, 내열성이 큰 재료의 사용이 필요하며 마찰열이 발생되었을 때 열방산 능력도 커야 한다.

v) 제어성(制御性) 확보 : 제동 작용은 기관사 또는 ATC의 지령에 따라 전체 차량에 제동제어가 가능하여야 한다.

2) 제동 기초이론

(1) 제동력의 한도

열차의 제동력은 될 수 있으면 큰 것이 바람직하지만, 이것에는 한도(限度)가 있다. 즉, 제동력은 차륜과 레일간의 점착력(粘着力)보다 크지 않아야 한다.

$B < \mu W$ (점착력) -------------------- (19)

여기서, B : 제동력(제륜자 압력×마찰계수) -------------------- (20)
W : 레일 면에 가해지는 차량중량(점착중량)
μ : 차륜과 레일간의 점착계수

만일 제동력이 점착력보다 크게 되면 차륜은 레일과 접촉부에서 활주(滑走, skid)하게 되어 회전을 정지한 채 레일 면 위를 미끄러진다. 차륜이 활주하기 시작했을 때의 제동력은 차륜과 레일간의 미끄럼 마찰력에 의한 것이 되지만, 이것은 활주하기 직전의 차륜과 레일간의 점착력에 비하여 적고, 더욱이 차륜의 레일과 닿는 부분에서는 마찰에 의하여 온도가 급격하게 상승되어 마찰계수가 감소되므로 제동력이 약해진다. 이 때문에 제동거리는 현저하게 증대되고 차륜 답면에 찰상(擦傷, 마찰에 의한 손상)을 일으키게 된다.

(2) 제동조작

제동조작은 열차운전에 있어서 아주 긴요한 것이고, 정차하는 경우에는 충격이 없고 또한 승객에게 불쾌감을 주지 않는 범위 내에서, 최소의 시간으로 소정의 위치에 정차시켜야 한다. 이러한 조건을 만족시키기 위하여 자동공기(自動空氣) 제동장치에서는 일단 제동과 단계적인 완해(緩解, releasing)가 제동조작의 기본으로 되어 있으며, 이것의 장점은 다음과 같다.

① 고속에서 제동초기에 제륜자와 차륜간의 마찰계수가 작은 때에 높은 제동통 압력을 작용시키고 속도가 저하되어, 마찰계수가 증대하는데 따라 제동통 압력을 점차 저하시킴으로써 거의 일정한 감속도를 갖게 한다.

② 마찰계수는 25km/h 전후에서 급히 증대하기 시작하므로, 경우에 따라서는 활주할 위험이 있고 정지하기 직전에는 더욱 커져서 충격을 일으키기 쉽다. 이런 시기에 제동통 압력을 저하시키면, 유효하게 충격을 방지시킬 수 있어 승차감을 해치지 않게 된다.

③ 정지위치를 맞추기 위한 제동의 조절이 용이하게 된다.

(3) 제동력

제동력은 제동통 피스톤에 미치는 공기압력이 기초제동 기구를 거쳐 수배로 증대되어, 제륜자에 가해진 유효한 모든 제륜자의 압력과 마찰계수(제륜자와 차륜 간)를 곱한 값으로 얻어진다.

$$B = P \cdot L \cdot \eta \cdot \mu \qquad (21)$$

여기서, B : 제동력(kgf)
P : 모든 제동통 피스톤 압력(kgf)
L : 제동배율
η : 제동전달효율
μ : 평균마찰계수

즉, 제동력은 제동통 피스톤 압력 및 마찰계수 등에 비례하여 변화하는 것이다. 그러나 이

것 이외에도 열차의 진행을 방해하는 힘을 모두 제동력으로 간주하여 취급하므로 제동력에 열차저항(列車抵抗, train resistance)을 더한 것을 B_1이라 하면

$$B_1 = P \cdot L \cdot \eta \cdot \mu + (\gamma_1 + \gamma_2 \pm \gamma_3)W \quad \text{-------- (22)}$$

γ_1 : 주행저항계수(kg$_f$/tonf)

γ_2 : 곡선저항계수(kg$_f$/tonf)

γ_3 : 구배저항계수(kg$_f$/tonf)

W : 열차중량(tonf)

식 (22)에서 표시된 것과 같이, 곡선 또는 상구배(上勾配) 구간에서 제동을 행할 때는 제동력이 증대되어 제동거리는 단축되지만, 반대로 하구배(下勾配)에서는 제동력이 감소되어 제동 거리가 길어진다.

3) 제동 용어해설

(1) 제동통 피스톤 압력(제동통 압력)

제동 시에 제동통(制動筒) 피스톤에 작용하는 공기압력은 공기제동에 있어서 제동의 원동력이 된다. 따라서 제동통에 유입되는 공기압력은 제동력에 직접 관계되는 것이며, 차량에 따라 최대압력이 한정되어 있다. 제동통에 공급되는 압력공기는 주공기통(main air reservoir)에서 직접 공급하는 방식과 보조공기통(auxiliary air reservoir) 또는 부가(附加)공기통에서 공급하는 방식이 있다.

(2) 제동배율(制動倍率)

제동배율은 기초제동 기구에서 제동통 피스톤에서 발생한 힘과 브레이크슈에 작용하는 전체 압력과의 비를 말하며, 기초 제동장치 자체의 마찰 손실, 완해 스프링 및 리턴 스프링(return spring) 등의 반력을 무시한 값이다. 따라서 제동통의 피스톤 행정과 차륜, 브레이크슈 간의 간격과의 비는 제동배율에 의하여 결정된다. 일반적으로 제동배율은 기관차에서 6~9, 객화차에서 5~9, 전동차에서 8~12이다.

(3) 전달효율

기초 제동장치를 통하여 힘을 전달하는 경우, 기구 각부의 마찰, 제동통 피스톤 완해 스프링, 대차에 붙여진 리턴 스프링 등의 저항력 때문에 제동통에서 발생된 힘의 일부가 감쇠(減衰)된다. 그리고 브레이크슈가 차륜의 중심고(中心高)를 벗어나서 붙여질 경우에는 법선 이외의

분력이 생겨 브레이크슈를 누르는 힘이 감소된다. 따라서, 제동통의 피스톤압력과 실제로 브레이크슈가 차륜을 누르는 힘과의 비를 기초 제동기구의 전달효율(傳達效率)이라 한다. 이 전달효율은 제동통의 압력, 제동시의 차량속도 등에 따라 변화하며 일반적으로 90%로 간주하고 있다.

(4) 제동률

제동률(制動率)은 브레이크슈의 전압력 P와 차량의 중량 W와의 비를 말한다.

$$\frac{P}{W} = K \quad \text{(23)}$$

여기서 K는 제동률로 표시한다. 이때 브레이크슈의 압력은 전달효율이 100%인 것으로 계산된다.

(5) 마찰계수

주철(鑄鐵, cast iron)제 제륜자와 차륜 간의 마찰계수의 특성은 브레이크슈 압력의 증가, 속도의 향상, 제동시간의 경과 등에 따라 작아지게 되며, 정지 직전에는 급격히 증가하여 평균치의 1.5~2.0배로 된다. 철도차량에서 보통 사용하고 있는 주철제 브레이크슈와 차륜 간의 마찰계수는 다음의 실험식으로 구할 수 있다.

$$\mu = C\,\frac{1 + 0.01\,V}{1 + 0.05\,V} \quad \text{(24)}$$

여기서, C는 날씨에 관계되는 계수로서 천후계수(天候係數)라고 하며, 쾌청할 때는 0.42, 우천일 때는 0.30을 사용하고, 보통은 0.32를 사용한다. V는 열차의 속도(km/h)이다.

(6) 평균 마찰계수

실제로 정지하기 위하여 제동을 사용하였을 때의 속도는 시시각각으로 변화하며 정지 할 때까지의 마찰계수는 속도의 저하와 더불어 점점 커지게 되므로, 제동을 개시한 때부터 정차할 때까지의 평균마찰계수를 사용하여 제동력을 계산하게 된다. 평균마찰계수를 계산하는 식은 다음과 같다.

$$\mu = \frac{0.5CV^2}{2.5V^2 - 400V + 40,000\log(1+0.01V)} \quad \text{(25)}$$

여기서, μ : 평균 마찰계수
V : 제동 초속도(km/h)
C : 천후계수

일반적으로 제동거리를 계산할 때는, 각 제동 초속도와 천후계수에 따른 평균 마찰계수를 계산하여 만든 평균 마찰계수 〈표 4-6〉을 이용하는 것이 편리하다.

표4-6 평균 마찰계수의 값

레일 면의 상태	보통의 경우	모래를 뿌린 경우
건조하고 맑을 경우	0.25~0.30	0.35~0.40
습할 경우	0.18~0.20	0.22~0.25
서리가 내렸을 경우	0.15~0.18	0.20~0.22
눈이 내렸을 경우	0.15	0.20
기름기가 있을 경우	0.10	0.15
낙엽이 있을 경우	0.08	–

(7) 공주시간과 공주거리

제동밸브 핸들을 제동위치에 둘 때 제동 개시부터 제동력이 유효하게 작용하는 때까지의 시간을 공주시간(空走時間)이라 하고, 열차가 이 시간 동안에 주행한 거리를 공주거리(空走距離)라 한다.

공기제동장치에서는 제동밸브 핸들을 제동위치에 이동시켜도 공기의 전달속도와 공기관, 밸브, 제동통 등의 공기유동 저항 및 밸브의 작동지연에 따라 제동통의 압력이 상승되기에는 얼마동안의 시간(초 단위)이 소요된다. 이와 같은 여러 가지 요인으로 공주시간이 발생하게 되는데, 공기제동에서 공주시간이 발생하는 과정을 살펴보면 다음과 같다.

① 제동밸브(braking valve) 핸들을 제동위치에 둔 뒤, 제어변이 제동위치를 취할 때까지의 시간

② 제어밸브의 제동위치를 취한 때부터 브레이크슈가 차륜에 밀착할 때까지의 시간

③ 브레이크슈가 차륜에 밀착한 때부터 제동통의 공기압력이 상승하는 시간

이외에도 공주시간은 일반적으로 제동장치의 종류, 제동방법, 열차의 편성, 편성 양수 등에도 관계가 있다. 공주거리 S_1은 일반적으로 다음 식으로 표시한다.

$$S_1 = \frac{V}{3.6} t_1 \ \ (\mathrm{m}) \quad \cdots\cdots (26)$$

여기서, t_1 : 공주시간(sec)
V : 제동 초속도(km/h)

(8) 제동거리

제동거리는 제동밸브 핸들을 제동위치에 이동시킨 때부터 열차가 정지할 때까지 주행한 거리, 또는 제동효과가 없게 될 때까지 열차가 주행한 거리를 말한다.

제동거리(S)는 공주거리(S_1)와 실제동거리(S_2)를 합산한 거리로 표시한다. 운전 중 열차를 정지시키기 위하여 제동을 작동시켰을 때에는, 열차의 운동에너지와 열차를 정지 또는 감속시키기 위한 일의 양이, 같아야 하므로 제동 초속도를 V라 하면 다음과 같은 식을 얻게 된다.

$$B_1 \cdot S_2 = \frac{1}{2}\frac{W}{g}V^2$$

$$\therefore S_2 = \frac{WV^2}{2g}\frac{1}{B_1} \quad \cdots\cdots (27)$$

여기서, 중량을 W(ton), 속도를 V(km/h), 제동력을 B_1(kgf)이라 하면 실제동거리 S_2(m)와의 관계는 다음 식과 같다.

$$S_2 = \frac{1}{2}\frac{1000\,W(1+X)}{9.8}\frac{V^2}{3.6}\frac{1}{B_1} \quad \cdots\cdots (28)$$

따라서, 식(21)과 식(22)로부터

$$S_2 = \frac{3.937(1+X)V^2}{\frac{B}{W} + (\gamma_1 + \gamma_2 \pm \gamma_3)} \quad \cdots\cdots (29)$$

일반적으로 일반열차와 동차열차에서 회전부분의 관성계수 X는 열차중량의 약 6%(전동차는 9%)로 간주된다. 그러므로 실제동거리 S_2는

$$S_2 = \frac{4.17\,V^2}{\frac{B}{W} + (\gamma_1 + \gamma_2 \pm \gamma_3)} \quad \text{(30)}$$

가 된다. 따라서 제동거리 S는 제동효율 및 제동전달 효율을 100%로 가정하였을 때 다음과 같다.

$$\begin{aligned} S = S_1 + S_2 &= \frac{V}{3.6}t_1 + \frac{4.17\,V^2}{\frac{B}{W} + (\gamma_1 + \gamma_2 \pm \gamma_3)} \\ &= \frac{V}{3.6}t_1 + \frac{4.17\,V^2}{\frac{P}{W}\mu + (\gamma_1 + \gamma_2 \pm \gamma_3)} \quad \text{(31)} \end{aligned}$$

단, $\frac{P}{W}$: 제동률

(9) 제동시간

제동시간은 제동을 개시한 때로부터 열차가 정지할 때까지의 시간이다. 공주시간을 t_1, 실(實)제동시간을 t_2 라 하면 제동시간 t는

$$t = t_1 + t_2 (\text{sec}) \quad \text{(32)}$$

이다. 그리고 제동이 작용한 때로부터 정지할 때까지의 제동력과 각 저항을 합한 전체 제동력을 F 라 하면

$$F = ma = m\frac{V}{t_2} = \frac{1000\,W}{9.8}\frac{V}{3.6t_2} \quad \text{(33)}$$

이다. 열차의 중량 W에 대하여 회전부분의 관성계수를 고려하면

$$F = \frac{28.35\,W(1+X)\,V}{t_2} \quad \text{(34)}$$

로 된다. 일반열차인 경우 X = 6%로 간주되므로

$$F=\frac{28.35\cdot 1.06\,WV}{t_2}=\frac{30.1\,WV}{t_2}$$

$$\therefore\ t_2=\frac{30.1\,WV}{F} \qquad (35)$$

여기서, F 대신 식(21)과 식(22)로부터 $B+(\gamma_1+\gamma_2\pm\gamma_3)W$를 대입하면

$$t_2=\frac{30.1\,WV}{B+(\gamma_1+\gamma_2\pm\gamma_3)W}=\frac{30.1\,V}{\frac{B}{W}+(\gamma_1+\gamma_2\pm\gamma_3)} \qquad (36)$$

따라서, 제동시간 t는 다음과 같다.

$$t=t_1+t_2=t_1+\frac{30.1\,V}{\frac{B}{W}+(\gamma_1+\gamma_2\pm\gamma_3)} \qquad (37)$$

4) 공기제동장치

(1) 개요

공기제동장치는 압축된 공기를 전체 차량에 보내어 열차를 정지시키는 장치로, 차종에 따라서 구조가 약간씩 다르다.

동력차에는 주공기압축기 및 그 부속장치, 주 제어밸브, 중계밸브 및 주공기통 등이 설비되고 부수객차에는 그 공기를 수용하여 제동 작용을 할 수 있도록 제어밸브, 보조공기통 등이 설비되어 있으며, 이것은 제동관의 감압에 의하여 제동 작용이 되도록 되어 있고, 열차 분리 시는 제동관 압력이 급강하(急降下)하므로 확실하게 비상제동이 작용되도록 설계된다.

(2) 공기제동장치의 종류

현재 철도차량에 사용하는 공기제동장치의 종류는 다음과 같다.

* 객화차 : KC, KD, LN, ARE, ERE, CKIP, KNORR 제동장치
* 디젤전기기관차 : 6SL, 6BL, 26-L, 26-NL 제동장치

* 디젤동차 : CLE(무궁화), DA-IA제동장치(일반)
* 전기기관차 : PBL-2 공기제동장치
* 전동차 : SELD 공기제동장치
* Push-Pull 동차 : Kbr X1 공기제동장치 등이 있다.

(3) 주공기압축기

주공기압축기는 집전장치 및 제동, 제어장치에 사용하는 공기를 생성하는 것으로, 전동기부와 공기압축기부로 되어 있으며, 전동기에는 직류회로용의 직권전동기, 교류회로용에서는 단상 또는 3상 유동전동기가 사용되며 조압기(調壓器, governor)에 의해 공기압력이 어느 일정 값 이하로 강하되면, 자동적으로 기동되고 일정 압력 이상일 때 자동적으로 정지된다. 공기압축기의 종류에는 왕복형과 스크류(screw)형이 있고, 최근에는 스크류 형을 많이 사용하고 있으며, 고속열차용 압축기용량은 1,574l/min ~ 3,750l/min이다. 프랑스(TGV), 독일(ICE)에서는 스크류형 공기압축기를 주로 사용하고 있으며, 일본 신간선에서는 왕복형(往復型) 공기압축기를 사용하고 있다.

(4) 제동 작용의 기본원리

제동 작용은 기관차에서 전체차량에 제동용 압축공기를 공급하고, 이를 보조공기통에 보관하고 있다가 제동관의 공기 감압(減壓) 시 보조공기통의 공기가 제동통에 충기(蟲氣)되어 제동 작용을 하게 되는데, 이는 기본적으로 다음과 같은 3가지 작용으로 이루어지며 제동장치의 종류에 따라 약간씩 차이가 있다.

A. 제동 작용

가. 완해 및 충기작용

기관차의 주공기통에서 각종 차량 간에 연결된 제동관(制動管, brake pipe)을 통해 압축공기가 보내져 균형피스톤은 그 압력으로 이동하고, 협로를 통하여 보조공기통, 부가공기통, 공급공기통 등 모든 공기통에 공급되고, 동시에 제동통에 있는 공기를 대기 중으로 배출한다. 이것은 압축공기의 충기 작용과 제동 완해작용이 동시에 이루어지기 때문에 통상 이 위치를 완해위치 또는 충기위치라 한다.

나. 제동작용

기관차의 제동밸브의 조작에 의하여 제동관의 압축공기를 대기로 배출시켜 감압(적당량)하면, 균형피스톤의 압력변동에 의해 보조공기통 측의 압축공기 또는 공급공기통 측의 압축공기가 제동통에 유입되어 피스톤을 밀어 제동 작용을 하며, 이 위치를 제동위치라 한다.

다. 랩 작용

기관차의 제동밸브 조작에 의해 제동관 감압을 중지하면, 제동관의 압력이 그대로 유지되고 제동통에 공급되는 공기는 공급이 중지되는 현상, 즉 공기의 흐름이 정지되는 것으로 이 위치는 완해랩 위치와 제동랩 위치, 2개의 위치가 있다.

B. 제동관 감압과 제동통 압력과의 관계

가. 압력변화에 대한 이론

공기제동기로 열차제동을 체결하면, 보조공기통 안의 압력공기가 제동통으로 향하여 팽창하는 경우에도 외부로부터 열을 가하지 않으므로 그 압력은 강하되며, 동시에 온도도 저하되지만 아래와 같은 이유로 온도의 변화를 고려하지 않는 것이 통례이다.

즉, 주공기통 또는 보조공기통 안에 축적된 공기는 최초 공기압축기로 압축되었을 때에는 상당한 고온이었으나, 냉각관을 통해 또는 주공기통 안에 있는 동안 충분히 냉각되어 대기의 온도와 같다고 볼 수 있고, 제동 작용 시 보조공기통으로부터 제동통에 진입한 공기는 팽창하여, 그 온도는 순간적으로 공기통 내의 공기 온도 이하로 저하될 것이며 제동통은 대기와 통하여 있으므로 즉시 대기온도로 된다.

i) 압력과 용적변화와의 관계 : 압력계는 계기압력(計器壓力)을 표시하는 것이므로, 절대압력을 구하려면 여기에 대기압력을 가상하여야 한다. 또 압력 및 용적변화 전후에 있어서 온도가 일정하면 공기의 용적과 압력의 곱은 일정하다.

$$P \times V = C \quad \text{(38)}$$

여기서, P : 절대압력(kgf/cm^2), V : 용적(cm^3), C : 정수

ii) 공기의 압축과 팽창 : 일반적으로 보일-샤를(Boyle-Charles)의 법칙에서 압축전의 절대압력과 용적의 상승적은 압축후의 절대압력과 용적의 상승적과 같다.

$$P_1 V_1 = P_2 V_2 \quad \text{(39)}$$

P_1 : 압축 또는 팽창전의 절대압력
V_1 : 압축 또는 팽창전의 용적
P_2 : 압축 또는 팽창후의 절대압력
V_2 : 압축 또는 팽창후의 용적

위의 식은 등온변화 때의 공식으로, 공기제동장치에서 압축기의 경우와 마찬가지로 온도에 큰 변화가 있는 경우를 제외하고는 이 공식을 사용할 수 있다.

나. 제동관 감압의 필요성

직통제동기로 제동통관(制動筒管)에 보내진 공기압력은 직접 제동통(制動筒)에 작용되는 것이므로 제동통관의 압력이 되지만, 자동 공기 제동통에 있어서는 제동통으로 진입하는 공기는 보조공기통의 공기이므로 제동관의 압력과 제동통의 압력이 직접적인 관계는 없지만, 제동통관의 감압으로 보조공기통의 공기를 제동통으로 유통시키기 위하여 삼도밸브(三道弁, three way cock)가 작동하게 되는데, 일방적으로 제동관에 서 1kgf/cm² 감압되면, 제동통에 발생하는 압력은 1kgf/cm² 가 아니고 약 2.25kgf/cm² 가 된다.

다. 감압속도

제동관의 압력을 많이 감압하게 되면 제동통의 압력이 상승되어 제동력이 강하게 되므로, 제동력은 제동관 감압량과 관계가 있다. 그러나 이 감압량의 대소로 상용제동과 비상제동으로 분류되는 것이 아니다. 즉 어떤 차량의 제동관 압력이 6kgf/cm² 이었던 것이 감압되어 1kgf/cm² 로 되었다고 하면, 그 감압량은 실제 5kgf/cm² 가 되지만, 이것이 제동관이나 기타 누설(漏泄) 등으로 인해 장시간에 걸쳐 감압되었다면 제동 작용은 전혀 발생하지 않을 수도 있다.

반면 0.5kgf/cm² 의 감압이라도, 이것이 순간적으로 작용된다면 비상제동(非常制動) 위치가 될 수도 있다. 그 이유는 삼도밸브에서 상용제동 위치의 비상제동 위치가 달라지므로 균형피스톤 양면 압력차의 대소에 의하는 것으로서, 이 압력차는 제동관 쪽의 압력 변화만으로 결정할 수는 없다.

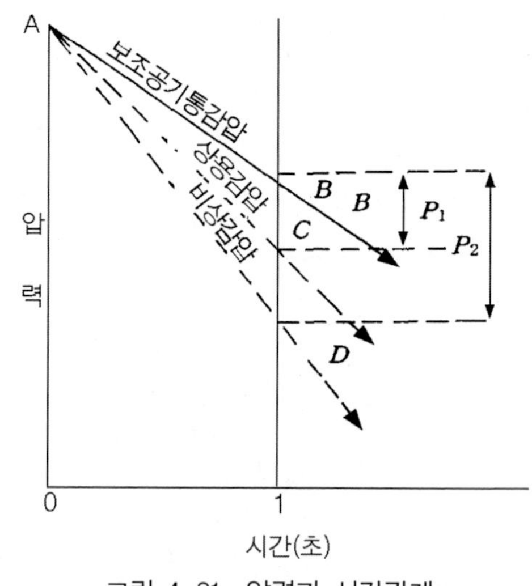

그림 4-21 압력과 시간관계

〈그림 4-21〉에서 보조공기통의 압력이 A, B의 상태로 강하되는데 걸리는 1초의 시간동안 지난 다음의 상용 감압속도 A, C로서는 P_1만큼의 압력차가 생기나, 비상 감압속도 A, D로서는 P_2의 압력차가 생기게 된다. 감압속도는 시간에 대한 감압량의 비율로서 다음과

같이 나타낼 수가 있다.

$$감압속도 = \frac{감압량}{시간} \quad \text{-----} \quad (40)$$

감압속도는 열차 제동관 용적의 대소에 따라 다르게 된다. 1.4kgf/cm² 의 감압량을 약 10초 동안에 시행하는 것이라면, 상용제동의 최대 감압속도는 1.4/10 (kgf/cm² /sec)로서 표시될 수 있다.

라. 제동의 종류

제동의 종류는 크게 나누어 상용제동, 비상제동 등으로 나눌 수 있다.

i) 상용제동(常用制動, service braking) : 운전 중 속도의 감속 또는 보통 정차시킬 때의 제동 작용으로 승차감의 저해 없이 열차를 정해진 위치에 정차시킬 목적으로 사용하는 제동이며, 과대한 순간제동력이 발생되지 않도록 하여 제동관의 감압량(減壓量) 및 감압속도(減壓速度)를 제한하고 있다.

ii) 비상제동(非常制動, emergency braking) : 비상시 제동거리를 최소로 하기 위하여, 신속히 제동이 체결되도록 하는 것으로 기관사가 단독제동을 비상제동위치로 하거나, 승객 및 승무원이 객차에 설치된 비상밸브(emergency valve)를 작동시키는 경우와, 공기호스가 파열되어 공기가 급격히 누출되어 일어나는 현상으로 비상시에만 사용하도록 되어 있다.

5) 혼합제동장치

(1) 개요

열차를 300km/h 정도의 속도로 운행하는 고속열차의 경우, 운행 시 적절한 제동거리로 열차를 정차시키기 위하여, 공기 및 전기제동시스템이 서로 최적으로 조화를 이루어 작용하는 고도로 발달된 제동시스템을 필요로 한다.

제동장치의 목적과 개념에서 열차의 제동시스템에서는 가능한 마찰부(部)를 적게 해서 완전한 제동 작용을 할수록 좋다. 이것은 물자절약에도 도움이 될 뿐만 아니라, 마찰열로 인해서 발생하는 균열(龜裂), 이완(弛緩) 등을 줄일 수 있으므로, 고속열차에서는 마찰부를 적게 하기 위해서 전기제동방식이 도입되었다. 주로 고속도(高速度)에서는 전기제동을 사용하며, 이에 보완적으로 공기제동이 설치되어 사용되고 있는데 마이크로 프로세서 제어시스템을 이용하여, 전기제동과 공기제동을 적절히 작용하도록 함으로써, 모든 운행조건 하의 열차에 대한 안전한 제동 작용을 하도록 하고 있다. 이와 같이 공기제동과 전기제동을 혼합하여 사용하므로 혼합제동장치(混合制動裝置)라 할 수 있으며, 공기제동장치는 앞 절에서 설명되었으므로 여기서는 전기제동에 대해서 설명한다.

(2) 전기제동장치

전기제동장치는 제동원리에 따라 발전제동, 회생제동, 와전류제동 등이 있으며 와전류제동의 사용은 아직까지 개발단계에 머무르고 있다.

A. 발전제동

가. 발전제동의 기본

발전제동(發電制動, rheostatic braking)은 제륜자를 사용하여 마찰 에너지를 변환시켜 제동력을 얻는 것과는 달리, 동력차(디젤기관차, 전기기관차, 전동차)가 차량을 견인하고 운행할 때 역행(力行, powering) 이외의 타행(惰行, coasting) 중에 견인전동기의 회전력을 이용하여 견인전동기를 발전기로 변환시켜 얻는 힘을 제동력으로 변환시켜 사용하는 방식이다. 즉, 기계적 에너지를 전기적 에너지로 변환시키는 것으로, 전기자의 역(逆) 토크를 이용하여 제동력을 얻는 것으로, 발전제동에서 발생한 전기적 에너지는 저항기에서 열에너지로 변환시켜 대기로 방산시키는 방식이다. 일반적으로 견인력과 제동력은 동일조건에서 제동력 쪽이 약 15~30% 정도 크다.

나. 장점

i) 마찰제동에서 발생할 수 있는 차륜이완이나 찰상 등의 현상은 발생되지 않는다.
ii) 공주시간(空走時間)이 단축된다.
iii) 고속도에서 균일한 제동력을 얻을 수 있다.
iv) 마찰제동으로 발생하는 철분(鐵粉)에 의한 전기기기의 오염을 경감시켜 자재의 절약, 사고를 방지하는데 유리하다.
v) 연속 하 구배(下 勾配)에서도 속도제어가 용이하다.
vi) 경제적인 것은 아니지만, 구조가 간단한 것이 장점이다.

다. 단점

i) 전기제동의 고장 및 저속도시 제동력이 약하므로 공기제동장치의 병설(竝設)이 필요하다.
ii) 저항기(抵抗器)가 별도로 필요하다.
iii) 견인전동기의 부하율이 높아지기 때문에, 견인전동기의 용량을 크게 할 필요가 있다.
iv) 전기회로가 복잡하다.

라. 발전제동의 원리

발전기가 회전하여 전압을 유기하면 전압을 유기한 전기자 선륜은 보다 더 많은 자력선을 절단하기 때문에 플레밍(flaming)의 왼손법칙에 의하여 회전력이 생긴다. 이 회전력은 최초의 회전력 반대방향으로 생긴다. 이 회전력을 역 토크라 하여 발전제동에 응용하고 있다.

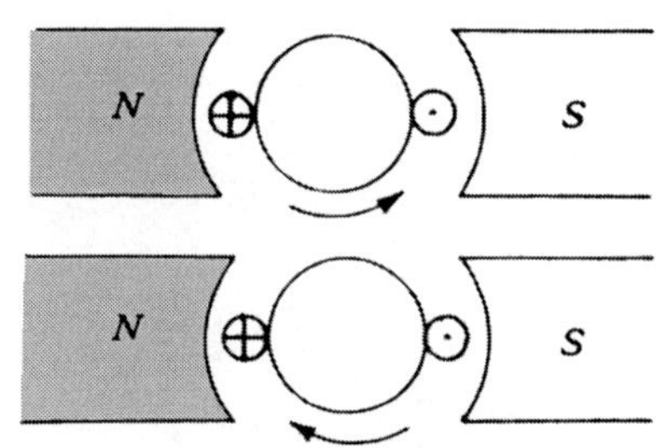

그림 4-22 발전제동의 원리

즉, 다음 〈그림 4-22〉에서 보는 바와 같이 좌측 방향으로 회전한다고 하여 N측에는 ⊕, S측에는 ⊙의 방향에 전압이 유기(誘起)된다. 이때 전압을 유기한 선륜은 보다 더 많은 자력선을 절단하기 때문에 좌측방향으로 회전한다. 이 회전력을 제동력으로 사용하는 것이다. 이것은 역행일 때의 회전력과 같은 자력선 수(磁力線 數)와 전류의 곱에 비례한다. 따라서 역행 시 손실되는 철손 및 기계손이 발전제동일 때는 유효한 제동력이 된다.

* 발전제동의 제동력을 계산하여 보면 다음과 같다.

$$B = K_1 \Phi I \quad \text{(41)}$$

B : 제동력(kgf) Φ : 자력선(wb)
I : 제동전류(A)

그리고

$$K_1 = 0.976 \frac{1}{\epsilon} \cdot K \cdot \frac{2NG}{D\eta} \quad \text{(42)}$$

ϵ : 전동기 효율 η : 동력전달 효율
N : 전동기 수량 G : 치차비
D : 동륜직경(m) K : 전동기 정수

위의 식은 견인력을 구하는 식과 동일 형으로서, 자력선 수와 전류와의 곱에 비례한다. 그러나 제동력의 경우에는 전동기 손실과 동력전달효율이 유효하기 때문에 앞에서 언급한 견인력보다 15~30% 정도 크다는 이유가 여기에 있다.

* 견인전동기 한 개당의 제동력은 다음 식과 같다.

$$F = \frac{E_1 I_1 + (W_1 + W_2)}{736} \times 75 \times \frac{3.6}{V} \times \frac{1}{\eta}$$
$$= (E_1 I_1 + W) \times 0.102 \times \frac{3.6}{V} \times \frac{1}{\eta} \quad \cdots\cdots (43)$$

F = 견인전동기 1개당 제동력(kgf)
V = 열차속도 (km/h)
B_1 = 견인전동기 1개당 발전전압 (V)
L_1 = 견인전동기 전기자 전류(A)
W_1 = 견인전동기 1 개당 손실(W)
W_2 = 견인전동기 1 개당 기계손(W)
$W = W_1 + W_2$
η = 동력전달효율(%)

즉, 1동력차 당 제동력은

$$B = NF \quad \cdots\cdots (44)$$

B = 1동력차 당 제동력(kgf)
N = 견인전동기 개수
주) $1kW = \frac{75}{736} \times 1{,}000$(kg·m/sec)

B. 회생제동

가. 회생제동의 정의

발전제동과 동일한 전기적 제동방식의 일종으로서 발전제동보다 진보된 것이다. 발전제동은, 발전제동에서 발생한 전력의 일부를 저항기의 열로 소비시키는 방식이고, 이 에너지를 어떠한 방법으로 회생시켜 유효하게 사용할 수 있도록 하는 방식이 회생제동이다. 이 방식은 발전된 전압을 전차선(電車線, catenary)에 되돌려 보내 역행 중인 다른 열차에 공급하거나, 변전소에 반송시키는 방법으로 전력소비의 절약, 변전소 설비용량의 감소 등의 이점이 있다.

나. 특성

i) 전기의 단자전압은 전차선 전압에 의하여 결정된다.

ii) 고속주행 중 제동 체결 시에는 계자를 약하게 하여야 하며, 제동력 부족분은 보조제동력으로 충당한다.

iii) 속도가 저하될 때 계자를 강하게 하지 않으면, 전차선 전압보다 높은 발전전압이 유지되지 않으므로 부득이 계자를 강하게 하여야 한다.

다. 문제점

i) 견인전동기의 계자제어범위 확대 - 보상 권선의 실용화에 의해 해결한다.

ii) 제어장치가 복잡하다.

라. 견인과 회생

유도전동기는 슬립(slip)이 ⊕일 때는 견인 토크를 발생하고, ⊖일 때는 제동 토크를 발생한다〈그림 4-23 참조〉.

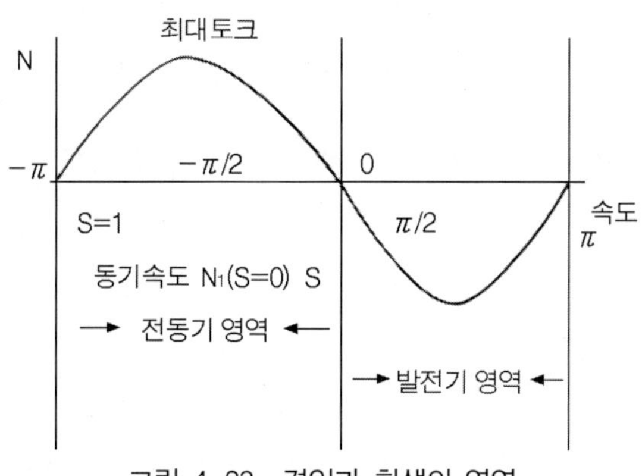

그림 4-23 견인과 회생의 영역

위의 그림과 같이, 유도전동기를 사용하는 전차에서 제동을 걸려고 할 때에는 전동기 회전수보다 인버터 주파수를 낮추어 주면 전동기는 발전기가 되며 제동체결이 된다.

C. 와전류제동

가. 와전류 레일제동

레일과 차륜 간의 점착에 의존하지 않는 비접촉식 제동방식으로서, 최근 각국의 초고속열차에서 시행 중(試行 中)이며, 새로운 제동시스템으로서 이 분야의 연구·개발이 활발히 진행되고 있다.

〈그림 4-24〉에 와전류 레일제동의 구조를 표시한다. 레일에 근접하고 내부에 전자석(電磁石)을 내장한 브레이크 편(片)을 장비하여, 제동 작동 시 여자(勵磁)된 전자석과 레일과의 상대운동에 의해 레일 면에 유기(誘起)되는 와전류(渦電流, eddy current)에 의해 발생하는 제동력을 이용한다. 점착에 의존하지 않기 때문에 이론적으로는 자유롭게

제동력을 얻지만, 레일과의 틈에 한도가 있고, 제동 시에 레일의 온도가 상승하고, 또한 대차 프레임에 부착되므로 차량의 무게가 상승하는 요인이 되기도 한다. 일반적으로는 제동력의 30% 정도 부담하고 있는 예가 많다.

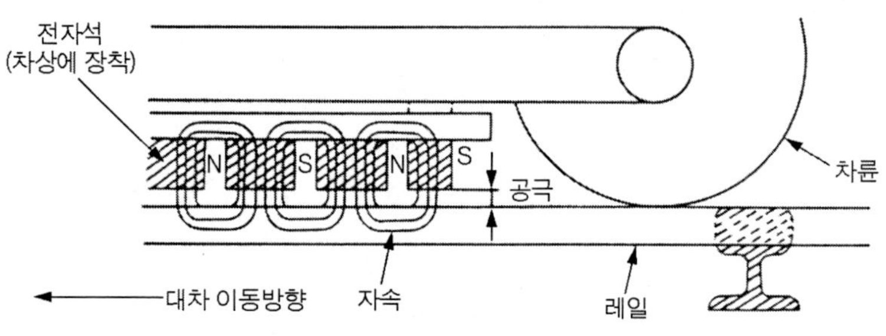

그림 4-24 와전류 레일제동

일본에서는 신간선 고속시험 전차에 사용된 예가 있지만, 레일 절손(折損) 시의 대책(레일이 브레이크 편에 흡착될 우려가 있음) 및 중량문제(重量問題) 등으로 실용단계까지는 미치지 못하고 있다.

나. 와전류 디스크 제동

동일한 원리를 레일 대신에 차축의 디스크(disc)로 이행하는 방식으로서, 앞에서 언급한 디스크 제동에 비해 마찰부분이 없기 때문에, 항상 안정된 제동력을 얻는다. 한편 디스크의 열응력(熱應力)의 관점에서도 바람직하지만, 설치장소 문제 및 가격 등의 관계로, 일본의 경우는 신간선 일부 차량에 사용되고 있는 정도이다.

특수제동에는 이외에 레일과 차상(車上) 브레이크 편(片)을 전기적으로 압착하는 전자흡착제동(電磁吸着制動)과 기계적으로 압착하는 카보런덤(carborundum) 제동이 급구배 철도 일부에서 사용되고 있다.

4.4.8 스테인리스 차량의 경량화

1980년대 이후 스테인리스 차량과 알루미늄 차량의 제작 비율이 날로 증가하고 있는 일본의 경우를 설명함으로써, 철도차량의 경량화에 대한 세계적 추세도 알 수 있을 것이다.

우리나라도 1980년대 후반부터, 차량의 재료가 mild steel에서 본격적으로 스테인리스 차량으로 변화되었으며, 차량에 알루미늄의 사용은 21세기 진입하여서다.

철도차량의 경량화에 대해서는 1950년경부터 일본국철을 시초로 각 사철(私鐵)에서 연구되어, 국철 "디하" 10형 객차, 도쿄급행전철 "디하" 5000형 등 보통강에 의한 경량차량이 탄생되었다. 더구나 경량화 및 무보수유지(maintenance free)의 관점으로부터 스테인리스강과 경합금

차량구체의 채용에 대한 각사에서의 시험 및 연구결과, 1957년 11월에 도큐차량(東急車輛)이 일본 최초의 준(準)스테인리스(semi-stainless) 차량인 "디하" 5200형을, 1961년에는 전체 스테인리스(all stainless) 차량인 "디하" 7000계를 각각 도쿄급행 전철에 투입했다. 그 이래 국철을 시초로 사철 등에서도 경합금 차량과 스테인리스 차량을 채용하여 현재는 많이 운행되고 있다. 특히 도쿄급행전철, 경왕제도전철(京王帝都電鐵), 남해전철 등에서는 전체 스테인리스 차량을 채용하여 경량화에 의한 운전 전력비의 절감, 선로 보수비의 감소 외에도 외판(外板)의 무도장화(無塗裝化)에 의한 설비비 경감과 작업환경의 향상, 정기검사 시의 재장일수(在場日數) 감소 등의 이점을 얻고 있다.

전체 스테인리스 차량에서는 구체중량을 차량 평균에 가깝게 하기 위해 차량구체를 보다 경량화 하고 동시에 필요한 강도, 강성을 확보하여 여유 있는 부재를 줄여, 모든 부재가 유효하게 하중을 분담하도록 하는 합리적인 한계설계(限界設計)가 필요하게 되었다.

철도차량의 구체강도해석법에 대해서는, 일본에서도 1950년경부터 새로운 해석법을 개발했다. 이러한 것은 어느 것이나 평면적인 해석법으로, 수직하중에 대해서는 측구체가 하중의 전부를 부담하게 하는 평면 라멘구조로 하여 계산하고, 수평하중에 대해서는 그 대부분을 언더프레임에서 부담하는 것으로 가정하고 계산하여 각각 강도 및 강성을 추정하였다. 그러나 이 평면 해석법에는 계산 결과의 정도(精度), 면외변형(面外變形), 비틀림 하중에 대한 해석 등에 대해서는 무리가 있어, 최종적으로는 구체 하중시험과의 대비로 확인하여, 강도상 약한 부분만 보강하고 강도상 충분 이상 부분은 그대로 둔다.

근년 철도차량에서도 항공기, 선박, 자동차 등의 강도해석과 같이 대형전산기를 사용하여 유한요소법(有限要素法, finite element method)을 이용하여 구체를 반 응력외피구조(半 應力外皮構造, semi-monocoque structure)로 하여 여러 개의 조건을 입력하고, 평면적인 2차원뿐 만아니라 입체적인 3차원 구조물로서 취급하는 것이 가능하게 되어 수직, 압축, 비틀림 하중 등에 대한 관련이 밝혀졌다.

도큐차량에서는 1976년에 신간선 차량 22(측창이 작아진 차량)의 21형식(선두 차량), 1978년에 도쿄급행전철 "디하" 8400형에는 새로운 전체 스테인리스 차량 등의 해석으로 실용에 적용하고, 계산 치와 구체 하중시험 결과와의 대비로부터 충분히 만족할 만한 정도(精度)를 얻고 있다.

여기서는 특히 통근용 스테인리스 차량의 구체설계에 대하여 스테인리스강(鋼)의 재료, 용접법 등을 포함하여 유한요소법(평면 및 입체해석)에 의한 강도 해석법의 개요에 대하여 기술한다.

1) 스테인리스 차량의 정의

스테인리스 차량에는 전(全) 스테인리스 차량과 준(準) 스테인리스 차량 두 종류가 있으며, 전 스테인리스 차량은 도쿄급행전철 7000계와 8500계, 남해전철 6200계 등과 같이 구체 강도 부재의 일부분, 언더프레임의 엔드 실(end sill), 완충 센터 실(center sill), 볼스터(bolster) 등 후판(厚板) 용접구조 부재에 보통강(普通鋼, SS401 등) 혹은 고내후성강(高耐候性鋼, SPA-H, CORTEN 등)을 사용하는 부분을 제외하고 고항장력(高抗張力) 스테인리스강을 사용한 차량이다.

준 스테인리스 차량은 도쿄급행 전철의 "디하" 5200형과 교통영단동서선(交通營團東西線) 5000계 등과 같이 주로 외판과 일부의 골조에 스테인리스강을 사용한 차량이다.

스테인리스강은 오랫동안 사용하여도 부식(腐食)을 염려할 필요가 없으므로, 전 스테인리스 차량은 강제(鋼製)차량과 비교하여, 처음부터 강도상 필요한 최소한의 판 두께까지 각 부재를 얇게 한 단면(斷面)을 설계하는 것이 가능하므로, 무도장화와 더불어 경량화가 가능하게 되었다.

통상 스테인리스 차량 구체의 외판 파형판(波形板, corrugated plate)은 0.8～1.0mm, 평판은 1.5mm, 지붕 파형판은 0.4～0.5 mm, 바닥의 파형판은 0.6～0.8mm, 측주(側柱, side post)는 1.2～2.0 mm, 카라인(car line)은 1.0～1.5 mm 등의 두께를 사용한다.

전 스테인리스 차량은 스테인리스강의 박판(薄板)을 많이 사용하는 것과 더불어 공작 상(工作 上) 코일 재를 인발성형(引拔成形) 롤(roll)에 의해 길게 성형된 압출재와 판재, 혹은 프레스(press)재를 사용하고 주로 저항 점(spot)용접에 의해 조립을 한다.

이와 같이 강제차량과 비교하여, 구체에서 1.5～2톤의 경량화가 가능하지만 유한요소법에 의한 강도해석결과 앞에서 언급한 도쿄급행전철 "디하" 8400형은 종래 이상으로 경량화에 대한 합리적인 한계설계가 되어 종래의 차량과 변하지 않은 강성을 가진 동시에 같은 형태의 강제차량과 비교하여 구체중량에서 3～4톤 경량화가 가능하게 되었으며, 알루미늄 차량 구체와의 중량 차이도 약 1.5톤 밖에 나지 않는다.

2) 스테인리스강

전 스테인리스 차량(이하 스테인리스 차량이라 함)의 구체에 요구되는 스테인리스강은 높은 응력(應力, stress)에 견디며, 용접성(weldability), 프레스(press) 등 가공성(加工性)이 좋은 것이 요구조건이다. 이 조건에 적합한 스테인리스강으로 〈표 4-7〉에 나타낸 오스테나이트 계(系) 스테인리스강 STS 301, STS 304 혹은 STS(Stainless Steel) 201을 냉간압연에 의해 조질(調質)하여 사용된다.

표4-7 스테인리스 차량용 스테인리스강의 화학성분과 기계적 성질

종 류	화 학 성 분 %							기 계 적 성 질 (주)				
	C 최대	Si 최대	Mn 최대	Ni	Cr	S 최대	P 최대	조질	인장강도 $kg \cdot f/mm^2$	0.2%내력 $kg \cdot f/mm^2$	신장율 %	굽힙시험 180°
STS 301	0.15	1.00	2.00	6.00 ~ 8.00	16.00 ~ 18.00	0.03	0.04	HT	105 이상	77 이상	10 이상	2t
								MT	88 이상	52 이상	25 이상	1t
								ST	77 이상	42 이상	35 이상	$\frac{1}{2}$t
STS 201	0.15	1.00	5.50 ~ 7.50	3.50 ~ 7.50	16.0 ~ 18.00	0.03	0.06	LT	53 이상	21 이상	40 이상	밀착
STS 304	0.08	1.00	2.00	8.00 ~ 10.50	18.00 ~ 20.00	0.03	0.04	LT	53이상	21 이상	40 이상	밀착

(주) 조질의 HT, MT는 각각 JIS(Japanese Industrial Standard)의 1/2H, 1/4H에 상당한다.
기계적 성질은 STS 301, STS 201 공통이다.

오스테나이트계 스테인리스강은 Fe에 약 18%의 Cr과 약 8%의 Ni을 함유한 STS 304와 STS 302가 기본으로 되어 있지만, Ni과 Cr을 약간 감소시켜 냉간가공(冷間加工)에 의해 용이하게 마르텐사이트 조직을 생성하도록 한 고항장력(高抗張力)의 STS 301을 주로 사용한다.

단, 이러한 재료도 화학성분 중에서 C의 함유량이 많아 용접성에 악영향을 주므로 0.1% 이하가 바람직하다.

스테인리스강은, 보통강(普通鋼, SS401 등)과 달라 고내후성강(高耐候性鋼, SPA-H 등)과 알루미늄 합금과 같은 방법으로 인장시험을 시행한 경우, Hook의 법칙에 따라 명확한 항복점을 나타내지 않는 재료이므로, 통상 1933년 미국 재료시험협회에서 정한 0.2%의 영구변형(永久變形)이 발생한 응력을 항복강도(降伏强度) 또는 내력(耐力)으로 하고 있다.

스테인리스강의 퀜칭재(LT材)는 일반적으로 항복비(降伏比, σ_y / σ_r)가 적은 것이 특색이지만 파단강도(破斷强度)는 충분히 높고, 연신(延伸, elongation)도 크므로 STS 304 LT재(材)를 구조부재로 하여 사용하는 경우는 국부적 변형을 일으키기 쉬우므로 특히 주의를 요한다.

냉간압연(冷間壓延)한 스테인리스강은 압연방향에 따라 인장시험과 압축시험의 결과 압축잔류응력이 내재되어 있기 때문에 다른 수치를 나타낸다. 일반적으로 길이 방향의 압축에 의한 S-S선도(stress-strain 線圖)가 최하위이며, 직각방향의 압축에 의한 S-S선도가 최상위(最上位)이다. 따라서 냉간압연으로 조질(調質)한 MT재, HT재 등을 사용하는 경우는 기둥(post), 판(plate) 등의 좌굴(座屈, buckling)에 대하여 충분히 고려하지 않으면 안 된다.

스테인리스강의 초기 탄성계수(初期彈性係數) E 는, 압축도가 큰 재료만큼 낮아지는 경향이

있어 LT재로 1.9~2.0×10^4kg/mm², HT재로 1.8×10^4kg/mm² 로 된다. 따라서 통상 설계에 사용되는 탄성상수(彈性常數)는 다음과 같다.

- 탄 성 계 수(彈性係數) $E = 1.8 \times 10^4 \text{kg/mm}^2$
- 전단 탄성계수(剪斷 彈性係數) $G = 0.7 \times 10^4 \text{kg/mm}^2$
- Poission 比 $\nu = 0.3$

3) 스테인리스강의 용접

스테인리스 차량에 사용되는 오스테나이트 계 스테인리스강은, 1100℃ 전후의 온도에서 가열하여 탄화물을 오스테나이트 중에 고용(固溶)시킨 후 상온까지 냉각시켜 처리한다. 이것을 550℃~850℃로 가열하면 과포화(過飽和)탄소가 Cr 탄화물(炭化物)로 결정입계(結晶粒界)에서 석출되고 입계부근(粒界付近)의 Cr량이 감소하여 내식성이 저하되어 부식 환경이 되면, 잔류 응력도 더해져 결정 입계부가 부식하는 소위 입계부식(粒界腐食)을 일으키고 균열의 원인이 된다.

스테인리스강의 용접설계에 있어서는, 물리적, 야금적(冶金的) 특성을 잘 이해하고, 검토 후에 용접방법을 선택해야 한다. 특히 오스테나이트 계 스테인리스강은 큰 입열(入熱) 용접방법을 적용하면 열영향부에, 앞에서 언급한 입계부식 균열을 일으킬 가능성이 있으므로 충분한 주의를 요한다. 따라서 스테인리스강의 용접에는 가능한 저항용접에 의한 점(spot)용접, 심(seam)용접, 롤러 스폿(roller spot)용접 등을 사용함과 더불어 일반적으로 가압력(加壓力)을 증가시켜 전류치를 낮추어 용접한다.

점(spot)용접 이음매부의 설계에 대해서는 통상 리벳(rivet) 이음매를 하게 되지만 어떤 매수(枚數)의 조합인 경우, 그 외측의 얇은 판 두께를 기준으로 하여 강도를 고려하여 겹쳐진 매수는 4매를 한도로 한다. 스테인리스 차량은 앞에서 언급한 구체구조의 일부에 보통강과 고내후성강을 사용하고 있으므로, 그러한 강재와 스테인리스강과 용접하고 점용접이 불가능한 부분에는 아크용접을 한다. 그렇지만 스테인리스강의 용접에는 앞에서 언급한 것처럼 용접부의 떨어짐, 입계부식(粒界腐食) 등을 고려해 열(熱)영향을 적게 하기 위해서는 아크용접은 혈용접(穴溶接, plug welding)을 원칙으로 하고, 냉각수를 사용하여 적어도 2분 이내에 용접부(部)를 상온까지 내리는 공작법(工作法)에 의해 양호한 결과를 얻는 것이 가능하다. 또 용접봉의 선택에서도 충분히 유의하여 저탄소계로 Ni 함유량이 많은 용접봉을 사용한다.

4) 하중조건 및 강성 목표치

차량의 경량화 설계를 추진하는 데는 구체 각부의 응력을 고려하고. 더불어 종래의 차량과 비교하여 크게 변하지 않는 강성을 가진 구체로 하지 않으면 안 된다. 스테인리스 차량처럼 항복비(降伏比)가 큰 재료를 이용하여 설계하는 경우 응력치(應力値)보다도 강성치(剛性値)가 문제가 되는 경우가 많다.

즉 강성(剛性, rigidity)의 저하에 따라 수직하중에 의해 처짐(deflection)이 크게 된다. 또한 차체 굽힘 고유진동수가 내려가 대차의 고유진동수에 가까우면 공진(共振)을 일으켜 승차감을 저해하고 강도상으로도 악영향을 미치게 되므로, 아래에 기술한 조건 및 목표를 설정하여 설계를 한다.

(1) 하중의 종류

차체의 설계에서는 진동할증하중(振動割增荷重)을 포함한 수직(상하)하중, 수평하중, 수평(전후)하중, 좌우하중 및 비틀림 하중을 고려하여 설계 및 해석을 실시한다.

(2) 강성 목표치

차체 중앙부의 처짐량 δ의 한계로서는, 독일의 『여객차 처짐량은 소정의 하중에 대하여 지점간거리(支点間距離) $2l_1$의 1/1000을 초과해서는 안 될 것』이 있으며, 이것 외에는 특별히 규정된 것은 없다.

차체의 굽힘 고유진동수 f_b에 대해서도, 특히 한계치로 규정된 것은 없지만 통상 속도 110km/h 이하 차량에 있어서는 상하진동에 의한 승차감의 관계로부터 f_b = 8.0Hz 이상이 바람직하다. 그러나 δ와 f_b와의 관계로부터 검토하면, $\delta = 2l_1/1000$은 f_b에 비하여 매우 적으므로 δ는 표준으로 하고 f_b에서 규정하는 쪽이 좋다. 따라서 완성 차량의 고유진동수가 8Hz이기 위해서 구체(car body)에서는 10Hz 이상이 된다.

상당굽힘강성에 대해서도 특히 규정한 수치는 없지만, 차체 고유진동수와의 관련을 고려하여 승차감을 악화시키지 않고 강성을 높게 하는 것이 바람직하다. 그러므로 각종 차량의 하중시험의 실측치(實測値), 주행 시험치(走行 試驗値) 등으로부터 설계 목표치는 다음의 값에 따라 계획한다.

- 차체 중앙부의 최대 처짐량 $\delta < 2l_1/1000$
- 굽힘고유진동수 $f_b \geqq 10$Hz(구체)
- 상당굽힘강성 $Eeq \geqq 0.6 \times 10^{14}$kg·mm²(구체)

5) 차체의 강도 해석법

스테인리스 차량의 구체설계 요점은, 스테인리스강의 특징인 부식되지 않는 것, 내식성, 고강도성을 살려서 될 수 있는 한 열 영향이 적은 점용접으로 조립되는 구조로 하는 점이다. 이 목적을 위해 구체의 주요 부재단면(部材斷面)은 얇은 열린 단면을 사용하고 있는데, 그 때문에 강성 부족 혹은 좌굴(座屈, buckling)강도 부족이 되지 않도록 충분히 고려하지 않으면 안 된다. 그러므로 구체설계를 추진하는데 있어서는, 강도설계와 강성설계의 양면을 고려하면서 해석을 시행한다. 이러한 양면이 최적의 설계 치로 되는 것이 바람직하다. 그러나 이것을 기본계획 설계 단계로 실현시키는 데는 정도(精度)가 좋은 구조 해석법이 확립되고, 아울러 그 것을 단 시간에 몇 번이라도 되풀이하여 구사할 수 있는 계산 시스템이 완성되어 있지 않으면 대단히 어렵다. 철도차량의 설계에서 고려해야 할 주된 부하 하중은

① 차체자중과 승객하중 등에 의한 수직하중

② 연결기, 충돌 시 등으로부터의 수평하중

③ 주행 중 및 보수작업 등에서 받는 좌우 및 비틀림 하중

등이 있는데, 이 중에서 특히 문제가 되는 것은 ①의 수직하중이다. 특히 통근전차의 경우는 차체의 측면에 출입구와 같은 큰 개구부가 보통 3~4개가 있고, 아울러 승객하중이 크므로 이런 부하조건에 의해 설계가 추진된다.

수직하중에 대한 강도해석법은 언더프레임(underframe)의 사이드 실(side sill)을 포함하는 측구체가 전체 하중의 대부분을 부담하는 것으로서 해석을 하는 평면해석법(平面解析法)과 구체 전체에서 부담하는 것으로서 해석을 실시하는 입체해석법(立體解析法)이 있다. 전자의 평면해석법에는 2가지 방법이 있다.

첫째는 종래의 방법으로 측 구체를 평면 라멘구조로 바꾸어 매트릭스(matrix)법에 의해 계산하는 것이다. 이 해석법에 의하면 주부재(柱部材, post beam)도 폭이 넓은 판장(板場)도 하나의 보(beam)로 간주하므로, 경량구조로 되면 가장 중요한 판에 있어서의 해석을 얻어 그 결합부의 취급 방법에 따라 계산결과에 큰 차이가 발생된다. 응력 계산결과를 실험치에 비교하면 처짐(deflection)이 실험치보다 25% 정도 적어지는 경향이 있으므로, 계산 단계에서는 어떤 수정계수(修正係數)를 넣어서 사용하지 않으면 안 되므로, 스테인리스 차량처럼 처짐을 중시하는 설계의 경우에는 부적당하다.

또 하나는 도큐차량(東急車輛)에서 완성한 프로그램으로, 유한요소법을 사용한 평면해석법으로 ALPS(analyzer of plane structure)로 부르며, 폭이 넓은 판장(板場)은 현차와 같이 보(beam) 요소와의 결합 구조로 모델화하여 해석하는 방법 등이 있다. 이 해석 결과는 평면 라멘계산과 비교하

여 실험치와 잘 맞아 정도(精度)를 향상시켰다. 그러나 처짐이 약 10% 정도 크게 되는 경향이 있는데, 이것은 측 구체에 100%하중을 부담시켰기 때문이다. 또, 보(beam) 요소의 축력(軸力), 모멘트, 응력, 판 요소의 주응력과 그 방향, 절점(節點)에서의 처짐 등 응력상태의 상세한 해석이 가능하므로 스테인리스 차량과 같은 얇은 외판의 응력외피구조(應力外皮構造, monocoque structure)의 구체에서의 압축좌굴(壓縮座屈) 및 전단좌굴(剪斷座屈)의 대응이 용이하게 되었다〈그림 4-25 참조〉.

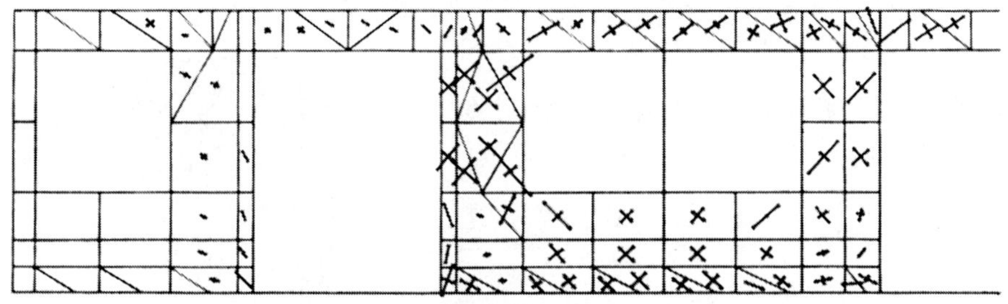

그림 4-25 측면 구조체의 응력선도

아울러 ALPS에서는 〈그림 4-26〉에 나타낸 것처럼 부분해석(部分解析)이라 부르며, 구체의 일부분을 확대하는 것도 가능하게 되어, 이 결과 집중응력이 발생하는 부분을 확대하고 각 요소를 세분화하여 강도와 좌굴에 대한 확인을 실시하는 것이 가능하다.

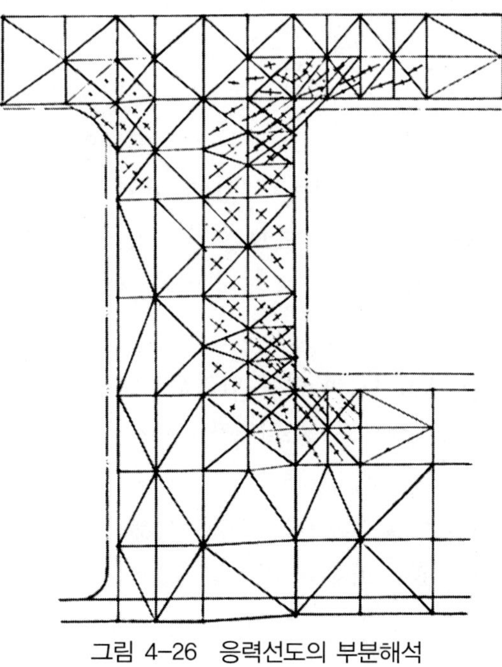

그림 4-26 응력선도의 부분해석

입체해석법은 평면해석법과 다르므로, 구체 전부 즉 언더프레임, 측 구체, 지붕 구체 및 차단 구체로 구성된 구조물로 취급하여 X, Y, Z 방향의 해석을 하는 것이 가능하므로 정도(精度)가 좋은 결과를 얻는다. 입체해석용 프로그램으로는 보잉(Boeing)사(社)가 개발한 ASTRA(advanced structural analyzer), 혹은 NASA가 개발한 NASTRAN 등이 있으며, 모두 대형전산기가 필요하다.

입체 해석법에서는 각 부분의 판(板)요소와 보(beam)요소를 모델화한다. 즉 구체의 절점은 통상 보(beam)부재의 결합부에 만들어지지만, 필요하면 임의의 점에 정의될 수 있다. 그러나 상세히 절점을 만들면 계산결과는 보다 현차(現車)에 가깝지만 절점을 잡는 방법 여하에 따라서 연산시간이 크게 좌우되므로 주의를 요한다. 구체는 판으로 둘러싸여 있으므로, 이러한 판을 절점에 의해 둘러싸인 삼각형 또는 사각형 등방성 판요소(等方性 板要素, 평판의 경우), 혹은 이방성(異方性) 판요소(波形의 경우)로 나눈다. 또 측주(側柱, side post), 카라인(car line), 캔트레일(cant rail), 벨트 빔(belt beam), 크로스 빔(cross beam) 등의 전부에서의 보(beam)요소는 오프셋 빔(offset beam)으로 정의하고, 보는 절점사이에서 2개로 분할되는 것으로 한다. 오프셋 빔은 절점 당 6 자유도(X, Y, Z, QX, QY, QZ)를 갖는 부재로, 부재 중립축과 절점 사이에 오프셋(offset)이 있을 때에 사용한다.

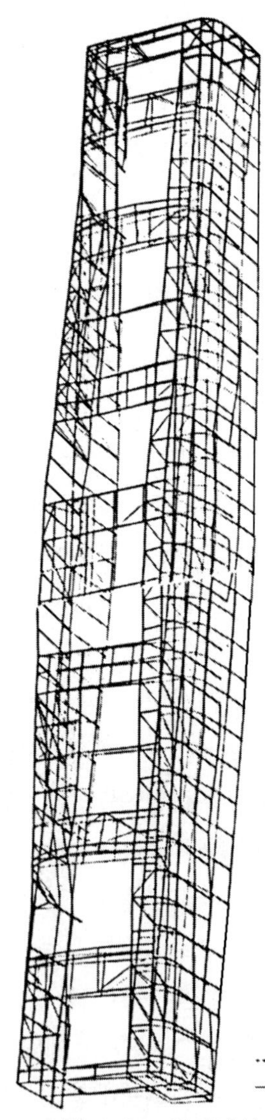

그림 4-27 입체해석에 의한 구체의 수직하중에서의 변형

해석결과로서 판 요소에 있어서는 주응력의 크기와 그 방향, 보 요소에 있어서는 축력 및 주축 회전모멘트가 얻어진다. 변위에 있어서는 수직변위 외에 평면해석에서는 얻어지지 않는 내외변위(面外變位)와 힘 등이 해석되고, 각 단면변형도 파악하는 것이 가능하다. 그래서 구체 전체의 변위를 평면, 단면, 투시도적(透視圖的)으로 여러 개의 정점으로부터 볼 수가 있다〈그림 4-27 참조〉. 이것에 의해 출입구부와 측창부 등의 변위관계를 사전에 확인하는 것이 가능하다. 그러나 입체해석법은 그 입력 데이터양이 많아 입력하는데 시간이 걸리고, 계획 설계 시의 시행착오적인 계산방법에서는 적당하지 않다.

따라서 도큐차량에서는 이러한 해석을 효율적으로 진행하기 위해 아래〈그림 4-28〉의 설계계산 시스템에 의해 실시하고 있다. 즉 1978년 일본에서 제작된 "디하" 8400형은 강도, 강성 등을 설계 목표치에 따라 각 부재에 걸리는 하중조건을 구해 그것에 필요한 최소단면 형상을 구했다. 구체를 구성하는 각 부재의 형상을 결정하여 ALPS에 의한 평면해석을 몇 회라도 반복 계산하여 계획 설계를 진행하고, 목표치에 도달한 곳에서 상세한 구체설계를 시작하였으며 동시에 입체해석을 실시하였다. 나아가 구체 하중시험으로 확인하여 결과를 얻었다. 그러나 이것을 가능하게 한 이유의 하나는 앞에서 언급한 정도(精度) 좋은 해석법의 완성이지만, 또 하나는 그것을 중심으로 한 입력 데이터 작성을 위해 전처리 계산(前處理 計算), 계산결과의 후처리 해석, 또는 재 계산시(再 計算時)의 데이터 편집 등의 설계계산 시스템을 효율화한 것이다. 이 전처리 계산의 주된 것은 부재의 단면특성계산, 보의 계산 등이 있고, 후처리계산의 주된 것으로는 판의 좌굴, 보강(補强) 산출 등이 있다. 이러한 계산은 전부 자기(磁氣) 카드부착 프로그램 계산기에 의한 계산 시스템이 이용되고 있으며, 데이터 편집은 소형 컴퓨터(mini-computer)에 의한 디스플레이(display) 장치와의 대화형식으로 실시되었다.

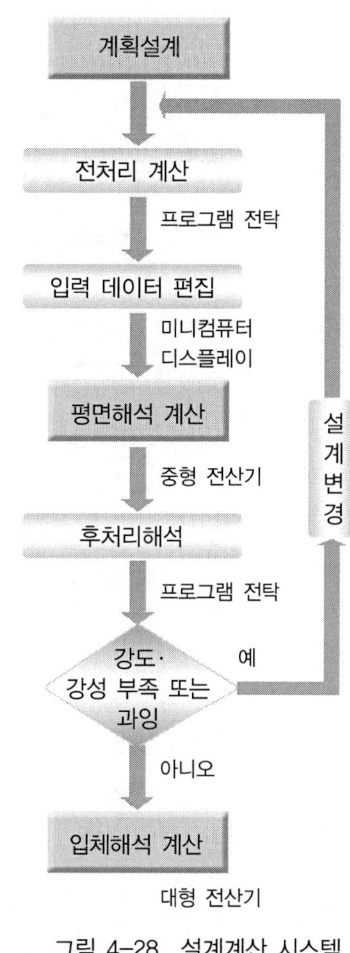

그림 4-28 설계계산 시스템

이 결과 〈그림 4-28〉에서 나타낸 것처럼 단면특성계산 등은 전탁(電卓) 레벨에서 평면해석 입력데이터의 편집은 소형 컴퓨터 직결 디스플레이 장치로 하였다. 평면해석은 중형(中形)전산기로 실시하고 검토하여, 단면 변경을 할 때 루프(loop)가 완성되고, 최종적으로 대형전산기에 의한 입체해석을 실시하는 시스템이다.

이 시스템에 따라 설계자 자신이 직접 설계 변경결과를 단시간에 알 수 있고, 각 부재의 상세부에 미치는 강도분석이 가능하게 되어 스테인리스 차량의 최적(最適) 경량설계(輕量設計)가 단기간에 가능하게 되었다

6) 경량화의 장단점

어떠한 재료를 사용하여 경량화 설계를 하든지 경량화에 따른 장점과 아울러 거기에 수반되는 단점도 있을 수 있다. 그것을 간략하게 그림으로 나타내면 다음과 같다〈그림 4-29〉.

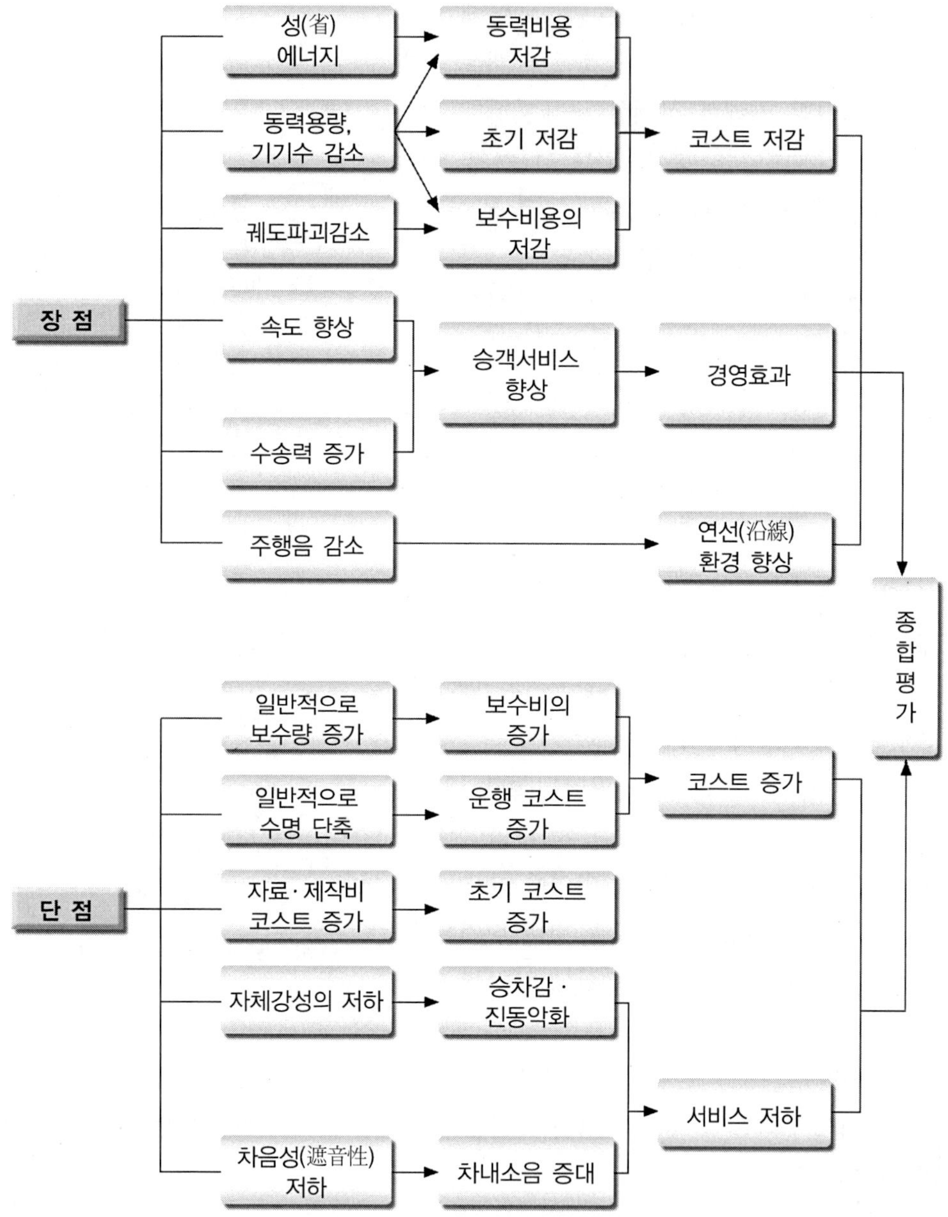

그림 4-29 차량 경량화의 장점과 단점

4.4.9 열차 및 전차의 보안장치

1) 보안장치

승객의 안전을 확보하기 위해서 각종의 보안장치가 설치되어 있다. 사고를 미연에 방지하기 위한 운전 보완장치와, 만일 사고가 발생했을 때 승객의 안전을 지키는 장치로 대별된다. 그 주요한 것은 다음과 같다.

(1) 자동열차정지장치(ATS, Automatic Train Stop)

열차의 안전한 운행을 위해서는, 차량과 선로가 정상인 상태로 보존되어 있어야 하는 것은 물론이거니와, 기관사의 상황판단에 의한 적절한 조치도 아주 중요한 안전 운행 요소의 하나이다. 기관사는 항상 전방(前方)을 주시하여 시각적으로 진로상의 안전을 확인하는 운행을 해야 하는데, 그 정보획득의 수단으로서 지상신호기(地上信號機)에 의한 방법이 일반적이다.

노선을 따라 정해진 간격을 두고 신호기를 설치하여, 그 신호현시(信號現示)에 따라 운전한다. **G**현시(녹색)를 속도제한 없이(그 구간에서 정해진 최고속도), **Y**현시(황색)는 주의신호로 속도제한을 정하고, **R**현시(적색)는 정지신호로 신호기 앞에서 정지하지 않으면 안 된다.

노선 상 선행열차(先行列車)와 후속열차(後續列車)와의 관계위치로부터 자동적으로 신호 현시를 바꾸어 기관사가 이것을 올바르게 인식하여 정확한 조종을 이행하면 추돌(追突) 등의 중대 사고는 일어나지 않는다. 그러나 악천후 등의 기상조건과 착각 혹은 돌연한 육체적 장애 등으로 신호현시를 눈으로 인식하여도 제대로 대처하지 못하는 경우도 있을 수 있으므로, 이에 대한 보완(back up)기능으로서 고안된 것이 ATS(Automatic Train Stop)라는 시스템이다. ATS는 여러 가지 방식이 실용화되어 있으므로, 여기에서는 대표적인 것만 소개한다.

〈그림 4-30〉과 같이 선행(先行)하는 A열차가 어떠한 이유로 정차하고 있다고 한다. 후속 B열차는

① I의 상태에서는 통상의 운전을 이행하고 있다.

② II에서는 신호기 1을 통과하는 곳에서 전방의 신호는 Y현시로 되어 있어 정해진 제한속도로 운행하기 위해 제동조작으로 감속하면 III의 상태로 된다. 기관사가 올바르게 신호현시 R을 인지하고 있다면, 제동조작으로 정지에 도달하여 IV상태로 된다.

③ III의 상태에서는 기관사의 주의를 환기시키기 위해 지상으로부터의 신호에 의해 운전대 경보 벨이 울려 붉은색 램프(lamp)가 점등한다. 이때 어떤 시간 내(예를 들면 5초간)에 제동조작(制動操作)을 이행해야 하는데, 만일 경보를 무시하여 운전을 계속할

경우 5초간의 타임아웃(time-out)과 동시에 비상제동(emergency braking)이 작동하는 구조로 되어 있다.

지상(地上)으로부터의 신호 접수는 전차의 운전대 상하(床下)에 설치된 수전기(受電器)에 의해 이루어진다. 수전기는 코일(coil)의 일종으로 레일에 흐르는 고주파 전류 혹은 궤도 내에 장치된 코일 모양의 지상자(地上子)와의 유도 작용에 따르고 있는 것이 일반적인 방법이다. 이상의 구체적인 예외에 Y현시로 속도를 점검하여 규정 이상의 경우에 비상제동을 작동시키는 방식도 있다. 어떠한 방식으로 하든지, 어떠한 상황에서든지 반드시 선행열차의 바로 뒤에서 추돌없이 열차를 정지시켜야한다.

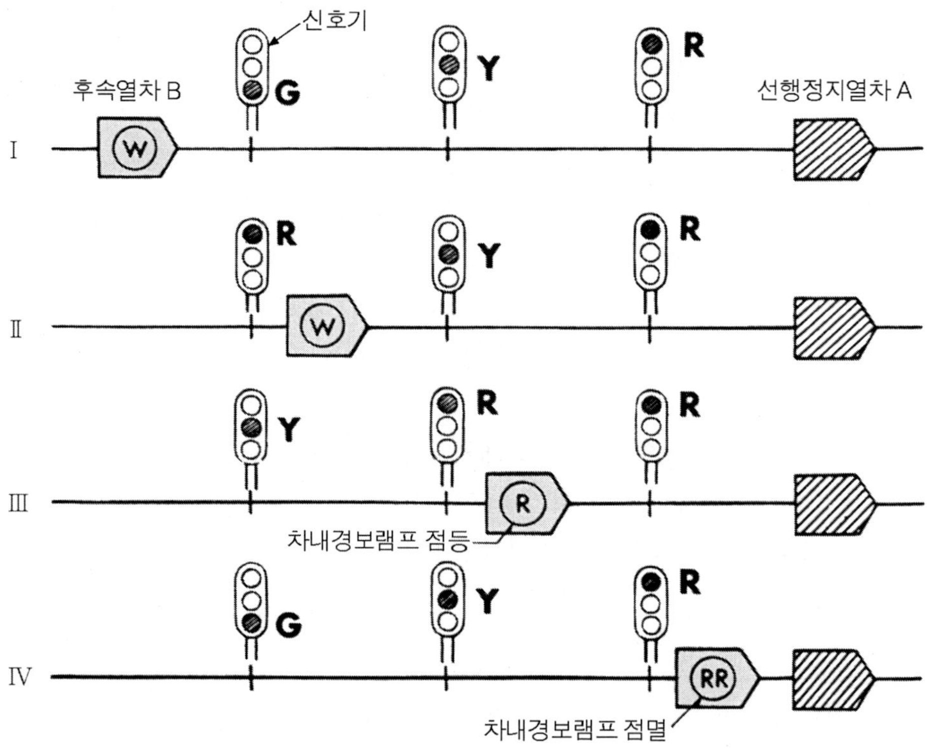

그림 4-30 ATS에 의한 운전 패턴(pattern)

(2) 자동열차제어장치 (ATC, Automatic Train Control)

고속열차에서는 폐색구간(閉塞區間)이 길기 때문에 기관사의 시각 능력으로는, 빈번한 지상신호기에 따라 운전을 지속하는 것은 극도의 긴장을 수반하고 운전 보안상에도 불안이 따른다. 또 터널 내의 곡선 등 시야가 나쁜 부분이 많은 지하철에서는 지상신호기는 부적합하다.

이 때문에 지상신호기에 의존하지 않는 시스템으로서 고안된 것이 ATC(Automatic Train Control)라고 하는 시스템이다. 신간선에서는 개업 당초부터 적용되어 안전성과 신뢰성의 점에서 매우 우수한 시스템으로 실증되었다. 최근에는 신간선과 지하철뿐만 아니라 열차 밀도가 높은 선구(線區)에서 운용효율과 안전도 향상을 위한 이유로, 일반선에서도 ATS 대신에 적용하고 있는 예도 있다. ATS에서는 신호오인(信號誤認)에 대해서도 비상제동을 작동시키는 등 불리한 점이 있지만, ATC에서는 항상 지시속도를 현시하여 초과속도에 대해서는 기관사의 조작에 의하지 않고, 자동적으로 적정한 제동을 작동시켜 현시속도를 조절하여 운전이 속행될 수 있도록 되어 있다. 이것도 ATS와 같은 사용목적에 따라 여러 가지 종류가 있지만 개념은 유사하므로 대표적인 것에 대해 설명하도록 한다.

ATC시스템에서는 지상신호가 없는 대신에 운전대에 진로상의 상황에 맞추어 주행 가능한 속도를 항상 현시하여 기관사는 그것을 확인하면서 조종한다. 〈그림 4-31〉은 운전대에 설치되어 있는 현시장치의 일례로서 차내신호(車內信號, cab signal)라고 부르고 있다. 표시는 속도계의 주위에 배치되어 규정 속도의 현시를 램프로 표시하고 ⓞ와 ⓧ표시는 적색, 그밖에는 백색으로 하는 것이 일반적이다. 기관사는 차내 신호를 확인하여 ⓞ 또는 ⓧ 이외의 현시라면 주간제어기(主幹制御器, master controller)를 다루어 역행할 수 있다.

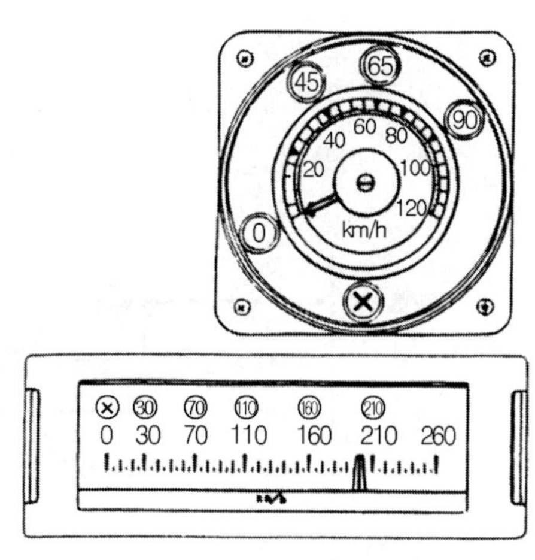

그림 4-31 캡시그널 속도계
(원형과 사각형 모양)

현시속도를 초과하면 자동적으로 상용제동이 작동하여 적정속도로 조절하면서 운전을 속행할 수 있다. 현재 현시가 90 표시에서 속도 85km/h로 주행하고 있는 것으로 하면 진로 상 선행열차(先行列車)와의 관계로 현시가 65로 변화하면 한번 벨이 울리고 자동적으로 속도가 65km/h 이하로 조절된다.

속도현시를 적정하게 이행하기 위해서 지상신호의 경우 폐색구간과 동일하게 생각하여 선구를 섹션(section)이라 부르는 단위로 구분하며, 매 섹션마다 규정 속도 신호를 지상 측으로부터 보내오고 있다. 예를 들면 200m를 한 섹션으로 한다면 어떤 속도역에서 제동거리로부터 길이가 부족하도록 할 때는 200m짜리 섹션을 2개 합하여 400m로 하는 등 단위 섹션의 조합으로 폐색을 구성하고 있다. ATC신호 전류는 섹션마다 독립하여 레일에 흐르며, 신호의 종류에 따라 주파수를 변경하여 차량에 설치된 수전기(受電器)와의 전자유도작용(電磁誘導作用)에 의해 차상시스템에 전달된다.

〈그림 4-32 참조〉. 역에 진입할 즈음에는 신호현시가 R 이외의 위치에 있으면 기관사의 제동 취급으로 정 위치에 정차하도록 조작한다.

ATC 운전의 감속 모양을 운전곡선으로 나타내면 〈그림 4-33〉 같다. 그림에서 알 수 있는 것처럼 섹션의 길이는 열차의 제동 성능에 좌우되고, ATC구간을 주행하는 차량은 정(定)제동성능이 요구된다. 다시 말하면 전차와 객차열차, 화차 등 제동성능이 다른 종별의 차량이 들어가 혼잡하게 주행하는 선구에서는 ATC 시스템의 적용이 곤란하게 되는 것도 있다.

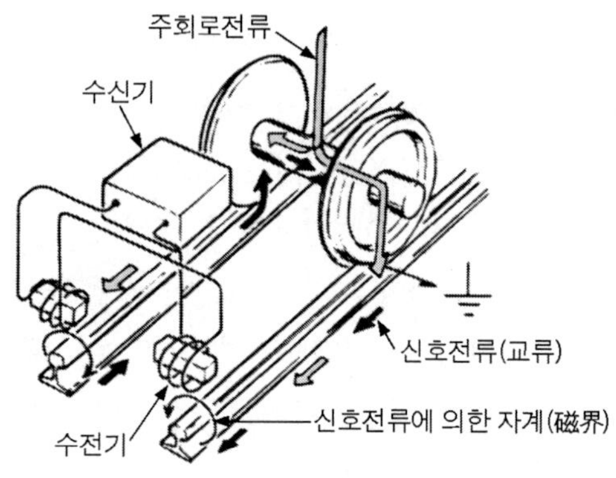

그림 4-32 ATC 신호수신기 구조

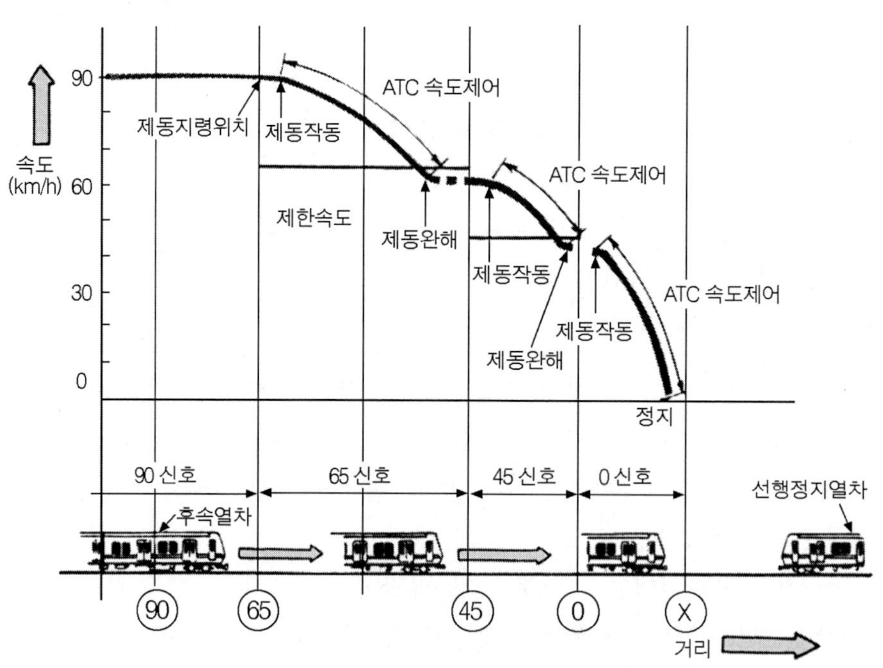

그림 4-33 ATC에 의한 운전 모드

(3) 데드맨장치

상당히 오래 전부터 있는 보안장치의 하나로 데드맨(deadman)이라고 하는 것이 있다. 명칭에서 알 수 있는 것처럼, 기관사가 실신(失神) 또는 충돌사고(衝突事故) 등으로 육체적인 장애가 발생하여, 기관사로서 기능을 할 수 없게 되었을 때를 가정하여 전차의 폭주(暴走)를 방지하기 위한 장치이다. 일반적으로는 주간제어기(master controller)의 핸들에 장치가 설치되어 있어, 손을 놓으면 비상제동이 작동되도록 되어 있다〈그림 4-34 참조〉.

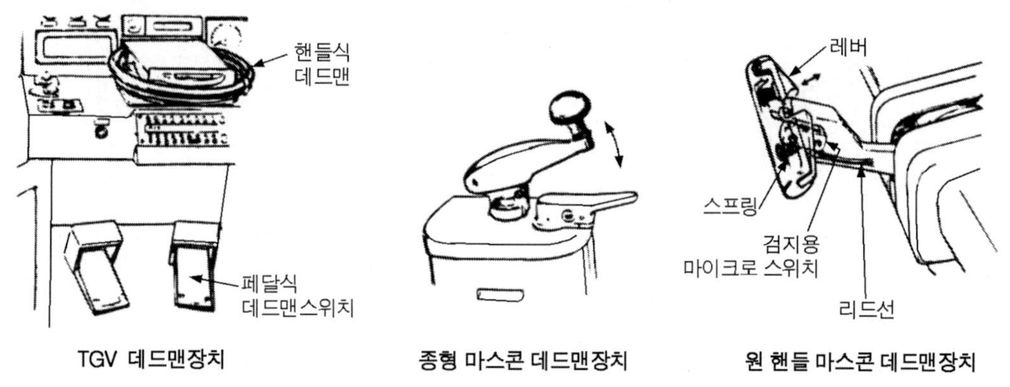

그림 4-34 데드맨장치 구조

(4) 비상통보장치

객실 내에 어떤 이상이 발생했을 때, 승객으로부터 승무원에 통보하는 수단으로서 편성 각 차량에 푸시버턴(push button)이 설치되어 있는 것이 일반적이다. 푸시버턴을 누르면, 승무원실의 비상벨이 울림과 동시에 취급한 차량 측면 표시램프가 점등(點燈)하고, 어느 차량에서 이상이 발생했는가를 승무원에 알려주는 것이 가능하도록 되어 있다. 푸시버턴은 한번 사용하면 열쇠를 사용하지 않고는 복귀(復歸)되지 않는 구조로 되어 있다.

(5) 무선장치

중앙지령소와 운전 중의 열차 혹은 열차와 열차사이의 정보교환이 항상 가능하여야 하고 예상되는 선로상의 상황과 차량의 이상 등에 대하여 신속한 조치가 요구된다. 이 때문에 최근 설치된 것이 열차 무선장치로서, 특히 대도시 주변에 많이 볼 수 있다. 차량의 지붕 위에 송수신용 안테나를 설치하여, 전파에 의해 교신하는 방식이 일반적으로 공간파(空間波) 무선방식이라 불려진다. 특수한 예로서 지하철 등에는 터널 내에서 전파가 도달하는 것이 어렵기 때문에, 노선 옆에 케이블을 부설하여 이것에 교신 전류를 흘려 차량에 설치된 안테나와의 유도 작용으로 통신하는 방식으로 유도무선방식(誘導無線方式)이라 부르고 있다〈그림 4-35 참조〉.

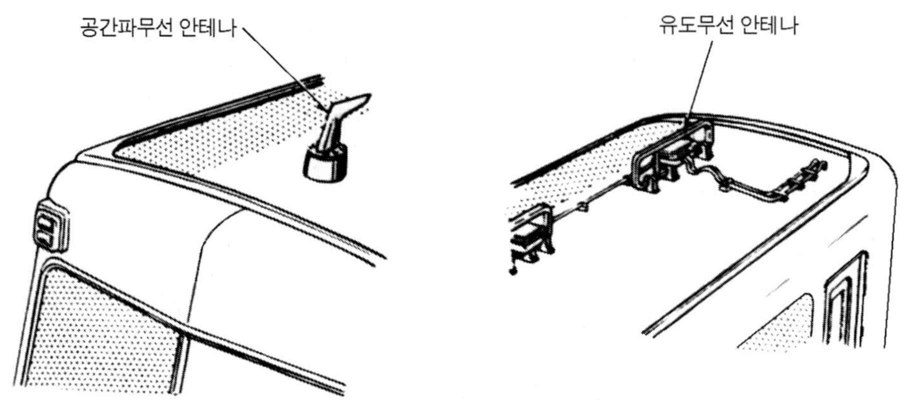

그림 4-35 열차무선 안테나의 예

(6) 방송장치

열차 및 지하철에는 승객 안내용으로서 차내방송(車內放送, public address)장치가 설치되어 있다. 최근에는 특정 차량에만 개별로 방송 가능한 것과 열차의 위치를 검지하여 자동적으로 녹음된 테이프를 재생하여 외국어에 의한 방송을 하는 것 등이 있다. 방송장치는 열차 지연 등의 정보를 전하여 승객의 불안을 제거함과 아울러, 만일의 사고 발생 시에는 승무원으로부터 승객유도 역할도 가지고 있으며, 가선정전(架線停電)시에도 배터리(battery)로부터의 급전으로 기능하도록 되어 있다.

(7) 기타 보안장치

천재(天災), 기타로 예기치 않은 사고가 발생했을 때에, 승객이 차량으로부터 탈출하지 않으면 안 되는 상황도 예상해야 한다. 지하철 및 전차의 출입구는 승무원의 조작으로 자동 개폐되는 것이 일반적이고, 통상 주행 중은 열리지 않도록 안전장치가 작동하고 있다. 비상시의 문 개방은 각 차량의 비상 코크(cock)를 취급하면 손으로 열 수 있도록 되어 있다.

투명커버 가운데 적색으로 칠한 코크(cock)는 지하철 및 전차 내에서 잘 볼 수 있도록 되어 있다. 지하철 선 내에서는 측 방향으로 탈출하려면 위험한 경우가 예측되므로, 지하철 차량에서는 반드시 최전부(最前部) 및 후부(後部)에 문이 있으며, 승객 탈출용으로서 비상계단 등도 설치되어 있다. 이외에도 소화기, 핸드 메가폰(hand megaphone)과 전등(電燈) 등도 준비되어 있다.

2) 부속장치

승객을 안전하게 이동시키기 위해서는 냉난방(冷煖房)과 조명 등 주행기능과는 별도의 장치도 필요하므로, 이러한 부속전원을 위한 가선으로부터 직접 받아들이는 것은 안전상 등에 불안이 있으므로, 전용 전원장치를 설치하는 것이 일반적이다. 이 전원의 일부는 주회로 제어와 방송, 도어의 개폐 등에도 사용되고 있다. 저압 전원으로서는 교류와 직류 2종이 있으며, 후자는 가선이 정전했을 때에도 움직이지 않으면 안 되는 장치로 급전(給電)하도록 되어 있다.

(1) 교류전원장치

직류전차에서는 가선으로부터의 급전이 고압 직류이므로, 직류를 교류로 변환하지 않으면 안 된다. 방법은 여러 가지가 있지만 주로 아래와 같은 구조로 되어 있는 것이 많다.

전동발전기(電動發電機)라고 부르는 장치에 의한 것으로서 직류 모터를 가선의 전기로 구동하고, 교류발전기를 회전시켜 필요한 3상 교류와 단상교류를 얻는 방법이다. 가선이 섹션 등에서 순간적으로 정전되어도 관성으로 회전을 계속하기 때문에 출력 측에 영향이 적은 이점이 있다. 반면 직류 모터에는 정류자에 대한 보수상의 결점과 회전음에 의한 소음 등 약간의 문제는 있다. 그러나 오랫동안 교류 전원장치가 주류였으며, 최근의 것에도 이 방식에 의한 것이 많아 보인다. 이외의 방법으로서 반도체를 이용한 인버터(inverter)장치에 의한 방식도 적용하기 시작하고 있다〈그림 4-36, 4-37 참조〉.

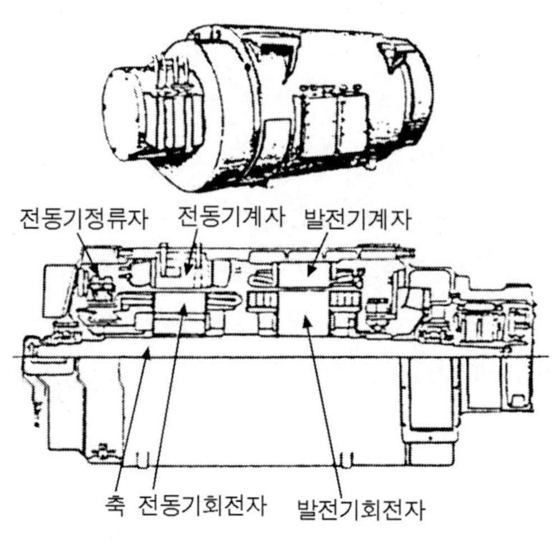

그림 4-36 전동발전기의 외관구조

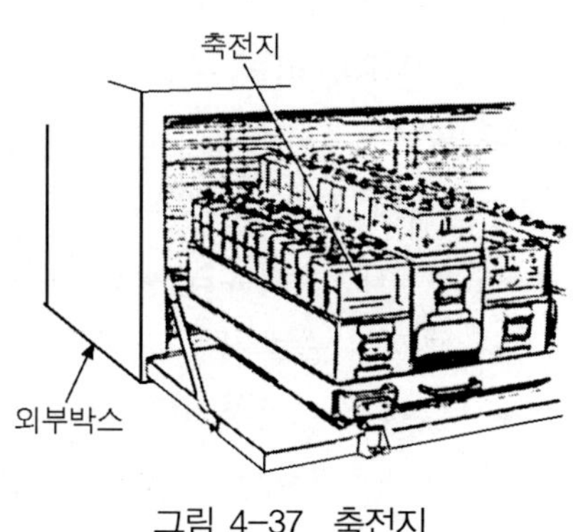

그림 4-37 축전지

가선의 순간정전(瞬間停電)이 출력 측에도 영향을 미치기 때문에, 형광등이 일순간 깜빡거리는 현상이 있기도 하지만, 보수와 소음의 관점에서는 유리하여 어느 것을 채용할 것인가는 차량의 운용형태 등에 따라 결정되어지고 있다. 교류출력으로서 일본에서는 단상 100V 혹은 3상 200V~400V의 것이 일반적으로 사용되고 있으며, 최근에는 냉방장치의 전원으로서 유리한 3상을 많이 볼 수 있다. 교류전차에서는 가선의 특별고압을 변압기(transformer)에 의해 전압을 200V~400V로 변환시켜 보조전원으로 사용하는 방식을 채용하고 있는 예가 많다. 이 경우는 단상교류(單相交流)만이다.

(2) 직류전원장치

가선이 정전되었을 때를 위해서 무정전원(無停電源)으로서 배터리에 의한 직류전원이 준비되어 있다. 주회로의 제어, 제동제어, 실내 예비등(豫備燈) 혹은 보안상의 장치는 무엇인가의 요인으로 교류전원이 없어져도 작동되지 않으면 안 되는 것으로서 직류회로에 접속되어 있다. 정상인 운전 상태에서는 교류를 정류(整流)한 직류로부터 급전시키면 동시에 배터리에 충전되어 교류가 정전되었을 때는 배터리에서 전원으로 바꾸도록 노력하고 있다. DC 100V가 일반적이지만, 미국 등에서는 DC 370V를 사용하는 예도 있다.

4.4.10 열차저항

열차를 운전할 때에는 열차의 진행을 억제하는 여러 가지의 저항이 수반되는데, 그러한 것을 총칭하여 열차저항(列車抵抗, train resistance)이라고 한다. 열차저항에 관계되는 인자는 선로상태와 차량 상태에 따라 구분할 수 있는데, 선로상태가 열차저항에 영향을 주는 것으로는 구배의 완급(緩急), 곡선반경의 대소(大小), 레일의 형상(形狀), 침목의 배치 수(配置 數), 도상(道床)의 두께, 보수형태의 좋고, 나쁨 등이 있고, 차량상태가 열차저항에 영향을 주는 것으로는 차량의 구조, 보수상태, 윤활유의 종류, 기온에 따른 감마유(減摩油)의 점도(粘度)변화 등이 있다. 열차저항의 종류로는 출발저항(出發抵抗, starting resistance), 주행저항(走行抵抗, running resistance), 곡선저항(曲線抵抗, curve resistance), 가속저항(加速抵抗, acceleration resistance), 구배저항(勾配抵抗, grade resistance), 터널저항(tunnel resistance) 등으로 구분할 수 있으며, 아래에 각각의 열차저항에 대하여 설명한다.

1) 출발저항

정지 상태에 있는 차량이 수평직선(水平直線)인 선로에서 출발하려고 할 때 받게 되는 저항이 출발저항이다. 주로 차축과 축 베어링 사이, 치차와 치차사이, 바퀴와 레일사이 등에서 유막이 얇아지거나 금속과 금속이 직접 접촉되어 마찰저항이 크게 되므로, 열차를 움직이기 위해서는 매우 큰 인장력이 요구된다. 그러나 발차 후 속도향상과 함께 급격히 감소하게 되는데, 이것은 바퀴와 레일의 마찰이 미끄럼마찰에서 구름마찰로 변화되고 차축과 베어링, 치차와 치차사이에 유막이 형성되기 때문이다. 따라서 열차의 발차 후 대략 8km/h에서 출발저항은 최소가 되어 무시할 수 있다. 그 후는 속도 증가에 따라 증가하는데, 이때는 이미 주행저항의 영역에 속한다.

$$R_s = r_s \cdot W \quad \text{(45)}$$

R_s : 출발저항(kgf)
r_s : 출발저항계수(kgf/ton)
W : 기차무게(ton)

2) 주행저항

열차가 고속으로 운행될수록 주행저항은 급격히 증가하게 되며, 차량이 주행 시에 가속성능의 저하, 에너지 소모율의 증대, 주행시간 지연, 요구출력 증대 등의 악영향을 미친다. 따라서 주행저항은 작을수록 좋으며, 특히 고속열차에서는 주행저항의 감소는 그 효과가 더욱 크다고 볼 수 있다. 열차의 주행저항은 기계저항(機械抵抗)과 공기저항(空氣抵抗)으로 구성되며, 기계저항은 중량에만 비례하는 차축과 베어링간의 구름저항과 중량과 속도에 비례하는 차륜과 레일간의 마찰저항 등으로 구분된다.

공기저항은 열차가 주행 중에 주위의 공기를 밀어 헤쳐서 진행하기 때문에 발생하게 되는 것으로서, 열차 전두부에 가해지는 고(高)압력의 공기에 의한 저항, 열차 후두부에 발생하게 저(低)압력 진공상태에 의한 저항, 차량 간의 연결부에서 발생되는 공기 와류(渦流, vortex)에 의한 저항, 열차하부 구조물이나 대차 부분에서 발생되는 공기저항과 열차 측면과 공기와의 마찰저항 등으로 분류할 수 있다.

공기저항은 열차의 중량과는 무관하며 속도의 제곱에 비례하는 저항으로서, 공기저항계수 C에는 선두부 압력 저항계수와 표면마찰 저항계수, 차량 단면적과 길이 등의 효과가 모두 고려되어 지므로 차량의 형상, 단면적, 연결차량 수, 기타 궤간의 대소, 선로의 상태 및 기후조건 등에 따라 달라진다.

일반적으로 열차의 주행저항 식은 Davis의 식을 이용하여 표현하고 있으며, 다음과 같다.

$$T_R = 1.3W + 29n + fWV + [C_A + C_S \cdot (C-1)]AV^2 \text{ ---------------- (46)}$$

W : 무게(ton) n : 차축 수
V : 열차속도(km/h) f : 플랜지 계수
C_S : 공력 전면계수 C_A: 공력 표면계수
C : 열차 당 차량 수량 A : 차량 단면적(m^2)

위 식은 적용을 쉽게 하게 위하여 다음과 같이 요약할 수 있다.

$$T_R = a + bV + cV^2 \text{ -- (47)}$$

여기서 계수 a와 관련되는 항은 기계부분의 마찰저항, 차축 베어링사이의 마찰저항, 차륜의 회전 마찰저항 등이며, 계수 b는 플랜지와 레일사이의 마찰저항과 관련되며, 계수 c는 공기저항 및 차량의 동요에 의한 저항과 관련된 것이다. 이러한 주행저항 식은 주행시험에 의해서 구해지기 때문에, 차량구조와 선로구조가 대폭으로 변하는 경우는 실차시험을 통하여 주행저항 식의 계수들을 정정해야할 필요가 있다.

한편, 전동차의 경우에는 차량의 속도가 낮아서 공기저항의 영향이 상대적으로 작기 때문에 수식의 표현을 간단히 하기 위하여 공기저항의 항이 차량중량에 비례하는 것처럼 표현하기도 한다.

Davis의 일반 주행저항 식에서 유도되어 국내의 일반열차 및 전동차에서 적용하고 있는 주행저항 식, 그리고 고속열차에 적용하고 있는 주행저항 식은 다음과 같다. 한편 고속열차의 경우, 프랑스 TGV는 기관차 2량과 객차 10량의 TGV-A(대서양선)를 기준으로 한 식이고, 독일의 ICE와 일본의 신간선 300계는 편성에 따라 조정이 가능한 일반식이다.

A. 일반열차에 적용하고 있는 주행저항 식

- 기관차(선두차) : $R(kg_f) = 0.62W + 13.2n + 0.00931VW + 0.00453AV^2$ ---- (48)
- 객　차 : $R(kg_f) = 0.62W + 13.2n + 0.00931VW + 0.000642AV^2$ ---------- (49)

n : 축수 W : 차량중량(ton)
V : 차량속도(km/h) A : 차량단면적(m^2)

B. 전동차에 적용하고 있는 주행저항 식

$$R(kg_f) = (1.867 + 0.0359\,V + 0.000745\,V^2)\,W \quad \text{(50)}$$

C. 프랑스 TGV에 적용하고 있는 주행저항 식

$$R(daN) = 0.77\sqrt{10nM} + 0.008MV + (0.02225 + 0.00352\,T)\,V^2 \quad \text{(51)}$$

V : 차량속도(km/h)
M : 총 차량중량(ton)
T : 동력객차를 포함한 객차 수

D. 독일의 ICE에 적용하고 있는 주행저항 식

$$R(N) = 11.4\,W + (0.025\,W + 17.86D)\,V + (0.17 + 0.0428nDT)\,V^2 \quad \text{(52)}$$

n : 객차 수　　W : 차량중량(ton)
V : 차량속도(km/h)　　T : 터널효과
D : 공기밀도(1,225kg/m^3)

E. 일본의 신간선 300계에 적용하고 있는 주행저항 식

$$R(kg_f) = (1.356 + 0.01363\,V)\,W + (0.0105 + 0.000234L)\,V^2 \quad \text{(53)}$$

W : 차량중량(ton)　　V : 차량속도(km/h)
L : 차량길이(m)

〈표 4-8〉에서는 일반열차 1편성(1000명의 승객을 기준으로 하여 기관차 1량에 객차 14량으로 가정)의 주행저항을 Davis식으로 구하고, 고속열차 중에서 일반열차와 그 개념이 가장 유사한 ICE 1편성(기관차 2량에 객차 12량)의 주행저항을 ICE 주행저항 식을 이용하여 계산결과를 비교 하였다.

고속이 될수록 주행저항 중에서 공기저항이 차지하는 비중이 커지므로, 따라서 고속열차에서는 공기저항을 줄이는 대책이 매우 중요하다. 〈표 4-9〉에 주행속도 260km/h 일 때의 TGV에 대한 주행저항 분석결과를 나타내었으며, 〈표 4-10〉에는 영국 국철인 APT에 대한 주행저항을 분류하였다.

표4-8 일반철도와 고속철도의 주행저항 비교

차 종		일반철도 (Davis식)	고속철도 (ICE식)
편 성 구 성		기관차 1 + 객차 14	기관차 2 + 객차 12
편 성 중 량		860 ton	860 ton
승 객 수		약 1,000명	약 1,000명
V=100km/h	기계저항	2,152	1,443
	공기저항	1,497	855
	총 저 항	3,649	2,298
V=300km/h	기계저항	3,754	2,328
	공기저항	13,471	7,691
	총 저 항	17,225	10,019

공기저항을 감소시키기 위해서는 공기역학적인 제반 형상의 세밀한 분석이 필요하고, 차량형상 및 차량기기 등의 형상이 주는 공기저항에 대한 영향과 기여도를 명확히 파악하여, 기여도가 높은 부분의 공기저항을 감소시켜야 한다.

표4-9 TGV 260km/h 속도시의 주행저항 분석

구 분	공기저항 백분율(%)	전체 주행저항 백분율(%)	
공기저항	100	75.1	TGV사양 M = 390ton L = 197.7m F = 7.95m^2 I = 9.75m
*양 단부 형상저항 *주표면적 저항 *지붕기기 저항 *디스크 브레이크 저항	11.5 66.2 20.2 2.1	8.6 49.7 15.2 1.6	
구름저항		24.9	
전체 주행저항		100	

표4-10 APT-P(2P+12T)의 주행저항 분류(1980 영국국철)

구 분		백분율(%)
선두부 압력저항		3.5
후두부 압력저항		4.5
대차 및 차륜저항		46.5
팬터그래프 저항		8
표면저항	그릴 및 기타저항	4
	차체하부 저항	7.5
	차체외측 및 지붕표면 마찰저항	27

* Railway Engineer International 1978.5. 5/6

열차의 공기저항 중에서 압력저항은 열차의 선두부와 후미부의 비대칭 압력분포에 의한 저항(form drag)값을 의미하며, 열차길이와는 무관하다. 열차의 압력저항에 영향을 주는 요소는 열차 단면적의 크기와, 선두부 및 후미부의 기하학적 형상 등이며 압력저항을 최소화하기 위해서는 선두부와 후미부의 형상을 기하학적으로 유선화(流線化)시키고 열차의 단면적을 최소화시켜야 한다.

열차 선두부의 기하학적 형상은 열차의 압력 저항 뿐만 아니라, 바람으로 인한 양력(揚力), 열차 통과시의 열차 풍(列車 風), 열차 교행시의 압력변동 등에 영향을 주므로 공기역학적으로 열차 선두부를 최적형상으로 설계하여 선두부 형상이 주는 영향을 최소화하여야 한다.

마찰저항은 압력저항을 제외한 나머지 모든 저항을 의미하며, 열차 측면에 작용하는 표면마찰저항과 대차부분, 팬터그래프, 차량연결 부의 공기저항과 여러 돌출 부분에서의 공기저항도 포함된다. 마찰저항의 크기는 열차의 길이에 비례하므로, 열차의 길이가 길어짐에 따라 전체 공기저항 중 마찰저항이 차지하는 비율도 커진다. 열차표면의 마찰저항은 열차 차체의 공기와 접하는 표면 면적과 표면 거칠기가 변수가 되므로 열차 표면 면적을 최소로 줄이고, 열차표면의 매끄러움을 최대화하고 창문 및 손잡이 등 돌출부를 평면(平面)화함으로써 표면마찰저항을 감소시킬 수 있다. 또한 차체 하부에 장착된 여러 장치와 대차부분, 지붕의 팬터그래프 돌출 부분에 대한 평면화를 추구함으로써 마찰저항을 줄여 나갈 수 있다.

이상의 내용을 정리하면 고속열차에서 공기저항 감소를 위한 주요 대책은 다음과 같이 요약할 수 있다.

① 선두부 형상을 유선형으로 설계한다.
② 열차 외부의 돌출부를 최대한 줄이고, 차체 사이의 연결부도 차체와 같은 평면으로 제작한다.
③ 팬터그래프의 공력설계와 사용 팬터그래프의 수를 감소시킨다.
④ 차체의 단면적을 감소한다.
⑤ 두 차체 사이의 간격을 축소하고 상대운동을 감소한다.

3) 곡선저항

차량이 곡선로를 주행할 때에 받는 저항으로, 원심력에 의하여 차륜과 레일간의 마찰저항, 내·외궤(軌)의 레일 길이의 차이에 의해 마찰저항 등이 생기는 데 이들 저항을 총칭하여 곡선저항이라 한다. 곡선저항은 곡선반경, 캔트(cant), 슬랙(slack), 대차의 구조, 특히 대차의 고정축거(固定軸距, wheel base), 레일의 마찰, 운전속도 등에 따라 다르다. 이 저항은 일반적으로 곡선반경(R)에 반비례하는 것으로 간주하면 간단하다. 일본의 경우는 $600/R$ 또는 $800/R$(kgf/ton)

을 곡선저항 수치로 사용하고 있다.

R_a = 가속도저항(kgf/ton)

a = 열차의 가속도(m/sec²)

m = 열차중량 1000kg의 질량 = 1000/g

g = 중력가속도 = 9.81m/sec²

라고 하면, $R_a = ma = 102a$로 된다. 그러나 이 R_a는 열차의 직진운동에 필요한 힘이므로, 회전부분에서 차량의 운동을 가속하는 힘을 중량으로 환산하여 x%라고 하고, 이것을 가산하여 실제 가속도 저항을 구하면 아래와 같다.

$$R_a = 102a\left(1 + \frac{x}{100}\right) \qquad (54)$$

상기의 x 수치는 기관차에서는 10~12%, 전차 8~10%, 객화차 5%정도이다.

4) 가속저항

정지하고 있는 열차가 견인력을 발휘하여 출발 후 어떤 속도에 도달하기까지는 출발저항, 곡선저항, 구배저항, 주행저항 등의 열차저항에 반하여 가속하여야 한다. 이때 저항과 견인력이 일치하면 열차는 등속도(等速度) 운동을 하게 되며, 이 상태에서 더욱더 속도를 가속하려면 견인력이 더 필요한데, 이 여분의 견인력을 필요로 한 저항을 가속도 저항이라고 한다.

$$R = 8 - 1.5\,V \times 0.093\,V^2 \qquad (55)$$

R : 출발저항(kgf/ton)

V : 열차속도(km/h)

위 식(55)는 30~60초간 정차한 후 출발하는 경우의 실험식이다.

일본의 경우, 다음과 같이 출발저항 수치를 적용하고 있다.

- 증기기관차 : 10(kgf/ton)
- 전기기관차(평형 축베어링) : 10(kgf/ton)
- 전기기관차(롤러베어링) : 5(kgf/ton)
- 객 차 : 6(kgf/ton)
- 화 차 : 5(kgf/ton)

5) 구배저항

차량이 중력방향과 반대로 구배 구간을 오를 때에 받는 저항으로, 이때는 주행저항 이외에 여분의 견인력이 필요한데 이 저항을 구배저항(勾配抵抗)이라 한다. 구배저항은 중력에 의해 발생하므로, 그 크기는 열차의 중량과 운행노선의 구배경사에 비례하여 증가 또는 감소한다. 열차의 운행방향에 따라 상구배, 하구배라고 말하며 역사이의 1km 거리에 임의의 2점 간의 직선 구배 중 최급상구배를 그 역간의 표준상구배, 최급하구배를 그 역사이의 표준하구배라 한다. 구배저항은 상구배 + 저항치, 하구배 − 저항치로 구분한다. 이 저항의 산정은 정확하고 간단하여 통상 구배가 $X‰$일 때의 저항은 X(kgf/ton)이다.

6) 터널저항

공기저항은 터널 주행 시에는 더욱 증가하게 되는데, 그 크기는 터널 단면적과 차량 단면적의 비에 의해 달라지며, 터널 단면적이 클수록 적어진다. 따라서, 터널 진입시의 공기저항 증가율은 같은 단면적의 터널에서도 차종에 따라 그 크기가 많이 다르게 되며, 통상 20~45% 정도 증가하는 것으로 알려져 있다. 특히 우리나라에서 운행 중인 KTX열차의 경우, 선로구간의 약 1/3정도가 터널이므로, 터널 주행 시에 발생되는 여러 가지 요인을 종합적으로 검토해야 하는데, 여기서는 터널 내에서의 공기저항에 대해 알아보고자 한다.

열차의 공기저항은 아래와 같이 압력저항과 열차 길이에 의존되는 마찰저항으로 분리하여 표시한다.

$$CV^2 = \frac{1}{2} A V^2 Cdp + (\lambda l / d) \quad \text{------} \quad (56)$$

A : 열차 단면적(m^2) V : 주행속도(km/h)
C : 열차 압력저항계수
λ : 열차측면의 수력적 마찰저항계수
d : 열차측면의 수력직경(4×A/열차단면적의 둘레길이)
l : 열차길이

터널 내를 주행하는 열차가 받는 공기저항은 일반적으로 개활지에서 보다 현저하게 증가하며, 또한 터널 진입 시에 발생되는 압력파(壓力波)는 터널의 다른 끝까지 진행된 후에, 다시 열차로 반사되어 열차표면에 비정상(unsteady) 압력분포를 보이게 되는데, 이러한 현상은 승객과 승무원에게 불쾌함을 일으킬 수 있다. 열차가 서로 교행하며 통과하도록 설계된 터널의 경우에는, 다른 열차에 의한 압력파와 교란속도(攪亂速度, disturbance speed)에 의한 진동 등에 의해서도 승차감이 매우 저하되는 요인이 된다. 터널 내에서 공기저항에 영향을 주는 요인으로는 열차의 주행속도, 터널의 단면적 및 길이, 열차의 형상 및 열차의 단면적, 열차의 길이 등이 있다.

터널의 길이가 매우 긴 경우에, 열차의 터널 주행으로 발생하는 터널내의 공기 속도를 무시하고, 터널 전 구간을 통과하는 시간적 평균치가 정상 모델의 값에 가까워진다고 가정하면, 터널 구간에서의 공기저항 CV^2은 다음과 같다.

$$CV^2 = 1/2\rho A V^2(Cdp + R)(1-R) + \lambda\frac{l}{d}xR^2 + \lambda\frac{l}{d}/(1-R)^2 \quad \text{--------- (57)}$$

R : 열차와 터널의 단면적 비(열차 단면적/터널 단면적)
λ : 터널 벽면의 수력적 마찰저항 계수
d : 터널 단면의 수력직경

열차가 터널 주행 시에 공기저항의 증가 외에도 터널 진입초기에 발생하는 터널 내부에서의 압력파의 거동은, 차체에 갑작스런 저항을 줄뿐 만아니라 객실 승객의 귀에 이명현상을 가져와 승차감을 저해시키는 요인이 되기도 한다. 따라서 이러한 문제를 해결하기 위해서는 터널 내부 압력거동 파악을 위한 해석 및 개선하거나 터널 내부에 공기배출통로를 설치하도록 한다. 이러한 주행저항은 차량, 궤도구조 등 여러 조건에 따라 다소 차이가 있으며, 세계 각 국가들은 시험을 통해 얻은 많은 데이터를 확보하고 있다. 일본의 경우를 보면 아래와 같은 방법으로 차종을 분류하여 얻은 주행저항 식을 사용하기도 한다.

A. 기관차의 주행저항 식

- 증기기관차 = $(2.00 + 0.012V)W_l + 0.057V^2$ ------------------------- (58)
- 전기기관차, 전기식 디젤기관차 = $(1.72 + 0.0084V)W_l + 0.0369V^2$ -- (59)
- 액체식 디젤기관차 = $(2.39 + 0.0165V)W_l + 0.0455V^2$ ---------------- (60)

V : 속도(km/h)　　W_l : 기관차 중량(ton)

B. 전차 · 디젤동차의 주행저항 식

- 전차 = $(1.65 + 0.247V)W_d + (0.78 + 0.0028V)W_t + [0.028 + 0.0078(n-1)]V^2$ -- (61)
- 디젤동차 = $(2.5 + 0.0168V)W + 0.0296 + 0.0079(n-1)V^2$ ---------- (62)
- 신간선 = $(1.6 + 0.035V)W + \frac{\rho}{2}(0.46 + 0.0225l)V^2 \cdot f$ ----------------- (63)

W : 열차 총중량(ton)
W_d : 동력을 가지고 있는 차량의 총중량(ton)
W_t : 동력이 없는 차량의 총 중량(ton)
n : 편성 양수　　　　　l : 열차 길이(m)
ρ : 공기밀도 $\frac{1}{8}\left(\frac{3.6}{1}\right)^2$ (kgh²/km²·m²)
f : 차체 단면적(m²)

C. 객·화차의 주행저항 식

- 구형(舊形)객차, 대차화차 = $1.24 + 0.0069\,V + 0.000313\,V^2$ ---------- (64)
- 경량구조 객차 = $0.747 + 0.0069\,V + 0.000313\,V^2$ ---------- (65)
- 일반화차 = $1.6 + 0.00077\,V^2$ ---------- (66)
- 석탄차 = $1.05 + 0.00055\,V^2$ ---------- (67)

4.4.11 캔트

1) 정의

열차가 곡선을 통과할 때, 차량에서 발생하는 원심력이 곡선 외측으로 작용하여, 차량이 외측으로 전복(顚覆, turn over)되거나 승객이 외측으로 쏠리게 되어 승차감을 해치고, 차량의 중량과 횡압이 외측 레일에 부담을 크게 주어 궤도의 보수량을 증가시키는 악영향이 발생하고 레일에 손상을 준다. 이러한 악영향을 방지하기 위하여 내측 레일을 기준으로 외측 레일을 높게 하여, 원심력(遠心力)과 중력(重力)과의 합력선(合力線)이 궤간의 중앙부에 작용토록 하는 것을 캔트(cant, superelevation)라고 한다.

직선구간에 있어서도 양쪽 레일의 높이를 균등하게 유지하여야 하지만, 레일 위를 차량이 통과할 때 양쪽이 부등(不等) 침하할 때가 있다. 따라서 양쪽 레일의 높이를 항상 바르게 수평을 유지하는 것은 매우 어려우므로 부정(不整, irregularity, 궤도가 고르지 못한 상태를 의미하는 총칭임)의 한도를 규정해야 한다. 곡선에서 외측 레일에 상당한 캔트를 붙이도록 규정한 것은 캔트의 적부(適否)는 열차 및 궤도에 중대한 영향을 주기 때문이다.

즉, 캔트가 열차속도보다 과대할 때는 열차하중은 내측레일에 편의되어 내측레일에 손상을 크게 주며, 레일의 경사 및 궤도의 부정을 조장하여 승차감을 불쾌하게 한다. 또한 캔트가 열차속도에 비하여 과소할 때에는, 열차하중이 원심력의 작용으로 외측레일에 편의되어 외측 레일의 손상을 크게 하거나, 차량이 레일 위로 올라가서 탈선할 위험이 있게 된다. 여기서 말하는 상당한 캔트란, 열차에 있어서는 탈선의 위험 및 승차감에 영향을 미치는 동요의 정도가, 각 열차하중이 모두 허용할 수 있는 일정한 범위 내에 있도록, 궤도에 있어서는 전체 열차하중이 좌우 균등하게 걸려서 궤도의 손상 및 궤도부정이 최소로 되는 것을 말한다.

캔트의 결정은 위에서 말한 여러 가지 조건을 만족시키는 크기를 말한다.

2) 캔트의 설치

① 곡선부에서는 분기부(分岐部)를 제외하고, 곡선반경과 그 곡선을 통과하는 열차속도에 따라 다음 계산식에 의하여 캔트를 붙여야 한다.

$$C = 11.8\frac{V^2}{R} - C^1 \quad \text{(68)}$$

C : 캔트(mm)
V : 그 곡선을 통과하는 최고 열차속도(km/h)
R : 곡선반경(m)
C^1 : 조정치(0~100mm)

② 캔트를 붙이는 방법은 곡선의 안쪽 레일 면을 기준으로 하여, 바깥쪽 레일을 올려서 붙이며 교량 위에서는 트러스 거더(girder)를 제외하고는 캔트량의 1/2은 거더의 보(beam)자리에 붙이고 나머지 1/2은 패킹(packing)으로 조정한다.

③ 캔트의 체감(遞減)은 완화곡선(transition curve) 전체 길이에 걸쳐서 이루어지며, 완화곡선이 없는 경우에는 원곡선의 시 · 종점으로부터 캔트의 600배 이상 길이에서 체감(遞減)해야 한다.

④ 캔트는 160mm를 초과할 수 없다.

3) 캔트 공식의 유도

(1) 이론적 캔트 공식

캔트량은 곡선반경과 그 곡선을 통과하는 열차의 설계속도(設計速度)에 의하여 정한다. 원운동을 하고 있는 물체의 원심력(F)은 다음과 같다.

$$F = m\frac{V^2}{R} \quad \text{(69)}$$

F : 원심력 R : 곡선의 반경
m : 물체의 질량 V : 물체의 원주 속도

궤도 위를 주행하는 차량의 원심력의 합력의 크기 및 레일 면에 있어서 궤도중심 편심량 b를 구하면

$$L = \sqrt{F^2 + W^2} = \sqrt{(m\frac{V^2}{R})^2 + (mg)^2} \quad \text{(70)}$$

$$L = m\sqrt{(\frac{V^2}{R})^2 + (g)^2} \quad \text{(71)}$$

또한 그림에서 $\frac{b}{H} \fallingdotseq \frac{F}{W} - \frac{C}{G}$ 이므로

$$b = H\left(\frac{V^2}{R \cdot g} - \frac{C}{G}\right) \quad \text{(72)}$$

$$J = \frac{b}{G} = \frac{H}{G}\left(\frac{V^2}{Rg} - \frac{C}{G}\right) \quad \text{(73)}$$

여기서,

W : 차량중량
m : 차량 질량
g : 중력가속도
G : 좌우 차량 접촉점간 거리
C : 캔트 V : 열차속도
H : 중심의 높이 J : 편심율 (G와 b의 비)
b : 편심량

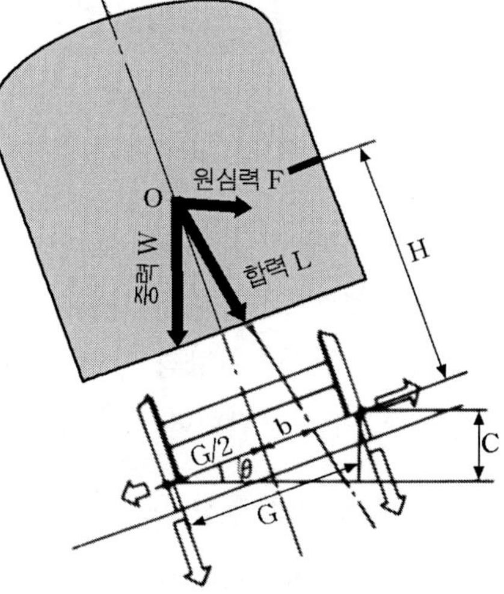

그림 4-38 캔트와 외력

V는 km/h, R은 m로 표시하여 H와 G, C와 G를 각각 같은 단위로 환산하면

$$\frac{V^2}{Rg} = \frac{\left(\frac{1,000}{60 \times 60}V\right)^2}{9.8R} = \frac{\left(\frac{1,000}{3,600}V\right)^2}{9.8R} = \frac{V^2}{127R}$$

을 (73)식에 대입

$$\therefore J = \frac{H}{G}\left(\frac{V^2}{127R} - \frac{C}{G}\right) \quad \text{(74)}$$

(72)식에서 $b = 0$일 때, 차량에서 가해지는 합력이 궤도중심을 통과하게 된다. 이때의 속도를 평형속도(平衡速度)라 하며 평형속도를 위한 캔트량을 평형캔트(C_O)라고 하며 다음과 같다.

$$C_O = \frac{GV^2}{Rg} = \frac{GV^2}{127R} \quad \text{(75)}$$

(75)식에서 $G = 1,500mm$를 대입하면

$$C_O = \frac{1,500\,V^2}{127R} \fallingdotseq 11.8\frac{V^2}{R} \quad \text{(76)}$$

이 된다. (76)식이 한국과 독일, 일본 등에서 사용하고 있는 캔트공식이며, 이 식으로 구한 캔트량이 평형속도가 되는 열차에 대해서는 가장 이상적이나, 어느 곡선이건 통과열차의 속도와 선로 상태가 일정하지 않으므로, 이 이론식을 그대로 적용할 수는 없다. 따라서 현장 실정에 따라 캔트량을 구할 수 있도록 조정량(調整量)을 둔다. 즉, 이론공식 (76)에서 고속 및 저속 열차에 대한 불균형과 승차감을 고려하여 조정량 C'를 감하여야 한다.

따라서,

$$C'_O = 11.8\frac{V^2}{R} - C' \quad \text{(77)}$$

$C'o$: 적정 캔트량
C' : 조정량(0 ~ 100 mm)

이때 C'의 최대 값을 100mm로 한 것은, 안전율과 승차감을 고려하여 허용캔트 부족량(不足量)을 100mm로 한 것이다. 이 100mm의 값은, 차량이 곡선 위를 통과할 때 발생하는 원심력으로 인한 불쾌감과 차량의 안전이 차량중심선과 궤간의 중심선과의 편의가 100mm 이내에 있을 때는 열차가 안전하고 승차감이 좋다고 정한 것이다.

(2) 최대 캔트량의 결정

최대 캔트량을 160mm로 하고 있는데 아래와 같은 이유다.

A. 정차중인 차량의 전복한도

〈그림 4-39〉에서

$$\tan\theta = \frac{\frac{G}{2}}{H} = \frac{C_1}{G}$$

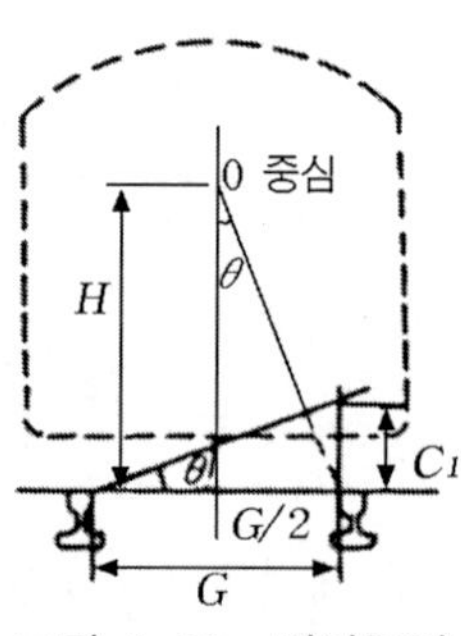

그림 4-39 정차중인 차량의 중심방향

$$C_1 = \frac{\frac{G}{2} \times G}{H} = \frac{G^2}{2H} \quad \text{(78)}$$

G : 좌우 차량 접촉점간의 거리
H : 레일 면에서 차량중심까지의 거리 2000mm를 대입하면
C_1 : 정차중인 캔트

$$\therefore \ C_1 = \frac{1500 \times 1500}{2 \times 2000} = 563\,mm \quad \text{(79)}$$

즉, 정차중인 캔트가 563mm일 때 차량이 전도한다는 뜻이다. 여기서 안전율을 고려한 최대 캔트량을 160mm로 한 것이므로

$$\text{안전율} = \frac{C_1}{C} = \frac{563}{160} = 3.5 \quad \text{(80)}$$

그러므로 최대 캔트량 160mm는 어떠한 차량도 정차중인 상태에서 전복에 대하여 안전하다.

B. 안전률과 차량중심의 방향

〈그림 4-40〉에서 정차중인 차량이 캔트 때문에 경사가 된다. 차량의 중심 W의 방향이 〈그림 4-40〉과 같이 궤도중심에서 X만큼 내궤도(內軌道) 측에 편의된다고 하면 다음 식이 성립된다.

$$\tan\theta = \frac{X}{H} = \frac{C}{G}$$

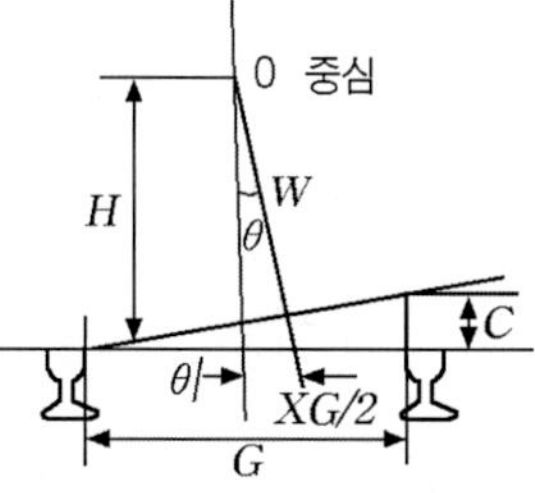

그림 4-40 차량중심 방향과 궤도중심과의 관계

$$X = \frac{C\,H}{G} \quad \text{(81)}$$

X : 편의거리(mm)
H : 레일 면에서 차량중심까지의 거리 2,000mm
C : 최대 캔트량 : 160mm
G : 좌우차량 접촉점간 거리 1,500mm

대입하면

$$\therefore \ X = \frac{160 \times 2000}{1500} = 213mm \quad \text{(82)}$$

즉, $C=160$mm일 때 편의거리 $X=213$mm는 좌우 차량 접촉점간 거리 $G=1{,}500$mm에 대하여 1/7.0 해당하므로 안전률이 3.5내에 있음을 알 수 있다. 다시 말하면

$$X=213\,mm \fallingdotseq \frac{G}{7.0}=\frac{1}{3.5}\times\frac{G}{2} \quad \text{(83)}$$

이 된다. (83)식은 안전률 3.5일 때 정차중인 차량의 중심방향은 궤도중심에서 X, $\frac{G}{2}$의 $\frac{1}{3.5}$만 편의되는 것이다.

(83)식에서 안전률을 S라고 하면

$$X=\frac{1}{S}\times\frac{G}{2}=\frac{G}{2S} \qquad \text{여기서, } \frac{G}{2S}=\frac{CH}{G} \text{을 대입하면}$$

$$\therefore\ S=\frac{G^2}{2CH} \quad \text{(84)}$$

(84)식은 정차중인 차량이 캔트에 의하여 경사되는 안전률을 구하는 식이 된다. 부족 캔트량 $C'=100$mm에 대한 편의량(偏倚量)과 안전률(安全率)은 식(81)과 식(84)로부터

$$\text{편의량 } X=\frac{100\times2000}{1500}=133\,\text{mm}$$

$$S=\frac{1500\times1500}{2\times100\times2000}=5.625 \text{ 가 된다.}$$

(3) 열차속도와 전복에 대한 안전률

정차중인 차량 중심방향 W는 궤도중심에서 내궤측에 있으나, 차량이 주행할 때는 〈그림 4-38〉과 같이 원심력 F가 작용하므로, W와 F의 합력 L의 방향이 궤도중심에 가까워져 일치하면 평형속도가 된다. 속도가 향상되면 외궤도(外軌道) 위로 가기 때문에 합력 L이 외궤도 위에 올 때 열차속도에 의한 전복한계가 된다.

〈그림 4-38〉에서 b를 구하면

$$\tan(\alpha-\theta)=\frac{b}{H} \quad \therefore b=H\tan(\alpha-\theta) \quad \text{(85)}$$

여기서, tan 감법정리에 의해서

$$\tan(\alpha-\theta)=\frac{\tan\alpha-\tan\theta}{1+\tan\alpha\tan\theta}$$

또한 $\tan\alpha\cdot\tan\theta \fallingdotseq 0$ 로 하면 $b \fallingdotseq H(\tan\alpha-\tan\theta)$가 되므로

$$\tan\theta=\frac{C}{G}=\frac{{V_0}^2}{127R} \quad \text{-----} \quad (86)$$

$$\tan a=\frac{F}{W}=\frac{V^2}{127R} \quad \text{-----} \quad (87)$$

$$\therefore b=H\cdot\left(\frac{V^2-{V_0}^2}{127R}\right) \quad \text{-----} \quad (88)$$

V : 열차속도　V_o : 평형속도

$b=\dfrac{G}{2S}$를 (88)식에 대입하면 $\dfrac{G}{2S}=H\dfrac{(V^2-{V_0}^2)}{127R}$

$$\therefore \frac{1}{2S}=\frac{H}{G}\cdot\frac{(V^2-{V_0}^2)}{127R} \quad \text{-----} \quad (89)$$

(89)식을 변형하면

$$S=\frac{G}{2H}\cdot\left(\frac{127\cdot R}{V^2-V_0^2}\right) \quad \text{-----} \quad (90)$$

$$S=\frac{G}{2H}\frac{1}{\left(\dfrac{V^2}{127\cdot R}-\dfrac{C}{G}\right)} \quad \text{-----} \quad (91)$$

(91), (92)식은 캔트 설정속도(設定速度, 평형속도)보다 빠른 속도로 주행하는 열차전복에 대한 안전율을 나타내는 식이다.

$$\frac{V^2-{V_0}^2}{127R}=\frac{G}{2SH} \qquad \therefore V^2-{V_0}^2=\frac{127RG}{2SH}$$

$$\text{혹은 } V^2=\frac{127RG}{2SH}+{V_0}^2 \quad \text{-----} \quad (92)$$

캔트와 안전률을 알고 있을 때, 열차의 최고속도를 구하는 일반식은 (92)식과 (86)식에 의하여 다음과 같다.

$$V^2 = \frac{127RG}{2SH} + \frac{127RC}{G} = 127R\left(\frac{G}{2SH} + \frac{C}{G}\right)$$

따라서

$$V = \sqrt{127 \cdot R\left(\frac{G}{2SH} + \frac{C}{G}\right)} \quad \text{------} \quad (93)$$

V : 열차속도(최고속도) H : 레일 면에서 차량중심까지의 거리
R : 곡선반경 G : 좌우 차량 접촉간의 거리
S : 안전율 C : 설정 캔트량

다음 열차속도 V가 평형속도 보다 적을 때는 (92)식이 다음과 같이 된다.

$$V^2 = V_0^2 - \frac{127RG}{2SH}$$

또는

$$V = \sqrt{127R\left(\frac{C}{G} - \frac{G}{2SH}\right)} \quad \text{------} \quad (94)$$

(91)식에 의하면

$$S = \frac{G}{2H} \cdot \frac{1}{\frac{C}{G} - \frac{V^2}{127R}} \quad \text{------} \quad (95)$$

(4) 최고캔트와 열차속도

(93)식에 의하여 산출하면

- C = 160mm, 안전율 S = 4, H = 2,000mm일 때

$$V = \sqrt{127 \cdot R\left(\frac{1500}{2 \times 4 \times 2{,}000} + \frac{160}{1500}\right)} = 5.05\sqrt{R} \quad \text{------} \quad (96)$$

- C = 160mm, 안전율 S = 7.0, H=2,000mm일 때

$$V = \sqrt{127 \cdot R\left(\frac{1{,}500}{2 \times 7.0 \times 2{,}000} + \frac{160}{1500}\right)} = 4.54\sqrt{R}\ (\text{km/h}) \quad \text{------} \quad (97)$$

(5) 곡선구간 열차제한속도

- 캔트 $C=0$일 때 (93)식에 대입하면

$$V=\sqrt{127\cdot R\left(\frac{1,500}{2\times 7\times 2,000}+\frac{0}{1,500}\right)}$$

$$=2.61\sqrt{R}(\text{km/h})$$

(94)식이 성립되므로 설정 캔트량 C에 따라 (93)식에 대입하면 된다.

(6) 역(逆)캔트일 때 속도제한

차량의 중심방향의 W는 역 캔트일 때 〈그림 4-41〉에서 궤도중심보다 외궤측 b에 놓이게 된다. 차량이 주행하면 원심력이 작용하므로 합력 L은 외궤측에 편의되어 외궤상에 온다. 이때는 다음 식이 성립된다.

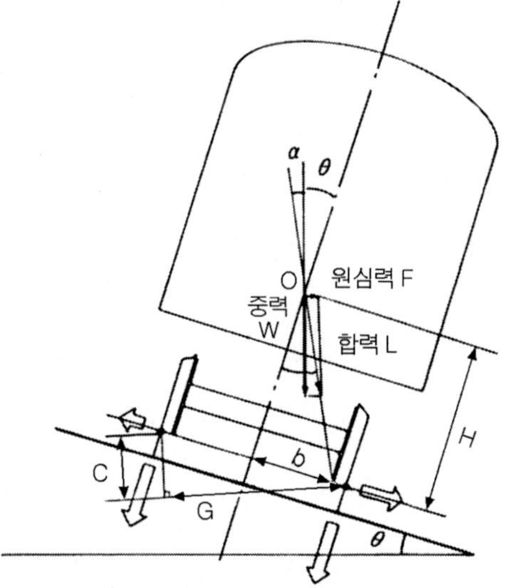

그림 4-41 차량의 중심방향 W와 역 캔트

$$\tan\theta=\frac{C}{G},\quad \tan\alpha=\frac{F}{W}$$

$$\tan(\theta+\alpha)=\frac{b}{H}$$

$$=\frac{\tan\alpha+\tan\theta}{1-\tan\theta\tan\alpha}$$

$$\fallingdotseq \tan\theta+\tan\alpha$$

$\frac{F}{W}=\frac{V^2}{127R}$이므로 윗 식에 대입하여 정리하면

$$\frac{b}{H}=\frac{C}{G}+\frac{F}{W}=\frac{C}{G}+\frac{V^2}{127R}$$

$$\therefore V=\sqrt{127\cdot R\left(\frac{b}{H}-\frac{C}{G}\right)} \quad \cdots\cdots (98)$$

(98)식은 역 캔트의 곡선을 통과하는 열차가 탈선 전복할 때의 구하는 식이 된다.

안전율 S를 고려하고 b를 $\frac{G}{2S}$로 대입하면

$$V = \sqrt{127 \cdot R\left(\frac{G}{2SH} - \frac{C}{G}\right)} \quad \text{------ (99)}$$

R : 곡선반경(m)
G : 좌우 차량 접촉점간의 거리(mm)
C : 역 캔트(mm)
S : 안전율
H : 차량의 중심높이(mm)
V : 곡선통과 제한속도(km/h)

식 (99)에서 역 캔트량이 발생한 선로에서의 열차제한속도를 구할 수 있다.

(7) 설계속도를 정산하는 식

A. 최고속도를 설계속도로 하는 방법

$$V_d = V_{\max} \quad \text{------ (100)}$$

V_d : 설계속도 $V_{\max}$: 최고속도

B. 통과속도의 평균치를 산술평균하는 방법

$$V_d = \frac{V_{\max} + V_m}{2} \quad \text{------ (101)}$$

V_m : 평균속도 $V_{\max}$: 최고속도 V_d : 설계속도

$$V_d = \frac{\Sigma V}{N} \quad \text{------ (102)}$$

N : 열차의 수 V : 열차별 열차속도

C. 열차종별 평균방법

가. 일반 제곱평균법

$$V_d = \sqrt{\frac{V_1^2 + V_2^2 + \cdot \cdot \cdot \cdot V_n^2}{N}} = \sqrt{\frac{\Sigma V^2}{N}} \quad \text{------ (103)}$$

나. 열차종별 제곱평균법

$$V_d = \sqrt{\frac{n_1 V_1^2 + n_2 V_2^2 + \cdot \cdot \cdot \cdot n_n V_n^2}{N}} = \sqrt{\frac{\Sigma n V^2}{\Sigma n}} \quad \text{------ (104)}$$

V : 대표열차 속도 n : 종류별 열차의 수

다. 특정가중(特定加重) 제곱평균법

$$V_d = \sqrt{\frac{4\Sigma V_N^2 + \Sigma V_n^2}{4N + n}} \quad \text{(105)}$$

V_N : 여객열차 속도　　V_n : 화물열차 속도

N : 여객 열차의 수　　n : 화물 열차의 수

라. 충격가중(衝擊加重) 제곱평균법

$$V_d = \sqrt{\frac{\Sigma n V^2 \left(1 + \frac{V}{100}\right)}{\Sigma n \left(1 + \frac{V}{100}\right)}} \quad \text{(106)}$$

V : 대표열차 속도　　n : 종류별 열차의 수

마. 최대·최소 제곱법

$$V_d = \sqrt{\frac{V_1^2 + V_2^2}{2}} \quad \text{(107)}$$

V_1 : 최대속도　　V_2 : 최소속도

바. 종류별 열차 평균속도의 제곱평균법

$$V_d = \sqrt{\frac{V_A^2 + V_B^2 + V_C^2 + V_D^2}{4}} \quad \text{(108)}$$

V_A : 특급열차의 평균속도　　V_B : 통과 여객열차의 평균속도

V_C : 정차 여객열차의 평균속도　　V_D : 통과 화물열차의 평균속도

(8) 열차하중 평균치

$$V_d = \sqrt{\frac{\Sigma W \cdot V^2}{\Sigma W}} \quad \text{(109)}$$

W : 각 열차하중　　V : 각 열차의 평균속도

〈표 4-11〉에 각 나라별로 사용하고 있는 캔트량 산출 공식을 나타내었다.

표4-11 각국의 캔트량 산출 공식

나라명	캔트 공식	최대 캔트량 (mm)	최대 캔트 부족량(mm)
미국	$C=0.00066DV^2$ (in) $V=mile/h$ 미터법으로는 $C=11.3\frac{V^2}{R}$	150	76
영국	$C=\frac{GV^2}{125R}$, $V=mile/h$	150	89 ~ 51
프랑스	$\frac{0.5\times 11.8V^2}{R} < c < \frac{0.7\times 11.3}{R}$	180 (실용 160)	150 (실용 130)
일본	일반 $C=10\frac{V^2}{R}$, V=최대속도 최소 $C=\frac{V^2}{R}$, 신간선 $C=11.8\frac{V^2}{R}$	-협궤 115 -광궤 170 -최대 180	100
독일	표준 $C=8\frac{V^2}{R}$, V=최대속도 최소 $C=11.8\frac{V^2}{R}-90$	150	100
스위스	$C=8\frac{(V+5)^2}{R}$	150	121 ~ 96
오스트레일리아	$\frac{9\frac{V^2}{R}}{1+0.025\frac{V^2}{R}} < C < \frac{13\frac{V^2}{R}}{1+0.025\frac{V^2}{R}}$	150	90 (실용 60)
대한민국	$C=11.8\frac{V^2}{R}-C'$ $C'=0\sim 100$	160	100

4.4.12 공기조화설비

1) 개요

환기 및 적절한 온도 유지를 위하여 설치되는 냉방장치(冷房裝置), 난방장치(煖房裝置), 환기설비(換氣設備)를 총칭하여 공기조화(空氣調和, HVAC)설비라 한다. 난방장치는 증기식(蒸氣式), 전기식(電氣式)과 온기식(溫氣式)난방 등이 있으며, 증기식은 기관차나 난방차에서 증기를 객차에 공급하여 차내를 따뜻하게 하는 것이며, 전기식은 전원차(電源車)의 엔진 발전기를 통하여 객차에 전원을 공급하여 전열기로써 가열하는 장치이다.

냉방장치는 전원차에서 전원을 공급 받아 유닛 쿨러(unit cooler)를 작동시켜 실내를 적절한 온도로 조절하는 장치이다. 객차의 환기장치는 난방 또는 냉방을 행하며 신선한 공기를 공급해 주는 장치이다.

2) 난방장치

현재 운행 중인 대부분의 차량과 고속열차는 전기식 난방장치를 사용하고 있다. 객차의 전기난방은 전원차로부터 전원을 공급받아 객차의 각 차량에 연결된 전원용 점퍼선(jumper line)을 통해, 각 차량에 설치되어 있는 전열기(電熱器) 즉 시즈히터 및 온수통에 공급되어 가열하도록 되어 있다. 각 객실에는 온도 조절기(thermostat)가 부착되어 있으며, 온도조절 범위는 시즈히터의 반수(半數)만을 가열할 경우(난방 半)와 전체를 가열할 경우(난방 全)의 2단으로 조절이 가능토록 되어 있으며, 화장실, 세면실, 소변실, 복도 등은 독립적으로 설치되어 있다. 이 시즈히터는 고온 배관용 강관에 코일 형태로 된 니크롬선을 중심에 넣은 다음 절연물(마그네슘)을 충전하여 리드 선을 양단으로 빼낸 다음 내부 충전물을 다져 넣고, 절연물로 양단을 막아 놓은 것으로 약 400℃까지 온도를 상승시킬 수 있으며, 외기 온도 0℃에서 60분 이내에 +18℃ 이상 예열이 가능하고, 외기온도 −20℃일 때 최대운행속도에서 객실의 온도를 +20℃로 유지시킬 수 있는 능력이 있어야 한다.

3) 냉방장치

(1) 냉방일반

냉방장치는 하절기에 쾌적한 실내온도를 유지하기 위하여 설비하는 것으로, 재래식 객차에는 선풍기 또는 창문의 개폐를 통해서 더위를 잊으려 했으나, 서비스 개선 면에서 또는 기술적 개발에 의해서 근래 제작되는 객차의 대부분이 전기식 냉방장치를 사용하기 시작하였다. 이 냉방장치는 집중식(集中式)과 분산식(分散式)이 있으나, 시내용 지하철의 대부분은 분산식을 채택하고, 각 객차의 천장에 유닛 쿨러를 설치하여 별도의 전원차로부터 전원을 공급받아 작동시키고 있으며, 표준온도는 25℃, 외기온도와의 차이는 4℃~7℃ 정도의 범위가 좋은 것으로 되어 있다.

(2) 냉방의 원리

대기압 상태의 물은 0℃ 이하에서 얼고 100℃에서 증발하는데, 0℃의 얼음을 0℃의 물로 변할 때 1kg당 80kcal의 열(융해열)을 외부로부터 탈취하고, 100℃의 물이 100℃ 수증기로 변할 때는 539kcal의 열(증발열)을 탈취한다. 이러한 융해열 또는 증발열을 이용한 것이 냉방장치이다. 이와 같이, 고체도 융해열이 있지만 경제적이 못 되고, 액체의 증발열이 이용된다. 냉매(冷媒, coolant)는 저온에서도 증발하며 증발열이 큰 액체를 선정하여 사용하는데, 그 대표적인 것이 프레온이며 냉장고에는 프레온12, 공기조화설비로는 프레온22(R-22, CHClF2)를 많이 쓰는데, 독일은 R-134a 냉매를 사용하고 한국, 프랑스, 일본 등은 프레온22를 사용한다. 대기압 아래에서 프레온 22는 −29.8℃의 저온에서도 증발하고 증발열은 40kcal이며 냉매의 성질은 무색, 무취, 무독인 접촉 상 위험이 없는 불소화합물이다.

(3) 냉동사이클 〈그림 4-42참조〉

압축기(壓縮機) → 응축기(凝縮機) → 팽창밸브(膨脹弁) → 증발기(蒸發機) → 압축기(壓縮機)로 순환하게 된다.

A. 압축기 (壓力增大裝置, compressor)

프레온 가스를 압축하게 되면, 온도가 상승하면서 압력이 12~14 kg/cm²의 기체냉매가 된다.

B. 응축기 (熱發散裝置, condenser)

압축된 고압의 기체를 응축기에 통과시킬 때 송풍기를 이용, 외기로 냉각시키면 프레온가스의 열은 외기에 발산되는데 이때 냉매의 압력은 변하지 않고 온도가 내려가면서 프레온액으로 변한다.

C. 팽창밸브 (壓力減少裝置, expansion valve)

일명 모세관(毛細管)이라고도 하며, 직경 1.5mm정도의 관으로 되어 있다. 응축기를 지나온 프레온 액은 압력이 너무 높기 때문에 증발하기 쉬운 상태로 하기 위해 단열팽창(斷熱膨脹, 온도는 그대로 유지한 채로 갑자기 면적을 확장하여 압력을 감소시킴)을 하여 압력이 4~5kg/cm²로 낮게 한 뒤 증발기로 보내진다.

D. 증발기(熱吸收裝置, evaporator)

팽창밸브를 지나면서 압력이 낮아 진 저온저압의 프레온 액체가 증발기를 통과하면서 액상에서 기상(氣相)으로 상변화를 한다. 이때 다량의 열을 방열기 주위에서 흡수하게 되면서 주위의 공기는 차가운 공기로 변하게 되고, 송풍기에 의해 닥트를 통하여 실내로 보내지게 된다. 이렇게 하여 프레온 가스는 기체 → 액체 → 기체로 상변화를 거듭하면서 냉동사이클을 이룬다.

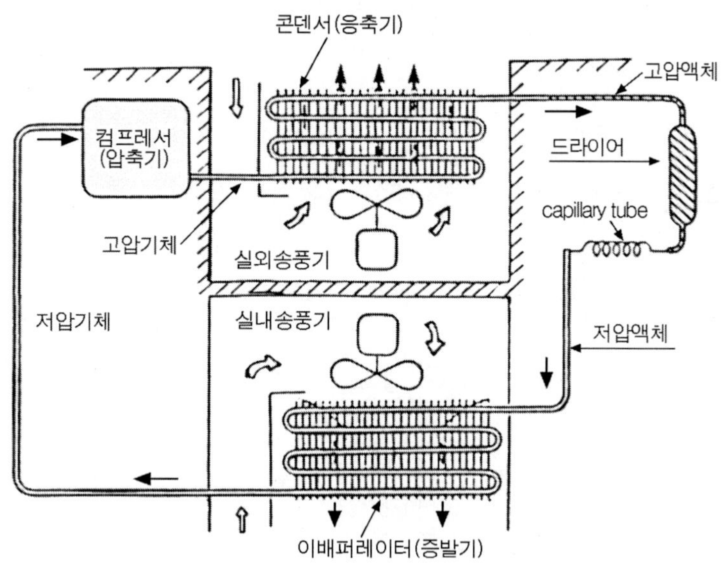

그림 4-42 냉동사이클 회로도

4) 환기장치

환기장치(換氣裝置)는 지붕 위에 설치된 통풍기로부터 실내의 공기를 순환시키는 방식이 일반적이며, 통풍기는 주행에 의해서 발생하는 공기의 유동으로 부분진공을 일으켜 실내공기를 유도한다. 보건 측면에서 본 환기량(換氣量)을 산출해보면 다음과 같다.

- 휴식중의 대인 1인의 1회 호흡량 330cm³ ································· a
- 1분간 호흡 수 18회 ·· b
- 흡기 중에 포함된 탄산가스 양 1만분의 400 ································ c
- 실내공기의 함유 탄산가스 양의 한도 1만분의 8 ·························· d
- 외기의 함유 탄산가스 양 1만분의 4 ·· e
- 필요한 환기량 ··· *F*

$$F = \frac{c \times a \times b}{d - e} \; (\mathrm{cm^3/min}) \quad \text{(110)}$$

$$= \frac{\frac{400}{10,000} \times 330 \times 18}{\frac{8-4}{10,000}} = 594,000(\mathrm{cm^3/min})$$

$$594,000 \times 60 \div 1,000,000 = 35.64\ (\mathrm{m^3/h})$$

정원을 72명으로 가정하면

$$35.64 \times 72 = 2,566.1\ (\mathrm{m^3/h})$$

아래 〈표 4-12〉은 차종별 환기용량(換氣容量)을 나타낸 것이다.

표4-12 각 차량의 환기용량 비교 (단위 : $\mathrm{m^3/h}$)

구 분	새 마 을	T G V	I C E	신 간 선
환 기 용 량	2,520	3,550	3,500	7,200
신선 공기량	900	객 실 : 1,200 가족실 : 320	1,800	1,800

4.4.13 차량의 화재사고 대책

본 절에서는 차량화재 사고대책에 대하여 살펴보기로 한다. 일본의 경우, 철도차량에는 "A-A기준", "A기준", "B기준" 이라고 하는 화재사고대책(火災事故對策) 기준이 있다. 1969년에 운수성이 통지하여 차량의 난연화(難燃化)를 강화 지도한 것으로서, 그 후 1973년과 1976년에 개정이 되어, 더욱더 엄격한 법적규제로 차량화재에 대한 안전성을 높이고 있다. 아래에서 그 기준에 대하여 간단히 살펴본다.

기준은 차체의 구조 및 사용재료, 발열기기의 방호(防護), 피난설비(避難設備), 소화설비(消火設備)에 이르는 항목으로 철도차량은 이 기준을 전부 명확하게 하지 않고는 운행 허가를 얻을 수 없다.

"A-A 기준" 은 가장 엄격한 내용으로 지하선(地下線)을 주행하는 차량과 지하선으로 승객이 탄 채로 진입하는 차량 특히, 지정된 노선을 주행하는 차량에 적용된다.

"A기준" 은 대도시와 그 주변을 운행하는 차량으로 긴 터널 구간을 가지고 있는 노선에 적용되지만, 새로이 제작되는 차량은 "매우 강한 A-A기준" 이라고 하는 것이 첨가되어 있다. "B기준" 은 위 이외의 노선을 주행하는 차량에 적용되지만, 신제차량(新製車輛)은 "A기준" 적용으로 되어 있다. 기준의 내용은 각 기준과도 발화가 예상되는 것에 대한 방호에 대하여 특히 주회로, 아크와 전열(電熱)을 발생하는 기기 등의 방호를 주로 하여, 기기의 위치, 구조, 배선방법, 사용재료의 절연성, 불연난연성, 방열판 등 각 기준마다 세밀하게 규제하고 있다.

차체의 구조와 사용재료에 대해서는, 만일 화재가 발생했을 때 연소(燃燒)를 방지하기 위해 구조와 성능상 부득이 한 것을 제외하고, 전부 불연성(不燃性) 재료를 사용하여야 하고, 불연성 이외의 재료는 매우 소량으로 한정하고, 난연성(難燃性) 재료를 사용하지 않으면 안 된다. 따라서 차실내의 천장, 벽, 마루(floor) 등의 주구조물은 불연성 구조로 구성하고, 마루 바닥재라든지 의자의 쿠션(cushion)재 등은 전부 난연성 인정을 받은 것 이외는 사용할 수 없다. 다른 교통기관에 비교하여 사용 가능한 재료의 범위는 매우 좁혀져 있다.

난연성의 인정은 시험 장치에 비금속재료인 공시재(供試材, 182×257mm)를 올려놓고, 순수 에칠알코올을 0.5cc 연소시켜, 불길이 번지는 데까지 방치하여 공시재로의 착화(着火), 착염(着炎), 발연(發煙)의 상태, 염(炎)의 상태, 알코올 연소 후의 잔염(殘炎), 잔진(殘盡), 탄화(炭火), 변형 등을 조사하여 〈표 4-13〉과 같은 판정을 한다. 난연성 이하의 판정을 받은 것은 사용이 인정되지 않는다. 현재 차량에는 의자와 커튼(curtain)이나 마루 바닥재 등에 섬유제품이 사용되고 있지만, 이러한 것은 전부 난연 처리하여 앞에서 언급한 연소시험을 통과한 재료이다 〈그림 4-43 참조〉.

표4-13 철도차량용 재료의 연소성 규격

구 분	알코올 연소 중				알코올 연소 후			
	착화	착염	연기	화세(火勢)	잔염	잔진	탄화	변형
불연성	없음	없음	약간	–	–	–	100mm이하의 변색	100mm이하의 표면적 변형
극(極) 난연성	없음	없음	적음	–	–	–	시험편의 상단에 도달하지 않음	150mm이하의 변형
	있음	있음	적음	약함	없음	없음	30mm이하	
난연성	있음	있음	보통	불꽃이 시험편 상단에 도달하지 않음	없음	없음	시험편의 상단에 도달	테두리에 도달하는 변형, 국부적 관통공(貫通孔)

※ 1. 탄화, 변형의 치수는 타원형의 직경으로 표시
2. 이상발화(異常發火)하는 것은 구분을 1단(段) 내림

지금까지 설명한 것처럼, 대량의 승객을 안전하게 수송하는 사명을 지닌 철도차량에는 이외에도 차량의 구조기준과 법적약속 항목이 여러 가지 있어, 모든 조건을 충족한 설계와 제작에 의거한 차량만이 영업 운용되어 안전을 확보하고 있다.

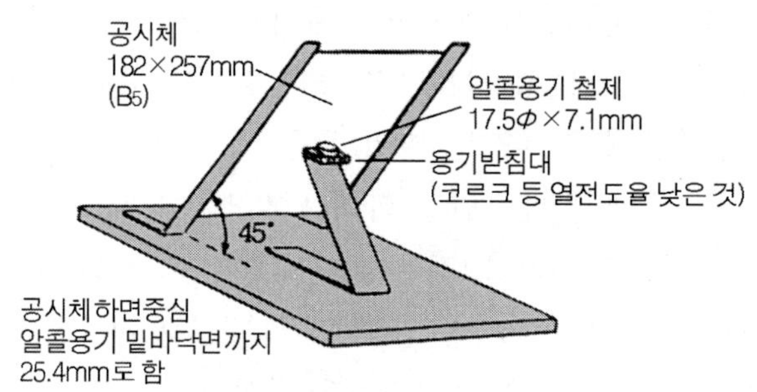

그림 4-43 사용재료의 연소시험장치

4.4.14 열차편성의 연결방식 메커니즘

철도차량의 사명 중에서, 첫 번째로 거론되고 있는 대량수송(大量輸送, mass transportation)을 가능하게 하는 기능은 철도의 독자적인 특징으로서 열차편성(列車編成, train composition)에 의한 운용이다. 열차편성을 하는 데에는 운용상 편성을 위해 차량과 차량을 분리 또는 연결하는 장치가 필요하게 된다. 이러한 기능을 수행하는 장치로서는 우선 차량 상호(相互)의 기계적인 연결이 있고, 다음에 열차를 총괄제어(總括制御)하기 위한 전기(電氣)와 공기(空氣)의 상호연결, 그리고 여객차의 경우 승객의 상호이동(相互移動)을 위한 연결설비가 있다〈그림 4-44~49 참조〉.

1) 기계적인 연결

차량의 양단 중앙에 차량 상호간을 필요에 따라 기계적 연결을 하고, 분리를 하기 위한 연결장치(連結裝置)가 설치되어 있는데, 그 장치는 일반적으로 연결기와 완충기(緩衝機)로 사용되고 있다. 연결기에는 그 사용방법과 구조로부터 자동연결기, 밀착연결기, 밀착식 자동연결기, 고정연결기 등이 있으며, 각각의 특성에 의하여 사용이 분류된다.

2) 전기와 공기의 연결

열차를 편성했을 때 역행(力行, powering)과 제동(制動, braking)을 선두 차량의 운전대에서 총괄제어하여, 각 차량의 동력장치와 제동장치를 제어하기 때문에 다수의 전기회로와 공기회로를 편성 각 차량 상호간에 연결시킬 필요가 있다. 이 장치를 전기연결 장치, 공기연결 장치라 부른다. 전기연결기(jumper)는 고압 전기연결기(1개의 케이블이 인통함)와 저압 전기연결기(다수의 케이블로 연결)로 나누어져, 주 회로용인 고압용은 일반적으로 케이블의 양단에 플라그(栓)를 설치한 양구전(兩口栓) 전기연결기로 〈그림 4-44〉에서 〈그림 4-47〉과 같은 구조로 되어 있다. 제어회로와 기타용인 저압용은 편성중의 전부(前部)의 저압 보조회로기기와 제어회로를 작동시키기 위해 각 차량 간을 인통(引通)하는 다심(多心)의 전기연결기로 용도에 따라 양구전(兩口栓)과 편구전(片口栓)이 있으며, 플라그(栓, plug)와 소켓(栓受, socket)의 구조는 회로의 배선들을 접촉자가 개입하여 전기적으로 접속된다.

또한, 영구 연결된 차량상호 간에는 전기연결기를 사용하지 않으며, 직접 연결기 박스 간을 케이블로 결선하는 경우가 많다. 전기연결기에는 이밖에 기계적인 연결 항(連結 項)으로 접촉된 밀착연결기의 하부에 설치하는 전기연결기가 있다. 차량의 분리·병합시의 생력화(省力化)와 자동화에 적합하게 차량상호 간의 기계적인 연결과 동시에 전기회로도 연결된다.

3) 승객의 상호이동을 위한 연결

편성열차의 차내를 승객의 왕복을 위해서는 차량상호 간의 연결부분에 승객이 안전하게 차량사이를 건널 수 있는 설비가 필요하게 된다. 이 설비로는 다이어프램(diaphragm)과 건넘판(gangway)이 있어 차량상호간의 연결기능을 하고 있다. 다이어프램 장치에는 여러 가지의 메커니즘이 각국에서 개발되어 실용화되고 있지만, 어떻든 열차가 주행 중 구배선(勾配線)과 곡선로를 통과할 즈음에 좌우상하의 변위에 대하여 부드럽게 추종되어 신축할 수 있는 것이 구조상 필수조건으로 되어 있다.

가장 일반적인 구조는 사복상(蛇腹狀, 뱀의 배와 같은 모양을 한 것)의 표지와 구조를 조합한 다이어프램이 넓게 사용되고 있다.

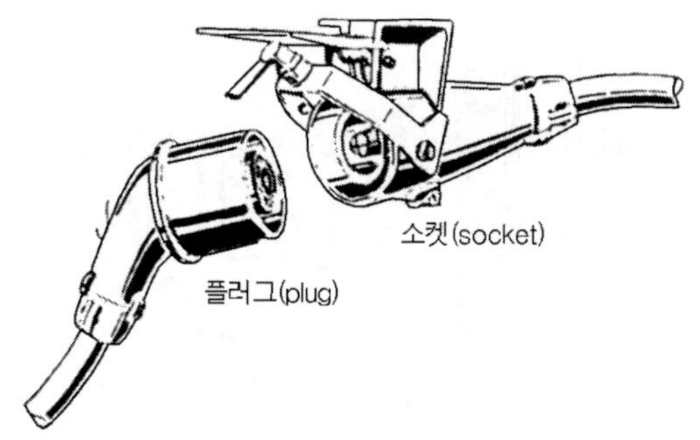

그림 4-44 고압용 점퍼(Jumper)연결기 예

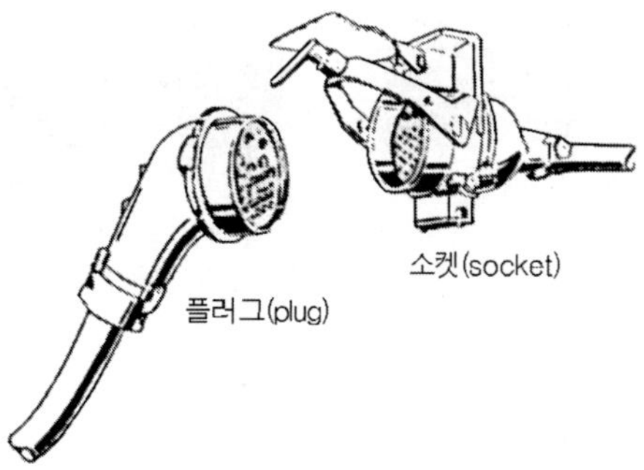

그림 4-45 저압용 점퍼연결기 예

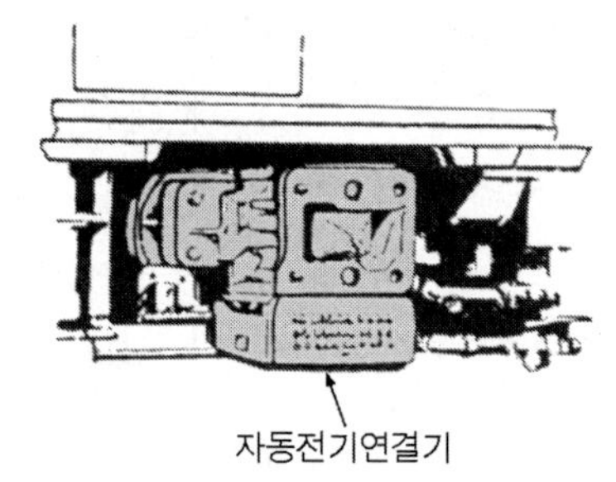

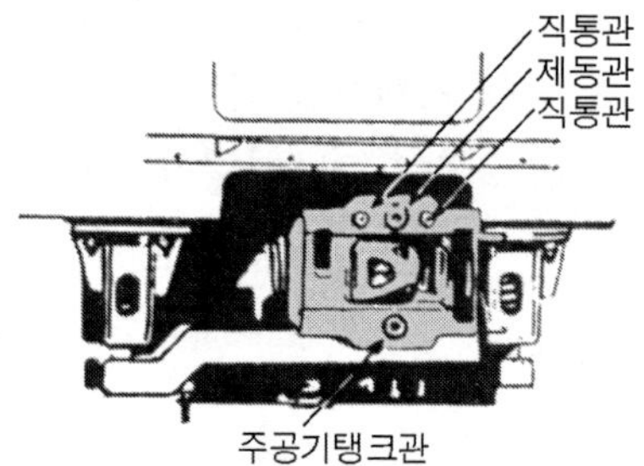

그림 4-46 밀착연결기에 조립된 예 (공기관 연결)

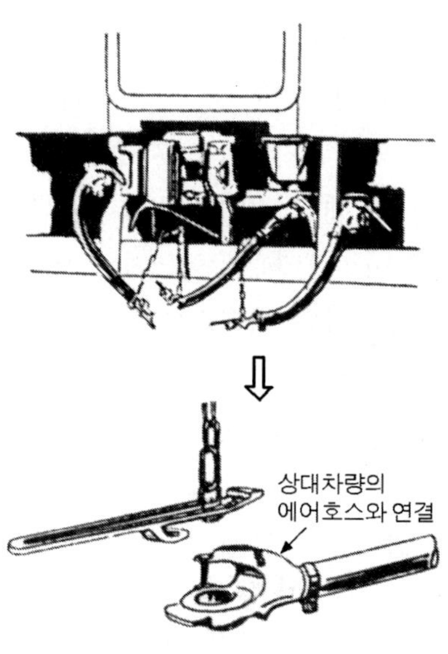

그림 4-47 에어호스에 의한 연결 (공기관 연결)

이외에도 외국의 예로서, 굵은 관 모양의 고무를 조합한 다이어프램도 있다. 승객의 통행에는 관계가 없지만, 신간선 전차와 같은 고속열차에서는 공기저항을 감소하기 위해 다이어프램 외측에 다시 다이어프램을 설치하는 예가 많다. 승객이 가까운 차량에 타서 다른 차량으로 이동하는 경우에 건넘판(gangway)에는 차량상호의 차단부로부터 힌지(hinge)를 사용하여 내어 붙이고 중첩시킨 방식이나, 차량상호가 짧은 건넘판을 내어 그 위에 「거북이」 모양의 중간 건넘판을 겹친 방식 등이 일반적으로 사용되고 있다〈그림 4-48, 49〉 참조.

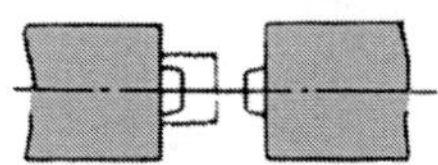

한쪽면 차량에 다이어프램이 부착되어, 상대편 차량에 부착된 해당판과 연결하는 방식

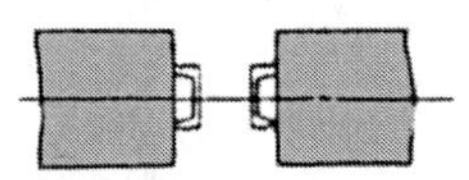

상호차량이 반씩 다이어프램이 부착되어, 중앙에서 연결하는 방식

다이어프램 연결방식

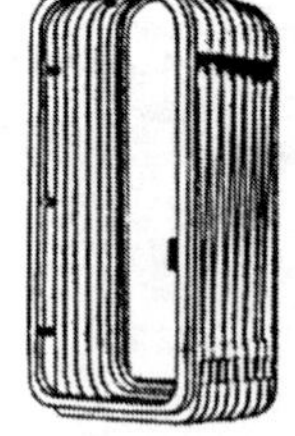

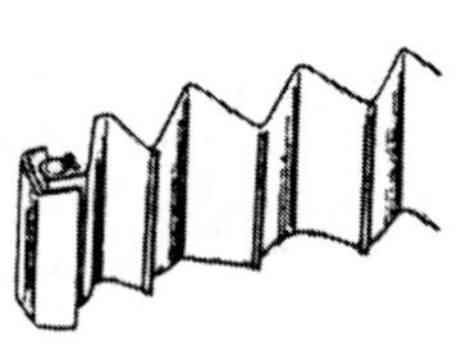

일반적인 다이어프램과 그 단면의 예

고속열차 외부 다이어프램

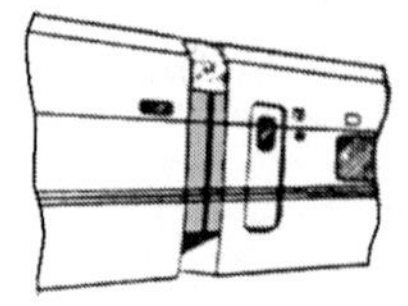

고무제 다이어프램

그림 4-48 다이어프램의 종류

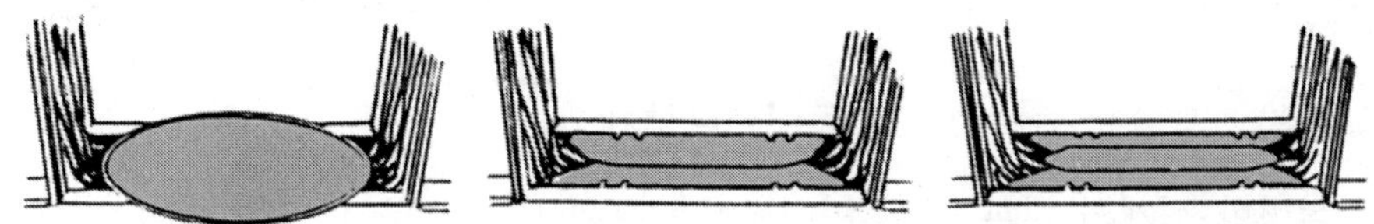

그림 4-49 갱 웨이(gangway, 건넘판)의 종류

4.4.15 전기차량의 동력전달장치

전기기관차와 전차(합쳐서 전기차량이라고 함)의 구동원은 저(低)회전 시에 고회전력의 직류 직권형 주전동기가 일반적이며, 이 주전동기의 회전력을 윤축(輪軸, wheel-set, 차륜과 차축이 조립된 것)을 통하여 전달하는 것이 동력전달장치(動力傳達裝置)이다.

약 190여 년 전에, 영국에서 최초의 철도가 탄생되었을 때 증기기관(蒸氣機關)이 동력원으로 사용되었다. 하지만 전기 동력에 의한 철도가 실용화된 것은 약 130년 전으로 역사가 비교적 오래되지 않았다. 증기동력(蒸氣動力)철도에 비해 전기동력(電氣動力)에 의한 철도의 탄생이 늦은 이유는 철도의 견인성능에 알맞은 주전동기(主電動機, main traction motor)와 동력전달장치의 개발이 당시의 기술 수준에서는 쉽지 않았기 때문이다.

서구에서 실용화된 초기의 전기차(電氣車)에는 주전동기의 전기자축(電機子軸)을 차축으로 한 동력전달장치가 없는 전차나 차체에 적재된 대형 주 전동기에서 증기기관차와 같은 크랭크봉 장치로서 동륜을 회전한 전기기관차가 있었지만, 최근에는 일부 예외를 제외하고, 1단 감속 치차장치(齒車裝置)로써 전달하는 방식이 원칙적으로 되어 있으며, 각 동륜(動輪, driving wheel)을 각각의 주전동기로 구동하는 단독식이 대부분이다.

1) 설계의 기본

전동기는 정밀한 구조이기 때문에, 선로(線路)로부터의 충격을 직접 받도록 한 적재방식은 좋지 않기 때문에, 중간에 스프링을 넣는 것이 바람직하다. 하지만 스프링을 설치하여, 대차와 언더프레임을 부담하고 있는 윤축은 스프링의 눌러짐(compression)정도만큼 대차와 언더프레임에 대하여 다소의 상대 상하운동을 하기 때문에, 전동기를 대차와 언더프레임에 고정한 경우에는 전동기의 전기자 축에 설치된 소치차(小齒車, pinion)중심과 차축에 부착된 대치차(大齒車, gear)중심과의 거리가 앞에서 언급한 이유로 다소의 변동을 면치 못하여 기어의 맞물림이 어긋나게 된다. 따라서 동력전달 치차장치(動力傳達 齒車裝置)는 편차가 없이, 기어의 맞물림에 문제가 없도록 하면서 주 전동기를 스프링 위에 적재 가능하도록 하는 것이 최대 설계과제이다.

2) 종류와 특징

(1) 조괘식(釣掛式, nose suspension type) 동력전달장치

앞에서 설명한 설계의 기본 과제를 비교적 용이하게 해결하고 있는 방법이 조괘식(釣掛式)으로 전기차량 역사의 초기에 개발되어, 현재도 세계적으로 널리 보급되어 있다. 즉, 이 방식은 〈그림 4-50〉과 같이 주전동기의 한쪽 끝에는 축 베어링을 넣어 차축에 놓고 또 다른 끝단은 돌기(nose)를 내어 대차 프레임으로 떠받치는 구조로 차축에 부착된 대치차의 중심과 전기자(電氣子) 축 끝에 부착된 소치차 중심과의 거리가 일정하므로 기구적으로 대단히 간단하다.

그러나 전동기 중량의 약 반 정도가 차축으로 지지되는 단점이 있다. 즉 전동기 중량의 약 반 정도가 스프링하질량(下質量, unsprung mass)으로 되어 선로로부터의 충격을 크게 받게 된다. 그 때문에 전동기의 고장이 잦아져 차축에 부착된 축 베어링의 보수에 어려움이 있다. 고속회전 전동기의 채용이 곤란하고, 선로와의 충격으로 승차감이 나빠지게 되며, 선로에 대한 영향이 좋지 않다는 등의 많은 불리한 점들을 포함하고 있다.

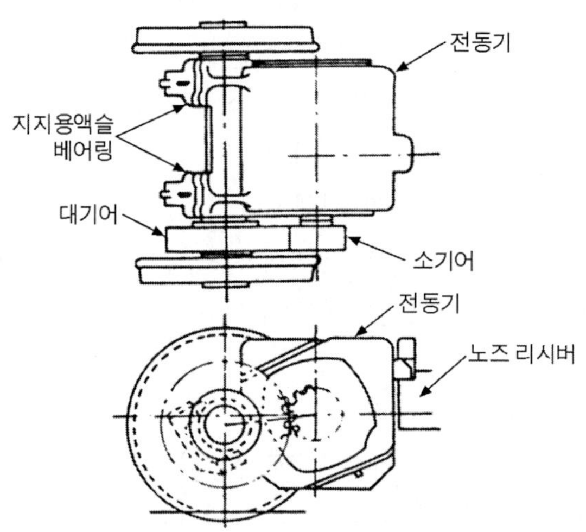

그림 4-50 조괘식(釣掛式, nose suspension type) 동력전달장치

(2) 스프링 상(上) 장하식(裝荷式) 동력전달장치

앞의 조괘식 동력전달장치의 결점을 해소하기 위해, 주 전동기를 스프링 상(上)의 대차 또는 차체 내에 적재하고 전기자 축과 차축과의 중심간 거리가 다소 변동되어도 소치차와 대치차와의 맞물림이 변화하지 않는 기구로 지금까지 꾸준히 연구되고 있다. 지금까지 실용화

된 방식에는 2개의 방향이 있다. 그 하나는 소치차와 대치차와의 거리를 일정하게 하면서 대치차를 차축에 고정하지 않음으로써 양자의 상호 편차를 다소 허용하는 방식이고, 또 하나는 소치차를 직접 전기자 축에 설치하지 않음으로써 양자의 상호편차를 허용하게 하는 방식이다.

전자(前者)는 주로 동력 용량이 큰 전기기관차에 채용되며, 후자는 일본에서 전차의 대부분에 채용하고 있는 것으로서 카르단식(cardan type)과 WN(미국 Westinghouse사 설계)식 등이다.

(3) 퀼(Quill)식 동력전달장치

일본의 신형 전기기관차의 일부에 채용되고 있는 퀼식 구조의 개략도(槪略圖)는 〈그림 4-51〉과 같다. 즉, 주전동기와 대치차를 지지하여 회전되는 중공축(中空軸, hollow shaft)을 대차프레임에 고정시켜, 대치차와 윤축의 윤심부에 압입되어 있는 스파이더(spider)라고 하는 것이 상호적으로 작은 이동을 하면서, 회전력을 전달하는 기구로 되어 있다. 따라서 선로로 부터의 충격은 스파이더와 대 치차와의 작은 틈으로 이동되어 직접 대치차에는 전달되지 않는다.

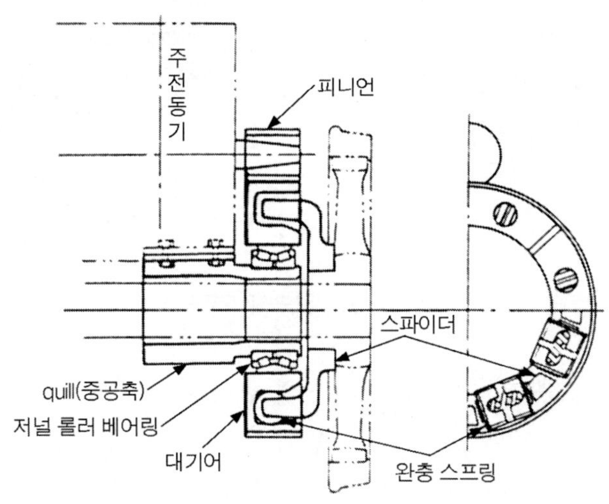

그림 4–51 퀼 식 동력전달장치

그러나 중공축과 대 치차 사이의 축 베어링과 스파이더와 대치차와의 끼움 등이 복잡하기 때문에 보수가 곤란하다고 하는 불리한 점이 있다.

일본의 신형 전기기관차에 채용된 퀼식은, 전기기관차의 스프링상 장하식의 결정판으로 기대되었지만, 각부의 마모가 진행됨에 따라 진동이 격증(激增)하고, 기관차 전체의 보수에도 큰 영향을 미치는 등의 문제가 발생했다. 또 뒤에서 언급할 신형 전차에 의한 전차화의 진전에 의해 전기기관차의 고속성능에 대한 필요가 감소되었기 때문에, 그 후의 신형 전기기관차는 원래의 조괘식으로 되돌아가고 있다. 또한 전기기관차의 이러한 동력전달장치의 기어는 스퍼 기어(spur gear)가 원칙으로 치차 비(齒車 比, gear ratio)는 일본 차종인 EF58형식의 2.68부터, EF 15형식의 4.15의 범위의 것이 채용되고 있다.

(4) 링크 식(Link type) 동력전달장치

퀼식이 기대에 미치지 못하는 결과가 되었기 때문에, 새로운 대책으로 채택된 것이 링크 식〈그림 4-52〉이다. 링크 식 동력전달장치는 고무 부착 링크기구에 의해 차륜과 치차심(齒車心) 사이의 변화를 흡수하는 중간체(中間體)를 끼워 넣고 있다.

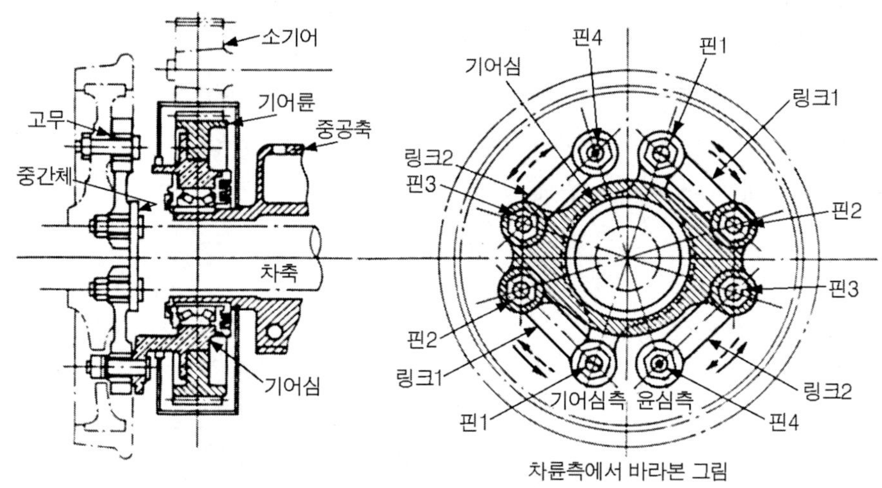

그림 4-52 링크식 동력전달장치

링크식의 최대 특징은 퀼(quill)식을 최소한의 공사로도 개조가 가능하다는 것으로서, 자려진동(自勵振動)과 피칭(pitching)공진을 피하기 위해 대기어의 회전방향 스프링 정수를 적게 하였으며, 퀼(quill)식의 스파이더(spider)에 상당하는 링크를 기어박스(齒車箱, gear box)의 밖으로 내어 기어박스의 밀봉을 쉽게 하고 있다. 또 기어 컴파운드(gear compound)를 사용하며, 장시간 시험결과 거의 문제가 안 되기 때문에 퀼식은 차츰 링크 식으로 개조되었다.

(5) 카르단식(cardan type) 동력전달장치

일본의 경우, 전후(戰後)의 전차가 질적으로 크게 개량된 첫째 이유는 스프링상 장하(裝荷) 동력전달장치의 채용에 있다. 주 전동기를 대차프레임에 고정하고, 기어장치의 중간에 유연한 연결장치(連結裝置, coupling device)를 설치하는 방식으로, 그 구조에는 〈그림 4-53〉과 같이 중공축 평행(中空軸平行), 평행(平行), 직각(直角)의 각 카르단(cardan)식이 개발되고 있다. 이것에 따라 고속전동기와 고정도(高精度)기어의 채용이 가능하게 되었으며, 성능 향상과 더불어, 승차감 개량에 공헌하게 되어 전차화(電車化) 분야를 비약적으로 발전시켰다.

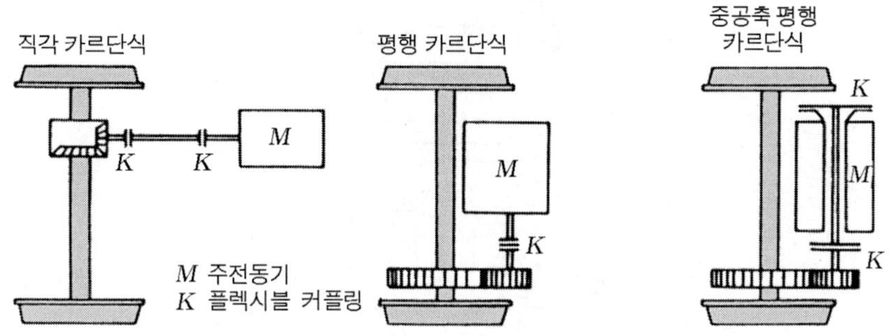

그림 4-53 카르단식 동력전달장치

중공축 평행 카르단 식은 일본 국철의 재래선 전차와 사철 전차에 많이 사용되었으며, 평행 카르단 식은 신간선 전차와 광궤(廣軌, wide gauge)의 사철 전차에, 직각 카르단 식은 일부 사철전차에서 채용되고 있다. 중공축평행 카르단 식은 〈그림 4-54(a)〉에서처럼, 전동기 축을 중공으로 하여 그 안에 카르단 축을 통과시켜 양단에 유연한 연결장치를 설치하여, 전기자축과 소치차축(小齒車軸)을 연결 주 전동기에 대한 윤축의 상호편차(相互偏差)를 허용하고 있다. 이 방식은 주전동기의 폭을 크게 하기 위해, 전동기의 출력용량을 크게 하였으며 차륜간이 좁은 협궤용(陜軌用, narrow gauge)에 적합한 방식이다.

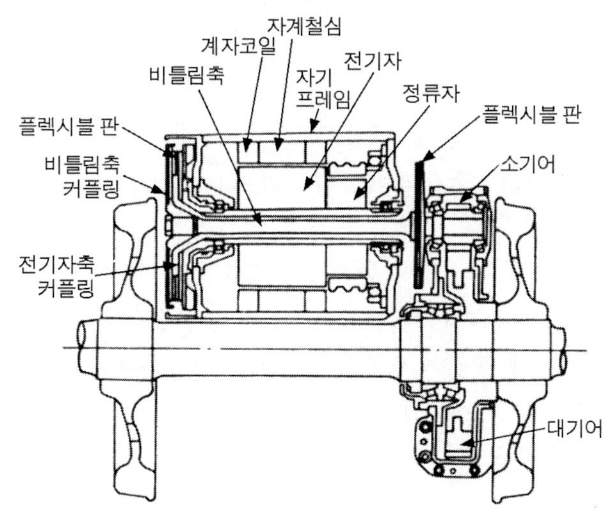

(a) 전동기와 중공축 평행 카르단식 동력전달 장치

그림 4-54 중공축 평행 카르단식 동력전달장치

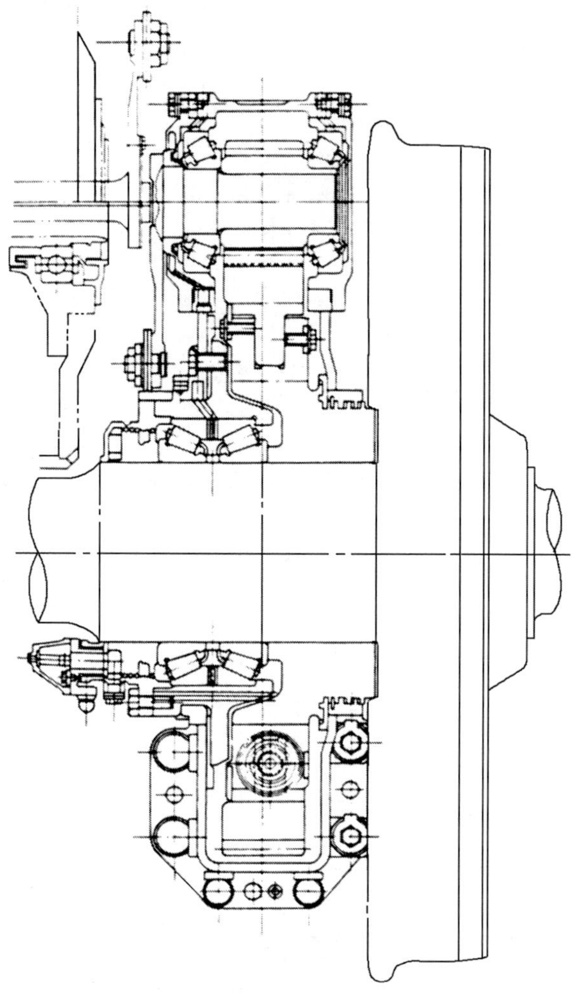

(b) 중공축 평행 카르단식 치차장치

그림 4-54 중공축 평행 카르단식 동력전달장치

또한 〈그림 4-54(b)〉는, 국철 101계 전차의 상세도로 기어는 압력 각(壓力 角)이 큰 헬리칼 기어(helical gear)를 사용하고, 대 기어에는 완충스프링을 삽입하고 있다. 치차 비는 103계 통근형 전차의 6.07로부터 181계 특급전차의 3.50의 범위가 채용되고 있다. 〈표 4-14〉에 중공식 평행 카르단식 치차의 사양을 나타내었다.

표4-14 중공축 평행 카르단식의 치차사양

항 목		대 기 어	소 기 어
치 수		84	15
치 수 비		5.6	
module	(치 직각)	7	
	(축 직각)	7.4492	
공구 압력각(치 직각)		26°	
전 위 량 mm		−0.8295	+2.100
비틀림 각·방향		20°우	20°좌
중심거리 mm		370	
치 폭 mm		80	
치선원경 mm		638.06	129.92
기준피치원경 mm		625.74	111.74
재료		S40C담금질, 풀림	SNCM23
치 면 경 도		Hs 65～75	Hs 75～85

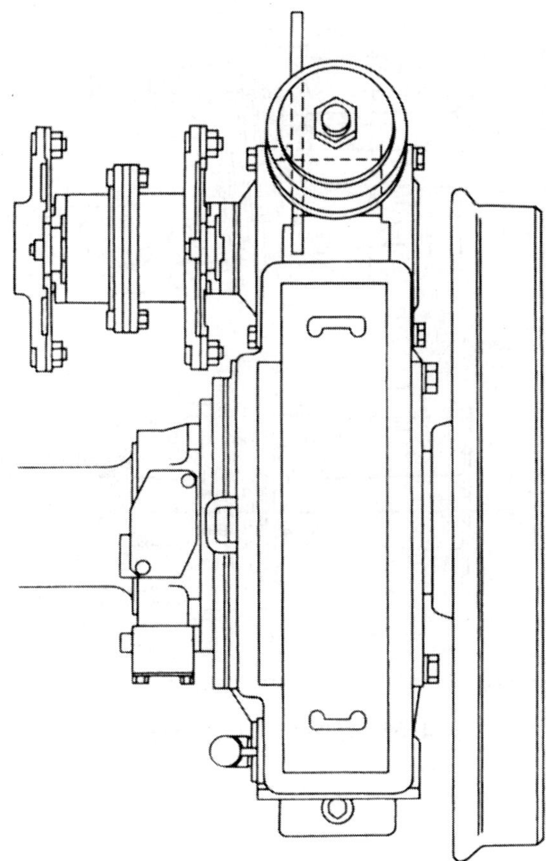

그림 4-55 평행 카르단식 동력전달장치

평행카르단식인 〈그림 4-55〉는 전기자 축단(軸端)과 소치차 축단과의 중간에 카르단 축, 유연한 연결 장치를 설치한 것으로서, 차륜간이 넓은 광궤전차에 보급되고 있다. 에이단(營團) 지하철과 신간선 전차에 채용되고 있는 WN식은 플렉시블 기어 커플링(flexible gear coupling)이다 〈그림 4-56 참조〉.

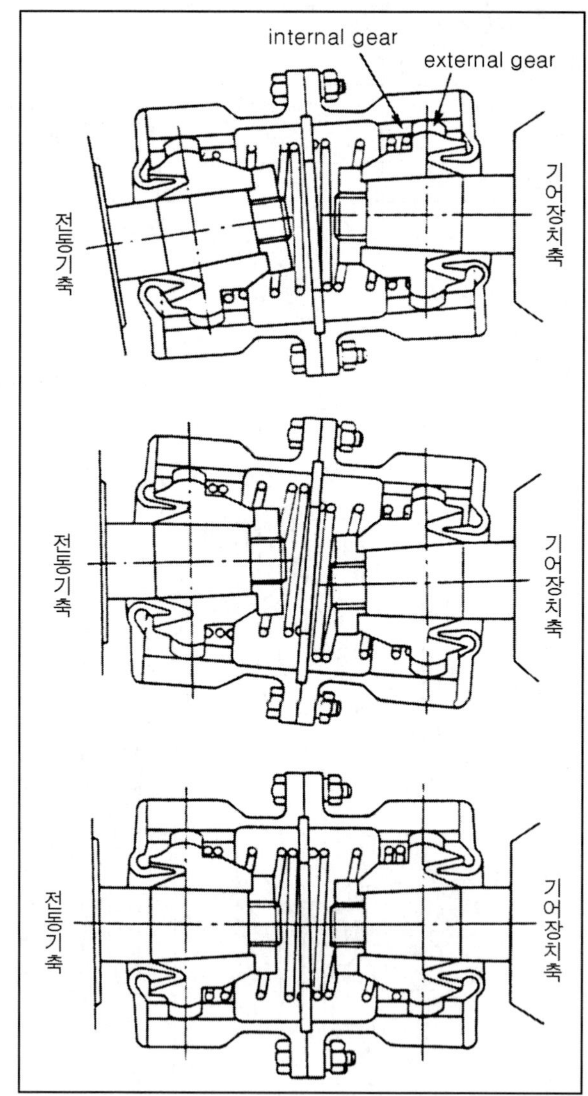

그림 4-56 플렉시블 기어 커플링의 구조

일반적으로 카르단식은 어느 것이나 고장이 적고 내구성면에서도 특히 문제가 없어 채용 후 약 20년이 넘도록 사용한 실적도 갖고 있다.

4.4.16 디젤기관차의 동력전달장치

디젤기관의 출력을 차량의 전속도 범위에서 항상 유효하게 발휘시켜야 하기 때문에 가장 이상적인 "인장력 - 속도" 특성곡선은 〈그림 4-57〉에 표시한 것과 같이 "인장력×속도 = 일정 곡선" 이다.

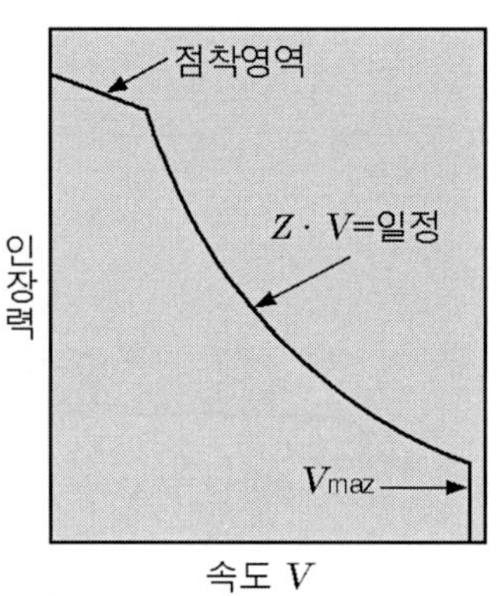

그림 4-57 인장력 - 속도 특성

한편, 디젤기관은 어느 회전수 이하에서는 운전이 불가해지게 되는데, 운전 불능 기관과 동륜을 직결한 상태에서는 시동되지 않는다. 디젤기관은 사용 회전수의 범위 내에서는 대개 토크(torque)가 일정하므로 〈그림 4-57〉에 나타낸 인장력 요구(저속 시 상당 인장력이 발휘 가능할 것)를 직접 만족하는 것은 불가능하다.

따라서, 기관과 동륜 사이에 무엇인가의 전달 장치가 필요하게 되는데, 이것을 동력전달장치(動力傳達裝置)라고 부른다. 동력전달장치가 구비해야 할 조건은 다음과 같다.

① 기관출력을 항상 최고로 활용할 것
② 전달효율이 높을 것
③ 저속 시 상당 인장력을 발휘가능 할 것
④ 중량이 가볍고, 조작이 용이할 것
⑤ 가격이 싸고, 보수가 간단할 것

현재 사용되고 있는 동력전달장치의 종류는 치차식(齒車式), 액체식(液體式), 전기식(電氣式)의 3 종류로 분류된다.

1) 치차식

치차식 동력전달장치는 〈그림 4-58〉에 나타낸 것처럼, 디젤기관의 출력을 기관으로부터 클러치(clutch), 치차식 변속기(變速機), 감속역전기(減速逆轉機)를 거쳐 기계적으로 동륜에 전달하는 방식으로 치차식 변속기의 예를 〈그림 4-59〉에 나타냈다. 이 변속기는 4단 변속으로 변속레버 조작에 의해 속도 단(速度 段)에 다른 과(爪) 클러치(clutch)를 결합시켜 변속을 이행하는 것으로서 자동차와 동일한 방식이다.

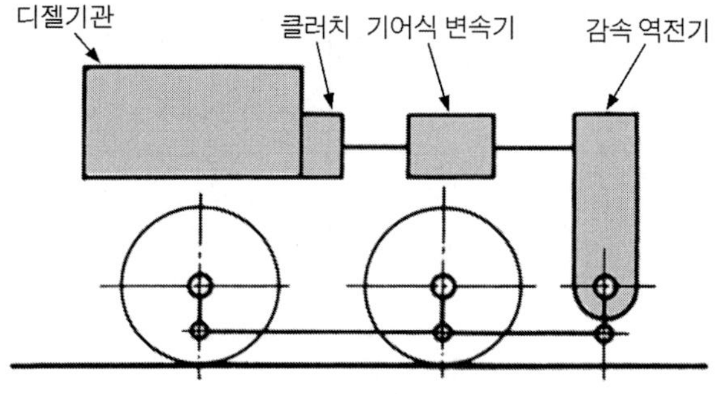

그림 4-58 치차식 동력전달 방식

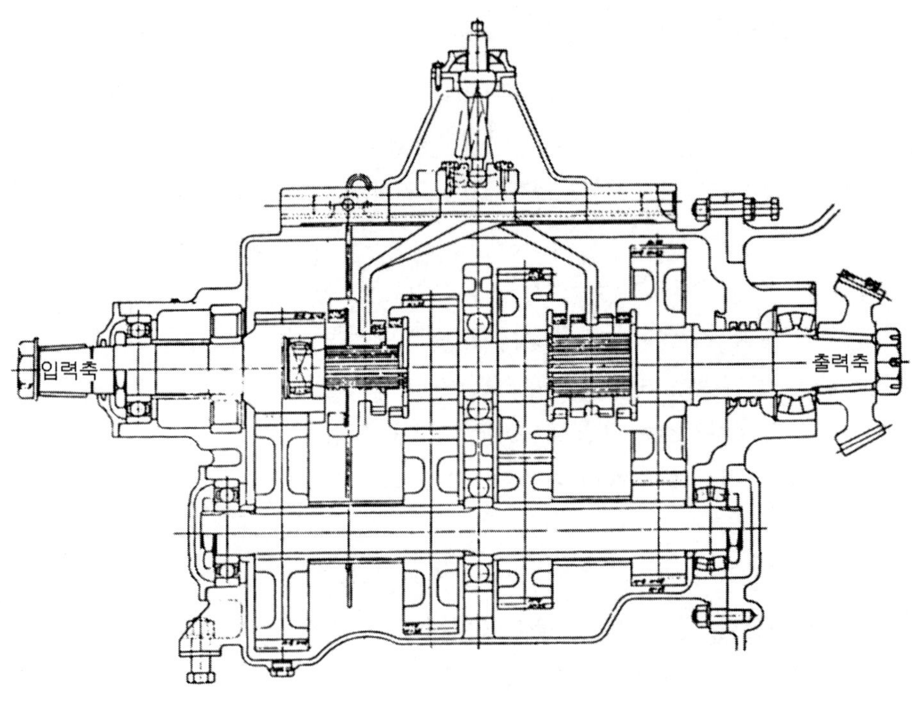

그림 4-59 치차식 변속기

이 특성곡선의 일례를 〈그림 4-60〉에 나타낸다. 이 방식은 현재에는 소 마력(小 馬力)의 산업용 디젤기관차 등에 사용되고 있다.

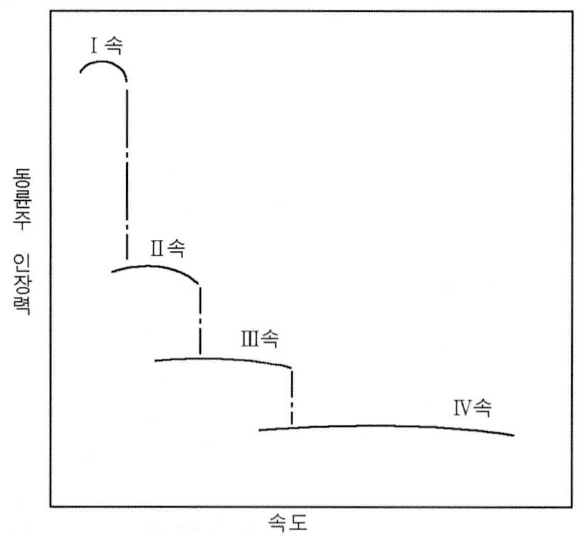

그림 4-60 치차식 동력전달 방식(인장력-속도 특성곡선)

이 방식의 장점으로서

① 전달효율이 높아 90% 이상이다.

② 구조가 간단하다.

③ 중량이 가볍고, 가격이 싸다.

한편 단점으로는

① 인장력 - 속도곡선이 계단적(階段的)이다.

② 변속에 다소의 숙련을 필요로 한다.

③ 중련운전(重連運轉)에 적합하지 않는 것 등이 있다.

2) 액체식

액체식 동력전달장치의 예로서, 일본의 DD51형 디젤기관차 동력전달장치를 〈그림 4-61〉에 나타낸다. 기관의 회전력은 제1추진축(推進軸)을 통해 액체변속기로 인도되어 액체 변속기 내부에서 토크를 증가하고 역전(逆轉)기구를 거쳐 변속기 출력축에 이르고, 다시 제2추진축을 거쳐 제2위축과 제5위 액슬박스의 제1변속기에 전달된다. 제1감속기에서 1단 감속시킨 후, 제1, 제6위축에, 아울러 제3추진축을 거쳐 제2감속기를 거쳐 회전력을 전달한다. 이와 같이 동력전달장치는 각 부품을 기계적으로 결합한 전 추진축 구동방식(全 推進軸 驅動方式)을 이용한다. 운전실 전후에 동일 동력전달장치를 2조 설치하고 있다. 다음에 이 장치의 각 부품에 대해 설명한다.

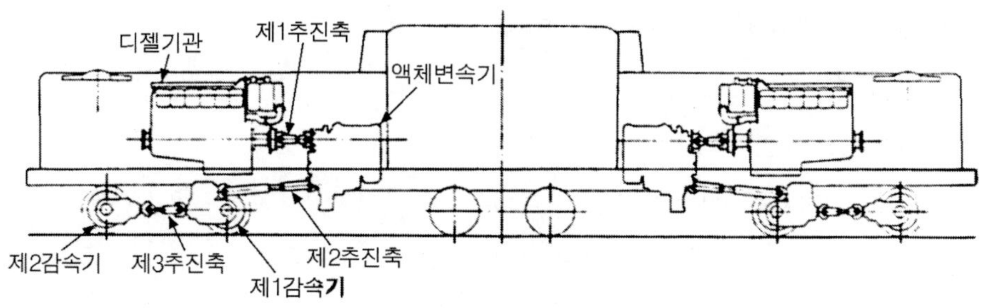

그림 4-61 동력전달장치

(1) 액체변속기

액체변속기(液體變速機)는 〈그림 4-62〉에 나타낸 것처럼 기관으로부터 구동축에 직결한 펌프 깃(vane), 출력축에 직결한 터빈 깃(vane) 및 고정 깃(vane) 3요소를 1개의 상자 안에 조합시켜 내부에 액체(변속기 oil)를 넣은 것이다. 이것을 다른 이름으로 토크 컨버터(또는 컨버터)로 부른다.

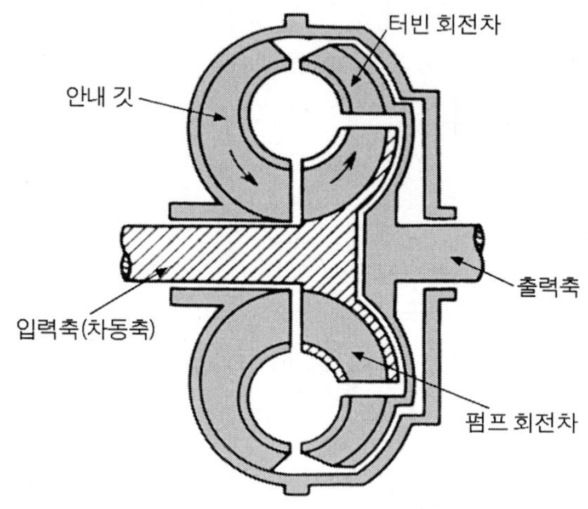

그림 4-62 액체변속기의 성능

액체변속기를 사용하면, 저속 시에는 효율이 나빠지고 변속기 기름이 가열되어 이것을 냉각해야 할 필요가 생긴다. 방열기(放熱器)는 보통, 기관 연속정격출력의 30% 방열로 설계되어진다.

액체변속기의 장점은

① 중량이 가볍다.
② 점착성능(粘着性能)이 좋다.
③ 중련 총괄제어(重連 總括制御)가 용이하다.
④ 가격이 싸다.

한편 단점으로는

① 대출력의 적용이 기술적으로 어렵다.
② 저속 시에 효율이 나쁜 점 등이 있다.

다음에 각종 액체 변속기에 대하여 보기로 한다.

A. 리스홀무스미스 형

변속 단(變速 段)과 직결 단(直結 段)을 갖고 차량의 출발부터 중 · 저속 역(域)에서는 변속 단을 사용하고 높은 속도 역에서는 직결 단을 사용하여 효율의 저하를 방지하는 것으로, 일본 국철의 경우, 디젤동차, 입환용 디젤 기관차(shunting locomotive) 및 산업용 디젤 기관차 등에 사용되고 있다.

이 형식의 일례를 〈그림 4-63〉에 나타낸다. 이것은 6요소 3단형(pump - 제1터빈 - 제1고정날개 - 제2터빈 - 제2고정날개 - 제3터빈)으로 그 입력 축에 클러치를, 출력축에 플라이 휠(fly wheel) 장치를 설치하고 있다. 클러치에 의해 중립(中立), 변속(變速), 직결(直結)전환을 이행한다. 플라이 휠 장치에 의해 변속 운전 중에는 터빈 깃의 회전력이 출력축에 전달되지만 직결 운전 중에는 터빈 깃(vane)의 회전력이 출력축에 전달되지 않는다.

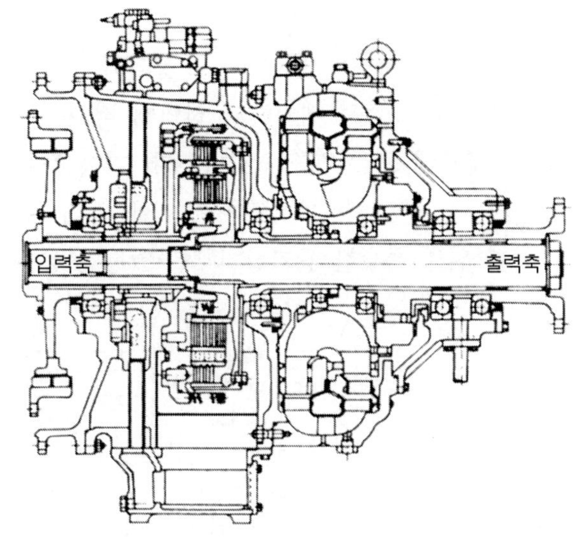

그림 4-63 리스홀무스미스 형 액체변속기의 예

B. 호이트 형

전속도 역에 걸쳐서 액체전동(液體傳動)을 이행하므로, 복수의 컨버터, 액체 커플링과 기어의 조합으로 되어, 차량 속도에 따라 가장 효율이 좋은 컨버터와 액체 커플링을 선택하여 사용하는 것이다. 이 전환에는 컨버터(또는 액체 coupling)내에 기름을 충배(充排)하여 이행하지만, 입력축과 출력축의 속도 비는 유압에 의해 검출되고, 제어밸브에 의해 자동 제어된다.

〈그림 4-64〉는 호이트 형 액체 변속기의 일례이다. 이 형식의 것은 전 속도비(全 速度比)에 걸쳐 기관의 회전수가 거의 일정하게 유지되고 있다. 기관은 차량 속도 여하에 관계없이 가장 효율이 좋은 회전수로 운전하는 것이 가능하다.

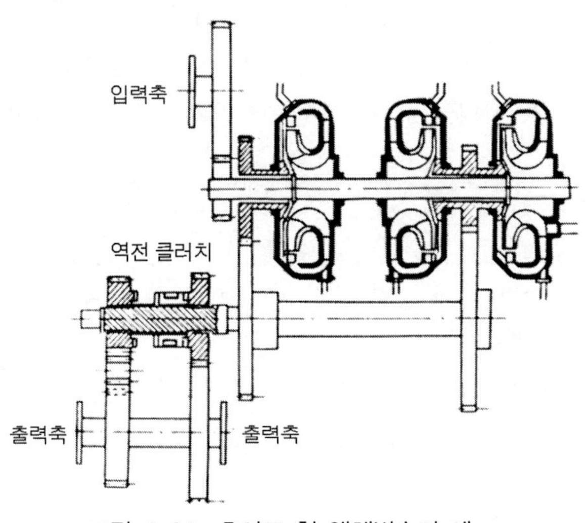

그림 4-64 호이트 형 액체변속기 예

C. 메기드로 형

1개의 콘버터와 기어 변속기가 조합되어, 저속으로부터 고속 사이에 기어 전환을 자동적으로 수행하여, 저속을 제외하고 전역에 걸쳐 효율이 좋은 곳만을 사용하도록 한 것이다.

〈그림 4-65〉에 그 구조를 표시하였다. 기어 전환은 속도 비를 유압에 의해 검출하여, 기어에 전환지령을 주어 과(爪) 클러치(clutch)에 의해 이행되지만, 클러치를 기어 회전상태로 맞물리게 하기 위해 특수한 동기장치(同期裝置)를 사용하고 있다.

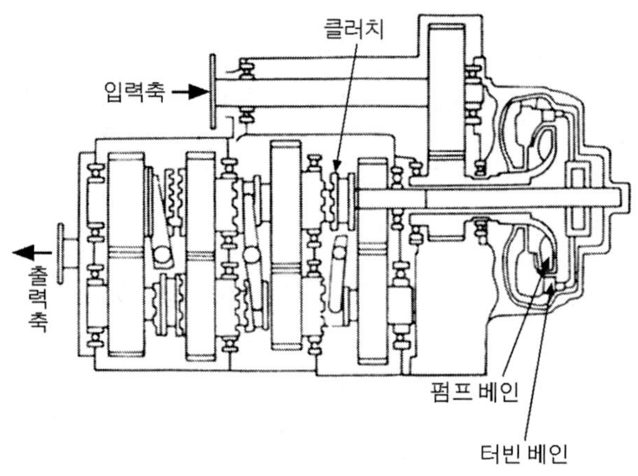

그림 4-65 메기드로 형 액체변속기 예

(2) DW2A 형 액체변속기

DW2A 형 변속기는 차량 속도에 따라 사용되는 3개의 컨버터를 내장한 충 · 배유식(充·排油式) 3단 자동 전환식으로 일본국철의 표준형 변속기이다.

이 변속기는 앞에서 언급한 호이트 형의 계통을 참작한 것이지만, 컨버터의 배열, 기어배열 등 구조 및 기구가 독특하다. 〈표 4-15〉에 이 변속기의 주된 사양을 나타낸다.

표4-15 DW2A형 액체변속기의 주요 사양

용 량	10000PS / 1500rpm
변속 방식	3개 converter 충·배유에 의한 자동 3단 전환
stall torque 비	약 5 : 3
최고 효율	82.5% 이상
출력 측 최고회전수	2300rpm
중 량 (건조)	3700kg

3) 전기식

전기식 동력전달장치는 〈그림 4-66〉에 그 구성을 도시하였으며, 디젤기관으로 주발전기(main generator)를 돌려 그 발전 전력에 의해 주 전동기를 구동하여 차량을 주행시키는 것이다. 주 발전기는 직류발전기 방식과 교류발전기 방식으로 분류된다. 전자는 종래부터 사용되었지만, 후자는 근년에 와서 디젤기관의 대용량화 요구에 부응하여 우수한 정류기의 개발과 더불어 일본의 경우 3000PS 이상의 기관차에서는 전면적으로 적용되고 있다. 주발전기는 기관 크랭크축에 직결되고, 축 베어링은 기관 반대 축에만 설치되고, 다른 편에는 기관 크랭크축의 축 베어링으로 지지되는 편축 베어링 방식이 일시적으로 사용되고 있다.

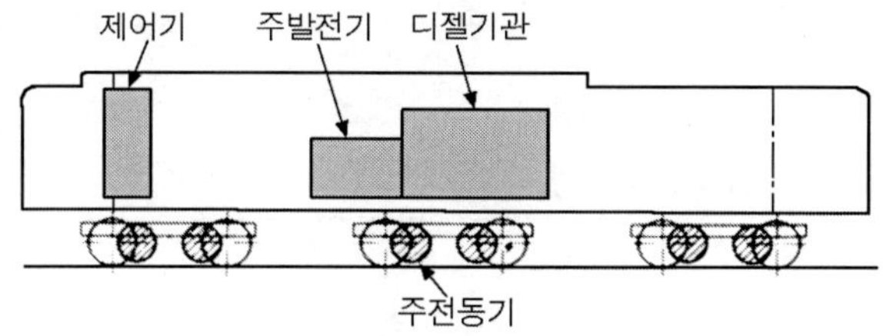

그림 4-66 전기식 동력전달방식

전기식 동력전달방식의 장점은

① 속도제어가 간단하고, 동시에 순조롭게 이행되고
② 중련 총괄제어(重連 總括制御)가 용이하며
③ 광범위한 속도에서 기관의 전체 출력에 가까운 출력을 낸다.

한편 이 방식의 단점은

① 중량이 무겁고
② 가격이 비싸다는 점이다.

(1) 직류 발전기(發電機)와 직류 전동기(電動機)에 의한 방식

A. 차동복권계자식(差動複卷界磁式)

디젤기관의 출력곡선(出力曲線)과 수하특성(垂下特性, suspended characteristic)을 가진 복권 발전기의 부하 특성곡선을 겹친 경우 〈그림 4-67〉과 같이 중합(重合)되지만, 일반적으로 이 경우 그림의 사선부분에서는 발전기 입력 쪽이 기관출력을 상회하므로, 기관은 과부하가 걸리게 된다. 이것을 방지하기 위해 그림의 사선 부분에서는 기관의 조속기(調速機)와 연동하여 동작하는 계자조정저항기(界磁調整抵抗器)를 가진 타려계자(他勵界磁)를 설치하는 방법이 사용되고 있다. 이 방식을 램프방식이라 한다.

이 특성은 〈그림 4-68〉에 나타낸 것처럼, 기관출력과는 반대로 위로 볼록하므로 앞에서 언급한 타려계자조정저항이 기관의 조속기와 연동되어 자동적으로 조정되어 정출력을 얻도록 한다. 이 방식은 여자기(勵磁機)가 없으므로 간단하지만 발전기로서는 구조가 복잡한 것이 결점이다.

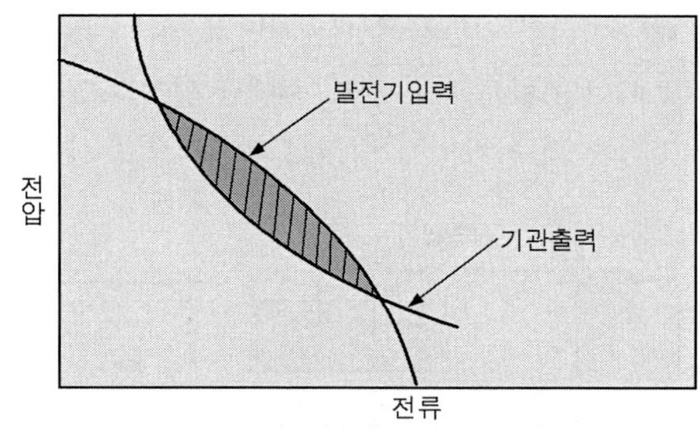

그림 4-67 기관발전기 조합 곡선

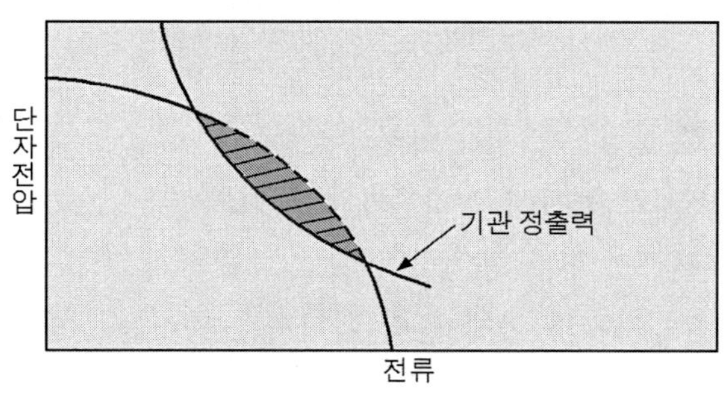

그림 4-68 차동복권계자식 주발전기 특성

B. 차동여자기식(差動勵磁機式)

주 발전기는 타려로 자려분권(自勵分卷), 타려 및 주발전기 전류에 의한 차동권선(差動卷線)을 가지며, 여자기에 의해 여자(勵磁)되도록 되어 있다. 〈그림 4-69〉는 이 여자기의 특성곡선으로 특수한 극배치(極配置)에 의해 단자전압(端子電壓)은 발전기전류가 증가하면 강하하는 특성을 가진다. 이 특성을 가진 여자기로 발전기의 계자를 여자하면 〈그림 4-70〉과 같이 정출력 특성을 얻는 것이 가능하다.

하지만, 이 방식도 권선의 온도에 따라 발전기의 특성에 변화가 생기고, 대기의 조건에 의해 기관출력은 달라져 완전히 기관과 발전기의 특성이 일치하게 되는 것은 아니다. 그래서 일반적으로는 기관의 조속기에 내장되는 부하 조정기에 따라 여자기의 타려계자를 자동 조정하는 방법을 얻게 된다. 이 방식은 특성이 우수하여 여자기를 필요로 하지만 발전기의 구조는 간단하다. 일본의 국철 DF50형 디젤기관차는 이 방식에 따르고 있다.

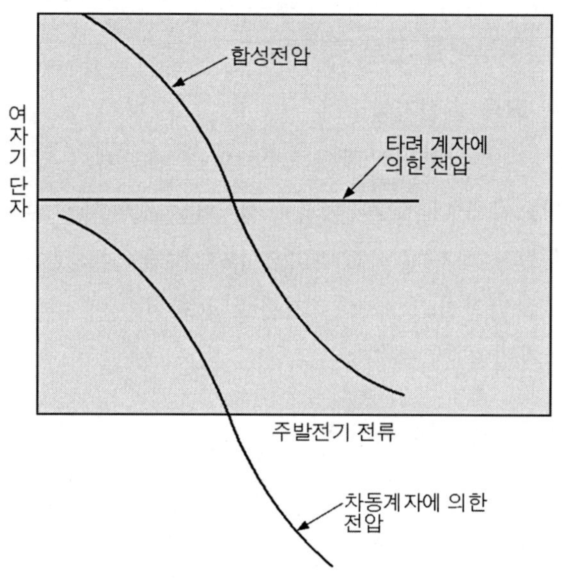

그림 4-69 차동여자기식 여자기 특성곡선

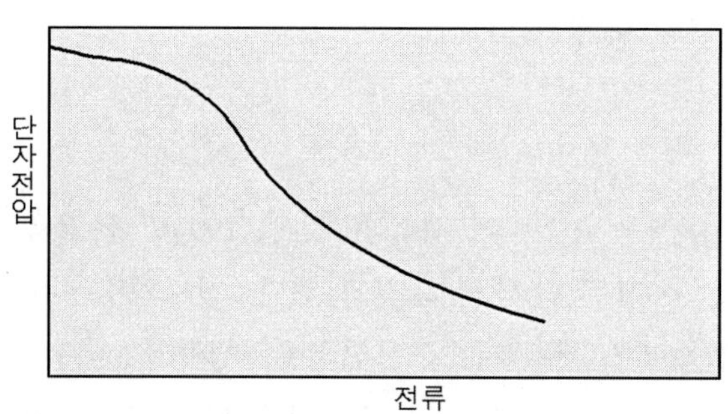

그림 4-70 차동여자기식 주발전기 특성

(2) 교류발전기와 직류전동기에 의한 방식

교류발전기는 정류상(整流上)의 문제가 없으므로, 설계상 자유도(自由度)가 커서 대용량이 가능하다. 교류발전기의 정류기 효율은 직류발전기의 정류기보다 2~3% 우수하다. 또한 교류발전기는 전기자 반작용에 의해 감자효과(減磁效果)를 갖고 있으므로, 그 고유 특성으로 인하여 수하(垂下, suspended)특성을 갖고 있으며, 정류자가 없으므로 섬락(閃絡)의 위험이 없고 보수가 쉽다.

A. 직류 여자기식

직류 여자기식은 제어성(制御性)이 상당히 우수하다. 이 방식은 주로 미국, 프랑스 등에서 채용하고 있으며, 발전기는 슬립링(slip ring) 및 브러시(brush)를, 여자기는 정류자 및 브러시를 갖고 있어, 이러한 것들의 보수를 필요로 한다.

B. 브러시리스(brushless) 교류 발전기식

주 발전기는 브러시리스 동기발전기(同期發電機)이므로 정류자는 물론 브러시, 슬립링(slip ring)이 없어 보수는 거의 필요가 없다. 교류 여자기 및 회전 정류기는 주발전기의 축상(軸上)에 조립되므로, 주 발전기의 회전 계자에 직접 여자전류를 공급하는 것이 가능하여, 이 때문에 브러시리스로 구성된다. 주 발전기의 제어는 기관출력(회전수)에 따른 일정의 여자와 기관 조속기에 의해 제어되는 가변여자(可變勵磁)의 조합에 의해 정 출력 특성을 얻고 있다.

(3) 교류발전기와 유도전동기에 의한 방식

이 방식은 디젤기관에서 3상 교류 주 발전기를 구동하고, 여기에서 발생한 전력을 주 정류장치에 의해 직류로 변환하고, 나아가 전압가변 주파수가변(電壓可變 周波數可變, VVVF, Variable Voltage Variable frequency)인버터에 의해 이것을 3상 교류로 변환하고, 3상 교류 유도전동기에 급전하여 차량을 구동하는 것이므로, 경량화와 보수간이(保守簡易)를 목표로 하여 독일에서 시작된 것으로서 현재 시용(試用) 중에 있다.

4.4.17 베어링

철도차량에 롤러 베어링(roller bearing)이 사용된 것은, 1903년 독일을 시작으로 하여 일본에서도 1932년에 채용되는 등 매우 긴 역사를 갖고 있다. 철도차량에서 롤러 베어링의 사용 장소는 차축용(車軸用), 주전동기용(主電動機用), 구동장치용(驅動裝置用), 내연기관용(內燃機關用) 및 보조회전기용(補助 回轉機用) 등이지만, 이러한 롤러 베어링은 철도차량의 특수한 사용조건 및 제약에 적합하도록 설계시방과 제작시방에서 특별한 배려를 하고 있다.

그 중에서도 차축용 베어링은 차량용으로서의 특수성을 전부 구비하고 있어, 다른 철도차량용 축 베어링의 선정과 설계에 있어서도 많은 참고가 되므로, 여기서는 대표적으로 차축용 베어링에 대해서만 설명한다.

1) 선정과 설계기준

차축용 베어링 중에는 소위 「스프링 하(下)」에 배치되는 것은, 차륜과 선로 간에 발생하는 진동, 충격을 직접 받게 되므로 인명에 대한 위험도를 감안하여 내구성, 신뢰성에 가장 중점을 두고 선정하여야 한다. 더욱이, 구조적으로는 축 방향 치수에 비교해 직경 방향으로 제약을 받는 것이 많아, 표준치수(ISO 치수계열) 축 베어링뿐만 아니라, 차축용으로서 설계된 특수 치수의 베어링이 자주 이용되고 있다. 축 베어링의 선정에 앞서 고려하지 않으면 안 되는 문제에 대하여 기술한다.

(1) 차량시방 및 사용조건

먼저 베어링을 선정하기에 앞서, 차량의 시방과 사용조건을 알아야 한다. 이를 위해 고려해야할 주요 항목들은 다음과 같다.

① 철도의 성질
② 차량 형식, 베어링 지지형식
③ 선로 상황, 운전 상황, 운전 속도
④ 차량의 자중(自重), 적재중량
⑤ 차축 치수, 베어링 중심거리, 차량한계
⑥ 차량의 보수기술 및 설비
⑦ 가격 등

(2) 베어링 하중 선정

차축용 베어링에 걸리는 하중에는 차량자중, 적재중량(積載重量)으로부터 구해지는 정(靜) 반경방향(radial) 하중 외에, 상하진동에 의한 반경방향 하중, 차량의 횡 운동 및 편의(偏倚, deviation)에 의한 스러스트 하중(推力, thrust load), 아울러 선로의 이음매, 포인트(point), 차륜, 선로의 부정(不整)에 의한 충격하중이 있다.

베어링에 걸리는 동적하중(動的荷重, dynamic load)은, 계산으로 구해지는 정하중(靜荷重)에 상하진동· 좌우 진동에 의한 하중을 부가하여 구한다. 실제적으로는 정적하중에 경험적인 하중계수(荷重係數)를 곱하여 산정된다.

즉,

$$F_r = f_r \cdot (G - w)/2 \quad \text{(111)}$$

$$F_a = f_a \cdot (G - w) \quad \text{(112)}$$

F_r : 축 베어링의 동(動)반경하중(dynamic radial load)
F_a : 축 베어링의 동(動)추력하중(dynamic thrust load)
G : 축 중(레일 위)
w : 윤축 중량
f_r , f_a : 하중계수

위 식에서 하중계수 f_r, f_a는 차량형식, 속도 및 선로조건 등에 따라 달라지며, 실측에 의해 수정이 이루어지지만, 일본국철 등에서는 〈표 4-16〉에 나타낸 수치를 사용하고 있다. 베어링에 스러스트 하중이 작용하고 있을 때의 등가(等價) 반경하중(P_t)은 아래 식으로 구할 수 있다.

표4-16 하중계수

사용 최고속도 km/h	레디얼 하중 계수 f_r	스러스트 하중 계수 f_s
100 이하	1.4	0.3
100 ~ 120	1.4	0.3
120 ~ 160	1.5	0.4
200이상	1.7	0.5

$$P_t = X \cdot F_r + Y \cdot F_a \quad \text{(113)}$$

여기서, X(radial 계수) 및 Y(thrust 계수)는 베어링에 따른 고유의 수치로 제작사의 제원표 등에 기재되어 있다. 스러스트 하중은 항상 작용하는 것이 아니고, 곡선 통과 시 차량의 횡 운동 등에 의해서 발생하는 것이므로, 그 작용 비율을 ϕ 라고 하면 베어링의 평균 등가하중은 다음 식으로 표현된다.

$$P = [(1-\phi) \cdot {F_r}^{10/3} + \phi \cdot {P_t}^{10/3}]^{3/10} \quad \text{(114)}$$

ϕ의 수치는 일반적으로 3% ~ 5%로 하면 실제상황과 잘 맞는다.

(3) 베어링의 정격수명

전항에서 구한 동적(動的)베어링 하중과 베어링의 기본적인 하중으로부터 베어링의 정격수명(定格壽命, B10 Life) Ls가 구해진다.

$$L_s = \left(\frac{C}{P}\right)^{10/3} \times 10^6 \times \pi \times D \quad \text{(115)}$$

C : 베어링의 기본 동적하중(基本 動的荷重)
P : 베어링의 동적 등가하중(動的 等價荷重)
D : 차륜 경(車輪徑)

최적의 정격수명은 차량의 연간 주행거리, 차량형식, 보수점검기간 및 베어링 파손에 의한 손해 정도 등에 따라 다르지만, 대략 가늠해서 〈표 4-17〉의 수치를 얻는다.

표4-17 액슬 베어링의 필요 정격수명

차 량 형 식	정격수명 L_S km
기 관 차	3.0×10^6
전 차	3.0×10^6
객 차	2.0×10^6
화 차	1.0×10^6

(4) 액슬박스 지지형식

차축용 롤러를 맞추어 넣은 축 베어링을 대차프레임 또는 차체에 고정하는 방식은 차량 특성에 따라 많지만 베어링에 영향을 주는 것에 따라 분류하면, 차축과 대차와의 회전방향 및 축 방향 변위를 저널박스(journal box, axle box) 내부에서 흡수하는 것 〈그림 4-71(a)〉과 저널박스 외부에서 커버(cover)하는 방식 〈그림 4-71(b)〉가 있다.

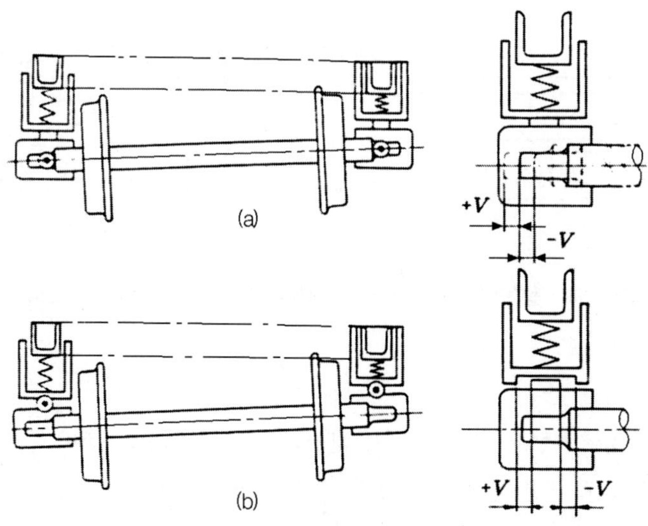

그림 4-71 액슬 박스 지지형식

회전방향 운동을 저널박스 내부에서 보충하기 위해서는 자동조심(自動調心) 롤러베어링(journal self-aligning bearing)을 1개 이용하는 방법〈그림 4-72〉이 있고, 축 방향 변위를 내부에서 커버하는

데에는 원통 롤러베어링(journal cylindrical bearing)을 이용한 형식 〈그림 4-73〉으로 할 필요가 있다.

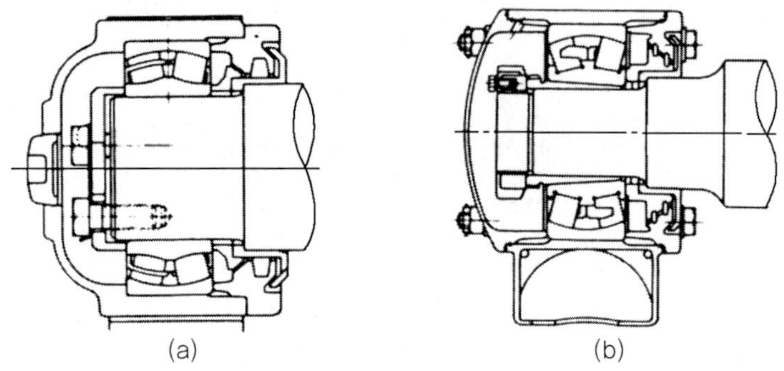

(a) (b)

그림 4-72 자동조심 저널 베어링(journal self-aligning bearing)

축 방향 운동(횡 운동)에는 완충기구(緩衝機構)를 설치해야 하는데, 이것을 외부 완충으로 할 것인지, 〈그림 4-73(a)〉처럼 내부에 완충고무 등을 설치할 것인가에 따라 베어링의 형식 선정에 영향을 미친다.

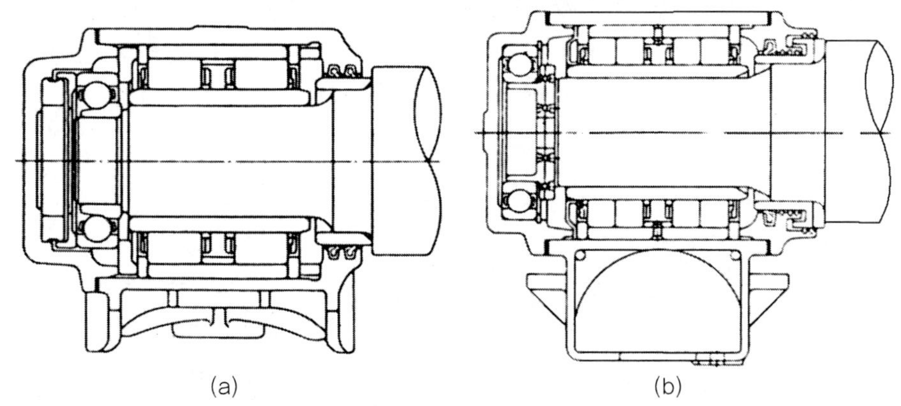

(a) (b)

그림 4-73 저널 원통 베어링(journal cylindrical bearing)과 저널 볼 베어링(journal ball bearing)

(5) 보수점검

차량의 운행 안전성(安全性)을 확보하기 위해서는, 국가 또는 그것에 준하는 기관에 의해 베어링, 차축 등의 중요 부품을 일정기간마다 정기검사(定期檢査, periodical inspection)하는 것이 의무화되어 있다. 따라서 베어링은 정기적으로 반드시 차축으로부터 분해되어 점검을 받게 되지만, 베어링의 착탈(着脫)에 따른 차축 등이 손상되지 않는 구조로 하지 않으면 안 된다. 안전성이 특히 중요시 되는 전차, 객차에서는 검사주기도 짧기 때문에 착탈 작업이 용이하도록 부품 등에 손상을 주는 요소가 적은 형식을 선정할 필요가 있다.

보수기술(保守技術)의 수준 또는 그 설비는 각각의 운수기관에서 차이가 있다. 특수 설비가 요구되며, 고도의 기술경험을 전제로 하는 설계구조를 채용하는 경우에는, 사용 전에 보수점검의 상황을 충분히 파악한 상태에서 이행하지 않으면 안 된다.

(6) 규격(規格, code, standard) 및 사양서(仕樣書, specification) 검토

일반적으로 각국의 운수기관에서는 차축용 베어링의 형식, 치수, 적용 및 구분 등을 규격 또는 규칙으로 제한하고 있다. 각각의 보수기준, 안전규칙에 적합하도록 정해져 있으므로, 제각각 상당히 다르다. 일반적으로는 UIC(國際鐵道協會, International Union of Railways) 규격에 준거(準據)하고 있는 경우가 많지만, JRS(일본국철표준), AAR(미국철도협회)에는 차축용 롤러에 대한 광범위한 사항이 규정되어 있으므로, 이러한 규칙과 사양에 따라 베어링의 선정 및 설계를 시행하는 것이 필수적이다.

2) 형식과 특징

철도차량에 주로 사용되고 있는 베어링의 형식 및 특징은 다음과 같다.

(1) 원추 롤러베어링

원추(圓錐) 롤러베어링(journal taper roller bearing)은 〈그림 4-74〉에 나타낸 것처럼 저널박스(journal box) 2개 (複列의 경우는 1개)를 조립하여 사용한다. 이 베어링은 래디얼 하중과 아울러 스러스트 하중에 대한 부하용량이 커서, 내경에 비하여 외경이 작은 베어링에서도 스러스트 부하 능력이 크기 때문에, 외경치수를 크게 취할 수 없는 경우에 유효한 베어링이다.

조합된 형식에 따라 배면조합(背面組合)〈그림 4-74(a)〉, 정면조합(正面組合)〈그림 4-74(b)〉가 있다. 배면조합은 베어링의 작용점 거리가 길어 저널박스에 모멘트 하중이 작용하는 경우에는 정면조합보다 수명이 길다.

최근의 경향으로는, 내륜 또는 외륜 간의 간좌(間座)치수를 미리 적절히 조정하여 놓아, 베어링 조립 시에 틈을 적절히 유지하기 위한 심(seam) 조정이 필요 없는 형식을 대부분 사용한다. 이 때문에 2개의 베어링 및 간좌를 임의로 조합하여 사용하는 것은 불가능하기 때문에, 교환하는 경우 전체를 교환해야 한다.

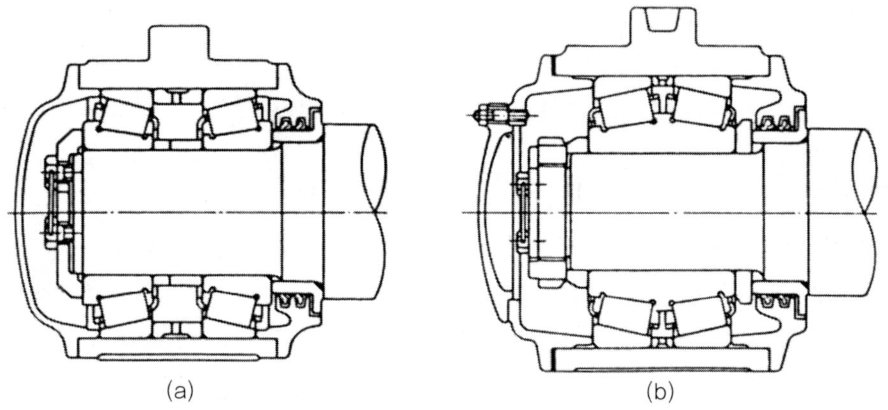

그림 4-74 원추 롤러베어링

차축에 직접 압입 또는 열박음하는 경우 〈그림 4-74〉는 충격하중에 대한 베어링의 클립 및 이완이 적지만, 빼는 경우에는 내륜을 차축에 대하여 냉간하여 인발(引拔, drawing)하는 방법 밖에 없어, 차축 또는 베어링 자체가 손상될 비율이 높으므로 지하철, 객차 등 검사기간이 짧아 베어링을 차축으로부터 빼는 기회가 많은 차량 형식에서는 비교적 사용하지 않는 것이 바람직하다. 〈그림 4-75〉에 나타낸 것처럼 슬리브(sleeve)를 부착하면 착탈 작업은 용이하지만, 슬리브를 죌 때 틈 조정을 하지 않으면 슬리브가 느슨해지게 되는 결점이 있다.

원추 롤러베어링은, 일본의 경우 과거에는 널리 사용되었지만, 최근에는 보수 측면에서 불리하고 고속에 부적당하여 본선용 차량에는 그다지 사용하지 않는다.

철강회사 등의 구내차량(構內車輛), 보선(保線)관계 차량 등 비교적 저속, 고하중(高荷重) 차량에 많이 채용되는 형식이다.

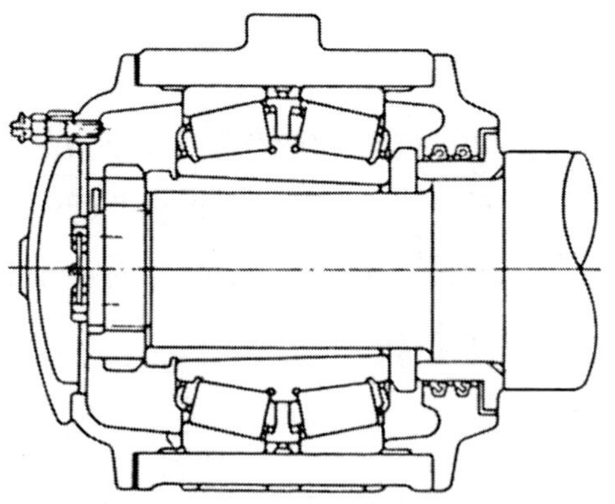

그림 4-75 슬리브부착 원추 롤러베어링

(2) 자동조심 롤러베어링(journal self-aligning bearing)

자동조심(自動調心) 롤러베어링은 동일 공간에서는 가장 큰 정격하중을 크게 얻을 수 있으며, 충격에 대한 용량도 크다. 더욱이 래디얼 하중과 스라스트 하중 양방향의 하중을 받는 것이 가능하다. 자동조심 롤러베어링(復例)을 저널박스에 1개 조립한 경우와 2개 조립 경우 〈그림 4-76〉이 있다. 저널 박스에 1개 조립하는 것은 조심성(調心性)이 있어 저널박스 내에서 회전방향의 자유도를 가질 수 있어, 특정의 축상지지 방식으로는 최적이다. 2개 조립한 자동조심 롤러베어링의 조심성은 전혀 이용될 수 없지만, 그 부하 용량이 큰 점이 장점이라 할 수 있다. 이 베어링도 원통롤러와 같은 모양을 하고 있으며, 차축으로부터 베어링을 빼낼 때 유도가열(誘導加熱)에 의한 방법은 사용할 수 없다. 그리고 내륜, 외륜이 비분리형(非分離形)이기 때문에 베어링 내부의 점검에 약간 불편한 점이 있다.

슬리브 부착 시〈그림 4-72(b), 그림 4-76(b)〉 빼내는 작업의 문제점은 해소되지만, 조일 때 슬리브가 느슨해지는 등의 문제가 있다.

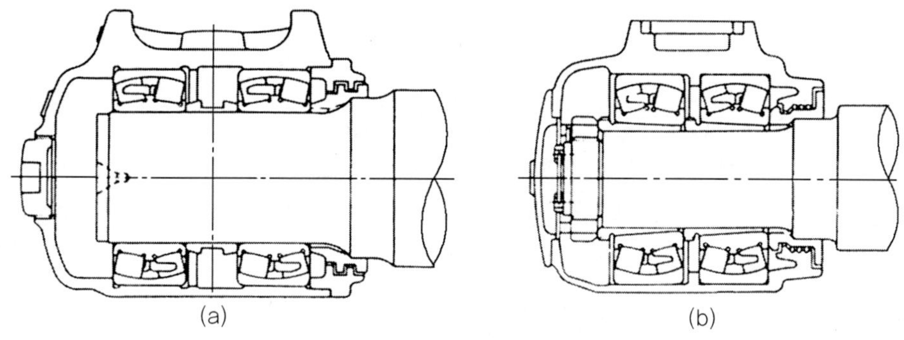

그림 4-76 자동조심 롤러베어링(2개)

일본의 옛날 국철의 본선용 차량에는 거의 사용되지 않았지만, 사철의 전차에는 채용하고 있는 곳도 있다. 기타 외국에서는 대개의 차량형식에 채용되고 있다.

(3) 원통 롤러베어링 (journal roller bearing)

원통 롤러베어링은 보수 측면에서 유리하고, 고속에 적절하기 때문에 최근에는 차축용 베어링의 주류를 이루고 있다. 이 베어링은 반경하중에 대한 부하용량은 크지만 스러스트 하중은 지지할 수 없다는 것과 같은 사소한 결점들이 있어, 이것에 대한 대책이 필요하다.

원통 롤러베어링의 사용 예로서는 〈그림 4-73〉과 같이 스러스트 하중(thrust load)을 받아, 스러스트 하중 부하용 볼베어링(thrust ball bearing, angular ball bearing)을 조합하여 이용하는 방법과 〈그림 4-77〉과 같이 내륜 또는 외륜의 칼러(collar), 롤러 베어링 단면의 미끄럼 면에 스러스트

하중을 부여하는 방식이 일반적인 방법이다.

내륜과 외륜을 분리할 수 있고, 차축에 부착된 내륜을 분리하는데 유도가열을 이용할 수 있으므로, 차축 저널부의를 손상이 적고, 가장 피로현상이 나타나기 쉬운 내륜 전주부(全周部)의 검사도 용이하므로, 특히 신뢰성을 높게 확보하지 않으면 안 되는 차종에 가장 적당한 베어링 형식이다.

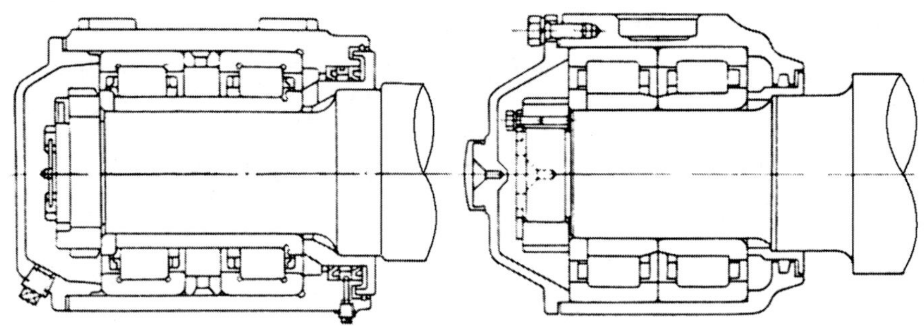

그림 4-77 원통 롤러베어링(collar thrust type)

(4) 밀봉 베어링

전항(前項)에서 언급한 베어링은, 어느 것이나 저널박스를 이용하므로 베어링이 외부로 노출되지 않지만, 저널박스가 많은 부품으로 구성되어 있기 때문에 필요 공간 및 중량이 비교적 커져서 조립에 숙련과 경험을 필요로 한다.

이러한 점을 보완하여, 베어링에 실(seal)을 설비하여 통상의 저널박스가 필요 없도록 한 밀봉(密封)베어링이 있다. 〈그림 4-78〉은 AAR에서 개발한 화차용 베어링으로 평 베어링(plain bearing)으로부터 롤러 베어링에의 전환을 목적으로 설계한 것으로서, 평 베어링과 거의 동일한 공간을 차지하고 경량화, 신뢰성 향상, 보수비용의 저감과 같은 현저한 효과가 있다.

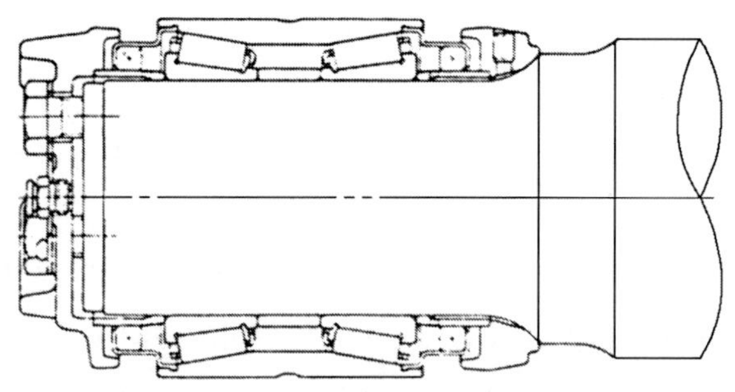

그림 4-78 밀봉 원추 롤러베어링(RCT)

미국에서는 화차용으로서 표준화된 여러 종의 치수 계열이 있다. 일본에서도 화차용으로서 같은 형식의 베어링이 JRS(국철규격)에서 인정되어, 보기형식(bogie type) 화차의 대부분이 이 형식으로 되어 있다. 최근에는 화차용에 한정되지 않고 대부분의 차종에 적용되고 있다. 내부 사양의 고도화(高度化)에 따라 주행속도가 250km/h를 초과하는 고속열차에도 시험적으로 적용된 예가 외국에는 있다. 또 철저히 관리된 환경에서 그리스(grease)를 봉입(封入) 및 밀봉(密封)을 시행하는 것이 가능한 밀봉베어링의 특성 때문에, 10년 이상 보수가 불필요한 베어링이 개발되고 있다. 〈그림 4-79〉는 보수 측면에서 현장에 적합하게 설계 개발된 밀봉 원통 롤러 베어링으로서 내륜을 분리할 때 유도가열 방법으로 하는 것이 가능하다. 전차, 디젤동차 및 객차에 사용되고 있으며, 보수비용의 저감, 신뢰성의 향상 등 많은 장점이 있다. 금후 이 형식의 베어링은 사용 분야가 더욱 확대될 것으로 기대되고 있다.

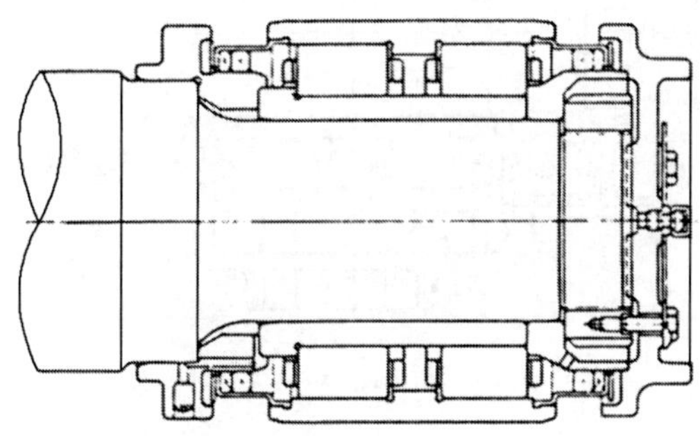

그림 4-79 밀봉 원통 롤러베어링(RCC)

3) 금후의 전망

(1) 신뢰성향상(信頼性向上)

철도차량용 베어링은 차축용에 한정되지 않는 내구성, 신뢰성을 최 중점(重點) 항목으로 하여야 하지만, 차량의 고속화, 대량수송, 과밀(過密) 다이어그램(diagram) 등의 개발경향과 더불어 베어링의 파손에 의한 차량운행 장해는 여러 면에서 큰 손실을 초래하게 되므로, 베어링의 신뢰성 향상에 대한 요구는 점점 더 강하게 되어가고 있다. 베어링 파손 요인의 조사통계에 의하면 궤도륜(軌道輪), 전동체(轉動體)의 피로에 의한 것은 근년 현저하게 감소하는 경향이 있다. 이것은 사용 재료의 품질향상, 열처리 등 가공기술의 향상(level up)에 의한 것이다. 보지기(保持器)에 작용하는 힘의 발생기구 및 그 정량화(定量化)에 관련되는 연구도 진행되고 있지만, 아직까지 미해결 분야도 많다. 금후 베어링의 신뢰성 향상에는 보지기 운동, 응력해석의 확립이 중요한 과제이다.

(2) 고속화(高速化)

차축용 베어링은 〈그림 4-80〉에 나타낸 것으로 일본에서는 유일한 유윤활(油潤滑)로 되어 있다. 구조적으로는 재래선 차량과 거의 동일하지만 재료, 제조방법, 품질관리는 항공기용 베어링과 동등하게 엄격한 기준으로 제조되어, 수십 년 간의 무사고 운전에 기여하고 있다. 고속차량용 베어링에는 항공 우주산업에서 개발된 기술, 방법, 재료 등을 응용하고 있어 성능의 비약적인 개선이 실현되고 있다.

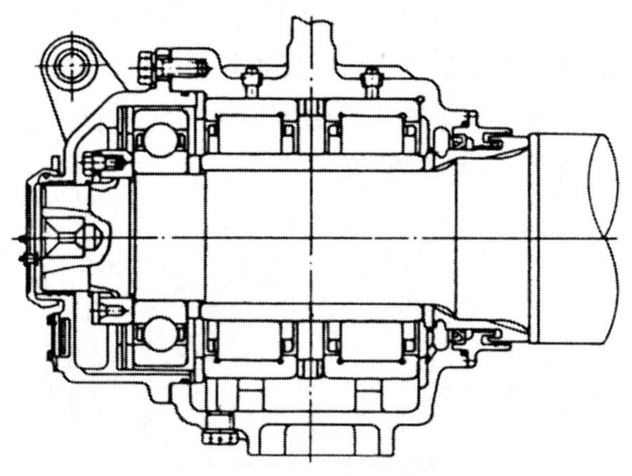

그림 4-80 신간선 전차용 저널베어링

(3) 보수점검 간편화(保守点檢 簡便化)

철도차량을 안전하게 운용하는 데는 일상(日常)의 보수점검이 불가피하지만, 그 비용 저감은 운수기관에 있어서는 중대 관심사이다. 보수점검의 비용을 적게 하면서 신뢰성은 확보해야 한다고 하는, 모순된 요청에 따르지 않으면 안 된다.

수년간 또는 그 이상의 기간 동안, 분해·점검 및 윤활제의 보급 등 유지보수가 전혀 필요 없는 베어링이 실용화되기 시작하고 있다. 이 베어링은 밀봉베어링 형식 〈그림 4-78 또는 그림 4-79〉로서 재료, 열처리, 가공법 및 윤활제(潤滑劑) 등에 대한 특수한 사양을 갖고 있으며, 철도기관에서는 베어링의 분해를 실시하지 않고, 전문 회사를 통해 점검, 재조정(再調整)을 실시한 후 운전을 재개하고 있다. 운용측면 등에 약간의 곤란이 있을지도 모르지만 흥미 있는 방식이다.

(4) 신형식 차량에 대응

운수 수단의 다양화에 따라 트럭(truck), 트레일러(trailer)를 적하(積荷) 상태로 수송하는 저상화차(低床貨車) 등이 구상되고 있으며, 재래 차량과는 설계구조가 달라 롤러 베어링이 사용되는 경우가 많다. 새로운 분야이기 때문에 아직 확립된 설계기준이 부족하고 데이터의 축적이 요망된다.

4.4.18 윤축

윤축(輪軸, wheel-set)은 대차에 부착되어 차체의 하중을 지지하면서, 레일 위를 달리는 것이 그 주된 역할이다. 윤축은 기능상 견인력(牽引力, tractive effort)을 전달하는 동륜 축과 그런 임무를 갖지 않는 종륜 축 2종류로 나누어진다. 따라서 차축도 동축(動軸, driving axle), 종축(從軸, trailing axle)으로 분류된다. 윤축은 제작 방법 및 형상(形狀)에 따라 분류하며 〈그림 4-81〉에 나타낸다.

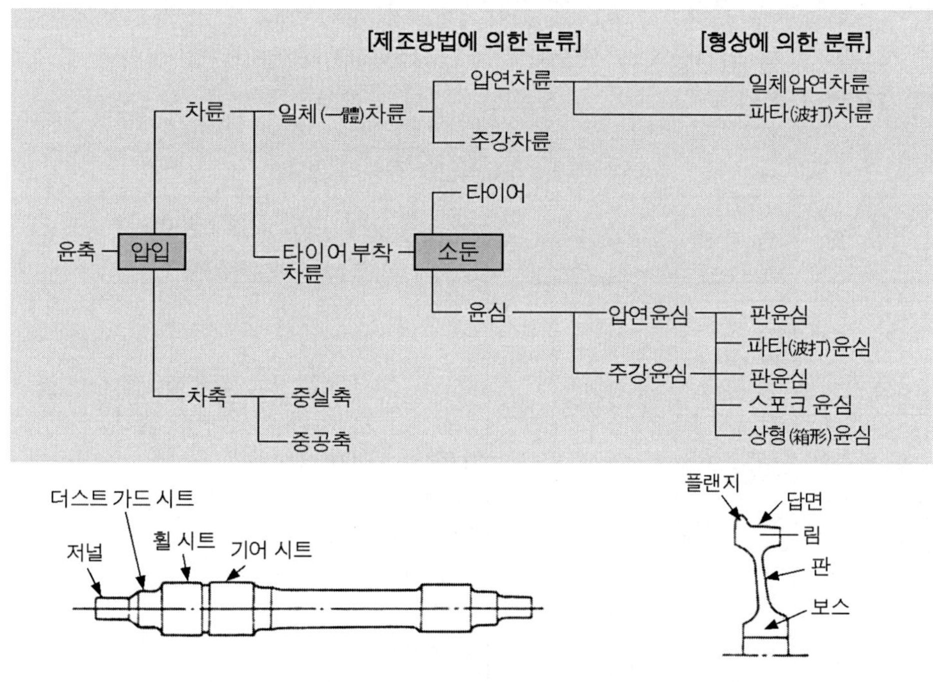

그림 4-81 윤축의 분류 및 차축과 차륜의 각부 명칭

1) 차륜

차륜(車輪, wheel)에 요구되는 조건은 다음 4가지가 있다, 이것을 만족시키기 위해서 규격 및 설계기준이 설정되어 있으며 아래와 같다.

① 답면 강도(踏面 强度, wheel tread strength)가 충분할 것

② 내열 · 균열성(耐熱 · 龜裂性)이 충분할 것

③ 내마모성(耐摩耗性)이 높을 것

④ 수직하중 및 수평하중의 반복 작용에도 충분히 견딜 것. 즉, 충분한 피로강도(疲勞强度)를 가질 것.

(1) 재질

차륜의 재질에 대한 주요국가의 규격 개요를 〈표 4-18〉에 나타낸다. 재료는 사용조건에 충분히 견디어야 하고 0.40~0.80C%의 탄소강(炭素鋼)이 주로 사용되고 있다. 우리나라는 KRS 및 KS, 일본은 JIS(Japanese Industrial Standard)에 화학성분(chemical composition), 기계적 성질(mechanical property)이 규정되어 있다.

기계적 성질은 답면 열처리의 유무에 따라 2종류로 분류되고, SSWR계는 열처리를 시행하지 않은 것으로, 주로 화차용으로 사용되고 있다. SSWQ계는 열처리를 실시한 것으로, 전차용 등에 사용되고 있다.

표4-18 대표적인 차륜규격 (발췌)

<table>
<tr><th rowspan="2">규 격</th><th rowspan="2">기 호</th><th rowspan="2">열 처 리</th><th colspan="6">화 학 성 분 (%)</th><th rowspan="2">인장강도
1kgf/mm²</th><th rowspan="2">비 고</th></tr>
<tr><th>C</th><th>Si</th><th>Mn</th><th>P</th><th>S</th><th>Cu</th></tr>
<tr><td rowspan="9">JIS
5402</td><td>SSW-R1</td><td rowspan="3">서 냉</td><td rowspan="9">0.60
~
0.75</td><td rowspan="9">0.15
~
0.35</td><td rowspan="9">0.50
~
0.90</td><td rowspan="9">≦
0.045</td><td rowspan="9">≦
0.050</td><td rowspan="9">≦
0.35</td><td rowspan="2">~ 78</td><td rowspan="3">R1, R2는 시험방법에 의해, R2 R3은 인장강도에 의해 구분</td></tr>
<tr><td>SSW-R2</td></tr>
<tr><td>SSW-R3</td><td>80 ~ 100</td></tr>
<tr><td>SSW-Q1S</td><td rowspan="6">답면 담금질(quenching)하여 원래대로 함.</td><td rowspan="2">≧ 78</td><td rowspan="3">Hs 37 ~ 45</td></tr>
<tr><td>SSW-Q2S</td></tr>
<tr><td>SSW-Q3S</td><td>80 ~ 100</td></tr>
<tr><td>SSW-Q1R</td><td rowspan="2">≧ 78</td><td rowspan="3">Hs 46 ~ 52</td></tr>
<tr><td>SSW-Q2R</td></tr>
<tr><td>SSW-Q3R</td><td>80 ~ 100</td></tr>
<tr><td rowspan="5">AAR
M-107</td><td>U</td><td>–</td><td>0.65
~
0.80</td><td rowspan="5">≧
0.15</td><td rowspan="5">0.60
~
0.85</td><td rowspan="5">≦0.05</td><td rowspan="5">≦0.05</td><td rowspan="5">–</td><td rowspan="5">–</td><td></td></tr>
<tr><td>L</td><td rowspan="4">답면 담금질 하여 원래대로 또는 전체 담금질 하여 원래대로</td><td>≧
0.47</td><td>Ha 197~277</td></tr>
<tr><td>A</td><td>0.47
~
0.57</td><td>Ha 255~321</td></tr>
<tr><td>B</td><td>0.57
~
0.67</td><td>Ha 277~341</td></tr>
<tr><td>C</td><td>0.67
~
0.77</td><td>Ha 341~363</td></tr>
</table>

규격	기호		열처리	화학성분 (%)						인장강도 1kgf/mm^2	비고
				C	Si	Mn	P	S	Cu		
UIC 812-3	R1	–	–	–	≦ 0.50	≦1.20	≦0.04	≦0.04	≦ 0.30	61.2~73.4	
		N	불에 달구어 성형								
	R2	–	–							71.4~85.7	
		N	불에 달구어 성형								
	R3	–	–	≦ 0.70		≦ 0.90				81.6~95.9	
		N	불에 달구어 성형								
	R6	T	답면담금질하여 원래대로 함	≦ 0.48	≦ 0.40	≦ 0.75				79.6~95.9	
	R7	T		≦ 0.52		≦ 0.80				83.7~95.9	
	R8	TT		≦ 0.56						87.8~100	
	R9	T		≦ 0.60						91.8~107.1	

각국의 규격 특징을 보면 미국에서는 AAR(Association of American Railroads)에 사용 조건별로 화학성분을 규정하고, 기계적 성질에 대해서는 본체의 경도(硬度, hardness) 측정만을 시행하고, 인장시험(引張試驗)은 실시하지 않는다. 유럽에서는 간선(幹線) 철도용으로서 UIC (International Union of Railways) 규격이 있으며, 일본에서도 마찬가지로 화학성분 및 기계적 성질이 규정되어 있다.

주성분인 탄소량을 비교해 보면, 일본 0.60~0.75%, 미국 0.47~0.80%, 유럽 0.40~0.70%로 되어 있고, 사용 실적 면으로 보면, 일본 및 미국은 유럽에 비해 고탄소강(高炭素鋼)이 많이 사용되고 있다. 하지만, 최근 미국에도 내열·균열성을 고려하여 제동 조건이 엄격한 차량용으로서 저탄소 재질(C ≦ 0.47%)이 AAR에 추가되었다. 이러한 재질은 선로조건, 차량조건 등에 의한 실적을 기초로 하여 사용자(使用者) 혹은 설계자(設計者)에 의해 선정된다.

(2) 답면강도(踏面强度)

차륜에 하중이 가해지면 레일과의 접촉부 근방에 응력이 발생한다. 이 응력분포가 어떻게 되어 있는가에 대해서는 광탄성(光彈性)에 의한 모형시험으로 직접 보는 방법과, 응력을 Hertz 원리에 의해 구하는 것이 가능하다. 광탄성에 의한 모험시험에서 얻은 등 전단응력(等 剪斷應力) 곡선을 〈그림 4-82〉에 나타낸다. 큰 접촉압력이 반복적으로 작용하면 접촉면 아래의 수 mm의 위치에 균열이 발생하고, 그것이 표면으로 진전하여 〈사진 4-1〉과 같은 박리(剝離)가 발생하게 된다.

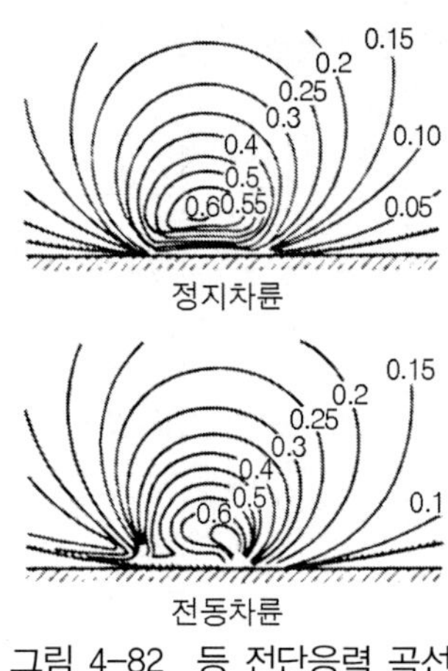

그림 4-82 등 전단응력 곡선

사진 4-1 답면 박리 예

Hertz의 원리에 의해 계산한 전차용 차륜의 접촉면압(接觸面壓)은 100~120kgf/mm²이고, 재료의 강도상 내부균열을 발생하는 면압을 구하면, 항장력(抗張力)은 85kgf/mm², 항복점(降伏点)은 55kgf/mm²으로서 접촉압력 87.5kgf/mm² 상태에서는 박리가 생기게 된다. 그러나 실제적으로는 이러한 현상이 발생하지 않는데, 이것은 레일 및 차륜이 마모하면서 변형하여 실제적인 면압은 허용한계 가까이까지 내려가지 않기 때문이라고 생각된다.

최근 실적으로 보면 접촉면 압은 약 120kgf/mm²가 허용한도인데, 이것은 미국의 규격에서 채용하고 있는 수치와 거의 같다. 차륜에 작용하는 하중조건이 주어진 경우에 최소 차륜경(最小 車輪徑)은 이 접촉압력에 따라 결정된다.

(3) 내열 · 균열성(耐熱 · 龜裂性)

답면에 제동을 걸면 표면이 급격히 가열되고, 제동을 해방시키면 급냉되는 현상은 현재의 답면 제동방식에서는 피할 수 없는 문제이다. 이러한 급열·급냉의 반복에 의해 림(rim)부에 인장응력이 축적되고, 마침내 재료의 파단강도(破斷强度)를 초과하기 때문에 균열이 발생한다. 이렇게 하여 발생된 열 균열은, 그 절결(切欠)효과 때문에 피로파괴의 기점으로 되어 균열은 깊게 진행되고, 동시에 림(rim)내에 발생한 인장잔류응력(引張殘留應力)에 의해 취성적(脆性的)으로 파괴 즉, 손상하게 되는 것이다.

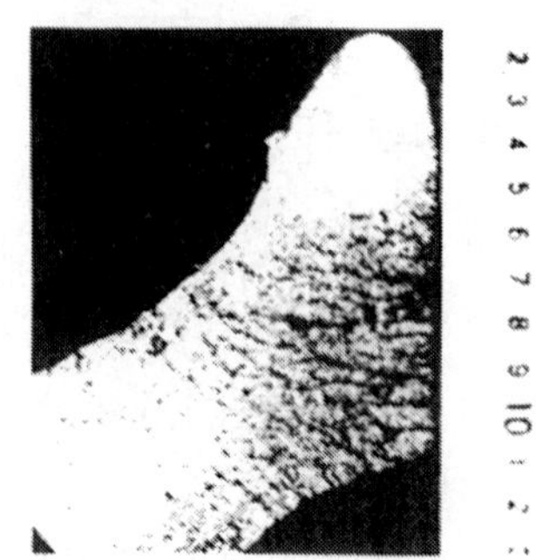
사진 4-2 차륜손상 실험 예

열 균열을 기점으로 한 차륜손상 실험 예를 〈사진 4-2〉에 나타낸다.

최근에 와서는 차량의 속도향상, 중량 증가 등으로 인해 제동조건이 엄격하여져 차륜은 더욱 가혹한 조건아래 놓이게 되었다. 이에 대한 대책으로서 재질과 형상 양면에 대해서 여러 가지 검토가 이루어지고 있다.

차륜의 할손(割損)은 〈그림 4-83〉에 나타낸 것처럼 인장잔류응력에 의한 열 균열 선단(先端)의 응력확대계수 K가 재료의 파괴 인성치(破壞 靭性値) K_{IC} 보다 크게 되는 경우에 발생하므로, 할손을 방지하기 위해서는 재질의 개선에 의한 파괴 인성치의 향상과 형상개선에 의한 인장잔류응력을 저감시킬 필요가 있다.

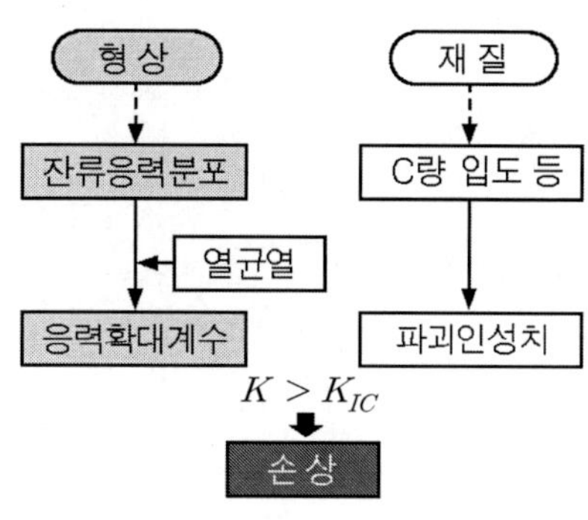

그림 4-83 차륜 손상

파괴 인성치는 화학성분의 선정에 의해 개선하는 것이 가능한데, Al첨가에 의해서 세립화(細粒化) 등의 효과를 얻을 수 있다. 답면의 열 균열에 대해서 K 및 K_{IC} 의 관계를 〈그림 4-84〉에 나타낸다.

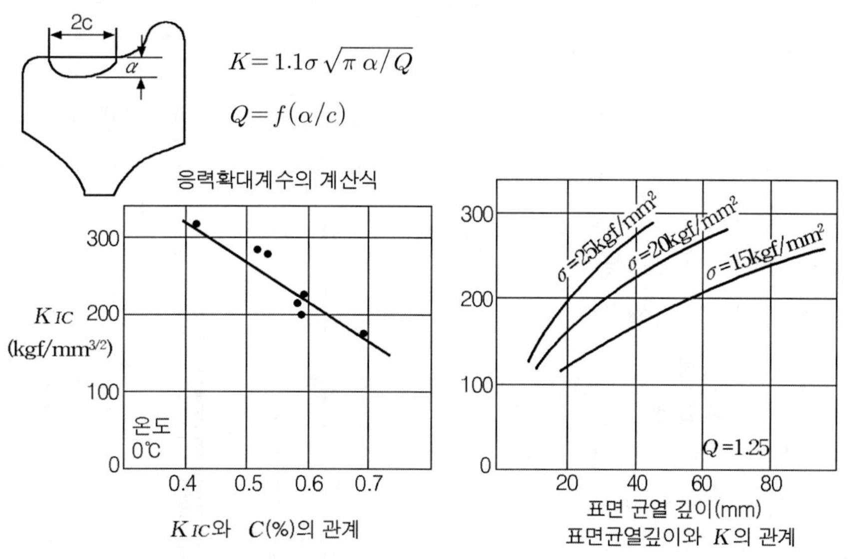

그림 4-84 K 및 K_{IC}

한편, 차륜 답면에 제동이 작용했을 때의 차륜의 온도상승, 발생응력, 냉각 후의 잔류응력, 변형에 대해서는 유한요소법에 의해 해석되고 있다.

〈그림 4-85〉에 잔류응력에 대한 계산결과의 일례를 나타낸다. 이것으로부터 판 편심(板 偏

心)을 크게 하거나, 림(rim) 및 보스(boss) 부근의 형상을 개선하는 것으로서 잔류응력을 대폭적으로 저감시키는 것이 가능하다.

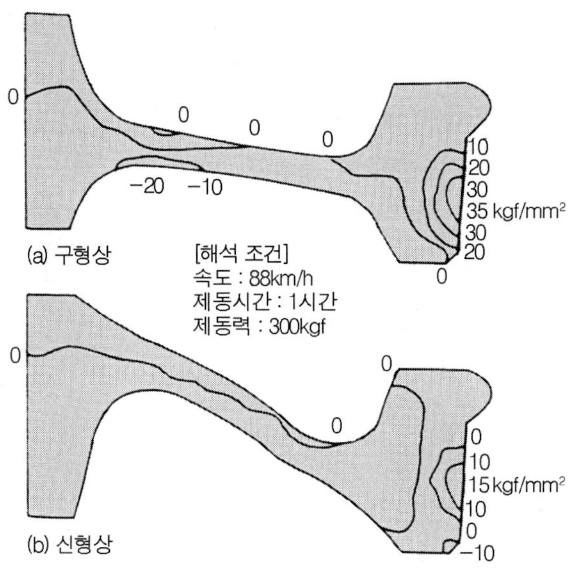

그림 4-85 잔류응력 계산 예

(4) 내마모성

내마모성은 안전 문제뿐만 아니라, 경제성 문제에도 관련이 크다. 답면이 마모되면 윤축의 사행동(蛇行動, hunting)이 격심하게 되며, 이것에 따라 차량의 좌우 운동이 커지게 되고 승차감이 나쁘게 된다. 또, 플랜지(flange)가 극단적으로 마모되는 경우에는 탈선 등 안전성 문제의 발생도 예상된다.

차륜의 마모는 재질에 따라 크게 좌우되므로, 레일과 차륜의 상호마모(相互摩耗)에 대하여 오래 전부터 많은 연구가 진행되어 왔다. 그 중에서도 일본의 (구)철도성과 스미토모(住友) 금속사(金屬社)가 공동으로 실시한 연구는 유명하다. 그 일례로서 레일, 차륜의 경

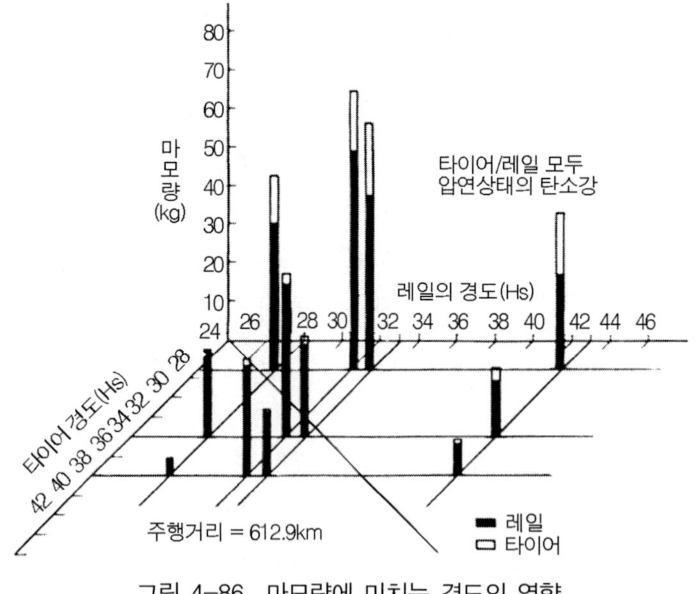

그림 4-86 마모량에 미치는 경도의 영향

도가 마모에 미치는 영향을 시험한 결과를 〈그림 4-86〉에 나타낸다. 레일, 차륜이 다 같이 경도가 큰 것이 마모가 적은 것을 알 수 있다.

최근의 경향으로서 차륜의 교환 원인으로는 순수한 마모에 의한 것은 적고, 스키드(skid) 등에 의한 답면 손상을 제거하기 위해 삭정(削正)하는 양이 많아져, 조기에 사용한도에 이르는 것이 많아지고 있다. 이 스키드는 점착을 초월하는 제동력이 작용하기 때문에 발생하게 되고 차량, 궤도, 운전조작 등이 관련되기 때문에 발생을 방지하기가 어렵다.

스키드에 의한 플랫(flat)은 소음 발생의 첫 번째 원인이 되며, 또 플랜지(flange)의 마모, 제륜자(brake shoe)에 의한 편마모(偏摩耗)도 현시점에서는 삭정(削正)하여 제거하고 있다.

(5) 판부강도(板部强度)

판부의 강도 검토는 유한요소법(F.E.M)에 의해 계산하고, 실물을 제작한 뒤 실험을 통하여 응력을 측정함으로써 최종적으로 확인하는 방법을 취하고 있다. 유한요소법으로 계산하는 항목은 주로 아래와 같은 것이 있다.

① 수직력(垂直力)에 의한 응력
② 레일로부터 수평력(水平力, 횡압)에 의한 응력
③ 차축과의 끼워 맞춤에 의한 응력
④ 원심력(遠心力)에 의한 응력
⑤ 제동에 의한 열응력

계산 결과의 일예로서 횡압이 작용한 경우의 판부 응력분포(應力分布)를 〈그림 4-87〉에 나타낸다. 그림 중의 심볼은 실측 결과를 나타내는데, 계산치는 실측치와 잘 일치하는 것을 보여주고 있다.

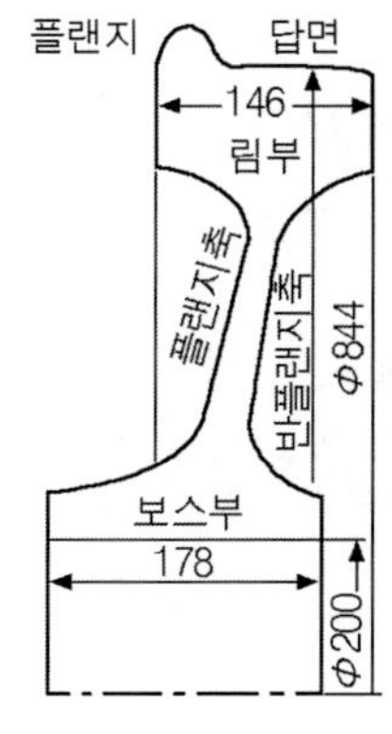

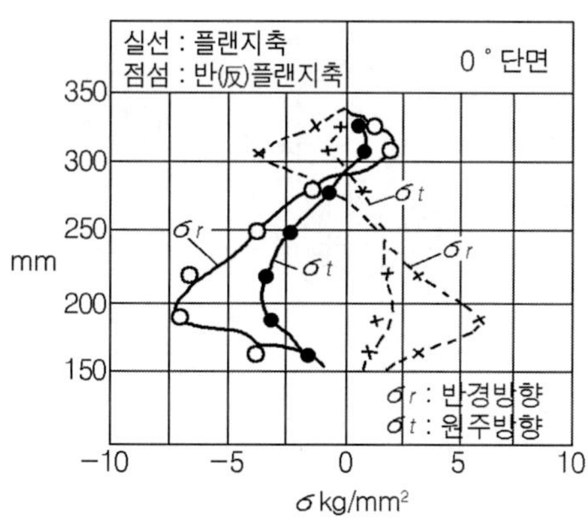

그림 4-87 판부 응력분포

이렇게 하여 얻어진 응력과는 별도로 어떤 내구한도선도(耐久限度線圖)로 부터 안전율을 구한다. 현재 일본에서 사용되고 있는 일체압연차륜(一體壓延車輪)은 수직력, 수평력의 합성력에 대하여 2 이상의 안전율을 가지고 있다.

차량부품은 경량화를 도모하는 것이 설계 목적상 첫 번째이므로, 차륜도 이 관점으로부터 판부의 피로강도를 향상시키고, 판 두께를 얇게 하는 노력을 하고 있다. 연구결과의 일례를 〈그림 4-88〉에 나타낸다.

쇼트피닝(shot pinning)은 가장 효과적인 방법으로 삭정에 비교해 약 2배 정도 피로강도를 향상한다.

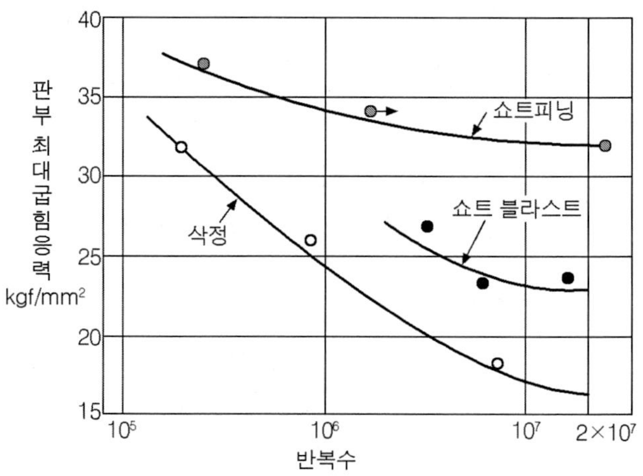

그림 4-88 실제 차륜의 피로시험 결과

(6) 방음차륜 · 방음방진차륜

최근 철도차량의 소음공해(騷音公害)도 큰 문제가 되고 있다. 소음 발생원(發生源)의 해명, 대책 등 여러 가지 연구가 진행되고 있지만, 이것은 대단히 어려운 문제이다. 차륜이 레일 위를 굴러감에 따라 발생하는 소음의 저감대책으로서 방음차륜(防音車輪), 방음방진차륜(防音防振車輪)이 개발되고 있다. 〈그림 4-89〉에 그 일례를 나타낸다. (a)는 방음차륜, (b)는 방음방진차륜이다. 방음차륜은 주로 차량이 곡선구간을 통과할 때 발생하는 삐걱거리는 음의 저감을 위한 것이다. 방음방진차륜은 소음저감뿐만 아니라, 지반진동에 대하여서도 효과가 인정되고 있지만, 하중의 제약, 수명 등에 대해 더욱더 검토가 필요하다.

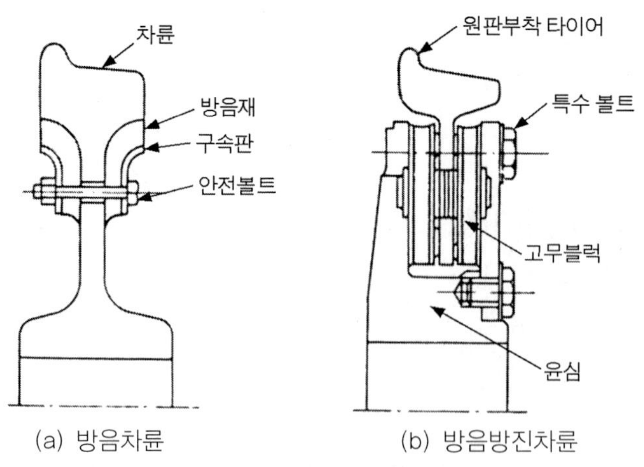

그림 4-89 방음차륜과 방음방진차륜

2) 차축

(1) 재 질

차축은 그 성질상 충분한 회전 굽힘 혹은 비틀림 강도가 요구된다. 차축에 대한 대표적인 규격을 〈표 4-19〉에 나타낸다. JIS는 화학성분 중에 P(인), S(황)만을 규정하고, 기계적 성질에 대해 분류하고 있다. SFA 55는 주로 화차용에 사용되고, SFA60, SFA65는 전차, 기관차 등에 사용되고 있다.

표4-19 대표적인 차축 규격

<table>
<tr><th rowspan="2">규 격</th><th rowspan="2">기 호</th><th rowspan="2">열 처 리</th><th colspan="5">화 학 성 분 (%)</th><th colspan="2">기계적 성질</th><th rowspan="2">비 고</th></tr>
<tr><th>C</th><th>Si</th><th>Mn</th><th>P</th><th>S</th><th>항복점 kgf/mm²</th><th>인장강도 kgf/mm²</th></tr>
<tr><td rowspan="4">JIS E 4502</td><td>SFA 55A, B</td><td>불에 달구어 성형 또는 불에 달구어 성형하여 원래대로 함</td><td rowspan="4">–</td><td rowspan="4">–</td><td rowspan="4">–</td><td rowspan="4">A는 ≦ 0.035
B는 ≦ 0.045</td><td rowspan="4">A는 ≦ 0.040
B는 ≦ 0.045</td><td>≧ 28</td><td>≧ 55</td><td rowspan="4">–</td></tr>
<tr><td>SFA 60A, B</td><td>불에 달구어 성형 또는 불에 달구어 성형하여 원래대로 함</td><td>≧ 30</td><td>≧ 60</td></tr>
<tr><td>SFA 65A, B</td><td>담금질하여 원래대로 함</td><td>≧ 35</td><td>≧ 65</td></tr>
<tr><td>SFAQ A, B</td><td>지정개소를 고주파 담금질하여 원래대로 함</td><td>≧ 30</td><td>≧ 60</td></tr>
<tr><td rowspan="4">AAR M −101</td><td>U</td><td>–</td><td>0.40 ~ 0.55</td><td rowspan="4">≧ 0.15</td><td rowspan="4">0.60 ~0.90</td><td rowspan="4">≦ 0.045</td><td rowspan="4">≦ 0.050</td><td>–</td><td>–</td><td></td></tr>
<tr><td>F</td><td>불에 달구어 성형하여 원래대로 함</td><td>0.40 ~ 0.59</td><td>≧ 33.8</td><td>≧ 60.5</td><td>ϕ203.2 ~ ϕ304.8</td></tr>
<tr><td>G</td><td>담금질하여 원래대로 함</td><td rowspan="2">–</td><td>≧ 33.8</td><td>≧ 59.7</td><td>ϕ177.8 ~ϕ254</td></tr>
<tr><td>H</td><td>불에 달구어 성형·담금질하여 원래대로 함</td><td>≧ 45.7</td><td>≧ 73.8</td><td>ϕ177.8 ~ϕ254</td></tr>
<tr><td rowspan="2">UIC 811−0</td><td rowspan="2">–</td><td>불에 달구어 성형</td><td rowspan="2">–</td><td rowspan="2">≦0.50</td><td rowspan="2">≦1.20</td><td rowspan="2">≦0.05</td><td rowspan="2">≦0.50</td><td rowspan="2">–</td><td>50~65</td><td rowspan="2">–</td></tr>
<tr><td>담금질하여 원래대로 함</td><td>55~63</td></tr>
</table>

A, B는 시험방법의 차이에 의한 분류이고, A는 초음파탐상시험(超音波探傷試驗), 자분탐상시험(磁粉探傷試驗)이 의무적으로 되어 있다.

미국에서는 AAR에 열처리 없는 차축은 화학성분을 규정하고, 열처리를 실시하는 차축은 화학성분의 규정과 함께, 아울러 인장시험을 실시하는 것으로 되어 있다. UIC에서는 화학성분, 기계적 성질 양쪽이 규정되어 있다.

차축용 재료는 일부를 제외하고는 중탄소강(中炭素鋼)으로 기계적 성질이 우수하고, 인장시험을 규정하고 있는 경우는 항복점(降伏点), 인장강도(引張强度), 연신율(延伸率) 등이 규정되어 있다. 또 항복점은 퀜칭(燒入, quenching), 템퍼링(燒鈍, tempering) 등의 열처리를 하는 것으로 규정되어 있다.

(2) 강도

차축의 강도계산방법은 JIS에 규정되어 있지만, 이것은 차륜의 압입부(壓入部)에 대한 계산방법이다. 일반적으로는 이것으로 충분하지만, 차축 각부에 대하여 더욱 상세하게 계산해야 할 필요가 있는 경우는, 『철도차량용 차축의 강도 계산법』 에 따르면 좋다.

A. 하중 구하는 방법

주행 중의 진동, 충격 등에 의한 정적부하의 할증량(割增量)은 주행시험 또는 실적으로부터 속도별로 다음 〈표 4-20〉과 같이 정해져 있다.

표4-20 주행 중의 진동 및 충격에 의한 정적부하의 할증량

속 도	수직방향 가속도	수평방향 가속도
120이상 100km/h 이하	0.4g	0.3g
120이상 160km/h 이하	0.5g	0.4g
160이상 190km/h 이하	0.6g	0.4g
190이상 210km/h 이하	0.7g	0.5g

B. 재료의 피로강도

소형시험편 또는 실제 차축의 피로시험에 의해 각 재질마다 피로강도가 구해지고 있다. 다음에 압입부에서의 피로강도를 나타낸다. 평활부(平滑部)에 있어서는 실제로 얻어진 피로강도에 대하여 표면처리의 단부(段附) 영향 등을 고려하여 구한다.

- SFA 55(담금질하여 고르게 함) : 10.0kg/mm²
- SFA 60(담금질하여 고르게 함) : 10.5kg/mm²
- SFA 65(담금질, 다시 구움) : 11.0kg/mm²

C. 안전율 (safety factor)

차축에 작용하는 굽힘 응력, 비틀림 응력을 구하여 다음 식으로부터 안전율을 계산하고, 차량의 종류에 따라 응력 발생빈도를 고려하여 차종마다 안전율의 기준치를 설정하고 있다.

$$S_f = \frac{1}{\sqrt{\left(\frac{\sigma_b}{\sigma_{ut}}\right)^2 + \left(\frac{\tau}{\tau_e}\right)^2}} \quad \text{------} (116)$$

σ_b : 외력에 의한 굽힘 응력
σ_{ut} : 굽힘 피로강도
τ : 외력에 의한 비틀림 강도응력
τ_e : 비틀림 탄성한계(彈性限界) 응력
S_f : 안전율

- 1.2 (통근차 등 공차, 만차 구별이 있는 차량)
- 1.6 (특급차 등 정원승차 차량)
- 2.0 (기관차 등 일정하중의 차량)

차축에서 사용 중에 문제가 되는 것은 압입부(壓入部)에서 발생하는 미세한 균열이다. 이것은 플래팅(flating)에 의한 녹(錆)속에 깊이 0.1~0.5mm의 원주방향으로 생긴 상처(흠)로서, 자분탐상(磁粉探傷)의 결과로 알 수 있다. 이런 현상을 억제하고, 진전을 방지하거나 혹은 평활부의 피로강도를 향상시키기 위해서 다음과 같은 방법들이 실용화되고 있다.

① 오버행거(overhanger)
② 그루브(groove)
③ 표면압연
④ 고주파 퀜칭
⑤ 태프트 라이드
⑥ 저온 퀜칭

실제적으로는 이러한 방법들을 단독 혹은 조합하여 채용하고 있다. 일례로서 〈그림 4-90〉은 신간선용 차축을 나타낸다. 고주파 퀜칭, 오우버행거, 그루브를 채용하고 있다.

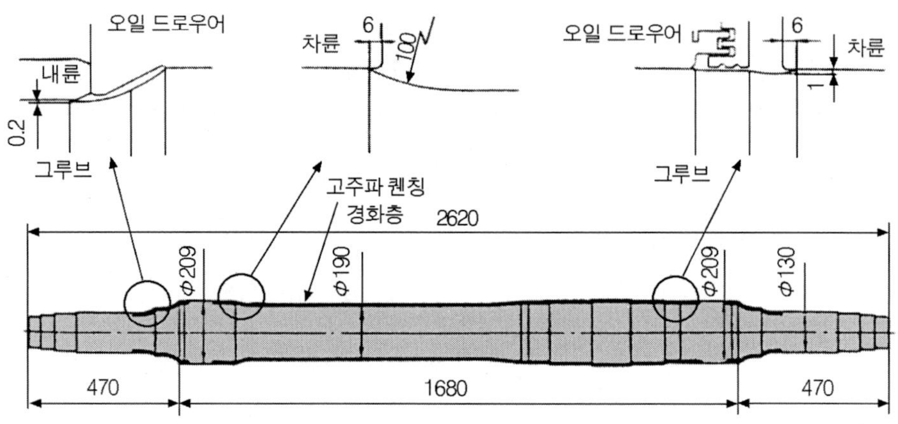

그림 4-90 신간선용 차축 형상

(3) 경량 차축

차량의 고속화를 도모하기 위해서는 경량화가 필요한데, 그 첫째로서 중공(中空)차축이 고려된다. 중공축의 채용은 오래 전부터 있었지만 제조에서 기인하는 품질문제, 검사문제 등으로 인해 널리 채용되고 있지는 않다. 그러나 최근에 와서 가공기술(加工技術)의 진보, 나아가서는 탐상기술의 개발 등에 의해 중공축의 장점을 재고·직시하게 되었다.

3) 차륜과 차축의 조립

일반적으로 윤축(輪軸)은 차축에 차륜을 압입(壓入)하여 조립하는데, 이 압입작업에 대해서는 JIS에 규정되어 있다. 기본적으로는 체결을 관리하여 압입력이 규정치내(規定値內)에 있는 것을 확인하는 방법이다. 일례로서 일체압연차륜(一體壓延車輪)을 동축(動軸)에 압입할 경우의 체결 비 ϕ 및 100mm당의 압입력을 나타낸다.

① 체결 비(1/1000)

: 표준치 1.4

: 최대치 1.5

② 압입력(壓入力, ton)

: 최대치 55

: 최소치 35

또한 압입작업 시 압입부에서 재료를 갉아 먹어 문제가 발생하게 되는데, 이러한 것의 대책으로서 유압에 의해 끼우고 분리하는 기술이 개발되었으며, 일본의 경우 신간선 등에서 실제적으로 채용하고 있다.

4.4.19 열차의 속도

열차의 운전속도 표시 방법에는 운행 관리상 아래와 같이 분류할 수 있다.

1) 최고운전속도(最高運轉速度, maximum speed)

영업 운전 선도 상에 나타난 최고운전속도는, 일반전차에서는 100km/h 정도, 한국의 KTX는 300km/h 및 KTX-산천은 330km/h, 신간선 도카이도 및 산요선에서는 220km/h, 도호쿠에서는 240km/h로 운전되고 있으며, 독일 ICE의 경우는 280km/h이며, 프랑스의 TGV열차는 300km/h이다.

2) 균형속도(均衡速度, balancing speed)

견인력과 열차저항이 같아져, 열차가 등속도(等速度) 운행을 할 때의 속도를 말한다. 최고운전속도는 이 균형속도에 의해 좌우된다.

3) 평균속도(平均速度, average speed)

열차의 운행 거리를 운행 중 정차 시간을 제외하고, 실제적으로 주행한 시간으로 나눈 속도를 평균속도라고 한다. 다시 말하면, 열차가 A역을 발차하여 B역에 도달하는 데는 속도 0으로부터 최고운전속도 사이에서 속도변화를 하면서 운전하게 되는데, 이 사이를 일정속도로서 운전할 때 동일한 도달 시분이 되는 속도를 평균속도로 하고 있다. A, B 역간의 평균속도는 아래의 식으로 표시할 수 있다.

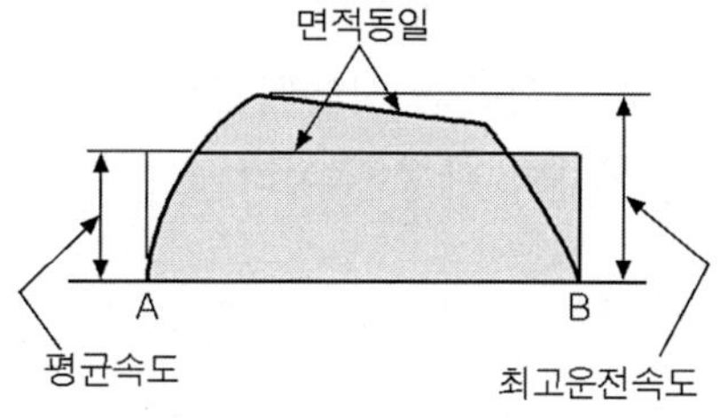

그림 4-91 평균속도

〈그림 4-91〉에는 최고운전속도와 평균속도를 비교하여 나타내었다.

$$평균속도(A,B\ 역간) = \frac{A,B\ 역간\ 거리(km)}{A,B\ 역간\ 소요시간(시)} \quad \cdots\cdots (117)$$

4) 표정속도(表定速度, scheduled speed)

운행거리를 도중의 정차시간도 포함한 전체 도달시간으로 나눈 속도 즉, 운행 구간의 시발역으로부터 종단역까지의 평균속도에 도중 역에 정차한 시분도 계산에 넣어 나타낸 것을 표정속도라고 부르며 아래와 같이 나타낼 수 있다.

$$\text{표정속도} = \frac{\text{구간거리(km)}}{\text{정차시간을 포함한 구간 소요시간(시)}} \quad \text{------------- (118)}$$

여기서는 신간선 「히카리」 호의 도쿄 ~ 신오사카 사이의 표정속도를 예로 들어 계산하기로 한다.

- 최고운전속도 : 220km/h
- 도쿄 ~ 신오사카 사이 거리 : 515.35km
- 소요시간 : 2시간 56분
- 표정속도 $= \frac{515.35\text{km}}{2\text{시간}56\text{분}} \fallingdotseq 175.7\text{km/h}$

표정속도를 향상시키기 위해서는 운전시분을 단축시켜야 한다. 물론 최고운전속도를 향상시키는 것도 유효한 수단이지만, 이것은 한도가 있으므로 일반적으로 정차시분을 단축하든지 정차역 수를 적게 하는 것이다. 특급 열차의 정차역 수를 적게 하는 것은 표정속도를 향상시키기 위한 것이다. 한편 통근 전차처럼 역간 거리가 짧은 경우 가속도, 감속도가 큰 만큼 평균속도를 높이는 것이 가능하다. 이것과 더불어 정차시간을 짧게 하는 방법으로 표정속도를 높여 도달시분의 단축을 도모하는 것이 최근의 경향이다. 고(高)가속, 고(高)감속 신예(新銳) 전차의 탄생은 이러한 요구를 만족시킬 수 있다.

5) 최고허용속도 및 정격 속도

모터가 허용하는 최고 회전수에서의 속도를 최고 허용속도로 하고 있지만, 실용적으로는 그다지 의미가 없어 관습적인 것이다. 또한 열차의 정격속도는 모터 정격 회전수에서의 열차의 속도를 표시하는 것이다.

6) 제한속도(制限速度, limiting speed)

운전의 안전 확보를 위해 여러 가지 조건으로 보아 제한을 가한 속도로서, 각 국가에서는 선로의 등급, 열차를 편성하는 차량의 종류와, 그러한 제동축 비율(기관차를 제외한 전체차량 축수에 대한 제동기가 작용하는 차축수의 백분율), 하구배, 곡선반경, 열차의 조종방법(추진운전, 타행운전의 경우 등), 신호표시의 종류에 대응하여 열차의 속도에 제한을 가하였을 때의 열차속도를 말한다.

4.4.20 점착과 점착계수

철도차량이 레일 위를 부드럽게 주행하기도 하고 도중에 가속과 감속 그리고 제동을 할 수 있는 것은 차륜의 답면(踏面, wheel tread)이 미끄러지지 않도록 레일 표면을 단단히 완강하게 버티고 있기 때문이다. 이 버티는 힘 즉, 차륜의 답면과 레일의 접촉면과의 마찰에 의한 항력(抗力)을 철도에서는 점착력(粘着力) 혹은 점착이라 한다. 이 점착력이 적은 경우라든지, 구동력(驅動力)과 제동력이 점착력보다 큰 경우는, 기동 시(起動 時)와 가속 시에 공전(空轉, slip)하기가 쉽고, 제동 시에는 활주(滑走, skid)가 쉽게 된다. 이와 같은 현상은 철도에 한정되는 것이 아니고, 자전거와 자동차에서도 진흙길이나 모래사장 같은 곳에서 출발 시와 비가 올 때나 눈길 등에서 제동할 때 쉽게 경험할 수 있는 현상이다.

철도의 경우 차륜과 레일 모두 금속이므로, 그 마찰계수는 다른 육상 교통에 비하여 매우 적다. 이러한 악조건 중에서 점착을 최대한 유효하게 사용하려면 기동(起動), 가속(加速), 감속(減速), 제동(制動)을 반복해야 하는 것은 철도차량의 숙명이라고 할 수 있다. 주행 중일 때의 동륜과 레일과의 관계를 역학적으로 살펴보면, 동력차의 동륜(動輪, driving wheel)이 레일을 누르는 힘을 점착중량이라 하며, 레일과 차륜간의 마찰계수와 이 점착중량과의 곱을 점착력(粘着力)이라 한다.

즉,

$$T = \mu \cdot W \quad \text{(119)}$$

T : 점착력 μ : 점착계수

W : 동륜 상 중량

이때의 마찰계수를 점착계수라 부른다. 또한 열차가 기동할 때는

$$T \geq F \quad \text{(120)}$$

T : 점착력

F : 동륜주 견인력(動輪周 牽引力)

의 조건을 만족시키지 않으면, 열차는 공전을 하게 되어 더 이상 진행을 할 수 없게 된다. 또 같은 방법으로 제동의 경우에도 점착력이 제동력보다 커야 하며 작게 되는 경우에는 차륜은 활주하게 되어 소정의 제동효과를 발휘할 수 없게 된다.

우선 차륜 답면 상에 작용하는 견인력(牽引力) 또는 제동력(레일에 평행하는 힘) F와 답면이 레일과 접하는 점에 수직으로 가해지는 힘(이것을 축중이라고 함) W, 답면과 레일간의 마찰계수(철도에서는 점착계수라고 함) μ와의 사이에는 $F \leq \mu W$의 관계가 성립한다.

만약 F 가 μW(점착)보다 클 경우 기동 시와 역행(powering)시에는 공전 상태가 되어 레일에 많은 손상을 주고, 제동 시에는 차륜이 정지한 채 활주상태가 되어 마찰로 인한 차륜 답면의 감소, 플랫(flat, 답면이 국부적으로 평평하게 되는 것)을 일으켜 차륜에 손상을 주게 된다. 점착을 향상시키기 위한 연구나 공전과 활주에 대한 조기검지(早期檢知)와 방지, 재점착(再粘着, 점착상태로 되돌리는 것)시키기 위한 연구개발이 각 국에서 진행되고 있다. 점착은 앞에서 언급한 것처럼 점착계수(粘着係數) μ와 차륜답면에 걸리는 축중 W의 곱으로 결정되며, 각 노선에 따라 축중의 제한이 있기 때문에 멋대로 W를 증가시키는 것은 허용되지 않는다. 한편 점착계수는 접촉면의 상태, 즉 차륜 답면과 레일의 표면에 부착된 물 또는 유지(油脂), 먼지, 녹 등에 의해 대폭적으로 변화한다. 예를 들면 건조하고 청정한 날씨로서 선로 조건이 가장 양호한 상태일 때의 점착계수가 0.2~0.3인 것과 비교하면, 비와 서리가 있을 때는 약 1/2 정도, 기름기가 부착된 상태에서는 약 1/3정도가 되는 것으로 규명되어 있다.

또한 점착계수는 속도의 변화에 따라서도 영향을 받게 되는데, 일반적으로 열차운전 계획에 사용하는 점착계수는 다음과 같다.

- 전기기관차(교류) : $\mu = 0.326 \dfrac{1+0.279V}{1+0.367V}$ ------------------------------ (121)
- 전동차 : $\mu = 0.245 \dfrac{1+0.050V}{1+0.100V}$ ------------------------------ (122)

일반적으로 정(靜)마찰계수에 비하여 동(動)마찰계수는 아주 작은 수치이다. 따라서 점착상태를 정마찰로 본다면 활주가 시작하자마자 동마찰로 이행되어 활주하면 잘 멈추지 않게 된다. 또 열차속도에 따라 점착계수는 변화가 심하고 매우 복잡한 요소를 내포하고 있다. 점착의 향상 책으로서 제어의 다단화(多段化), 연속화(구동력을 대폭적으로 변화시키지 않음), 축중 이동보상(W 를 급격히 변화시키지 않음) 등 연구가 진행되고 있다.

옛날부터 실시되고 있는 모래를 사용하는 방법은 점착계수를 일시적으로 증가시키지만, 접촉면을 거칠게 하는 결점이 있다. 점착의 문제는 철도차량에 있어서 숙명적인 명제이고 특히 고속열차 개발에 있어서는 가장 큰 제약으로서 450~500km/h 전후가 점착에 의한 최고 운행속도의 한계라고 판단되며, 그 이상의 초고속화는 비점착(非接觸)에 의한 견인 방법의 개발이 시급한 현상이다. 그 하나의 해결책으로서 자기(磁氣)에 의한 부상(浮上) 주행방식이 각 국에서 활발히 연구・개발 되고 있다.

4.4.21 견인력과 인장력

1) 견인력

견인력(牽引力, tractive effort)이란 전기차량의 주 전동기에 전력이 공급됨으로써 그 전기자(電機子)에 의해서 발생하는 회전력이, 차륜에 전달되어 차륜 답면에 미치는 힘이며 아래와 같이 표시된다.

$$F = T \cdot Gr \cdot \eta' \cdot \frac{2}{D} N \quad \text{------------} \quad (123)$$

F : 차륜 답면의 전동기 견인력(kgf)
T : 전동기 회전력(kgf-m)
G_r : 치차 비
η' : 치차전달효율(%)
D : 동륜직경(m)
N : 전동기수 (전동차 1양당)

(1) 견인력의 종류

A. 지시 견인력

동력차 구조에 따른 견인력으로 동력차 차체의 저항부, 치차전달손실, 축 베어링(軸受)의 마찰손실 등을 무시하고, 치차전달효율 $\eta' = 1$로 볼 때의 견인력을 말한다.

$$F_o = T \cdot Gr \cdot N \cdot \frac{2}{D} \quad \text{------------} \quad (124)$$

F_o : 지시 견인력(kgf)

B. 동륜주 견인력

전동기 효율 η 외에, 동력전달장치 효율 η'를 계산에 고려하였을 때 차륜 답면에 미치는 견인력을 말한다.

$$F_D = T \cdot Gr \cdot \eta' \cdot N \cdot \frac{2}{D} = F_o \times \eta'$$

C. 유효 견인력

동력차 자체 및 그 견인하는 객차 또는 화차를 동시에 가속시키는데 유효하게 작용하는 견인력으로 동력차의 동륜주(動輪周) 견인력에서 동력차 차체의 주행저항을 감안한 견인력을 말한다.

$$F_1 = F_D - R_g \cdot WL \text{ ------------------------------------ } (125)$$

F_1 : 유효견인력(kgf)
F_D : 동륜주 견인력(kgf)
R_g : 동력차 주행저항(Kgf/tonf)
WL : 동력차 중량(tonf)

D. 정격 견인력

주 전동기의 정격전압, 정격전류에 대한 지시 견인력이다. 일반적으로 출력이라고 부르는 것은 연속 또는 1시간 정격의 지시 견인력을 말하며, 전동기의 용량을 kW로 표시한다.

i) **정격출력** : 전기차량의 정격출력은 주전동기 정격출력 × 주전동기 개수
ii) **정격인장력** : 주전동기 정격 회전력일 때, 동륜주 견인력 × 주전동기 개수
iii) **점착견인력** : 동력차 운전정비중량 × 마찰계수(동륜/레일 간)를 점착력이라 하며, 동력 전달율을 포함하지 않으므로 동륜과 레일 간의 마찰력에 의한 동륜답면에서 발생하는 지시 견인력이다.

(2) 견인력과 점착력

열차의 견인에 필요한 인장력을 발휘하는 데는 항상 점착력이 문제가 되며, 점착력은 레일과 차륜과의 마찰계수(점착계수)를 유효하게 이용하는 것이 중요하다. 마찰계수는 동륜(動輪)이 레일 면을 미끄러지지 않고 힘을 전달할 수 있는 한계의 동륜주 인장력과 동륜상의 중량 비를 말하며, 건조한 레일의 마찰계수는 평균 0.41이며 이때의 표준편차는 0.048정도이다.

(3) 기관차의 운전속도

A. 주전동기의 회전수와 회전속도와의 관계

V는 운전속도(km/h), N은 주전동기 회전수(rpm), D 는 동륜직경(m), G_r는 치차 비라 하면, 전동기가 1회전하는 사이에 동륜은 $1/G_r$ 회전하므로, 1시간 동안 동륜의 회전수는 $60 \times N/G_r$ 가 된다. 그리고 동륜이 1회전하는 동안 πD(m)간을 진행하므로 1시간에 진행하는 거리는 $\pi \times D \times 60 \times N/G_r$ 와 같다.

따라서 운전속도가 V(km/h)이면 1시간에는 $V \times 1{,}000$(m) 운행되므로

$$V \times 1{,}000 = \pi \times D \times 60 \times N \times \frac{1}{G_r}$$

$$\therefore \ V = \pi \times D \times 60 \times N \times \frac{1}{G_r} TMES \frac{1}{1000} = 0.1885 \frac{DN}{G_r} (\mathrm{km/h}) \text{ ------ } (126)$$

B. 동륜의 직경이 변하는 경우

식 (126)에서 주전동기의 치차 비, 회전수가 동일하다면 동륜직경이 변할 경우에 기관차 속도는 다음과 같이 된다.

$$\frac{V_1}{V_2} = \frac{D_1}{D_2} \text{에서 } V_2 = V_1 \times \frac{D_1}{D_2} \text{ ------ } (127)$$

2) 인장력

전동기의 회전력이 차륜에 전달되어 1대의 차륜 답면에 미치는 힘을 인장력(引張力)이라고 한다. 소치차(小齒車, pinion)의 반경을 r_1(m), 대치차(大齒車)의 반경을 r_2(m), 차륜(동륜이라고 함)의 직경을 D(m), 치차 주변에 발생하는 힘을 f(kgf), 인장력을 F(kgf)이라고 하면

- 전동기 회전력 $T = r_1 f$
- 차축의 회전력 $T' = r_2 f = \frac{D}{2} F$

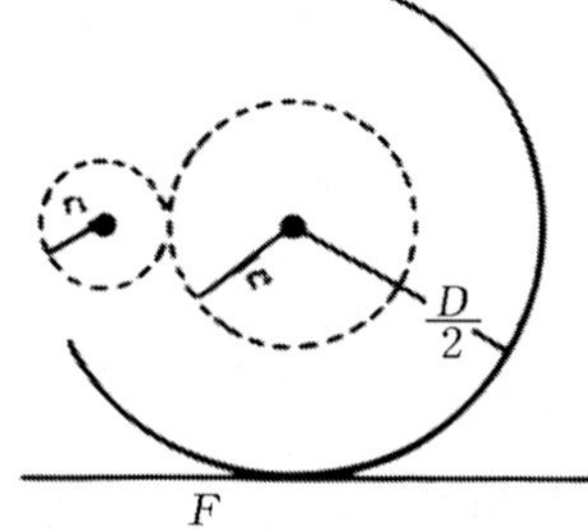

그림 4-92 기어와 차륜의 치수

$$\therefore \ F = r_2 f \frac{2}{D} = r_1 f \frac{r_2}{r_1} \frac{2}{D} = T\gamma \frac{2}{D} \text{ ------ } (128)$$

여기서 $\gamma = \frac{r_2}{r_1}$는 치차 비(gear ratio)이며 치차 및 축수의 전달효율 η'를 고려하면

$$F = T\gamma \eta' \frac{2}{D} \text{ ------ } (129)$$

전동차에 부착된 전동기수를 N 이라 하면 전동차당 인장력 F' 는

$$F' = T\gamma \eta' \frac{2}{D} N \text{ ------ } (130)$$

동륜의 직경 D를 mm로 표시하면

$$F' = T\gamma\eta' \frac{2000}{D} N \quad \text{(131)}$$

따라서, 인장력은 치차 비에 비례하고 동륜의 직경에 반비례한다. 다음에 열차의 속도 S (km/h)를 알아 필요한 인장력 F'를 구하면

$$F' S \frac{1000}{3600} = NEI\,\eta\eta' \frac{102}{1000} \quad (1\text{kW} = 102\text{kgf·m})$$

$$F' = 0.367 \frac{NEI\,\eta\eta'}{S} \quad \text{(132)}$$

F' : 전동차 1량의 인장력(kgf)
S : 전동차의 속도(km/h)
N : 전동기수
η : 전동기의 효율
E : 단자전압(V)
η' : 치차 및 축수의 효율
I : 전동기의 전류(A)

이다. 또한 위 식에서

$$F' S \frac{1000}{3600} = N\left(\frac{EI\eta}{1000}\right)\eta' 102 \quad \text{(133)}$$

전동기의 출력을 P [kW]라 하면

$$NP\eta' = \frac{F'S \times 1000}{3600 \times 102} \qquad \therefore P = \frac{F'S}{367N\eta'} \ (\text{kW})$$

또한 열차의 속도 S(km/h)는 $S = 2\pi\left(\frac{D}{2}\right)\frac{n}{\gamma}\frac{60}{1000} = \frac{60\pi Dn}{1000\gamma}$

n : 모터의 회전수(rpm), γ : 치차 비

동륜이 1회전하는 동안 πD(m)간을 진행하므로, 1시간에 진행하는 거리는

$\pi \times D \times 60 \times n \times \frac{1}{Gr}$(m)이고,

운전속도가 V(km/h)이면 1시간에는 $V \times 1000$(m) 운행하므로

$$V \times 1000 = \pi \times D \times 60 \times n \times \frac{1}{Gr}$$

$$\therefore\ V = \pi \times D \times 60 \times n \times \frac{1}{Gr} \times \frac{1}{1000} = 0.1885\frac{Dn}{Gr}\ (\text{km/h}) \quad \text{(134)}$$

4.4.22 차량의 기밀

열차가 고속으로 터널에 진입하게 되면 차체 외부의 압력이 급격히 변화하므로, 차량 내부의 압력도 함께 변화하게 된다. 특히 터널 내부에서 열차가 교행(郊行, 교차 운행)하는 경우는 이러한 현상이 더욱 심각하게 발생한다. 변화하는 압력의 크기는 열차의 속도, 터널과 차량의 단면적의 비에 의해 결정되며, 터널의 단면적이 작을수록, 속도가 높을수록 증가된다. 객실 내부에서의 압력변화는 승객에게 이명현상(耳鳴現象)을 발생시킬 수 있으며, 압력의 변동량이 어느 한도를 넘게 되면 귀에서 이상을 느끼게 된다〈그림 4-93, 4-94참조〉.

이와 같은 압력변화량의 한계는 사람에 따라 또 그때의 건강상태에 따라 그 크기가 변하게 되나, 통상 압력 변화량은 1,000pa이내 압력 변동률은 200~300pa/s 이내로 제한하고 있다. 따라서 일반 저속열차에서는 거의 발생하지 않고, 염려할 필요가 없던 기밀대책(氣密對策)이란 항목이 고속열차에서는 가장 중요한 설계 요소 중의 하나가 되었다.

고속차량은 일차적으로 외부에서 변화하는 압력에 견디어야 하므로 내압구조이어야 하는데, 차체뿐만 아니라 출입문과 창문 등 모든 외부 노출 구조물들은 높은 압력변동에 견딜 수 있는 구조로 되어야 한다. 차량의 기밀(air tightness)을 유지하기 위해서는 아래의 5가지 사항에 대한 기밀이 각각 철저히 유지되어야, 차량전체의 기밀을 유지할 수 있으므로 하나하나가 기밀 유지를 위한 필수적 항목이다.

① 차체구조의 기밀

② 화장실 시스템의 기밀

③ HVAC(heating, ventilation & air conditioning) 시스템 기밀

④ 다이어프램(diaphragm)의 기밀

⑤ 문 및 창문의 기밀

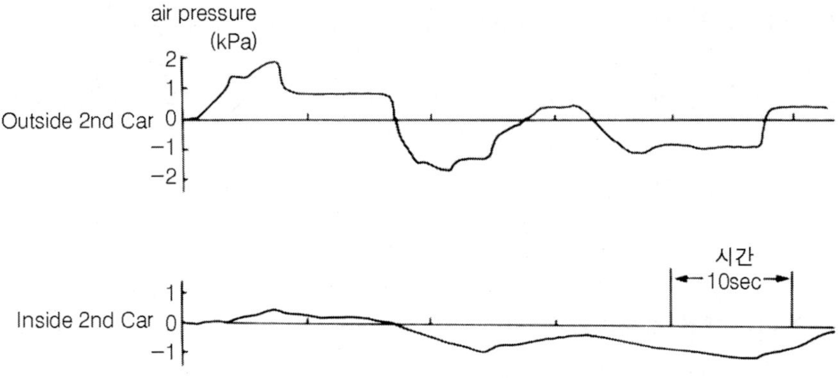

그림 4-93 차량이 터널 내를 주행할 때 터널 내·외부에서의 압력변화

차량내부의 기밀을 유지하기 위한 대책으로는 첫째 차체구조가 기밀구조로 제작되어야 한다. 이는 강제 차량이나 알루미늄제 차량은 연속용접을 통해 가능하지만, 기밀 측면에서 본다면 연속용접이 곤란한 스테인리스 재질은 고속열차로 사용하기가 불가능하다.

프랑스 TGV 노선의 경우 거의 터널이 없기 때문에 터널 내에서 열차가 운행될 때는 차량 내·외로 공기 흐름을 차단하여 기밀을 유지하고 있지만, 우리나라처럼 산악지형이 많은 노선은 터널의 건설이 불가피하다. 특히 현재 운행 중인 경부고속철도 노선의 경우, 터널이 전체 노선의 거의 1/3 정도를 차지하므로, 차량의 기밀문제가 심각하여 그에 따른 대책은 아무리 강조하여도 지나치지 않다.

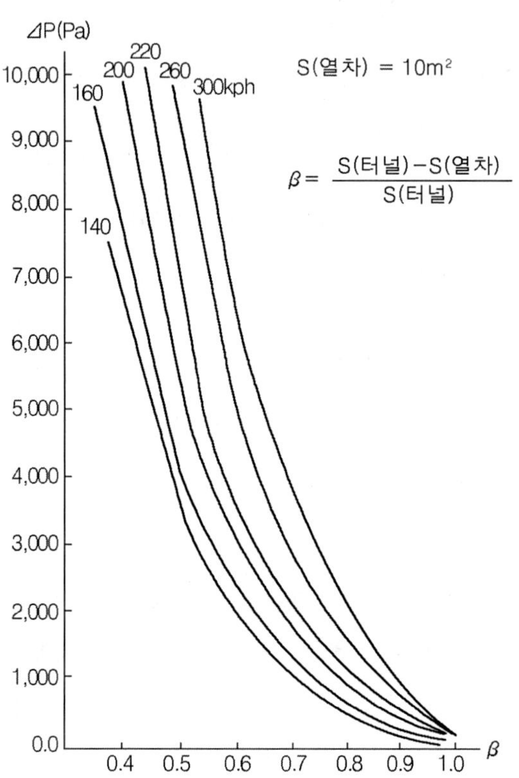

그림 4-94 차량과 터널단면적 관련하여 진입속도에 따른 발생압력 비교

TGV의 경우 다음의 기밀 조건을 만족하도록 규정하고 있다.

① 객실 및 운전실의 기밀기준

$$|\Delta P| + 5 \times |dp/dt| \leq 2,000 \quad \text{(135)}$$

(터널길이 5,000m 이하에서 적용)

$$|\Delta P| + 5 \times |dp/dt| \leq 2,500 \text{ and } |\Delta P| \leq 2,000 \text{ (모든 터널 적용)} \quad \text{(136)}$$

ΔP : 차량 내부의 압력 변화(Pa)
dp/dt : 내부압력의 변화율(Pa/sec)

② 내부압력변화의 최대비율은 정상운영 시 객실에서 200Pa/s를 초과하지는 않아야 하며, 운전실에서 400Pa/s를 초과하지 않아야 한다.

③ 누기조건

객실과 운전실의 밀폐도에 따른 특성은 NFF 17011(프랑스 규정)에 따른다.

- 운전실 : 초기압력 3,000Pa에서 100Pa로 감소되는 시간은 8초 이상
- 객　실 : 초기압력 3,000Pa에서 100Pa로 감소되는 시간은 40초 이상

강제(鋼製) 차량의 경우에는 부식(腐蝕) 및 터널 통과시의 압력변동으로 인한 차체에 수많은 반복하중이 가해져 용접부가 떨어지는 등으로 인하여 기밀유지가 곤란한 경우가 있으므로 정기적인 검사가 필요하다. 차량 내부에는 외부로부터의 신선한 공기를 받아 환기시키기 위한 환배기 설비가 설치되어 있으므로, 터널 진입 시에는 이들을 차단하는 장치가 필요하며, 터널에서의 차량 정지와 같은 비상시 상황에 대비해 그에 따른 환기시스템도 필수적이다.

터널의 길이가 짧은 경우에는 환·배기구의 차단만으로도 기밀유지가 가능하지만, 터널이 길면 환기에 문제가 발생하게 되므로, 실내 공기의 환배기용 송풍기의 풍압을 높여 사용하는 연속환기 방식을 적용하기도 한다.

이외에도 창문 및 출입문과 같은 개·폐구나 배출구에도 별도의 기밀유지 장치가 필요하며, 그 상세한 내용은 〈표 4-21〉과 같다.

표4-21 기밀대책의 예

구　분	기밀시공부위	대　책
고 정 부	구　체 창　문 전선 및 공기닥트	연속용접 패킹, 실링 실링
개 폐 부	출입문	팽창패킹, 실링, 잠금장치
개 구 부	환기, 공조장치	유압 팬, 연속환기장치 압력보호환기장치
유체배출구	오물처리장치 배수관	수밀장치 수밀장치
상대운동부	차량 간 통로	이중 주름구조 다이어프램

4.4.23 차량의 공기통

1) 주공기통 (主空氣筒, main air reservoir)

공기압축기(空氣壓縮機, air compressor)에서 만들어진 압축공기를 저장하는 공기통으로 제동장치, 문 닫는 장치, 공기스프링장치, 주제어 장치 등의 공기원(空氣源)이 되는 공기통이다. 주공기통의 압축공기는 차량 사이 연결관(連結管)을 통해 각 차량에 공기를 보내게 된다.

2) 공급공기통(供給空氣筒, supply air reservoir)

주공기통(또는 주공기관)으로부터의 공기제동의 공기원으로 하는 압축공기를 저장하는 공기통으로서 입구측(入口側, 1次側)에 역지 밸브(逆止弁, non-return valve)를 설치하여, 만일 주공기통 계통에 누기(漏氣) 등의 고장이 발생하여도 소정의 제동 작용이 가능하도록 한 독립된 공기통이다.

3) 보안(保安)공기통

주공기통으로부터 압축공기가 공급되어 보안 제동장치의 공기로서 사용되는 독립된 공기통이다. 공급공기통과 같이 1차 측에 역지 밸브가 설치되어 있다.

4) 제어(制御)공기통

주공기통으로부터 압축공기가 공급되어 문 닫는 장치, 주제어장치 관계 보기(補器)의 공기원으로서 사용된다. 통상 5kgf/cm^{2}로 압축된 공기로 있으며, 또 일차 측에 역지 밸브가 설치되어 있다.

5) 기타

제습장치(除濕裝置)를 탑재하고 있지 않은 차량에는, 주공기통의 일차 측에 배수통(排水筒)이 설치되어 있는 경우가 있다. 이 배수통은 후냉각기(後冷却器, after cooler)에 의해 냉각되어 발생한 물을 저장하는 공기통으로 통상 자동배수 밸브가 설치되어 있다.

4.4.24 동력집중식 열차와 동력분산식 열차

열차편성 가운데 동력, 다시 말하면 견인력을 내는 동축(動軸)을 어떻게 설치하느냐에 따라 열차의 편성 및 성능이 크게 좌우된다. 동력집중식(動力集中式, Push-Pull type) 또는 동력분산식(動力分散式, Electric Multiple Unit)에 대한 분명한 정의는 없지만, 기관차로 견인하는 객차열차는 동력집중방식의 대표적인 예이고, 편성 중 복수의 차량에 동력을 분산 배치할 수 있는 열차를 동력분산식으로 구분하고 있다. 각각 장단점이 있고 운용목적 등에 의해 구분하여 사용되고 있다. 증기(蒸氣) 동력의 경우는 동력집중식 기관차가 원칙이지만, 최근 전차 및 디젤동차의 개발 추세를 보면 동력집중식이라는 원칙이 없어져 가고 있는데, 특히 일본의 경우는 분산식 열차가 많은 편이다. 우리나라도 도시내 지하철은 주로 동력분산식이며 장거리용 열차인 새마을, 무궁화, KTX 등은 동력집중식이다. 한편 미국, 유럽의 철도는 특급용, 지방철도(local line)선구용 등에 동력분산식 열차가 순차적으로 보급되고 있지만 동력집중식을 원칙으로 하고 있는 국가도 많다.

기관차 열차는 분산식 열차에 비해서 기관차의 차체와 주행장치에 여분이 있어 동력장치를 집중한 쪽이 중량 면이나 비용 면에서 유리하다. 기구적으로는 동력장치를 탑재한 기관차와 동력장치를 분산할 경우의 장·단점과는 비교가 우열결정의 첫째 열쇠가 된다.

예를 들면, 전기차량의 주전동기는 전기 기관차용의 대형과 전차용의 소형을 비교할 경우 출력 당 중량 및 비용에 있어서 전자는 후자의 약 60%로 유리하다. 일반적으로 동력집중식 열차는 기관차 자체에 여분이 있으므로, 대상기기가 많지 않으면 기관차 열차가 유리하고, 대상기기가 많으면 분산열차가 유리하다. 최근의 실적에 의하면 거의 동일한 성능, 동일 수송력에 부합한 전기열차의 경우 양 방식 차량의 실제 비용차이는, 직류 전기차량은 얼마 안 되지만 대상 기기가 많은 교 · 직류 전기차량은 상당한 차이가 있어 기관차 열차가 유리하다. 그렇지만 그 외, 운용성, 고속성 등의 요소를 총합하여 비교하지 않으면 최종적인 우열은 정하기가 어렵고, 몇 가지 측면에서 양 방식을 고려하면 아래와 같다.

(1) 동력분산식 열차의 장점(동력집중식 열차의 단점에 해당)

① 구동축이 많으므로 견인력을 크게 하는 것이 용이하고 높은 가속력을 얻을 수 있다. 따라서 역간 거리가 짧은 선구에서 표정속도 향상의 중요한 요소가 되므로, 통근차를 동력분산식 열차편성으로 하는 것도 이러한 이유이다.

② 동력분산식 열차는 차량 편성을 분할하거나 병합하는 것이 용이하고, 앞에서 언급한 속도향상과 더불어 운용성이 높고, 구간의 수송밀도(輸送密度)의 변화에도 쉽게 적응할 수 있다.

③ 동력분산식 열차는 대도시 통근과 같은 승객의 대량수송에는 절대적이다. 또한 소단위 수송에도 유리하다.

④ 기관차 열차는 기관차 부분만큼의 열차길이가 길어져야 하지만, 분산식 열차는 기관차가 필요 없어 열차 길이가 짧다.

⑤ 편성열차 1량 당 동력을 크게 하는 것이 가능하므로, 산악이 많은 국가나 선로구배

가 많은 철도에 유리하다.

⑥ 열차의 전후 끝단 운전실에서 조종할 수 있으므로, 기관차를 바꾸어 방향 전환할 필요가 없다.

⑦ 견인력은 동축과 그것에 가해지는 중량에 의해 결정되므로, 동력집중으로 하면 동축에 중량을 집중시키는 것이 되어 축중이 무겁게 되어 궤도, 교량 등 지상설비의 강화가 필요하지만, 분산식으로 분산하도록 하면 궤도의 건설 및 유지보수 측면에서 유리하게 된다.

⑧ 차량 고장의 경우 고장 차량만을 빼내는 것이 가능하므로, 열차를 도중에서 운전 중지하는 일이 없다. 또 중도 역에서의 중연(重連) 및 분리가 용이하며 단시간에 할 수 있다.

⑨ 전차의 경우 제동할 때에는 구동 모터를 발전기로서 작동시켜 그 전기에너지를 저항기 등으로 흡수시켜 제동력을 얻는 것이 가능하다. 고속에서 제동을 마찰제동에만 의존하는 것은 비상시에 어려운 면이 있으며, 분산식 열차로는 전기제동을 상용으로 사용할 수 있다.

(2) 동력집중식 열차의 장점(동력분산식 열차의 단점에 해당)

① 동력분산식 열차는 상하(床下)의 동력기기에 의한 진동, 소음 때문에 승차감의 저하(低下)는 피할 수 없다.

② 동력분산 열차는 동력장치의 수가 많아 점검・정비 범위도 광범위하여 정비보수 비용이 많이 든다.

③ 동력분산식 열차는 팬터그래프의 수가 많아, 가선의 마모를 증대시키고 집전소음이 증가한다.

④ 화물열차는 장래에도 기관차 견인방식일 것으로 예상되므로, 동력분산식 여객열차의 보급에 있어서 기관차의 운용효율은 저하한다.

⑤ 여객, 화물열차에 공통사용이 가능하므로, 차량의 운용이 용이하고 사용효율이 높다.

⑥ 객차, 화차의 구조가 간단하므로 제작비가 저렴하다.

위와 같은 장단점이 있어 고속・고밀도(高速・高密度) 운전의 요청에 대해서는 동력분산식의 방법이 유리하다고 말할 수 있다. 일본에서 채용하고 있는 동력분산 열차의 최대 장점은 신속하고 반복되는 분리와 병합의 용이함이 있다. 궤도 조건은 좋지만 고속의 이익이 적고, 또한 운전거리가 긴 외국의 철도에 있어서는 기관차 열차방식이 금후로도 답습될 전망이다.

〈표 4-22〉에 항목별로 구분하여 두 시스템을 상대비교 하였다. 절대적으로 어느 한 시스

템이 유리하다고는 할 수 없으며, 시스템 중에서 어느 항목을 중요시 하는가에 따라 시스템의 선정이 결정된다. 〈그림 4-95〉에 동력집중식과 동력분산식 열차의 편성 예를 나타내었다.

표4-22 동력분산식과 동력집중식 고속열차의 비교

구 분	동력분산식	동력집중식
환경조건	△	◎
동일 성능에서 열차 편성의 유연성	◎	×
단거리 운행(짧은 역들 사이)	◎	△
운행 빈도	◎	×
승차감	○	◎
점착성	◎	△
발차, 주행, 제동(구배)	◎	△
가속 및 감속 시	◎	×
주행한계 속도 시	◎	△
저(低)축중	○	×
열차무게의 균등분배	◎	×
곡선구배시 안정성	○	△
선로에 대한 효과	○	△
교통성(부피)man-km/h	○	△
좌석용량	○	△
짧은 열차길이	○	△
운행열차 정지 가능성	◎	△
전기제동의 효용	◎	△
빈번한 제동 시	◎	×
팬터그래프 수	△	◎
승객 및 화물에 대한 서비스	×	◎
역주행성(push-pull type 제외)	○	×
제동장치 유지보수	◎	△
기타 유지보수(제동장치 제외)	△	◎

◎ : 아주 좋음, ○ : 좋음, △ : 보통, × : 나쁨

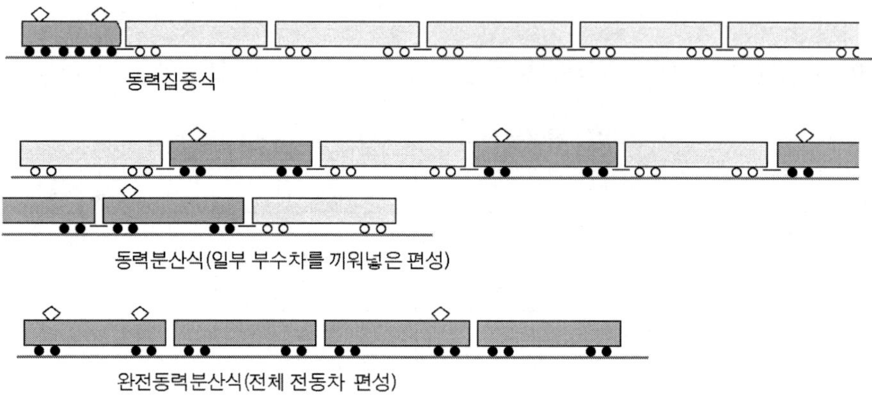

그림 4-95　열차편성의 종류

4.4.25　소음

차량이 주행할 때는 여러 가지 소리가 발생하는데, 이 소리는 차체의 구조, 대차의 구조, 궤도의 상태, 주위의 반향물(反響物)의 유무, 기후 등에 의하여 지배되는 복잡한 복합음(複合音)으로 되어 있다. 이러한 소음은 차량 실내로 전달되어 승객들에게 불쾌감을 유발시킬 뿐만 아니라 선로변의 환경파괴와 같은 피해를 입히고 있다. 특히 최근 들어 고속철도의 출현은 소음에 의한 문제점들을 더욱 가시화하여, 소음저감에 대한 대책마련을 위해 다방면으로 연구되고 있다.

철도차량의 주요 소음 발생원을 그 발생위치에 따라 분류하면 전동소음, 차체공력소음, 집전계 소음 그리고 하부 구조물에 의한 소음 등으로 나눌 수 있다〈그림 4-96〉.

1) 전동소음(轉動騷音)

전동소음은 차륜과 레일의 마찰에 의해 발생되는 소음으로, 차륜의 굽힘 모드, 비틀림, 차륜 반경방향의 팽창모드 및 차륜과 레일의 표면 거칠기 등에 의해 영향을 받으며, 특히 곡선궤도 주행 시 차륜의 답면과 레일사이의 미끄럼 접촉에 의해 발생되는 소음도 이에 포함된다. 전동소음은 열차의 속도에 비례하며, $(15 \sim 40) Log\, V$으로 표시되고 있다. 여기서 V는 열차의 속도를 말한다.

2) 차체공력소음(車體空力騷音)

바람이 창문틀에 부딪혀 나오는 소리, 사이렌 소리, 가스가 조그만 구멍으로부터 새어나오는 소리 등 순수한 공기역학적인 요인으로 인해서 나오는 소리를 통칭해서 공력음(空力音)이라고 부른다. 철도차량의 경우는 주로 열차의 전두부 및 후두부 형상, 차체 외부의 불일치

구조부분과 차체 하부구조물 등에서 발생되는 소음으로 소음원(騷音源)이 차체 전체에 퍼져 있다. 차량 주위를 흐르는 공기의 진동적 와류와 관계되어 있으며, 난류경계층과 공기가 박리(剝離, separation)현상을 일으키는 곳에서 소음이 발생한다.

공력음은 특히 차량이 고속 주행할 경우 주요 소음원이 된다($60 Log V$). 가장 큰 요인에 속하는 대차부근의 소리를 억제하는 방법으로는 스프링하 질량(unsprung mass)을 경감시키는 것이 유효하다고 알려져 있다. 차음효과(遮音效果)를 크게 하기 위해서는 문 사이의 틈을 없애고 이중창 구조를 하는 방법이 있으며, 진동의 전달을 방지하는 것은 차체 진동에 의한 소리를 적게 하는 결과가 되므로, 공기 스프링을 채용하는 것이 좋은 효과를 얻는다.

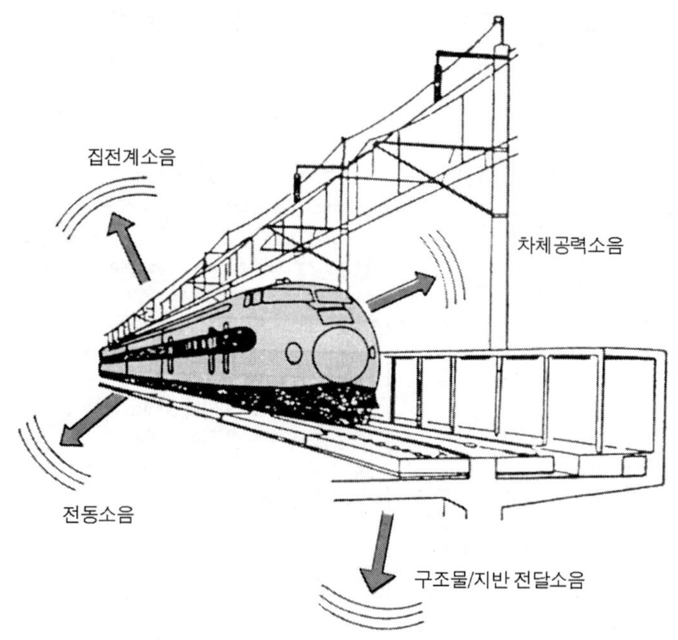

그림 4-96 철도차량의 주요 소음 발생원

3) 집전계 소음

집전계(集電系)에서 일어나는 소음으로는 팬터그래프에서 발생되는 공력소음, 이선(離線)시에 발생하는 아크(arc)에 의한 소음, 전차선과 팬터그래프의 마찰음(摩擦音) 등이 있다. 이러한 소음들은 그 소음원의 높이가 높아 방음벽(防音壁)으로도 차단이 곤란하다.

일본의 도카이도, 산요신간선의 100계의 팬터그래프의 둘레에는 FRP (Fiberglass Reinforced Plastic) 제품이 부착되어 있다. 이것을 팬터그래프 커버(cover)라고 하는데 팬터그래프가 내는 소음을 차단해서, 소위 충격흡수와 팬터그래프에 바람이 부딪히지 않게 해서 팬터그래프의 공력소음을 적게 하는 방풍기능(防風機能)이 있다. 이것이 팬터그래프 주위에 설치되어 있으면 적어도 팬터그래프의 아래 절반에는 바람이 스치지 않으며, 팬터그래프 상부의 풍속을 약화시키는 작용도 하여 공력소음의 감소효과를 볼 수 있다.

4) 구조물 전달 소음과 지반 전달 소음

차륜과 레일의 진동은 궤도구조물을 통하여 노반으로 전달된다. 이 때 발생되는 소음은 300Hz 이하의 저주파 성분으로 소음레벨에는 크게 기여하지 않으나, 지반을 통하여 멀리 전달되므로 소음 및 진동의 차단이 어렵다.

기타 소음 발생원으로는 추진 장치 및 보조기기 소음, 궤도보수 소음, 경적음(警笛音), 정비창 소음, 정거장 소음, 터널 미기압파(微氣壓波)에 의한 소음 등이 있으며, 〈표 4-23〉에 소음의 요인별 대책을 나타내었다.

표4-23 소음의 요인과 소음저감대책

소음 종류	소 음 원	대 책
전 동 소 음	차 량	방음차륜 (Resilient & Damping wheel) 차체 Skirt 구조개선 차륜 삭정
	궤 도	진동흡수레일 궤도 구조개선(체결구조, 강성, 질량 등) 흡음효과 개선(자갈도상) 레일 연마
	차음/흡음 대책	수직형 방음벽 ㄱ 자형 방음벽 궤도표면의 흡음처리
집전계 소음	이선 시의 아크 소음	전차선 개선(균일한 Compliance) 팬터그래프 개선(동특성 개선)
	집전마찰음	팬터그래프 집전재 (集電材) 개선
공력 소음	차량 공력학적 설계 및 차량 연결 부위 개선(flush type) 공기저항이 적은 팬터그래프 설계 팬터그래프 덮개를 이용한 팬터그래프 주위의 공기 유동개선 공력소음을 고려한 방음벽 설계	
구조물 소음	steel beam	거더 (girder) 하부에 차음 판 설치
	콘크리트 구조물	구조 형태 개선
추진 장치 및 보조기기 소음	견인전동기, 냉각 fan, 전장품 등의 소음 제어 설계 압축기, 공조기기 등의 소음 제어 설계	
터널 미기압파	입구와 출구의 완충부위 설계 / 터널 입구의 경사 설계 터널 내부 흡음처리	
기 타	선로변(邊) 건물에서의 방음처리 / 소음이 인체에 미치는 영향 개선	

소음의 예측은 다음 식을 통하여 이루어질 수 있다.

$$L_a = L_0 - C_s - C_g - C_b \text{ -- } (137)$$

L_0 : 궤도로부터 특정거리에서의 최대 소음 레벨

C_s : 거리에 따른 소음 감소 요인(차량길이 고려)

- 선음원(線音源)으로 Modelling(dipole특성)

C_g : 지표면과 대기에서의 흡수에 따른 감소량

- 기온, 바람 등에 의한 영향 고려
- 100m 이내에서는 크게 변화 없음

C_b : 방음벽, 방음 둑 등 지형지물에 의한 감소량

- 소리의 전달거리 차이에 의존
- 차단 시 5~10dBA 감소, 15dBA max

〈그림 4-97〉에는 독일 ICE의 경우의 속도별 소음레벨을 나타내었다. 이러한 소음레벨의 측정은 개활지에서 열차주행 시 선로 중심으로부터 25m, 레일 상면으로부터 1.2m 높이의 선로변에서 이루어진다. 〈그림 4-98〉에는 소음 측정위치를 나타내었다.

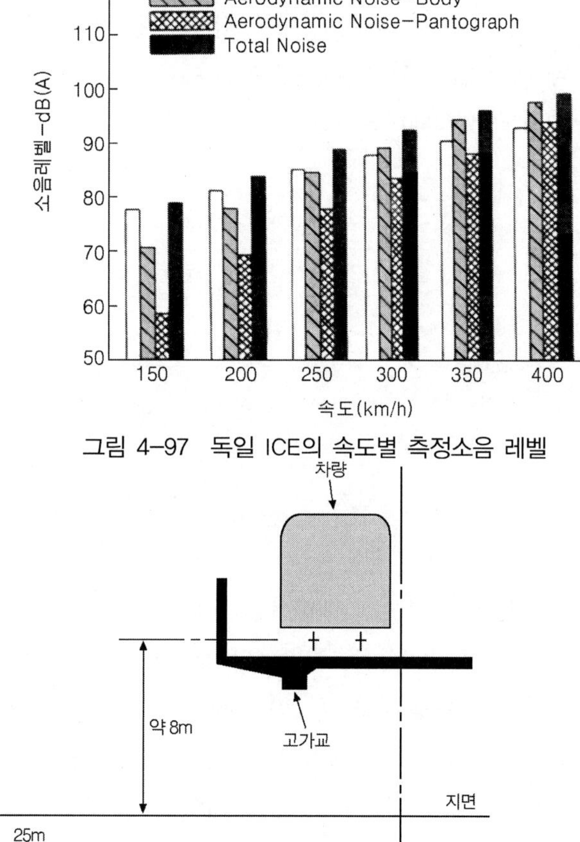

그림 4-97 독일 ICE의 속도별 측정소음 레벨

그림4-98 차량 주행시 소음의 측정

4.4.26 치차비

치차비(齒車比, gear ratio)는 소치차(小齒車, pinion)와 대치차(大齒車, gear)의 비율을 말하며, 다음 식으로 표현된다.

$$Gr = \frac{r_2(gear)}{r_1(pinion)}$$

차량(電車)의 인장력은 치차 비에 정비례하고, 동륜(動輪)의 직경에 반비례한다. 치차 비가 클 때는 인장력이 크게 되므로 기동 가속도가 크게 된다. 그러나 최고속도는 저하된다. 반대로 치차 비가 적을 때는 기동 가속도가 적지만, 최고속도는 높게 된다. 따라서 정차장 간의 거리가 짧은 노선에서는 치차 비를 크게 하고, 정차장 간의 거리가 긴 경우는 치차 비를 적게 하여 기동 가속도보다 최고속도를 높여 표정속도(表定速度, scheduled speed)를 높이도록 한다. 치차 비를 크게 하기 위해서는 소치차(pinion)를 적게 하고 대치차(gear)를 크게 하는 것이 좋지만, 소치차의 강도(强度) 때문에 아주 작게 하는 것은 불가능하다. 또한 대치차는 대치차 박스(gear box)와 레일 면 사이의 공간 관계상 매우 크게 하는 것이 불가능하다. 보통 차량의 치차 비는 2~5 정도를 채택하고 있다.

$$F = T\ Gr\ \eta' \frac{2}{D} N \quad \text{------------} \quad (138)$$

F : 차륜 답면의 전동기 견인력 (kgf)
T : 전동기 회전력 (Kgf · m)
Gr : 치차 비(r_1 : pinion 반경, r_2 : gear 반경)
η' : 치차 전달효율(%)
D : 동륜 직경(m)
N : 전동기 수(차량 1량당)

4.4.27 탈선계수

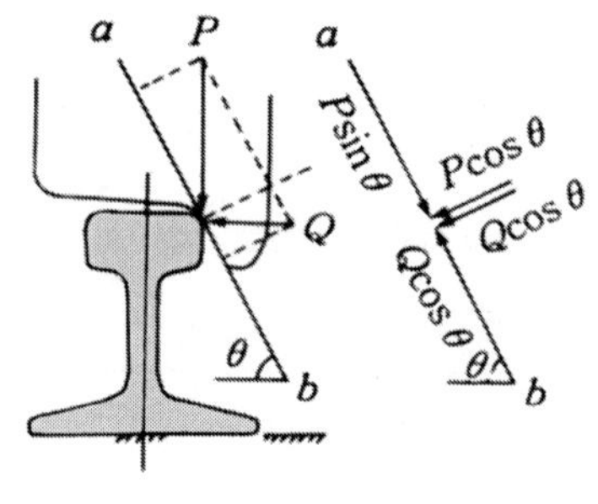

그림 4-99 차륜이 레일에 미치는 힘

차량이 선로 상을 주행할 때 수직력(垂直力, vertical load)과 횡압이 작용하며, 횡압(橫壓, lateral force)이 크면 차륜이 탈선(脫線, derailment)하게 된다. 〈그림 4-99〉와 같이 횡압 Q가 레일 상부에 수평면으로 작용하면 차륜이 레일에 약간 올라타게 된다. 이 상태에서 차륜과 레일의 접촉점에서 공통 접선 $a \cdot b$가 레일 면과 이루는 각을 θ, 차륜과 레일 간의 마찰계수를 μ라 하면 차륜이 $a \cdot b$면의 마찰력에 의하여

레일 면을 올라탈 수 있게 되는 조건은

$$P\sin\theta - Q\cos\theta < \mu(P\cos\theta + Q\sin\theta) \tag{139}$$

이다. 또 차륜이 $a \cdot b$면의 마찰력에 의하여도 올라탈 수 없는 조건은

$$P\sin\theta - Q\cos\theta > \mu(P\cos\theta + Q\sin\theta) \tag{140}$$

여기서,

$$N = P\cos Q + Q\sin\theta \tag{141}$$

$$P\sin\theta - Q\cos\theta = \pm\mu N \text{ 라 하면} \tag{142}$$

타고 오르지 않을 경우

$$\frac{Q}{P} < \frac{\tan\theta \pm \mu}{1 \mp \mu\tan\theta} = \tan(\theta \pm \beta) \qquad \text{(복호동순)}$$

$$\mu = \tan\beta \tag{143}$$

위식을 탈선계수(脫線係數, derailment coefficient)라고 하며 ⊕⊖ 부호 중 ⊖는 마찰력이 상향일 때로서 런닝 오버(running over)라 하고, ⊕는 마찰력이 하향일 때로 슬립오버(slip over)라 한다.

각 θ는 차륜 플랜지의 마찰 상태에 따라 다르며, 신품일 때 60°, μ를 0.3(습(濕)하거나 고속일 때는 작음)으로 할 때 런닝 오버가 일어나지 않는 한계치는

$$Q/P = \tan(\theta - \beta) = 0.94 \tag{144}$$

또 슬립오버가 일어나지 않는 한계치는 θ를 60°, μ를 0.1로 하면

$$Q/P = \tan(\theta + \beta) = 2.2 \tag{145}$$

즉, 수직압력에 비하여 횡압의 비가 0.94일 때는 탈선하게 되는데 차륜, 레일 그리고 주행 상태가 일정치 않으므로, 실제로는 Q/P 〈 (0.7~0.8)이라야 탈선을 피할 수 있다. 통상 탈선계수의 기준은 다음 사항을 채택하고 있다.

- 일반적 기준 : $Q/P < 0.8$ (작용시간 0.05초 이상)
- TGV, ICE : $Q/P = 0.73 - 0.81 < 1.2$
- Rail rollover(레일이 외측으로 넘어지는 상태) 기준 : $(Q_1 + Q_2)/(P_1 + P_2) < 0.5$

여기서, Q_1, Q_2 : 좌·우 횡압
P_1, P_2 : 좌·우 수직력

궤도이동(軌道移動, Shift, 궤도가 횡압에 의하여 외측으로 밀려나는 상태) 방지 :
횡압 〈 0.4 × 수직력

일본의 경우, 차량의 전복위험을 나타내는 척도로서 주로 아래와 같은 하중 벡터 간섭량(weight vector intercept : VI)을 사용한다.

$$VI = H\left(\frac{V^2}{Rg} - \frac{C}{2l}\right) \quad (146)$$

$VI = 0$일 때 캔트 부족량을 계산하면 다음과 같다.

$$V^2 = (C + C_d)\frac{Rg}{2l} \quad (147)$$

$$C + C_d = G\frac{V^2}{127R}$$

$$C_d = G\frac{V^2}{127R} - C \quad (148)$$

$V = \sqrt{\dfrac{127R(C + C_d)}{G}}$, 혹은 $a = \dfrac{V^2 g}{127R}$ 일 때

$$V = \sqrt{\frac{127Ra}{g}} \quad (149)$$

H : 열차무게 중심높이
V : 곡선통과속도
g : 중력가속도
C : 설정 캔트량
C_d : 캔트 부족량
R : 곡선반경
$2l$: 차륜과 레일과의 접촉점간 거리
G : 궤간
a : 원심가속도

4.4.28 차량과 궤도 사이의 작용력

궤도에 작용하는 힘은 차륜에서 직접 레일에 전달되는 외력뿐만 아니라, 기온의 변화에 따라 레일 자체에서 발생하는 온도응력(溫度應力)도 포함된다. 이들은 〈그림 4-100〉과 같이 레일에 수직한 수직력(垂直力, normal force), 레일 방향에 직각으로 작용하는 횡압(橫壓, lateral force) 및 레일에 평행한 축방향력(軸方向力, axial force)의 3종류로 나눌 수 있다.

(1) 수직력

차륜 통과 시 레일에 작용하는 수직력을 윤중(輪重, normal force or wheel force, wheel load)이라 부른다. 정지 시의 윤중은 차륜의 자중과 축(軸)배치에 따라 정해지며, 차량에 따라 다르고 공칭윤중(公稱 輪重)보다 20%에 가까운 차이가 있는 경우도 있다. 1윤(輪)의 중량(輪重)은 축중(軸重)의 1/2이다. 열차주행 시에는 각종의 원인에 의하여 부가적인 윤중의 증감이 따르게 되는데, 이러한 윤중의 증감은 다음과 같다.

① 곡선부 통과 시의 전향횡압(轉向橫壓)에 따른 윤중 증감

〈그림 4-101〉에서와 같이 횡압 Q에 대응하는 대차 프레임으로부터 횡압 Q'가 윤중 중심에 작용하여 윤축(wheel-set)에 윤중의 증감을 발생시킨다.

② 곡선 통과 시의 불평형 원심력(不平衡 遠心力)에 따른 윤중 증감

곡선 통과 속도가 설정 캔트 속도와 다른 경우에, 원심력의 과부족에 의해 차량에 회전 모멘트가 작용하여 좌우차륜에 윤중의 증감을 발생시키는 경우로, 정지 시의 중량보다 약 50~60%정도 증가하는 경우도 있다.

③ 차량 동요 관성력(動搖 慣性力)의 수직성분

차량의 동요 및 사행동에 따른 관성력의 수직성분은, 경우에 따라서 정지차량의 약 20%정도에 이른다.

④ 레일 면 또는 차륜 답면(車輪 踏面, wheel tread)의 부정(不整)에 기인하여 충격력 발생

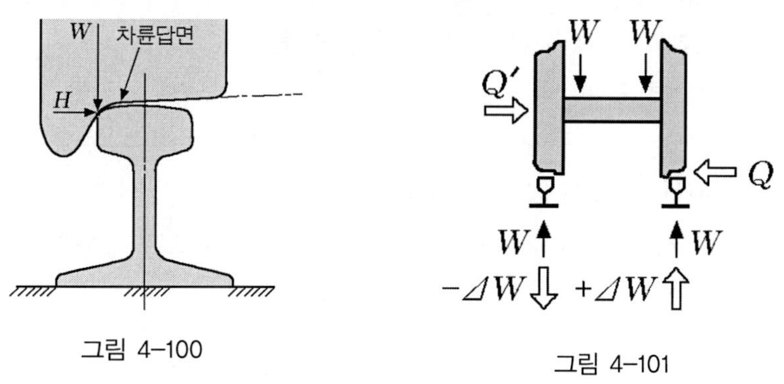

그림 4-100

그림 4-101

(2) 횡압

차륜으로부터 레일에 작용하는 횡방향의 힘을 횡압이라 부른다. 횡압은 차륜 답면이 원추형(圓錐形)으로 되어 있어, 정지 시에도 작용하나 실질적으로는 무시할 정도이며 아래와 같은 차량의 주행조건에 따라 발생한다.

① 곡선전향의 횡압

2축 이상의 고정 축을 가진 차량이, 곡선을 통과할 때 레일과 차륜간의 활동(滑動)으로 횡압이 발생한다.

② 곡선 통과 시 불평형 원심력의 좌우방향 성분

차량의 곡선 통과 속도가 캔트 설정속도 이하인 경우, 원심력의 과부족으로 곡선 내방(內方)으로 횡압이 작용하며, 차량이 캔트 설정속도 이상으로 주행할 때는 곡선 외방(外方)으로 횡압이 작용한다.

③ 차량동요에 따른 횡압

차체의 동요 및 차량의 사행동(蛇行動, snake motion, hunting)에 따른 관성력에 의해 좌우방향으로 성분에 따라 횡압을 발생시킨다.

④ 분기기(分岐器, turnout) 및 신축 이음매 등 궤도의 특수 개소에 있어서의 충격력

분기기의 입사각부(入射角部), 크로싱(crossing)부, 신축이음매의 연결 부분 등 주로 차량 스프링의 아래 부분의 관성력에 의해 충격횡압이 작용한다. 이런 것의 합계는 통상 윤중의 50% 이하지만, 최대 80%에 달하는 경우도 있다.

(3) 축방향력

레일의 길이 방향으로 작용하는 힘을 축방향력(parallel force, axial force)이라 부르며 다음과 같은 것들이 있다.

① 레일의 온도변화에 의한 축력(軸力)

레일의 온도 변화에 따라 레일의 자유로운 신축이 구속되었을 때 생기는 것을, 레일 축력이라고 하며 축력 중에서 가장 크다.

② 제동 및 시동하중(始動荷重)

차량 제동 시 및 시동 시에 가 · 감속력의 반력이 차륜을 통해서 작용된다.

③ 구배구간에서 차량중량에 의한 축력

구배구간에서 차량 중량이 점착력(粘着力)을 통해 전후로 작용한다.

4.4.29 궤간과 레일

레일은 무거운 차량을 지지하기 위해 충분한 강도와 내마멸성(耐摩滅性)이 요구되므로, 일반적으로 탄소강과 특수강(特殊鋼)이 사용되고, 때로는 곡선부분인 외측 레일의 두부(頭部)를 열처리(熱處理)한 것이 사용된다.

레일의 형상에는 T형 레일과 I형 레일 2종류가 있지만, 철도차량 창설 초기에 I형을 사용한 이외는, T형을 사용하고 있다. 레일의 종별은 1m당의 중량으로 표시하며(경부고속철도 : UIC 60, 기존경부선 : 60kg) 무거운 레일일수록 더 큰 차량 하중에 견딘다. 표준 레일(standard rail)의 길이는 수송 및 취급 측면에서 25m로 하고 있다. 고속열차용 레일은 장대 레일(long rail, 길이 200m)을 주로 사용하고 있다.

현장 시공 용접에 의해 필요한 길이는 레일끼리 이음매 판으로 접합 부설하는데, 이음매판에는 여러 종류가 있다. 부설되어 있는 2개의 레일 간격을 트랙 게이지(軌間, track gauge)라고 한다〈그림 4-102 참조〉.

궤간(軌間, gauge)이란, 레일 두부면(頭部面)으로부터 아래쪽 16mm(일본 신간선의 경우 14mm) 점에서 상대편 레일 두부(頭部) 동일면까지 내측 간(內側 間)의 최단거리를 말하며, 세계 각국에서 가장 많이 사용되고 있는 궤간은 1,435mm로서 이것을 표준궤간(標準軌間, standard gauge)이라고 하며, 이보다 좁은 것을 협궤(陜軌, narrow gauge), 넓은 것을 광궤(廣軌, broad gauge)라고 한다. 현재 영국에서 사용되고 있는 381mm부터 인도의 1,676mm까지 여러 종류가 각국에서 사용되고 있으며, 표준궤가 세계 철도 총연장의 70% 가까이 점유하고 있다.

우리나라에 부설되어 있는 철도는 대부분이 표준궤간이며, 옛 수인선(水仁線, 수원~인천)과 수여선(수원 ~ 여주)이 협궤로서 궤간은 762mm이다. 궤간은 수송량, 속도, 지형 및 안전도 등을 고려하여 결정되어지며, 철도의 건설비, 유지비, 수송력 등에 영향을 준다.

다음은 광궤와 협궤의 장점을 나타내었으며, 〈표 4-24〉에 세계 각국의 사용 궤간을 나타낸다.

(1) 광궤의 장점

① 고속력을 낼 수 있다.
② 수송력(transport capacity)을 증대시킬 수 있다.
③ 열차의 주행 안전도를 증대시키고, 동요(動搖)를 감소시킨다.
④ 차량의 폭이 넓어져 실내공간이 크므로 승객의 승차감을 향상시킨다.
⑤ 기관차의 경우 직경이 큰 동륜(動輪, driving wheel)을 사용할 수 있으므로, 고속에 유리하고 차륜의 마모를 줄일 수 있다.

(2) 협궤의 장점

① 차량의 폭이 좁아 차량과 관계되는 시설물의 규모가 작게 되어, 건설비 및 유지비가 상대적으로 줄어든다.

② 급곡선이 있어도 광궤에 비하여 곡선저항이 적다. 그러므로 산악이 많은 지형에서는 선로선정이 쉽다.

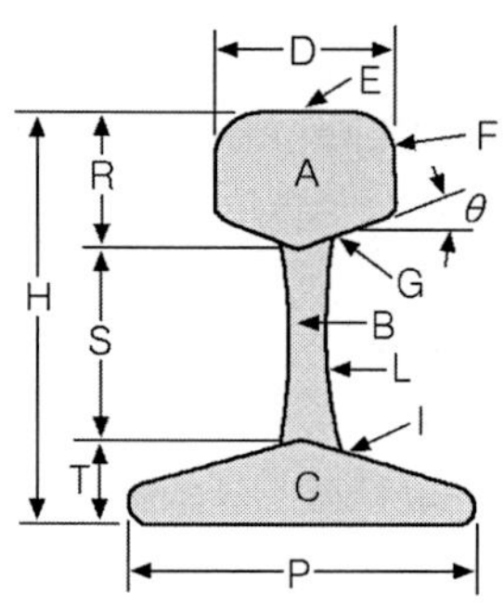

A : 두부(頭部)
B : 복부(腹部)
C : 저부(底部)
E : 두정면(頭頂面, Crown)
F : 두부측면(頭部側面, field corner)
G : 상수부(上首部, upper fishing surfaces)
θ : 계목각도(繼目角度)

L : 복부측면(腹部側面)
I : 하수부(下首部)
P : 저폭(底幅)
R : 두부(頭頂)높이
S : 복부(腹部)높이
T : 저부(底部)높이
D : 두부폭(頭頂幅, shoulders)
H : 레일높이

레일은 아주 조금 내측으로 경사져 설치되어 있으며, 일본의 경우는 1/40 경사져 있다.

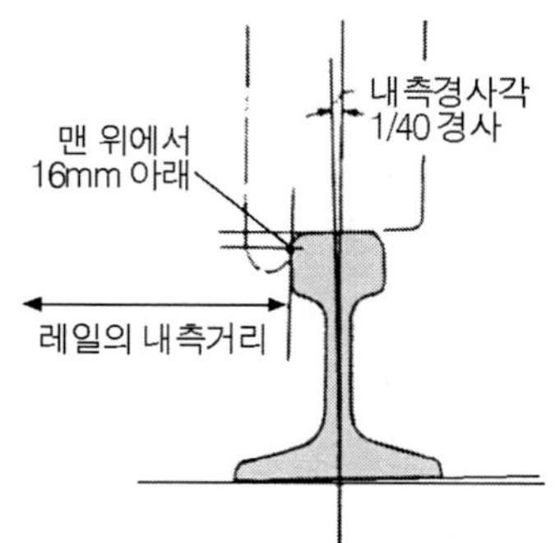

그림 4-102 레일단면 각부 명칭 및 게이지 치수와 내측 경사각

표4-24 세계 각국의 궤간

국 가 명	궤 간 (mm)
한국, 북한, 유럽각국, 중국, 미국, 일본	1,435(표준궤간)
칠레, 아르헨티나, 인도	1,676
포르투칼, 스페인	1,672
브라질, 아일랜드	1,600
구(舊) 소련	1,525
일본, 오스트레일리아, 뉴질랜드, 남아프리카	1,067
인도, 브라질, 아르헨티나, 유럽의 일부	1,000
미국의 일부, 멕시코	914
한국(수인선, 수여선 : 오래전에 폐선 됨), 브라질, 인도	762

4.4.30 가속도와 감속도

열차(지하철, 전차)가 역을 출발하여 서서히 속도를 높여 소정의 속도에 도달하면, 모터의 전류를 끊어도 어느 정도 타성(惰性)에 의해 주행한다. 다음 역이 가까워지면 제동을 걸어 역에서 정지하게 된다. 이런 운전의 반복이 열차(지하철, 전차)의 표준적인 운전형태이다. 역을 출발하여 속도를 내어가는 과정을 역행(力行, powering) 또는 가속상태라고 한다. 1초 사이에 속도가 어떤 속도(km/h)로 빨라지는 것을 숫자로 표시한 것을 가속도라고 부르고, a (km/h/s)로 나타내고 있다. 예를 들어 1초간에 3km/h씩 속도가 증가하여 간다면, a = 3km/h/s가 된다. 만약 a = 3km/h/s로 발차로부터 20초간 역행한다면 이때의 속도는 3km/h/s × 20s = 60km/h가 된다.

속도가 어떤 수치에 도달했을 때 모터의 전류를 끊으면 가속하고 있는 열차는 타성으로 이동한다. 이것을 타행상태(惰行狀態)라고 부르고 있다. 정차역이 가까워져 제동을 걸어 속도를 내리는 과정을 제동(制動) 또는 감속상태(減速狀態)라 말한다. 가속도의 반대가 감속도로, 1초간에 몇 km/h씩 속도를 내리는가를 숫자로 표기한 것으로 β km/h/s로 표시한다. 열차가 움직이기 위해서는 주행을 방해하는 열차저항보다도 큰 견인력을 내지 않으면 출발하지 못한다. 어느 정도의 견인력에서 가속도가 어떤 수치로 되는지 아래에 설명한다. 자전거를 타고 빠르게 속도를 올리기 위해서는 빠르게 페달을 밟으면 된다. 이때 가속도는 페달을 밟는 힘에 비례하는데, 2인이 같이 탄다면 같은 힘으로는 가속이 떨어지게 된다. 뉴턴의 운동방정식에 의하면 중력과 가속도는 반비례로 작용한다. 즉,

$$\text{힘}(F) = \text{질량}(m) \times \text{가속도}(a) \quad \cdots\cdots (150)$$

이것을 차량성능계산에 많이 쓰이는 단위로 바꾸면 아래와 같다.

F : 견인력 (kgf)

W : 차량질량(ton)

a : km/h/s

$m = W/g$

g(중력가속도) = 980cm/s/s = 9.8×3.6km/h/s

$$F = m \times a = \frac{W \times 1000}{g} \times a = \frac{1000}{9.8 \times 3.6} Wa = 28.35\,Wa \quad \cdots\cdots (151)$$

뉴턴의 운동방정식으로부터 구해진 견인력, 차량중량, 가속도의 관계식이다.

실제적으로는 차륜, 치차 등 회전부분의 관성이 가속을 방해하는 힘으로 작용하는데, 이것에 의한 저항력(抵抗力)이 견인력의 약 10% 정도이다.

이것을 추가하면 아래와 같은 식이 된다.

$$F = 28.35aW \times 1.1(10\%\ \text{증가}) = 31aW \text{ ---------- (152)}$$

이 관계식은 열차저항을 고려하지 않은 식으로, 앞에서 언급한 열차저항을 가미하여 식을 나타내면 아래와 같이 된다.

$$F = 31aW + \gamma_R W + \gamma_C W + \gamma_G W \text{ ---------- (153)}$$

γ_R : 주행저항 γ_C : 곡선저항

γ_G : 구배저항

구체적인 예로 소개하면 아래와 같이 계산할 수 있다.

중량 W 가 $40t$ 인 차량에서 견인력 F 를 4000kgf로 하고 주행저항 γ_R 을 3kgf/t로 가정하면 직선 평탄 선에서의 가속도는 다음과 같다.

$4000\text{kgf} = 31a \times 40t + 3\text{kgf/t} \times 40t$

$a \fallingdotseq 3.1\text{km/h/s}$

(γ_C, γ_G는 직선 평탄선에서 0이 된다.)

이 계산은 견인력이 4000kgf를 갖고 있는 것이지만, 일반적으로 어느 정도 속도가 높아지면 모터의 특성상 서서히 견인력이 약하게 되고, 더구나 속도에 비례하여 열차저항이 커지게 되므로 견인력과 열차저항이 같게 되는 점이 있다. 이때의 열차속도를 평형속도(平衡速度) 또는 균형속도(均衡速度, balancing speed)라고 말한다. 감속도의 경우도 가속도와 동일한 생각을 할 수 있지만, 열차저항이 감속시키는 힘과 같은 방향으로 작용하므로 아래와 같은 식으로 제동력 F_B를 나타낼 수 있다.

$$F_B = 31\beta W - \gamma_R W - \gamma_C W - \gamma_G W \text{ ---------- (154)}$$

타행의 경우 $F_B = 0$로 하여 β를 계산하면, 열차저항에 의해 서서히 내려가고 있는 정도를 알 수 있다. 일본의 경우, 최근 고성능 통근전차에서는 a가 2.5~3.5km/h/s, 신간선에서는 a가 1~1.5km/h/s, β는 어디에서나 최대로 3.5~4.5km/h/s 정도로 되어 있다.

4.4.31 전기방식에 따른 전차 종류

1) 직류전차

직류전차는 외부로부터 직류전력을 공급받아 주행하는 것으로서, 이 전력의 전압을 조절하여, 직접 직류모터를 구동하고 속도제어를 이행하는 방식이다.

전기적인 제어가 비교적 용이하고, 가장 역사(歷史)가 오래되어 일상적으로 이용하고 있는 전차는 모두 이 부류에 속한다. 가공선식(架空線式)으로는 DC 1,500V(DC 750V 및 DC 3,000V의 것도 있음) 것이 일반적으로 사용되며, 지하철 등 제3궤조(third rail)용으로는 DC 600V 또는 DC 750V가 많이 사용된다.

2) 교류전차

고전압의 교류를 외부로부터 공급받아 이 전력을 차량 내에서 모터를 구동하기 위해 적절한 형태로 변환하면서 주행한다. 종래 신뢰성 등에서 어려움이 많았던 이 변환장치는, 1950년대 말부터 급속히 진보한 대전력용(大電力用) 반도체의 개발에 따라, 교류 대전력의 제어가 용이하게 되어 실용화가 이루어졌다.

그 대표적인 예로 일본의 경우는, 1964년에 탄생한 신간선에 적용하게 되었다. 신간선의 전기방식은 AC 25kV 고전압으로, 주파수는 도카이도선과 산요선이 60Hz, 도호쿠선과 죠에츠선이 50Hz로 되어 있다. 이 외에도 북해도 지구의 AC 20kV, 50Hz, 북구주 지구의 AC 20kV, 60Hz가 있다.

원거리 송전에 적절한 고전압 교류방식은 송전 전류를 적게 하며, 전력 손실이 적어 가선 및 변전설비 등의 건설 시에 경제적 효과가 크므로, 우수한 철도전력 공급 시스템이라고 말할 수 있다.

3) 교 · 직류전차

직류구간 및 교류구간 어디에서도 주행할 수 있는 시스템을 가지므로, 복전기(復電氣) 방식 차량이라고 부른다. 교류방식의 장점을 이용하면서 장거리 열차 등에는 직류방식 구간과의 상호운전을 위해 탄생된 것이 교 · 직류전차다.

유럽의 국제열차에서는 전기방식이 다른 국가 간에, 이 복전기 방식의 전기 기관차가 많은 활약을 하고 있다. 특히 일본에서는 새로이 전철화(電鐵化)한 구간은 교 · 직류방식이 많다.

4.4.32 쾌적성 메커니즘

승객의 쾌적한 여행을 보장하기 위해서는 승객이 차지하고 있는 차량의 실내 공간 및 거기에 비치된 각종 설비 등에 대한 여러 가지 항목을 설계 시 고려하지 않으면 안 된다. 통근형 차량도 단순히 승객을 수송하는 수단에서, 출·퇴근 시의 혼잡으로 인한 불쾌감이나 차내의 환경상태를 개선하려는 노력을 하고 있는데, 그 방법으로는 편의설비의 개선과 아울러 통근열차의 추가 제작으로 시격(headway)을 최소화는 방안을 적극적으로 시도하고 있다.

쾌적성을 평가하는 평가인자(評價因子)로는 진동(振動)관련 평가, 좌석(座席)관련 평가, 환경(環境)관련 평가 등을 주요 고려대상으로 한다. 좀 더 세분해서 보면 필요하고 충분한 공간, 승차감이 좋은 의자, 적절한 냉난방·환기, 적당한 조명(照明)과 차광(遮光), 저소음(低騷音) 확보, 충분한 조망(眺望), 양질의 부대설비 등으로 열거할 수 있으며, 각각의 조건을 충족하는 메커니즘에 의해 쾌적한 차량실내를 구축하게 된다. 그러나 공공성이 강한 교통기관으로서 불특정 다수의 사람들이 일상적으로 이용하는 철도차량에서는 자연히 개개의 대응에는 한계가 있지만, 적어도 각 개인 보다 쾌적하게 철도차량을 이용할 수 있는 메커니즘 측면에서의 노력이 필요하다.

1) 필요·충분한 개인 공간

점유공간은 차량의 사용 목적에 따라 설정되는 승차정원으로부터 저절로 정해지는 수치이다. 긴 의자(long seat)에서는 1인당 좌석 폭과 의자의 각부 치수에 따라, 크로스 시트(cross seat)에서는 의자간격(seat pitch)과 좌석의 유효 폭의 수치에 따라 대부분 승객 1인당의 점유공간이 결정되어 진다. 보다 쾌적한 차량을 목표로 한다면 새로운 차량 제작 시 의자간격을 확대하는 방법이 있다. 통상 인간공학상의 리클라이닝(reclining) 의자의 적합치수는 1,000mm인데, 테이블과 발걸이(footrest), 다리걸이(leg-rest) 등을 고려하면 1,200mm 전후가 쾌적한 치수다.

의자의 유효 폭에 있어서도, 일본의 경우는 종래의 430mm전후(우리나라도 거의 같음)에서 최근에는 450mm 전후(가장 넓은 것은 480mm)로 의자 양쪽에는 팔걸이(armrest)가 있는 것이 많다. 한편 팔걸이도 폭 치수를 더 넓게 하는 것이 요망되는데, 일반적으로 팔걸이의 폭은 50~80mm의 범위로 되어 있지만 바람직한 수치로는 100mm 전후로 옆 좌석과의 경계 팔걸이 폭도 150~200mm가 요망된다.

이렇게 했을 경우 한정된 차량실내에서 필요한 중앙통로(유효 폭 550mm 이상)와 좌석회전으로 수반되는 차량 측면과의 최소간격을 제외하면, 통상 차량단면에서는 2×2 의자와 2×1 의자 배치로 되어 정원은 1/4 정도가 줄어든다. 아울러 의자간격의 확대로 인해 정원이 더욱 적어지는 것은 피할 수 없게 된다. 부대설비를 갖추지 않은, 20m짜리 중간차량의 예를 들어 정원을 산출해 보면 좌석정원 60명(일열 4인, 의자간격 1,050mm)이 약 39명(일열 3인, 의자간격 1,200mm)로 된다.

2) 승차감이 양호한 의자

이것은 우등차량에만 한정되는 것이 아니고, 일반 차량의 긴 의자도 인간공학적인 검토와 시행(試行)을 거쳐 옛날과 비교하여 현격한 질적 향상을 모색하고 있다. 특히 의자의 승차감의 좋고 나쁨에 관련되는 3차원 구조해석과 처짐량(deflection)과 하중의 관계, 스프링 상수의 적절한 설정과 동시에 승차감 테스트(feeling test)에 의한 개선 등으로 기초적인 수치 파악과 가동기구(可動機構)의 개량(예를 들면 스프링과 래치(latch)에 의한 단계적 경사기구)으로부터 가스 및 오일 잠금장치와 기계적인 잠금장치에 의한 부드러운 무단계화(無段階化) 등에 의하여 쾌적성을 추구하는 의자가 점차로 개발되고 있다.

3) 냉·난방 및 환기

냉기의 흐름과 더운 기운의 흐름, 실내공기 오탁(汚濁) 등도 기기의 성능향상과 최신 마이컴 센서 기술의 발달에 의해 고도의 미세조정이 가능하게 되고 있다. 한편으로는 별도의 개별 공조시스템도 채용하는 차량이 많아지고 컴파트먼트(compartment)단위에서 미세조정기구(냉난방, 환기, 조명, 방송 음량을 손으로 조정함)를 비치한 차량도 현재 사용되고 있다.

4) 조명과 차광

종래에는 밝은 것만을 위해 조도를 우선적으로 고려하였지만, 이제는 용도 및 차종에 따라 가장 적합한 조명(照明)방법으로 디자인하고 있다. 전체적인 조명으로서는 휘도(輝度)를 적절하게 제어한 조명기구를 설치하고 간접조명(間接照明), 다운라이트(down light) 등을 적재적소에 사용한다. 개별적으로는 좌석 단위의 조명과 독서등(讀書燈) 등 섬세하고 치밀하게 차실내의 조명을 배치한 차량이 증가하고 있다. 통근형 차량에도 한때의 어두운 이미지(image)로부터 반사율(反射率)이 높은 난색계(暖色系)의 밝은 색조를 가진 내장재의 사용과 더불어 형광등의 설치를 증가하여 적절하게 밝은 차량실내 환경을 보전하고 있다.

5) 저소음의 확보

주로 차체 외부의 소음원(騷音源)인 주전동기, 감속기, 공기압축기, 차륜의 전동음 등에서 저소음을 확보하는 동시에 차체 측에서도 가장 소음방지에 효과적인 바닥구조(床構造, floor structure)로 개량을 하고, 차단부의 관통문이라든지 창문의 구조개선과 흡음성(吸音性)이 양호한 내장재를 선택하는 등, 현저한 저소음화 대책이 시행되어 조용한 차량이 많아지고 있다.

6) 조망

철도 여행에서 있어서 얻을 수 있는 가장 커다란 즐거움의 하나는 창밖의 풍경을 조망하는 것이다. 따라서 차량의 창은 일반차를 포함해 매년 대형화하는 경향이 있다. 특히 특급용 열차와 관광용 열차(觀光用 列車)라든가 단체 전용열차(專用列車)에서는 측창을 통한 조망기능은 쾌적성의 중요한 요소이므로, 차체 강도상 허용되는 범위에서 측창의 폭과 높이를 크게 하고 있다. 통상, 우등차량에서는 문기둥 사이의 간격을 의자간격(seat pitch)의 두 배(2등석 1창)로 하므로 의자간격을 1,200mm로 하고 기둥의 폭을 400mm로 가정하면 2m 짜리 대형창이 설치된다. 조망(眺望)을 더욱더 향상시키기 위해 하이 데크(high-deck) 형식의 차량도 증가하고 있다.

7) 부대설비

음식제공 설비와 매점, 정원(定員)에 산정되지 않는 좌석부분(예를 들면 라운지와 Salon, 전망실 등), 세면소와 변소의 공간과 설비품 등 승차 중에 이용할 수 있는 부대설비(附帶設備)도 해마다 노력하여 질적 향상을 모색하여 열차여행을 쾌적하게 즐길 수 있도록 하고 있다.

4.4.33 주회로 기기의 메커니즘

다음 〈그림 4-103〉은 교 · 직류 전차의 실제에 가까운 회로도이다. 이 회로도 가운데 포함되어 있는 기기(機器)의 기능(機能)과 메커니즘(mechanism)을 설명함으로써 전차에서 사용되고 있는 주요한 주회로 기기(主回路 機器)를 소개한다.

1) 집전장치

집전장치(集電裝置, current collection equipment)는 가공선식(架空線式)의 경우 전차의 지붕에 설치되며, 통상 팬터그래프(pantograph)라고 부르며, 일반적으로 〈그림 4-104〉과 같은 형상의 것이 많다. 이 외에 노면전차(路面電車)의 폴(pole)식과 Z형 등이 있다.

특수한 것으로서, 지하철 등 지상 제3궤조(軌條)로부터 집전하는 장치로서 집전화(集電靴, collective shoe)라고 하는 것이 있다. 지붕 위에 설치되는 팬터그래프 구조는 크게 4개 요소로 구성되어 있다.

가선(架線, contact line)에 직접 접촉하여 접동(摺動)하면서 전력을 받는 집전주(集電舟, 형태가 배와 유사하여 붙여진 이름), 주(舟)가 자유로이 움직여 추종성(追從性)을 좋게 하기 위한 집전

주지지 장치, 링크로 구성된 알루미늄 합금 또는 스테인리스 파이프 프레임 세트, 그리고 전체를 지지하여 차체에 고정하기 위한 프레임으로 되어 있다. 프레임(frame)에는 팬터그래프 상승용 스프링장치, 하강시키기 위한 공기 실린더, 하강(下降) 시 고정하기 위한 록커(locker) 등으로 구성되어 있다.

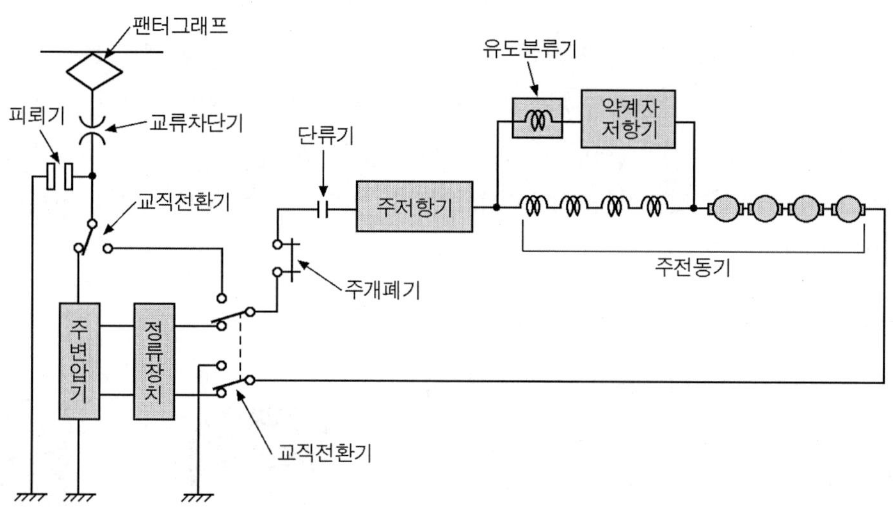

그림 4-103 교·직류 전차 주회로 모델

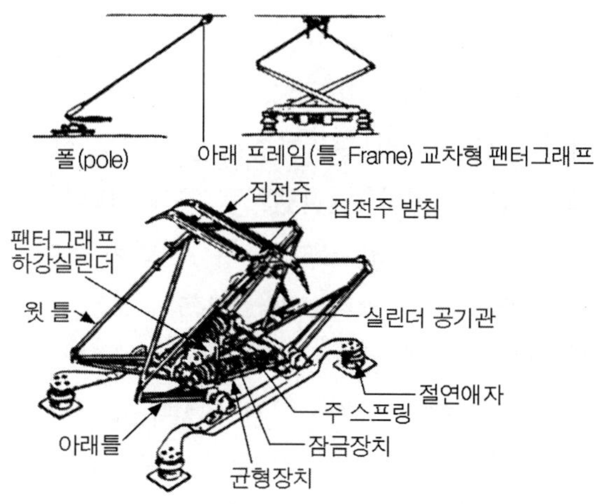

그림 4-104 능형(菱形) 팬터그래프

집전부와 가선과의 접동 부분에는, 도전성(導電性)이 좋고 가선에 손모(損耗)를 주지 않는 재료로서 카본(carbon)과 동합금(銅合金) 등이 사용되고 있다. 이 부분은 접판(摺板, contact strip)이라고 하며, 마모에 의해 정기적인 교환이 필요하기 때문에 몇 개로 분할되어 교환이 쉬운 구조로 되어 있다.

팬터그래프는 일반적으로는 스프링의 힘으로 상승하여, 그 스프링 힘을 이용하여 가선으로 집전주 사이에 접촉을 유지한다. 이것을 스프링 상승식이라고 부르고 있으며, 접은 상태로부터 상승시키는 데는 록카(locker) 장치인 공기 실린더에 압력공기를 보내어 부드럽게 상승시킨다.

가선을 위로 누르는 힘은 5kgf 전후가 표준으로 되어 있다. 하강 시에는 하강 실린더에 압력공기를 보내어 스프링 상승력을 거슬러 하강시킨 뒤 록커로 잠근다. 팬터그래프는 비교적적은 조립품으로 되어 있지만, 매우 중요한 역할을 갖고 있으며 아울러 그 특이한 형상은 어떤 것보다도 전차에서 첫째가는 상징이라 할 수 있다. 집전장치에 대한 상세한 설명은 4.4.39절에 하였다.

2) 피뢰기

피뢰기(避雷器, arrester)는 낙뢰(落雷) 등에 의한 외부로부터의 유해한 이상(異常)전압을, 차체를 통해 레일로 흘러나가게 하는 목적으로 설치되어 있다. 전차의 주회로는 주행 중 운전상황에 부합하여 전류를 흐르게 하기도 하고, 끊기도 하고 있으며, 이 개폐동작에 따라 서지(surge)라고 하는 이상전압이 발생하는 때가 있다. 이 이상전압으로 인해 각 기기가 손상되지 않도록 보호하는 목적도 함께 갖고 있는데, 일반적으로 팬터그래프 가까이에 설치되어 있지만, 신간선처럼 차체 바닥아래에 설치되어 있는 것도 있다. 통상은 절연상태(絶緣狀態)를 유지하고 있지만, 이상전압이 들어가면 도통(導通) 상태로 바뀌어 전류를 흐르게 하는 구조로 되어 있다〈그림 4-105 참조〉.

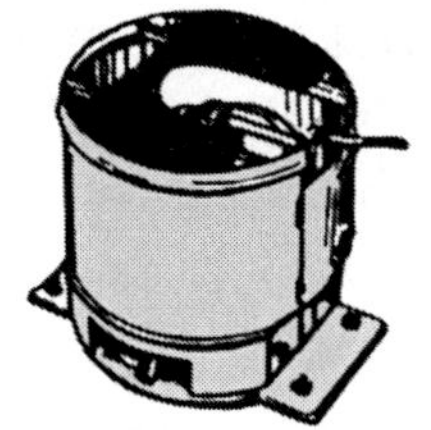

그림 4-105 피뢰기

구조는 밀봉기기(密封機器) 가운데에 전극을 소정의 어떤 극간(隙間, gap)을 갖고 설치되어, 이상전압이 가해지면 전극(電極) 간에서 방전(放電)되어 전류를 흐르게 하는 방식이 일반적이지만, 최근에는 통상은 절연체로 하여금 이상전압에서만 도통되도록 한 특수재료를 사용한 무극간(無隙間, gapless) 형태의 것도 개발되어 실용화되고 있다.

3) 교류차단기

주 회로를 교직전환 시에 예기하지 못한 사고전류가 흘렀을 경우에, 바로 회로를 차단(遮斷)하여 기기를 보호할 목적으로 교류차단기가 설치되어 있다. 교류 구간에서는 20~25kV의 매우 높은 전압의 교류가 수전되어, 개폐를 이행하므로 특별히 고안된 기구로 되어 있다. 이 장치는 전차의 지붕에 설치되어 있는 것이 일반적이지만, 신간선과 같이 상하(床下)에 설치되어 있는 것도 있다. 압력공기를 공기 실린더에 보내어 대형의 스위치를 개폐하면, 동시에 차단 시에 발생하는 아크(arc)를 압력공기로 불어 날려버리고, 동작을 확실히 이행하는 것으로 공기차단기(ABB)라고 한다. 최근에는 진공용기 가운데에서 접점(接點)의 개폐를 이행하는 방식의 진공차단기(眞空遮斷器, vacuum circuit brake)도 사용되고 있다〈그림 4-106 참조〉.

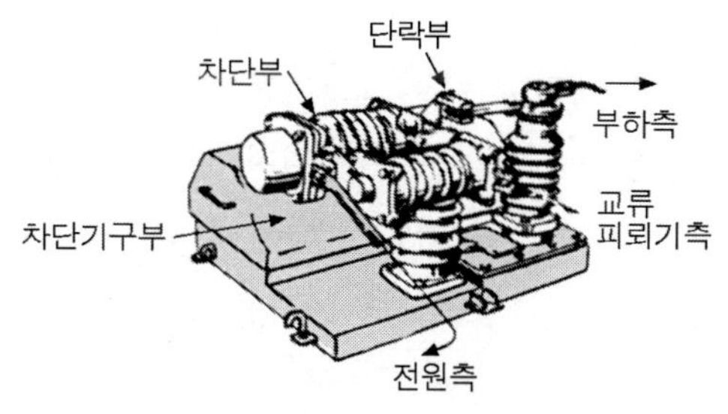

그림 4-106 교류차단기

4) 교직전환기

앞에서 언급한 것처럼, 교·직류 전차가 교류구간으로부터 직류구간 또는 그 역(逆)으로 통과할 즈음에 전원의 경로를 바꾸어줄 필요가 있다. 이 전환 구간을 섹션(section)이라 부르고 교류, 직류 양구간의 중간에 20~60m 정도의 무가압 구간(無加壓 區間, dead section)이 설치되어 있다. 교·직류 전환기는 통상 지붕 위에 설치되어 압력공기로 구동(驅動)되는 대형 전환 스위치의 일종이다. 섹션(section)에 전차가 다다르면 기관사는 주 회로를 일단 오프(off)시켜 타행상태(惰行狀態)로 하고, 운전대 스위치로 전환조작을 하여 자동적으로 회로가 전환된다. 교·직류 전환기는 이때 전원을 변압기의 1차 측에 보내든지, 변압기를 바이패스(by pass)하든지를 선택한다〈그림 4-107 참조〉.

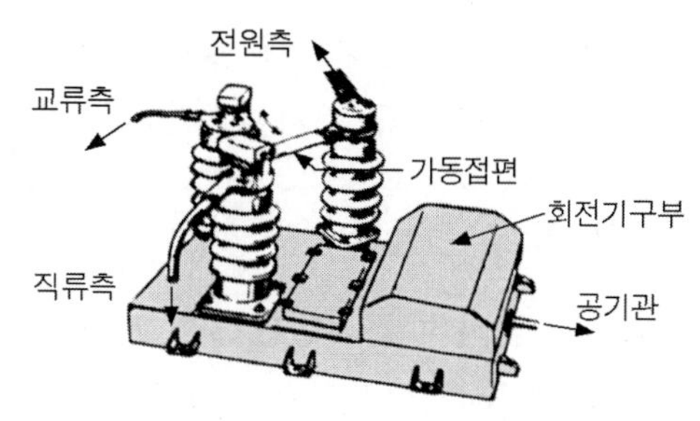

그림 4-107 교직 전환기

5) 주변압기

주변압기는 외부로부터 수전(受電)한 특별 고압의 교류를 제어하기 쉬운 적당한 전압으로 강압(降壓)하는 임무를 갖고 있다. 전차에서는 실내가 전부 승객을 위한 공간으로서 사용되고 있으므로 상하(床下)의 한정된 공간에 탑재하게 된다. 그 때문에 크고 무거운 것은 제약이 있으며 소형·경량인 것이 요구되므로 강제적으로 냉각(冷却)하여 소형화를 도모하고 있다. 변압기(變壓器, transformer)를 밀봉용기의 가운데에서 기름으로 냉각하고, 이 기름을 순환시켜 온도가 상승한 기름을 거듭 흐르게 하여 강제적으로 냉각한다. 냉각류는 이전에는 불연성으로 전기적 특성이 좋은 PCB가 사용되었지만, 공해 문제가 크게 대두되어 사용금지 되었기 때문에, 최근에는 대신에 실리콘 기름(silicon oil) 등이 사용되고 있다〈그림 4-108 참조〉.

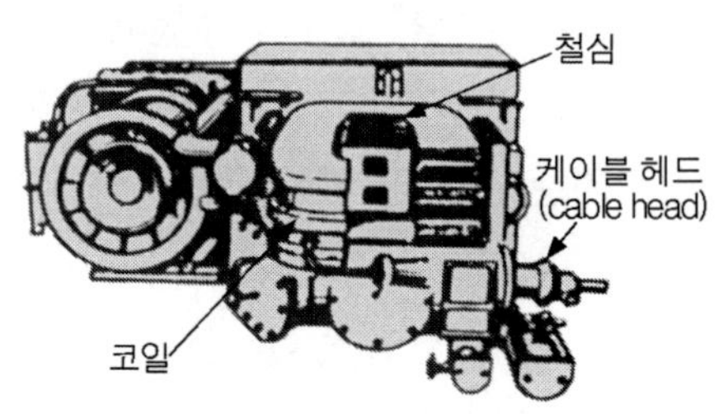

그림 4-108 주변압기의 구조

6) 주정류 장치

가선으로부터 교류전원을 수전하여, 주변압기에서 강압한 후 직류로 변환하는 정류장치(整流裝置, rectifier)이다. 그 방법에는 여러 가지가 있지만, 최근 전차에서는 반도체 소자를 이용한 것이 주류로 되어 있다. 소자로서는 실리콘 다이오드(silicon diode)가 일반적으로 정격전압에 부족이 있는 경우는 직렬로 복수 개를 접속하여 1개의 다이오드에 가하는 전압을 경감하고, 전류적으로 부족한 경우는 병렬로 접속하여 소요 정류능력을 얻을 수 있도록 노력하고 있다. 또, 가능한 한 직류에 가까운 출력을 얻기 위해 브릿지(bridge)접속을 하여 전파정류(全波整流)하고 있다. 실리콘 정류 소자(素子)에는 각각 냉각핀이 있어 소형경량화에 일조하고 있다.

7) 교·직류 전환기

교·직류 전차의 교직전환기와 연동(連動)하여 작동하는 것으로서, 전환기가 고압 측(변압기의 1차 측)의 회로 전환을 이행하고 있는 것과 반대로, 저압 측(정류장치의 출력 측)의 직류 전원을 바꾸기 위해 설치되어 있다. 전환기와 비교하여 전압이 낮아 큰 절연거리를 고려하지 않아도 되므로, 기기 박스에 넣어 전차의 상하(床下)에 설치되어 있다. 직류전원의 양극 측과 음극 측을 바꾸기 위해, 2세트의 전환 스위치로 구성되어 공기피스톤에 의해 전환동작을 이행하는 구조로 되어 있다.

8) 주개폐기

주개폐기는 주 회로에 공급되는 직류전원에 접속되어 있는 대형 나이프 스위치(knife switch)로서, 수동조작(手動操作)으로 개폐(開閉)하는 것이다. 운전 중에는 항상 닫힌 상태지만, 검수와 보수 상으로 회로를 분리할 필요가 생겼을 때에 수동으로 조작한다. 상하(床下)의 기기 박스 내에 탑재되어 스위치가 "절(切)" 일 때에는 박스의 뚜껑을 닫지 않고, 반 정도 열린 상태로 되게 하여 회로가 분리되고 있는 것을 한 눈에 이해 가능하도록 되어 있다.

9) 단류기

직류 회로 이전의, 전류개폐와 주회로 각부의 비교적 큰 전류개폐 동작을 이행하는 스위치로 단류기(斷流器)라고 부르고 있다. 운전 모드(mode)에 부합하여, 전류개폐를 이행해야 하므로 동작 빈도(頻度)가 높아 내구성과 높은 신뢰성(信頼性, reliability)이 요구된다. 직류의 대전류(大電流)를 차단할 때에는, 그 순간 스위치 전극이 떨어져 있어도 섬락(閃絡)현상이라는 것이 발생하여 계속 흐르게 된다. 이 섬락현상을 아크 빨아들임이라고 하는 방법으로, 가능한 한 단시간에 소멸시키는 것이 전류를 확실히 차단하는 수단이 된다. 아크라는 것도 공기 중을 흐르는 전류의 일종이고, 강한 자계(磁界) 중에서는 플레밍의 왼손법칙에 의해 아크 흐름에 힘이 발생하여 전극으로부터 먼 거리에서 압출(押出)된다. 이 이굴(理屈)현상을 이용하여 전극 가까이에 코일을 설치하면, 전류를 차단할 때 코일에 전류를 흘려 자계를 발생시키는 방식을 자기취소방식(磁氣吹消方式)이라 부른다. 또한 대 전류를 한 번에 차단시키지 못하므로, 일단 저항기를 회로에 직렬로 삽입하고 전류치를 어느 정도 떨어뜨린 후, 차단을 이행하는 방법도 있는데 이것을 감류차단(減流遮斷)이라고 일컫고 있다〈그림 4-109 참조〉.

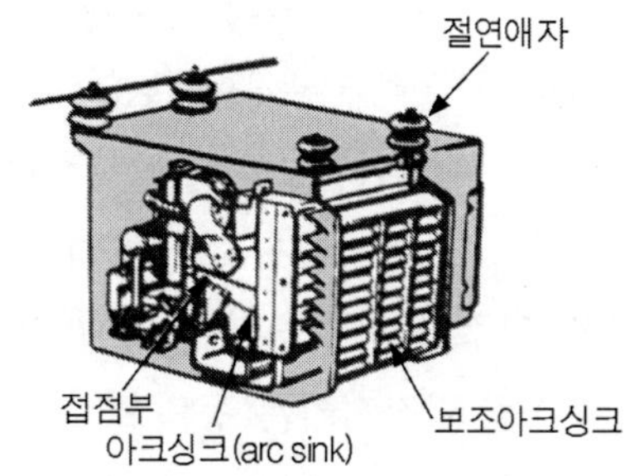

그림 4-109 단류기의 구조

단류기 개폐의 동력원은 상당히 큰 힘이 필요하므로, 압력공기로 공기 피스톤을 구동하여 작동하고 있다. 장치는 기기 박스에 넣어 상하(床下)에 탑재되어 있지만 동작 시에 아크를 일으키므로 박스는 불연성 절연물로 구성되어 있다. 하모니카와 같이 구멍이 차량 바깥 방향을 향해 설치되어 있다.

10) 주제어기

주제어기(主制御器)는 전차의 제어를 담당하는 기기로, 저항제어(抵抗制御)를 이행하는 스위치군(群), 전·후진을 위한 전환을 하는 역전(逆轉) 스위치 등과 그러한 것을 구동 제어하는 각종의 부품으로 구성되어 있다〈그림 4-110 참조〉.

초기의 전차에서 전원전압이 600V로 단차 운전(單車 運轉)이었던 때에는, 속도제어를 위해 저항기 전환조작을 주간제어기(主幹制御器, master controller)에서 직접 수행하는 방식이었지만, 시대와 더불어 전차 편성의 장대화(長大化) 및 DC1,500V 채용 등으로 최근에는 거의 볼 수 없게 되었다.

주간제어기로부터는 저압(통상 DC100 V)의 지령이 나오고, 편성 각 주제어기를 인통되어 전선에 따라 간접적으로 고압회로로 전환되고 있다. 복수의 제어기를 총괄적으로 통제하는 시스템이 최근의 주류이고, 총괄제어방식이라 한다.

주제어기는 주전동기의 속도제어를 수행하기 위해 저항기를 다수의 스위치로 전환해 간다. 그 때문에 스위치를 일렬로 필요한 개수만큼 나열하여 그것에 병행하여 캠축을 설치하고, 이것을 회전시켜서 스위치의 단속을 이행하고 있다. 오르간 롤러(organ roller)가 회전하여 음악을 연주하는 것처럼 캠축에 장치되어 있는 요철이 스위치를 단속하는 기구로 되어 있다. 캠축을 회전시키는 동력으로서 초기에는 공기압에 의해 랙 · 피니언(rack · pinion)을 사용한 것도 있지만, 최근에는 소형 모터에 의해 제어되는 것도 많다.

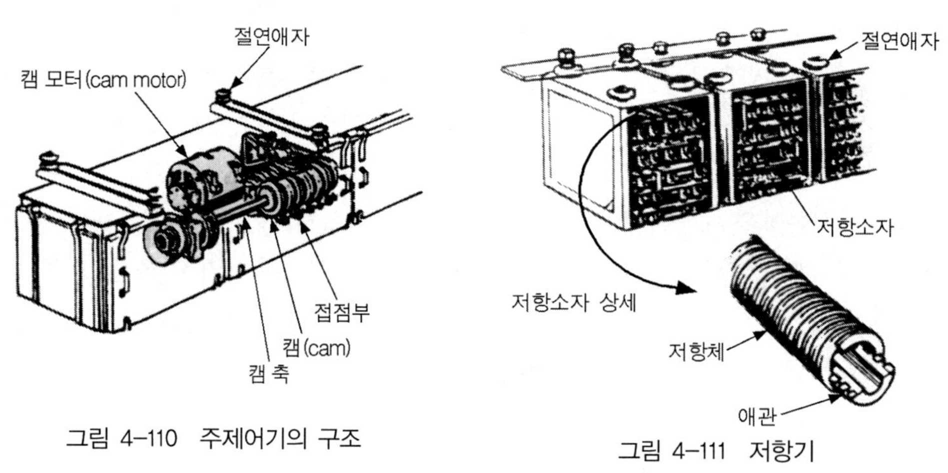

그림 4-110 주제어기의 구조

그림 4-111 저항기

이 모터는 캠축 모터 또는 파일럿 모터(pilot motor)라고 부른다. 주행용 주전동기의 전류를 감시하고 설정된 한류 치 일 때 캠 모터에 지령을 주어 차차로 노치(notch)를 변화시키고 있다. 이와 같은 방식의 제어기를 전동 캠축식이라고 부른다. 제어기에는 역전기(逆轉器)가 조립되어 있는 것이 많고, 전환 스위치를 공기 피스톤에 의해 작동시키는 구조가 일반적이다.

11) 주저항기 및 약계자 저항기

저항제어 전차의 주저항기는 속도제어를 수행하는 것으로서, 역행전반(力行全般)의 제어와 제동 시에는 발전제동(發電制動)으로 에너지를 흡수하는 목적을 갖고 있다. 약계자 저항기는 고속성능을 얻기 위한 것이다. 어느 것이나 상당한 열이 발생하므로, 동일 그룹으로 통합하여 상하에 탑재하는 것이 일반적이지만, 드물게는 지붕에 설치한 예도 있다.

초기에는 저항재료로서 주철제의 "그리드(grid)" 라고 하는 것이 사용되어 자연냉각식이었지만, 최근에는 특수재료인 박판(薄板)을 리본 모양으로 만들어 저항재료로 쓰고 있는데, 이것을 냉각 판으로 강제 냉각하는 것도 볼 수 있다. 강제냉각방식은 소형화할 수 있는 장점이 있지만, 팬의 소음이 문제가 되므로 지하전철 등에는 자연냉각식의 것이 많이 사용되고 있다〈그림 4-111 참조〉.

12) 유도분류기

약계자(弱界磁) 저항기에 직렬로 접속되어 있는 코일로서, 계자제어를 이행할 즈음에 주전동기(主電動機, main motor)에 이상전류가 흐르지 않도록 한 것이다. 전원전압의 급변과 노치(notch) 진단의 과도적인 현상으로, 주전동기의 전류가 급변할 수 있다. 코일에는 계자코일을 포함하여 급변하는 전류를 억제하여야 할 때마다 유도분류기(誘導分流器)가 없으면, 통과가 쉬운 약계자 저항기 쪽으로 바이패스(by-pass)되어 계자코일에 일순간 전류가 흐르지 않게 되어 계자가 극도로 약해져 전기자(電機子)에 과대전류가 흐르기도 하는 등 악영향을 미친다. 이와 같은 현상에 대한 보호로서 유도분류를 설치하여, 모터의 계자코일과 협조하여 급변전류(急變電流)를 억제하는 역할을 하고 있다.

13) 주전동기

전차의 구동모터로서 사용되는 직류전동기는 회전속도 범위가 광범위해야 하기 때문에, 특성상 적합한 직권전동기(直捲電動機)가 일반적으로 사용되고 있다. 직류전동기의 구조는 회전자(回轉子, rotor)와 고정자(固定子, stator)로 되어 있고, 회전자는 전기자(電機子), 정류자(整流子), 축(軸) 및 냉각 팬으로 구성되어 있다. 고정자는 요크(yoke), 계자코일, 브러시(brush) 장치, 축베아링 부(部)로 구성되어 있다. 모터의 회전원리는 앞에서 언급한 플레밍의 왼손법칙에 따르므로 계자코일로서 자계를 발생시키고, 전기자에 감은 도체에 정류자를 통과시켜서 시시각각 전류가 흐르는 방향을 바꾸게 하며, 그 상호작용으로 회전이 계속된다. 계자 코일과 전기자 회로를 직렬로 접속한 것은 직권전동기라 부르고, 병렬로 접속한 것은 분권전동기(分卷電動機)라 부르고 있다. 구조적으로 거의 같다고 생각되지만 접속방법을 변화시키는 것만으로도 특성상 큰 차이가 생기게 된다〈그림 4-112, 그림 4-113 참조〉.

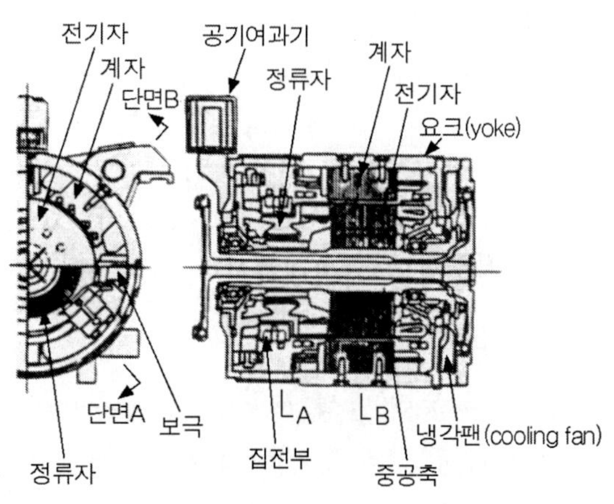

그림 4-112 주전동기의 구조

분권전동기는 부하변동에 관계없이 일정 속도로 회전하도록 하는 특성이 있어, 전차와 같이 속도를 0부터 최고속도까지 변화시키는 동력으로서는 적합하지 않다. 한편, 직권전동기는 부하가 크면 큰 토크를 내고, 부하가 적으면 토크는 조금씩 줄어들지만 회전수가 높아지므로 차량의 동력으로서 가장 알맞은 특성을 가지고 있다. 자동차에서 저단 기어로 저속・고(高)토크, 고속 기어에서는 고속・저(低)토크의 제어를 이행하고 있는 것과 같다. 철도차량의 경우 점착한계로부터 가속 시에 한도 이상의 토크가 나오지 않으므로, 저항기 등에서 전압제어를 이행한다. 일정속도까지는 정(定) 토크 제어로 되어 있다.

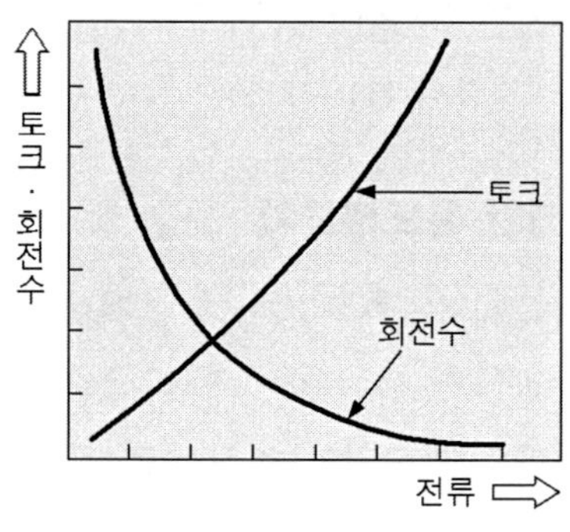

그림 4-113 직류직권 모터의 특성 곡선

주 전동기는 권선의 저항에 의한 줄(Joule)열과 회전에 의한 마찰열 등에 의해 그 자체가 발열되어 냉각이 필요하다. 일반적으로 회전자의 일부에 냉각 팬을 설치하는 자냉식(自冷式)이 많지만, 고속차량에서는 대용량의 주전동기가 사용되므로 외형치수의 제약으로부터 외부에 송풍기를 설치하여, 강제 냉각하는 방식의 것도 있는데, 일본의 도호쿠 및 도카이도 신간선은 이 방식이 채용되고 있다. 직류전동기에서는 분권, 직권 외에, 특수한 것으로서 복권전동기(複卷電動機)라고 하는 것이 있는데, 계자코일을 2세트 가지며 분권과 직권의 중간 특성을 가지는 것으로서, 이것은 전력회생제동 장치를 설치한 전차에 응용되고 있는 예가 있다.

4.4.34 디젤동차의 동력제어

1) 속도제어

(1) 동력전달 방식

디젤동차는 동력 발생기로서 디젤기관(diesel engine)을 적재한 여객차를 말하며, 동력전달방식에 따라 기계식(機械式), 액체식(液體式), 전기식(電氣式)으로 대별된다. 속도제어 방식은 동력전달 방식에 따라 다르지만, 여기서는 여러 나라에서 가장 많이 사용하고 있는 액체식의 경우에 대하여 언급한다.

액체식이라는 것은 변속기(變速機)에 액체변속기(디젤동차의 경우는 액체기계식 변속기)를 이용한 동력전달 방식으로 치차식(齒車式)변속기와 달리, 하중에 따라 출력축의 토크(torque)와 속도가 자동적으로 변화하므로 운전은 원활하고 정숙하며, 자동변속이기 때문에 조작도 용이하다. 치차식은 속도단(速度段)의 전환이 필요하므로, 그 때 토크의 중단이 있기 때문에 쇼크를 발생하는 결점이 있고, 2량 이상의 고속 운전에서는 특별한 제어장치가 필요하다. 액체

기계식 변속기의 경우는 기관의 연료제어(燃料制御)와 직결전환을 전기적으로 조작할 뿐이므로 다 중련(多 重連)운전이 가능하며, 중량이 가볍다는 것 때문에 디젤동차 발전의 원인이 되었다.

(2) 연료제어 장치

디젤기관의 출력제어는 액체기계식 변속기가 직결기구(直結機構)를 가지므로, 노치(notch)가 연료 분사량(噴射量)을 규정하는 최고·최저 조속기(最高·最低 調速機)를 사용하여 연료 펌프의 랙 스트로크(lac stroke)를 조정하고 있다.

이 제어에는 전자(電磁)코일과 공기 또는 유압 실린더를 조합한 연료제어 장치를 사용하고 있다. 이러한 것은 운전실에 설치된 주간제어기(主幹制御器, master controller)의 노치(notch) 취급에 따라서 전자밸브(電磁弁, magnetic valve)가 움직이고, 링크장치를 이용하여 연료랙(lac)을 움직이는 방식으로, 각 차량에 적재되어 각각의 기관을 동기적(同期的)으로 제어할 수 있다.

(3) 액체변속기의 운전

액체변속기의 변속 특성은 〈그림 4-114〉에 나타낸 것처럼 출력축 회전수가 작을 때에는 토크(torque)가 커져서 회전수의 증대를 유발하게 되고, 결국 토크는 작아지게 된다.

출력축 토크가 입력 축 토크와 같게 되는 점을 클러치 점(clutch point)이라 부르고, 고속운전이 많은 디젤동차의 경우에는 클러치점 이상의 운전속도 역(域)은 직결운전(直結運轉)을 한다.

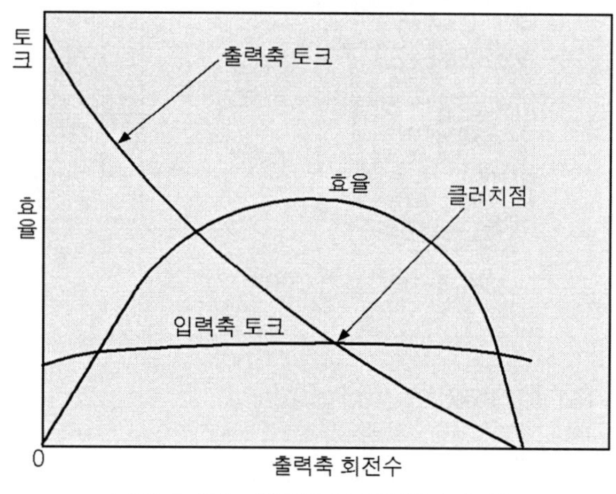

그림 4-114 액체변속기의 변속 특성

(4) 운전제어 기기

디젤동차의 속도제어는 〈그림 4-115〉에 나타낸 것처럼, 운전실에 설치된 주간제어기로, 십수량의 중련운전(重連運轉)도 가능하다. 이 주간제어기는 기관출력의 제어를 이행하는 기기로서 구조는 〈그림 4-116〉에 나타낸 것과 같이 주 핸들은 기관연료 제어용으로 『정지』, 『중립(切)』, 『1 notch~5 notch』 7개위치가 있고, 변속핸들에는 『변속』, 『중립』, 『직결』 3위치가 설치되어 있다. 주 핸들의 축에는 주 원통이 고정되어 핸들을 돌리면 주 원통(主 圓筒)의 접속편(接續片)이 각각의 접촉지에 접촉하고, 〈그림 4-117〉에 표시한 것과 같이 1~5 노치(notch)와 차례대로 회로의 접속을 바꾸어 기관의 출력을 제어하고 있다.

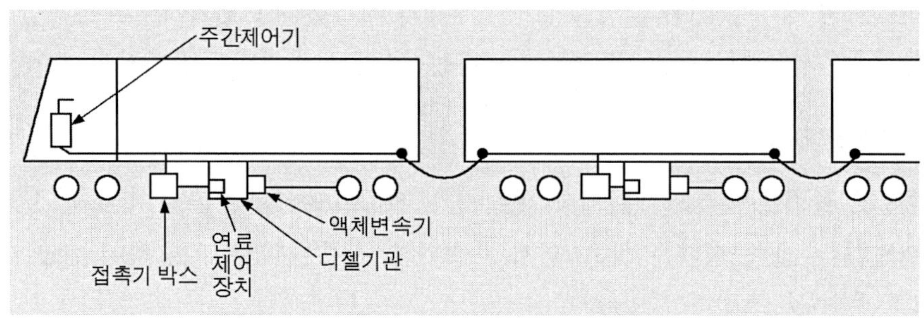

그림 4-115 중련운전의 제어 계통

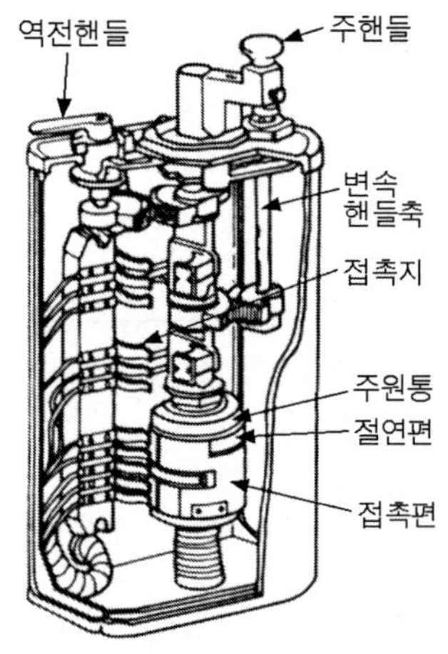

그림 4-116 주간제어기

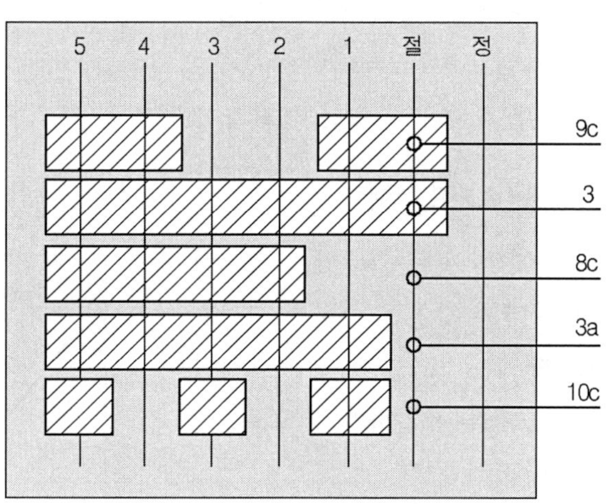

그림 4-117 주간제어기 다이어그램

(5) 디젤동차의 노치별 성능

일본의 일반형 "기하" 40, 47형식 차량의 노치별 성능은 〈그림 4-118〉에 나타낸 것과 같다.

2) 연료제어 장치

연료제어 장치의 구조에 대해서는 앞에서 언급한 것처럼, 전자코일과 공기 또는 유압 실린더를 조합한 것이 사용되고 있지만, 이러한 차량에 적재되고 있는 DMF 15HSA형 디젤기관의 제어에는 유압 실린

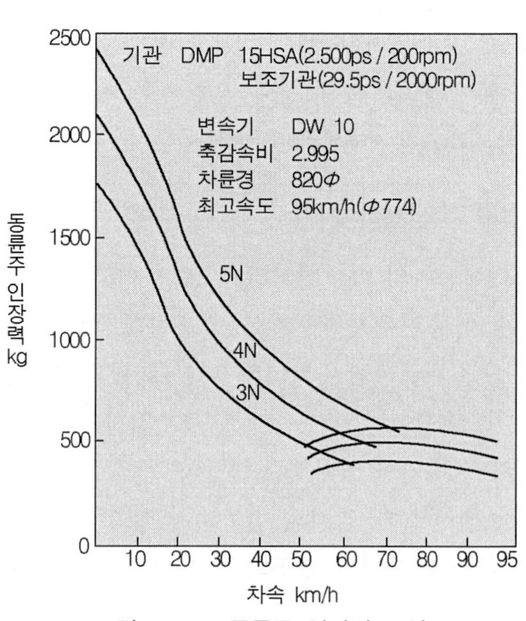

그림 4-118 동륜주 인장력 곡선

더가 사용되고 있다. 유압 실린더에 전자코일이 병립으로 설치되어 각각의 플란저(plunger) 움직임을 조합하고, 동작을 레버기구로 연결하여 유압실린더 내의 피스톤 작동 봉(作動 棒)을 움직인다. 이 작동봉의 움직임이 파일럿 모션(pilot motion)으로 되어 최종적으로 연료분사 펌프 레버를 작동시키는 구조로 되어 있다.

기관의 시동 시에는 연료제어 장치를 특별히 빨리 움직일 필요가 있으므로, 유압펌프로부터 윤활유를 직접 이 장치에 보내지도록 되어 있다. 보내진 윤활유는 여과기에서 여과된 후 피스톤 주위를 윤활하고, 그 후 피스톤 작동봉의 구부(溝部)를 만족하도록 되어 있다.

운전실의 주간제어기의 주 핸들을 조작하여 노치 업(notch up)을 하면 레버기구의 동작에 의해 피스톤 작동 봉이 움직이는데, 이 움직임에 따라서 유압이 피스톤 및 피스톤 봉을 이동하도록 연료제어 장치의 내부가 설계되어 있다. 또 노치를 저(低) 노치 혹은 정지 위치에 노치다운(notch down) 하면 노치 업(notch up) 경우와 반대로 레버 기구가 동작하고, 유압이 제어장치로부터 배유(排油)되어 스프링의 힘으로 피스톤은 노치다운(notch down)에 균형이 맞을 정도의 위치에 이동한다.

3) 링크기구

링크기구는 연료제어 장치와 연료분사 장치 사이를 연락하는 것으로서 〈그림 4-119〉와 같이 연료제어 장치의 운동을 연료 펌프에 전달하는 것이다.

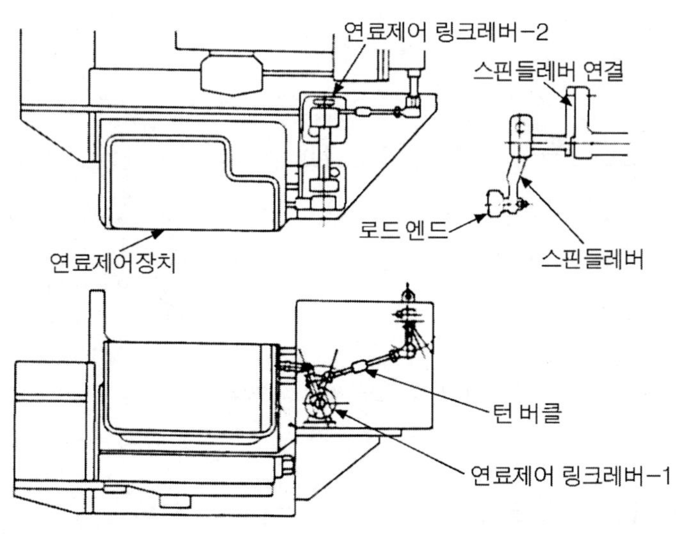

그림 4-119 연료제어 링크 장치

4) 연료제어 회로

연료제어를 이행하기 위한 전기제어 회로에 대해서는 지금까지 상당한 연구·개발을 통해 현재에 이르고 있지만, 여기서는 일본국철의 일반형 "기하" 40, 47 등에 채용되고 있는 연료제어 회로에 대하여 설명한다〈그림 4-120~그림 4-123〉.

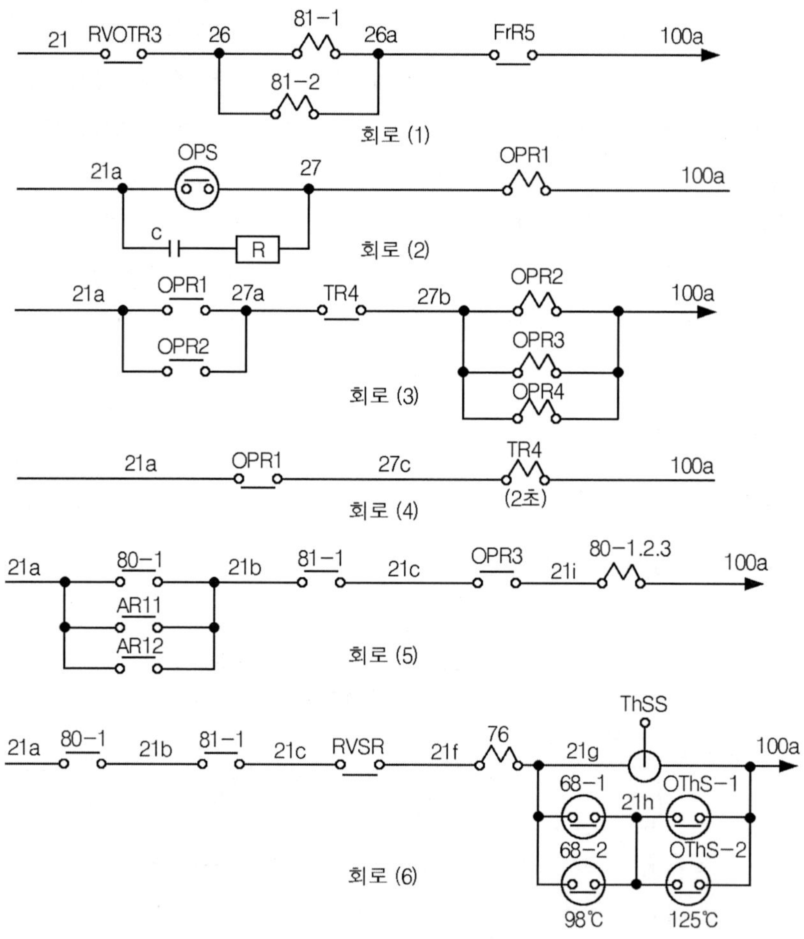

그림 4-120 연료제어 회로도 ①

(1) 기관시동 시의 연료제어 회로

먼저 운전준비를 위한 각 동작을 수행한다. 배선용 차단기류(配線用 遮斷器類)를 투입하여 주간제어기(50)의 역전핸들을 『중립』, 변속핸들을 『중립』, 편성차량 중 전위 운전대의 전환스위치(58)를 『앞(前)』 위치, 최 후부 차량을 『뒤(後)』 위치로 하면 각 차량의 온도 퓨즈(fuse,

92)가 정상으로 있으면, 구동 기관부(驅動 機關部)의 화재검지 계전기(FrR5)는 일을 하지 않는다 〈그림 4-121〉.

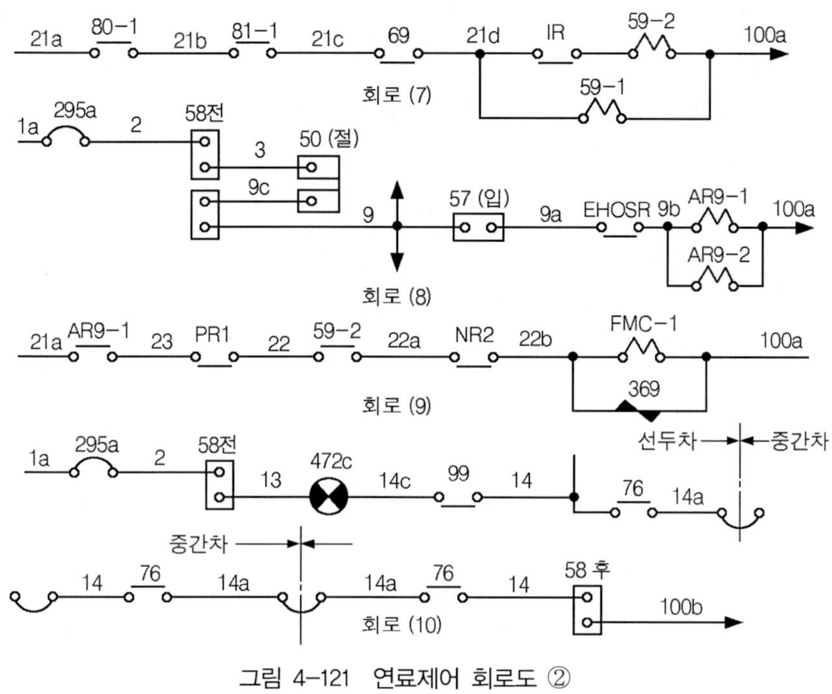

그림 4-121 연료제어 회로도 ②

이 때문에 회로(1)에서 온도 퓨즈(fuse) 보조계전기(81-1, 81-2)는 일을 하고 있다. (RVOTR3)는 역전장치 유온고 계전기(逆轉裝置 油溫高 繼電器)를 나타내고, 정역전(正逆轉) 클러치가 운전 시에 어떠한 원인으로 이상 고온이 된 경우를 대비한 보호 회로이다.

다음에 기관시동 스위치(355)를 시동위치로 하면, 시동보조계전기(AR12)의 동작에 의해 기관이 시동되어, 기관유압이 동작을 시작하는 0.8kg/cm² 이상으로 되면, 기관유압 스위치(OPS)가 동작하고, 회로(2)에 의해 기관유압 계전기(OPR1)가 움직여, 이 (OPR1)에 의해 (OPR2), (OPR3), (OPR4)가 작동하여 자기보지(自己保持)한다〈회로 (3)〉.

(OPR2～4)는 (OPS)의 지배하에 설치되어 있지만, (OPS) 유압의 변동에 대한 혼동을 방지하기 위해 (OPR1)이 소자(消磁)되는 것으로부터 2초경과 하지 않으면, 자기보지회로(自己保持回路)는 풀리지 않는 연결로 되어 있다〈회로 (4)〉.

기관 유압계전기(OPR1)에 의해 유압 보조계전기(80)가 회로(5)에서 움직여져 자기 보지(保持)한다.

또한, (AR11)은 예열 보조계전기이다. 동시에 기관 냉각수의 온도가 98℃이하이므로 변속기 온도가 125℃이하라면, 수온계전기(水溫繼電器, 68), 유온계전기(油溫繼電器, OThS)는 함께 작용하지 않으므로, 회로(6)에 의해 수온 보조계전기(76)가 작동하게 된다.

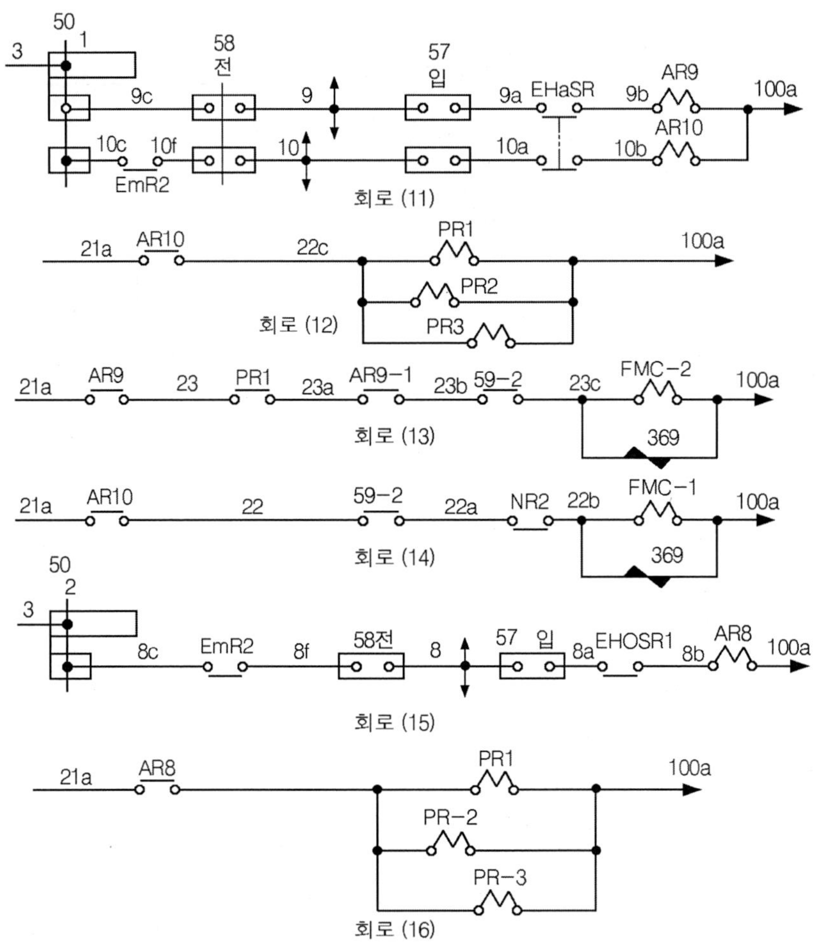

그림 4-122 연료제어 회로도 ③

(RVSR)은 차량이 주행 중 변속기에 어떠한 고장이 발생하여, 역전 클러치를 압착하고 있는 실린더의 압력이 저하하면, 클러치에 미끄럼이 발생하여 파손할 염려가 있으므로 그것을 보호하기 위한 역전기(逆轉機)의 주요 계전기이다.

또 (ThSS)는 (68) 및 (OThS)가 고장 났을 때에 사용되는 온도 단락(短絡)스위치이다. 기관 공회전(空回轉, idling)시 계전기(69)는 작용하지 않고, 기관 보조계전기(59-1), (59-2)는 회로(7)에 의해 작용한다.

따라서, 회로(8), (9)에서 기관제어 보조계전기(AR9)가 작용하여, 그 결과 연료제어 전자코일(FMC-1)만이 작용하고 있다.

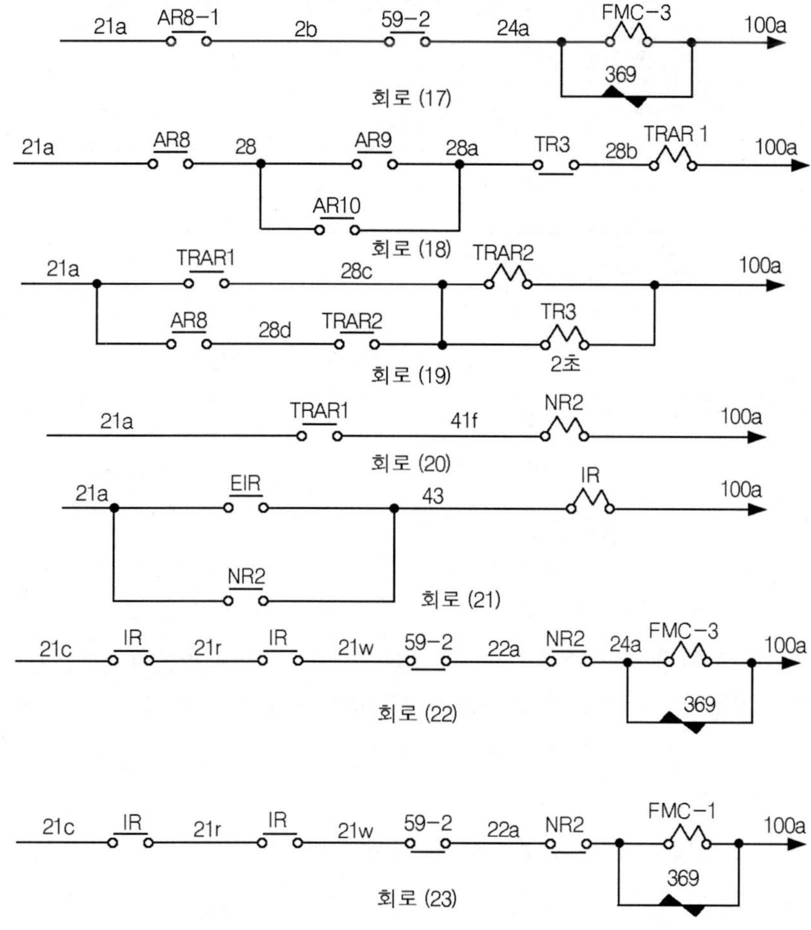

그림 4-123 연료제어 회로도 ④

회로(8)의 (EHOSR)은 기관을 운전대에서 수행하는 총괄시동(總括始動)과 상하(床下)에서 수행되는 단독시동(單獨始動)의 전환을 수행하기 위해, 기관 시동조작 계전기로서 회로(9)의 (369)는 (FMC-1) 서지전압(surge voltage)을 흡수하기 위한 배리스터(varistor)이다.

기관이 시동하여 공회전(idling) 운전을 시작하면, 수온 보조계전기(76)의 접점에서 회로 (10)에 의해 운전대에서는 『機』 의 표시등(表示燈, 472c)이 점등되고, 편성중의 전체 기관이 운전하고 있는 것이 나타나게 된다. 연료제어 전자코일(FMC)과 주간제어기(50)의 노치 관계를 〈표 4-25〉에 나타낸다.

표4-25 연료제어 전자코일과 주간제어기 노치의 관계

코 일	FMC - 1	FMC - 2	FMC - 3
중 립(切)	○		
1	○	○	
2			○
3	○		○
4		○	○
5	○	○	○

(2) 변속운전 시의 연료제어 회로

주간제어기(50)의 변속핸들을 변속위치로 하여 주간제어기의 노치를 올리면, 변속지령(變速指令)이 나와 변속 전자변이 작동하여 변속운전이 된다. 이 전기회로의 설명에 대해서는 생략한다. 주간제어기가 1 노치인 경우에는 회로(11)가 작용한다.

(Em R2)는 ATS가 작용하여 비상제동이 작동할 때만 기관을 공회전으로 끌어 내리기 위한 비상 계전기이다. 연료제어 보조계전기(AR9), (AR10)와 회로(12)에 의해 역행계전기(PR1, 2, 3)가 작동된다. 역행계전기(PR1)가 동작하면 회로(13), (14)에 표시된 것처럼 연료제어 전자밸브는 (FMC-1) 및 (FMC-2)이 함께 작동하여 기관은 1 노치 상당의 연료분사에서 운전된다. 주간제어기가 2 노치라면 회로(15)가 작동된다.

(57)은 제어회로 개방기(開放器)를 표시하고, 편성 차량 중의 어느 차량에서 기관 이상이 발생한 경우, 그 차량의 기관만을 단독으로 정지시키고, 다른 차량은 정상으로 운행시키기 위해 사용하는 것이다.

연료제어 보조계전기(AR8)에 의해 역행계전기(力行繼電器, PR)는 1 노치 경우와 같은 상태로 회로(16)가 계속 작동한다. 따라서 회로(17)에 의해 연료제어 전자밸브(FMC-3)가 작동한다. 이 결과 기관은 2notch 상당의 연료분사로 운전된다.

그러나 주간제어기 (50)의 노치를 갑자기 3노치 이상에 놓았을 경우는, 회로(18)에 의해 한시계전기 보조계전기(限時繼電器 補助繼電器, TRAR1)가 작동하고, 회로(19)에 의해 한시계전기 보조계전기(TRAR2)가 작동하여 접점(AR8)을 통하여 자기보지(保持)한다.

동시에, 한시계전기(TR3)가 작동하여 한시 시간을 계수(計數)한다. 한편 접점(TRAR1)에 의해 2노치 지정계전기(NR2)가 회로(20)에 의해 작동한다. 이 때문에 기관은 주간제어기의 노치 여하에 관계없이 2 노치로 된다. 회로(19)에서 계수를 시작한 한시계전기(TR3)의 한시 시간 2초가 경과하면(TR3)이 동작하여 회로(18)는 전원이 끊겨 소자(消磁)된다. 따라서 회로(19), (20)도 소자되어 연료제어 전자밸브는 운전대의 주간제어기가 지시하는 노치로 이동한다.

(3) 직결운전 시의 연료제어 회로

운전대에서 주간제어기(50)의 변속핸들을 직결로 전환하여 주간제어기의 노치를 올리면, 직결지령 계전기(AR6)가 작동한다. 직결지령(直結指令)이 나오게 되면 직결동작은 그 때의 속도 비에 의해 2노치 지령계전기(NR2)가 동작하든지, 또는 기관 공회전 지령계전기(EIR)가 작동한다. 이러한 일련의 동작에 있어서의 전기회로 설명은 생략하지만, 어떻게 하든 (NR2) 또는 (EIR)중에서 어느 쪽인가가 움직이게 되어 기관 공회전 계전기(IR)가 동작하게 된다〈회로 (21)〉. 또한 속도 비라는 것은 변속기의 입력 축과 출력축의 회전비로서 다음 식으로 나타낸다.

$$e = \frac{N_2}{N_1} \quad \text{--} \quad (155)$$

e : 속 도 비

N_1 : 변속기 입력 축 회전수 = 기관회전수

N_2 : 변속기 출력축 회전수 ∝ 차속(車速)

기관 공회전 계전기(機關 空回轉 繼電器, IR)의 동작에 의해 기관 보조계전기(59-2)는 소자(消磁)되고, 연료제어 전자코일(FMC)은 주간제어기의 지배로부터 벗어나 기관은 NR2가 동작할 때는 아이들(idle)로 되고 EIR이 동작할 때에도 아이들(idle)로 된다.

직결동작이 완료되면, EIR, NR2와도 전원이 끊겨 그 결과(IR)는 소자되고 기관 보조계전기(59-2)가 여자(勵磁)된다. 이 때문에 기관연료 제어전자밸브는 운전대 주간제어기의 지시에 따른 위치를 얻고, 기관은 그것에 부응한 연료분사로 운전된다〈회로 (21)〉.

4.4.35 경합금 차량

경합금(輕合金)이 철도차량에 도입된 것은 처음에 부품에서 출발하였다. 일본을 제외한 다른 국가에서는, 1923~1930년경부터 문, 객실 내장재 등에 경합금을 사용하여 왔다. 일본에서는 게이힌급행전철(京浜急行電鐵) 140형 전차의 짐받이(baggage rack, luggage rack)판으로 사용한 것이 최초이다. 그러나 이러한 것은 아무래도 차량의 내장(內裝), 의장(艤裝) 부품으로서 사용하고 있어 양적(量的)으로는 적은 것이다.

본격적인 구조재(構造材)로서 경합금이 사용된 것은, 1952년의 영국 런던 지하철 전차가 최초이고, 계속하여 1954년에 캐나다 토론토 지하철 전차에 사용되었다. 일본에서는 산요전철(山陽電鐵) 2000계 전차가 1962년에 처음으로 경합금제 전차로서 등장했다. 이후 국철 지하철 통근형 301계 전차, 제도고속도교통영단(帝都高速度交通營團)의 5000계, 6000계, 7000계 전차, 오사카시영(大阪市營)지하철 30계, 60계 전차, 국철 951형 고속시험전차, 591형 진자시작전차(振子試作

電車), 교토 5000계 5 도어(door) 전차, 삿포로시영(札幌市營)지하철 안내궤조식 고무타이어 전차, 국철 381계 진자전차(振子電車), 고베시영(神戶市營)지하철 1000계 전차, 오사카 시영 10계 전차, 도호쿠·죠에츠신간선(東北·上越新幹線) 962형 시작전차 등이 경합금제로 제작되었다.

1) 특징

철도차량도 일반 구조물과 같이 강제(鋼製) 구조로서의 긴 역사를 거쳐 진보해 왔다. 부재(部材) 두께의 감소에 의한 경량화에는 한도가 있어, 보다 절실한 경량화의 요구에 대해서는 강(鋼)에 비교해 강도중량비(强度重量比)가 높은 재료를 사용하지 않으면 곤란하게 되었다. 이 요구를 만족시키는 재료로서 경합금이 인정되었다. 경합금 차량은 이런 흐름에 따라 발전한 것이다. 이와 같이 차량을 경량화하고, 이것에 의해 전력소비 등의 운용비용의 절감을 도모하는 목적으로 경합금차는 증가했다. 특히 지하철의 경우 전력소비량의 절감은 터널 내의 온도 상승방지에도 유용하며, 차체 외판을 무도장(無塗裝)으로 사용하므로 공장의 도장설비가 필요 없고, 유지보수 측면에서의 절감도 크다는 등의 이점을 얻었다. 이러한 이유로 새로이 건설되는 지하철에는 경합금차(輕合金車)가 많이 투입되게 되었다.

또 도호쿠·죠에츠 신간선용 962형 시작차(試作車)는 설·냉해방지(雪·寒害防止)대책 및 소음 등 공해 방지대책으로서의 신기능(新機能) 보강 등을 위한 시설비, 즉 적재중량이 증가하게 되어 이러한 중량을 흡수하여 고성능을 발휘하기 위해 구체는 경합금제로 하여, 충분한 중량 경감을 이행하고 또한 강도(强度)·강성(剛性)의 증대를 도모하는 구조로 계획하여 제작되었다.

경합금 차량의 신조비(新造費)는 압출형재(押出形材)의 이용 등에 의한 제작비의 저감을 고려해도 오히려 강제차(鋼製車) 보다 고가(高價)이다.

그러나 경량화에 의한 소비전력량의 절감도 13% 정도는 가능하므로, 운행비용의 절감을 합친 총비용(total cost)면에서는 경합금차가 유리한 것이 인정되었다.

2) 재료

철도차량의 수명(壽命)은 항공기, 자동차 등에 비해 매우 길기 때문에, 구체구조에 사용되는 경합금 재료는 기계적 성질이 높을 것, 내식성이 양호할 것, 용접 및 압출성(押出性)이 양호할 것 등이 요구된다. 차체의 외판에 있어서는 특히 내식성이 양호한 재료를 사용하여 그 특성을 살려 무도장 외판으로 사용되는 차량이 많다. 현재 차량에 사용되고 있는 일반적인 경합금 재료의 특성을 〈표 4-26〉에, 구체 각부의 재료 사용 구분을 〈표 4-27〉에 나타낸다. 이러한 재료는 차량용 특수재(特殊材)는 아니다.

표4-26 철도차량에 사용되는 주된 경합금 재료

재료 JIS H4000 H4100	주요 화학 성분(%)								기계적 성질			비 고
	Si	Fe	Cu	Mn	Mg	Zn	Cr	Ti	인 장 강 도 kg/mm^2	내력 kg/mm^2	신장률 %	
A 5052P A 5052S	〈0.25	〈0.40	〈0.10	2.2~ 2.8	2.2~ 2.8	〈0.10	0.15~ 0.35	–	A 5052S H112 18〈	6.5〈	20〈	지붕 프레임, 문
A 6060S	0.20~ 0.60	〈0.35	〈0.10	0.45~ 0.9	0.45~ 0.9	〈0.10	〈0.10	〈0.10	A 6063S T 1 12〈	6.0〈	12〈	물받이, 문, 창 프레임 누름대
A 5083P A 5083S	〈0.40	〈0.40	〈0.10	4.0~ 4.9	4.0~ 4.9	〈0.25	0.05~ 0.24	〈0.15	A 5083P 0 28〈 36〈	13〈	16〈	구체골조, 외 판
A 5005P	〈0.30	〈0.7	〈0.20	0.50~ 1.1	0.50~ 1.1	〈0.25	〈0.10	–	A 5005P H15 14~18	11〈	3〈	지붕 판, 바닥판
A 6061P A 6061S	0.40~ 0.8	〈0.7	0.15~ 0.40	0.8~ 1.2	0.8~ 1.2	〈0.25	0.04~ 0.35	〈0.15	A 6061P T 6 30〈	25〈	10〈	리벳 결합의 경우의 구체
A 7N01P A 7N01S	〈0.30	〈0.35	〈0.20	0.20~ 0.7·	1.0~ 2.0	4.0~ 5.0	〈0.30	〈0.20	T 4 32〈 T 5 33〈	20〈 25〈	11〈 10〈	언더프레임
A 7003S	〈0.30	〈0.35	〈0.20	〈0.30	0.50~ 1.0	5.0~ 6.5	〈0.20	〈0.20	T 5 28〈	24〈	10〈	언더프레임

(1) A7No1(Al-Zn-Mg)계

이 재료는 용접구조용 합금(溶接構造用 合金)으로 열처리 합금이지만, 상온 시효성(常溫 時效性)이 있어 용접부의 강도 회복성(强度 回復性)이 양호하다. 구체 구조용 재료로서 폭 넓게 이용되고 있다.

(2) A5083(Al-Mg)계

내식성, 용접성이 극히 양호한 비열처리 합금(非熱處理 合金)이다. 기계적 성질(mechanical property)도 양호하여 차체 구조용으로 충분한 강도를 갖고 있지만, 가공경화(加工硬化)가 쉬운 재료이기 때문에 압출성에 약간 어려움이 있다.

구체의 외판 및 골조에 주로 사용되고 있다.

(3) A5052, A5005(Al-Mg)계

내식성이 매우 양호한 중강도(中强度)의 재료이다. 지붕(roof), 바닥판(床板, keystone plate) 등의 부재용에 사용되고 있다.

표4-27 언더프레임·구체사용 재료(에이단 6000계의 경우)

사 용 개 소	신 표 준 차 량	
	형 상	재 질
언더프레임 side sill	압출형재	5083
언더프레임 cross beam	〃	Al–Zn–Mg
언더프레임 center sill	〃	Al–Zn–Mg
언더프레임 bolster	〃	Al–Zn–Mg
언더프레임 bolster	판 두께 5mm	Al–Zn–Mg
key stone plate	〃	5005
rocker rail	압출형재	5083
side post	〃	5083
side window header	〃	5083
crew's room door post	〃	5083
cant rail	〃	5083
eaves plate	〃	Al–Zn–Mg
car line	〃	5052
roof purline	〃	6063
형광등 bracket	〃	6063
end gutter	〃	6063
corner post	〃	5083
outside post	판 두께 2.5mm	5083
roof sheathing	판 두께 1.6mm	5005
end post	압출형재	Al–Zn–Mg

(4) A6061(Al–Mg–Si)계

내식성도 양호하고, 강도도 높고, 압출성도 양호하다. 따라서 구조용 재료서는 좋은 재료이지만, 열처리 합금이므로 주로 리벳(rivet)구조의 구체에 적당하다.

(5) A 6063(Al–Mg–Si)계

압출성이 극히 양호한 재료이므로 복잡한 형상의 압출형상(押出形狀)에 적합하고, 내장용(內裝用) 재료로 널리 사용되고 있다. 구조용으로는 빗물받이(rain gutter), 창 프레임 등 복잡한 단면에 사용된다.

3) 구체구조

구체 재료로서 경합금을 사용하는 주목적은 경량화(輕量化)를 도모하고자 하는 것이다. 경합금은 통상 금속 중에서는 강도중량비(强度重量比)가 높은 재료이므로 국부집중응력(局部集中應力)에 대하여 적당히 고려를 하면 경량화를 하여도 강도적으로 문제가 되는 것은 없다. 그러나 〈표 4-28〉에 나타낸 것처럼 경합금은 강(鋼)에 비해 종탄성계수(縱彈性係數)가 작고, 비중은 약 1/3로 낮으므로 전부를 강제차(鋼製車)와 동일하게 하면 비중 차이만큼 가볍게 되지만, 구체의 상당굽힘강성이 적어져 문제가 발생한다.

표4-28 경합금과 연강의 기계적 성질 비교

	SS 41	A 5052P-H14	A 5083P-O	Al-Zn-Mg*(T4)	Al-Zn-Mg*(T6)
인장강도 σ_B kg/mm^2	41	23	27	36	37
연신율 %	17	6	18	16	13.5
항복점(내력) σ_y kg/mm^2	24	19	13	25	31
비중 ρ	7.85	2.8	2.8	2.8	2.8
영율 E kg/mm^2	21×10^3	7×10^3	7×10^3	7.6×10^3	7.8×10^3
σ_B/ρ	5.2	8.2	9.6	12.9	13.2
σ_y/ρ	3.1	6.8	4.6	8.9	11.0
E/ρ	2.7×10^3	2.5×10^3	2.5×10^3	2.7×10^3	2.8×10^3

* A社 자료 판 두께 6mm

그래서 단면 2차모멘트를 크게 하려는 노력이 필요하다. 즉 단면적을 많이 증가시키지 못하므로 단면 2차모멘트를 크게 하여 강성을 많이 저하시키지 않고, 경량화를 도모하지 않으면 안 된다. 외판의 두께는 강제차 두께의 약 1.4배로 하면 전단력(剪斷力, shearing force)에 의한 좌굴조건이 동등하게 되므로, 강판 1.6mm 두께에 대하여 2.5mm의 경합금으로 동등한 안정도를 얻는다. 또한, 높은 국부 집중응력이 발생하는 곳은, 하중시험에 의해 측 구체의 큰 개구부(開口部)로, 측출입구 및 측창의 코너부에 있는 것으로 밝혀져 있으므로, 이곳에 큰 반경(半徑)을 주고, 적당한 보강을 하는 것 등의 배려가 필요하다.

또 경합금은 압출에 의한 재료제작이 용이하므로 〈사진 4-3〉에 나타낸 것과 같은 압출형재를 사용함으로써 제작공수(製作工數), 저감의 도모가 가능할 뿐만 아니라 부재 두께의 합리적인 배분이 가능하므로, 어떤 특성을 살려 경량화를 도모하는 것이 가능하다. 〈표 4-29〉에 경합금 차량의 구체중량과 그 여러 특성치의 일람표를 나타낸다. 이 표에서 알 수 있는 것처럼 경합금차량의 중량은 강제차의 약 1/2이다.

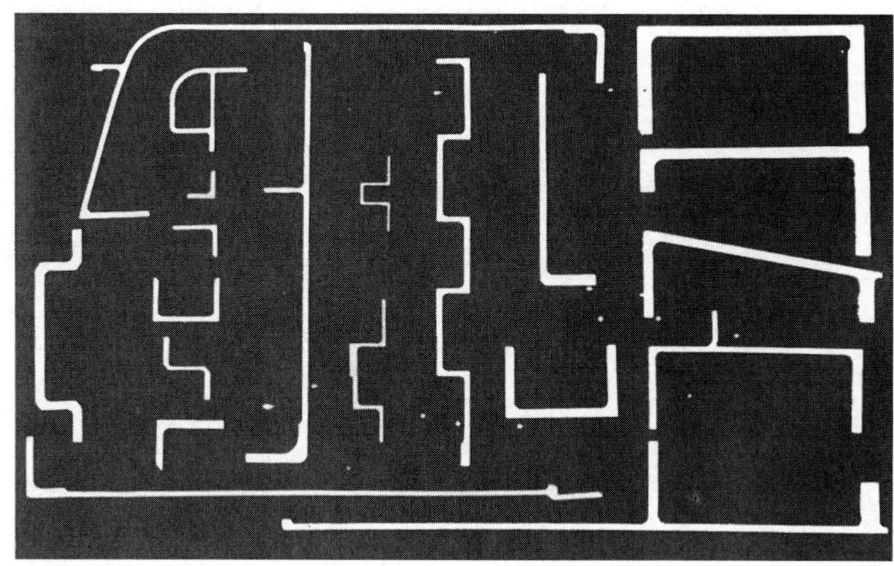

사진 4-3 차량에 사용되는 대형 경합금 압출형재의 예

또한, 상당굽힘강성도 경량 강제차량에 거의 가까운 값을 나타내고 있으며, 승차감에 영향이 큰 굽힘고유진동수에 있어서는 경합금차 구체의 시험 치는 비교적 높은 값을 나타내고 있다. 이것은 승객이 승차한 정원승차(定員乘車)의 중량일 경우, 동일한 조건의 강제차와 거의 동등한 값을 나타낸다.

구체의 강도, 강성에 있어서는 설계단계에서 강도계산을 실시하여, 부재의 치수를 결정한다. 최근에는 유한요소법에 의한 3차원 구조해석에 의해 더욱 상세한 계산방법이 실용화되고 있고, 구체 하중시험 결과와의 비교로부터 해석의 정확도를 높여 경량화를 위한 합리적 설계를 추구하고 있다.

구체의 구성법에 있어서는 리벳(rivet) 조립구조, 용접조립구조 등이 고려되고 있지만 강제차량의 제작이 리벳구조로부터 보다 능률적인 용접구조로, 진보한 경험에 의해 경합금차의 제작도 당연 용접구조로 하는 추세이며, 특히 일본에서는 당초부터 용접구조를 전제로 하여 개발을 진행했다. 또 용접기술의 향상과 용접구조용 재료의 개발 및 개량도 이루어져 용접구조 구체의 제작은 안정되었다.

표4-29 차량의 구체중량과 여러 특성

철도명 및 차종		구체 중량	차체 길이	대차중 심간격	단위차 길이당 중량	상당굽힘 강 성	상당비틀림 강 성	굽힘 고유 진동수	비틀림 고유 진동수
		ton	m	m	ton/m	Eleq×10^{14} kg/mm^2	GJ×10^{12} kgmm^2/rad	Hz	Hz
경합금차	서독국철객차(WMD)	4.87	26.1	19.0	0.186	0.98		7.2	
	서독 KBE 전차	3.85	23.5	16.3	0.164	0.8			
	토론토 지하철	6.29	22.3	16.5	0.281				
	산요 2000계	3.8	18.0	12.3	0.211	0.62	28.0	15	6.7
	산요 3000계	3.805	18.3	12.3	0.208	0.60	29.5	12.1	5.8
	영국 5000계	5.17	19.5	13.8	0.265	0.60	21.1	14.1	5.51
	국철 301계	4.6	19.5	13.8	0.235				
	국철 고속시험차	10.1	44.2	14.15	0.228	0.79	22.3	12.5	6.9
	국철 신간선 시험전차	7.5	24.9	17.5	0.3	2.8	58	13.0	11.0
	오사카시 교통국 30계	4.08	18.0	11.5	0.226	0.5	28.8	11.3	9.5
	오사카시 교통국 60계	4.43	18.2	11.8	0.234	0.41	24.0	10.0	7.5
	에이단 6000계 1차 시작차	5.0	19.5	13.8	0.256	0.75	28.7	17.0	8.0
	에이단 6000계 2차 시작차	4.36	19.5	13.8	0.224	0.89	20.4	12.0	4.2
	에이단 6000계 양산차	4.10	19.5	13.8	0.21	0.81		17.0	
	경판 5000계	4.0	18.0	12.0	0.222	0.54	25.4	12.0	5.3
강제차	국철 신간선전차	8.93	24.9	17.5	0.359	1.73	42	11.3	5.7
	국철 101계	9.6	19.5	13.8	0.49	1.26	47.7	10.0	6.0
스테인리스차	에이단 5000계	9.5	19.5	13.8	0.488	1.15	25.4	11.0	5.0
	도큐 7200계	7.3	17.55	12.0	0.416	0.54	14.3	9.0	2.8
	오사카시 교통국 30계	8.02	18.0	11.5	0.445	0.645	33.8	13.3	6.0

〈그림 4-124〉에 구체구조의 대표적인 예를 나타낸다. 일반차량의 구체구조 상세는 다음에 기술한다.

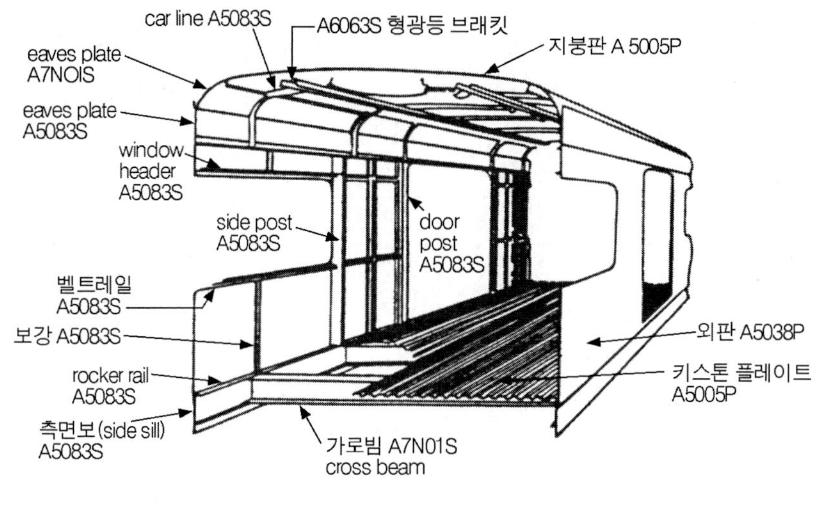

그림 4-124 차체의 구조

(1) 언더프레임 및 바닥구조(床構造, floor construction)

언더프레임은 어느 정도의 처짐(deflection)은 허용되는 부분으로, 강성(剛性)보다도 강도(强度)를 우선하여 중량 경감을 도모하고, 내력(耐力)이 높은 재료를 사용하여 될 수 있는, 한 부재의 단면적을 적게 하는 것이 바람직하다. 이 목적에 맞는 언더프레임 부재에는 Al-Zn-Mg(7N01)이 많이 사용된다.

바닥구조(床構造)는 경량 강제차량의 기본으로 되어 있는, 일본 국철형 키스톤 플레이트(keystone plate) 성형기(forming roller)로 성형(成形)한 A5005P 키스톤 플레이트를 사용하고 있다.

(2) 측 구체(side structure, side frame) 및 끝단 구체(end structure, end frame)

측 구체(側 構體)는 창, 문 등의 가동부분(可動部分)이, 그 구성 중에 포함되어 있으므로 이러한 개폐기능(開閉機能)을 원활히 하기 위해서 처짐을 그다지 허용하지 않는 부분이다. 따라서 강성이 높은 구조로 고려하는 것이 바람직하고, 이 때문에 주요 부재의 외판은 평면외판을 사용하며 골조와는 저항 스폿(spot) 용접에 의한 결합으로서 응력외피구조(應力外皮構造)로 되어 있다.

측 구체의 외판재료는 비열처리 합금 A5083P가 많이 사용되고 있고, 골조 재료로는 Al-Mg-Si계의 A6061, Al-Mg계의 A5083이 있지만, 용접구조의 경우는 외판과의 용접성도 고려하여 A5083을 사용하고 있다. 끝단구조는 측 구조와 같은 구조로 A5083 외판과 주로 같은 재료로 골조와 저항 점용접으로 결합하여 구성된다.

지붕구조는 구조적으로는 측 구조와 크게 다르지 않지만 측 구조에 비해 강도부담이 적으므로, 부재의 경량화를 가능한 한 크게 도모하고 있다. 지붕 판(roof sheathing, roof skin)은 두께 1.6mm의 A5005이며, 골조는 두께 3~4mm의 A5052가 사용되고 있다. 골조의 결합은 MIG용접을 이용하고, 지붕 판을 골조에 부착시키는 것은 저항 스폿용접을 전면적(全面的)으로 사용하고 있다.

(3) 구체의 총 조립

구체의 총 조립(總 組立)은 통상 상기(上記)와 같이 하여 부분적으로 각각의 치구내(治具內)에서 용접 조립한 언더프레임, 측 구체, 끝단구체, 지붕구체를 총 조립 치구 내에서 일정한 치수 위치에 조립한다. 이 방법은 강제차량에서도 통상 적용된 구성법이다.

최근 경합금 차량은 이 방법과는 약간 모양을 달리한 구성법을 갖고 있다. 먼저 하현재(下弦材)로서 사이드 실(side sill)에 대형 형재를 사용하여 구성된 언더프레임을 걸쳐, 대형 압출형재를 조합한 물받이 판(eaves plate), 캔트 레일(cant rail)과 지붕 구체와를 용접으로 일치되게 구성한 상현재(上弦材)를 소정의 간격으로 설치하여, 이 사이에 미리 출입구 내의 치수에 조립된 측 구조를 끼워 넣어 상하를 연속 용접하여 구성한다. 이렇게 하여 구조를 간소화하고 조립 공수의 절감을 도모하고 있다.

이 방법에 의해 처음으로 조립된 것이 일본의 제도고속교통영단 천대전선(帝都高速交通營團 千代田線) 6000계의 구체로 이 구성법은 그 후의 경합금 구체의 표준 구성법이 되어 있다 〈사진 4-4〉.

사진 4-4 제도고속교통영단 천대전선(線) 6000계의 구체

또 삿포로 시(札幌市)교통국 지하철용 안내궤조식(案內軌條式) 고무타이어 전차는, 측창 치수가 큰 것도 있어 창 아래의 허리부분(腰部) 높이를 낮게 할 수 있으므로, 언더프레임의 사이드 실(side sill) 상부에 대형 압출형재를 용접으로 결합하여 요판(腰版, wainscot panel) 해당부와 창 부재(窓 部材)까지 포함하여 형재(形材)만으로 구성하여 이것을 하현재(下弦材)로 하고, 대형 압출형재인 물받이 판(eaves plate), 캔트 레일(cant rail), 지붕 구체를 일체로 하여 구성한 역 U형의 상현재(上弦材)와의 사이에 입구 주(入口 柱)에 해당하는 형재(形材)를 끼워 넣어 용접 결합하여 구체를 구성한다. 이 구성법에 의하면 측 구조에는 판재(板材)는 일체 사용하지 않고 압출형재(形材)만으로 구성된다. 〈그림 4-125〉에 이 구체 단면도를 나타낸다.

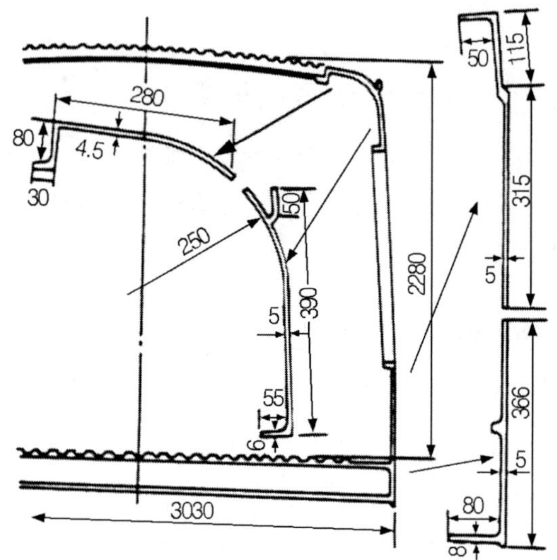

그림 4-125 안내궤조식 전차의 구체단면

또한 도호쿠·죠에츠 신간선용 962형 시작전차(試作電車)는 보디 마운트(body mount) 구조로 구성되어 있으므로, 차체는 상하(床下)까지 덮어 스커트(skirt) 부분도 차체구조로 하여 실질적으로 대형화가 되었다. 지붕은 현재의 외곽을 덮는 위치까지 올려 상방(上方)에도 대형화 되었다. 언더프레임은 기기(機器)를 매달기 위해 차체의 최 하단에 기기용 아래 언더프레임을 설치하였으므로, 객실 상부(床部) 높이에 있는 위 언더프레임이, 통상 언더프레임으로서 구체의 강도분담 구성 부재로서 용접 조립되어 있다. 측 구체는 지붕 부분부터 상하기기(床下機器) 아래까지 대형 형상을 일체로 조립하고 전체로서 경량화를 도모하고 있다. 구체 상부에는 A7003재 대형 형재를 사용하고, 이것에서부터 아래 언더프레임까지는 A5083재 외판을 깔아서 구성되어 있다. 또한 이 차체는 대형이며, 아울러 500mm 수주(水柱)의 기압부하(氣壓負荷)를 고려한 것이 종래의 일반 차량과는 다르다.

〈사진 4-5〉에 962형 구체를 나타낸다.

이러한 구체 구성법은 경합금의 압출성이 양호한 특징을 유효하게 이용한 것이므로, 대형 압출형재도 결합되어 간소한 구조로서 조립공수의 감소를 도모하고 있다.

또한 최근 유럽에서는 대형 형재를 사용하여 제작공정(製作工程)을 단축한 구체 구조로서 제작비(재료비+공작비)를 일반의 강제차와 동등 이하로 하는 시도를 하여 실용차량(實用車輛)이 제작되어 운용되고 있다. 이 구성법은 지붕, 마루(floor)에 대형 형재를 차체 길이 방향으로

MIG자동 용접으로 결합하여 구체를 구성하는 방법이다. 즉 마룻바닥(床, floor)에는 중공(中空)의 대형 형재를 사용하고 이것을 길이 방향으로 나란히 자동용접에 의해 결합하여 횡 강성(橫 剛性)을 얻어, 크로스 빔(cross beam)을 없앤 것이다. 또 지붕도 대형형재를 길이 방향으로 나란히 용접·결합하여 상현재(上弦材)로서 강성이 높은 구성으로 되어 있다. 이러한 것은 파리 지하철(RATP) MF77 차량, 독일국철의 푸시풀(push- pull)객차, 뮌헨 지하철 전차 등에 사용되고 있다.

사진 4-5 962형 신간선 시작전차의 대형구체

경합금 차량의 도입 검토에서 운용비 등을 종합적으로 고려하여 총비용(total cost) 측면에서 경제적인 것으로 인식되어, 제작 시 구입가격이 고가(高價)라는 것만으로 경합금 차량으로 결정하지 못하는 문제는 해결될 수 있다. 기술의 발전으로 인해 경합금 차량이 강제차(鋼製車, steel car)와 거의 같은 가격으로 제작되고 있는 것은 경합금 차량의 미래를 밝게 해주는 소식이다.

4) 구체 용접

경합금 차량의 구체 용접은 아르곤 아크 용접과 저항스폿 용접(resistance spot welding)을 실시한다. 아크(arc) 용접은 MIG용접을 주로 이용하지만, 박판(薄板) 일부와 완전하지 못한 곳을 고치는 경우에는 TIG 용접(〈그림 4-132〉 참조)을 이용하고 있다. 언더프레임의 조립, 측 구체, 끝단구체, 지붕구체의 골조용접 및 외판의 판 상호 연결용접에는 MIG용접이 사용되고, 외판과 골조와의 용접에는 저항 스폿 용접이 사용된다. 마루의 키스톤 플레이트(keystone plate)를 언더프레임에 부착하는 용접 및 저항 스폿 용접이 어려운 외판과 골조의 용접에는 MIG 스폿 용접이 사용된다.

경합금 용접에서 문제가 되는 것은 용착부(溶着部)에 발생하는 기공(氣孔)과 용접의 깨어짐이다. 기공 발생방지로는 모재(母材)의 오염방지와 전극선(電極線)의 관리와 더불어 용접 전처리를 충분하고도 확실하게 할 필요가 있다. 또한 용접 자세에 있어서는 가능한 한 하향(下向) 용접이 되도록 고려할 필요가 있다. 용착부에 발생하는 용접 깨어짐에 있어서는 특히, 깨어짐에 대한 감수성(感受性)이 비교적 높은 Al-Zn-Mg계 합금(7NO1)에 대해 주의를 하지 않으면 안 된다. Al-Zn-Mg계 주의에 대해서는 Zn과 Mg의 양을 모재와 거의 반대로 했다. 소위 역전형(逆轉形)의 전극선을 최적의 것으로 생각하고 있지만, 이것을 이용하여도 크랙(crack)이 발생하고 때로는 비드(bead)깨어짐도 발생한다.

Al-Zn-Mg계 합금의 용접에 Al-Mg계의 전극선(E-5356)을 사용한 경우, 용접 깨어짐 방지에 매우 유효한 것이 시험에 의해 확인되고 있다. 또 이 합금의 T4 처리재(處理材)와 T6 처리재의 용접부분의 강도에 있어서도 시험 검토 되었지만 T4, T6재 모두 큰 차이는 없었다. 그래서 언더프레임과 같이 복잡한 응력이 걸리는 강도 부재로 Al-Zn-Mg계 합금(7NO1)을 사용하는 경우에는 T4재를 사용하고, 전극선으로는 Al-Mg계(E-5356)를 사용하는 것이 좋다고 생각된다. 이 경우에는 용접 깨어짐이 극히 적어 용착부를 얻는 것이 가능하지만 Al-Zn-Mg계 전극선을 사용하는 경우보다도 어느 정도의 강도(强度) 저하는 감수하여야 한다.

5) 차체 외판의 표면처리

경합금 차량의 외판은 경합금 본래의 내식성이 우수한 특질을 살려 무도장으로 사용하는 경우와, 강제차와 동일하게 착색도장(着色塗裝)하여 사용하는 경우가 있다.

(1) 무도장차량(無塗裝車輛)

구체 조립 후 최종적으로 외판 표면을 스테인리스 와이어 브러시(wire brush)에 의해 일정한 모양의 헤어라인(hair line) 작업을 시행한 후, 표면에 불활성 산화막(不活性 酸化膜)을 형성한 상태로 사용하는 것이다.

(2) 착색(着色) 및 도장차

강제차와 같이 착색 도장을 하여 운용하는 것이다. 완전히 강제차와 동일한 유지보수를 생각하는 것이 좋다. 착색도장의 경합금 차량은 중량 경량화와 더불어, 아름다운 외관을 얻을 수 있으므로 금후 그와 같은 사용이 증가하리라 판단된다.

4.4.36 견인전동기

1) 조건과 종류

전기차량에 사용되는 주전동기(主電動機, traction motor)로서 우선 첫째로 성능 상 다음과 같은 것이 요구된다.

① 넓은 속도 범위에서 고능율(高能率)로 사용가능 할 것.
② 속도제어가 용이할 것
③ 기동 시 및 구배선구(勾配線區)에서 큰 인장력(回轉力)을 얻을 수 있을 것
④ 병렬 운전 시의 부하 불평형(不平衡)이 적을 것
⑤ 전원전압의 급변에 대하여 안정될 것

아울러, 구조상 요구되는 것으로는 아래와 같다.

① 설치 장소가 제한되므로, 소형이며 경량일 것
② 일반적으로 대차에 설치되기 때문에, 빗물과 먼지에 의한 오손이 심하므로 내수성(耐水性)과 내진성(耐振性)이 있을 것
③ 주행 시의 진동, 충격에 대해서도 견딜 것
④ 점검(點檢), 착탈(着脫) 시 편리할 것

사진 4-6 MT200B 형 신간선용 주전동기

이러한 여러 조건을 만족하는 주전동기로서는 종래부터 직류직권(直流直卷) 전동기가 광범위하게 사용되어 왔다. 교류 전철화(電鐵化)가 진행되어, 직접식으로는 교류 정류자(整流子)전동기가, 간접식(整流器式)으로서는 직류직권 전동기에 맥류(脈流)대책을 이행한 맥류용 직류전동기 등이 사용되고 있다.

이 맥류 전동기도 성능 및 구조면에서도 직류전동기와 거의 같으므로, 과거 일본국철 차량에서는 직류전용 차량에서도 맥류대책을 수립한 전동기를 공통으로 사용하고 있는 예가 많다. 또 전력회생제동(電力回生制動)을 사용하는 경우는 분권특성(分卷特性)이 요구되기 때문에, 직류복권(直流複卷) 전동기 많이 사용된다. 최근에는 반도체 기술이 발달하여 특히, 사이리스터(thyristor)의 응용기술이 진보하여 사이리스터와 동기전동기(同期電動機, synchronous motor) 혹은 유도전동기(誘導電動機, induction motor)와 조합한 소위 무정류자 전동기의 연구개발이 진행되고 있다.

2) 특성

여기서는 차량용 주전동기로서 광범위하게 사용되고 있는 직류직권 전동기에 대하여 설명한다. 직류전동기의 역기전력(逆起電力) E_c(V)는 회전수 n(rpm)과 계자자속(界磁磁束) Φ에 비례한다.

$$E_c = K\Phi n = E - IR \quad \text{------} \quad (156)$$

K : 비례상수, I : 전기자 전류, R : 내부저항, E : 단자전압

또, 출력 P_o(kW), 회전력 τ(kg·m)은 다음과 같이 나타내어진다.

$$P_o(\text{kw}) = E_c I \times 10^{-3} \quad \text{------} \quad (157)$$

$$\tau(\text{kg·m}) = \frac{60}{9.8} \cdot \frac{E_c I(\text{kW})}{2\pi n \times 10^3} = 0.974 \frac{E_c I(\text{kW})}{n(\text{rpm})} \times 10^3 \quad \text{------} \quad (158)$$

계자권선(界磁卷線)에 흐르는 전류와 그것에 의해 발생하는 계자 자속과의 관계는, 전동기를 일정 회전수에서 발전기로서 회전시킬 때의 발전전압과 계자전류와의 관계에서 구해지고 〈그림 4-126〉과 같이 된다. 이것은 무부하 포화특성곡선(無負荷 飽和特性曲線)이라고 하는 것으로서, 계자의 권수와 주전동기의 철심구조 등에 따라 다르다.

그림에서도 알 수 있듯이 여자전류(勵磁電流)의 어느 범위까지는 비례적으로 상승하여, 전류가 크게 되면 전압은 포화한다. 이 전압은 (156)식에서 자속 Φ와 n에 비례하고 있기 때문에 자속과 여자전류의 관계를 나타낸다고 말할 수 있다. 즉 직류 전동기에서는 여자전류는 회로전류이기 때문에 Φ가 I 에 비례하는 범위에서는 (156)식으로부터

$$n = \kappa_1 \frac{E - IR}{I} \quad \text{------} \quad (159)$$

κ_1 : 정수

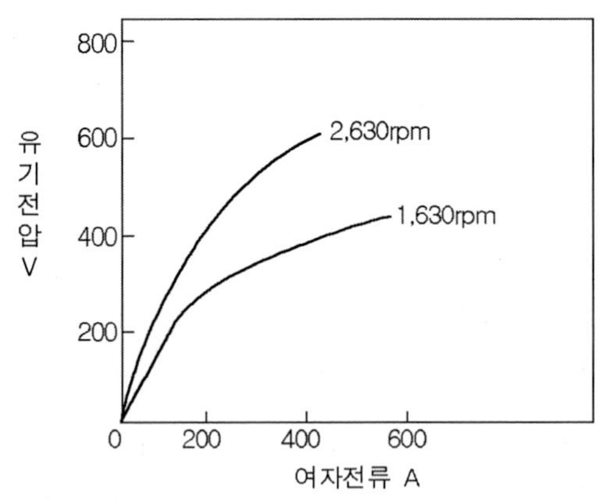

그림 4-126 무부하 포화곡선 (MT54 B)

또, (153)식과 (155)식에 의해

$$\tau = \kappa_2 I^2 \quad \text{(160)}$$

(단, κ_2는 비례정수)로 나타낼 수 있다.

또, Φ 가 I 에 비례하지 않는 범위에서도 근사적으로

$$\tau = \kappa_2 I \quad \text{(161)}$$

이 된다.

즉, (159), (160), (161) 식에서 전류가 클 때에는, 회전수는 낮고 회전력은 크다. 반면 전류가 적은 때에는, 회전수는 높고 회전력은 적다. 이것은 차량에서 요구하는 조건에 적합한 것이다.

한편, (156)식에서 계자 전류를 적게 하면, Φ는 적게 되고 n은 크게 된다. 이것을 약계자 제어(弱界磁制御)라 부르며, 약계자 정도를 표시하는 것으로서

$$\text{약계확율} = \frac{\text{약계자 시 } AT}{\text{전계자 시 } AT} \times 100(\%) \quad \text{(162)}$$

로 표시된다.

동일 회전수로 전(全)계자와 약계자 전류를 비교하면, 약계자에서도 역기전력 E_c를 동일하게 유지하도록 전기자(電機子) 전류 I가 증가함으로써, 전동기의 출력은 증가하고, 또 전기자 전류 I가 동일하면 회전력이 증가하게 된다. 따라서 약계자에 의한 속도향상이 가능하다.

최근 주전동기는 설계기술의 진보에 따라 약계자제어 범위가 대폭적으로 넓어져, 저속 및 고속에서도 좋은 성능을 보여준다.

〈그림 4-127〉에 차량의 속도 인장력 특성의 일례를 나타낸다. 또 〈표 4-30〉에는 일본국철에서 사용되고 있는 주요한 주전동기의 제원(諸元, specification, feature)을 나타내고 있다.

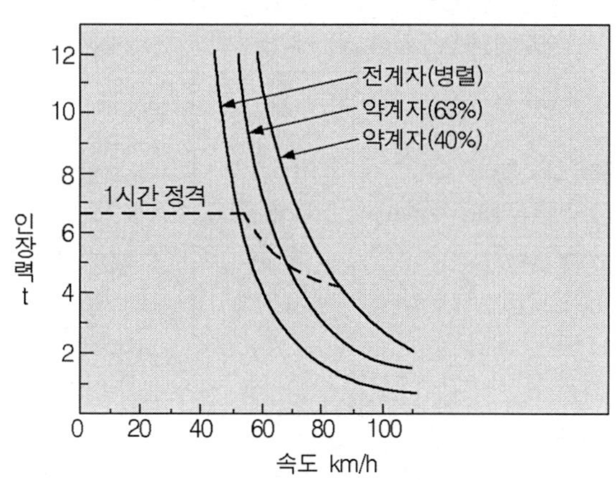

그림 4-127 속도-인장력 특성(일본국철 113계 1unit)

표4-30 전차용 주전동기 주요 제원표 (일본)

항목 \ 형식		MT40	MT46B	MT54	MT55	MT58
방식		직류직권 보극 부착	맥류직권 보극 부착	맥류직권 보극 부착	직류직권 보극 부착	직류직권 보극 부착
동력전달방식		일단기어 감속	중공축 가동식	중공축 가동식	중공축 가동식	중공축 가동식
장가방식		조괘식	대차장가	대차장가	대차장가	3점지지, 대차장가
1시간정격	출력 kW	1420	100	120	110	120
	전압 V	750	375	375	375	375
	전류 A	210	300	360	330	362
	회전수 rpm	870	1,860	1,360	1,330	2,130
	계자율 %	100	70	100	85	90
	풍량 m^3 〉 mm					
최 약계자율 %		60	35	40	35	40
절연 종별 Af/F		B/B	특 B/H	F/ F	F/H 또는 F	F
전기자	$D \times L$ ϕmm×mm	480×220	1,360×150	360×165	380×165	330×155
	홈수	41	38	42	38	42
	전도체수	492	456	420	456	336
	매량장가 AC/cm	343	302	334	315	292
	전류밀도 A/mm^2	3.65	5.9	5.88	6.02	7.54
	권선방식	波-2	重-4	重-4	重-4	重-4
정류자	직견 ϕmm	420	290	290	300	250
	주속 m/sec	19.1	28.2	24.8	21.2	27.5
	편간전압 V	12.25	6.58	7.12	6.57	8.9
주극	권수	18+27	33	23	30	21
	공극 mm	6	4	4.5	5.5	3.5
	매극장가 AT	9,450	6,120	8,280	7,150	6,800
	전류밀도 A/mmϕ	3.68	3.54	3.27	3.2	3.87
포극	권수	37	18	17	19	14
	공극 mm	6	6	6.6	6.5	4.6
	매극장가 AT	7.770	5,400	6.120	6,270	5,040
	진류밀도 A/mmϕ	2.68	4.15	3.54	3.9	4.5
주극 AT/ FF 전기자 AT WF		1.46 0.88	1.62 0.695	1.75 0.70	1.52 0.63	1.80 0.72
비 고		구형 전차용	신성능전차 (초기의 것)	중·장거리 전차용	통근전차	진자형특급 전차(381계)용

항목 \ 형식	MT60	MT200A	MT42	MT101	MT52	MT56
방식	맥류직권 보극 부착	직류직권 보극 부착	맥류직권 보극 부착	직류직권 보극 부착	맥류직권 보극 부착	맥류직권 보극 부착
동력전달방식	중공축 가동식	가동기어 coupling식	일단기어 감속	일단기어 감속 가동식	일단기어 감속	중공축 일단기어 감속가동구동
장가방식	대차장가	대차장가	조괘식	대차장가	조괘식	대차장가
1시간정격 출력 kW	150	185(연속정격)	325	510	48 425	650
1시간정격 전압 V	375	415(연속정격)	750	660	78 750	750
1시간정격 전류 A	445	490(연속정격)	470	832	68 615	930
1시간정격 회전수 rpm	1,890	2,200(연속정격)	800	1,110	88 850	1,260
1시간정격 계자율 %	85	90(연속정격)	100	100	18 100	85
1시간정격 풍량 m^3 〉 mm		10%(영구분로)	50	80	70	80
최 약계자율 %	40	F	60	40	40	40
절연 종별 Af/F	B/B	F	특B/특B	F/F	F/F	F/F
전기자 $D\times L$ ϕmm×mm	360×170	350×225	670×210	380×165	330×155	580×275
전기자 홈수	42	38	57	38	42	75
전기자 전도체수	336	304	342	456	336	600
전기자 매량장가 AC/cm	330.7	338	368	315	292	510
전기자 전류밀도 A/mm^2	5.871	5.91	3.48	6.02	7.54	5.81
전기자 권선방식	重-4	重-4	重-2	重-4	重-4	重-6
정류자 직견 ϕmm	280	250	570	400	420	450
정류자 주속 m/sec	27.1	28.8	23.8	23.9	18.7	28.2
정류자 편간전압 V	8.93	10.9	17.5	12.9	12.1	15.0
주극 권수	21	19	12+18	18	23	16
주극 공극 mm	5	6.5	7.5	5.5	5.0	7.0
주극 매극장가 AT	7,914	8,390	14,100	11,880	14,200	12,640
주극 전류밀도 A/mmϕ	4.14	3.28	2.35	5.62	4.29	3.85
포극 권수	14	13	30	11	21	12
포극 공극 mm	6.5	8.5	7	7	7	9
포극 매극장가 AT	6,230	6,370	14,100	8,525	12,960	11,160
포극 전류밀도 A/mmϕ	4.64	3.59	2.61	5.62	4.9	5.37
주극 AT/ FF	2.70	1.80	1.46	1.81	1.48	1.63
전기자 AT WF	0.68	–	0.88	0.77	0.592	0.768
비 고	chopper 전차용(201계)	신간선전차용	EF 58 EF 15	ED 71	교직류 일반용	고속고출력 (EF 66)용

3) 온도상승과 절연종별(絶緣種別)

(1) 정격(定格, rating)

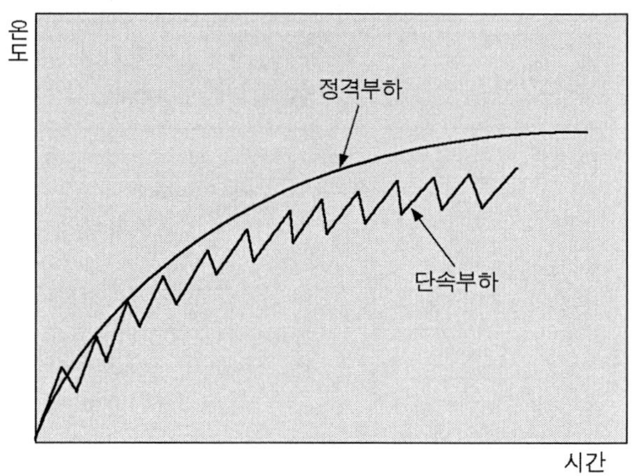

그림 4-128 시간과 온도상승

전기차량의 주 전동기에는 간헐부하(間歇負荷)가 걸려, 그 온도 상승은 불규칙한 변화를 한다. 일반적으로 간헐부하가 가해지는 경우의 정격은 〈그림 4-128〉나타낸 온도상승 곡선과 같이 된다.

주전동기의 정격에는 연속정격(連續定格), 1시간 정격(定格)이 있다. 연속정격 전류라는 것은 지정된 조건 아래에서 연속운전 할 때에 지정된 온도 상승 한도를 초과하지 않는 것이며, 1시간 정격 전류라는 것은 냉 상태(冷 狀態)에서 시작하여 지정된 조건 아래에서 1시간 운전했을 때 지정 온도 상승한도를 초과하지 않는 것을 말한다.

(2) 온도상승(溫度上昇)

실제 전기차량은 앞에서 언급한 것처럼, 간헐부하가 있어 주전동기의 온도상승을 추정할 경우는, 그 온도상승이 전류의 2승에 비례하는 것으로서 등가적(等價的)인 전류를 산출한다.

$$I = \sqrt{\frac{\int_{t=0}^{T} i^2\,dt}{T}} \qquad (163)$$

i : 전류 T : 시간
I : RMS전류(2乘 平均平方根 電流)라 부른다.

RMS 전류치가 정격전류보다 작으면, 전동기의 온도상승은 한도 내에 들어가고 열용량은 충분하다고 말할 수 있다. 그러나 장시간 구배기동(勾配起動)과 같은 과부하가 계속되는 경우는 RMS전류 외에 열시정수(熱時定數)도 고려한 온도상승을 검토할 필요가 있다. 최근 주 전동기의 열시정수는, 전기자 권선이 15~20분, 전기자 전체로 30~40분, 계자권선으로 40분 정도이다.

(3) 절연종별과 온도상승 한도

절연재료는 그 종류에 따라 내열특성(耐熱特性)이 달라, 그 각각에 대하여 온도 상승한도가 정해지고 있다. 현재 사용되고 있는 절연종별과 온도 상승한도를 〈표 4-31〉에 나타낸다.

절연재료에 있어서는 합성수지의 진보에 따라, 과거의 유기재료(有機材料)와 천연수지와 니스와의 조합으로부터 무기질과 합성수지 와니스(vanish)의 조합으로 발전형 B종에서 F, H까지 내열성이 현저하게 향상되었다.

표4-31 절연종별과 온도상승 한도

부 위	측정법	규 격	E	B	F	H
고정자 권선	저항법	I E C 국철규격	115	130 130	155 155	180 180
전기자 권선 및 그 외 전체 회전권선	저항법	I E C 국철규격	105	120 120	140 140	160 160
정류자 또는 집전환정류자	전기식 온도계	I E C 국철규격	105	105 105	105 105	105 105

IEC : pub, no.349 1971 국철규격 JRS 15201-1

온도상승 한도가 상승함에 따라서, 각 권선의 전류 밀도를 높여 출력의 증대가 가능했다. 그러나 H종의 내열성을 가진 실리콘 와니스는 용제형(溶劑形)으로 발포성(發泡性)과 박리성(剝離性)이 있기 때문에, 열전달이 나쁘고 균열박리(龜裂剝離) 등에 의해 빗물이 침투할 수 있어, 차량용으로서는 그다지 적합하지 않다. 그 후 무용제계(無溶劑系)의 접착력이 큰 에폭시 와니스를 채용하여, 진공 함침(含浸)에 의해 완전히 꽉 차게(voidless) 만들어 열방사(熱放射)가 잘되므로 온도상승 한도는 F종과 H종의 사이에 큰 차이를 보이고, 특히 고정자 권선에서는 열방산(熱放散)이 약 50% 개선되어 이 때문에 더욱더 출력상승이 가능했다.

또 최근에는 방향족(芳香族) 폴리아미드 수지(상품명으로 "노멕스", "카푸튼" 이라 부름)가 개발되어 내열성은 물론 내전압도 향상되고, 이러한 내열 절연지를 사용함에 따라, 절연물의 두께를 적게 하여 동일 공간이라면 20%~30%의 열적 여유가 생겨 출력을 그만큼 향상시키는 것이 가능해졌다.

한편, 이러한 새로운 내열절연지(耐熱絶緣紙, 카푸턴, 노멕스)도 와니스로서 무용제계 에폭시이기 때문에, F종이지만 최근에는 H종의 무용제형 와니스의 개발도 되고 있어 금후의 발전이 기대된다.

4) 직류직권 전동기

철도차량의 주 전동기는 이미 언급한 것처럼, 조건을 충족시키는 외는 일반의 전동기와 그다지 차이나는 것은 아니지만, 용량을 비교적 절약한 설계를 하고 있다. 최근 전차용 주 전동기는 승차감을 좋게 하고, 소형 경량화를 도모하기 위해 조괘식(釣掛式, nose suspension type, 매어다는 식)에서 대차 장하식(臺車 裝荷式)으로, 구동방식은 플렉시블 커플링(flexible coupling)과 WN 커플링(coupling)을 사용하는 것이 표준으로 되어 있다. 〈그림 4-129〉에는 전차용 직류전동기의 종단면도를 나타낸다. 주전동기의 구조상의 특징을 살펴보면 아래와 같다.

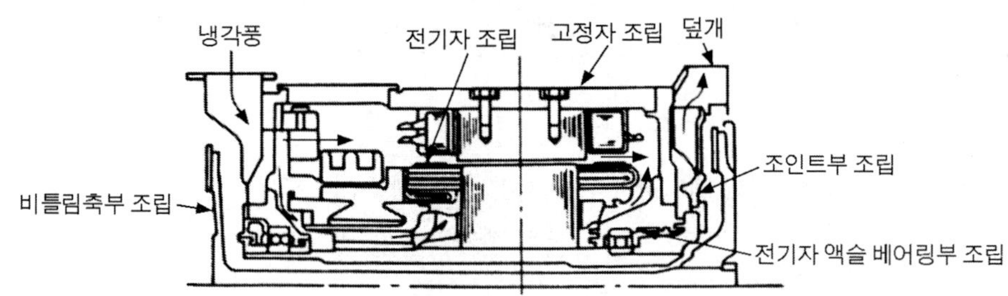

그림 4-129 직류전동기의 종단면 (MT 54B)

(1) 통풍방법(通風方法)

일반적으로 전차용 주 전동기는 자기통풍식(自己通風式)으로 〈그림 4-129〉의 좌상부로부터 유입된 냉각풍은 전기자(電機子, armature) 내부의 풍혈(風穴)전기자와 계자의 틈, 계자 틈의 3번째 병열통로를 통해 우측의 팬(fan)에 의해 외부에 배출된다. 전차용 주 전동기는 용량도 비교적 적어, 대부분 자기 통풍방식이지만 기관차용은 커서 타력강제통풍(他力强制通風)이 일반적이다.

(2) 전기자(armature)

전기자 철심은 두께 0.35～0.5mm의 규소강판에 구멍을 뚫어 40～50톤 압력으로 적층 철심으로 한 것이다. 〈그림 4-130〉은 철심을 누르는 정류자성형(整流子成形)일체화를 나타낸 것이다.

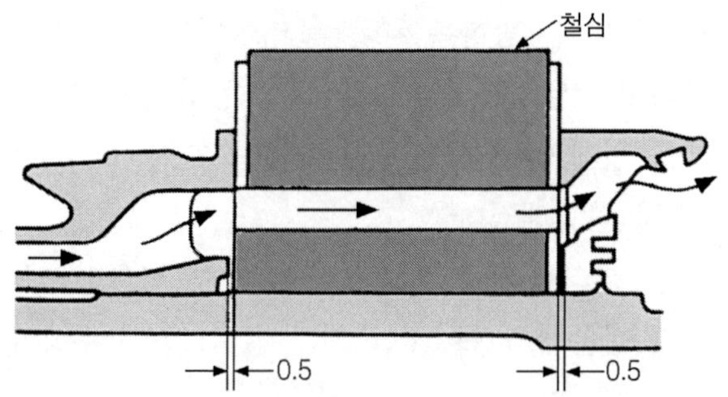

그림 4-130 철심 누름과 정류자 성형의 일체화

전기자 권선에는 파권(波卷)과 중권(重卷) 양방이 있지만, 파권은 고압 소 전류에 중권은 저압 대전류에 적당하다. 최근의 주 전동기에서는 소형 대출력화와, 고속에서 발전제동을 가능하게 하기 위해 정류자의 편간(片間)전압을 낮게 억제할 필요가 있어, 중권방식이 많이 사용되고 있다. 전기자 권선은 주 절연(主 絶緣)으로서 글라스 마이카 테이프(glass mica tape)가 주류를 점유하고 있지만, 최근 설계에서는 카푸턴, 노멕스를 주 절연 재료로 하는 내열 절연지의 사용이 표준으로 되고 있다.

옛날에는 피아노선 바인드를 사용했지만, 글라스(glass) 바인드로 되었기 때문에 잔류장력이 극히 크게 되어, 바인드 아래 절연의 열화(劣化)에 의한 이완은 발생되지 않고, 또 바인드 자체가 절연물이기 때문에 바인드에 의한 절연사고는 제로(0)에 가깝다.

(3) 정류자(整流子, commutator)

정류자편(整流子片)은 고속 시의 기계적강도, 고온 시의 항장력(抗張力), 경도(硬度), 전도율(導電率)을 고려하여 0.15~0.25%의 은을 함유한 전기동(銅)을 사용한다.

편간(片間) 절연으로는 딱딱하지 않은 마이카(mica)를 접착 와니스에 유리와 함께 섞은 것을 사용하고, 정류자 단독으로 고온 고속운전과 증체(增締)를 되풀이 하지 않는다. 누르는 압력을 〈그림 4-131〉에 나타낸 것처럼, V링(ring)의 하측 30° 면만 걸려 아치 바운드(arch bound) 방식으로 되어 있다. 고속회전 시험에서는 정류자면의 주속(周速)이 70m/s 정도까지 사용되고 있다.

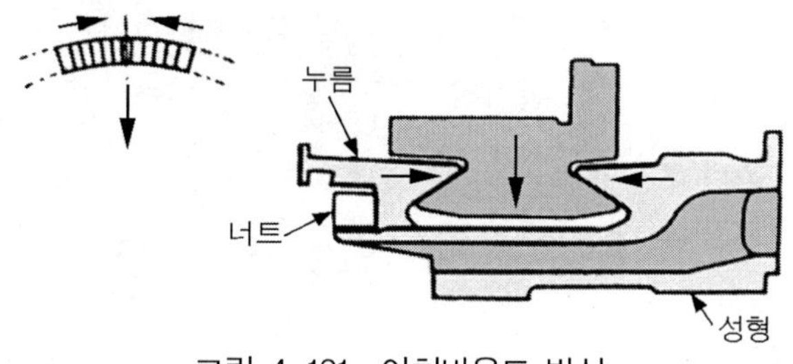

그림 4-131 아치바운드 방식

전기자 권선과 정류자와의 접속에 있어서는 이전에는 순석(純錫) 혹은 고온 납땜을 하였지만, 과부하 운전 시의 납땜 이완 방지를 위해 TIG 용접이 사용되어, 신뢰도는 극히 높게 되었다〈그림 4-132〉.

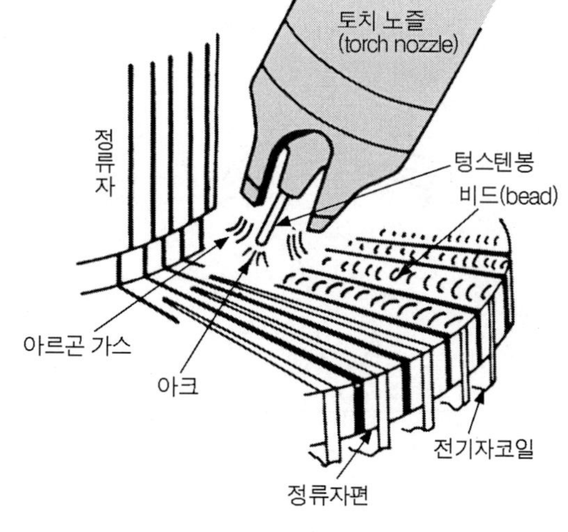

그림 4-132 TIG 용접

(4) 브러시(brush)

브러시는 종래의 조괘식(釣掛式)에서는 기계적 강도가 강한 것에 주안을 둔 것을 사용하였지만, 대차 장하식에서는 정류성능(整流性能)에 중점을 둔 비저항(比抵抗)이 높은 재질을 사용하고 있다. 또 정류성능 향상 면에서는 거의 분할 형 브러시로 전류밀도는 10~15A/cm² 인 것을 사용하고 있다.

브러시 압력은 0.3~0.55kg으로, 일반 전동기와 비교하여 크게 되어 있지만, 조괘식과 대차장하에서는 크기가 달라 후자에서는 더 낮게 취하는 것이 제품, 정류자면(整流子面), 브러시 등의 기계적 마모 관점에서 유리하다.

(5) 자기(磁氣) 프레임

자기 프레임 〈사진 4-7〉은 주강제(鑄鋼製) 또는 강판제의 용접구조가 채용되고 있지만, 최근에는 강판제가 주류를 점유하고 있다. 계자(界磁) 철심은 전기자 반작용에 의해 자계 변형을 적게 하고, 정류자 편간(片間)전압의 첨두치(尖頭値)를 내리기 위해 전기자 철심과 비동심호(非同心弧)로 된 것도 있고, 더구나 〈그림 4-133〉과 같이 2개의 비동심원에 의한 호를 그려 형상이 되는 것도 있다. 최 약계자율(最 弱界磁率)이 높은 것과 단자전압이 높은 것은, 더욱 공극장(空隙長)을 크게 하여 주극(主極) AT의 권회수를 더하여 안정도를 증가하고 있다.

사진 4-7 전차용 자기 프레임

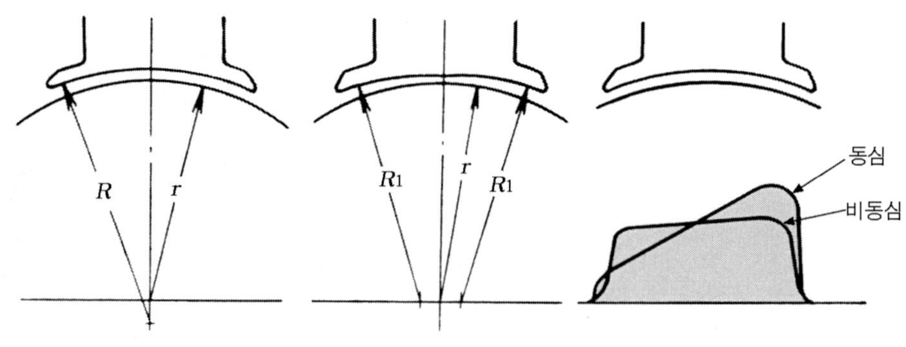

그림 4-133 비동심 철심

보극(補極)은 전기자 반작용에 의해 정류 악화를 방지하기 위한 것이므로, 맥류운전(脈流運轉)을 하는 데에서는 보극 철심을 적층하여 자속(磁束)의 느림을 방지하고 있다. 또 보극은 계철(繼鐵)과의 사이에 조정용 라이나(liner)를 끼워 넣어 설치하고 있다. 극수로는 브러시 교환의 용이성을 고려하여 500kW 정도까지는 4극으로 되어 있다. 또 큰 기동가속도와 고속성능을 요구하는 것과 회생제동을 유효하게 사용하는 것에는, 약계자율(弱界磁率)을 크게 할 필요가 있어 보극권선(補極卷線)을 설치하고 있는 것도 있다.

(6) 축 베어링 (axle bearing)

최근에는 모두 롤러 베어링(roller bearing)을 사용하고 있다. 특히 보수(保守)의 생력화 때문에, 밀봉구조(密封構造)로서 외부로부터 먼지의 흡입방지와 그리스(grease) 산실(散失) 방지 대책을 진행하고 있다.

5) 직류 복권전동기

전력회생제어(電力回生制御)의 경우는, 직권특성(直卷特性)에서는 불가능하므로 분권특성(分卷特性)을 줄 필요가 있다. 이 때문에 직권전동기의 회생제동에서는 계자를 여하한 방법으로 여자(勵磁)해 줄 필요가 있다.

복권전동기의 경우는, 직권계자와 분권계자를 가지고 있으며 분권계자전류를 제어함으로써, 용이하게 회생제동전류를 제어하는 것이 가능하다. 분권계자전류를 전기자전류에 비례한 제어를 실시하면 직권전동기와 같은 특성을 얻게 되고 복권특성으로서는 전동기 전압이 일정한 경우 〈그림 4-134〉과 같은 특성을 얻게 되어 역행(力行)과 회생(回生)에서 주회로의 절환이 불필요하다. 또 정속운전에 대해서도 분권전류는 소전류이기 때문에 제어가 용이하다.

구조적으로는, 주극 권선이 2회로(回路)로 나누어져 있는 것 외에는, 직류직권전동기와 기본적으로 같다. 일반적으로 회생제동의 제어범위의 확대를 위해 정류개선으로서 보상권선(補償卷線)이 부착되는 것이 많다.

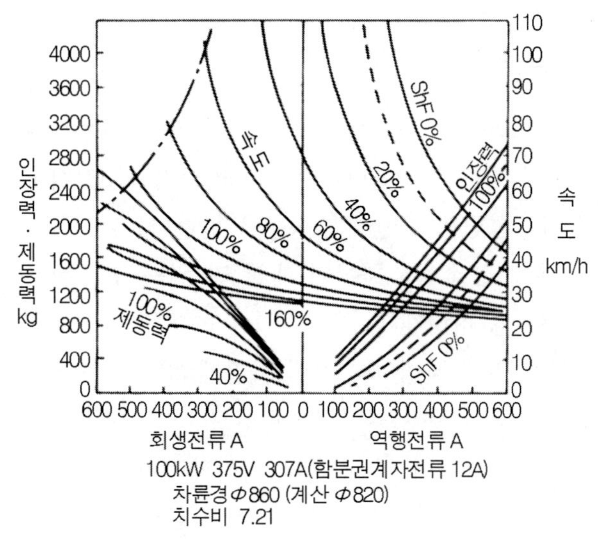

그림 4-134 복권전동기 특성곡선

6) 기타

(1) 교류정류자 전동기

직류 전동기에 단상교류를 인가(印加)한 경우, 주계자의 자속과 전기자 전류와는 동시에 그 방향을 바꾸어 토크는 변동 토크이지만, 직류의 경우도 같은 양상으로 회전한다. 이 경우 변압기 기전력이 생겨 정류가 대단히 악화된다. 이 때문에 주파수를 낮추고 극수를 증가시켜 1극 당의 전압 및 출력을 작게 하여, 보극분로방식(補極分路方式) 등에 의해 교류대책을 세우지만, 일본에서 시험적으로 채용한 대로 교류차량이라도 간접식(間接式, 정류기식)으로 직류전동기가 사용되고 있다.

일본 외의 다른 국가에서는, 주파수를 낮추어 사용되고 있는 예가 많이 있다.

(2) 무정류자 전동기

현재 주 전동기는 전부 정류자 부착 전동기라고 말할 수 있다. 이 전동기의 최대 약점은 정류자와 브러시를 갖고 있는 것이다. 근년에 반도체 기술이 발달되어 무정류자(無整流子) 전동기의 연구개발이 진행되고 있다. 차량용 주전동기로 고려되는 무정류자 전동기로는 유도전동기(誘導電動機)와 동기전동기(同期電動機)가 고려되고 있다. 또 그것을 제어하는 변환기(變換器)가 필요하므로, 그 종류도 전원이 교류인 경우와 직류인 경우가 있고, 변환기와 그 제어방식에도 여러 방법이 있다.

4.4.37 전기기관차의 동력제어

1) 점착성능

철도차량에서의 점착성능(粘着性能)이라고 하는 것은, 차륜과 레일간의 성능을 말한다. 즉 미끄러지지 않고 접촉상태(接觸狀態)를 유지하면서 주행하는 성능을 말한다. 주전동기의 회전력이 차륜에 전달되어 차륜이 레일 면 위를 구르는 상태를 〈그림 4-135〉에 나타낸다.

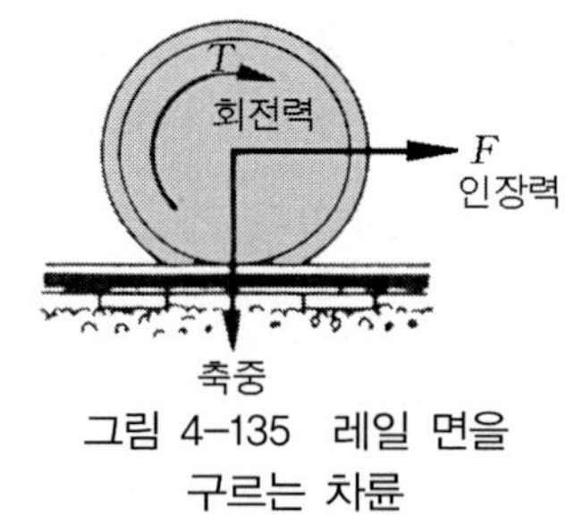

그림 4-135 레일 면을 구르는 차륜

차륜과 레일 사이의 미끄럼 마찰계수를, 차량에서는 점착계수(粘着係數)라 부르고 일반적으로 μ로 나타낸다. 차륜에 걸리는 차량 중량을 축중(軸重)이라 하며 W로 나타내면, 이 차륜과 레일과의 마찰력에 의해 나오는 가능한 인장력의 최대치(F)는 식 (164)로 표현되어지며, 이것을 점착인장력(粘着引張力)이라 한다.

$$F = \mu \times W \quad \text{------} \quad (164)$$

점착인장력은 점착계수 μ와 축중 W의 곱에 의해 정해지고, 이 수치 이상의 인장력을 얻으려고 아무리 회전력을 크게 하여도 차륜은 공전(空轉, slip)할 뿐이다. 즉 점착인장력의 증가는 점착계수 혹은 축중의 증가, 또는 양방의 증가로 얻어진다. 차량중량을 무겁게 하면 축중은 증가되지만, 레일에 미치는 영향 때문에 어느 정도 이상 무겁게 하는 것은 불가능하다.

한편 점착계수는 레일과 차륜 답면의 상태, 날씨, 차량속도 등에 따라 매우 다른데, 제어방식을 통해 실제적으로 기대할 수 있는 점착계수를 어느 정도 조절할 수 있다. 기관차의 목적은 객차와 화차 등을 견인하는 것이므로, 가벼운 기관차로 어떻게 하여 많은 수의 차량을 견인할 것인지, 다시 말하면 점착계수를 크게 얻는 방법이 제어방식을 결정하는 큰 요인이 된다. 이 때문에 직류, 교류기관차 각각에 각종의 제어방식이 채용되고 있다. 참고로 일본 국철에서 운전계획(運轉計劃)에 사용하고 있는 점착계수의 계산식을 식(165), 식(166)에 나타낸다.

- 직류기관차인 경우

$$\mu = 0.265 \times \frac{1 + 0.403\,V}{1 + 0.522\,V} \quad \text{------} \quad (165)$$

- 교류기관차인 경우

$$\mu = 0.326 \times \frac{1 + 0.279\,V}{1 + 0.367\,V} \quad \text{------} \quad (166)$$

V : 속도 (km/h)

2) 동력의 종류와 제어방식

(1) 직류 전기기관차

직류전원으로부터 급전(給電)되어 전원전압(電源電壓)이, 주전동기에 그대로 인가(印加)되기 때문에 절연점으로부터 전압은 일반적으로 3,000V 이하가 사용된다. 한국과 일본의 경우 1,500V가 표준이며, 특히 일본에서는 600V와 750V인 곳도 있다. 이외 이탈리아, 칠레, 벨기에 등이 3,000V를 사용하고 있다. 직류차량의 제어방식으로서 종래부터 널리 사용되고 있는 것이, 저항제어이지만 최근 반도체를 사용한 초퍼(chopper)제어도 널리 사용되게 되었다.

기관차의 주전동기의 개수는, 통상 2개 이상 사용되기 때문에 저항제어를 이행하는 경우에는 조합제어(組合制御), 계자제어(界磁制御)를 병용하는 것이 보통이다.

A. 저항제어

주전동기로서는 특수한 경우를 제외하고, 전부 직류 직권전동기가 사용된다. 직류 직권전동기의 기동은 전동기의 단자전압(端子電壓)을 서서히 상승시킴으로써 와전류(渦電流)를 방지하면서 이행할 필요가 있다. 이 때문에 일정 가선전압에 대하여 저항기와 주 전동기를 직렬로 접속하여 저항기를 순차 단락(短絡)시켜, 전동기의 단자전압을 올리고 있다. 이 제어를 저항제어라 부른다. 〈그림 4-136〉에 저항제어의 예와 노치(notch) 곡선을 나타낸다. 저항제어의 도중 스텝(step)에서는 직렬로 접속되고 있는 저항 치에서, 전동기의 단자전압이 변화하고 속도 특성이 변화된다. 이것을 나타낸 것을 노치곡선이라 부르고, 〈그림 4-136(a)〉와 같은 저항제어에 대응하는 노치 곡선은 〈그림 4-136(b)〉처럼 된다.

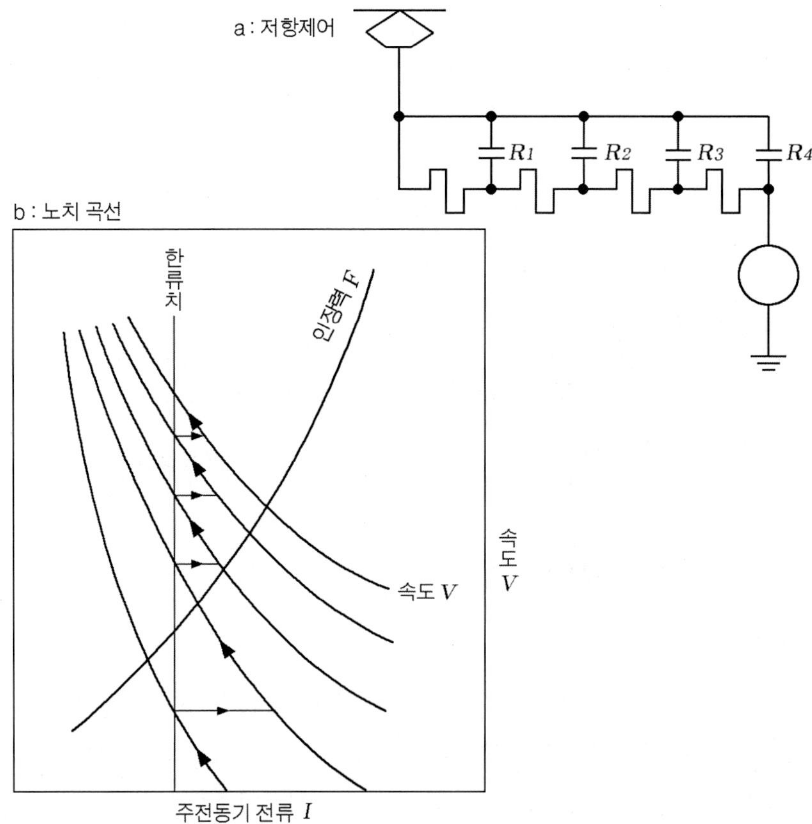

그림 4-136 저항제어 및 노치 곡선

이 〈그림 4-136(b)〉에서 저항을 단락하여, 다음의 스텝에 진단(進段)할 때마다 주전동기의 전류가 변화하지만, 그 피크(peak) 전류 치에서의 인장력이 점착인장력을 초월하면 차륜은 공전한다. 따라서 점착인장력을 초월하지 않도록 저항제어의 스텝(step)수를 정하여, 한류치(限流値)를 설정할 필요가 있다.

저항제어의 스텝 수(數)를 증가시키면, 동일한 점착 인장력에 대하여 한류치를 올리는 것이 가능하여 기관차로서의 인장력이 향상한다.

저항기를 단락하기 위한 스위치로서는, 단위(單位)스위치(電磁空氣操作 스위치)와 전자접촉기(電磁接觸器)를 사용하는 방법과, 캠 접촉기와 캠축을 사용한 방법이 있는데, 어느 방법이나 제어신호에 의해 저항기를 순차적으로 단락한다. 캠축 방식 〈사진 4-8〉은 접촉기의 투입 순서가 캠 편(片)에 의해 기계적으로 결정되므로, 구조가 간단하여 중연 운전과 자동진단(自動進段)에 적당하다.

사진 4-8 캠축방식 저항제어기

B. 조합제어(組合制御)

일반적으로 2개 이상의 주 전동기를 갖는 차량에서는, 저항기에 의한 기동 시의 전력손실을 적게 하기 위해서, 기동 시에 전동기를 직병렬로 조합하여 조합제어를 사용하는 경우가 많다. 주 전동기의 접속(接續)을 직렬로부터 병렬로 전환할 때 과도적(過渡的)인 접속 상태를 이동이라고 말한다.

이동에는 개방(開放)이동, 단락(短絡)이동, 교락(橋絡)이동 3방식이 있다.

개방이동은 주전동기 회로를 개방하여, 접속교환을 이행하기 위해 인장력의 변화가 커서 기관차에는 거의 사용되지 않는다. 단락이동은 이동 중에 주전동기의 일부가 단락되는 방식으로 〈그림 4-137(a)〉에 예를 나타낸다.

교락이동은 이동 도중에 주 전동기는 개방도 단락도 되지 않고 〈그림 4-137(b)〉에 나타낸 것처럼 브리지 회로를 구성하여, 전환을 이행하므로 이동 중의 인장력의 변화는 3방식 중에서 가장 작아 구배구간(勾配區間)을 주행하는 기관차에 주로 사용되고 있다.

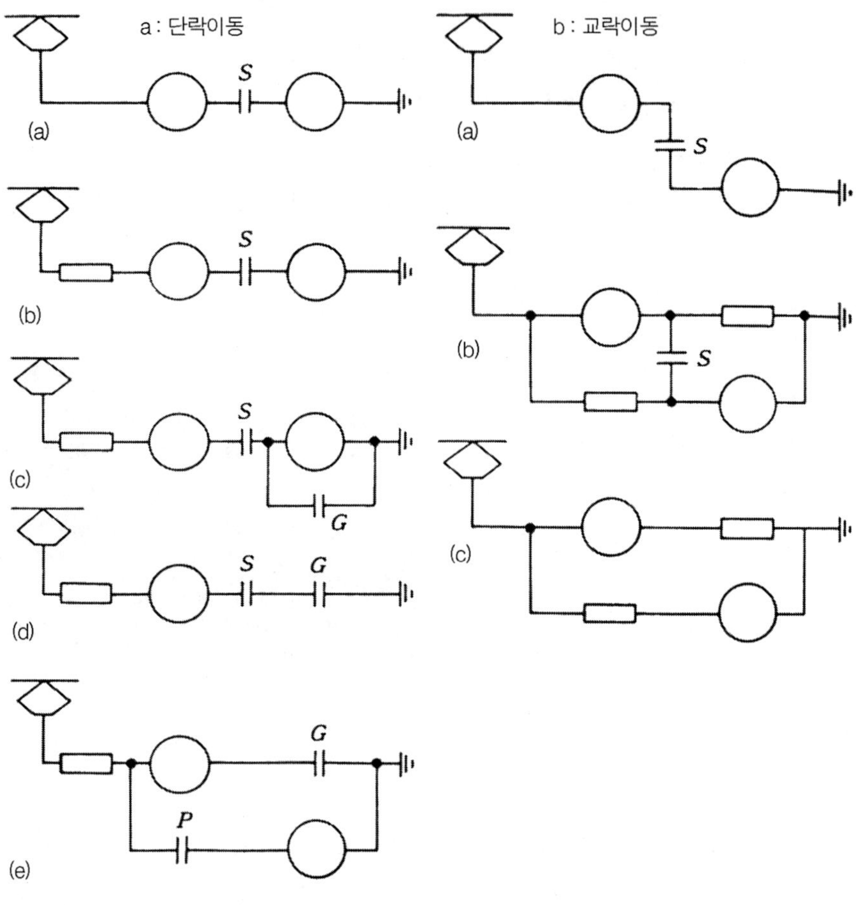

그림 4-137 조합제어의 이동방식

C. 계자제어(界磁制御)

저항제어가 완료되고 주전동기의 특성에 따라 주행 중 더욱더 속도를 올리는 목적으로, 계자제어가 사용된다. 계자제어라고 하는 것은 주전동기의 계자 자속(磁束)을 감소시키는 것으로 되어 있고, 그 때문에 계자 코일로부터 탭(tap)을 내어 탭 전환에 의해 계자의 권수를 감소시키는 방식과 계자에 병렬로 분로저항을 접속하여 계자에 흐르는 전류를 감소하는 방식이 있다.

최근과 같이 계자제어 스텝(step)수를 많게 하면, 후자(後者) 방식이 유리하게 되어 탭 제어는 그다지 사용되지 않는다.

D. 초퍼제어

반도체 기술의 진보에 의해 대용량 사이리스터(thyristor)와 다이오드(diode)를 고전압, 대전류

회로에 적용하는 것이 가능하게 되어, 이것에 의해 직류 차량의 새로운 제어방식으로서 직류 초퍼제어가 사용되게 되었다. 이 방식의 특징은 다음과 같다.

① 주 전동기의 단자전압이 제로에서 전원전압까지 연속적으로 변화되므로, 스텝리스(stepless) 제어가 가능하게 되어, 저항제어처럼 진단 시(進段 時) 전류급변(電流急變)이 없고, 또 제어의 응답도 빠르게 되어 점착성능이 향상한다.

② 자유롭게 주행할 수 있는 스텝(step)을 임의로 선정 가능하고, 저항제어처럼 제한이 없다.

③ 저항기에 의한 전력 손실이 없다.

④ 무접점화(無接點化)에 의해 보수성(保守性), 신뢰성(信賴性)이 향상된다.

(2) 교류 전기기관차

교류차량에서는 전기방식과 사용하는 주전동기의 종류에 따라 제어방법이 다르지만, 주전동기에 있어서는 교류를 직류로 변환하여 급전하는 직류전동기와 교류를 그대로 급전하는 교류정류자 전동기와 특수한 예로서는 유도전동기(誘導電動機, induction motor) 등이 사용된다. 한국의 경우 교류 25kV를 사용하며, 일본에서는 상용 주파에 의한 교류전철화(交流電鐵化)이므로 전압은 재래선이 20kV, 신간선이 25kV를 채용하고 있다. 또 제어는 정류기로 교류를 직류로 변환하여, 직류직권 전동기를 구동하는 방식을 채용하고 있다.

교류차량의 제어 상 가장 큰 특징은, 변압기의 탭을 변화시킴으로써 주전동기의 단자전압이 변화되므로, 그 때문에 직류차량에서 사용되도록 한 저항제어, 조합제어 등은 일반적으로 사용되지 않는다.

제어방식으로는 탭 제어와 연속위상제어(連續位相制御)로 대별된다.

A. 탭(tap)제어

주 변압기의 1차 측(고압 측)에 탭을 설치하는 고압 탭 제어와, 2차 측(저압 측)에 탭을 설치하는 저압 탭 제어가 있다. 변압기의 1차 권선은 권수가 많고 전류도 비교적 적으므로 고압 탭 제어에서는 탭을 많이 내는 것이 가능하고, 절연을 고려하면 용량이 큰 것에 적합하다. 저압 탭 제어는 권선수가 적어 대 전류가 흐르는 2차 권선으로부터 탭을 나오게 하는 것이 되어, 탭 수에 제한이 있다.

따라서 이러한 탭 제어 외에, 탭 사이를 연속적으로 제어하는 보조수단을 병용하는 것이 일반적이다. 고압 탭 제어와 저압 탭 제어는 각각 장단점이 있지만, 최근에는 오직 저압 탭 제어를 사용하고 있다. 더욱이 사이리스터 위상제어를 병용함으로써, 주전동기의 단자전압을 전(全)전압까지 연속적으로 제어할 수 있는 동시에, 탭 전환이 무전류(無電流)로 이행되기 때문에,

접점의 손모(損耗)를 막는 것이 가능하다. 〈사진 4-9〉에 탭 전환기 및 정류기를 나타낸다.

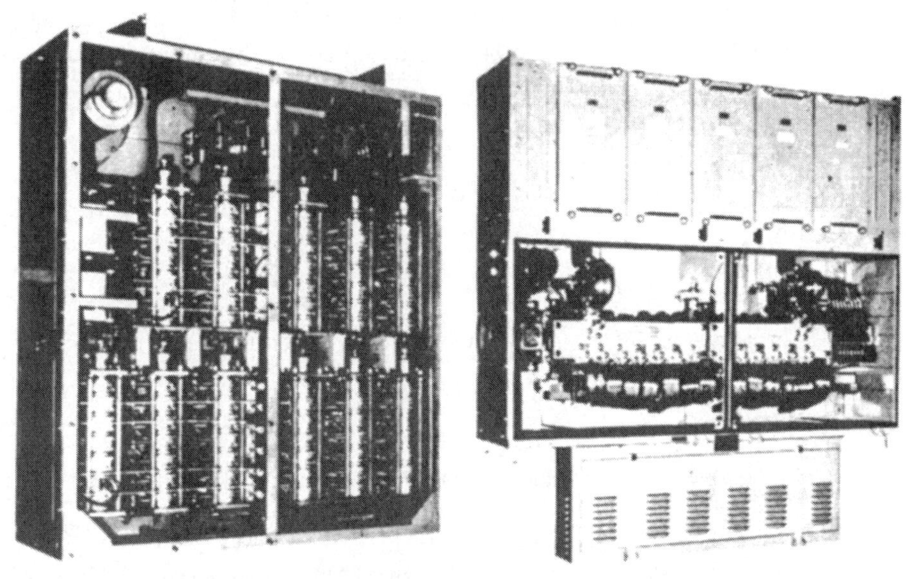

사진 4-9 탭 전환기(왼쪽)와 정류기(오른쪽)

B. 연속위상 제어

이 방식은 변압기의 권선 탭(tap)제어는 이행되지 않고, 전(全)전압을 사이리스터에 의해 위상제어 하는 것이다. 〈그림 4-138〉에 주회로 간략 연결도를 나타낸다. 이 경우 전(全)전압을 일시에 위상 제어를 하는 것은 고주파(高調波) 전류가 크게 되는 것, 역률이 나빠지는 등의 문제가 발생하므로, 그림에 나타낸 것처럼 2차 측 권선을 분할하여, 1조씩 위상제어를 이행하는 것이 보통이다.

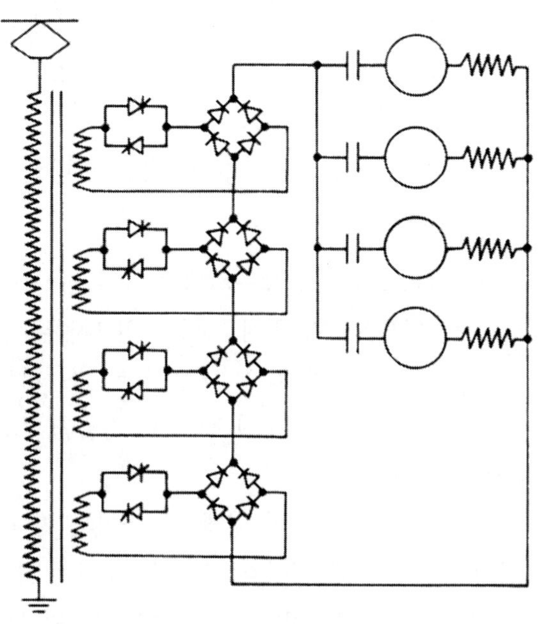

그림 4-138 주회로 간략 연결도(연속위상제어)

(3) 교·직류 전기기관차

차량으로서는 직류기관차를 기본으로 하고, 그것에 정류장치(整流裝置)를 부가한 것이 일반적이다. 따라서 직류구간은 물론 교류구간에서도 직류 기관차와 같은 형태로 저항제어, 조합제어, 계자제어 등이 사용되어 성능상은 직류기관차와 동등하다고 생각해도 좋다.

3) 제어 특징

기관차의 제어방식에 대하여 언급했지만, 그러한 것 이외에 주로 점착성능을 향상하기 위해서 다음과 같은 기관차의 독특한 제어가 이행된다.

(1) 버니어(vernier) 제어

저항제어 방식에서는 저항 단락 스텝(step) 수를 많게 하여, 노치(notch) 곡선을 조밀하게 하면 진단 시(進段 時)의 전류 변화가 적게 되어, 점착성능이 향상한다. 그러나 저항단락용 스위치 수도 증가하여, 제어장치가 대형화되므로 스텝(step) 수를 증가하는 것에는 한도가 있다. 이 문제를 해결하기 위해서 사용되는 것이 버니어(vernier)제어로 〈그림 4-139〉에 예를 나타낸다.

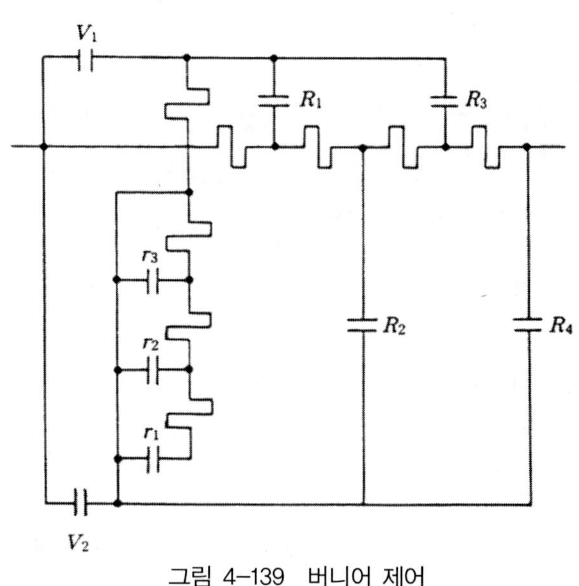

그림 4-139 버니어 제어

다시 말하면, R 스위치에 의한 각 저항단락의 스텝에 대하여 r 스위치에 의한 소저항의 저항제어를 부가한다. 이것에 따라 R 스위치의 각 스텝 중간에 r 스위치에 의한 4 스텝이 첨가된다. 따라서 r 스위치를 병용하면 R 스위치만의 스텝 수보다 5배의 스텝 수를 얻는다. 이 방식을 버니어제어라고 한다. 점착 인장력에 가까운 큰 인장력이 필요할 때에 사용된다.

(2) 축중이동 보상(軸重移動 補償)

기관차에서는 인장력이 발생하는 위치(레일 면)와 전달 장치(연결기)의 상대적인 위치 관계로부터, 기관차에 대하여 회전모멘트가 발생하여 진행방향 앞 측 축의 축중이 가벼워지므로, 공전을 일으키기가 쉽게 된다. 이 축중 이동량(移動量)을 작게 하기 위해서, 차체 측에서 여러 가지의 대책을 세우고 있으며, 발생한 축중의 불균형에 따라 인장력을 가감하는 전기적인 축중이동 보상도 이행되어진다.

통상, 축중이 가벼운 축의 주 전동기의 계자를 기동 시에 약하게 하여, 인장력을 감소하여 공전 발생을 방지하는 방법을 얻는다. 초퍼제어를 사용하여 주 전동기를 몇 개의 군으로 나누어 제어하는 경우에는, 축중이 거의 같은 주 전동기를 1군으로 하고, 한류치(限流値)를 변화시켜 인장력을 가감하는 것도 가능하다.

(3) 공전검지(空轉檢知)와 재점착 제어(再粘着 制御)

기관차는 일반적으로 점착 인장력 한도껏 인장력을 얻어 주행하기 때문에, 공전이 발생하면 신속히 이것을 검출하고 재점착을 도모하는 것이 필요하다.

교류기관차에서 주 전동기는 통상 병렬로 접속되어 있기 때문에, 차륜이 공전하면 전류가 급격히 감소하여, 인장력도 감소하므로 재점착이 쉬운 특성을 갖추고 있다. 한편 직류기관차에서는 주 전동기가 직렬로 접속되고, 혹은 저항기가 직렬로 접속되어 있기 때문에, 공전 시는 공전한 주전동기의 단자전압이 상승되어 공전속도가 점점 더 크게 되어, 그대로는 재점착하기가 어려운 성질을 갖고 있다. 따라서 직류 및 교·직류 기관차는 통상 공전검지와 재점착의 수단이 필요하게 된다.

공전을 검지하는 방법으로는

i) 차축 단(車軸 端)에 속도발전기를 설치하여 각축의 회전수를 비교한다.
ii) 주전동기의 단자전압을 비교한다.
iii) 주전동기의 전류를 비교한다.

또 재점착의 수단으로는

i) 모래를 뿌려 차륜과 레일 간에 점착상태를 좋게 한다.
ii) 진단(進段)을 중지 또는 되돌린다.
iii) 주전동기의 전기자전류(電機子電流)를 분류하여 인장력을 감소시킨다.
iv) 공기제동을 부가한다.
v) 주전동기 회로를 차단한다.

등이 있으며, 보통은 이러한 것을 조합하여 사용한다.

(4) 구배억속제동(勾配抑速制動)

긴 구배구간을 주행하는 기관차는, 하구배에서 속도를 제한하기 위해서 억속(抑速) 제동을 사용한다. 억속 제동으로서 공기제동을 사용하는 것은, 제륜자(brake shoe)의 마모, 타이어(tyre) 과열 등의 문제가 있어, 최근 기관차는 억속용 전기제동을 갖추고 있다. 전기제동 방식으로서 발전제동과 회생제동이 있으며, 모두 주전동기를 발전기로서 작용시켜, 운동에너지를 전기에너지로 변환시키는 것이므로 전자(前者)는 그 에너지를 저항기에 소비시켜 열로서 방산(放散)시키고, 후자(後者)는 가선(架線)에 전력을 반환하는 방식이다.

발전제동에 사용되는 저항기 용량은 대단히 크기 때문에, 송풍기로 강제적으로 냉각시킨다. 또 회로상은 주 전동기마다 독립된 발전제동회로를 구성하여 활주 시에 재점착을 도모하고, 다른 건전한 주 전동기에 영향을 미치지 않도록 하여 활주 시의 제동력 저하를 방지하고 있다.

회생제동은 저항기가 필요하지 않은 대신에, 회생한 전력을 흡수하는 부하가 필요하고, 부하가 없는 경우는 제동력이 작용하지 않는다. 그 결과 공기제동을 사용하게 되어, 이 점에서 발전제동과 비교하여 안정성에 흠이 된다.

4.4.38 전차의 동력제어

1) 견인전동기 제어

전차의 주전동기로서는, 그 특성 면에서 직류직권(直流直卷) 전동기가 일반적으로 사용되고 있다. 그 특성은 회로저항 등을 고려하면 다음과 같이 표현된다.

$$n = \frac{(V - RI) - rI}{K_0 \Phi} = \frac{E - rI}{K_0 \Phi} \quad \text{(167)}$$

$$T = K_2 \Phi I = K_2 K_1 I^2$$

E : 단자전압(端子電壓)	V : 전원전압(電源電壓)
R : 외부직렬저항(外部直列抵抗)	r : 내부저항(內部抵抗)
n : 회전수(回轉數)	T : 회전력(回轉力)
Φ : 계자극 자속 수(界磁極磁束數)	I : 전기자 전류(電機子電流)
K_1 : Φ / I	K_0, K_2 : 정수

그런데, 주 전동기의 제어에는 주 전동기에 흐르는 전류를 일정하게 보존하여 회전력을 일정하게 제어하는 것과, 고속 시에는 더욱 회전력을 강하게 하는 제어 등이 있다. 각각의 목적에 따라 상기 2개의 식을 변화시켜 얻는 수치 R, E, K_1을 제어하고 있다. 외부저항(R)을 제어하는 것은, 주전동기의 단자 전압을 제어하는 것이 되어, 전류(I)를 일정하게 유지하고 나아가 일정 회전력을 얻도록 하는 것이다. 또 K_1을 제어하는 것은, 주전동기의 단자전압이 일정한 경우에, 계자(界磁)를 분로(分路)하여 계자세기가 감소함에 따라 전기자 전류를 증가시키는 것($E_0 = K_0 n \Phi$부터 자계세기를 분로하는 이전과 같은 세기로 되게 하는 데까지

전류가 증가)이 목적으로, 일반적으로는 전기(前記)의 주전동기 전압제어가 종료하고, 나아가 고속까지 큰 회전력을 얻을 때 사용된다. 계자세기를 변화시키는 제어는 약계자제어(弱界磁制御)라 한다.

2) 전압제어

주전동기의 단자전압(端子電壓)을 제어하는 방식으로는, 직류 전차에서는 저항제어(抵抗制御), 초퍼(chopper)제어 등이 있고, 교류전차에서는 탭 제어, 위상제어(位相制御) 등이 있다.

(1) 저항제어

직류전차의 주회로 연결 개념도(概念圖)를 〈그림 4-140〉에 나타낸다. 최초 S_1만을 닫고 다른 것은 전부 열어 기동한다. 이때 속도는 제로(0)이므로 주전동기의 역기전력(逆起電力)도 제로로 되어, 주저항기 R에 의해 제어된 전류만이 흐른다. 전차의 속도가 상승함에 따라, 주전동기의 역기전력도 상승되어 전류가 감소하게 된다. 따라서, 주저항기 R을 감소시켜 전류를 일정하게 보존하면 가속하는 것이 가능하다.

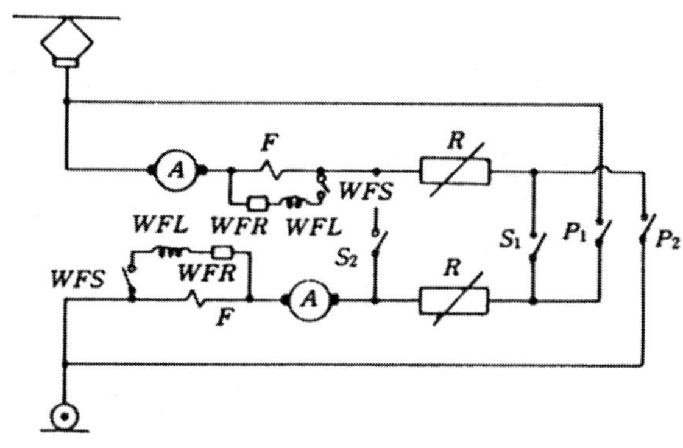

그림 4-140 직류전차의 주회로 간략도

앞 절에서 이미 설명한 바와 같이, 주 전동기에 직렬로 접속한 외부저항을 서서히 감소시켜 가는 제어를 저항제어라 부른다. 저항제어에서 주전동기 단자전압을 전원전압까지 원활하게 올리는 데는, 적당한 저항치 및 저항변화의 단(段)이 필요하다. 물론, 이 저항변화의 단(段)이 많은 만큼 저항 전환 시의 전류변화는 적게 되고 회전력의 변화에 따른 충동(衝動)도 적다. 그러나 현재 차량에 실용화되어 있는 저항체로서 고유저항치가 가변되는 것은 없으므로, 어떠한 군(群)의 고유저항을 이용하여 이것을 전동(電動) 캠 접촉기로 제어하는 것이 일반적이다.

저항제어에서는 입력의 일부는 당연히 저항의 발열(發熱)로 소비되는 것이므로, 이 방법은 제어효율이 나빠 주행속도 제어로는 사용하지 않고, 오로지 기동 시의 전류제어에만 사용된다. 또 기동 시에도 저항기에 의한 전력 손실을 적게 하기 위해, 복수개의 주 전동기를 가진 차량에서는 주전동기 조합에 의한 직·병렬제어를 병용하는 것이 일반적이다.

결국, 앞에서 언급한 것과 같이, S_1을 닫은 상태에서 주저항기 R이 전부 단락되면, 주 전동기에는 전원전압의 반분(半分) 씩 인가(印加)된다. 그 상태에서 S_2를 닫고 S_1을 개방한다. 그래서 주저항기 R을 적당한 수치로 설정하여 P_1, P_2를 닫으면, 주저항기 R과 주 전동기에서 브릿지(bridge)가 구성되어 주 전동기에 흐르는 전류는 변화되지 않는다. 그 상태에서 다시 S_2를 개방하면, 주 전동기는 직렬로부터 병렬로 전환된다. 병렬 단에 들어가 속도가 더욱더 상승하면, 그것에 따라 주저항기 R의 제어를 계속하여 최종적으로는 R이 전부 단락되어 주 전동기에는 전원전압이 인가된다.

주전동기의 역기전력 E_0 는 속도 n에 비례하므로, 병렬 단은 직렬 단의 2배 속도로 된다. 또 일정 전류로 가속한 경우는, 속도 제로로부터 직렬 최종 단까지와 직렬 최종 단으로 부터 병렬 최종 단까지의 시간은 거의 같으므로, 주전동기 입력에너지와 주저항기에 발열 손실하는 에너지의 비(比)는 〈그림 4-141〉과 같이 된다. 〈그림 4-141〉로부터 직병렬제어에 따라 주저항기에서의 발열이 50% 감소하는 것을 알 수 있다.

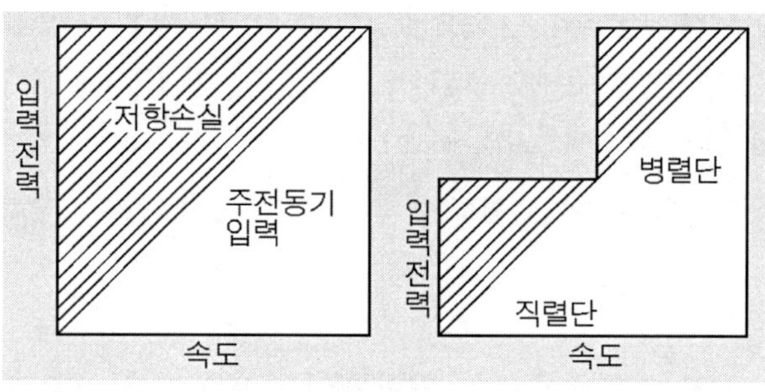

그림 4-141 직·병렬제어 병용에 의한 저항손실의 저감

(2) 초퍼 제어

주전동기의 단자전압을 제어하는 방법으로서, 손실이 많은 직렬 저항방식은 사라지고, 무손실로 효율 좋게 제어하는 방식으로서 사이리스터 초퍼(thyristor chopper) 제어가 실용화되고 있다. 〈그림 4-142〉에 나타내는 회로에서 스위치 S를 ON·OFF 하면 부하(負荷)에 가해지는 전압은 전원전압 E_s 와 O와의 사이를 변화하는 방형파(方形波) 펄스(pulse)로 된다. 이때의 부하전압(負荷電壓)평균치 E_L은

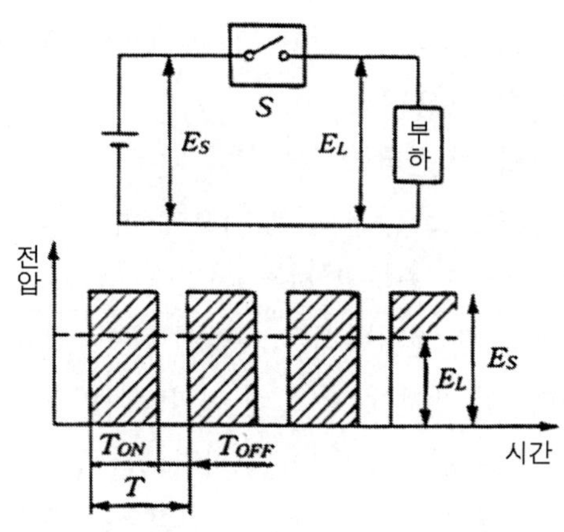

그림 4-142 초퍼 제어의 원리

$$E_L = \frac{T_{ON}}{T_{ON} + T_{OFF}} \cdot E_s = \frac{T_{ON}}{T} \cdot E_s \quad (168)$$

로 된다. 즉 스위치 S의 ON 시간비율을 변화시키는 것에 따라, 부하 전압을 O로부터 E_s까지 자유로이, 무손실로 변화시키는 것이 가능하다.

스위치 S를 대용량 사이리스터를 이용하여 무접점으로 구성하여, 생(省)에너지 효과와 보수의 생력화(省力化)를 목적으로 한 사이리스터 초퍼 제어 전차가 금후의 경향이다. 초퍼사용 전차의 주회로 연결 개략을 〈그림 4-143〉에 나타낸다. 전차의 경우는 부하가 주 전동기이므로, 전류의 단속(斷續)을 막기 위해 주평활(主平滑) 리액터(reactor) MSL 및 프리 포일링 다이오드(free foiling diode) D_F를 그림과 같이 접속할 필요가 있다.

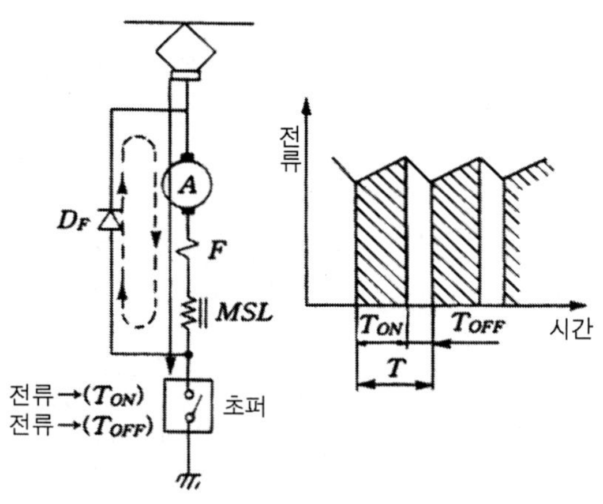

그림 4-143 초퍼제어회로와 전류파형

(3) 탭 전환 제어

교류전차의 경우 전원이 교류이므로, 전압제어는 변압기를 사용함으로써 아주 간단히 이행하는 것이 가능하다. 즉 변압기의 1차 측 또는 2차 측에 많은 탭을 나오게 하고, 그 탭을 전환함으로써 전압을 제어할 수 있는 것이다. 이 전압제어 방식을 탭 전환제어라고 부르고 있으며 〈그림 4-144〉에 나타내었다. 변압기의 1차 측(20kV)으로부터 탭을 내는 방식을 고압 전환, 2차 측(약 1,000~2,000V)으로부터 탭을 내는 방식을 저압 탭 전환이라 한다. 각각 장·단점이 있다.

고압 탭 전환방식은 고압 때문에, 절연(絶緣)이 어렵다고 하는 결점이 있는 반면, 코일 권수가 많으므로 많은 탭을 나오게 하는 것이 가능하고, 전류도 적으므로 비교적 소형의 전환기(轉換器)로도 좋다고 하는 이점이 있다.

저압 탭 전환방식은 저압인 반면, 전류가 커서 탭의 수가 많이는 나오지 않는 등의 결점이 있다. 이 때문에 저압 탭 전환방식의 경우는 탭을 플러스, 마이너스에 조합시키는 등으로 해서, 많은 전압 단(段)이 얻어지도록 연구를 하고 있다. 또 전기 기관차처럼 파워가 큰 것에서는, 전류가 커서 그대로는 전환기를 구성할 수 없으므로, 무전류에서 전환되는 방식을 채용하고 있다.

성능적으로는 저압 탭 전환방식 쪽이 유리하여, 최근은 오직 저압 탭 전환방식을 사용되고 있다.

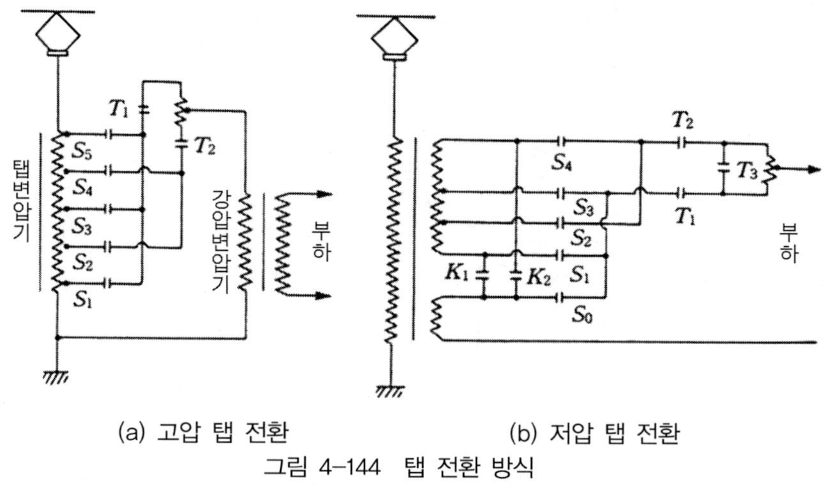

(a) 고압 탭 전환 (b) 저압 탭 전환

그림 4-144 탭 전환 방식

(4) 위상제어

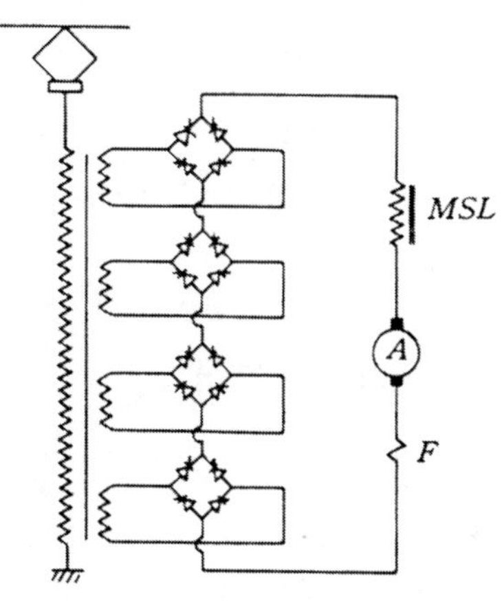

그림 4-145 위상제어 방식

사이리스터를 사용하여 위상 제어함으로써, 전압을 연속적으로 제어하는 방식이 있다. 이 방식은 탭 전환기 등의 유접점(有接点) 부분이 없어, 완전히 무접점(無接点)으로 구성된다는 장점이 있고, 전력회생제동(電力回生制動)도 가능하므로, 금후 사용이 증가할 것으로 생각된다. 원리적으로는 사이리스터 브리지(thyristor bridge) 1단에서 구성이 가능하지만, 사이리스터의 내압문제(耐壓問題) 및 고주파전류의 저감·역율(力率) 개선 등의 목적 때문에, 사이리스터 브리지를 수단 종속접속(數段 縱續接續)하여 구성하는 것이 일반적이다〈그림 4-145〉.

3) 약계자 제어

약계자 제어는 일반적으로 전압제어가 끝난 뒤, 더욱더 속도를 올리고 싶을 때에 사용된다. 그 동작원리는 이미 설명한대로이지만 〈그림 4-146〉에 나타낸 것처럼, 그 방식에는 계자권선(界磁捲線)으로부터 탭을 나오게 하여 그것을 전환하는 방식과, 계자권선에 병렬로 분기저항기를 접속하여 전류를 분류(分流)시키는 방식 2종류가 있다. 그러나 구조상의 문제 때문에 최근은 오직 분로저항기방식(分路抵抗器方式)이 사용되고 있다. 전압이 급상승한 경우, 전류도 급증하지만 급증한 부분의 전류는 인덕턴스(inductance)가 큰 계자 권선 쪽에는 흐르지 않고, 전부 분로저항(分路抵抗)쪽으로 흐르게 된다. 이 때문에 순간적으로 과도의 약계자로 되어, 주전동기의 정류(整流)가 나빠지게 되므로, 이것을 방지하기 위해서 분로저항과 직렬로 인덕턴스(inductance)를 첨가하여 넣고 있다.

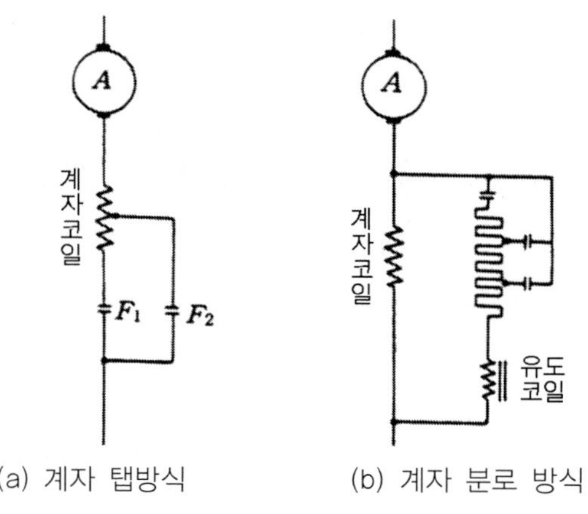

(a) 계자 탭방식　　(b) 계자 분로 방식

그림 4-146 약계자탭 방식

앞에서 언급한 초퍼를 사용하여 계자를 연속적으로 제어 가능하도록 한, 계자초퍼 제어방식 〈그림 4-147〉도 실용화되고 있다. 이 방식에 의하면 계자를 강하게 함으로써 전력회생제동이 걸리므로 비교적 값싼 생(省)에너지 대책으로서 사용이 확대되고 있다.

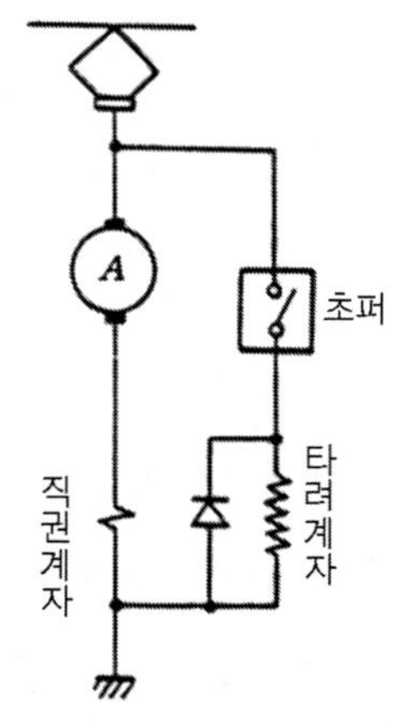

그림 4-147 계자블로방식

4) 전기제동 제어

전기제동은 주전동기(主電動機)를 발전기(發電機)로서 사용하고, 차량이 갖고 있는 운동 에너지를 전기에너지로 변환하여, 그것을 주저항기에서 발열소비(發熱消費)하여 제동을 걸거나, 전차선(電車線)에 반환하여 다른 전차 등에서 유효하게 소비하는 데에 따라 제동을 거는 방식이다. 전자(前者)를 발전제동(發電制動, rheostatic braking), 후자(後者)를 전력회생제동(電力回生制動, regenerative braking)이라 부르고 있다.

〈그림 4-148〉에 발전제동의 연결, 〈그림 4-149〉에 초퍼 제어에 의한 회생제동의 연결을 나타낸다.

전기제동의 경우, 병렬회로에서의 횡류(橫流)를 막아 평형을 얻기 위해서, 교차계자(交差界磁)로 하는 것이 일반적이다. 전기제동은 공기제동보다도 안정되고, 강력한 제동력을 얻는다.

또 제륜자 마모도 전기제동으로 하는 것이 대폭적으로 감소하므로, 최근의 전차는 거의 전기제동이 걸리도록 되어 있다.

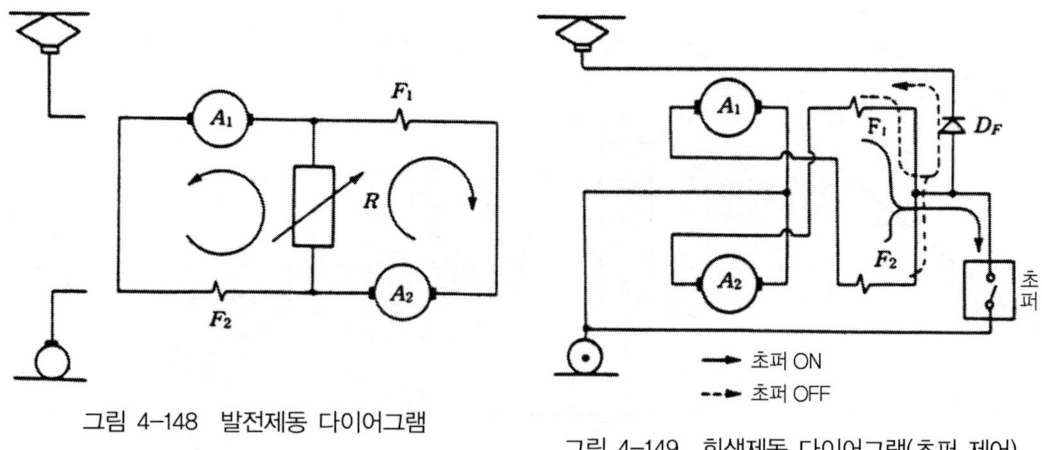

그림 4-148 발전제동 다이어그램

그림 4-149 회생제동 다이어그램(초퍼 제어)

4.4.39 집전장치

전기차량의 집전장치(集電裝置, current collection equipment)는, 전기철도가 만들어진 이후 120년이란 세월이 흘렀으므로 종류도 많다.

도체(導體)를 지상 높이 가설(架設)하는 방식으로는 2가닥의 선 위에 얹은 작은 트로프(trough, 좌우 차륜은 절연되어 있음)로부터 전선을 끌어 낸 것, 전선을 단순한 봉으로 긁고 지나가는 것, 전선을 수전체(受電體)로 긁는 것, 앵글(angle)을 도체로 하여 팔(lever)로 집전하는 것 등이 있다. 도체를 지하에 설치한 것으로는 궤도중앙에 트로프를 설치한 것, 일정 간격으로 은견식(隱見式)의 스터드(stud)를 설치해 차량을 전자석으로 빨아 올려 스케이트(skate)로 집전하는 것 등이 있다. 이들 가운데 제3궤조를 슈(shoe)로 긁으며 집전하는 방식이 현재도 일반적으로 사용되고 있으며, 가공도체식(架空導體式)은 경동선(硬銅線)을 늘여 놓고 이것에 트롤리 폴(trolley pole), 뷰겔, 팬터그래프(pantograph)를 밀어 올려서 집전하는 방식으로 정착된 기술이다.

그러나 신교통 시스템에는 3상 교류방식도 채용되어, 집전장치에도 여러 가지가 고안되었다. 그중에는 옛날 트롤리(trolley)와 비슷한 것도 볼 수 있다. 여기서는 주로 팬터그래프에 대해 설명한다〈그림 4-150 참조〉.

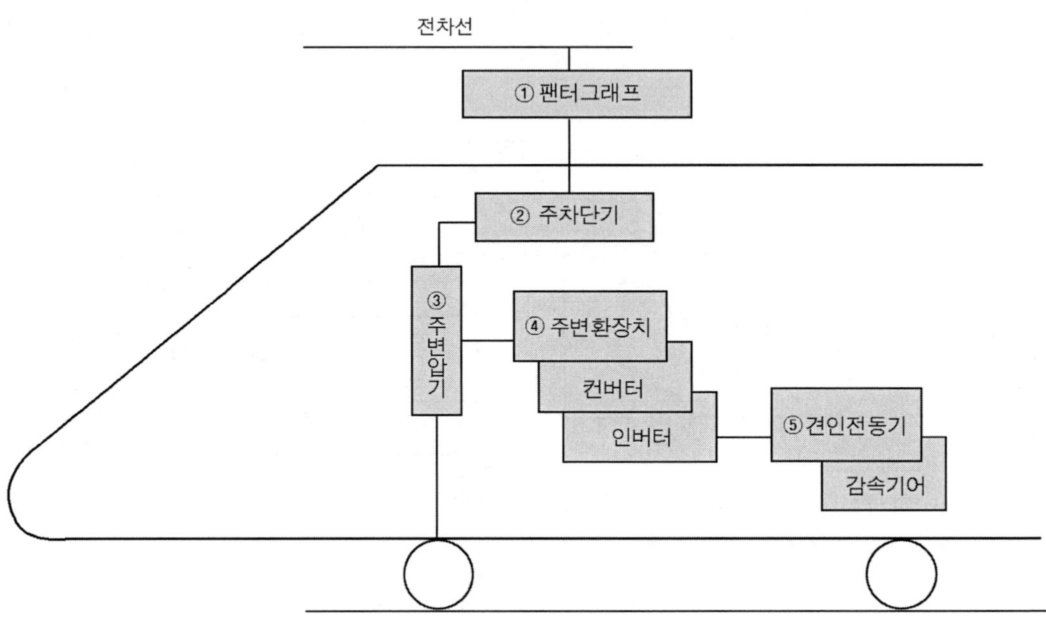

그림 4-150 전기차량의 동력 흐름도

1) 팬터그래프

(1) 개요

팬터그래프는 전차선(電車線, catenary)으로부터 집전(集電)하여 주변압기(main transformer)에 공급하는 집전장치로서, 동력차 지붕 위에 설치되어 있으며 이는 일반 전기차량과 같으나, 고속철도용은 고속 주행에 적합하게 설계되어 있다는 것이 다르다. 그러나 이것은 어느 철도망에서나 사용이 가능한 것이며, 고속 주행에 견뎌야 하고, 확실하게 동작해야 하며, 유지비용이 적고, 보수가 쉽고, 전차선과의 접촉력(接觸力)이 균일해야 한다.

집전은 5.5~10kgf 정도의 접촉력으로, 전차선과 미끄럼 접촉에 의한 집전판(集電板, contact strip)에 의해 이루어진다. 집전성능은 열차속도 향상에 결정적인 한 요소이며, 고속주행으로 인한 양력(揚力)의 영향을 최소한 줄일 수 있는 방법과 팬터그래프가 전차선과의 이선현상(離線現象)으로 인한 동력감소, 아크(arc)발생, 마모촉진, 통신유도장애, 소음 등의 문제와 고속주행 시의 공력소음(空力騷音) 등에 관한 많은 연구가 계속되고 있다.

팬터그래프를 통해 집전한 전기가 견인전동기를 거쳐 바퀴에 동력이 전달되는 과정은 〈그림 4-150〉과 같으며, 아울러 전차선으로부터 주행 장치에 이르는 차량의 주요 구성도〈그림 4-151〉를 보면 전체적인 차량의 시스템을 알 수 있다.

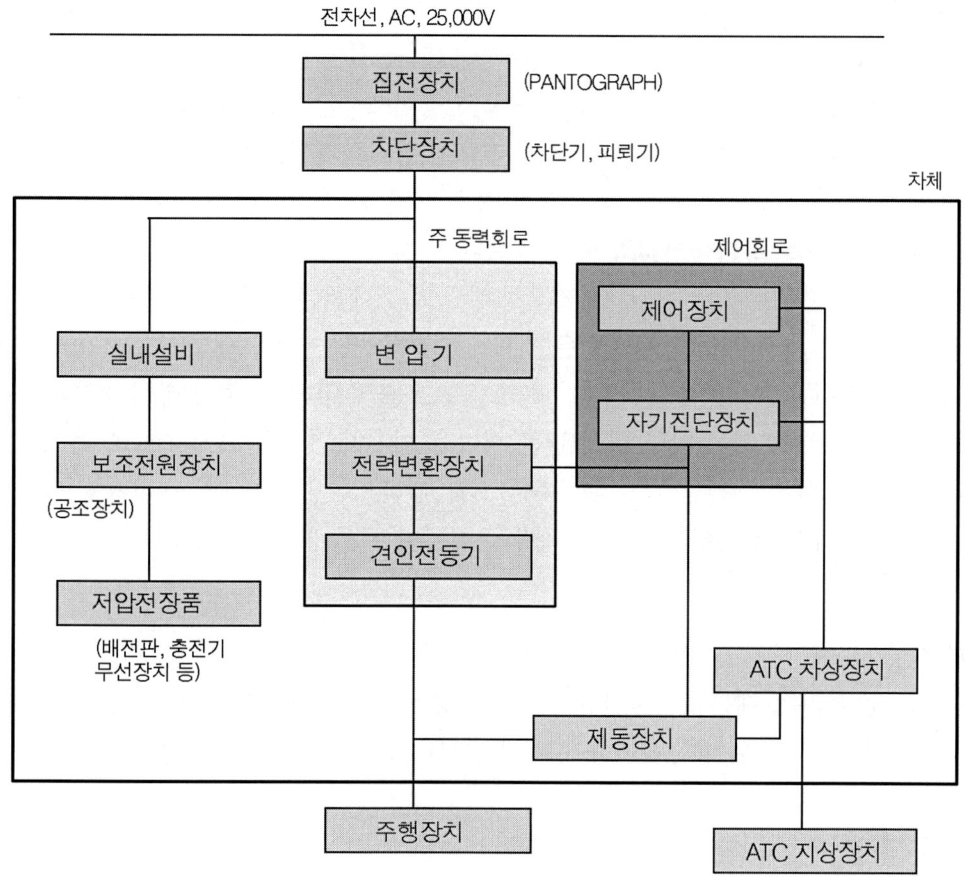

그림 4-151 차량의 주요구성도

(2) 형상과 동작기구

A. 형상

팬터그래프라고 하면 일반적으로는 도형(圖形)을 확대 축소하는 데 사용되는 4절 링크 기구를 지칭하지만, 집전장치용 팬터그래프는 보통 5절 링크 기구이며, 이외 좌우대칭으로 상승하강시키는 균형장치(均衡裝置, equalizing equipment)를 설치한다.

『다이아몬드 형(菱形)』 이라고 하는 것은 하부를 연장해서 다이어몬드 형이 되도록 치수를 정한 것으로, 그 중에는 다이아몬드 형태로부터 크게 벗어난 것도 있다. 근래 프랑스에서 시작하여 널리 사용되게 된 편각형(片脚形, single arm type) 팬터그래프는 4절로 되어있다.

이 형태에는 수직으로 상승하강 하도록 마디(節)형태로 하여 주(舟)를 수평으로 하기 위해

링크를 첨가한다. 주(舟)는 가선(架線)에 접촉하는 부분으로 선로의 분기부분(分岐部分)에서 합류하는 가선을 들어올리기 위한 것이다. 양단(兩端)이 내려가 있어 마치 배(舟)를 거꾸로 한 형태와 비슷하여, 그 이름이 유래되었다. 가선은 선로의 곡선에서는 절선형(折線形, 꺾은 형태)으로 되어 있고, 직선로에서도 접판(摺板)의 국부 마모를 방지하기 위해, 지그재그로 당겨져 유지되므로 주(舟)는 어느 정도의 폭을 갖고 있지 않으면 안 된다. 그 주(舟)를 수평으로 지지하기 위해 프레임은 좌우로 나누어 2조(set) 설치된다.

미국과 일본에서는 주(舟)의 수평부를 지지하지만, 유럽에서는 주(舟)의 단(端)을 지지한다. 또한 주(舟)를 전후로 경사 가능하도록 만든 것도 많다. 좌·우 방향의 강성을 높이기 위해 비스듬한 보강을 넣는다. 그 형상에 따라 X, N, M 등으로 불려진다. 이 현상에 따라 복잡 혹은 경쾌한 인상을 주기 때문에 전기차 형태에 큰 영향을 미친다. 5절 링크에서 아래 측의 링크를 특히 길게 하면 하부 프레임은 교차형(交叉形)으로 된다. 사이드 암(side arm)이라고 하는 장치도 있는데, 궤도의 바로 위뿐만 아니라 측방에 설치된 가선에 팔(lever)을 펴서 집전하는 장치이다.

B. 동작기구

팬터그래프를 올리는 데는 보통 인장 코일스프링을 사용하고, 접을 때는 공기실린더(air cylinder)를 사용한다. 접은 위치를 유지하기 위해 갈고리를 사용한다. 이 방식을 스프링 상승, 공기 하강식이라고 한다.

갈고리를 벗기는데도, 소형의 공기 실린더를 사용한다. 그 중에는 전자석, 인봉(引棒) 또는 끈을 사용하는 것도 있고, 접을 때에도 끈을 사용하는 수동식이 있지만 소형에 국한된다. 스프링 상승, 공기 하강식은 구조가 간단하고 경량으로 전차에 많이 사용되지만, 상승 속도가 빨라 댐핑(damping)이 없으므로 상승할 때에 가선을 때리는 결점이 있다. 부딪친 가선은 몹시 흔들리며 착선(着線)하는 데까지 수회 충돌(bounding)하여 아크(arc)를 발생하고, 굽힘 피로도 많아져 드물게 단선되는 경우도 있다. 상승용 스프링은 인장력이 200kgf나 되는 강한 스프링으로서 주 스프링(main spring)이라 부른다. 주 스프링은 하강 시는 완해해 두고, 공기 실린더로 펴는 방식도 있어 공기상승, 자중(自重)하강식이라 부른다〈그림 4-152〉.

주 스프링을 항상 펼쳐 놓고 이것보다 강한 접힘 스프링(folding spring)으로 접어, 공기 실린더로 접는 스프링을 본래의 기능을 발휘하지 못하게 하여 상승시키는 방식은 공기상승, 스프링 하강식이라 부른다.

공기 상승식은 상승 속도를 제어하는 장치를 설치하여, 가선에 부드럽게 착선시키는 것이 가능하며, 주(舟)가 무거운 전기기관차에 주로 사용된다. 스프링 하강식에서는 접은 위치가, 스프링의 힘으로 적극적으로 유지되므로, 차량의 진동과 풍압으로 인해 쉽게 움직이지는 않는다.

팬터그래프의 동작방식은 전기차의 용량, 전기방식, 보안에 대한 고려 방향, 조작방식 등으로 사용이 구분된다.

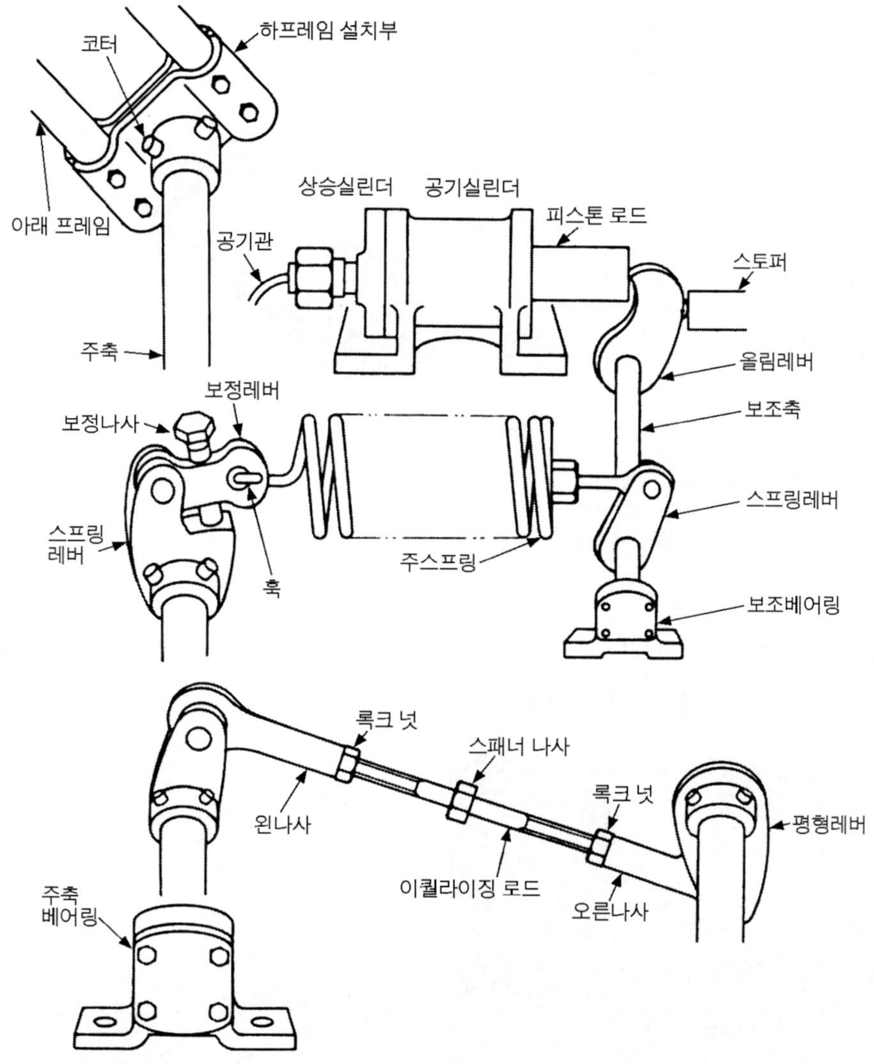

그림 4-152 공기상승, 자동하강식 팬터그래프 동작기구의 예

(3) 팬터그래프의 종류

A. 다이아몬드(diamond)형

가장 간단한 형태로, 직류와 교류를 모두 사용할 수 있다.

B. 싱글 암(single arm)형

공기저항을 비교적 적게 받도록 설계되어 있으며, 주로 유럽에서 많이 사용하고 있다〈그림 4-153〉.

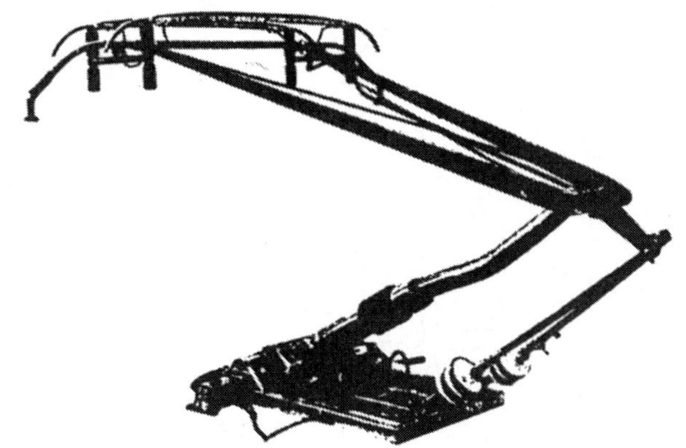

그림 4-153 싱글 암 형

C. 경(輕) 다이아몬드 형

기존의 다이아몬드 형보다 무게를 감소시킨 것이다〈사진 4-10〉.

D. 크로스 암(cross arm)형

다이아몬드 형을 현대적으로 변형시킨 것으로서, 다른 팬터그래프 보다 지붕의 점유 면적을 적게 차지하므로, 지붕 위에 냉방장치 등의 탑재가 가능하다〈그림 4-154〉.

사진 4-10 경(輕) 다이아몬드 형

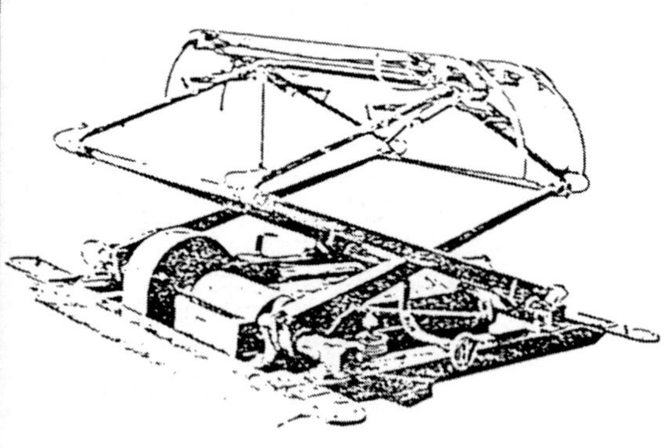

그림 4-154 크로스 암 형

E. 2단계 형

전차선의 변형에 대한 보완 기능과, 높이 변화에 따른 보완 기능을 분리시킴으로써, 고속 주행 시 전차선의 추종성능(追從性能)을 좋게 한 것이다〈사진 4-11〉.

사진 4-11 2단계 형

F. 3단계 형

팬터그래프와 전차선이 접촉 시 이선(離線)에 따른 방전소음을 방지하기 위해 〈그림 4-155〉와 같이 설치한다. 이는 2단계 형에서 집전판 하부에 추가로 스프링을 하나 더 설치한 것으로, 추종성능이 2단계 형보다 우수하나, 아직 연구단계이다.

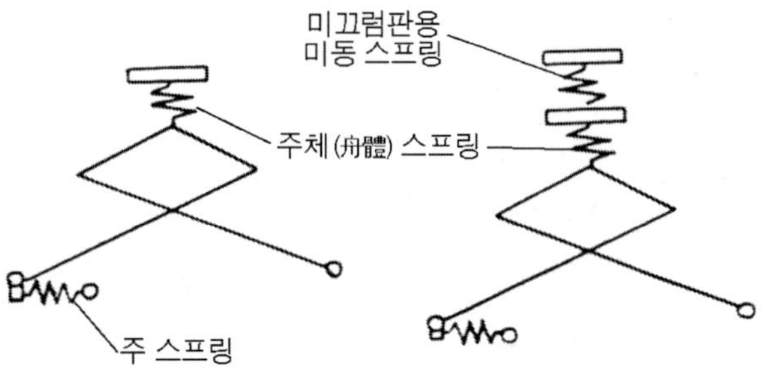

그림 4-155 3단계 팬터그래프의 개략도

G. 익형(翼型)

팬터그래프의 접동면(摺動面) 단면이 타원형상의 T자형으로, 소음을 줄이기 위한 방안으로 고려된 것이다.

기존의 크로스 암 형 팬터그래프 보다 350km/h에서 3~4dB 정도 소음이 감소되었으나, 시험 시 익형 특유의 양력변동(揚力變動)이 상당히 커서 접동부의 지탱방법, 하강기구 등의 문제가 많아 실용화를 위한 연구가 진행되고 있다.

(4) 팬터그래프의 구성

팬터그래프의 구성을 보면 전차선으로부터 집전을 위한 팬 조립체, 팬 조립체를 지지 연결하는 상승 암과 하강 암, 이 부문을 받쳐주는 기초대, 지붕에 설치를 위한 절연체, 팬 조립체의 안내를 위한 안내 봉 또는 스프링, 이들의 조작을 위한 조작기구, 각종 스프링과 절연체 등으로 〈그림 4-156〉 같이 구성되어 있다.

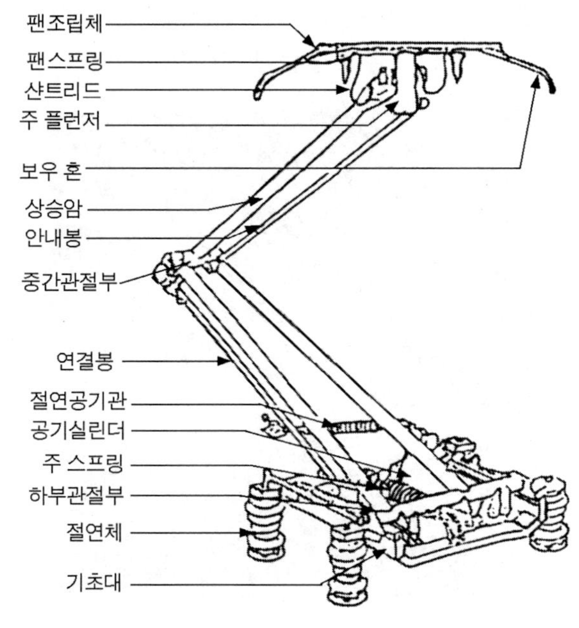

그림 4-156 팬터그래프의 각부 명칭

A. 팬 조립체

팬 조립체는 경량의 알루미늄 재료를 사용하고, 이선문제를 해결하기 위하여 추종성(追從性)이 좋게 설계되어 있으며, TGV열차에 사용되는 GPU형 팬터그래프는 주 플런저(main plunger)를 설치하여 추종성능을 향상시키고, 이선율이 감소되도록 설계되었다. 또한 팬 조립체는 상승 암보다 가벼운 구조로 되어 있으며, 각 부문별 역할은 다음과 같다.

가. 집전판(集電板)

전차선과 원활한 미끄럼접촉이 되어 필요한 전원을 공급할 수 있게 한 것으로, 재질은 탄소, 구리 및 철의 소결합금(燒結合金)을 주로 사용하고 있으며, 집전량을 고려할 때는 금속이 좋으나 전차선의 마모를 줄이는 측면에서 탄소를 많이 사용한다.

나. 팬(pan)

집전판을 지지·조립하는 장치로서 H자 형틀에 볼트, 너트, 스프링이 있어 전차선의 충격 등은 1차적으로 스프링에서 흡수하도록 되어 있고, 전차선의 교차부분에서 보다 낮은 위치의 전차선에 팬터그래프가 접촉될 때에도 집전이 가능하며, 끝에는 바우 혼(bow-horn)이 조립되어 있다.

볼트와 너트의 재질은 철제에서 점차 스테인리스제로 바뀌어 가고 있으며, 집전판이나 바우 혼은 마모나 손상이 빈번한 부분이므로 쉽게 교환이 가능하도록 만들어져있다.

다. 주 플런저(main plunger)

전차선과의 추종성을 좋게 하기 위하여, 일부 TGV열차에 설치되어 있다.

라. 정상관

팬 조립체가 자유로이 축을 중심으로 기울어지게 되어 있으며, 지나친 기울어짐을 예방하기 위한 별도의 팬 안내 또는 평형추(平衡錘)가 있다. 크로스 암형은 평형스프링의 기울기를 바르게 해 준다. 이것은 팬 조립체가 전차선에 접촉이 되면 자동적으로 평형을 이룬다.

마. 바우 혼(bow-horn)

강력한 절연체로서 활처럼 휘어져 있어 안내 뿔이라고도 하며, 교차선에서 팬터그래프가 보다 낮은 위치의 전차선에 걸리지 않도록 팬의 끝에 조립되어 있다.

바. 샨트 리드(shunt lead)

집전된 전원이 관절부(關節部)를 통하지 않고 공급되도록 한 것이며, 관절부의 작용에도 지장이 없게 가느다란 연동선(軟銅線)을 여러 가닥으로 꼬아 만든 것을 사용한다.

사. 기타

크로스 암 형에는 이 외에도, 집전판의 기울기를 보정(補正)하는 평형스프링, 팬 조립체의 상하 불평형을 전차선에 평형되도록 하는 복원(復元)스프링, 수직으로 작용되는 완충(緩衝)스프링 등이 있다.

B. 암 및 하강 암

가. 상승 암

팬 조립체를 전차선에 밀착시키는 역할을 하는 것으로, 가벼운 재질로 충분한 강도를 갖고 있으며, 상부에는 팬 조립체가 조립되어 있고 하부에는 하강 암과 관절로 연결되어 있다.

나. 하강 암

기초대에 의해 지지되며, 독일 ICE열차에 사용된 DSA 350형 팬터그래프는 절연체를 중간에 사용하고 있으나, 주로 하강 암이 일체로써 기초대(基礎臺)와는 관절로 연결되어 있다.

다. 연결봉

상승 암의 동작범위를 결정하며, 하강 암 뒤에 설치되어 있는데, 기하학적으로 설계된 것으로 제작자의 작업 시 또는 훈련된 정비요원에 의해서만 조정된다.

라. 관절

축과 밀폐 형 베어링(ZZ bearing)으로 구성되어 있으며, 보수가 필요 없도록 제작된다.

C. 기초대

기초대(基礎臺)는 상승 암, 하강 암 등을 지지하는 것으로 상하 · 좌우 진동, 돌풍 등에 충분히 견딜 수 있도록 삼각형 틀 또는 사각형 틀로 구성되어 절연체 위에 조립되어 있다.

D. 조작기구

조작 기구는 압력공기를 공기실린더 또는 공기벨로우즈(air bellows)에 공급하거나 배기(排氣)시켜 주기 위한 것이며, 공기의 조작을 위한 제어장치가 운전실에 설치되어 있다.

E. 상승작용

싱글 암 형 팬터그래프의 상승작용에는, 다음과 같은 두 가지의 방법이 있다. 상승은 〈그림 4-157〉과 같이 압축공기를 공급하면 공기 실린더내의 하강스프링이 압축되어, 피스톤 봉을 밀어 팬터그래프를 잡아 당겼던 링크가 풀리므로 팬터그래프는 상승스프링에 의하여 전차선에 접촉되는 것과 공기벨로우즈에 압축 공기를 보내 조정된 공기의 힘으로 상승되고, 전차선과의 접촉력을 유지하도록 하는 두 가지가 있다.

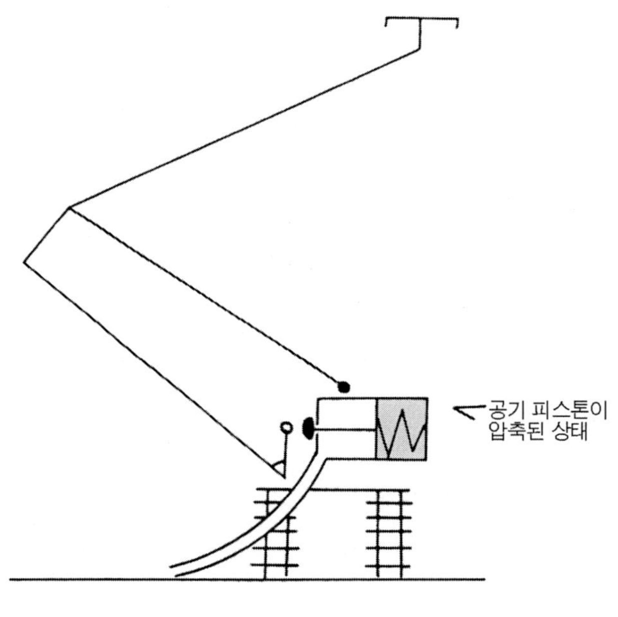

그림 4-157 상승작용

F. 하강작용

싱글암 형 팬터그래프의 하강 작용도 다음과 같은 두 가지 방법이 있다. 〈그림 4-158〉과 같이 공기 실린더에 공급된 공기를 배출하면, 피스톤 봉이 실린더 내부의 강력한 스프링 힘으로 상승된 팬터그래프를 잡아 당겨 팬터그래프는 하강된다. 댐퍼(damper)를 하강용으로 사용하는 경우에는 공기벨로우즈에 공급된 공기를 배출하면 댐퍼가 상승된 팬터그래프를 당겨 하강시킨다.

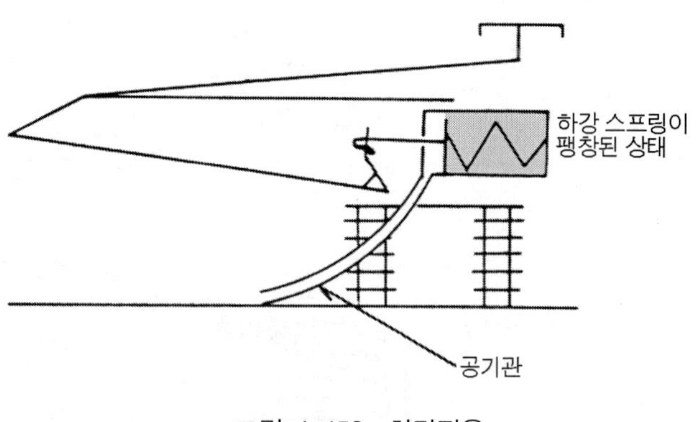

그림 4-158 하강작용

G. 상승스프링

이는 한 개 또는 두 개의 코일 스프링으로 팬터그래프의 접촉력을 조정하도록 되어 있다. DSA 350형 팬터그래프는, 상승과 접촉력을 압축공기로 사용하는 압상기구(押上器具)가 있다. 이는 일정한 압력을 가진 공기벨로우즈에 의해 지정된 접촉력으로 전차선에 접촉되도록 되어 있으며, 싱글 암 형 팬터그래프의 상승 및 하강속도는 가감밸브(加減弁, throttle valve)를 기관차 내에서 조정하도록 되어 있다. 또한 고속주행 시 팬터그래프의 높이는 상승제한 장치에 의해 제한되고 있다.

H. 절연체

절연체(絶緣體)는 자기 또는 아랄디트(araldite)의 합성수지 등을 사용하고 있으며, 지지 절연체의 경우, 층간 절연 층이 위에서 아래층으로 내려가면서 커지는 것과, 위 부분이 크고 다음 층부터 작아지는 것(DSA 350S형에 사용)이 있으며, 이외의 절연봉은 층간 크기가 일정하다. 지지(支持) 절연체는 강력한 절연물로 제작되어 기초대를 받치고 있으며, 진동 충격에 잘 견디고 절연이 완전하여야 한다.

공기관의 절연체는 열가소성(熱可塑性)으로, 늘리거나 줄일 수 있는 것을 사용하고 있다. 연결 장치의 절연체는 동작기구를 연결한 힘의 전달이 잘 되도록 한 것이다.

I. 고장 감지장치

집전판의 이상마모(異常磨耗)와 파손을 감지하여, 공기압으로 작동되는 고장진단 시스템이 있다. 이상을 감지하면 공기 실린더의 압축공기 공급을 차단·배기시켜 팬터그래프를 신속히 내려오도록 한다〈그림 4-159〉.

J. 압상력(押上力, 상향 접촉력)

올바른 집전과 가선상승을 최소로 하는 정적(靜的) 공기역학적 상승력의 최적 치를 실험적으로 결정해야할 경우가 있다. 상승계수는 매우 강한 앞바람이나 옆바람의 영향을 최소로 하기 위해, 될 수 있는 한 중립에 가까워야 한다. 보통 압상력은 5~10kgf 정도이다.

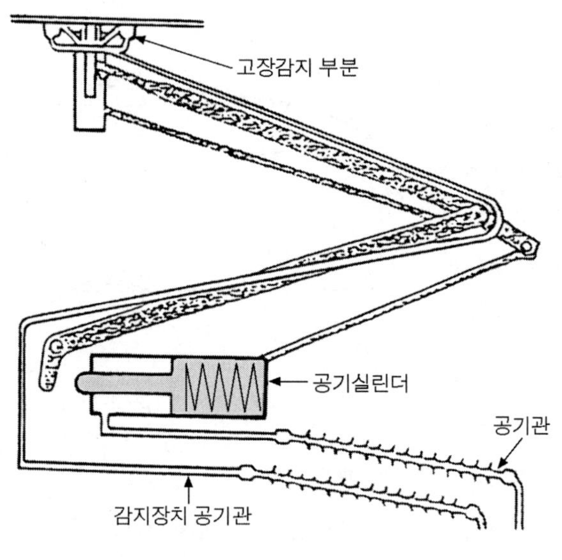

그림 4-159　고장감지 장치

K. 팬터그래프의 위치

팬터그래프의 위치는, 차체 형상에 따른 공기역학적 방해가 없는 곳이어야 한다. 그리고 대차 중심이나 근접한 곳에 설치하여 곡선구간에서의 횡 방향 변위를 최소로 하여, 전차선과 팬터그래프가 곡선에서 벗어나는 경우가 없도록 설계되어야 한다. 설치 위치는 보통 대차 중심인 피봇(pivot) 상부에 설치하고 있다.

L. 팬터그래프의 수

다수의 팬터그래프를 동시에 사용할 때는, 그 개수가 늘어남에 따라 가선의 진동(振動)에 의하여 성능이 저하되며, 이선현상이 발생한다. 더구나 가선의 마모는 팬터그래프 수에 직접 비례한다. 집중식 열차에서는 팬터그래프의 수를 1개 내지 2개로 제한하는 것이 좋다. 팬터그래프의 수를 제한할 때는 차량 간의 부하분담과 전원공급 등을 고려하여야 한다. 팬터그래프 수가 적으면 유리한 점도 있으나, 이선의 경우 동력공급이 중단되는 단점도 있다.

(5) 고속용 팬터그래프의 필요조건

① 집전판(集電板, contact strip)과 전차선 사이의 접촉점에서 적은 유효질량을 가질 것.

② 작용 위치 범위 내에서 충분하고 일정한 접촉력을 갖고, 작용 부품 간 상호작용이 적을 것.

③ 공기저항이 적고, 소음이 적을 것.

④ 이선율(離線率, 이선시간총계 /전체주행시간)이 적을 것.

⑤ 열차 당 팬터그래프 수를 최소화하고, 충분한 거리를 유지하여 진동의 영향이 최소화될 것.

(6) 전원공급계통

전원 공급계통은 선로 위에 일정한 높이로 설치된 가공전차선을 통하여 이루어진다. 고전압과 대전류를 필요로 하는 고속열차에서의 가공전차선 방식은 심플 커티너리(simple catenary), 변 Y형 커티너리(Y-stitched catenary), 복합 커티너리(compound catenary), 복합합성소자 커티너리(composite compound catenary), 헤비 컴파운드 카티너리(heavy compound catenary), 2중 카티너리(double catenary) 등이 있다.

(7) 고속집전 시의 문제점

고속 집전 시에 발생하는 가장 큰 문제점은, 팬터그래프가 가선에서 떨어지는 이선현상(離線現象)과 팬터그래프의 집전용 접촉판의 마모(磨耗)이다.

첫째로 이선이 발생되는 주된 이유로는, 접촉선 형상과 접촉선에서의 등가질량(等價質量), 등가 스프링 상수(常數), 지지부위에서의 등가 기계저항 등 집전상수의 갑작스런 변화와 접촉선과 팬터그래프 사이에 발생하는 공진현상(共振現象) 등이 있다.

가선에서 팬터그래프가 떨어지게 되면, 동력차는 동력을 잃게 되어 속도를 증가시킬 수 없게 되며, 이선 시 발생하는 아크 방전(放電)에 의하여 가선과 팬터그래프 집전판에 전기적 마모가 발생하고, 방전 시에 발생하는 전자파에 의한 통신유도장해(通信誘導障害)가 발생한다. 이와 같은 이선을 최소화하기 위해서는, 가선의 진동을 줄이기 위하여 균일한 컴플라이언스(compliance, 외력에 대한 전차선의 탄성력)와 등가질량을 갖도록 설계되어야 하며, 가능한 한 가선의 장력(張力, tension force)을 크게 하여, 파동전파속도(波動傳播速度)를 높여 열차의 속도를 높일 수 있어야 한다.

일반적으로 파동전파속도는 다음과 같은 식으로 산출된다.

$$C = \sqrt{T/\rho} \quad \text{-------} \quad (169)$$

T : 전차선 장력(N) ρ : 단위길이 질량(kg/m)

예를 들어, 심플 커티너리로 계산하면

$$C = \sqrt{2000g/1.7} = 110\text{m/s} = 400\,\text{km/h}$$

단, g : 중력가속도 9.8m/s² ≒ 10m/s²

장력 = 2000kgf

파동전파속도를 높이는 방법으로는 T를 크게 하거나, ρ를 작게 해야 하며, 새로운 재료를 개발하지 않는 한 어렵다. 그리고 외기의 온도변화에 따른 전차선의 팽창(膨脹)과 수축(收縮) 시에도 지장이 없도록 하여야 한다. 실제로는 파동전파속도의 약 80% 정도가 고속열차의 최대허용속도로 추정되고 있다.

팬터그래프 집전판이 변환된 가선 형상을 잘 따라 갈 수 있도록, 팬 조립체 부분의 질량과 운동저항이 극소화되어야 한다. 집전판과 더불어 팬터그래프 구조물도 경량화되어야 하나, 집전용량 및 바람과 차체진동에 견딜 수 있어야 하므로, 어느 한도 이상으로 경량화 하는 것은 곤란하다. 또한 속도향상과 더불어 집전판에 부가되는 양력(揚力)이 증가하게 되며, 따라서 집전판은 속도에 따른 양력의 변화와 바람에 의한 영향이 최소화 되도록 공기역학적(aerodynamic)으로 설계되어야 한다.

둘째로 고속 집전 시에 발생하는 접촉판의 마모문제이다. 집전장치에서 나타나는 마모는, 크게 기계적 마모(機械的磨耗)와 전기적 마모(電氣的磨耗)가 있으며, 전기적인 마모는 이선에 따른 아크 방전에 의하여 발생이 되며, 방전과 마모 시 발생되는 열(熱)에 의하여 집전판의 내마모(耐磨耗) 성능이 저하되어 기계적 마모를 증가시키게 된다.

(8) 팬터그래프의 역할

팬터그래프의 역할은, 가선의 불균일(不均一)한 형상에 대하여 집전판과 가선 사이에 일정한 압력을 유지시켜, 이선이 일어나지 않도록 하는 것이다. 고속 주행 시 접촉력(接觸力)의 변화는 집전 시스템에 수직방향의 진동을 발생시키며, 이는 아크 방전을 일으킨다. 한편 접촉력은, 특히 고속 주행 시에 공기역학적 양력에 의하여 많은 영향을 받게 된다.

팬터그래프는 일반적으로 스프링과 공기압력장치에 의하여 상승・하강을 한다.

A. 이선율을 줄이기 위한 팬터그래프 설계

팬터그래프와 전차선과의 접촉력 유지는 팬터그래프의 하단부가, 전차선의 진동흡수는 상단부가 담당한다.

집전장치의 불균형에 대한 팬터그래프의 동력학적 응답(dynamic response)은, 변위에 대한 팬터그래프의 관성저항에 의하여 결정된다. 이러한 이유로 집전판은 보조현가장치(補助縣架裝置, subsidiary suspension)에 지지되며, 상승・하강 장치의 작동 없이 가선 형상의 작은 불균형에도 대응할 수 있게 된다.

팬터그래프의 상단 부위는 관성저항을 줄일 수 있도록 가볍게 하고, 운동 부위의 마찰저항을 적게 한다. 열차의 고속 주행 시에 집전판 주위에 발생하는 공기역학적 양력은 속도증가와 함께 증가하며, 이는 팬터그래프와 가선사이에 일정한 접촉력을 유지시키는데 대한 장해요인이 되므로, 팬터그래프는 속도에 따른 공기역학적 양력의 변화에 대응할 수 있어야 한다. 그래서 팬터그래프의 상단부분은 공기역학적으로 설계되어야 하며, 풍동시험(風洞試驗, wind tunnel test)을 통하여 입증되고, 이와 더불어 팬터그래프의 작동상태와 하강상태에서 고속주행 시에 공기저항과 공력소음(空力騷音)을 줄일 수 있도록 설계되어야 하며, 바람과 차량의 진동, 기온강하 등 불균일한 외부환경에 견딜 수 있는 가볍고 견고한 구조물로 되어야 한다.

한 예로서, DSA350 팬터그래프 설계 시 고려된 요구조건을 요약해 보면 아래와 같다.

i) 가능한 한 집전판(可動部位)의 무게를 줄인다.
ii) 가동부위의 댐핑(damping)을 최소화한다.
iii) 집전판의 강성(强性)이 하부 구조물의 강성보다 작게 한다.
iv) 집전 시와 접힌 상태에서의 공기저항을 줄인다.
v) 가능한 한 바람의 저항에 관계없는 균일한 공기역학적 성능을 갖도록 한다.
vi) 대기의 난기류(turbulence)를 줄인다.

이와 같은 설계원칙들은 대체적으로 다른 종류의 팬터그래프에서도 비슷하다. 이 외에도 집전판은 충분한 집전용량(보통 최고 속도의 120%에서 집전상의 문제가 없는 상태)과 마모율이 적어야 하고, 팬터그래프의 수가 제한되어야 한다.

팬터그래프의 수가 많고 그 사이의 거리가 짧다면, 집전 장해가 발생한다. 이러한 문제점을 해결하기 위하여, 팬터그래프 간의 거리가 약 60m를 벗어나면 앞의 팬터그래프 접촉에서 발생되는 진동이 뒤의 팬터그래프에는 별로 영향을 주지 않는 것으로 실험결과가 나왔다. 그러나 이것은 사용하는 팬터그래프의 특성과 가선의 종류에 따라 변동될 수 있는 수치이며, 일본 신간선을 제외한 프랑스의 TGV, 독일의 ICE는 전후 기관차에 각각 1개씩 설치되어 집전하며 팬터그래프 간의 거리가 200m 이상이 된다.

B. 집전판의 마모

집전판의 마모에는 기계적인 요인과 전기적인 요인이 있으며, 전기적 마모는 일반적인 마모와는 성격이 다르다. 속도 증가에 따라 팬터그래프와 가선 사이의 접촉압력의 변동이 심하게 되면, 팬터그래프와 가선의 접촉압력의 변동이 심하게 되어, 결국 팬터그래프와 가선의 접촉이 나빠지게 되는 경향이 있다. 접촉이 떨어질 때 아크 방전이 발생하게 되어, 집전판은 아크 방전과 발생되는 열에 의해 손상을 받고 집전판의 마모도 많아지게 된다. 한편 순간적으로 접촉압력이 매우 커지는 경우도 생기며, 이것은 집전판의 마모를 증가시키는 원인이 된다. 이러한 마모를 증가시키는 원인은 속도의 증가에 따라 더욱 심해지는 경향이 있다.

집전판의 마모량을 W 라 하면

$$W = W_1 + W_2 + W_3 \quad (170)$$

W_1 =기계적 마모량(접촉으로 인한 것)
W_2 =순수한 전기적 마모량(이선 시 아크 방전에 의한 것)
W_3 =이선 시 아크 방전과 열의 영향으로 증대하는 기계적 마모량

으로 생각할 수 있다.

W_1은 팬터그래프의 압상력에 비례하며 윤활조건에 따라 달라진다.

W_2는 아크 방전에 의한 것은 이선율이 크지 않으면 크게 문제가 되지 않으며, 일반적으로 $W_1 > W_2$이다.

W_3은 아크방전에 관계되지만, 팬터그래프 압상력과도 밀접한 관계가 있다. 일반적으로 팬터그래프 압상력을 크게 하면 이선이 감소되고, 아크 방전이 작아진다.

W_3을 감소하거나 접촉압력을 크게 하면, W_1이 훨씬 많아져 집전판이 부분적으로 요철마모(凹凸磨耗)가 심해질 수 있다.

위와 같은 마모의 원인을 제거하는 외에, 내마모성 집전판의 재질개발과 겨울철이 되면 이선에 따른 아크가 많이 발생되고 있어 균일한 접촉력 유지를 위하여, 팬터그래프 상승 및 공기작동 장치의 기능 확보와 전차선에 부착될 수 있는 서리, 얼음 등으로부터 영향이 없어야 겨울철 마모를 훨씬 줄일 수 있을 것이다.

압축공기를 압상력으로 활용하는 경우에는, 공기 실린더내의 고무패킹 수축으로 공기가 누설되면 졸림 구가 막히는 등의 부작용이 발생되어, 팬터그래프가 전차선과의 압상력이 적어지므로, 집전판은 아크에 의한 마모가 심해진다〈그림 4-160 참조〉.

C. 수리 및 조립

팬터그래프의 집전부분은 고속열차의 주요 부품 중에 전기적·기계적 마모가 가장 심한 부품이며 빈번(頻煩)한 수리를 요하게 된다. 이에 따라 팬터그래프는 수리 및 보수를 최소화하고 또한 10분 정도면 쉽게 교환·조립이 가능하도록 설계, 제작하는 것이 바람직하다.

(9) 고속철도용 팬터그래프의 제원

아래 〈표 4-32〉에는 프랑스, 독일, 일본에서 사용되고 있는 팬터그래프를 비교한 것이다.

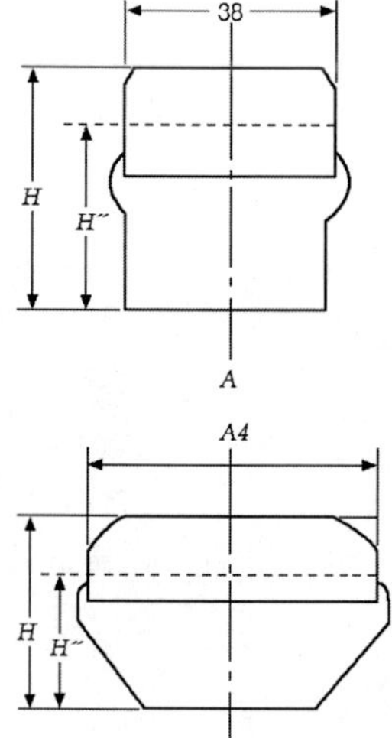

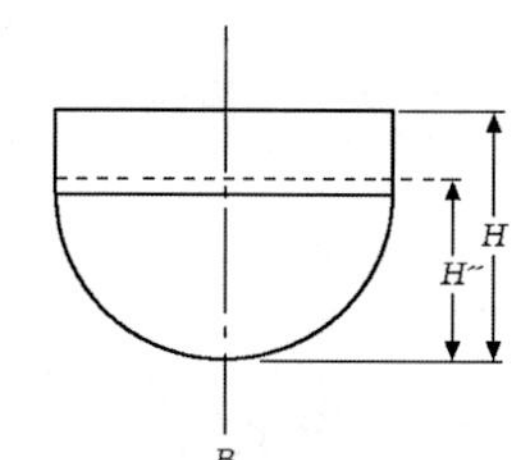

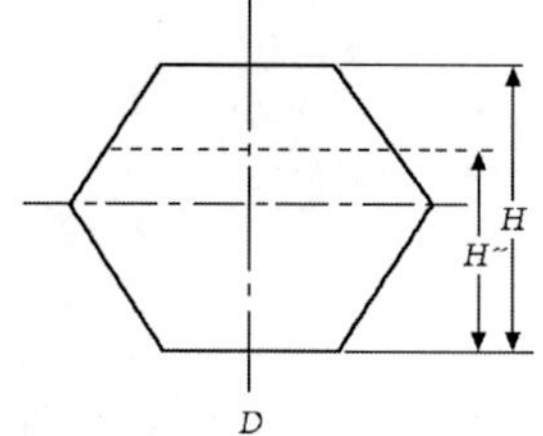

(단위 : mm)

	A	B	C	D
H	38	29	28	32
H〃	29	20	20	23

H : 신품길이
H〃 : 마모한도 길이

그림 4-160 집전판의 다양한 단면 형상

표4-32 고속열차용 팬터그래프 특성 비교

구 분	GPU25	DSA 350S	TPS203
사용열차	TGV	ICE	신간선300계
형식	single-arm 형	single-arm 형	cross-arm 형
정격용량	25KV, 500A	25KV, 1000A	25KV, 300A
최대속도	300km/h	350km/h	300km/h
사용온도	−40℃~+70℃	−	−
제어방식	공기식	공기식	공기식
공기압력	5 ~ 10kg	4 ~ 10bar	4.6 ~ 8.3kg
상승	공기→실린더압축 →상승스프링力	공기→공기벨로우즈 상승	공기 상승
하강	실린더內 공기排出→ 실린더 스프링力	공기벨로우즈 공기排出→ 댐퍼 하강	스프링 하강
동작범위	0.1~2.7m 최대 2.8m	0.9~2.8m 최소 0.7~최대 3.0m	평균 0.57m 최소 0.37~최대 0.92km
무게	335kg	106kg(절연애자 제외)	145kg
평균압상력	70N	80±5N	최소 54N 평균 78~88N
집전판	강판 틀에 탄소판	알미늄 틀에 탄소판	소결합금
집전판지지	스프링 박스에지지	각 개개의 스프링에 지지	
비고	고장진단장치 시험속도 515.3km/h 4개의 절연체 상부 습동면 경량화 원통형 플런저 두 개의 상승 스프링	고장진단장치 시험속도 406.9km/h 3개의 절연체 상부 습동면 경량화 공기 벨로우지 사용 집전판 수명 : 약 60,000km	− 시험속도 345.2km/h 4개의 절연체 − − −

(10) 고속철도용 팬터그래프

고속철도에 사용되는 GPU, DSA 350S, TPS 203형 팬터그래프의 특징을 간단히 기술한다.

A. GPU(프랑스 TGV용)

GPU 팬터그래프는 1단위 구조물 위에 집전판이 대형의 원통형 플런저 서스펜션(large plunger suspension)을 통하여 지지되어 있으며, 이에 따라 동력학적 성능이 보다 우수하고, 구조적으로 단순화되어 보수를 쉽게 할 수 있다〈사진 4-12 참조〉.

사진 4-12 GPU 팬터그래프

이 플런저 서스펜션을 통하여, 집전판의 동하중을 8kg정도 가볍게 하였으며, 현수선의 변형, 팬터그래프의 이상 또는 돌발적인 공기저항 증가 등에도 효과적으로 집전할 수 있다.

GPU 팬터그래프는 1,500V · DC 또는 25kV · AC에 사용될 수 있고, 2,000A까지의 전류를 허용하고, 시속 300km/h 이상의 운행에 사용되며, 다른 팬터그래프보다 무게를 감소시켰다. TGV에서는 GPU 팬터그래프를 사용하여, 1990년 5월 18일 시속 515.3km로, 그 당시 세계 최고 속도기록을 수립하였다.

B. DSA 350S (독일 ICE용)

DSA 350S 팬터그래프는 새로운 선로에서(RE250) 220km/h까지 주행 가능하도록 하는 것이다. 주행 시에 최고속도 범위 내에서 가선의 높이 변화나 바람의 세기에 관계없이, 가선과 팬터그래프 사이의 접촉력이 평균 120N이며, 표준편차가 24N 이하가 되도록 요구되었다. 이러한 요구를 만족시키기 위하여 가동부위의 강도를 하부 구조물의 강도보다 작게 하며, 집전 시와 비집전 시(접혀진 상태)에 공력 저항을 최소화하도록 설계되었으나, 절연체가 구조물과 결합되지 않은 팬터그래프의 개발이 요구되어 DSA 350S가 개발되었다.

전체 설계는 양산을 목적으로 최적화가 되었으며, 이는 생산비의 1/4를 절감시켰다.

DSA 350S 팬터그래프는 독일 연방철도청의 접촉력 표준편차 요구량을 만족시켰으며, 이는 열차에 2대의 팬터그래프를 운용할 수 있게 하였다. 터널과 대기 상에서 시속 300km까지의 속도에서 두 대의 팬터그래프를 집전 시험한 결과, 두 번째 팬터그래프에서 거의 아크 방전이 없었으며, 이 경우에 두 대의 동력차 사이에 설치된 고가(高價)의 15kV(독일에서 사용하는 전압) 연결 케이블이 필요 없게 되었다〈그림 4-161 참조〉.

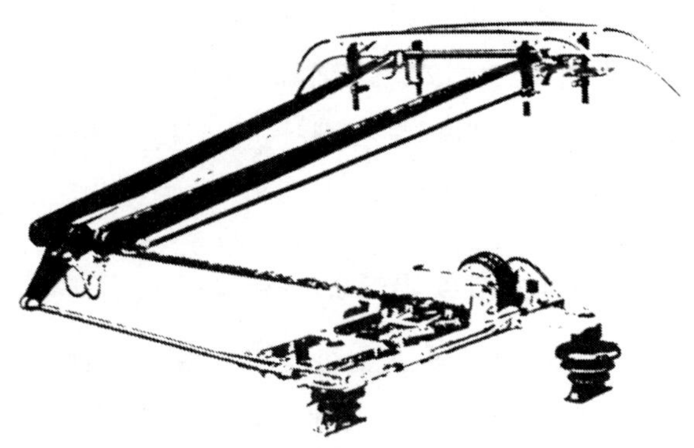

그림 4-161 DSA 350S 팬터그래프

DSA 350S 팬터그래프의 또 다른 특징들은, 여러 가지 전류·전압과 형상의 변화에 최소한의 다른 부품들도 적응할 수 있도록 모듈러 개념(modular concept)을 채택하였다. 기계적 조정이 필요 없도록 설계되어, 팬터그래프를 빠르고 쉽게 교환할 수 있다. 사용된 재료들은 도색(塗色)이 필요 없으며, 주 베어링은 별도의 윤활이 필요 없고, 전기마모 방지를 위해 볼베어링은 전기적으로 절연되어 있다.

집전판의 이상마모와 파손을 감지하는, 공기압으로 작동되는 고장 진단시스템이 설치되었다. 상승 장치는 민감하게 조절할 수 있는 공기 벨로우즈(air bellows)를 사용하여, 전차선과의 접촉력도 일정하게 유지한다. 집전판은 개개의 스프링에 지지되고 충격을 흡수하기도 한다. 전차선과 분리를 확실하게 하기 위한 잠금장치가 있다.

C. TPS 203(일본 신간선용)

TPS 203 팬터그래프는 크로스 암 형식으로 되어 있으며, 공기압력에 의해 상승하고 스프링에 의해 하강한다. 일단 상승된 팬터그래프의 압상력(押上力, uplift force)은 스프링 힘에 의해 일정하게 유지된다. 고속 집전 시에 안정된 집전을 할 수 있도록 소형화 및 경량화되었다. 집전판의 재질은 구리 또는 철의 소결합금이 사용되고 있다. 또한 팬터그래프에서 높은 레벨의 소음이 발생하며, 주요 이음원(異音源)은 가선과의 마찰로부터 발생하는 접동음(摺動音), 이선으로 발생하는 아크 음, 팬터그래프가 공기를 가르면서 나오는 공력음(空力音)이 있으며, 이 공력음은 속도의 6승에 비례하여 증가하기 때문에, 고속 주행 시 가장 큰 문제로 팬터그래프에 덮개를 씌워 공력음의 발생을 줄이고 있다. 이 팬터그래프는 주행 시 발생하는 소음을 줄이기 위하여, 일본의 동서연구소에서 신간선을 30분의 1로 축도(縮圖) 건설하여, 수중 이동체의 표면으로부터 고속유(高速流)가 분리되는 지점과, 팬터그래프가 고속류의 영향을 받는다는 것을 시각적으로 확인하고, 이 두

사진 4-13 TPS 203 팬터그래프

지점에서 소음 발생이 증폭될 수 있는 가능성이 있는 것으로 판단하여, 팬터그래프의 덮개를 제작하여 현재의 45° 에서 60° 로 증가시키면 저속류의 기포(氣泡)가 팬터그래프 전체를 감싸게 되고, 팬터그래프에서 발생하는 소음 진동이 감소될 것으로 예상하면서 시험하였다.〈사진 4-13 참조〉.

(11) 고속열차용 가선계(系) 비교

다음 〈표 4-33〉에는 집전장치와 밀접한 관계가 있는 고속열차용 가선을 비교하여 팬터그래프의 이해를 돕고자 한다. 〈그림 4-162〉에는 주요 전차선을 나타내었다.

표4-33 선진 각국의 가선계 비교

	ICE	TGV-A	TGV-PSE	Shinkansen Sanyo
가선계 종류	RE250	LGV Simple	Stitched Simple	Heavy Compound
열차속도(km/h)	300	300	270	220
스 팬(m)	65(44)²	63	63	50
행거 거리(m)	6.5	6.3	6.3	5
접촉선 재질 단면적(mm^2) 장 력(kN) 선밀도(kg/m) 높 이(m)	CuAgRi120 120 15 0.98 5.3	Copper 150 20 1.4775 5.1	CdCu 120 15 0.98 4.9	Hard copper 170 14.7 0.988 5.0-5.3
가선 재질 단면적 (mm^2) 장 력(KN) 선밀도(kg/m)	BzII70 66 15 0.5525	BzII65 65 14 0.5525	BzII 65 14 0.5525	Zn plated Steel 180 24.5 0.71
보조가선 재질 단면적(mm^2) 장 력(KN) 선밀도(kg/m)	BzII35 34 2.8 0.2975	None	BzII 35 4 0.2975	Hard copper 150 9.8 0.537
compliance(mm/N) 스팬 중간 지지점 위	 0.6(0.4)² 0.5(0.35)²	 0.485 0.202(T) ~ 0.215(C)	 0.57 0.38(T) ~ 0.41(C)	 0.33 0.16
도플러 계수 (280 KPH) (400 KPH)	 0.337 0.115	 0.275 0.048		 0.35 0.129

	ICE	TGV-A	TGV-PSE	Shinkansen Sanyo
반사 계수	0.392	0.363		0.583
Dynamic uplift (mm)	–	59(270km/h) 78(300km/h)	100(270km/h) 126(300km/h)	30(220km/h)
웨이브 전파속도(km/h)	427	441	412	355
Pre-sag	None	1/1000	1/1000	1/1000
가선질량(kg/m)	–	2.03	1.83	4.436
단(Stagger)(mm)		200	200	150
주의	2. 터널에서			

(1) 직접 현가식

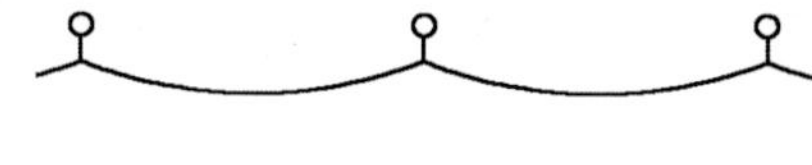

(2) 단순 카티너리(simple catenary)

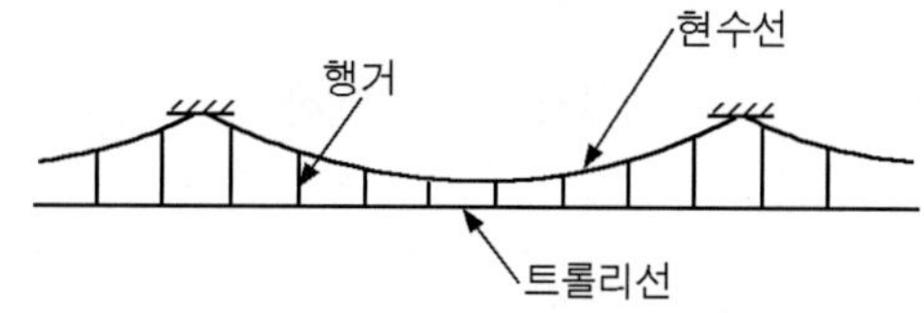

(3) 변 Y형 카티너리(Y-stitched catenary)

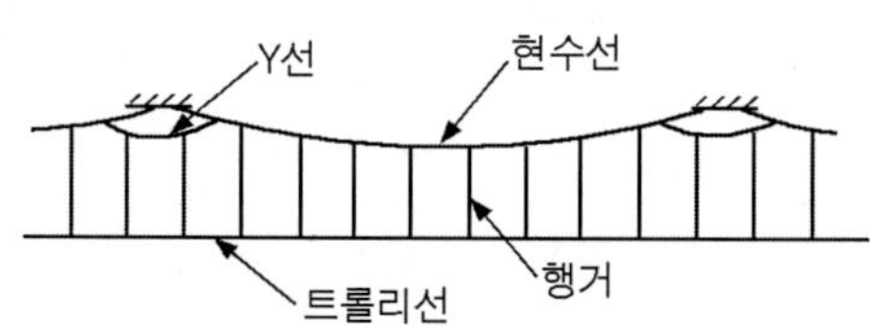

(4) 복합 카티너리(compound catenary)

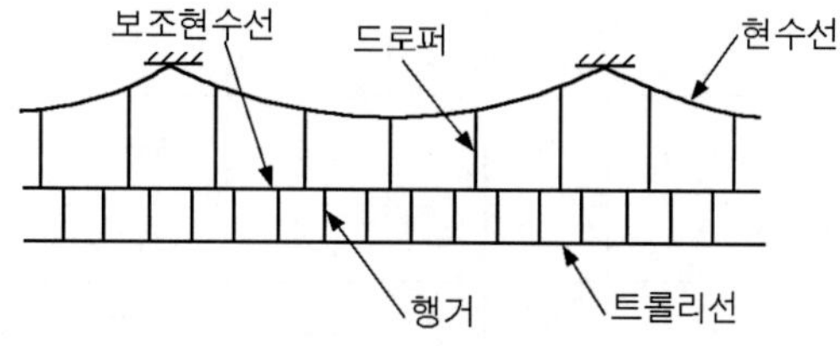

(5) 복합 합성소자 카티너리(composite compound catenary)

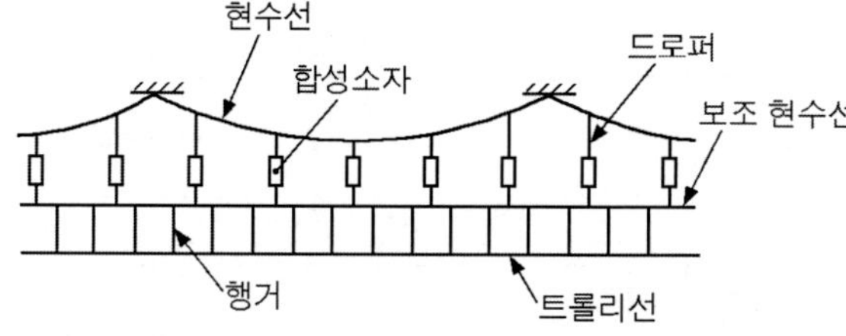

(6) 2중 카티너리(double catenary)

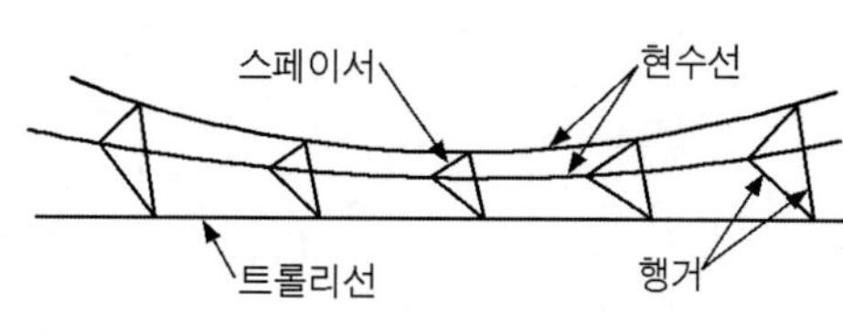

그림 4-162 전차선의 종류

4.4.40 완충기

열차의 접속(接續), 발진(發進), 정지(停止) 및 주행(走行) 중의 가감속시 차량에서는 가속도(+, −)가 발생하고, 완충기(緩衝器, draft gear, buffer)가 가속도를 흡수하여 차량과 적재화물의 파괴를 막아, 열차의 승차감을 손상시키지 않도록 하는 중대한 사명을 갖고 있다. 여기서는 현재 사용되고 있는 완충기의 종류와 성능 및 최근의 개발상의 화제에 대해서 언급한다.

1) 종류와 구조

차량용의 완충기로서 이전에는 단순히 금속제 스프링, 또는 금속 마찰식이 사용되었지만, 결점이 많아 그 후에 도태되고 현재 일본에서 사용되고 있는 완충기는, 완충 소재로 고무를 사용한 것과 유체(流體)를 사용한 것 2종류로 대별된다.

〈표 4-34〉에 고무 완충기의 종류와 성능을 나타낸다. 고무 완충기는 그것을 구성하는 패드(pad)의 형상에 따라 3개 그룹(group)으로 대별된다. 제1그룹은 사각(四角)패드를 사용한 것으로서, 주로 국철 등의 비교적 무거운 차량에 사용된다. 제2그룹은 제1그룹보다는 소형의 패드를 사용한 것으로 사철(私鐵) 차량 등 비교적 가벼운 차량에 사용된다. 제3그룹은 환형(丸形) 형상을 한 것으로 주로 기동차(氣動車) 등에 사용된다.

표4-34 고무 완충기의 종류 및 성능

group	형 식	패드 수		설치길이 mm	설치하중 ton	최대하중시 길이mm	최대하중 ton	정적흡수 에너지 kg·m	한 세트 중량 kg	용 도
		중간용	단용							
1	R D 11	8	2	213	6.5±1.5	171±3	100	1,200	36	신간선전차 객차·전차
	R D 12	9	2	241	4.5±1.5	189±3	100	1,400	39.8	기관차· 화 차
	R D 14	11	2	276	9.0±2	318±6	100	1,550	47.2	화 차
	R D 18	13	4	380	9.5±2	318±2	100	1,900	77	대형 화차
	R D 19	18	4	480	12.5±2	410±6	100	2,350	95.4	특급 화차
2	NR60C 1	6	2	166	2.5±1.5	124±3	60	580	15.5	전 차
	R D 21 (NR60C2)	7	2	181	4.0±1.5	140±3	60	640	17.1	전차·객차
3	R D 13	13단 일체		199	2.5±1.5	163±3	60	500	10	기동차
	R D 23	23단 일체		250	8.5±2	214±4	60	850	12	특급기동차

※주 : RD18과 RD19는 간좌(間座,두께 32mm)1매를, RD13은 간좌(두께 10.5mm) 2매를 포함.

고무완충기의 경우는 패드의 단수(段數)와 취부 시의 길이에 따라, 초압(初壓), 스트로크(stroke), 완충용량(緩衝容量) 등 각각의 차량에 적당한 특성이 얻어지도록 구성되어 있다. 〈그림 4-163〉에 이러한 범위에서의 대표적인 예로서, RD11이 완충기 프레임 중에 취부된 것을 표시한다.

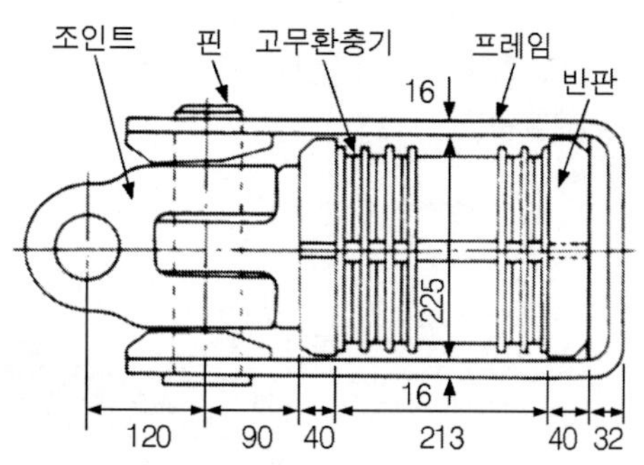

그림 4-163 고무완충기 RD11(설치상태)

완충기의 양단에도 반판(伴板, follower plate, followers)이라고 하는 판이 장착되어 있고, 이 판이 차량 측에 설치한 반판수(伴板守, draft lug, draft stop)에서 지지되고, 연결기의 인장력과 압입력(壓入力)에 대한 힘의 지점으로 되어 있다. 한 매 한매의 고무 패드(pad)는, 철판 위에 고무를 몰드(mold)하여 가소(加硫)시켜 제작한다. 재료로서는 천연고무를 사용하는 경우가 많지만, 특수한 용도에는 합성고무가 사용되는 것도 있다. 천연고무가 많이 사용되는 것은 하중특성이 안정될 것, 정적·동적하중의 차이가 적을 것, 온도 의존성이 적을 것 등이 요구되고 있다.

고무 패드의 형상은 압축할 때, 고무가 벗어나는 공간을 확보하기 위해 전면이 플랫(flat)은 아니고, 몇 개의 돌기 부분으로 분리되어 있고, 패드가 상호 어긋나는 것을 피하기 위해 둥근 요철부가 있다. 유체 완충기는 유압 완충기와 실리콘(silicone) 완충기로 분류된다. 이 중에 실리콘 완충기의 종류와 성능을 〈표 4-35〉에 나타낸다.

표4-35 실리콘 완충기의 종류 및 성능

형 식	호 칭	설치길이 mm	설치하중 ton	최대하중 ton	스트로크 mm	최대 흡수 에너지 kg·m	한 세트 중량 kg	용 도
SDG 1	SHD 90	450	약 3	100	80	6,000	85	대형 화차
SDG 2	SHD 1	600	약 3	60	80	3,600	124	차장차
SDG 3	SHD 92	450	약 3	60	80	3,800	95	알루미늄 탱크
SDG 4	SHD 93	580	약 14	100	57	4,500	166	특수 기관차

실리콘 완충기의 대표적인 예로서, SHD1을 〈그림 4-164〉에 나타낸다. 실린더 중에는 로드(rod)의 이동량에 상응하는 공기를 혼입한 실리콘이 봉입되어 있다. 상대 차량으로부터의 충격이 연결기를 거쳐 수압판(受壓板, 힘을 받는 판)에 주어지면, 피스톤과 실린더의 틈 사이에

실리콘의 흐름이 발생한다. 이때 실리콘의 전단응력에 대응하는 압력이 실린더 내에 발생하는데, 이 압력과 벽면의 전단 마찰력이 완충작용을 담당하게 된다. 일단 실린더 내에서 변위된 피스톤은 복원고무에 의해서 어느 정도 되돌아간다.

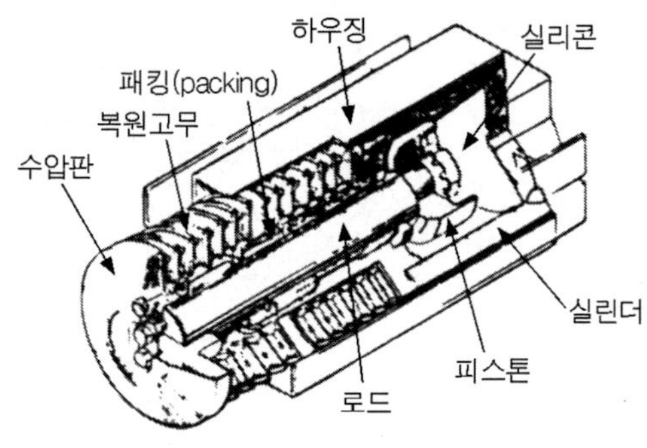

그림 4-164 실리콘 완충기 SHD 1

2) 성능

완충기가 차량 에너지를 흡수할 때는, 다음의 관계식이 성립한다.

$$\frac{W_e}{2g} V_o^{\,2} = \int Fds \quad \text{(171)}$$

$$\text{단, } W_e = \frac{W_1 \cdot W_2}{W_1 + W_2} \quad \text{(172)}$$

W_1, W_2 : 부딪히는 차량 중량(kg)
V_o : 두 차량 간의 상대속도(m/s)
g : 중력가속도(m/s^2)
F : 완충기 하중(kg)
S : 완충기 처짐량(m)

식 (171)로부터 알 수 있듯이, 완충기의 성능에 관해서는 하중 F와 처짐량 S의 관계가 가장 중요하다.

(1) 고무 완충기의 성능

고무 완충기의 성능의 일례로서 〈그림 4-165〉에 RD11의 정적(靜的)특성 곡선을 나타낸다. 고무는 완전한 탄성체는 아니므로 자유장(自由長)으로부터 하중을 측정한 시험 하중곡선과, 설치 길이를 유지한 채로 하중을 측정한 사용하중 곡선에 다소의 차이가 발생한다. 이 각각의 곡선은 앰슬러 압축시험기 등으로 측정되는데, 이 방법에 대해서는 JRS에 규정되어 있다. 차량의 실제 주행에는 동적인 하중곡선이 적합하지만, 이것은 정적인 사용 하중곡선보다도, 어느 정도 강한 것으로 된다. 일반적으로 고무 완충기의 성능은 정적 사용 하중곡선으로 표시된다.

고무 완충기에 요구되는 성능을 살펴볼 때는, 엄밀하게는 차량전체의 연성진동(連成振動)의 영향을 고려하지 않으면 안 되는데, 이 경우에는 설치시의 하중(初壓)과 하중의 구배 등도 무시할 수 없지만, 우선 기본적으로 중요한 것은 완충용량이 커야 하고 적당한 소산효율(消散效率)을 가져야 한다.

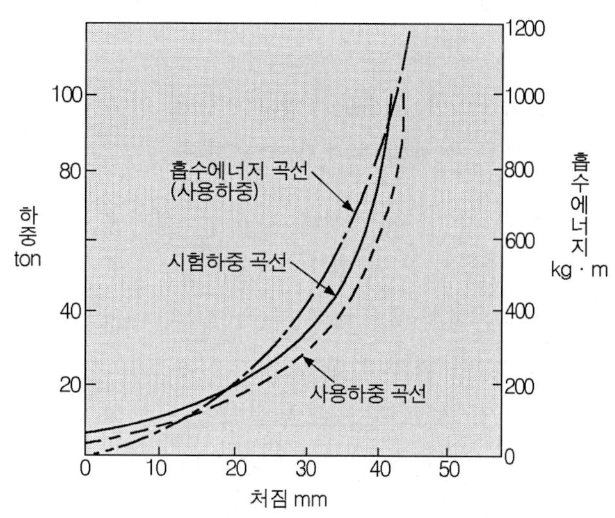

그림 4-165 RD11의 특성곡선

통상 하중의 상한은 차량의 설계 강도에 따라 결정되어지므로, 완충용량을 증가하는 데는 처짐량을 크게 하든지, 하중 증가방향을 가능한 한 위로 튀어 나오도록 하는 것이다. 그러나 고무의 늘어짐을 적게 하여, 가능한 한 내구성을 확보하기 위해서는 고무의 처짐률(고무의 처짐량/고무의 자유장)을 보통 35% 정도 이하로 하지 않으면 안 되고, 처짐량에는 자연히 제한이 있다. 또 하중의 증가방향은 주로 고무의 기계적 성질에 의해 결정되어 진다. 소산효율은 고무로부터의 다시 튀어 나오는 량을 나타내는 척도가 되므로, 이것도 고무의 성질에 따라 거의 정해져 있다.

고무완충기는 구조가 간단하며 가격이 싸다는 장점이 있지만, 고무의 성질에 의해 설계가 한정되므로, 약간의 단점도 있다고 말할 수 있다.

(2) 실리콘 완충기의 성능

실리콘 완충기의 성능의 일례로서 〈그림 4-166〉에 SHD1의 특성 곡선을 나타낸다. 실리콘 완충기는, 그 구조상 하중이 속도에 의존한다. 하중 매체인 실리콘 컴파운드는 104 poise의 상태를 가진 고(高)점도이지만, 그 점도특성(粘度特性)은 완충기의 성능에 큰 영향을 주므로, 측정방법은 JRS에 규정되어 있다.

고무 완충기와 비교할 경우, 실리콘 및 유압완충기의 성능상의 특징은 다음과 같다.

① 스트로크(stroke)의 최초부터 높은 하중의 발생이 가능하여, 큰 에너지를 흡수할 수

있다.

② 소산효율(消散效率)이 크다.

③ 유로(流路)의 틈을 변화시키는데 따라 요구 하중의 설계가 가능하다.

또 유압완충기(油壓緩衝器)에 대하여 실리콘 완충기는 다음과 같은 특징이 있다.

① 고점도의 유동체를 사용하므로 누설(漏泄)이 거의 없다.

② 만일 사고 등으로 누설되었다 하여도 실리콘은 불연성(不燃性)이다.

③ 실리콘은 거의 나빠지지 않으므로 수명(壽命)이 길다.

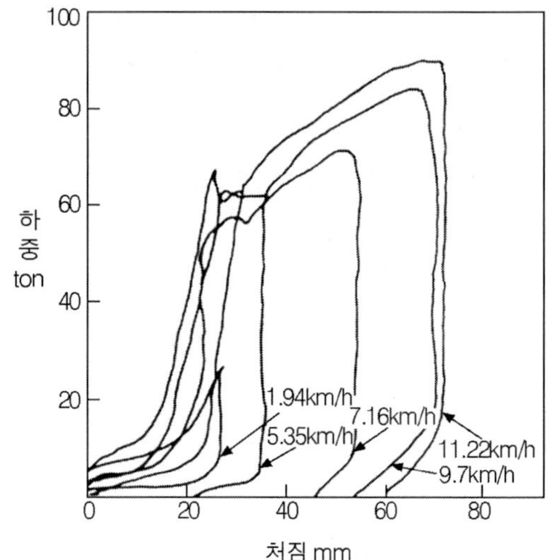

그림 4-166 SHD1의 특성곡선

④ 고점도로 틈의 치수 관리와 표면처리 정도(精度)가 거칠어도 좋다.

이와 같은 이유로 화차 및 기관차 등을 주된 대상으로 실리콘 완충기의 수요는 증가하고 있다. 실리콘 완충기의 동특성은 이미 해석되어 있고, 실차(實車)시험 결과와 잘 일치하고 있다.

3) 개발 사례

〈표 4-34, 표 4-35〉에 나타낸 것과 같이 차량용 완충기는 이미 많은 표준품을 가지고 있고, 이러한 것은 엄중한 품질관리체제 아래서 양산되어, 용도에 따라 여러 분야에서 충분히 우수한 성능을 발휘하고 있다. 그러나 완충기에 대해서도 항상 기술개발이 요구되고 있는데, 여기서는 최근의 개발 2가지 예에 대해서 기술한다.

(1) 저초압화(低初壓化)

종래의 완충기에서는 고무가 늘어남으로써 생기는 덜거덕거림을 없앤다는 목적으로 2.5~12.5톤 정도의 초압이 주어졌다. 이 초압이 발차(發車)와 정차 시 등에 차량에 충격을 발생시켜, 승차감을 손상시키는 하나의 원인이 되었다.

그래서 최근은 통근용의 전차와 침대차에 대해 초압을 저하시킨 것을 설치하도록 하는 움직임이 있다. 초압을 낮추는 방법으로는 다음 두 가지가 있다.

① 고무 패드의 돌기부분을 송곳모양으로 하여, 처짐 시초 부분에서 고무의 접촉면적을 적게 한다.

② 동일 프레임 중에 2조의 고무 완충기를 조립하여 초압을 상쇄한다.

①에 대해서는 RD16(201계 통근전차용), NR60 C3(사철 차량용)로서 현재 실차 시험을 실시하였다. ②의 구조 및 특성을 〈그림 4-167〉에 나타낸다.

이것은 특급 침대차에 부착되어, 시험운전을 거친 뒤 양산 단계에 들어갔다. 또 같은 구조의 것이 국철 화차 조차장(操車場, shunting yard)에서의 견인용 디젤 기관차 DE11에도 부착되어 있다. 이것은 초압(初壓)이 제로(0)라고 하는 특징을, 차량을 연결할 때 소음 저감에 유용하게 쓰도록 한 것이다.

(2) 고초압(高初壓) 완충기

평지 주행에서는 초압 저감 차량은 승차감을 개선한다고 하는 것을 알았지만, 고갯길에서는 다른 문제가 발생하고 있다. 이것은 차량 총중량의 경사방향 성분이 처음부터 완충기를 휘게 하기 때문이다. 따라서 급구배에서는 보조 기관차용 완충기로 초압을 높게 하고 초압 위치에서의 스프링 정수를 크게 하여, 완충 용량의 거의 전부가 사용되도록 하는 검토가 진행되고 있다. 〈표 4-35〉중의 SHD 93은 이 목적에서 제공된 것이다.

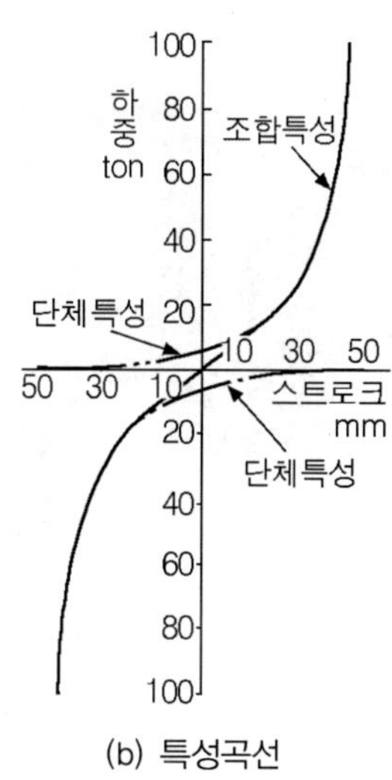

(b) 특성곡선

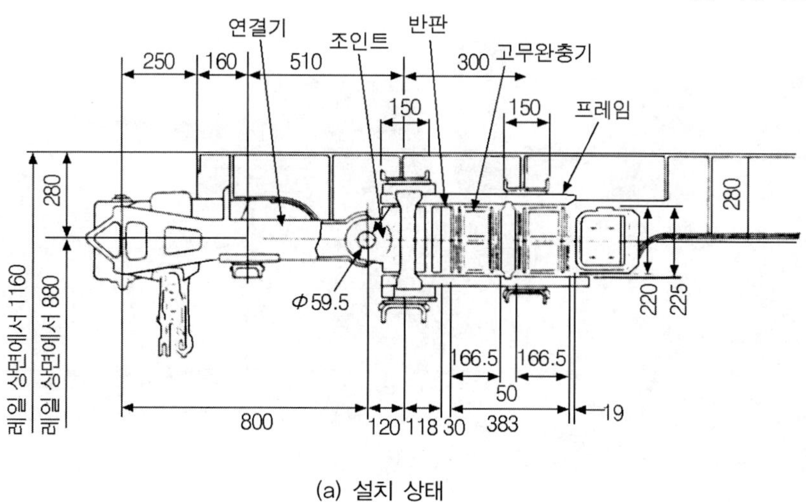

(a) 설치 상태

그림 4-167 초압 제로(zero)인 완충기 (침대차용 완충장치 RDO 11)

4.4.41 연결기

1) 종류와 구조

철도차량용 연결기(連結器, coupler)는 기관차 및 화차를 주체(主體)로 사용되고 있는 자동연결기, 전차 및 신간선 등에 사용되고 있는 밀착연결기〈그림 4-168〉, 고속화차, 특급침대차〈사진 4-14〉, 디젤동차〈사진 4-15〉 및 일부의 사철에 사용되고 있는 밀착식 자동연결기 3종류로 대별된다. 기타 특수한 연결기로서 고정편성차량용(固定編成車輛用)의 고정연결기〈사진 4-16〉 등이 있다.

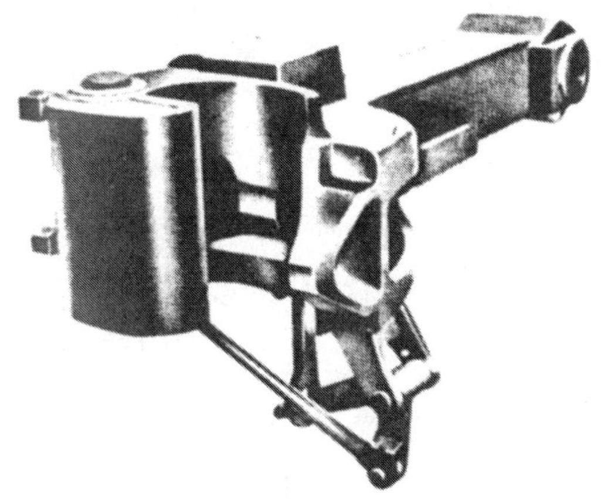

사진 4-14 특급침대차용 밀착식자동연결기

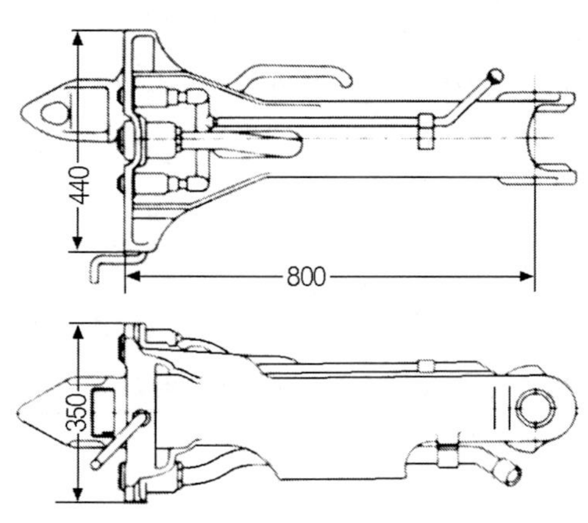

그림 4-168 전차용 밀착연결기

사진 4-15 디젤특급차용 밀착식자동연결기 (오른쪽은 연결기 정면)

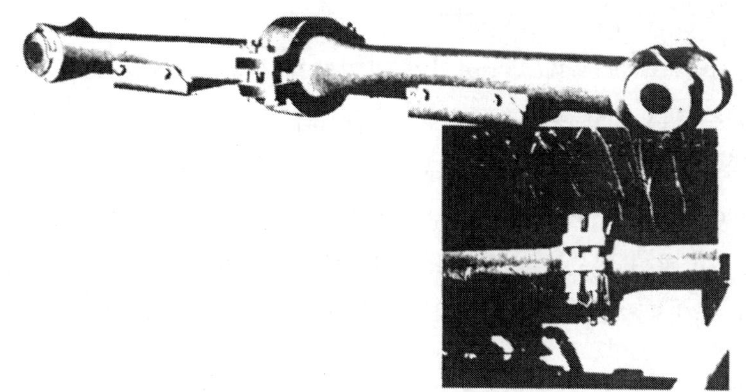

사진 4-16 고정편성차량용 고정연결기

(1) 자동연결기(自動連結器, automatic coupler)

이 연결기는 발명자의 이름을 따서, 『시바다식(柴田式) 자동연결기』 라고도 부르고 있으며, 1925년경부터 현재까지 일본 국철의 기관차와 일반화차에서 주로 사용되고 있으며, 우리나라도 마찬가지이다. 각형중공(角形中空) 모양으로 된 동체에, 머리부가 있는 연결기 본체가 주체로 되어 있어, 이 머리부 중에 팔꿈치 모양으로 굽은 관이 핀(pin)에 의해 회전이 자유로운 상태로 부착되어 있다. 연결기 본체의 머리부 중에는 이 굽은 관을 고정하는 자물쇠(locker)와, 이것을 열기 위한 장치가 있다. 자물쇠에는 긴 구멍이 나있고, 구멍 속에는 정(錠)올림 장치가 있다. 양쪽의 굽은 관을 맞물려 자물쇠를 떨어뜨리면 연결되고, 반대로 자물쇠를 올리면 관은 열려져 해방된다. 자물쇠를 올리는 방법에 따라 상(上)작용과 하(下)작용으로 구분한다.

상작용은 기관차와 유개화차(有蓋貨車, box freight car)에 많이 사용되고 있는 것으로서, 정(錠, 자물쇠)을 상정(上錠)에 올림으로써 위쪽으로 끌어올린다. 해방 레버(lever)가 차체 끝 벽에 부착되어 있으므로, 차 측(車 側)에서 이것을 조작하면 레버에 걸린 자물쇠 올림 키(key)로 상정(上錠)올림이 당겨져서 정(錠)은 끌려 올라간다. 또 하 작용은 무개차(無蓋車, gondola car)에 많이 사용되고 있는 것으로, 정을 하정(下錠)으로 올림으로써 위쪽으로 튀어 오르게 하는 방식이다. 이 종류의 연결기는 차체의 종류에 따라 좌(座)부착, 병형(竝形), 횡 코터(cotter)식, 조인트(joint) 부착 횡 코터 식 4종이 있고, 상 작용 및 하 작용의 분리에 따라서는 7종류도 된다.

연결기의 주요 구성 부품인 연결기 본체 및 굽은 관(肘)은 인장(引張)에 강하고, 또 용접성이 좋은 『연결기 합금강 주강품』이 사용되고 있다. 그 성분은 Mn과 Ni을 주체로 V와 Si를 넣은 특수 합금강으로 덧붙여져 있으며, 기계적 성질은 항복점 40kg/mm², 연신율 25%이상, 수축 35% 이상이다.

(2) 밀착연결기 (密着連結器, tight lock coupler)

이 연결기는 시바다(柴田) 衛씨(자동연결기 발명자인 시바다(柴田)兵衛의 동생)의 고안에 의한 것이지만, 그 구조는 각형중공 모양으로 된 동체와 돌기 모양을 한 머리부가 부착된 연결기 본체가 주체로 되어 있고, 그 머리 부분에 원호 모양을 한 자물쇠(錠, locker)가 있다. 연결기 본체의 축심(軸心)에 대해 약 45도의 각도로 조립되어 있다. 자물쇠에는 연결(鎖錠)위치를 주기 위해 인장 스프링이 붙어 있고, 또 자물쇠의 핸들부와 연결기 본체 측부(側部)에는 해방(錠控)위치를 주기 위해 각각 돌기와 자물쇠(錠)의 키(key)가 부착되어 있다〈그림 4-169〉.

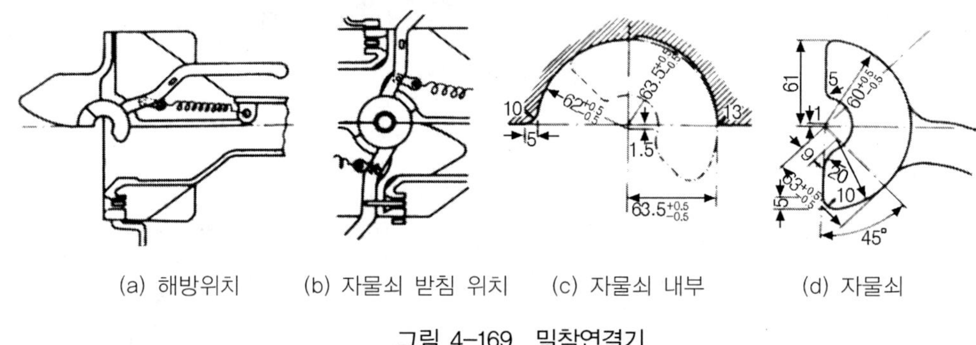

(a) 해방위치 (b) 자물쇠 받침 위치 (c) 자물쇠 내부 (d) 자물쇠

그림 4-169 밀착연결기

연결기본체의 재료는, 자동연결기와 같은 모양인 연결기 합금강 주강품이, 또 자물쇠는 보통주강품이 사용되고 있다.

(3) 밀착식자동연결기 (密着式自動連結器, tight lock type automatic coupler)

이 연결기는 자동연결기와 거의 같은 구조로 되어 있지만, 다른 점은 해방장치(解放裝置)가 연결기에 부착되어 있는 것과, 밀착성을 유지하는 데에 자물쇠(錠)를 경사시키고, 이것에 경사판(傾斜板)을 접촉시켜 각부의 마모에 의한 보정(補正)을 하여 밀착성을 유지하는 점이다〈그림 4-170〉. 또 연결기 본체 및 굽은 관(肘)의 재료는 차종에 따라 연결기 합금강 주강품과 보통 주강품을 사용하고 있다.

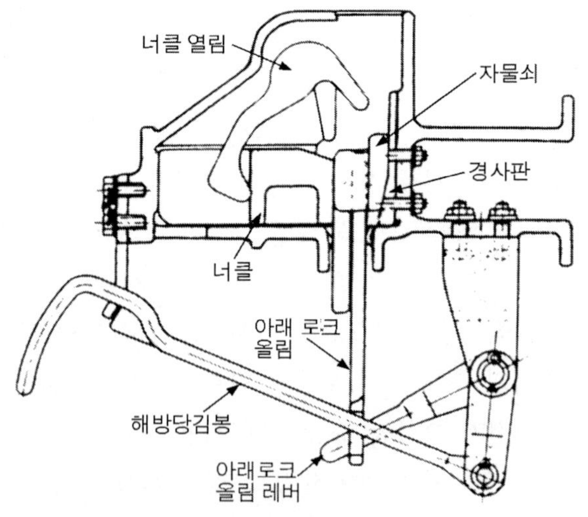

그림 4-170 밀착식자동연결기의 내부구조

(4) 고정용연결기 (固定用連結器, rod type coupler)

이 종류의 연결기는 연결 면에서 분할되지 않고, 완전히 1개의 봉 형태(棒 形態)로 되어있으며, 〈사진 4-15〉와 같이 중앙에서 분리 가능한 것도 있다. 중공봉상(中空棒狀)을 하고 있어 끝에 플랜지를 가진 연결기 본체를, 조임 쇠와 볼트(bolt)로 단단히 조인 것으로 단순한 것이다. 더구나 조임 쇠(締付 金) 볼트에 연결기의 인장력이 직접 부하되지 않도록, 연결기 조임 쇠의 플랜지 면과 조임 쇠의 접촉면은 경사면으로 되어 있다. 사용되고 있는 재료는 연결기 본체와 조임 쇠 모두 보통 주강품(鑄鋼品)이다.

2) 기능과 성능

(1) 자동연결기

자동연결기의 요구 조건에는 다음과 같은 것이 있다.

① 로커(錠, locker)걸이 위치 : 로커(locker)가 떨어져 굽은 관이 열리지 않는 상태

② 굽은 관 열림 기(器) 위치 : 굽은 관이 충분히 열려 상대 굽은 관을 들어오게 하는 위치로, 연결을 이행하기 위해서는 필요한 위치에서 보통 정(錠)을 끌어올리면(또는 들이받음) 정은 굽은 관 열림 기를 들어 올릴 수 있다. 들어 올려진 굽은 관 열림 기는, 연결기 본체의 벽을 지점으로 하여 굽은 관을 박차고 나오도록 되어 있다. 또 굽은 관 열림 위치에 있으면, 상대차량의 굽은 관은 닫혀 있어도(요컨대 錠 걸이위치), 굽은 관은 그대로 연결기 옆에 들어간다. 그래서 상대 연결기 머리의 전벽부(前壁部)에서 이러한 열린 주(肘)를 누르고 굽은 관은 닫혀진다. 굽은 관이 닫혀지면 자동적으로 정이 떨어져 정결이 위치로 되어 연결이 완료된다. 이것은 자동연결기인 이상 필수 조건이다.

③ 정당김 위치 : 연결되어 있는 차량을 해방하기 위해 레버를 비틀어 정을 올려도 굽은 관은 상대 연결기 본체의 머리부 앞 벽에 매여 열리지 않는다(굽은 관 열림 기가 있어도 박차고 나오지 않음). 레버로부터 손을 떼면 정은 다시 떨어져, 정결이 위치로 되돌아오지 않는다. 이 때 올려진 정은 어딘가에 걸쳐져 낙하하지 않게 놓여 있어, 차량을 끌어내리면 굽은 관은 그대로 열려, 연결이 해방된다. 이것이 정 당김 위치이다.

④ 올림 멈춤 장치 : 운전 중 차량의 상하 충동 때문에 정이 튀어올라 연결이 풀어진다면 큰일이다. 이 방지 장치는 정 올림에 덧붙여 있어, 연결기 본체에 작용하여 효과를 발생하도록 되어 있다.

⑤ 부품 점수가 적어 마모 개소가 적다.

⑥ 각 부품의 분해조립이 용이하다.

⑦ 해방작업이 가볍다.

⑧ 정결이, 정 당김이 확실할 것, 또 그 위치에 완전히 있는가의 확인이 용이할 것.

자동 연결기는 이러한 기본적인 기능을 갖고 있다. 또, 연결부 윤곽은 미국철도협회(AAR) No.10 외형(contour)과 동일 형상으로 되어 있다.

(2) 밀착연결기

자동연결기는 상하 혹은 좌우 곡선 상을 무리 없이 주행시킴에도 불구하고, 연결 면에 덜거덕거림이 있는데, 이것이 차량 주행 시에 충격으로 되어 승차감을 나쁘게 한다. 밀착연결기에서는 연결 면이 덜거덕거리지 않게 연결기와 프레임 사이에 유니버설 커플링(universal coupling)을 설치하고 있다. 밀착연결기는 밀착 면에 덜거덕거리지 않도록, 정(錠)의 외면 및 연결기 본체의 정 내부의 내면은 완전 원형이 아니라, 원호 쐐기 형으로 되어 있다. 따라서 접촉면이 마모되어도 그것에 맞게 정이 더 쑥 들어감으로써, 밀착성을 보존하는 특성을 갖고 있다. 따라서 언제까지나 밀착성이 보존되므로, 연결기의 연결과 동시에 공기관(또는 전기배선)의 연결이 가능하다.

또 밀착연결기도 요구 조건상 자동연결기에 비치되도록 하는 정결이 위치 및 정 당김 위치를 갖고 있다. 연결할 때는 연결기 본체 머리부의 각부는 상호적으로 안내되어, 상대 연결기 본체 머리의 구멍에 들어가서 정의 돌출부를 눌러서 정을 회전시키고 연결기 본체의 연결 면이 상대의 연결 면에 다다를 때까지 진입한다. 이때 정은 그 핸들에 부착된 복원 스프링에 의해 되돌아와 연결(鎖錠)위치로 된다. 해방을 수행할 때는, 한쪽 연결기의 정의 핸들을 가까이 당겨 상대 연결기 측면에 있는 정 걸이 쇠를 돌리고 정 걸이 쇠의 턱을 정 핸들의 상면에 있는 소(小)돌기로 끌어당기면, 양 연결기의 정은 수직면상으로 마주 대하여 잠기게 되므로 차량을 끌어내면 해방이 이루어진다.

(3) 밀착식자동연결기

이 연결기는 자동연결기의 결점인 덜거덕거림을 없앤 밀착형의 연결기로서, 자동연결기와 연결 가능한 연결기이다. 연결 면은 전부 기계가공을 하여 밀착성의 정도(精度)를 올리고 있다. 또 차량이 곡선을 통과할 때의, 좌우운동 혹은 상하운동의 요동에 대하여 문제없이 주행 가능하도록 연결기 본체의 후부에 유니버설 커플링을 사용하고 있는 것은 밀착연결기와 같은 형상이다. 밀착 시 자동연결기의 요구조건은 자동연결기에 구비되어 있는 것과 완전히 같은 형태이다.

3) 최근의 동향

(1) 화차용

조차장(操車場, shunting yard)의 합리화를 목적으로, 일본의 경우는 연결기의 자동적으로 해 · 결(解 · 結)되도록 하는 것을 검토하여, 시작(試作) 테스트를 하였다. 하지만 대상차량이 약 15만량이나 되었기 때문에, 차체의 개조 및 연결기의 개조에 경비가 들어, 결국 야드의 지상설비를 개발하여 연결기를 자동 해결하는 쪽이 상책이라는 결론이 내려졌다. 아직까지 자동연결기의 자동 해 · 결화(解 · 結化)는 시간을 요하는 것으로 예상되며, 당장은 현상의 기구로써 시간에 따라 변천하여 가는 것으로 생각된다. 또 특수한 용도로서 화물을 적재한 장거리 트럭을 실어 운반하는 저상화차(低床貨車)에 있어서는, 석유사정 등을 반영하여 에너지 절약화한 연결기가 사용되고 있다.

(2) 여객차 및 전차용

차량의 분할, 병합작업의 합리화와, 위험 작업 방지의 관점에서 전기 및 공기를 포함한 연결기의 자동 해결화가 조만간 도모될 것으로 예상되며, 천천히 진행되고 있지만〈그림 4-171〉에 있는 것처럼 국철 디젤차에서 이 시작(試作) 테스트가 이루어져 실용화를 도모하고 있다.

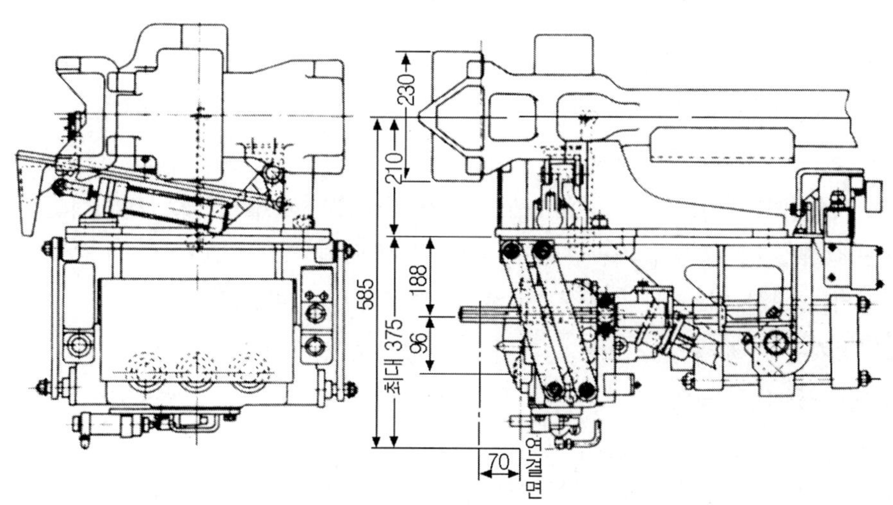

그림 4-171 연결 및 해방조작을 자동화한 밀착식자동연결기

4.4.42 유도전동기와 동기전동기

오늘날 철도차량에 적용되어 실용화된 부품 중에서 견인전동기의 종류와 그 특성에 대해 살펴본다. 견인전동기(牽引電動機, traction motor)를 분류하면 직류전동기와 교류전동기로 대별할 수 있으며, 교류전동기는 다시 유도전동기(誘導電動機, induction motor)와 동기전동기(同期電動機, synchronous motor)로 분류할 수 있다.

직류전동기는 그 속도제어의 용이성 때문에 전철용 견인전동기로 가장 많이 사용되고 있다. 직류전동기는 전기자 전압이나 계자전류를 조정하여 쉽게 속도를 제어할 수 있으며, 회전력은 전기자 전류와 계자 전류의 곱으로 표현되므로 회전력의 제어가 용이하다. 아울러 직류전동기는 제어 정류기 혹은 초퍼(chopper)를 이용하여 전류, 전압 등의 제어가 간편하고, 대용량 정류용 반도체(thyristor, diode) 등의 입증된 기술을 이용하여서 각종 지하철 및 시내 전차 등에 적용되고 있다. 그러나 직류전동기는 다음과 같은 약점이 있다.

① 정류자(commutator)와 브러시(brush)가 있어, 이것들의 마모로 인해 정기적인 보수, 점검 및 교체의 필요성이 있다.

② 교류전동기와 비교할 경우 같은 용량에서 중량이 크다

③ 정·역 운전 및 제동 시 전력회로에 기계적인 접점이 있어야 하며, 아울러 이것의 유지보수가 필요하다.

교류전동기는 대용량 전력용 반도체 및 그 제어 기술의 발전으로 인해 사용이 증대되고 있다. 교류전동기는 입력주파수에 의해 속도가 결정되고 속도제어를 위해서는 주파수 변환을 해야 하는데 이를 위해 대용량 주파수 변환장치(inverter)가 필요하다. 한편 전동기 회전력 및 자속(magnetic flux)제어, 전압 및 전류제어를 동시에 수행해야 하므로, 전체적인 전력변환 시스템이 복잡해진다. 그러나 최근 대용량 전력용 반도체 특히 GTO(Gate Turn Off) 사이리스터의 출현으로 전력변환 시스템 구성을 간편하게 할 수 있게 되었다.

유도전동기는 기계적인 구조가 간단하고 견고하여 산업용으로 많이 사용되고 있다. 유지보수 측면에서 소요 경비 및 시간은 직류전동기에 비해 약 1/3~1/5정도이며, 동일 출력의 경우 무게는 직류전동기의 2/3 정도이다.

동기전동기는 유도전동기에 비해 기계적으로 약간 복잡하고 가격이 비싼 반면, 운전효율이 높고, 전동기의 속도가 출력 주파수에 의해 직접 결정되므로 속도제어가 용이하다. 또한 동기전동기를 진상 역율로 운전할 경우 인버터 회로가 간편해지는 장점이 있다. 그러나 최근 전력용 반도체의 발전에 의해 인버터 회로의 간편성에 대한 장점은 사라져 가고 있는 반면, 동기전동기는 각각의 전동기에 각각의 인버터가 필요하므로 인버터 사용수를 줄이기 위해 대용량 전동기를 사용해야 하는 단점이 있다. 이에 비교해 유도전동기는 한 개의 인버터

에 여러 개(4~8대)의 전동기를 부착할 수 있어 적은 용량의 전동기를 분산 배치할 수 있다. 또한 동기전동기는 유도전동기에 비해 유지보수가 어려운 단점이 있다. 위와 같은 이유로 고속전철의 견인전동기는 앞으로 유도전동기가 그 주류를 이룰 것으로 예상되며, 고속열차를 설계·제작 및 운행하는 프랑스, 독일, 일본도 같은 경향이라 판단된다. 특히 프랑스의 경우 TGV 고속전철에 동기전동기를 사용하였으나, TGV-TMST(Eurostar)부터 유도전동기를 적용하기 시작했다.

4.4.43 대차시스템

1) 대차의 역할과 종류

대차(臺車, bogie, truck)는 차체 및 차체가 받는 하중을 지지하여 안전·쾌적하게 레일 위를 주행하게 하고, 동력차에서는 차륜답면(車輪踏面, wheel tread)에서 얻은 동륜주(動輪周) 인장력(引張力)을 차체와 연결기(連結器)에 전달하는 중요한 역할을 한다.

현재 사용되고 있는 철도차량의 주행장치(走行裝置, running gear)는, 일부 화물차를 제외하고 전부 대차(bogie)형식 구조로 되어 있다. 일반적으로 여객차량에 사용되고 있는 대차는, 거의 2축 대차(4륜 대차라고도 함)로 차체의 진행방향과 관계없이 레일을 따라 자유로운 방향으로 전향(轉向)할 수 있도록 대차의 중앙에 회전운동이 자유로운 중심부(center pivot)를 설치하여 차체를 지지하도록 되어 있다.

대차에는 이외에도 특수한 것으로서 3축 대차(3개의 윤축을 갖고 있음)라든지 다축(多軸)대차(무거운 하물운반에 적용)와 1축 대차(연접대차에 사용되는 것도 있음) 등이 있다. 대차는 그 이름처럼 차륜과 차축을 구비한 받침대이며, 그 위에 차체를 탑재하여 레일 위를 주행하도록 한 것이다. 초기의 차량과 차량 길이가 짧은 화물차에서 볼 수 있는 4륜차와 6륜차(2축차, 3축차로 하며, 직접 차체에 스프링을 개입하여 윤축이 설치된 차량)는 대차형식이 아니므로, 기본적으로 주행장치로서의 종별이 다르다〈그림 4-172, 4-173 참조〉.

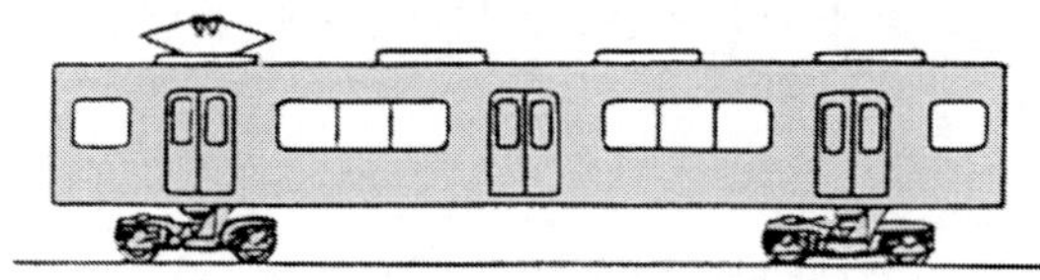

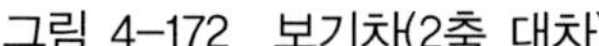

그림 4-172 보기차(2축 대차)

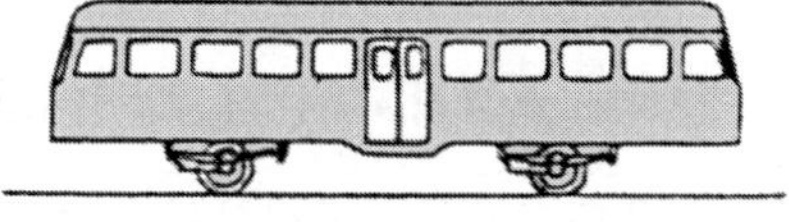

그림 4-173 2축차 (4륜차)

다음 〈그림 4-174〉과 〈그림 4-175〉는 곡선로를 달리는 차량을 모델화한 것으로서, 초기의 차량처럼 차체의 길이가 짧은 경우 L 치수도 짧아, 차체에 직접 스프링을 개입하여 차륜 및 차축을 설치한, 2축 형식의 주행 장치〈그림 4-174〉에서도 특별한 문제는 없었다. 그러나 그

후로는 차량이 장대화되어 차량 중량도 무겁게 됨에 따라, 부담하는 윤축수와 강도도 증가시키지 않으면 안 되었다. 즉, 궤도 측으로부터의 축중제한(軸重制限, 우리나라 경부고속철도 축중 25톤, 일본의 경우 1축 당 정차 중에서 13톤 이하, 최대 14톤, 프랑스의 TGV의 경우 축중 17톤)이 있기 때문에 축수(軸數)도 고정축거(固定軸距)의 장대화로부터 제약을 받아, L 치수를 멋대로 길게 하는 것은 곡선을 통과할 때에 레일과 차륜과의 관계에서 좋지 않은 상태가 발생한다. 이에 대해서는 1800년대 전반에 미국에서 2축 보기차량이 보급된 이래로, 보기형식의 차량〈그림 4-175〉은 차체의 전후에 2조(組)의 대차를 설치하여 각각의 대차가 센터피봇(center pivot)부를 중심으로 해서 레일을 따라가면서 자유로이 전향(轉向)이 가능하고, 동시에 주행 중 다소 궤도부정(軌道不整, irregularity, 궤도가 고르지 못한 상태를 나타냄)이 있어도 비교적 부드럽게 주행하는 등 많은 이점이 있기 때문에, 철도차량에 적합한 주행 장치로서 발전했다. 그러나 〈그림 4-175〉의 L' 치수(臺車中心間距離)가 짧으면 대차 형식을 채택한 효과가 적으며, 차체의 편의(偏倚)가 커지게 되고, 반대로 길어지면(차체의 지지점이 길어짐) 대차의 효과는 올라가지만, 차체의 강도상으로는 불리하다. 통상 20m 길이의 차량에서 13.3～13.8m 전후, 18m 차량에서 11～12m 전후가 적당한 치수로 되어 있고, 대차의 전후 윤축 간 고정치수(固定軸距, wheel base)도 20m, 18m 차량에서 2.1～2.4m 전후로 설정하는 경우가 많다.

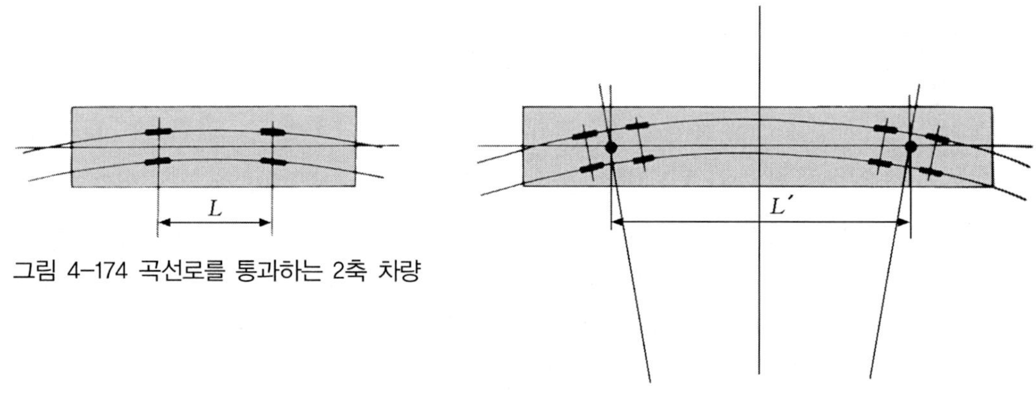

그림 4-174 곡선로를 통과하는 2축 차량

그림 4-175 곡선로를 통과하는 보기 차량

2) 대차의 구성과 각부의 메커니즘

현재 사용되고 있는 여객차의 대차로는 거의 2축 대차를 채용하고 있으며, 각각의 형식과 각부의 구조에는 상당히 많은 종류가 있으므로, 가장 일반적인 대차를 선택하여 그 개념적인 메커니즘을 살펴보도록 한다〈그림 4-176 참고〉.

대차에는 주전동기(主電動機, main motor)를 장착하고, 감속치차(減速齒車, reduction gear) 장치를 설치한 동력대차(driving bogie)와 동력을 갖고 있지 않은 종대차(從臺車, 부수대차, trailing bogie)가 있으며, 대차로서의 기본구조와 구성은 거의 동일하다. 일반적으로 대차프레임, 스프링장치, 액슬박스(axle box), 액슬박스지지장치, 윤축(輪軸, wheel-set), 스윙 볼스터 장치(swing bolster device), 기초제동장치(基礎制動裝置) 등으로 구성되어 있다.

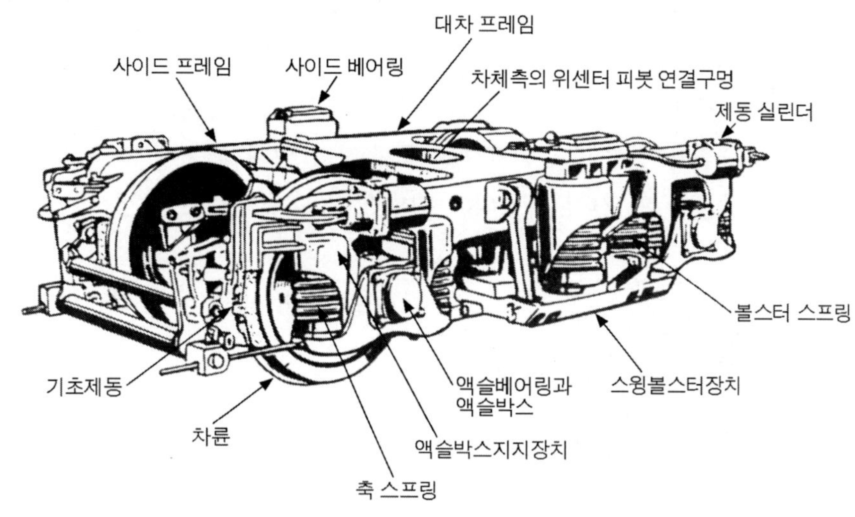

그림 4-176 일반적인 대차의 예와 각부의 명칭

대차프레임은 축 스프링 장치와 액슬 베어링(axle bearing, journal bearing)을 개입시켜 윤축을 설치하고, 한편 스윙 볼스터 장치와 볼스터 스프링 장치를 개입시켜 차체를 지지하는 중요한 부분이다. 통상 H형(또는 "日" 자형)의 프레임이 조립되어 형성되고, 통상 강판으로 용접한 구조가 많고, 좌우 양측의 프레임과 이것을 결합하는 크로스 빔(cross beam)으로 구성되어 있다.

〈그림 4-176〉에서 보는 대차에서는 크로스 빔 아래에 스윙 볼스터가 있고, 스윙 볼스터는 상 스윙 볼스터(upper swing bolster)와 하 스윙 볼스터(lower swing bolster)이라 하는 두 개의 빔(beam, frame)으로 나누어져 있다.

상 스윙 볼스터는, 그 중앙 상면에 하(下)센터피봇(center pivot, center plate)이 설치되어 있으며, 차체 측 언더프레임 볼스터 중앙 하면(下面)에 설치되어 있는 상(上)센터피봇(center pivot, 〈그림 4-176〉에서는 핀 모양의 것)과 결합되어 하중을 부담함과 동시에, 회전중심(回轉中心)이 되어 전후 방향의 추력(推力)을 전달하는 역할을 가지고 있다. 하 스윙 볼스타(lower swing bolster)는 스윙 볼스터 행거(swing bolster hanger)로 부르는 행거링커(hanger link)에 의해 대차프레임의 사이드빔(side beam, 사이드 프레임)과 핀(pin)으로 연결되어 있으며, 볼스터 스프링장치(그림에서는 코일스프링과 오일 댐퍼)를 개입시켜 상 스윙 볼스터와 연결되어 결합되는 구조로 되어있다.

스윙 볼스터(swing bolster) 장치는 주행 중 차체의 횡 운동과 곡선통과 시 차체의 변위(變位)에 대하여 복원력(復原力)을 주어, 승차감을 좋게 하기 위해서 설치되어 있는 것이므로, 통상 양측의 행거링크(hanger link)를 약간 "八" 자 형으로 경사(일반적으로 6~7° 전후, 대차구조에 따라 다름)시킴으로써, 차체중심과 대차중심이 편의(偏倚)되고, 중심이 이동했을 때에 신속하게 그 위치로 당기는 힘(復原力)이 작동하도록 하는 구조로 되어 있다. 상하 스윙 볼스터의 사이에 볼스터 스프링 장치가 부착되어 있지만 이것은 뒤에서 언급한 축 스프링 장치와 함께, 주행 중의 진동과 충격을 완화하고 승차감을 좋게 하기 위해서, 코일 스프링과 공기 스프링(옛날 대차에서는 중첩 스프링)이 사용되고 있다〈그림 4-177 참조〉.

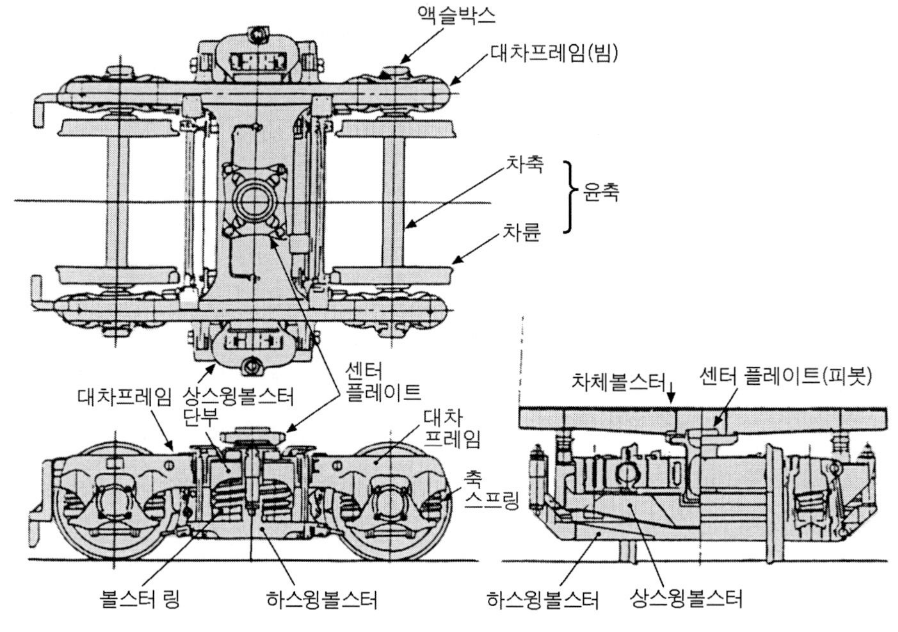

그림 4-177 대차의 구조

윤축(輪軸, wheel-set)은 차축에 차륜을 압입(壓入)하여 조립된 형태의 총칭이다. 통상 그 양단부(兩端部)는 베어링을 받치는 액슬 박스(axle box)로 지지되고, 축 스프링을 개입시켜 상하방향의 완충작용을 하면서 대차 프레임과 결합되어 있다. 이 연결부분은 액슬 박스를 지지 안내하면서, 동시에 추력을 전달하는 역할을 갖고 있으므로 일반적으로 액슬 박스 지지장치(支持裝置)로서 대차 프레임의 사이드 프레임 양단부에 설치되어 있다. 이 액슬 박스 지지장치는 자동차의 현가장치(懸架裝置, suspension)에 해당하는 것이므로, 대차 프레임의 양단부에 액슬 박스를, 전후 · 좌우에 대하여 억제하면서 상하방향의 운동을 원활하게 안내하기 때문에 접동면(摺動面)을 가진 액슬 박스 받침(pedestal, axle bearing seat) 방식 외에, 여러 가지 액슬 박스 지지방식이 있다. 현재 사용되고 있는 방식에는 주요 구조상으로부터 구분하면, 앞에서 언급한 페데스탈(pedestal)방식을 시초로 원통안내방식(圓筒案內方式), 액슬 빔(beam)방식, 판스프링 방식, 링크 암(link arm)방식, 고무방식 등이 있다. 각각 스프링 계(系)와 구성상의 조합에 의해 매우 많은 형식으로 분류된다. 여기서는 여객차량에 넓게 사용되고 있는 대표적인 액슬 박스 지지장치에 대하여 설명한다.

1) 액슬박스 지지장치(軸箱支持裝置, axle box suspension)

차량이 고속에서 안전하게 주행하기 위해서는 각각의 윤축을 항상 평행을 유지하면서, 시간이 지남에 따라 변화하는 선로의 상황에 대응하여 정확하게 추종(追從)할 필요가 있다. 이 윤축을 양단에서 지지하고 있는 액슬 베어링이 들어있는 액슬박스의 움직임도 당연히 전후방향으로는 확실하게 움직임을 억제하고, 좌우방향으로는 횡압을 완화하는 여유를 가지고 상하방향은 스프링 계를 개입시켜 부드럽게 완충작용을 작동시키도록 하는 구조로 되어 있다. 이 메커니즘이 액슬박스 지지장치이고, 대차의 고속주행특성을 좌우하는 중요한 장치이다〈그림 4-178 참조〉.

A. 페데스탈 방식

현재 사용되고 있는 여객차량에 넓게 이용되고 있는 형식으로는, 축 스프링을 액슬박스 위에 장비한 형식과, 윙 스프링(wing spring) 형식이 일반적으로 많이 사용되고 있다. 전자(前者)는 〈그림 4-178(a)〉와 같이 대차 프레임의 사이드 프레임(side frame) 양단부의 하면(下面)에 페데스탈(pedestal)을 설치하여, 그 상부를 원통모양의 스프링 자리(spring seat)를 만들어, 축 스프링을 끼워 액슬박스를 페데스탈 안내부에 조립한 구조로 되어 있다.

후자(後者)의 윙 스프링 형식〈그림 4-178(b)〉은 그 이름처럼 액슬박스의 하부를 양측방향으로 달아내어 스프링 자리로 하고, 페데스탈의 양측에 2조(set)의 스프링 계를 날개처럼 배치한 형식으로, 전자에 비하여 자유장(自由長)이 길고 부드러운 스프링을 사용하는 것과, 액슬 박스의 안정성이 양호한 이점을 갖고 있다. 위의 두 형식은 구조가 간단하여 보수가 용이한 반면, 접동면에 작은 극간(隙間)이 있고 노출되어 있기 때문에, 모래 먼지 등이 침입하기 쉬워 주행 중 접동에 의한 마모를 촉진시켜, 덜거덕거림이 커지게 되어 1축 사행(蛇行)의 원인이 된다. 그 때문에 이 부분에 마모 레진(resin)을 사용하고, 마모의 정도를 정기적으로 점검하여 교환하도록 한다.

B. 원통안내방식

원통안내방식으로는 습식원통안내형식(濕式圓筒案內形式)과 건식원통안내형식(乾式圓筒案內形式)이 많이 사용되고 있다. 원통안내방식은 〈그림 4-178(c)〉와 같이, 대차 프레임의 사이드 프레임 측에 내통(內筒), 액슬박스 측에 외통(外筒)을 각각 설치하고, 그 외주(外周)에 축 스프링을 개입시켜 끼워 넣도록 조립되어 있어, 2조(set)의 내·외통에 의해 액슬 박스가 상하방향으로 안내 지지 되는 구조로 되어 있다. 습식(油浸式, oil bath)은 외통의 가운데에 기름을 넣고, 내통의 밑 부분에 여러 개의 작은 구멍을 낸 밀폐구조이고, 기름의 점성저항(粘性抵抗)을 이용한 오일 댐퍼(oil damper)의 역할과 접동하는 양통간의 윤활을 도모하고 있다. 건식은 내·외통 사이에 내마모성이 양호한 내마모(耐磨耗) 레진(resin) 접동통(摺動筒)을 삽입한 구조이다.

모두 내·외통의 외측에 먼지의 침입을 방지하기 위하여, 보호원통(保護圓筒)으로 덮는다.

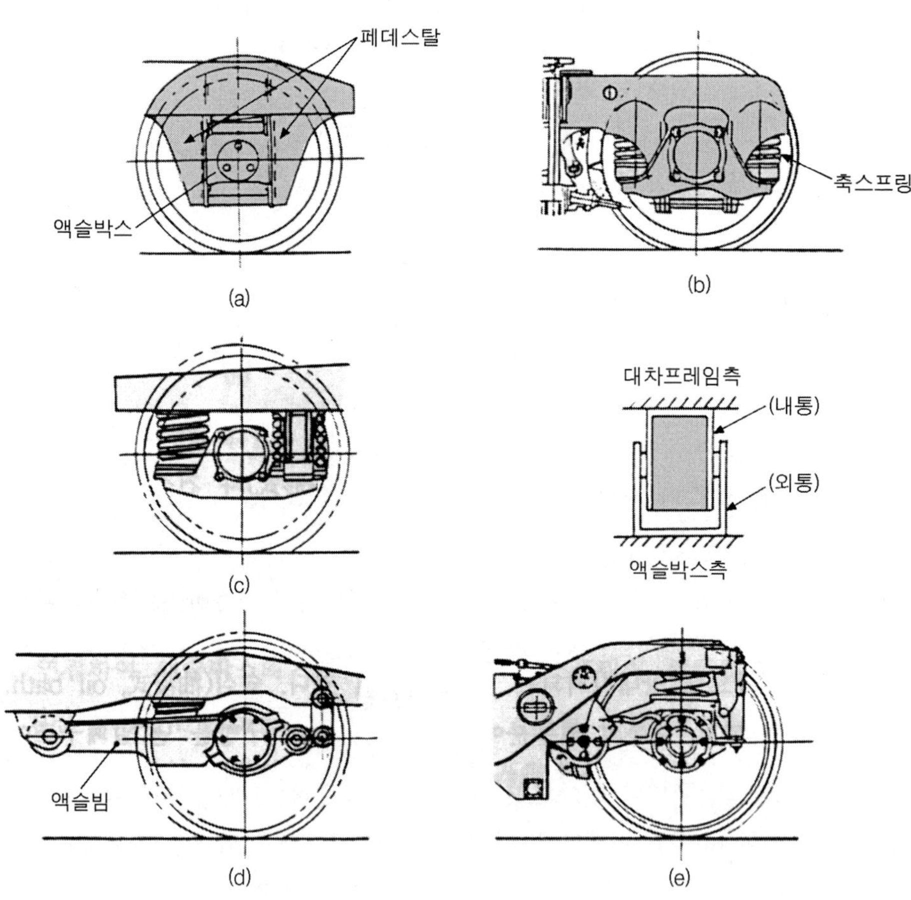

그림 4-178 액슬박스 지지장치 방식

C. 축 빔 방식

〈그림 4-178(d)〉와 같이 액슬 박스를 상하로 안내하는 기구와는 다르게, 액슬박스와 일체로 된 빔(beam)모양의 팔(軸梁, cross arm)을 대차 프레임의 사이드 프레임과 수평인 핀(pin)연결기로 결합된 구조로 되어 있다. 이것에는 자동차의 스윙 암(swing arm)방식과 같은 모양으로, 축 빔의 중간에 축 스프링을 배치하여, 액슬 박스의 다른 끝을 짧은 링크 암(link arm)과 핀 연결기로 대차의 선단(先端)과 결합한 형식과, 짧은 축 빔(beam)을 사용하여 액슬 박스의 위에 액슬 스프링을 장비한 형식들이 있다〈그림 4-178(e)〉.

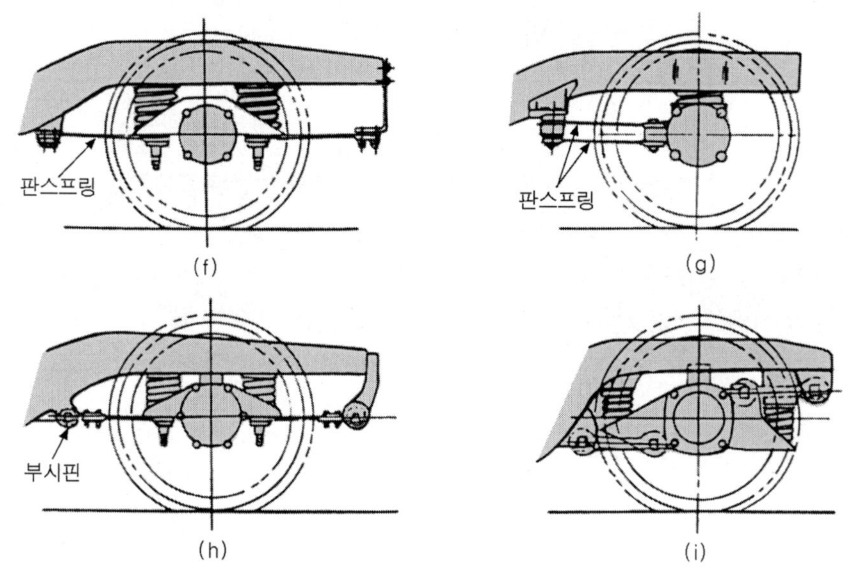

그림 4-179 액슬박스 지지장치 방식

D. 판스프링 방식

액슬 박스와 대차 프레임이 짧은 책모양의 판스프링에 의해 결합된 구조이다. 〈그림 4-179(f)〉처럼 액슬 박스의 양측에 판스프링을 배치하고, 대차 프레임 선단부에는 L형의 스프링으로 연결하여 액슬 박스의 상하운동에 의한 판스프링의 변위를 흡수하는 구조로 된 형식을, 일반적으로 민덴(minden)식이라 부르고, 〈그림 4-179(g)〉와 같이 액슬 박스의 한쪽과 대차 프레임 중앙 부분이 상하 2매의 판스프링에 의해 연결된 구조의 형식을, 편(片)민덴 또는 S형 민덴식으로 부르고 있다. 아무튼 판스프링의 설치 부는 위치가 잘못되지 않도록 하기 위해, 섹션(section) 가공으로 위치를 맞추어 볼트와 너트로 체결하고 있다.

판스프링 방식에는 이밖에 〈그림 4-179(h)〉처럼, 대차 프레임의 옆 판스프링 설치부에 고무 부시 핀(rubber bush pin)을 넣어 액슬 박스를 전후 · 좌우로 탄성지지(彈性支持)한 구조의 IS식

(신간선의 대차가 이 형식을 사용하고 있음)이 있다〈그림 4-180 참조〉.

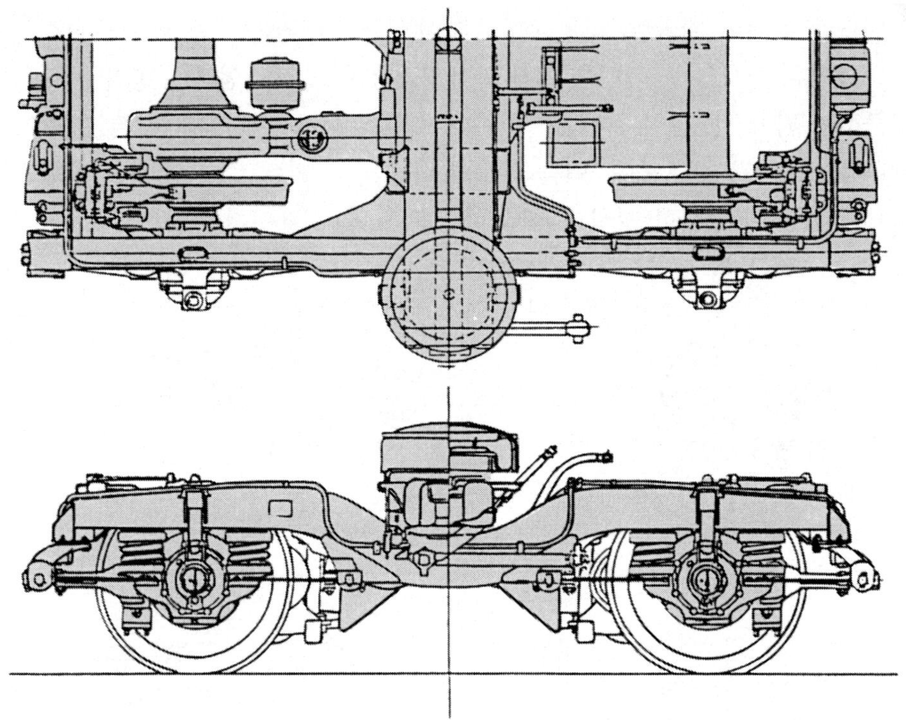

그림 4-180 신간선 대차의 형상

E. 링크 암 방식

〈그림 4-179(i)〉처럼 액슬 박스 전후와 대차 프레임 사이를 링크 암과 핀으로 연결한 구조로, 통상 대차 프레임의 단부 측(端部 側)을 상위(上位)에 중앙부분을 하위(下位)에 높이가 다른 링크 암을 배치하여, 암(arm)의 움직임에 의한 수평변위를 조정함과 동시에 피봇(pivot)의 위치를 최적으로 조정하고 있다. 핀 접합부에는 고무 부시와 고무 스페이서(spacer)가 넣어져 있고, 링크 암에 의해 액슬 박스는 전후·좌우 방향으로 탄성지지 되고 있다. 이 방식에는 축 스프링이 액슬 박스의 위에 장비된 형식(알스톰식이라 하는 형식)이라든지, 액슬 박스의 양 날개에 2조(set)의 축 스프링을 장비한 윙 스프링(wing spring) 형식과 양측 링크 암을 각각 액슬 박스 중심에서 앞까지 연장한 형식 등이 있다.

F. 고무방식

액슬박스(axle box)의 지지장치에는 고무특성을 능숙하게 사용한 여러 가지 형식이 있다. 〈그림 4-181(j)〉는 파이어니어(pioneer)식이라 하는 액슬박스 형식으로, 액슬박스를 원통모양의 고무로 둘러싸고 대차 프레임의 사이드 프레임 선단을 분할하여 삽입하고, 볼트로 체결하여 사이드 프레임과 일체로 한 구조로 되어 있다.

고무를 액슬 박스 지지와 축 스프링의 역할을 겸하도록 한 형식으로서, 쉐부론(Shevron) 형식이 있다. 이 형식은 〈그림 4-181(k)〉처럼 산(山)모양의 단면 고무와 강판과를 서로 적층접착(積層接着)한 블록(block)을 받침대 형상의 액슬박스와 아래방향으로 열린 경사면을 지지액슬박스 안내 사이에 연결된 구조로, 액슬박스를 끼우는 형으로 지지하고 동시에 고무를 전단방향(剪斷方向)으로 스프링 작용을 시키고 있다. 일본에서는 별로 사용되고 있지 않지만, 유럽에서는 상당히 많은 차량에 사용되고 있으며, 여러 가지 측면에서 우수한 액슬박스 지지방식이다. 이 외에 고무방식으로는 블록을 양측에 배치하여 축 스프링과 조합된 형식이라든지, 3개의 고무 블록을 양측과 액슬박스 상부에 배치한 형식과 원주안내방식(圓周案內方式)과 같이 원통고무를 사용한 형식 등이 있다.

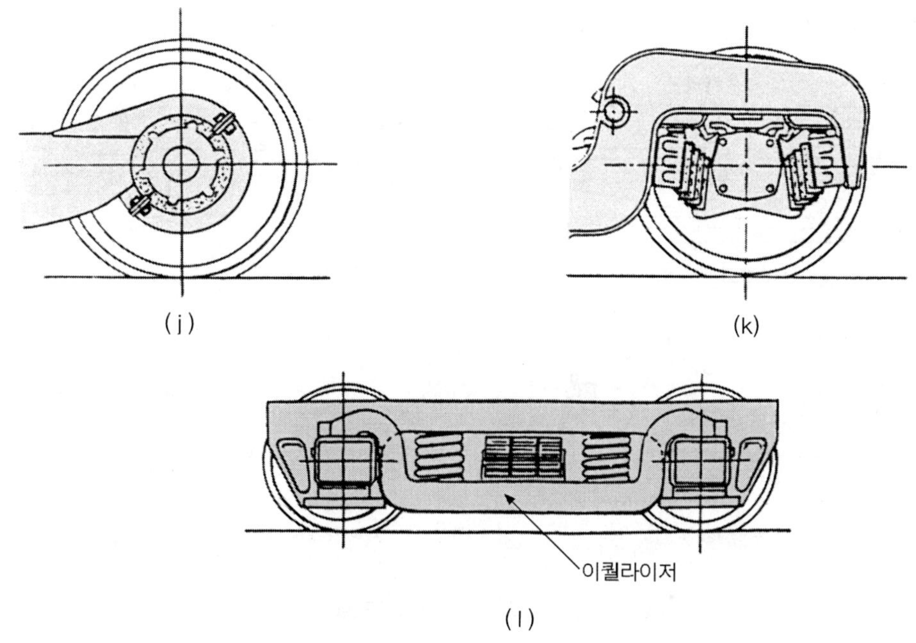

그림 4-181 액슬박스 지지장치 방식

이상 현재 여객차량에서 사용되고 있는 대표적인 액슬박스 지지장치의 종류와 형식에 대하여 간단히 살펴보았으며, 이외에도 여러 가지 형식이 있으며 각각의 사용 선구(線區)에 가장 적합한 지지장치를 선정하고 있다. 일본에서는 거의 볼 수 없는 이퀄라이저(equalizer, 〈그림 4-181(l)〉)식도 미국에서는 아직도 많이 사용되고 있다.

(2) 대차본체와 차체를 연결하는 장치

대차는 차체의 하중을 일반적으로 상 스윙 볼스터(upper swing bolster)의 하 센터 피봇(lower center pivot)에서 받아, 볼스터 스프링(bolster spring)을 개입시켜 이것을 통해 하 스윙 볼스터(lower swing bolster)에 전달하여, 행거링커(hanger link)에 연결된 대차 프레임으로, 그리고 액슬박스 지지장치를 거쳐 윤축에 하중을 전달하고 있다. 주행 중 레일로부터의 충격과 진동은 역순으로 차체에 전달된다. 이 전달 시스템에 있어서 만약 주행장치인, 대차본체(本體)가 윤축, 액슬박스 지지장치, 대차 프레임 까지라고 생각하면, 이 대차 본체와 차체를 연결하는 장치가 이미 기술한 스윙 볼스터 장치에 해당한다. 스윙 볼스터 장치의 메커니즘(mechanism)은 차체가 횡방향의 힘을 받아 횡 운동(橫 運動)을 했을 때에 신속하게 어느 안정된 상태로 되돌리는 역할을 시초로, 상하 가진(可振)에 대해서는 볼스터 스프링(bolster spring)이 일로 흡수·완화시키고, 나아가 견인력과 제동력을 추력전달기구(推力傳達機構)에 의해 확실히 전달하는 중요한 일을 하고 있다〈그림 4-182 참조〉.

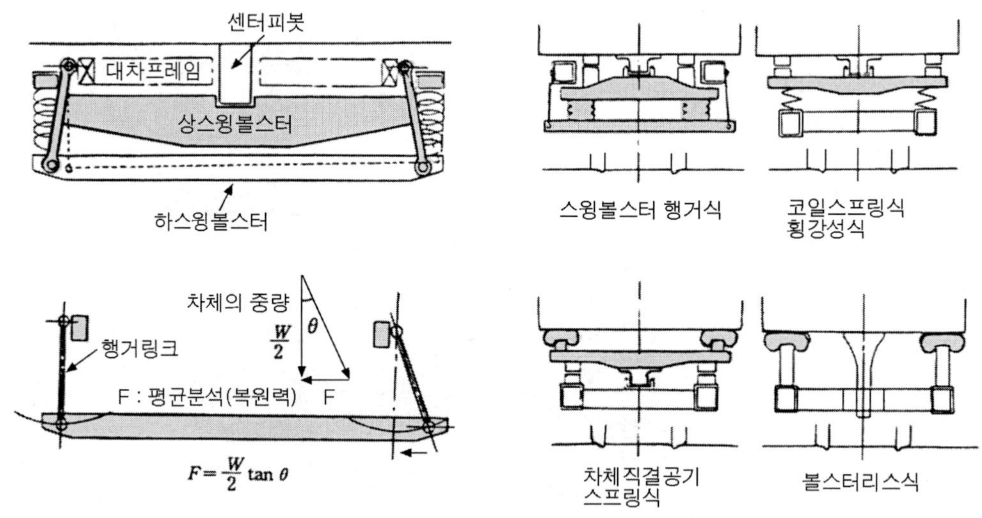

그림 4-182 스윙 볼스터 장치에서 볼스터리스까지

스윙 볼스터 장치는, 그 이름처럼 볼스터 스프링을 끼운 상하 스윙 볼스터(swing bolster)를 4개의 행거링크(hang link)에 의해 "ハ" 字 모양으로 대차 프레임과 핀(pin)으로 연결되어, 좌우방향에 자유도를 가지고 있다. 스윙 볼스터와 대차 프레임 어느 것이, 한쪽이 횡 방향으로 변위하면 복원력이 생겨 처음 위치로 되돌리도록 작용하지만, 승차감을 개선하기 위해 옛날식의 겹판스프링에 의한 볼스터 스프링 장치로부터 부드러운 코일스프링과 오일댐퍼를 조합하는 것으로 변화되어 가고 있다. 이것과 동시에 행거링크도 구조상 허용되는 범위에서 아주

길이가 길게 되어, 링크 위치를 현재와 같이 외측으로 넓혀 버티는 힘을 크게 하여, 안정성을 증가하는 구조로 되어 가고 있다. 나아가 구조를 간단하게 하기 위해서 코일 스프링의 횡강성(橫 剛性)을 이용하여 스윙 작용을 겸하게 하여 행거링크를 없앤 대차도 있는데, 종래의 행거 링크 기구와 같은 좌우 운동에 대하여 완충작용과 복원력을 얻을 수 있도록 되어 있다. 그 때문에 마모부분의 핀과 링크가 없어져 무거운 하(下) 스윙 볼스터도 없어지고, 상(上) 스윙 볼스터가 직접 볼스터 스프링을 개입시켜 대차 프레임과 연결되어져 경량화를 이루고 보수도 용이한 구조로 되고 있다. 볼스터 스프링 장치도 코일 스프링이 공기 스프링으로 대치되어, 승차감은 비약적으로 향상되었다.

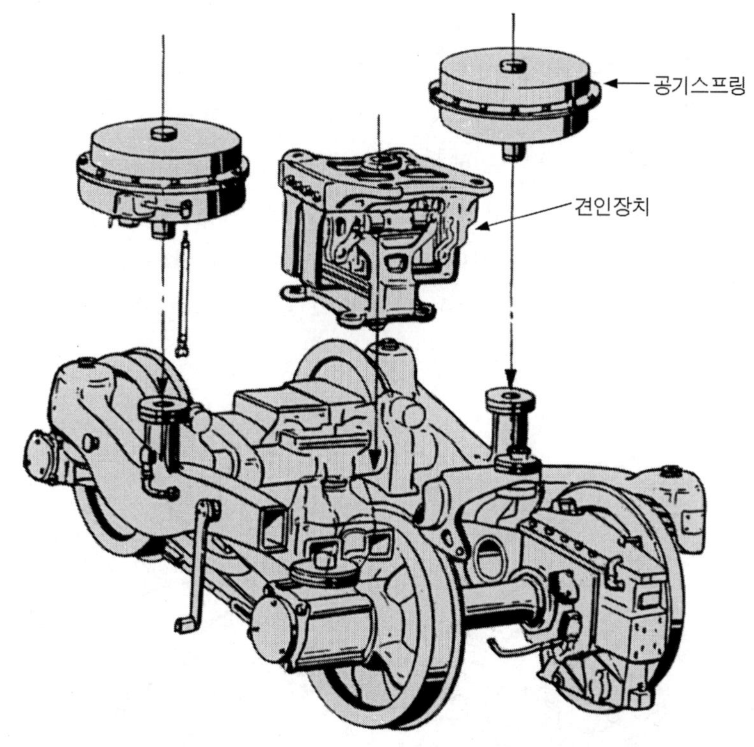

그림 4-183 볼스터리스 (bolsterless)대차의 예

당초 코일 스프링에 대신하는 완충기능을 목적으로 한 공기 스프링도 처음의 벨로즈 형(bellows type)으로부터, 횡 강성과 횡 방향으로의 복원력이 우수한 다이어프램 형(diaphragm type)이 개발되었다. 또한 차체의 롤링(rolling, 회전운동)을 방지하기 위해, 공기 스프링을 차체 중심고(重心高) 위치에 가깝게 하려는 목적으로 연구개량이 진전되어, 이제까지 스윙 볼스터와 대차프레임 사이에 설치된 공기 스프링을, 볼스터와 차체 사이에 차체 폭에 걸쳐서 부착시키는 차체 직결(直結) 공기스프링 방식이 생겨났다.

차체직결 공기 스프링 방식은, 현재 신간선을 시작으로 하여 최근의 차량에 많이 채용되고 있다. 이 방식에서는 센터 피봇(center pivot)과 사이드 베어링(side bearing)은 종래의 위치와 다르게 볼스터의 아래 면으로 옮겨 대차와 결합되어 있다. 견인력과 제동력을 전달하는 볼스터 앵커(bolster anchor)는 볼스터와 차체를 결합한 구조로 되어 있어, 전후방향의 움직임을 구속하고 양자(兩者)의 각도(角度) 변위에 추종하는 탄성지지(彈性支持)로 되어 있다. 최근에 유럽에서 대차를 대폭적으로 경량화하여 유지보수를 용이하게 하기 위해 볼스터를 없애고, 직접 차체와 대차 프레임과의 사이에 전후·좌우로 크게 변위가 가능한 대형의 다이어프램 형 공기 스프링을 사용한 볼스터리스(bolsterless) 방식이 개발되어, 많은 차량에 사용되고 있다〈그림 4-184 참조〉.

일본에서도 연구·개발과 주행시험이 적극적으로 진행되어, 최근에 개발된 신제(新製) 차량에 실용화되었으며, 이후 이 방식이 차제(此際)에 주류가 되리라 생각된다. 이 볼스터리스 방식은 종래 센터 피봇 구조와 사이드 베어링을 제거하고, 이것 대신에 차체와 대차를 연결하는 방법으로서 여러 가지 방식이 고려되어 있는 데, 모두가 대차의 회전운동과 상하·좌우의 움직임에 대해서는 자유도를 가지고 있어, 전후방향을 확실하게 구속하여 종래의 센터피봇(center pivot)과 사이드 베어링(side bearing) 및 운동기능을 모두 갖추고 있다.

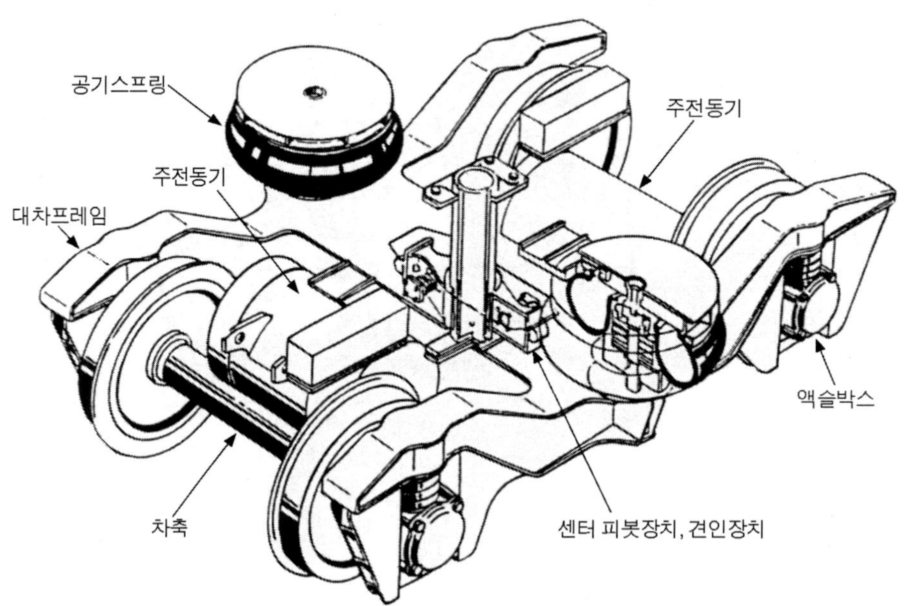

그림 4-184 볼스터리스 대차의 예 (동력대차)

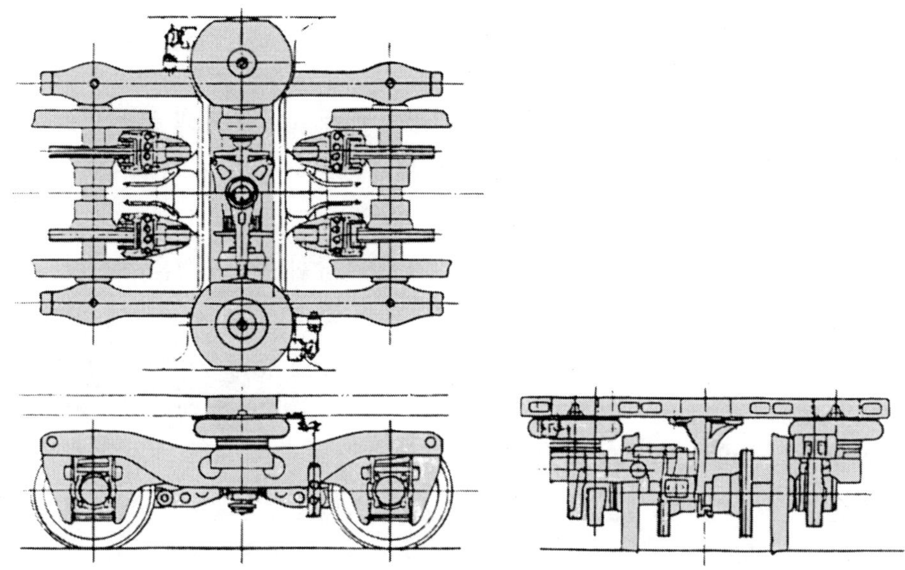

그림 4-185 볼스터리스 대차의 예(부수대차)

그림은 그 일례로서, 판스프링을 문형(門形)으로 성형하여, 상하좌우 방향에 대해서는 탄성적(彈性的)으로 변형시켜 대응시키고, 전후방향에 대해서는 판스프링의 방면으로부터 변형이 없어, 충분한 견인력과 제동력을 차체에 전달할 수 있는 구조로 되어 있다. 이와 같이 대차 본체와 차체를 결합시키는 방식은 급속도로 진보하고 형태도 크게 변화해서, 대차 전체의 구조도 과거에 비해 놀라울 정도로 간단하고 경쾌한 주행장치로 변모하고 있다(〈그림 4-184〉, 〈그림 4-185〉 그리고 〈그림 4-186〉).

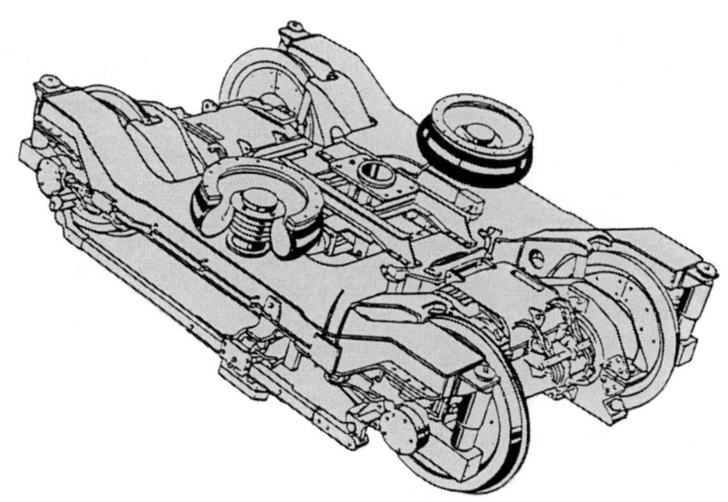

그림 4-186 볼스터리스 대차의 예 (근교전차의 대차, 영국)

(3) 스프링 장치

대차의 스프링 장치에 대해 간단하게 설명한다. 대차의 스프링 계(系)는 2축차와 자동차처럼 1 자유도의 스프링 계가 아니고, 일반적으로 상하방향에 대해 축 스프링과 볼스터 스프링이라고 하는 2단 구조의 스프링 장치로 되어 있어, 2 자유도(自由度) 스프링 계를 구성하고 있다.

여객차량의 대차에는 초기에는 중첩 판스프링(leaf spring)을 축 스프링과 볼스터 스프링에 사용하기도 하고, 축 스프링에 코일스프링, 볼스터 스프링에 중첩 판스프링을 적절하게 사용한 대차가 대부분을 차지하였다. 중첩(重疊) 판스프링은, 스프링 판 사이의 마찰에 의한 감쇠력(減衰力, 마찰저항 치)이 크고, 게다가 환경조건에 따라 일정한 성능을 발휘한다. 또한 오일 댐퍼(oil damper)가 실용화된 것을 계기로 부드러운 오일 스프링과 오일 댐퍼를 조합시킨 방식으로 바뀌면서, 대차의 진동 특성은 현저하게 향상되어 승차감이 대폭 개선되었다.

코일 스프링은 부하에 대응해 잘 신축(伸縮, 하중에 비례)되지만, 진동 에너지의 감쇠효과(減衰効果)가 적고 높은 주파수의 진동이 흡수되지 않으므로, 방진(防振)고무를 직렬로 사용하는 오일 댐퍼를 병용하고 있는 예가 많다.

초창기의 공기 스프링은 벨로우즈(bellows)형이라고 하는 내부에 압축공기(壓縮空氣)를 주입하여, 볼스터 스프링으로 사용되었다. 앞에서 언급한 것처럼 횡 방향 복원력(復元力)을 가지고 있으며 적당한 횡 강성을 얻을 수 있는 다이어프램 형(diaphragm type)이 개발되어,

많은 차량에 사용되고 있고, 더 나아가 개량이 되어 볼스터리스 대차에 적합한 볼스터 스프링이 발달했다.

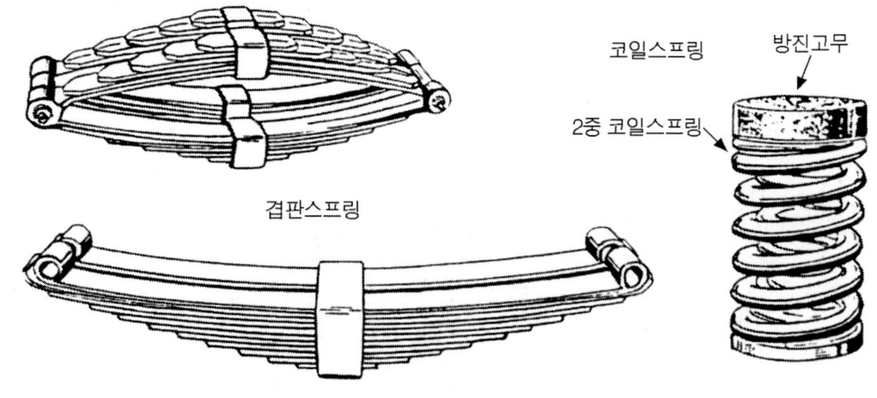

그림 4-187 중첩스프링과 코일 스프링

공기 스프링은 내용적(內容積)과 공기압 등의 조정에 따라 스프링으로서의 세기를 적절하게 설정하는 것이 가능하지만, 통상 부드러운 스프링으로 하기 위해 볼스터 등을 중공(中空)으로

하여, 좌우 2개의 보조공기실(補助空氣室)을 만들어 공기스프링과 내통(內通)하게 하여, 공기용량을 증가시키고 있다.

공기스프링은 그 자체로서는 스프링의 진동을 급속히 감쇠(減衰)시키는 능력이 없기 때문에, 공기의 통로를 적당하게 좁혀서 댐퍼(damper) 역할을 가지게 하고 있다. 이밖에 공기스프링 장치에는 공기계통의 고장 등에 의해 비정상적으로 공기가 들어가서 지나치게 부풀리는 것을 방지하는, 이상상승방지(異常上昇防止)라든가 그때마다 하중에 대응하여 압축공기량을 자동적으로 조절하며 차체의 높이를 일정하게 유지하기 위한, 링크(link)와 레벨링 밸브(leveling valve)를 조합한 자동높이 조정기구(調整機構)를 갖추고 있다. 또한 좌우 공기스프링의 공기압이 많은 차이를 일으켰을 때에는, 좌우 공기압을 균등하게 하여 전도(顚倒) 등의 위험을 피하기 위해 앞에서 기술한 2개의 보조 공기실 사이에 차압조정변(差壓調整弁)이라고 하는 원 웨이 밸브(non-return valve) 1조(set)가 부착되어 있다. 부드러운 공기스프링을 사용하는 대차에서는 다른 스프링 장치에 비교해 롤링(rolling)을 일으키기 쉽기 때문에, 공기스프링의 위치를 높게 하기도 하고 설치 폭을 매우 넓게 하여, 버팀을 크게 하는 등 대응하고 있으며, 상하 움직임에는 관계없이 롤링만을 방지하는 앤티 롤링(anti-rolling) 장치가 많은 대차에 장비되어 있다.

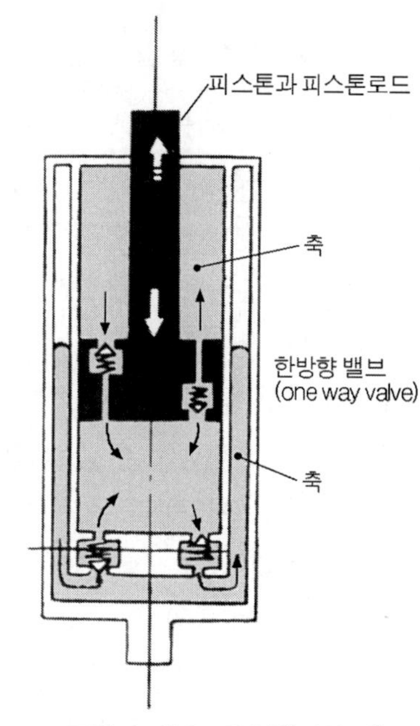

그림 4-188 오일댐퍼의 예

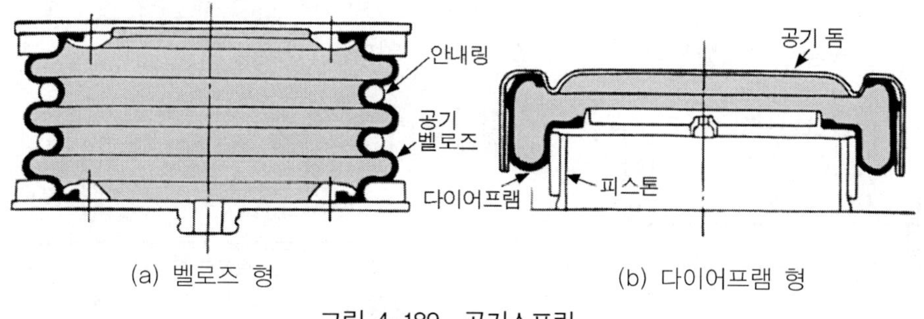

(a) 벨로즈 형

(b) 다이어프램 형

그림 4-189 공기스프링

이 장치는, 좌우 대차 프레임의 사이드 프레임에 액슬 베어링을 개입시켜 긴 토션 바(torsion bar, 비틀림 봉 스프링)를 설치하고, 그 양단에 레버(lever, 팔)를 부착하여 좌우 각각의 링크(link)에 의해 스윙 볼스터(swing bolster)의 양단과 연결시켜, 공기 스프링이 좌우 동시에 같은 양(量)으로 휠 때에는 토션바는 좌우의 링크에 의해 회전할 뿐, 스프링으로서 작용하지는 않는다. 롤링에 의해 차체가 한 방향으로 기울면, 기울어진 쪽의 볼스터가 내려가 링크를 개입하여 토션 바를 비틀게 됨으로써, 그 회전력은 토션 바를 거쳐 반대 측으로 전달되고, 반대 측의 볼스터 끝단을 내려가도록 하는 힘이 작용하여, 결과적으로 롤링을 억제하는 구조로 되어 있다.

(4) 차륜 · 차축 및 베어링

차륜(車輪, wheel)에는 답면을 형성하고 있는 타이어(tyre, tire)부분을 림(rim)에 해당하는 윤심(輪心)에 수축 결합(shrinkage fitting)한 타이어 부착 차륜과, 타이어와 윤심을 일체로 만든 일체압연차륜(一體壓延車輪)이 있다.

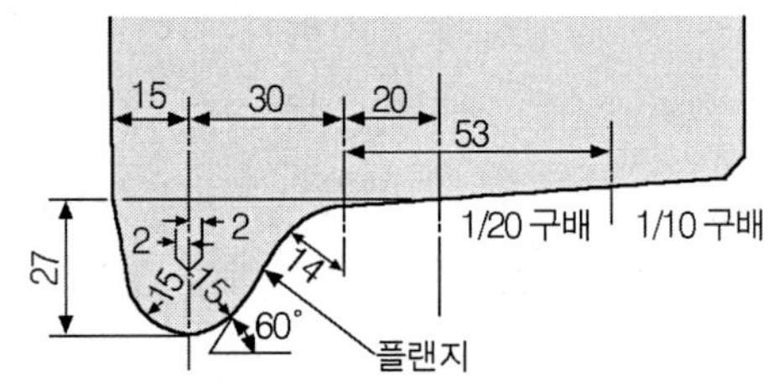

그림 4-190 표준적인 차륜의 답면 형상

최근의 차량에서는 타이어 부착 차륜은 마모한 타이어만 교체하는 이점이 있지만, 수축 결합한 부분의 이완(弛緩)과 손상(損傷) 등의 결점이 있어, 더 이상 사용되지 않고 일체압연차륜이 거의 점유하고 있다.

답면(踏面, wheel tread)의 형상은, 곡선로 통과 시 성능향상과 사행동(蛇行動, snake motion, hunting) 방지라든가, 마모방지 조건으로부터 최적(最適)인 치수가 규정되어 있으며, 통상 〈그림 4-190〉과 같이 플랜지(flange) 부분에서 외측으로 1/20의 구배(고속열차는 대부분 1/40 구배)가 되어 있다. 이것은 직선로에서는 항상 좌우의 차륜이 중심으로 정위치가 되도록 움직이고, 곡선로에서는 원심력(遠心力, centrifugal force)에 의해 외측으로 밀려, 내 · 외륜의 직경 차이에 의해 부드럽게 곡선을 통과할 수 있도록 하는 구조로 되어 있다.

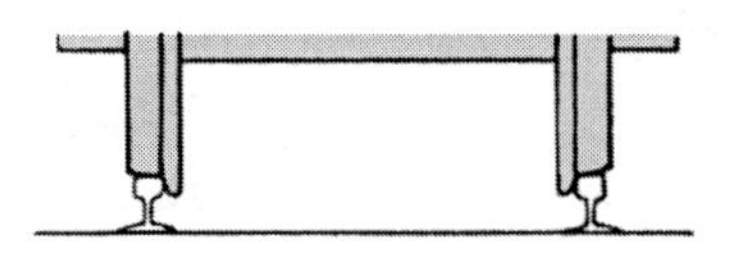
그림 4-191 직선로 통과 시 차륜 위치

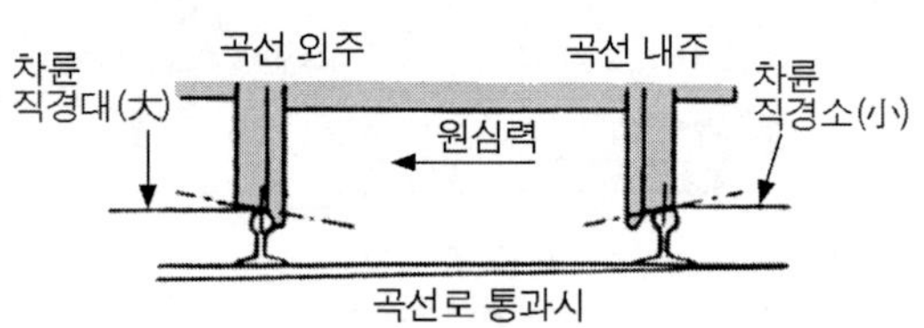

그림 4-192 곡선로 통과 시 차륜 위치

차륜에는 통상 일체압연차륜 외에도 방음·방진(防音·防振)을 목표로 한 탄성차륜(彈性車輪)과 경량화를 위해 윤심부(輪心部)를 알루미늄 합금으로 만들어 고무를 끼워 강제(鋼製)타이어를 끼운 경량 차량 등 특수한 차륜도 약간 사용되고 있다.

차축은 일반적으로 양 단부를 베어링 부분(journal)으로 하고 있는데, 그 내측에 차륜을 압입하는 윤심좌(輪心座)를 설치하고 있다. 좌우 윤심좌의 사이는 전동차용 차축에서는 구동치차장치(驅動齒車裝置) 부착부분(齒車座)을, 부수차용 차축은 크기가 일정하거나 중앙부분의 직경을 약간 가늘게 한 테이퍼(taper)모양으로 만들어져 있으며, 디스크 브레이크(disc brake) 장착용 차축에서는 브레이크 디스크(brake disc) 설치 자리가 가공되어 있다.

베어링은 통상 액슬박스 내에 있으며, 차체의 하중을 회전하는 차축에 전달한다. 옛날 차량에서는 평 베어링(plain bearing)이 많이 사용되었지만, 차츰 마찰저항이 적은 롤러베어링(roller bearing)이 사용되게 되었다.

복열의 원추(圓錐) 롤러베어링(taper roller bearing)이 반경(radial)방향과 축(thrust)방향으로 동시에 하중을 받게 되므로, 차량용 베어링으로서 채용되었다.

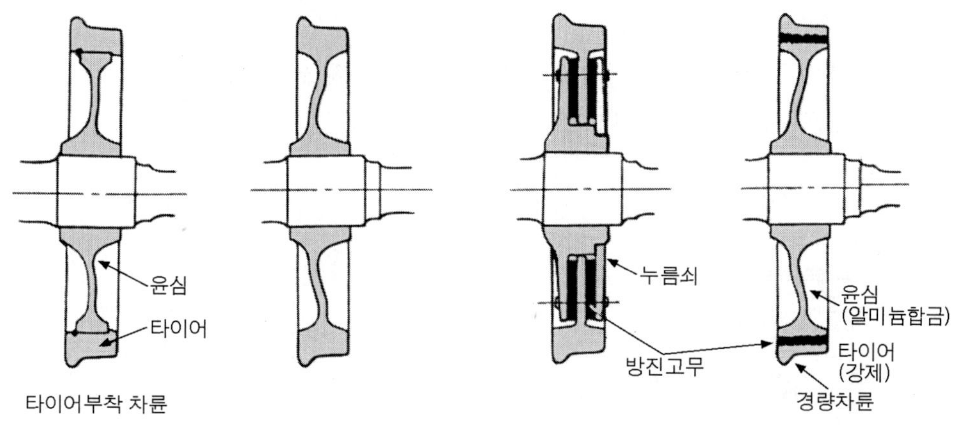

그림 4-193 여러 가지 차륜 형상

그러나 일반적으로 복열(複列)의 원통(圓筒) 롤러베어링(roller bearing)은 베어링 자체의 좌우 움직임이 전혀 없으므로, 차륜의 플랜지 마모가 크게 되고 베어링의 보수에도 문제가 있어, 현재는 적절한 스러스트 베어링(thrust bearing)과 완충고무의 조합이라든가, 볼베어링과 베러빌르 스프링(belleville spring)의 조합 등에 의한 액슬박스 내부의 완충방식과 액슬박스 밖에서 스러스트를 받는 액슬 외부의 완충방식이 많이 사용되고 있다.

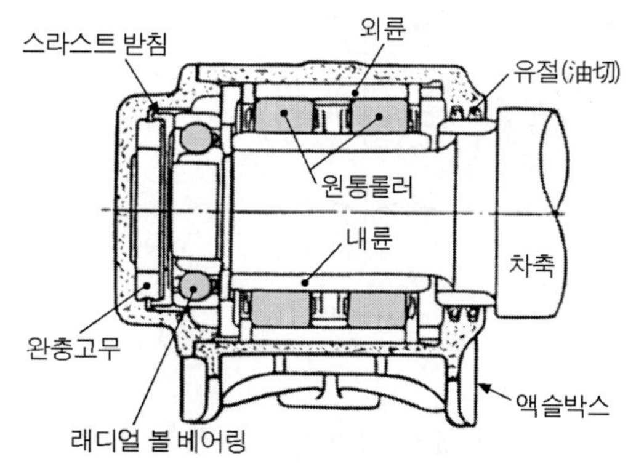

그림 4-194 베어링의 예

(5) 기초제동 장치

철도차량의 제동계통(系統)에는 전기 제동계통과 공기 제동계통이 있으며, 각각 제어하는 장치와 직접 제동을 수행하는 장치가 있다. 여기서는 대차에 부착되어 직접 제동 실린더 힘을 사용하고, 마찰기계 제동 작용을 하여 차량을 멈추게 하는, 기초 제동 장치에 대해 알아보기로 한다.

회전하는 차륜을 정지시키는 방식에는, 차륜의 답면에 제륜자를 압착(壓着)하는 답면제동(踏面制動)방법과 브레이크 디스크에 제륜자(制輪子, brake shoe)를 양측으로부터 조이는 디스크 제동(disc braking)방식이 있다. 전자는 옛날부터 현재까지도 수많은 차량에 사용되고 있는 방식으로, 답면의 마모가 촉진되는 결점은 있지만, 답면을 항상 청소(淸掃)할 수 있다는 이점이 있다. 후자는 답면의 마모를 방지할 수 있는 것과 열방산(熱放散)이 양호하여 마찰면적도 크게 할 수 있으나, 공간 측면에서 제약이 있기 때문에 공간의 제약을 받는 곳에는 답면제동 방식이 많이 사용되고, 공간제약이 적은 부수대차에서는 디스크 제동이 많다.

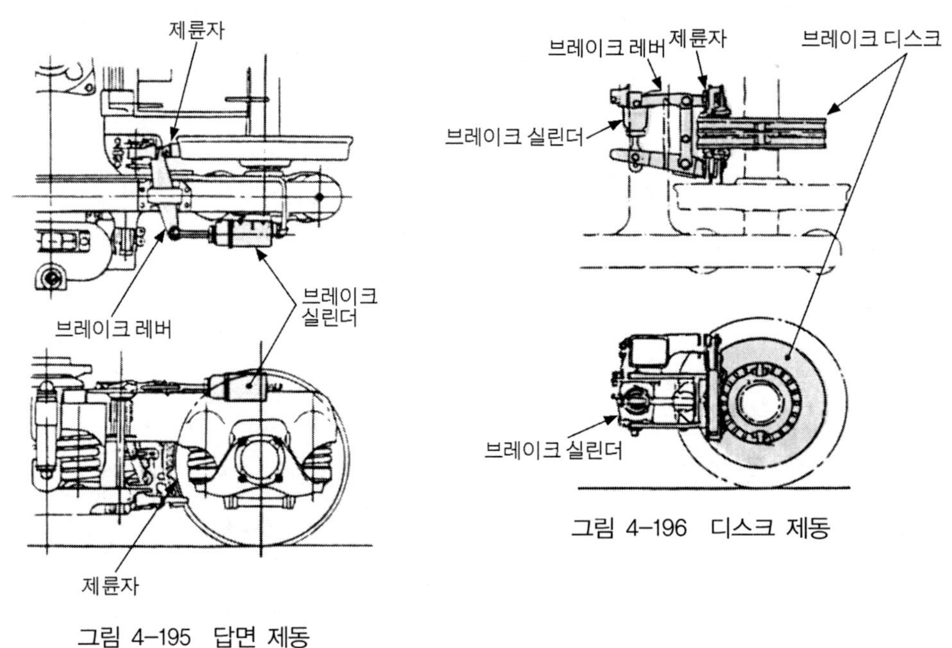

그림 4-195 답면 제동

그림 4-196 디스크 제동

기초제동 장치의 구성은 일반적으로 제동실린더, 제동레버(brake lever), 링크, 제륜자 등으로 되어 있으며, 최근의 대차에서는 소형 고성능 제동실린더를 각 제동장치 옆에 분산하여 부착하는 경우가 많아져, 기초제동 장치는 옛날에 비교해서 매우 컴팩트(compact)하게 부착되고 있다. 특히 디스크 제동방식에서는 제동디스크를 양측으로부터 압착하는 레버에 직접 제동

실린더를 부착하는 것도 많다

일반적으로, 제동실린더에 압축공기를 보내어 이것에 의해 얻은 힘 P 는 기초 제동장치의 레버를 개입하여 힘을 증가시킨 뒤, 제륜자를 통해 전달시키는 마찰에 의해 제동력이 되는데, 이 처음의 힘 P 와 제륜자에 작용하는 P' 와의 비는 전달 손실을 고려하여 넣지 않을 경우, 제동배율(制動倍率)이라고 부르며 이는 중개하는 레버의 비와 같다.

하지만, 실제적으로는 제동력이 전달되는 동안 각 장소에서 여러 가지 힘의 손실이 있기 때문에 무손실로 인한 제동력에 대한 실제 제동력의 비를 제동효율(制動效率)이라고 부르고, 통상 60~85%의 값으로 되어 있다.

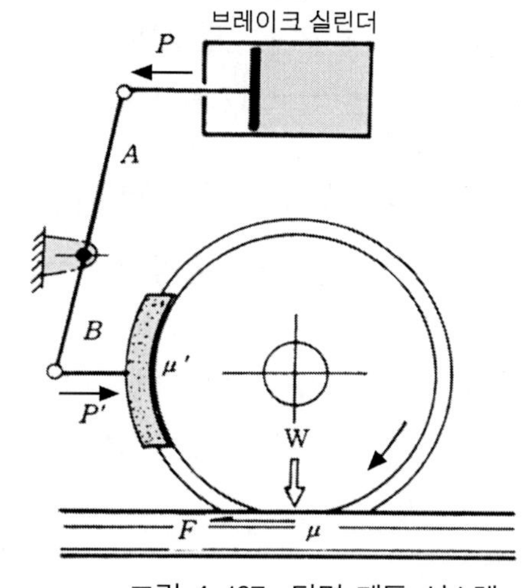

그림 4-197 답면 제동 시스템

제동력($P' \times \mu'$, 제륜자에 작용하는 힘×마찰계수)이 차륜의 답면과 레일의 표면과의 점착력($\mu \times W$)보다 크게 되면, 당연히 제동이 걸렸을 때 차륜은 정지한 채로 레일 상을 활주(skid)하여 위험한 상태가 되므로, 이와 같은 상태를 피하기 위해서는, 항상 $P'\mu' \leq \mu W$의 관계를 유지하지 않으면 안 된다.

통상 답면 제동장치의 경우, 주철제 제륜자와 차륜 답면과의 마찰계수 μ'는 차륜 답면과 레일과의 점착계수 μ에 거의 동등하다고 가정하면, 제륜자에 작용하는 힘 P'과 윤중 W와의 비를 제동율이라 부르고, 항상 $P'/W \leq \mu/\mu'$ 의 관계에 있는 것이 바람직하다. 그러나 실제 주행 시에서는 μ'와 μ는 그때의 날씨와 주행속도에 따라 크게 변동하는 값이다. 특히 μ'는 제륜자의 종류에 따라 다르고, 답면 제동 이외의 디스크 제동의 경우에는 제동 디스크의 유효경(有效徑)에 따라서도 제동력이 다르므로, 각각의 조건에 따라 환산을 실시하고 제동율의 설정치를 정하고 있는데, 이것을 상당 제동율이라 부른다. 제륜자는 오랫동안 주철제(鑄鐵製)가 널리 사용되었지만, 마찰계수가 차량속도에 의해 대폭적으로 변동하는 약점이 있다.

그 때문에 현재 사용하고 있는 고속차량에서는 합성 제륜자(석면, 카본, 합성수지등을 주성분으로 한 제륜자)가 많이 사용되고 있는데, 일부 차량에서는 높은 제동 부하용으로서 개발된 소결합금제(燒結合金製) 제륜자도 사용되고 있다. 최근 전기차량에서는 전기 제동의 기술이 발달하여, 고속에서 저속까지 전기적인 제동을 사용하는 범위가 넓어져, 마찰기계 제동계통에 의한 제동이 줄어들고 있다. 특히 디스크 제동방식에서는, 제동에 의한 단면의 마모에서부터 디스크 단면에 부착하는 물, 흙, 녹, 기름 등의 오물을 청소하는 문제가 발생했다. 그 때문에 제동장치와 직접관계는 없지만, 최근의 차량에서는 대차의 답면 청소를 위해 조그만 답면 연마자(硏磨子)를 부착하여, 제동 시에 다른 소형 공압 실린더에 의해 연마자를 차륜 답면에 압착하는 답면 청소장치를 갖추는 경우가 많아졌다.

3) 특수대차와 새로운 대차 메커니즘

지금까지는 표준적인 대차를 중심으로 기술하였지만, 이외에도 각각의 차량의 운용상과 기능적인 측면에 따라서 연접대차(連接臺車)라든가 진자식(振子式) 대차라고 부르는 특수한 대차가 사용되고 있다. 더욱이 최근 새로운 대차구조로서 앞의 항에서 언급한 볼스터(bolster)가 없는 볼스터리스(bolsterless)대차라든가 현재 연구 · 개발이 추진되고 있는 자기조타(自己操舵, radial) 대차 등이 있다.

(1) 연접대차

차량의 경량화와 승차감 개선을 목적으로, 옛날부터 두 차체의 연결부분에 2축 대차 혹은 1축대차를 배치시켜, 곡선로를 부드럽고 요동이 적게 통과하는 열차(객차와 전기차)가 유럽에서 많이 사용되고 있다.

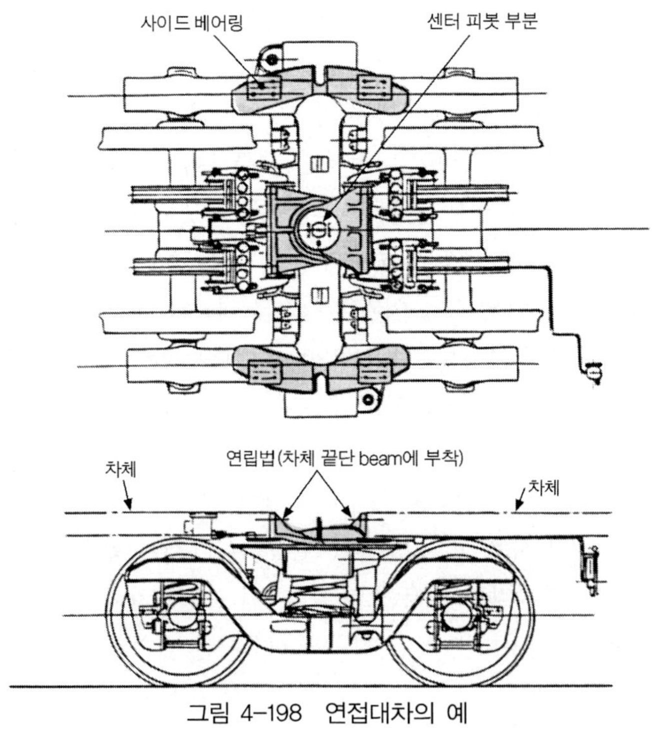

그림 4-198 연접대차의 예

2축의 연접대차는 통상의 대차와 비교해, 두 차체의 연접부분과 센터피봇(center pivot)부분을 제외한 기본적인 구조는 변하지 않지만, 1축 연접대차에는 여러 가지 구조물이 있다. 어느 것이나 곡선로를 통과할 때, 그 차체의 상대 각도에 대해 항상 중간 위치가 되도록 링크로 결합되어 있는 것과, 차량의 중심(重心)을 낮게 할 수 있는 구조로 되어 있는 것이 많다.

연접차는 두 차체의 연접부분에 1대차를 배치하고 있기 때문에, 당연히 열차 당 대차수를 적게 할 수 있어, 전체적으로 경량화가 도모된다. 하지만 센터 피봇 사이의 거리와의 관계로부터, 일반적으로 하나의 차체의 길이에는 제약이 있기 때문에 비교적 짧은 차체를 연접한 열차가 많다.

(2) 진자식 대차

차량에는 곡선로를 통과할 때 원심력을 받아 외측으로 미는 힘이 작용하기 때문에, 먼저 선로에 정해진 캔트를 주어 차량을 기울여 통과하게 하여 횡압을 줄이고자 하였지만, 통과하는 속도에는 자연히 제약이 있다. 이 제한속도를 초월해서 통과하기 위해서는 차체를 더욱 안쪽으로 기울이는 것이 필요한데, 이 목적으로 개발된 것이 진자식 대차이다. 차체를 경사지게 하는 방법으로는 자연(自然) 진자식과 강제(强制) 진자식이 있고, 각각의 여러 나라에서 실용화되어 있다.

A. 자연 진자식

일본 JR 381계 전차의 대차에는 차체와 대차의 사이에 롤러(roller)를 넣어 곡선통과 시 원심력을 이용해서 자연히 차체를 경사지게 하는 방법이 실용화되어 있다.

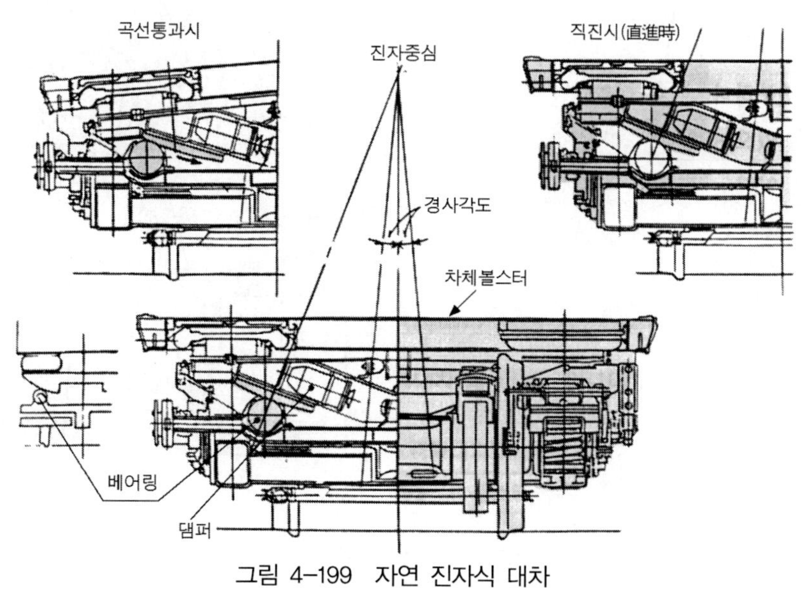

그림 4-199 자연 진자식 대차

B. 강제 진자식

유럽에서 많이 채용되고 있는 방식으로, 차체와 대차와의 사이에 유압(油壓) 또는 공압(空壓) 실린더를 동력으로 한 장치와, 공기스프링을 이용한 장치를 설치하여 곡선통과 시에 이 장치를 작용시켜, 강제적으로 차체를 내측으로 경사지게 하는 것이다.

두 방식 모두가 안전하게 곡선통과속도를 성공적으로 향상시켜 현재 사용되고 있다.

C. 자기조타 대차

곡선을 통과할 때, 차륜이 운동하는 방향과 레일의 방향이 항상 일치한다면 답면 기울기에 따른 내외 바퀴의 직경차이에 따른 내외 레일 통과 거리 차이의 보상으로 인해, 아주 부드럽게 곡선로를 통과하는 것이 가능하다. 지금까지 폐해가 있었던 플랜지와 레일의 마모가 방지되고, 고속으로 안전한 주행이 가능하기 때문에, 최근 일본을 포함한 각국에서는 자기조타대차(radial bogie)라고 하는 방식의 연구가 추진되고 있다. 차축을 래디알(radial) 방향(차축을 곡선중심 방향을 향하게 함)으로 자기 조타시키기 위해서는 일반적으로 액슬박스를 전후방향(수평방향)으로 부드럽게 지지할 필요가 있다. 한편, 사행동에 대해서는 전후방향으로 액슬박스를 강하게 지지하는 것이 바람직하다. 이렇게 서로 모순된 특성을 양립시킬 필요가 있다.

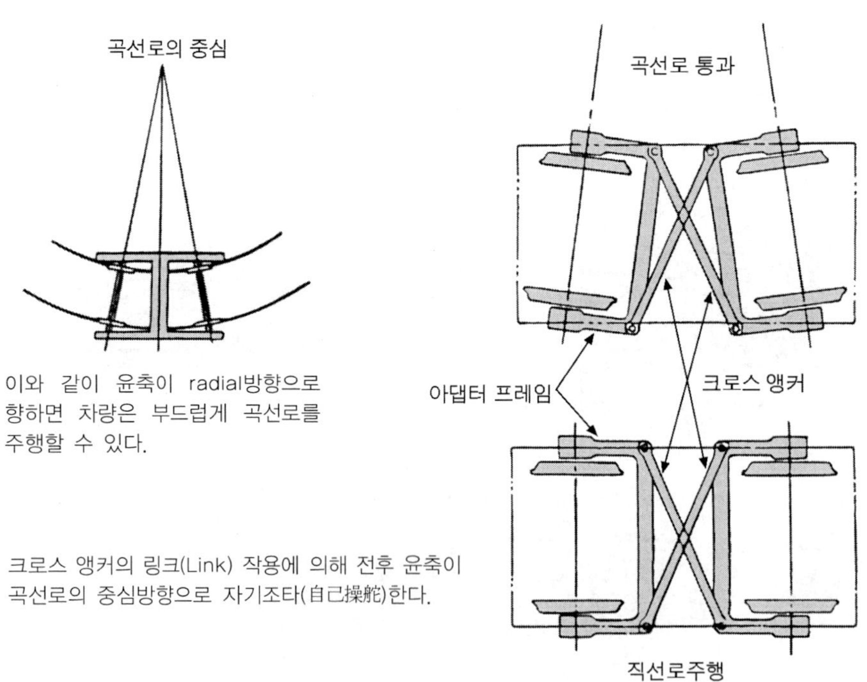

그림 4-200 래디얼 대차 개념도

〈그림 4-200〉은 대표적인 자기조타 방식의 모델로서, 전후 윤축과 액슬박스를 각각 서브 프레임(sub frame, adaptor frame)에 부착시켜, 대각상(對角上)으로 크로스 앵커(cross anchor)를 사용하여 전후를 결합한 구조로 되어있고, 곡선로에서는 한쪽 윤축이 레일을 따라 굽힘 변위를 일으키면 크로스 앵커의 링크 작용에 따라, 반대편 윤축이 반대방향으로 굽힘 변위를 강제적으로 주어, 부드럽게 전후의 윤축이 래디얼 위치를 갖는 구조로 되어 있다.

직선로에서는 서로 링크에 의해 구속되어 강하게 지지되므로, 사행동에 유리하지만 의견이 분분하다. 현재 이외에도 여러 가지의 방식이 각국에서 연구 개발되어 시작 실험의 단계에 있으며, 장래에 곡선로와 직선로를 동시에 안전하게 주행하여 실용화하기 위해 노력하고 있다.

4) 프랑스 TGV차량의 대차 형상 및 특징

프랑스가 개발한 TGV 차량용 대차는 그간 여러 종류가 개발·제작되어 있으나, 거의 대동소이하다. 부수대차는 연접대차(articulated bogie)형으로 만들어졌고, 동력대차는 전동기가 차체에 부착되는 시스템이다. 다음 그림들과 표는 TGV 차량용 대차 중에서 대표적이 TGV-A(대서양선) 열차의 대차형상과 특징을 나타내었다〈그림 4-201, 202, 표 4-36, 37 참조〉.

그림 4-201 TGV-A 객차 대차 (대서양선, SR10)

표4-36 부수 대차 (객차 대차)의 특징

대 차 방 식	볼스터리스
액슬 박스 지지방식	축 빔 방식
1차 스프링	코일스프링
2차 스프링	공기스프링
차륜경	850mm
기 타	연접구조

그림 4-202 TGV-A 동력 대차 (대서양선)

표4-37 동력 대차의 특징

대 차 방 식	볼스터리스
액슬 박스 지지방식	원통적층고무식
1차 스프링	코일스프링, 원통적층고무식
2차 스프링	코일스프링
차륜경	920mm
기 타	• 전동기 차체부착 • 동력전달장치 한쪽 차체부착

4.4.44 열차성능 모의시험

철도차량의 고속화는 프랑스, 독일, 한국, 중국, 영국, 스페인, 일본을 중심으로 활발하게 연구가 진행되고 있다. 차량의 고속화에는 기존의 저속차량에서는 볼 수 없었던 많은 문제점들이 야기되는데, 궤도 및 각종 구조물과 신호, 급전설비와 같은 전기 시설물들이 차량의 고속주행에 알맞게 건설되어야 함은 물론, 차량 자체도 새롭게 설계되어야 한다. 차량의 경우는 견인특성(牽引特性), 제동(制動)특성, 중량(重量)특성, 주행저항(走行抵抗)특성, 에너지 및 효율(效率)특성 등이 고려되어야 할 주요 인자들이고, 노선의 경우는 곡선(曲線)의 유무, 구배(勾配)의 유무, 터널 유무 등 차량의 고속주행에 영향을 미치는 중요한 지배인자(支配因子)들이 있다.

열차성능 모의시험(列車性能 模擬試驗, TPS, train performance simulation)은 이러한 지배인자들을 결정

하는 기본 자료들을 제공하여, 선정된 노선에서 차량의 성능특성 및 에너지특성 등을 컴퓨터 시뮬레이션을 통하여 알아보고 실제 철도 및 차량을 건설할 때 노선의 적정성 판단, 및 차량 각부의 적정 용량선정, 그리고 최적의 운전조건들을 결정하는데 그 목적이 있다. 따라서 열차성능 모의시험은, 차량성능 해석용 프로그램을 통하여 이루어지는데, 차량 및 노선의 적정성을 평가하기 위한 주요항목들은 다음과 같다.

(1) 고속성 및 가속성 평가

차량의 성능에 영향을 미치는 중요한 요소 중 하나는 최고속도로서, 평탄, 직선 선로에서 차량이 낼 수 있는 최대속도를 말하며, 이는 공기저항, 견인력 등의 요소에 영향을 미치는 중요한 변수이다. 최고속도와 관련해서 최고속도에 도달할 수 있는 최소시간 및 최소거리가 중요하며, 이러한 값이 가속성과 큰 관련성이 있다. 한국형 고속철도차량의 가속특성에 대한 해석결과의 일예를 〈그림 4-203〉에 나타내었다.

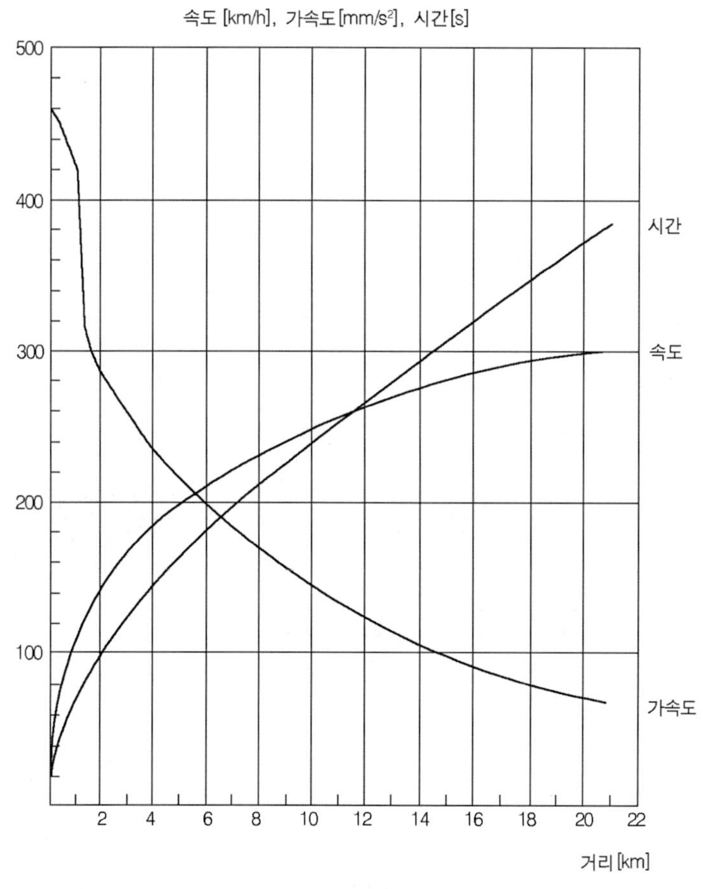

그림 4-203 고속철도 차량의 가속도 및 가속시간에 대한 예

(2) 감속성 평가(제동력 평가)

감속성은 차량의 제동 시 제동거리, 제동시간 등이 중요한 변수가 되는데, 정상제동 시와 비상제동 시의 감속성이 다르다. 고속철도 시스템의 경우 최대 제동력은 전기제동(또는 저항제동), 마찰제동, 답면제동 등의 모든 제동능력의 조합으로 나타나며 정상제동 값은 실제 제동력에 비해 승차감 측면에서 적게 적용되고 있다. 고속철도 차량의 제동특성에 대한 예는 〈그림 4-204〉에 나타내었다.

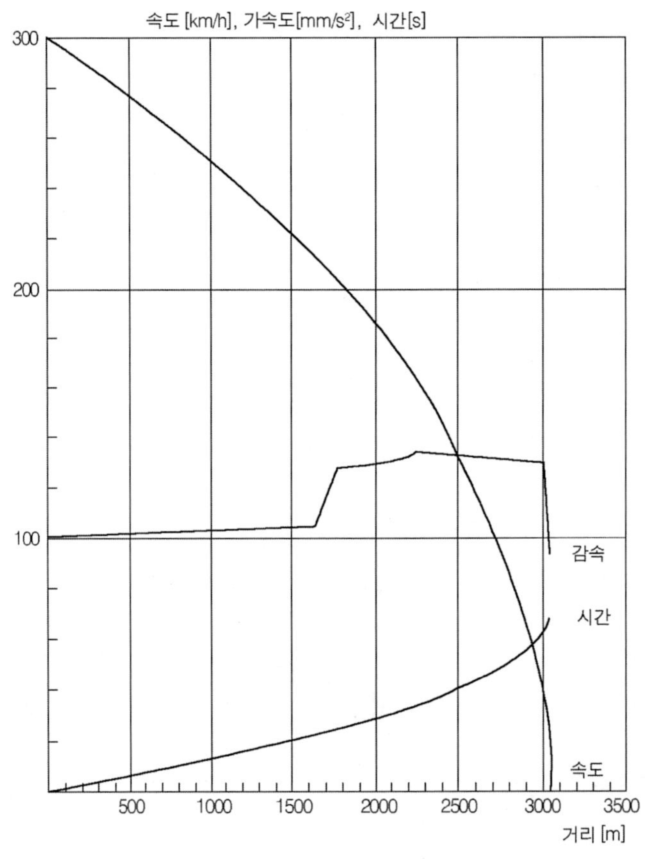

그림 4-204 고속철도 차량의 제동특성

(3) 구배등판능력

선로의 구성은 곡선과 구배로 이루어져 있으며, 고속철도의 경우 최대 30‰ 정도의 구배등판능력(勾配登板能力)을 가지고 있는데, 각 구배를 차량이 올라갈 수 있는지의 여부는 노선 건설비에 직접 영향을 미치는 중요한 요소가 된다. 그러므로 각각의 구배에서 차량이 얼마의 속도로 어느 정도까지 올라갈 수 있는지가 매우 중요하다. 이 값은 차량과 노선에서의 투자비를 비교하여 등판능력이 우수한 차량을 개발하여, 노선의 최대허용구배(最大許容勾配)를 올리면 건설비 측면에서 많은 절감이 가능하다.

(4) 노선에 따른 소요시간 최적화(最適化) 계산

노선에 따른 차량의 성능해석 결과는, 정차 역 및 운행방법에 따라 소요시분이 계산되어진다. 이 때 얻어진 소요시분은 노선의 곡선, 구배, 제한속도, 터널 등의 영향에 따른 차량의 운행결과로서, 실제운행과 같은 조건 속에서 시뮬레이션 되므로 실제 운행결과와 거의 같은 결과가 나온다. 이 계산 결과는 정차 역의 조건을 부여하여, 정차조건에 따라 소요시분이 계산되므로 정차 역 조건별로 계산결과를 볼 수 있다.

(5) 노선에 따른 최적 에너지 소모(消耗) 계산

노선에 따른 차량의 최적 에너지 소모량도 정차 역 및 운행방법에 따라 계산되어지며, 노선의 곡선, 구배, 제한속도(制限速度), 터널 등의 영향에 따른 차량의 운행결과로서 실제운행결과와 거의 같은 결과가 나온다. 이 계산의 결과도 정차역의 조건을 부여하여 정차조건에 따라 에너지의 소요(제동시 회생 등)가 계산되므로 정차 역 조건별로 계산결과를 볼 수 있다.

(6) 역간 거리에 따른 고속성(高速性)

역간거리(驛間距離)에 따른 고속성은, 차량의 성능과 노선 역간 거리의 적정성을 판단하기 위해서 고려가 되어야 한다. 예를 들어 300km/h의 고속용 차량이라 하더라도, 역간 거리가 짧아 가속과 제동에 소요시간이 많아, 최대속도의 운행시간이 짧아질 경우, 많은 투자비를 들여 고속차량을 투입할 필요가 없다. 즉, 차량의 운행 최고속도가 300km/h라 하더라도, 노선 역간 거리가 짧아 운행속도를 250km/h로 하더라도 운행시분에는 별영향이 없을 경우, 많은 투자비를 들여 고속용으로 개발할 필요가 없다는 의미다. 그러므로 요구된 차량에 적합한 노선에서의 역간 거리도 무시할 수 없다.

특히, 일반지하철의 경우, 노선의 역간거리가 짧게 이루어져 있으므로 차량의 가속 및 감속도를 최대한 크게 하여 가・감속에 소요되는 시간을 줄이고 있으며, 고속열차의 경우에는 일반열차에 비해 운행 최고속도에 도달하는 시간이 길어지므로, 가감속도를 줄이는데 한계가 있어 역간거리를 길게 잡는다. 즉 고속열차의 경우 역간거리를 길게 잡는 것이 유리하다.

(7) 노선에 적합한 모터 용량 산정

노선에 따라 차량의 모터 전류 RMS를 계산하여, 이를 근거로 하여 운행될 노선에서 사용된 모터의 용량(用量) 등을 개략적(概略的)으로 계산하여 판단할 수 있다.

(8) 운전선도의 전산화(電算化)

차량의 주행성능 해석결과는, 긴 노선에 대하여 시간 및 거리에 따른 주행시간 및 에너지 소모 등으로 계산되어지나, 운전선도(運轉線圖)에서 이를 그래프로 나타낼 경우 직접 이용할 수 있으므로, 운전선도에 적합한 그래픽 파일로 만들 필요가 있다. 〈그림 4-205〉에 운전선도 계산의 작업흐름에 대한 일례를 도시하였다.

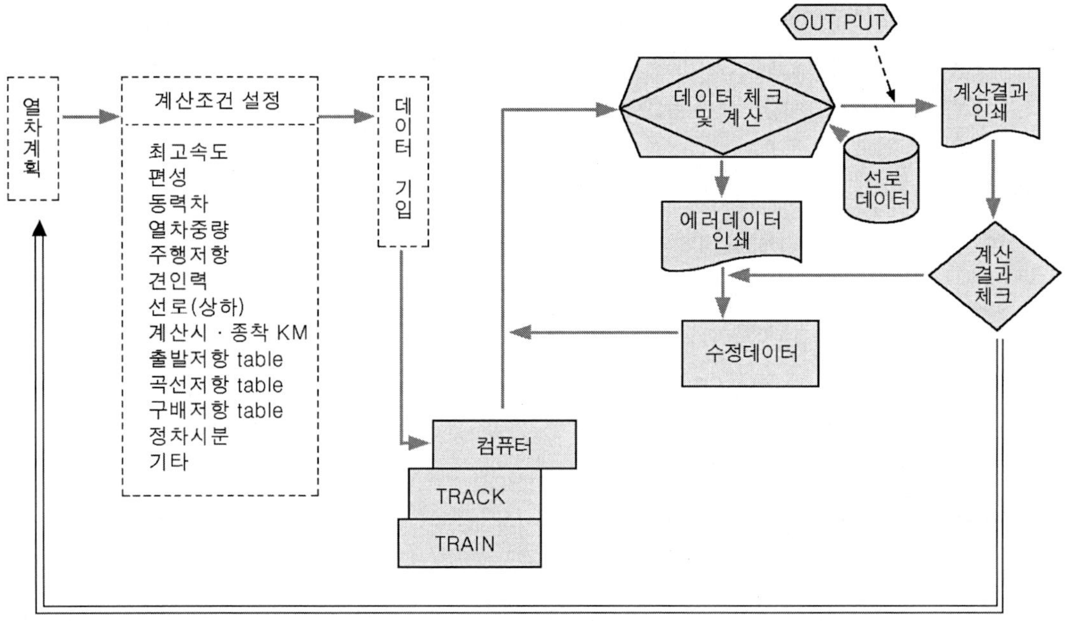

그림 4-205 운전선도 계산의 작업 흐름

4.4.45 차량의 속도한계

1) 차량의 속도향상

열차의 속도를 향상시키고자 할 때 열차의 성능(性能), 즉 최고속도(最高速度), 곡선통과(曲線通過) 속도, 분기기(分岐器)통과 속도, 제동(制動)성능, 가감속도(加減速度) 등과 차량, 선로, 전력, 신호 등의 철도시스템의 각 기반요소와 복잡하게 얽혀 있는 관계 규정을 함께 고려하여, 개선하지 않으면 안 된다. 따라서 속도향상의 주요한 제약 요인에는 견인성능, 제동성능, 주행안정성, 집전성능(集電性能), 열차제어(列車制御) 등과 같은 성능과 관련된 요소와 비용, 환경기준(環境基準), 승차감(乘車感), 관계규정 등 사회적, 경제적인 요소가 있다. 본 절에서는 이들에 대한 해결책에 대해 언급하고자 한다.

(1) 점착성능의 개선

철도의 기본원리는 철로 된 차량이 철로 된 레일 위를 바퀴가 회전하면서 주행하는 것으로 극히 단순하지만, 지금까지도 충분히 해결되지 않은 복잡하고 어려운 문제가 존재하고 있다. 그 대표적인 것이 차륜과 레일 간의 점착현상(粘着現狀)이다.

이 점착현상을 좀 더 상세히 설명하면, 레일에 차체의 중량을 분담한 차륜이 놓이면 차륜과 레일이 탄성변형(彈性變形)되어 직경 10mm 정도의 타원형상의 접촉면이 생긴다. 차륜에 회전시키려는 힘을 가하면, 차륜과 레일 사이의 접촉면에서 쌍방에 압축(壓縮)과 인장(引張)에 의한 탄성변형이 생기고, 차륜과 레일 사이에 작은 미끄럼을 수반하면서 차륜이 레일 위를 구른다.

점착현상에는, 이 같은 구름현상과 미끄럼현상이 동반하여 나타난다. 점착력(粘着力)은 미끄럼 속도와 더불어 크게 되지만, 어떤 한계를 넘으면 미끄럼(滑走, slide, skid) 속도가 급속히 크게 되어, 점착력이 급속히 떨어지게 된다. 실제로 가속 시에 공전(空轉, slip)하고 감속 시에 미끄러지기도 한다. 이와 같이 차륜과 레일 사이에 전달되는 최대 점착력을 하중으로 나눈 것을, 점착계수 또는 미끄럼 마찰계수라고 부른다. 앞에서 이미 설명한 바와 같이 철로 된 차륜과 철로 된 레일 사이의 점착계수는 건조하고 양호한 상태에서는 0.3정도이고, 젖은 상태에서는 0.1이하로 내려가는 경우도 있다.

자동차에서는 보통 타이어로 콘크리트 포장도로를 주행하는 경우에 점착계수는, 건조 상태에서 0.8정도, 젖은 상태에서 0.5정도이며 동결(凍結)된 눈 위에서의 점착계수는, 철도의 경우 젖은 상태에서의 점착계수와 거의 같다. 따라서 철도차량은 자동차의 경우에는 미끄러져 위험한 것으로 알려진 점착계수로 운전하여야만 한다. 이 때문에 가속도와 감속도가 자동차에 비하여 작게 될 수밖에 없다. 점착계수는 차륜과 열차의 레일 사이의 개재물(介在物), 표면상태, 속도, 윤중변동(輪重變動) 등의 운전조건에 의해 변화하며 상당히 큰 오차를 갖고 있다 〈그림 4-206 참조〉.

점착계수를 가능한 한 크게 하기 위해서는, 레일과 차륜간의 접촉면의 점착계수가 높도록 관리하는 것(표면관리)과, 차륜에 가하는 힘(구동력 또는 제동력)을 점착계수가 안정적으로 높은 값이 얻어지도록 제어하는 것(점착력 제어)의 2가지로 대별되지며, 이외에 하중변화를 작게 하며 열차 동축(動軸, driving axle)의 개수 증가 등 차량조건 및 운전조건의 개선도 중요하다. 표면관리(表面管理)에 있어서는, 차륜 답면의 청정화(清淨化)를 위하여 청소자(清掃子), 연마자(硏摩子) 등이 채용되어 있어, 어느 정도 효과가 올랐다. 그러나 레일 측 표면관리와 일체로 하여 관리하면, 충분한 효과를 얻을 수 있다. 점착력 제어에서는 교류 모터와 직류분권 모터를 사용하여, 적절한 제어방법을 적용하여, 점착성능의 향상을 기대할 수 있다. 또 발전(發電), 회생(回生) 등 전기 제동은 기계 제동에 비하여 타이어 플랫(flat)이 생길 가능성이 적고, 활주검지(滑走檢知) 및 재점착(再粘着) 제어에도 용이하여, 점착 성능면에서 유리하다. 이러한 점착성능을 개선하는 것은 안정된 가속도 및 감속도의 확보와 연결되고 속도향상을 가능하게 한다.

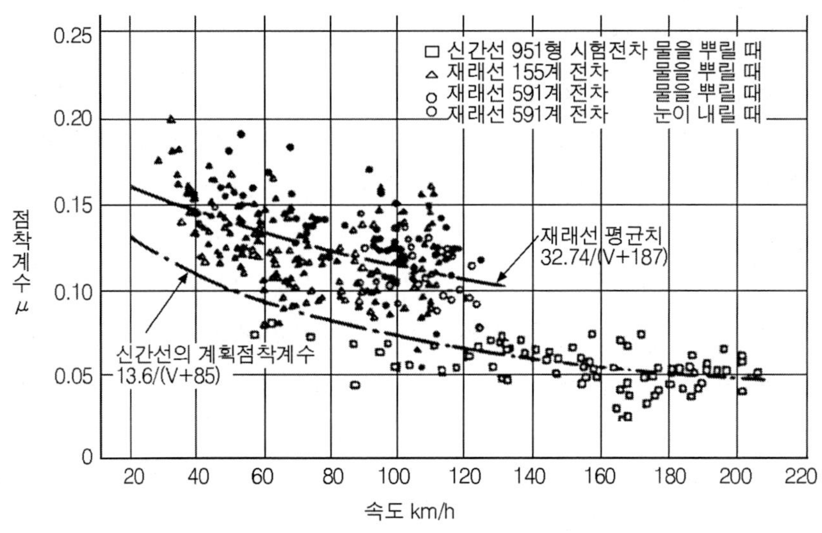

그림 4-206 점착계수 - 속도의 관계

(2) 제동성능과 운전보안 시스템의 개선

철도차량의 점착제동은, 차륜의 회전을 멈추도록 하중을 가하여 차륜 답면과 레일과의 접촉면에, 진행방향과는 역방향의 점착력을 발생시키고 그것에 의해 감속하여 정지하는 방법이다. 앞에서 설명한 바와 같이, 얼마나 큰 점착력을 얻느냐가 제동성능을 향상시키는 첩경(捷徑)이 된다. 최대 제동력은 차량의 질량과 감속도의 곱과 같다. 즉,

$$F = \mu \cdot W = (W/g) \cdot \alpha \quad \text{(173)}$$

$$\mu = \alpha / g = 0.2778 \cdot \gamma_b / g = 0.0283 \cdot \gamma_b$$

F : 제동력(N), W : 차량의 중량(kgf), μ : 점착계수,
g : 중력가속도(m/s²), α : 가속도(m/s²), γ_b : 감속도(km/h/s)

감속도와 제동거리와의 관계는 다음 식으로 표시된다.

$$S = V^2/(7.2 \cdot \gamma_b) + V \cdot t/3.6 \quad \cdots\cdots (174)$$

S : 제동거리(m), V : 제동 초속도(km/h),
γ_b : 감속도(km/h/s), t : 공주시간(s)

제동성능은 달리 말하면 감속도이고, 감속도는 점착계수에 의해 결정된다. 기대(期待)점착계수가 높을수록, 또 제동 시에 초속이 높을수록 활주현상이 높아지는 경향이 있다. 기계적인 마찰제동에서는 항상 어느 정도의 미끄럼이 발생하게 된다.

미끄러짐이 생기면 차륜에 플랫을 발생시켜 차륜·레일 간에 커다란 충격을 일으키게 된다. 미끄러짐을 방지하면서 점착력을 유효하게 활용하는 방법으로써, 제동력을 점착특성(점착계수가 속도에 의해 변화하는 형태)에 맞게 제어하는 방안이 있는데, 일본의 경우, 신간선 전차에서는 감속도가 점착패턴에 따르도록 제동을 제어하고 있다. 그러나 레일의 표면 형태에 따라서는 점착계수가 점착패턴 이하로 되어, 미끄럼이 일어나는 경우도 있기 때문에, 이 미끄럼을 검지하여 일시적으로 제동력을 느슨하게 하고 재점착 하여, 제동력을 강하게 하는 미끄럼 방지기구가 필요하다.

신간선에는 제동을 차축마다 분산제어하는 방식이 채용되고 있다. 프랑스의 TGV에서는 부수차에 답면제동 장치와 디스크제동 장치를 병용(답면제동은 200km/h 이하에서 작용)하고 있고, 차륜 답면의 청소와 함께 제동력의 일부를 분담시키고 있다. 이러한 제동방식은 차륜 답면에 붙어 있는 오염막(汚染膜)을 제거하고, 답면의 거칠어짐에 의한 레일면의 오염막도 파괴시켜 점착계수를 향상시킨다. 새로운 연마자의 연구개발에 의해 경질입자(硬質粒子)를 답면에 부착하여, 차륜과 레일과의 접촉면의 고체 접촉부분을 증가시켜 한층 더 점착효과를 높일 수 있다. 하지만 이러한 점착 연마자는 차륜 답면이 거칠어지고 마모를 증가시키기 때문에, 답면의 이상마모(異狀磨耗)가 오지 않도록 제륜자 재질을 고려할 필요가 있다. 제륜자 재질에는 강철 소결재(鋼鐵 燒結材), 합성재(合成材), 소결 알루미늄재, 동계 소결재(銅界 燒結材), 세라믹계 소결재 등이 있으며, 보다 효과적인 점착 제륜자의 개발은 고속화를 위한 가장 중요한 문제이다. 열차의 고속화에 따라 고속에서의 안정된 마찰성능과 내마모성을 얻기 위하여 카본계(系) 디스크, 알루미늄계 디스크 및 세라믹계 디스크 등도 연구되고 있다.

점착제동 시에는 점착성능의 한계가 있기 때문에, 비접촉식 전기제동 장치 등이 연구되고 있다. 그 중에 전자흡착제동(電磁吸着制動)과 와전류제동(渦電流制動, eddy current braking)이 세계적인 관심 속에서 연구·개발 중에 있다.

특히 와전류 제동장치는, 전자력(電磁力)에 의한 레일의 변형, 레일의 온도상승, 중량증가, 레일과 제동장치 간의 간격유지 등의 문제가 남아 있지만, 앞으로도 계속 연구되어야 할 분야이다.

속도의 향상과 더불어 중요한 것이, 신호보안 체계의 수정이다. 속도가 향상되면서 제동거리에 대한 규정 개선이 필요하고, 개정된 규정에 따라 안전제동 거리를 고려한 신호체계 등의 수정이 필요하다. 최고속도를 향상하고자 하는 경우에는, 주의신호 또는 감속신호를 인식하여 제동을 수행하고, 해당신호기 지점까지 해당신호기의 지시속도 이하로 감속할 수 있는 것이 필요하다. 그러나 저속에 맞추어져 있는 현행 신호체계에서는, 최고속도를 대폭적으로 향상할 경우, 소정의 속도로 감속하는 것이 불가능하기 때문에 신호체계의 변경이 필요한 것이다.

선로(線路) 및 인접선(隣接線)에 고장이 생겨, 대향열차(對向列車)의 방호를 해야 하는 경우 제동이 길게 되면, 그것에 준하여 방호거리도 길게 되고 신속성도 한층 요구된다. 이에 따라 고속에서의 제동거리를 고려한 정지신호의 현시와 함께 방호무선(防護無線)에 의한 정지신호 현시도 가능해야 한다.

만일 건널목에서 열차가 긴급정지를 해야 할 경우에 대비해, 새로운 장해물 검지장치가 필요하고, 또한 고속열차와 저속열차가 동시에 운행되는 선로에서는, 고속열차와 저속열차와의 건널목 경보시간의 차이가 크게 되지 않도록 조정하여야 한다. 저속열차와 고속열차의 속도차이에 의해 경보시간의 차이가 크게 날 때는, 무모한 통행에 의한 사고가 날 가능성이 많다. 따라서 정(定)시간 건널목 경보 제어장치의 개발이 필요함과 더불어, 현재의 경보형태 이외에 열차접근정보(列車接近情報)를 통행자(通行者)에게 전달하는 새로운 건널목 경보기의 개발도 필요하다. 열차가 고속으로 달릴 때는, 승무원의 시력만으로는 건널목의 상태를 파악하기가 거의 불가능하다. 따라서 장해물(障害物) 검지장치가 필요하고 열차제어장치들과의 정보교환에 의해 자동정지할 수 있어야 한다.

열차가 고속화됨에 따라, 신호체계와 열차제어장치 등이 자동화되어 최대한의 안전장치 등이 도입되고 있는데, 일례로서 비상시 열차자동정지장치(ATS) 등이 작동되도록 하여 열차를 정지시키게 되어 있다. 신호보안 시스템을 검토할 때는, 2가지 방식이 있다. 첫째는 속도향상이 많은 경우로, 제동성능은 그대로 하고 ATS의 속도 단을 확장(擴張)하는 경우고, 둘째는 속도향상이 적은 경우로, 제동성능을 향상하고 ATS의 속도신호를 차상(車上)에서 그대로 적용시키는 방법이다.

(3) 주행안전성 및 안정성 향상

A. 주행안전성(走行安全性)

철도차량의 주행안전성 측면에서 문제가 되는 것은 탈선(脫線, derailment)과 전복(顚覆, turn over)이다. 전복은 곡선통과상태(속도, 캔트, 완화곡선 길이) 등과 연관이 많고, 탈선은 횡압(Q)과 윤중(P)의 비(Q/P)가 역학적인 평형 값을 벗어날 경우 발생하는 것으로 알려져 있다. 회전하고 있는 차륜이 레일 측면을 타고 올라가려고 하는 상태를 고려하면, 미끄러져 내려오는 힘이 미끄러져 오르려는 힘과 마찰력의 합과의 균형이 깨어졌을 때 발생한다〈그림 4-207 참조〉. 이것을 식으로 나타낸 것이, 이미 제4장에서 설명한 Nadal의 식인데 여기서 다시 설명한다.

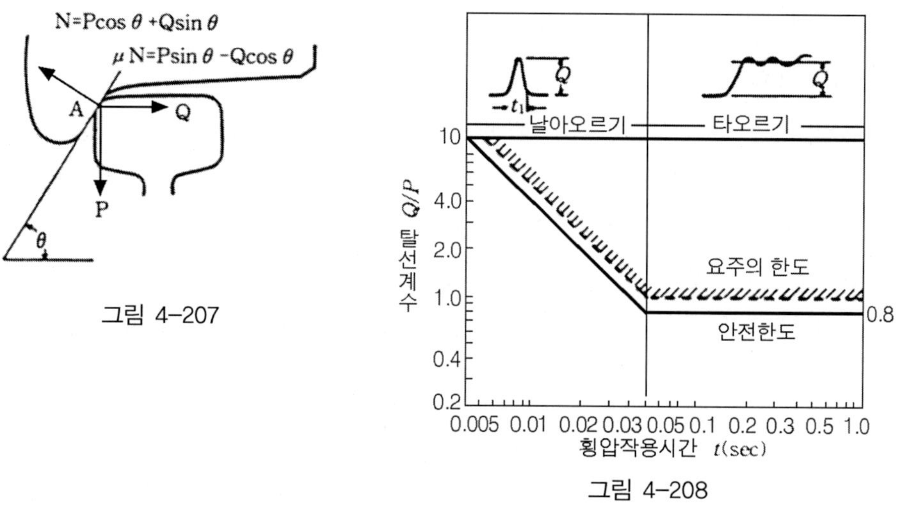

그림 4-207

그림 4-208

$$Q/P = (\sin\theta - \mu\cos\theta)/(\cos\theta + \mu\sin\theta)$$
$$= (\tan\theta - \mu)/(1 + \mu\tan\theta) = \tan(\theta - \lambda) \quad (175)$$

Q : 횡압, P : 윤중, θ : 플랜지 각도
μ : 마찰계수, $\lambda = \tan^{-1}\mu$

타고 오름이 발생하기 위해서는, 일정 이상의 횡압 작용시간(약 1/20초)이 필요하고, 작용시간이 순간적인 경우는 Q/P값이 비교적 커도 탈선에 이르지 않는다. 이 Q/P(횡압/윤중)비를 탈선계수(脫線係數, coefficient of derailment)라고 부른다. 그래서 일본의 경우 탈선계수의 허용한도에 20%의 여유를 갖도록, 다음과 같은 판정기준이 정해져 있다〈그림 4-208 참조〉.

$Q/P \leq 0.8$ (작용시간 $t \geq 0.05$초)

$Q/P \leq 0.04/t$ (작용시간 $t \leq 0.05$초)

횡압이 크지 않아도 윤중(輪重, wheel load)의 감소에 의해 탈선이 생길 수 있다. 윤중이 감소하는 원인에는, 곡선에 있어서 캔트 부족, 캔트 오버 및 바람영향, 차체 롤링(rolling), 궤도와 차량의 평면성 편차 등이 있다. 안전상으로는 평균 윤중에 대해 정적(靜的)윤중빠짐 60%, 동적(動的)윤중빠짐 80% 이하로 되는 것을 목표로 하고 있다. 또 차체의 좌우 가속도와 탈선계수는, 높은 상관성이 있음이 2축화차 시험 등을 통해 이미 알려져 있다. 2축 화차의 경우 탈선계수가 0.8을 넘지 않게 하기 위하여, 좌우 진동가속도(振動加速度)를 0.4g(全 振幅)이하로 하는 것이 바람직하다. 이 값은 대차에 경우에는 반드시 그럴 필요는 없지만, 속도향상 시험의 실제 기준으로 하고 있다. 고속화를 위해서는 주행 안전성을 저하시키지 않도록 하기 위하여, 최대한 횡압과 윤중빠짐을 피하는 것이 중요하고, 이를 위해서는 다음 항에서 서술하는 조치가 필요하다.

B. 주행안정성향상(走行安定性向上)

차량이 레일 위를 부드럽게 달리기 위하여, 레일의 궤간과 차륜의 좌우 플렌지 외면거리와의 사이에 약간의 유격을 두고 있다. 또 곡선부에서 주행을 원활하게 하기 위해 차륜의 답면에는 1/40, 1/20 등 약간의 구배(conicity)를 주고 있다. 이 때문에 직선 주행 시에 어떤 속도이상이 되면, 차륜이 좌우로 자려진동(自勵振動)을 일으켜 소위 사행동(蛇行動, hunting)이라는 것이 생긴다〈그림 4-209〉. 사행동 현상은 승차감의 악화뿐만 아니라, 궤도의 파손 원인이 되고 탈선으로 연결될 위험성이 있다. 사행동 현상은, 차량 및 스프링 제원의 설정에 의해 임계속도를 높이는 것이 가능하다. 고속 주행 시에 사행동을 일으키지 않도록, 주행안정성에 영향을 주는 차량의 제원과 안정화를 꾀하는 방향은 다음과 같다.

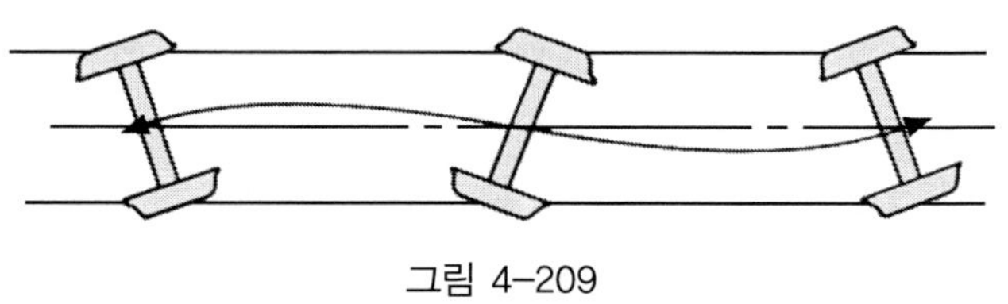

그림 4-209

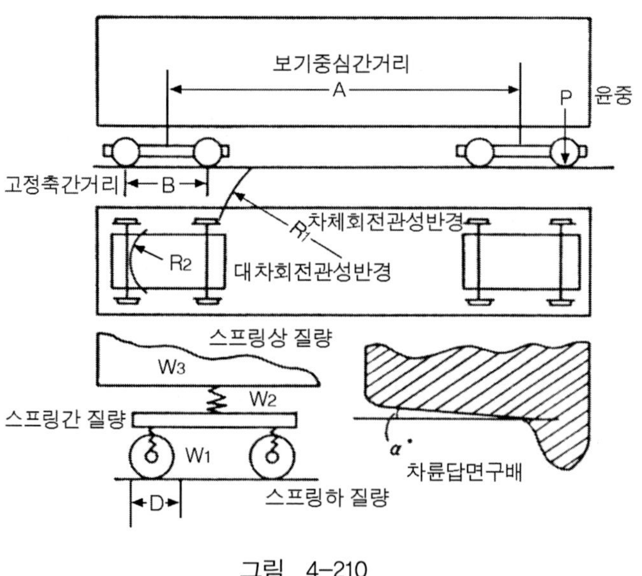

그림 4-210

보기 중심간 거리(A)	길게 한다.	고정축간거리(B)	길게 한다.
윤 중(P)	작게 한다.	차륜 경(D)	크게 한다.
스프링 하 질량(W_1)	작게 한다.	스프링 간 질량(W_2)	작게 한다.
차륜답면 구배(α, Conicity)	작게 한다.	대차회전관성반경(R_2)	작게 한다.
차체회전관성반경(R_1)	작게 한다.		

또, 이외에 대차의 회전저항 증가 및 액슬 박스의 전후 지지 강성 증가에 의해 사행동을 일으키는 속도를 높게 한다. 그러나 이들 사행동을 일으키기 어렵게 하는 요소 중에는, 예를 들면 고정축간거리의 증가 및 액슬 박스의 전후 강성의 증가 등은 곡선통과 성능을 악화하는 방향으로 작용한다. 따라서 실제의 차량제원을 결정할 때는, 사행동의 임계속도를 실용속도의 범위에서는 문제가 일어나지 않는 영역으로 가능한 낮게 하고, 곡선통과 성능을 좋게 하는 방향으로 설계할 필요가 있다.

(3) 윤중 변동방지(輪重 變動防止)

윤중의 극단적인 증가(현저하게 큰 윤중)와 극단적인 감소(윤중 빠짐)는, 피로 및 파괴를 촉진할 뿐 아니라, 탈선의 위험도 생기기 때문에 피하지 않으면 안 된다. 또 윤중의 변동은 점착성능의 저하에도 관련되는데, 「스프링 하 질량(un sprung mass)」의 증가나 레일의 요철 등이 주된 윤중의 변동의 요인으로 알려져 있다. 또한 안정된 고속 주행성능을 얻기 위해서는 스프링 하 질량을 적게 할 필요가 있다는 연구결과가 있다. 스프링 하 질량을 감소시키기 위해서 다음과 같은 대책들이 강구되고 있다.

A. 차륜의 경량화

① 소경화(小經化)

② 파타륜심화(波打輪心化)

③ 알루미늄, 합성수지 등을 이용한 경량륜심화(輕量輪心化)

④ 일체륜축화(一體輪軸化)

⑤ 일체압연차륜화(一體壓延車輪化)

B. 차축의 경량화

① 중공축화(中空軸化)

② 차축재질개선(車軸材質改善)

③ 차륜의 좌우 독립회전방식화(獨立回轉方式化)

C. 구동장치(驅動裝置)의 경량화

① 기어박스(gear box) 및 액슬박스(axle box)의 경량화

② 중공축 구동방식

③ 트리포드 플렉시블 커플링(tripod flexible coupling) 사용

④ 중간기어 사용

D. 제동장치의 경량화

① 디스크 스프링상(上) 화(化)

② 레일제동 사용

③ 카본 디스크 사용

④ 답면 제동과 전기 제동의 병용에 의한 접촉식 제동장치 부하 분담율 경감

⑤ 고에너지용 디스크 개발로 인한 디스크 수의 감소

거의 동력분산식인 일본의 고속열차는, 모터와 구동장치를 소형화하여 스프링 하 질량, 「스프링 간 질량(medium mass)」을 경감하는 것이 용이하지만, 동력집중식을 채용하고 있는 유럽의 고속차량, 예를 들면 TGV와 ICE에서는 꽤 복잡한 구동장치를 사용하여 스프링 하 질량 및 스프링 간 질량을 줄이고 있다. 독일의 ICE에서는 모터와 구동장치를 차체와 대차 프레임의 양쪽에 매달리게 하여, 고속이 되면 차체 측에 고정되어 대차의 회전모멘트를 감소시키고, 차축의 미세 움직임은 중공축(中空軸, hollow shaft)의 가운데서 허용하게 하는 실로 교묘한 기구를 채용하고 있다.

E. 횡압의 저감책(低減策)

주행의 안전성(安全性, safety)과 안정성(安定性, stability)을 향상하기 위해서는, 윤중 변동을 적게 하는 것과 더불어, 횡압을 줄이는 것이 중요하다. 횡압의 종류는 크게 나누어 3가지다.

첫째는 전향횡압(轉向橫壓)으로, 대차가 곡선을 통과할 때 대차가 레일에 안내되어 전향할 때에 발생한다. 이것은 차체의 연장선이 곡선의 중심을 통과하지 않기 때문에 발생하는 기하학적인 요인으로, 차체와 대차 사이에 사행동 방지를 위한 회전저항이 있기 때문에 구조적으로 발생한다.

둘째는 차량과 레일의 상호작용에 의해 발생하는 것으로, 레일의 편차와 주행 장치의 제원 등이 원인이 되어, 대차가 횡 방향으로 흔들릴 때에 발생하는 횡압이다.

셋째는 곡선을 통과할 때에 초과원심력(超過遠心力)에 의해, 차륜이 곡선의 외측을 누르는 횡압이다.

둘째는 사행동방지대책(蛇行動防止對策)과 같고, 셋째의 횡압은 곡선통과속도 향상 항에서 다루었다. 첫째의 전향압력은 대차구조 및 차체지지 방식에 따라 다른데, 정성적인 경향으로는 곡선반경에 반비례하여 크게 된다. 사이드 베어링(side bearing) 지지 대차에서는 마찰력에 의해

전향에 대한 저항력이 있기 때문에, 대차가 전향하는데 횡압이 크게 되는 경향이 있다. 사이드 베어링 지지방식의 대차에서는, 액슬박스(axle box) 전후 지지강성을 내리면, 사행동의 임계속도가 낮게 되는 경향이 있지만, 볼스터리스 대차에 요 댐퍼(yaw damper)를 붙여 요 댐퍼의 정수(定數)와 축상지지강성(軸箱支持剛性)의 값을 적절하게 선택함으로써, 상용속도 영역에 있어서 사행동을 발생시키지 않고도 곡선통과속도를 향상시키는 것이 가능하다.

일반적으로 대차의 회전저항은, 저속에서의 급곡선 통과 시에는 작고, 고속에서의 직선 주행 시에는 크게 하는 것이 바람직하다. 재래선의 경우 볼스터리스 대차(bolsterless truck)는 반드시 요 댐퍼를 설치할 필요는 없지만, 고속열차를 채용하는 경우는 고속영역에서의 사행동이 염려되는 경우에, 대차의 회전저항을 적절히 주는 요 댐퍼를 설치한다.

전향압력(轉向壓力)을 줄이기 위해서 채용되는 방법 중, 곡선을 통과하는 때에 차축이 곡선중심을 향하도록 하여 차륜이 레일을 접촉하지 않고, 스스로 전향하도록 하는 방법이 있는데, 이런 성질을 자기조타성(自己操打性)이라 한다. 이런 방식의 대차를 래디얼 대차(radial truck)이라하는데 직선 주행 시에 사행동 발생의 위험이 있기 때문에 크로스 링크를 연결한 크로스앵커식 래디얼 대차가 사용되기도 한다.

또한 볼스터리스 대차에서 공기스프링(air spring, air cushion)으로 대차를 지지하게 하여, 대차의 회전변위를 흡수하여 사이드 베어링 지지방식에 비하여 회전저항과 곡선부저항을 줄이는 방법도 있다. 또한 연접대차(連接臺車, articulated bogie)의 사용으로 횡압을 줄일 수 있고, 주행성능의 개선에 효과가 있다는 보고도 있는데 프랑스의 TGV가 연접대차를 사용하고 있다. 차륜의 답면을 원호 모양으로 한 원호답면의 채용으로, 곡선 주행 시 좌우차륜의 직경차이를 한층 크게 하여 곡선통과를 원활하게 할 수 있다. 원호답면은 횡압감소에 효과가 있어 채용이 늘어나고 있다.

볼스터리스 대차, 액슬박스(axle box)의 탄성지지, 원호답면, 래디얼 대차(radial bogie) 등의 새로운 기술개발에 의해 최근 주행성능의 향상, 궤도 부담력(負擔力)의 경감 및 승차감의 향상에 기여하고 있는데, 앞으로도 계속 속도향상에 크게 기여할 것으로 기대된다.

(4) 곡선 및 분기점 통과속도의 향상

곡선통과속도가 제한되는 이유는 크게 나누어 다음의 3가지로 분류된다.

A. 전복의 위험

차량에 가해진 원심력(遠心力, centrifugal force)이 속도와 더불어 크게 되어 중력과의 합력이 궤도중심을 벗어나, 차량의 중심 바깥쪽으로 향하게 하는 힘(초과원심력)이 크게 작용하게 되면, 바람과 진동 등의 영향을 받아 전복의 우려가 생긴다.

B. 궤도파손(軌道破損)

초과원심력이 크게 되면, 전복에 이르지 않아도 윤중과 횡압이 크게 되어 궤도의 마모와 파손을 촉진한다.

C. 승차감의 악화

초과원심력이 크게 되면 승차감이 악화(惡化)된다. 따라서 곡선반경에 대하여 속도를 제한하고 있다.

일본의 경우, 재래선에서는 캔트를 0, 즉 궤도면이 수평이라고 가정하여 곡선의 바깥쪽에 작용한 원심력과 중력과의 합력이 궤도중심에서 멀어진 정도를 안전율(安全率)로 나타내어, 이것과 차량의 구조(중심높이, 주행장치 등)를 바탕으로 고성능(高性能)열차 및 일반열차의 제한속도를 정하고 있다. 또 동일한 형태의 방법으로 분기곡선의 제한속도를 정하고 있다. 〈그림 4-211〉에서 다음 식이 얻어진다.

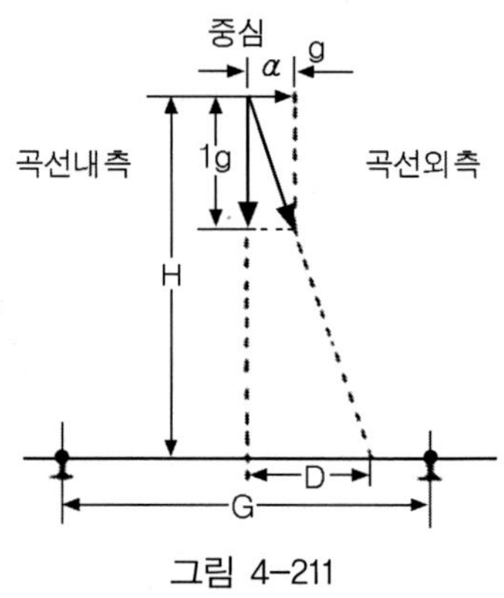

그림 4-211

초과원심가속도 : $\alpha = \dfrac{V^2}{127R}$ ---------- (176)

안전율 : $a = \dfrac{G}{2D}$ ---------- (177)

그림에 의해 : $\dfrac{V^2}{127R} = \dfrac{D}{H}$ ---------- (178)

$\therefore V^2 \leq 127G \cdot \dfrac{R}{(2a \cdot H)}$ ---------- (179)

V : 열차속도(km/h), R : 곡선반경(m), G : 게이지(mm),
H : 차량중심높이(mm), D : 합력이 궤간을 지나는 점과 궤간 중심과의 거리(mm)

재래선(G=1,067mm)에 있어서 중심높이 H=1,650mm의 차량에 대해 제한속도를 구하면

$V \leq 6.4 \times \sqrt{\dfrac{R}{a}}$ ---------- (180)

고성능 열차 : $a = 3$ $V \leq 3.7 \times \sqrt{R}$ ---------- (181)

일반열차 : $a = 3.5$ $V \leq 3.5 \times \sqrt{R}$ ---------- (182)

분기곡선 : $a = 5.5$ $V \leq 2.75 \times \sqrt{R}$ ---------- (183)

이것을 그림으로 나타낸 것이 〈그림 4-212〉이다.

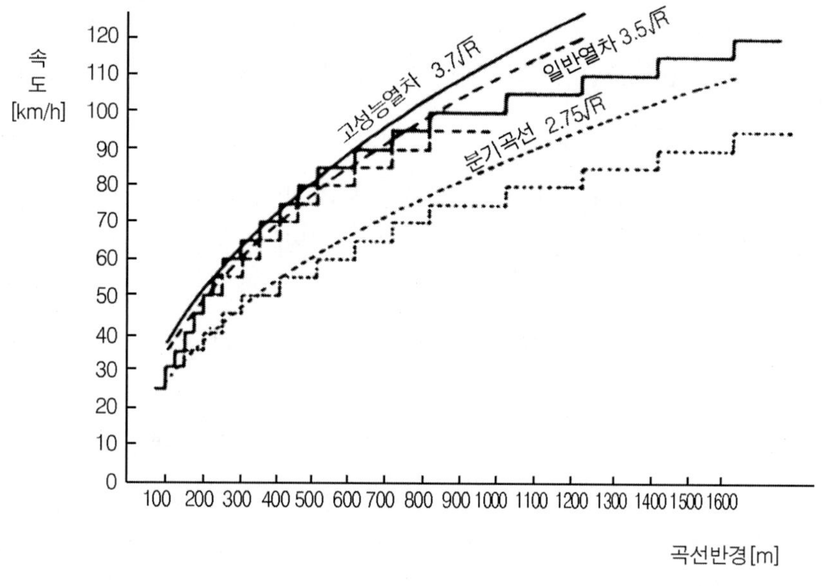

그림 4-212

캔트 0으로는 초과원심가속도가 승차감의 한계를 넘어버리거나, 궤도의 보수 측면에서도 좋지 않기 때문에 실제로는 캔트를 설치하여 초과원심가속도를 제거하도록 하고 있다. 차량이 캔트가 있는 곡선의 중앙에서 정지 혹은 저속으로 통과하는 경우, 곡선의 외측에서의 바람에 의해 내측으로 전도(轉倒)되지 않도록 하는 안전상의 이유와, 승객이 차체의 경사로 불쾌감을 느끼지 않도록 하는 승차감의 이유 때문에, 최대 캔트에는 한도가 있다.

캔트의 부족은 초과원심력이 생겨 안전성, 승차감, 궤도보수 등에 영향을 미치기 때문에, 저절로 한계가 생긴다. 캔트 부족량은 본래 균형 캔트에 대한 설정된 캔트의 부족량을 나타낸 것이며, 동시에 초과원심가속도와 같은 가속도 단위로 다루기도 한다(캔트부족량을 궤도면의 경사각으로 나타낸 것도 있음). 승차감에서 본, 좌우 정상가속도의 한계는 과거의 시험결과 및 기타 외국의 예로부터 0.08g(≒0.8m/s²)를 한계의 목표로 하고 있다. 곡선통과 시에 캔트 부족량이 되면 외측에, 캔트 오버가 되면 내측에, 각각의 원심력과 중력의 합력이 작용하기 때문에, 직선 주행 시에 비하여 바람에 의한 전복의 위험율이 높다.

곡선통과 시 전복 위험율(D)은 3가지의 요소로부터 성립되어 다음의 식으로 나타내어진다.

$$D = \pm 2h_G/G \times [V^2/(R \cdot g) - C/G] \text{ (초과원심력과 중력분력 차이)}$$
$$+ 2h_G/G \times (1-\mu/(1+\mu) \times h_{GT}/h_G)\alpha_r \text{ (진동관성력)}$$
$$+ h_{BC} \cdot \rho \cdot U^2 \cdot S \cdot Cr/(W \cdot G) \text{(바람압력)} \quad (184)$$

여기서, +는 외측전복, −는 내측전복을 의미하며 V : 곡선통과속도(m/s), C : 캔트(mm), R : 곡선반경(m), $2W$: 차량전체질량(kg), μ : 대차질량/차체질량, ρ : 공기밀도(0.125kg·s²/m⁴), $2S$: 차체의 횡압을 받는 단면적(m²), Cr : 차체의 바람에 대한 계수, h_G : 차량의 중심높이×1.25(m), h_{GT} : 대차의 중심높이(m), h_{BC} : 풍압 중심높이(m), α_r : 중심위치의 횡방향 진동가속도(V≤80km/h의 경우, α_r=0.00123V, V ≥ 80km/h의 경우, α_r=0.1), g : 중력가속도(9.8m/s²), G : 게이지(m), U : 풍속(m/s)을 나타낸다.

이때 차량의 중심에서의 합력선이, 중앙을 지나는 경우 $D=0$, 궤간중앙과 레일간의 중앙을 지나는 경우 $D=0.5$, 레일 상을 지나는 경우 $D=1$로 된다.

최근에는 진자차량(振子車輛, tilting car)을 이용한 곡선통과속도 향상 대책이 강구되고 있다. 진자차는 곡선을 통과할 때에 차체중심에 작용하는 원심력에 의해, 차체가 경사되어 중력과 원심력과의 합력을 차량의 바닥에 거의 수직으로 향하게 하고 있기 때문에, 승객에게는 초과원심가속도를 거의 느끼지 않도록 하는 기구로 되어 있다. 진자전차는 차체의 경사에 의해, 캔트(cant)의 효과를 낼 수 있기 때문에 캔트를 수정하지 않아도, 일반적인 고성능 차량의 곡선통과속도보다 높은 속도로 운전할 수 있는 것으로 알려져 있다.

진자열차는 곡선을 통과할 때, 차체가 내측으로 기울어 승객이 느끼는 초과원심가속도를 제거하도록 되어 있지만 승차감에 대한 불평이 상당한데, 특히 서서 있는 승객의 불평이 많은 편이다. 종래의 승차감에 대한 평가법(評價法)은 좌우 정상가속도가 0.08g(0.08m/s²)를 넘지 않게 하는 것을 목표로 하고 있지만, 실제로 운행되는 진자열차의 진동 가속도를 측정해 보면, 이 값보다 훨씬 작아 새로운 평가법이 필요하다. 그래서 현차시험(現車試驗) 결과를 통해, 새로운 기준을 아래와 같이 정하고 있다.

① 곡선 출입구에서 차체의 경사 각속도(롤 각속도)가 작을 것 : 5 deg/s 이하.

② 곡선 출입구에서 차체의 경사 각가속도가 작을 것 : 15 deg/s² 이하.

③ 곡선 출입구에서 차체 경사 각속도의 파형이 전후대칭이거나 정현파(正玄波)일 것.

④ 차체의 좌우가속도는 충격파형이 생기지 않을 것.

곡선통과속도와 캔트량의 관계가, 안전, 보수, 승차감에 크게 관계되어 있는 것을 개략적으로 설명했다. 실제로 설정되어 있는 캔트는, 그 선로구간에서 운전되고 있는 열차 평균속도의 자승평균(自乘平均)으로 계산되기 때문에, 규칙으로 정해진 제어속도에서 계산된 캔트량에 대하여 약간 낮다. 최근 수송구조(輸送構造)의 변화로, 저속의 화물차량이 감소되거나 없어지고, 고속열차가 주체로 되어 곡선통과속도의 평균치가 상승함에 따라서 캔트량의 재평가가 필요하다. 그러나 캔트량이 증가하면 완화곡선(緩和曲線, transition curve) 길이도 같이 변해야 하는데, 이때 완화곡선 길이는 다음과 같은 규제에 따라 결정된다.

① 차량 윤중빠짐의 원인이 되는 궤도면의 비틀림율(率)의 규제
② 승차감을 고려한 캔트의 시간 변화율의 규제
③ 승차감을 고려한 캔트부족량의 시간 변화율의 규제

선로구배가 변화하는 곳에 종곡선(從曲線, vertical curve)이 삽입되어 있는데, 종곡선을 고속으로 통과하는 경우에, 수직원심가속도(垂直遠心加速度) 및 전후차량에서 받는 압축력(壓縮力)과 인장력(引張力)에 의한 차량의 떠오름이 문제지만, 안전상으로는 거의 문제가 되지 않고 주로 승차감으로 통과속도가 결정된다.

승차감 측면에서 본 수직방향의 가속도 한계치는, 주요 각국 철도의 규정 등에서 보면 0.02~0.04g이지만, 프랑스 국철이 TGV 남동선 건설에 앞서서 실시한 항공기에 의한 주행 시뮬레이션에 의하면, 볼록한 부분 가속도 0.045g, 오목한 부분 가속도 0.06g이상이 되면, 가장 민감한 사람이 불만을 호소한다는 시험결과가 나와 있다.

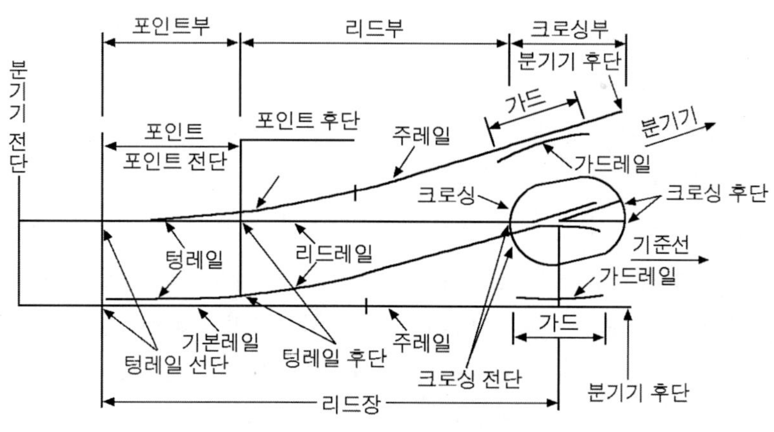

그림 4-213 분기기 각부의 명칭

분기기(turnout) 통과속도의 제한은 곡선통과속도의 제한과 함께 표정속도(表定速度, scheduled speed)를 내리는 커다란 인자가 되고 있다. 분기 측의 속도제한은 부득이한 것이지만, 직선 측에서는 속도제한의 철폐 또는 완화가 가능할 것이다. 이와 관련하여 해외 철도에서는 분기기의 직선 측 제한속도가 없는 곳도 많다. 직선 측의 속도제한 이유는 크로싱(crossing)의 강도

(強度), 텅(tongue) 레일의 개구(開口), 가드레일(guard rail) 및 윙 레일(wing rail)의 배면횡압(背面橫壓)이 한도 이상으로 될 염려가 있기 때문이다. TGV의 경우, 고속선과 같이 분기기 제한속도가 220km/h로 상당히 통과속도가 높은 분기기를 사용하고 있는 예도 있다. 분기기의 각도(角度)가 작은 분기기를 사용하는 것이 차후의 속도향상에 유리할 것이다〈그림 4-213 참조〉.

(5) 동력방식의 개선과 집전성능의 향상

디젤운전은 기관의 출력에 한계가 있기 때문에, 비교적 평탄하고 가속성능을 거의 필요로 하지 않는 선로구간에 한정되고, 가스터빈 운전은 디젤운전에 비하여 고출력을 얻을 수 있지만, 소음 등의 문제가 된다. 이들에 비해 전기운전은 외부에서 전기에너지를 받기 때문에 고속운전에 필요한 커다란 출력을 얻을 수 있고, 또 에너지의 회수도 가능하다. 일본에서는 신간선 및 재래선 고속열차의 대부분은 전기운전으로 전차방식(electric multiple unit, 동력분산방식)이다. 동력집중방식과 분산방식의 장단점은 앞 절에서 이미 설명하였다.

유럽에서는 전통적으로 동력집중방식이 채용되어 왔지만, 동력집중방식에서는 동력차의 축중과 스프링하 질량 및 스프링간 질량이 크게 되는 경향이 있기 때문에, 고속화에 따른 차량의 경량화 노력과 더불어, 앞에서 서술한 것과 같이 모터 및 구동장치에 특수한 방법을 채용하여 스프링하 질량 및 스프링간 질량을 줄이고, 고속에서의 주행안정성 향상과 궤도 부담력 경감을 도모해야한다. 전통적으로 동력집중방식을 채용하는 유럽의 고속 열차는, TGV, ICE에서 볼 수 있는 것과 같이 동력차는 2량(TGV 남동선 차량은 동력차 2량, 이외에 부수차에도 동력대차 2개를 포함하여 동력축수의 비율은 46%임)으로 동력분산에 가깝게 되어 있다. 이것은 고속영역이 되면 종래와 같은 동력차 1량의 기관차 견인방식으로는, 출력 및 점착 등에서 한계가 있기 때문이다.

전기운전은 고출력을 얻기 쉽고 에너지의 소비, 보수 측면에서 보아도 다른 방식과 비교하여 유리하기 때문에, 고속열차의 동력방식으로서 널리 이용되고 있으며, 속도 향상에 따라 더욱 고성능, 저비용화가 요구된다. 유럽의 철도에서는 인버터제어에 의한 교류 모터 구동이 고속열차에 사용되고 있는 추세이다. 프랑스의 TGV 대서양선용 차량에서는 동기전동기(同期電動機, synchronous motor)가, 독일의 HGZ(ICE 양산차)에는 유도전동기(誘導電動機, induction motor)가 사용된다. 유럽의 고속열차에 교류모터를 사용하고 있는 이유로는 다음과 같다.

① 교류모터는 부여된 공간에 대한, 대출력화(大出力化)를 가능하게 하기 때문에 동력축의 가격을 줄이는 것이 가능하다.

② 교류모터의 특성을 갖도록 한 제어법의 사용에 의해, 점착특성을 높이는 것이 가능하기 때문에 동력 축수가 적은 동력집중방식에 유리하다.

③ ①, ②의 이점에 의해 저속에서 고속까지의 넓은 속도 영역에서 성능을 발휘할 수 있기 때문에, 고속운전과 급구배 등판능력을 양립시키는 것을 기대할 수 있다.

④ 인버터 방식은 주 회로를 대폭적으로 무접점화(無接點化)할 수 있고, 교류모터는 정류자(整流子, rectifier)가 없기 때문에 보수가 유리하다.

전기차량은 이동하면서 외부에서 전력을 공급받기 때문에, 접촉에 의한 집전이 아니면 불가능하다. 가선과 팬터그래프는 공히 유연한 구조로 1개의 진동계를 구성하고 있다. 게다가 대용량의 전력을 마찰 접촉하면서 가선으로부터 팬터그래프에 전달하지 않으면 안 되기 때문에, 집전 시 문제가 발생한다. 속도가 높게 되면 가선의 지지점과 중간과의 높이 차이와 가선의 경점(更點, hard spot), 파상마모(波狀磨耗), 또는 진동과 바람의 영향 등으로 가선과 팬터그래프 사이에 이선(離線)이 생기고, 이선이 크게 되면 가선과 팬터그래프의 마모가 크게 되고 더욱 이선이 크게 되면, 전류중단 및 용손(溶損)을 발생하게 된다.

가선과 팬터그래프 사이의 스파크(spark)가 크게 되면, 소음과 전파 장해 등의 환경 문제도 생기게 된다.

속도가 높게 되면 이선율이 크게 되고, 특히 어느 속도에 달하면 급증하는 경향이 있다. 전류중단을 일으키게 되는 큰 이선이 되면, 가선과 팬터그래프의 이상마모와 파손을 일으킨다. 이선율은 집전소음(集電騷音) 등도 고려하여, 10% 정도로 억제하는 것이 바람직하다.

팬터그래프는, 스프링 계와 질량에 의한 주파수 특성을 갖고, 속도가 높게 되면 가선의 높이 차이와 진동에 의한 변위에 대한 추종성(追從性)이 나쁘게 되어, 접촉력의 변동이 크게 되고, 접촉이 떨어지기 시작하는 것이 일반적인 이선인데, 더욱 열차가 고속영역으로 들어가 가선의 파동전파속도(波動傳播速度)에 육박하면 큰 이선이 발생하게 된다. 가선(架線, catenary)의 파동전파속도 C는 다음 식으로 표현된다.

$$C = \sqrt{\frac{T}{\rho}} \quad \text{------} \quad (185)$$

C : 파동전파속도(m/s), T : 가선장력(N), ρ : 가선 선밀도(kg/m)

열차속도가 파동전파속도에 가깝게 됨에 따라, 팬터그래프 전방으로는 영향이 전파되지 않고 후방에서 큰 파가 치기 때문에 팬터그래프 점에서 트롤리선이 강하게 굽혀지게 되어 트롤리선 응력의 증가와, 후속 팬터그래프의 이선 증가를 초래한다. 일반적으로 파동전파속도의 70% 정도의 속도가 실용한계로 불려진다.

열차속도를 향상시키기 위해서는, 가선의 파동전파속도를 올릴 필요가 있으며, 가선의 장력을 올리는 것은 한도가 있기 때문에, 가선의 선밀도를 내리는 것이 유효하고, 이 때문에 경량가선의 한 예로서 철과 알루미늄 트롤리선의 개발이 진행되고 있다.

TGV 가선의 파동속도는 440km/h 정도이고 영업 속도가 270 km/h라고 할 때, 운행속도가 파동속도의 70% 이하로 충분한 여유가 있다. 고속에서 팬터그래프의 추종성을 향상시키기 위해, 신간선과 재래선에 있어서 3원 스프링계의 팬터그래프가 개발되고 있다. 고속에서는 팬터그래프에 공기역학적으로 양력(揚力)이 생겨, 팬터그래프가 가선을 들어 올리는 양이 크게 된다. 특히 유연성 있는 구조인 가선(simple catenary 등)에서 현저하고, 압상한도를 넘으면 팬터그래프가 가선의 교차부로 끼어들거나, 가선을 잡고 있는 금구에 충격을 줄 염려가 생긴다. 팬터그래프의 구조를 개선하여 이 문제를 개선하였는데 덮개를 설치하여 양력을 줄이는 것도 가능하다.

다수의 팬터그래프가 필요한 동력분산식을 사용하고 있는, 일본 신간선의 특징이지만, 가선의 보수에 대하여 불리하기 때문에, 팬터그래프의 수를 줄이는 방안이 강구되고 있다.

소음의 측면에서도 팬터그래프의 수를 줄이는 것이 효과가 있다. 팬터그래프의 수를 줄이는 경우에 팬터그래프가 없는 다른 부분에 전력을 공급하기 위하여 특고압선(特高壓線)이 필요하게 된다. 또 팬터그래프의 수를 줄이면, 팬터그래프 당의 집전용량이 증가되어 미끄럼판의 마모가 증가되는데, 특고압선으로 연결하면 스파크가 줄어들어 마모 및 소음, 전자파 장해 등을 줄일 수 있다. 팬터그래프의 간격이 크게 되면, 가선 진동의 영향이 작게 되고, 진동감쇠가 크게 되면 이선이 작게 된다. 가선이 유연한 구조로 되는 만큼 후속 팬터그래프의 이선이 크게 되는 경향이 있다. 가선이 유연한 구조인 경우에, 팬터그래프 1개로 하는 것은 가선의 파동과의 경합이 없기 때문에 바람직하지만, 대용량의 집전으로 인한 미끄럼판의 마모 등 별도의 문제가 생기게 된다.

TGV 등에는 스팬(span)이 긴 고장력(高張力) 변 Y 심플(Y-stitched catenary)의 부드럽고, 가볍고, 정도가 높은 가선에 비교적 강한 접촉력으로 팬터그래프를 누르고, 소수의 팬터그래프에 의해 대전류의 집전을 행하는 시스템인 반면에, 신간선에서는 딱딱하고, 무겁고, 튼튼한 가선에 비교적 약한 접촉력으로 다수의 팬터그래프를 눌러 소전류의 집전을 행하는 시스템이다. 앞으로 고속화를 위해서는 팬터그래프의 가선에 대한 추종성을 한층 향상시키기 위하여, 가벼우면서도 고장력인 가선을 이용하는 방향으로 진행될 것이다.

6) 가격증가의 억제 및 환경 보전

A. 속도향상에 따른 비용증가의 억제

속도향상에 따른 비용의 증가로는 동력비, 차량 및 지상설비의 유지비 증가 외에 차량 및 지상설비의 추가 투자비 등이다. 반면 속도향상에 의해 차량과 승무원의 회전율 증가에 의한 비용 감소가 예상된다. 따라서 속도향상이 경영면에서 성립하려면 속도향상에 의한 비용증가와 효율향상에 의한 비용감소의 합이 속도향상에 의한 비용증가를 넘는 것이 필요조건이므로, 속도향상에 의한 비용증가를 최대로 억제할 필요가 있다. 속도향상에 따른 비용증가의 비중이 높은 동력비, 차량 및 지상설비의 보수비 억제를 위한 고려사항에 대하여 아래에 서술한다.

가. 동력비(動力費)의 억제(抑制)

운영비 중 동력비의 비율은 고속화될수록 커지기 때문에, 비용측면에서 가장 중시해야 한다. 그 중 동력비와 밀접한 관계가 있는 것이 주행저항이다. 그러므로 동력비를 줄이는 문제는 주행저항을 줄이는 문제와 관련이 있다. 열차의 주행저항은 크게 기계저항(機械抵抗), 공기저항(空氣抵抗), 구배저항(勾配抵抗) 3가지로 나누어진다.

주행저항을 줄이는 핵심은 우선 열차의 중량을 최대로 억제하는 것과, 공기저항을 나타내는 식에서 V_2의 계수를 최대로 억제하는 것이다. 이 계수는 선두부의 형상, 열차의 단면적, 열차의 외주 표면적(차량 단면주(斷面周)길이×열차길이), 표면의 평면도(平面圖 · 연결부, 창, 문의 요철 및 지붕과 바닥의 요철) 등에 의해 결정된다. TGV 풍동시험(風洞試驗, wind tunnel test)의 결과에서 말할 수 있는 것은, 주행저항의 75%를 점하는 공기저항 중에서, 외주의 표면적, 다시 말하면 차량의 [단면주 길이×열차길이]의 비중이 가장 크다. 차량의 단면은 수송력과 연관이 있지만, 공기저항을 줄이기 위해서는 차량단면을 최대한 작게 하여야 한다. 또 공기저항은 표면의 평면도와도 관련이 있기 때문에, 차량 연결부, 출입문부, 바닥아래 기기부분 등의 요철을 최대로 없애는 것이 중요하다. 또한 고속에서의 주행저항을 줄이기 위해서는, 차체의 측면 평면도를 좋게 하는 것이 중요하다.

TGV는 자기통풍형의 디스크 제동장치가 차축에 장착되어 있기 때문에, 이 공기 저항이 무시할 수 없는 부분이다. 현차(現車)시험의 결과, 풍동시험의 결과보다 크고 공기저항의 3%를 차지하고 있기 때문에 그 뒤 TGV차량에서는 공기저항이 작은 일체형의 디스크를 사용하고 있다. 연구개발을 통해 TGV는 동등의 성능을 갖는 종래의 기관차견인 객차열차에 비하여 33% 정도의 주행저항이 줄어들게 되었다. 즉 TGV에서는 속도향상을 해도 동력비의 증가를 억제하는 것이 가능하다는 것을 의미한다.

터널 내에서의 공기저항은 개활지(開豁地)에 비해 크며, 터널의 길이, 열차와 터널의 단면비(斷面比), 열차의 길이 등에 따라 다르다. 터널 내의 공기저항은 터널과 차량의 단면비가 클수록 감소한다. 차체의 단면적을 80%로 축소하면, 터널 내의 주행저항은 75%로 감소한다. 따라서 터널이 많은 구간에서의 속도향상을 위해서는, 동력비를 줄이기 위하여 차량의 단면비를 크게 하는 것이 유효하다. 그러나 터널 공사비와 함께 고려하여 생각해 보아야 한다.

나. 차량보수비(車輛保守費)의 억제

속도향상에 의해 보수비가 증가되리라 생각할 수 있는 부분은, 마모(磨耗)부분과 피로(疲勞)부분이다. 마모부분은 차륜 플랜지, 팬터그래프 미끄럼판, 차륜 베어링, 주전동기 정류자 베어링, 제동장치 마찰재(디스크, 패드) 등이 있고, 피로부분은 주행장치, 구동장치 등이 있다.

팬터그래프의 미끄럼판의 경우는, 미끄럼판 폭의 확대와 신소재의 개발로 마모증가에 대처하고 있고, 제동장치 마찰재(摩擦材)의 경우도 새로운 소재개발과 전기제동과의 병용으로 제동력을 분담하여 개선하고 있다. 차륜 플랜지 부분의 마모는 원호답면(圓弧踏面)사용과 축상(軸箱, axle box) 지지강성의 최적화로, 곡선통과 성능을 향상시켜 해결하는 연구가 이루어지고 있다.

다. 지상설비(地上設備)의 보수비 증가

고속화에 따라 궤도파괴의 증가가 예상되는데 영향을 미치는 변수로는 열차중량, 열차속도, 현가장치특성, 스프링상 질량/스프링하 질량비(比) 등이 있으며, 역시 제일 중요한 변수는 열차중량과 스프링 하 질량으로, 이를 줄이는 것이 중요하다. 도상압력과 스프링하 질량의 충격에 의한 도상가속도, 충격계수 등을 고려하여 궤도 약점부의 강화, 효율적인 궤도의 이상관리(異狀管理)가 보수비의 저감과 연결된다. 고속화에 따라 가선의 마모증가도 예상되는데, 가선의 구조와 팬터그래프의 구조 및 성능을 고려하여 마모저감 대책을 세워야 한다.

B. 속도향상에 동반한 환경(環境)의 보전(保全)

가. 철도소음대책(鐵道騷音對策)

철도의 소음은, 발생음원의 입장에서 차륜이 레일 상을 전동하는 것에 의해 발생하는 전동음(轉動音), 구조물의 진동에서 발생하는 구조물음(構造物音), 팬터그래프/가선계에서 생기는 집전소음(集電騷音), 차체가 바람을 끊음으로 해서 생기는 차체공력음(車體空力音), 제동 시 발생하는 마찰음(摩擦音), 모터 등 구동장치에서 발생하는 소음 등이 있다. 철도소음은, 각 음원의 소음이 합성되어 있다. 일반적으로 전동음은 운전상태에 의존되며 저속영역에서 전체소음을 지배한다. 고속으로 되면서 차체의 공력음이 증가되고, 전동음과 거의 동일한 수준까지 증가한다. 또한 팬터그래프의 공력음도 증가하는데, 스파크(spark)음과 합쳐져 고속에서는 중요한 성분이 된다.

소음대책은 크게 나누어, 음원의 방사(放射)능력을 내리는 음원대책(音源對策)과, 소음을 차단하는 방음대책(防音對策)이 있다. 연구되고 있는 소음대책은 다음과 같다.

i) 전동음과 구조물소음 대책

- 지상 : 레일 윗부분의 평면화, 레일 체결장치의 저(低)스프링계수화(係數化), 밸러스트 매트, 슬래브 매트, 방음벽(防音壁 · 직립형, 역L형, 간섭형) 등
- 차량 : 차륜 답면의 평면화(平面化), 탄성차륜(彈性車輪), 대차 덮개, 차량하면 흡음재 (車輛下面 吸音材)등

ii) 집전소음(스파크 음, 마찰음, 공력음) 대책

- 지상 : 가선 행거(hanger)의 간격 축소, 가선 장력 증대, 가선도유기(架線塗油器) 등
- 차량 : 팬터그래프 개수의 감소, 특(特) 고압선의 연속, 미동(微動)미끄럼판, 미끄럼판의 윤활성능향상, 팬터그래프 덮개 등

iii) 차체공력음 대책

- 지상 : 전두부 유선형화(前頭部 流線型化), 차체표면 평면화(車體表面 平面化 · 창, 문, 바닥아래기기 덮개, 연결부)

나. 터널의 미기압파(微氣壓波), 차내압(車內壓) 변동대책

터널 미기압파는, 열차가 터널에 진입할 때 생긴 압력파가, 터널 내를 전파하여 터널출구에 도달한 때 터널 출구에서 외부로 방사되는 펄스상의 압력파이다. 일반적으로 미기압파의 크기는 터널 출구에 도달한 압력파의 압력구배에 거의 비례한다. 비교적 긴 슬래브 궤도의 터널에서는, 압력파가 터널 내를 진행하는 중에 파면 전면이 우뚝 솟기 때문에, 터널 내에서 외부로 방사되는 미기압파가 크게 되고, 철도 주변에 사는 주민 고통의 원인이 된다. 이 미기압파의 대책으로서는 터널출구에 도달한 압력파 전면의 압력구배를 가능한 한 작게 하는 것이 유효하고, 이를 위해 완충(緩衝)구멍을 설치한다. 열차가 터널 내를 통과할 때에 차체측면에 작용하는 압력이 변동되는데, 이 압력의 변동량은 열차속도의 자승(自乘)에 거의 비례하여 증가한다. 이 압력변동이 객실 내로 들어오지 않게 하기 위하여, 차량을 기밀(氣密)로 하여야만 한다. 기밀을 유지하기 위하여 차체를 기밀구조로 하고, 현재는 흡기(吸氣)와 배기(排氣)의 송풍기로 된 여압방식(如壓方式)의 연속 환기시스템을 사용하고 있다.

터널 내에서 열차가 교행(交行)하는 경우, 차체 측면에 작용하는 압력은 단독열차의 경우보다 거의 2배가 된다. 또한 고속의 경우, 차체 기밀을 위한 새로운 환기장치도 필요하다. 일례로서 레시프로(reciprocation)식 환기장치를 들 수 있다.

다. 플랫폼에서의 열차통과 시 풍압(風壓)

열차가 고속으로 역 플랫폼을 통과할 때에, 실제로 큰 풍압이 발생하여 플랫폼 위

에 머무는 승객이 열차로 끌려들어 갈 위험이 생긴다. 플랫폼에서 안전선 설정과 안내방송 등으로 대책을 실시하고는 있으나, 고속열차의 경우는 새로운 안전대책이 요구된다. 신간선의 경우 안전 울타리를 설치하여 적절하게 울타리를 개폐하여 조정하고 있으며, TGV의 경우는 플랫폼 출입구의 개폐로 조정하기도 한다.

열차풍의 풍속은, 열차의 전두부 통과 시와 최후부 통과 시에 크고, 최대풍속은 최후부 통과 시에 생기는 것이 많다. 바람의 방향은 전두부 통과 시는 플랫폼 쪽으로 향하여 밖으로 불어내는 방향이고, 그 후는 열차 쪽으로 흡입되는 방향으로 되기 때문에, 승객이 플랫폼으로 떨어질 위험이 있는 것은 전두부 통과 후이다.

2) 속도향상의 기술적한계(技術的限界)

(1) 표준궤도의 속도한계

A. 점착성능에서 본 속도의 한계

종래의 철도의 물리적인 속도한계는 300km/h를 넘는 정도일 것이라고 말해 왔다. 그 이유는 속도가 올라감과 더불어 주행저항은 속도의 제곱으로 크게 되고, 한편으로 점착계수는 저하되어 300km/h를 넘는 경우에 차륜과 레일간의 점착력과 주행저항이 균형이 되므로, 그 이상의 속도로의 가속은 불가능한 것으로 여겨졌다. 그러나 최근 여러 나라에서 다양한 시험으로 고속영역에서의 점착계수는 당초에 생각하고 있는 만큼 저하되지 않는다는 설이 유력해지고 있다. 여기에서 신간선 (0계)의 주행저항식과 점착계수의 계획 식으로 균형속도를 계산하여 보면, 평탄선(平坦線)에서 388km/h가 가능하다(식 186, 187 참조).

신간선의 주행저항과 점착계수가 관련된 계산식이, 어느 정도의 고속영역까지 적용할 수 있는가가 확인되지 않았기 때문에, 이 값은 어디까지나 근사치이지만 고속영역의 점착계수는 적어도 현재 신간선에서 이용되는 식을 고속영역으로 잡아 늘여 얻은 값보다는 클 가능성이 크기 때문에, 균형속도(均衡速度)가 더욱 높게 될 것으로 생각할 수 있다.

– 점착력과 주행저항의 균형속도 계산 예

$$F = \mu \times M = 13.6 \times M \times 10^3 / (V + 85) \quad (186)$$

$$R = M \times (1.2 + 0.022\,V + 0.000126\,V^2) \quad (187)$$

F (kgf) : 점착한계의 인장력　　M (ton) : 전체중량
μ : 점착계수　　V (km/h) : 차량속도
R (kgf) : 주행저항

$F = R$로 두면 V=388km/h로 된다.

B. 주행안정성(走行安定性) 측면에서 본 속도의 한계

사행동한계(蛇行動限界)는 현재의 컴퓨터 계산법에 의해 신간선 차량(0계)의 제원으로 계산하면 640km/h 정도이고, 소산(小山) 시험선에서 319km/h로 주행할 때도 사행동의 징후는 전혀 나타나지 않았던 것으로 전해진다. 일본에서는 추후 고속화에 대비하여 새로운 시뮬레이션 방법에 의해, 곡선통과 성능의 향상을 고려하면서, 최대 사행동 한계속도를 향상하는 방안에 대한 검토를 행하고 있는데, 철도총합기술연구소에서는 450km/h까지 가능한 차량시험기로 확인시험을 수행하면서, 기술개발을 추진하고 있다. 독일은 크리프 제어 축을 시험대차에 끼워 넣고, 차량시험기로 시험한 결과 500km/h에서도 안정된 주행이 가능한 것으로 확인되었다. 사행동에 관한한 400km/h의 속도를 넘어도 안전주행이 가능할 것이라는 것이 각국의 판단이다.

C. 집전성능(集電性能) 측면에서 본 속도의 한계

열차속도가 가선의 파동속도에 가까우면 가선이 큰 파를 만들고, 그 결과로 이선이 크게 되고 심각한 경우에는 가선과 팬터그래프의 파손으로 연결된다. 따라서 가선의 파동전파속도를 최대로 높게 할 필요가 있고, 그것은 가선 장력의 증가 및 가선밀도(架線密度)의 저감이 어디까지 가능한가에 달려있다. 철과 알루미늄 트롤리선에 의해 선밀도를 3/4 으로 줄이고 장력을 40% 향상시키면, 파동전파 속도는 현행의 360km/h에 대해 약 1.4배인 490km/h로 된다. 프랑스 TGV 파리 남동선의 파동 전파속도는 440km/h로 알려져 있다. 따라서 집전성능의 입장에서도 한계속도는 400km/h 이상으로 생각할 수 있다.

D. 실용상(實用上)의 속도한계

이상에서 점착성능, 주행안정성, 및 집전성능 면에서 본, 표준궤도 철도의 물리적인 속도한계는 400km/h 전후라는 견해가 가능하지만, 실용속도로서는 어느 정도의 여유를 가지고 있어야 하고(예를 들면, 집전성능 측면에서는 실용최고속도는 가선의 파동 전파속도의 70% 이하로 하고 있음), 운영측면에서의 경제성(예를 들면 보수), 승차감 등을 고려하면, 유럽의 예로 보아 당분간 350km/h의 범위일 것으로 판단된다.

(2) 협궤(陝軌)의 속도한계

협궤는 표준궤도에 비하여 속도의 핸디캡을 갖고 있는 것으로 알려져 있다. 그 주요 단점은 다음과 같다.

① 궤간과 중심높이의 관계가, 표준궤도에 비해 위가 무겁게 됨(top heavy)

② 동력장치를 장착하는 대차부분의 공간이 협소함

③ 궤도 수준차이(水準差異)에 의한 승차감(차체의 롤링)의 영향이 표준궤도에 비하여 큼

①의 영향은 주로 곡선주행 시에 나타난다. 직선부의 주행 시에도 톱 헤비(top heavy)는 주행 안정성에 좋지 않지만, 곡선주행 시만큼 그 영향이 현저하게 나타나지 않는다.

②는 열차 전체의 출력에 관계되지만, 동력분산방식에서는 반드시 그렇지는 않다.

③의 핸디캡은 동일 궤도 편차에 대해, 승차감은 궤간에 반비례하여 나쁘게 된다. 이중 궤간 차가 미치는 가장 큰 영향은 ①인데, 이 문제를 해결하기 위해서는 곡선에서의 주행속도, 캔트량, 캔트 부족량, 중심높이, 궤간 등을 고려하여 해결해야 한다.

요즈음은 진자차량을 이용하여 해결하는 방안도 연구되고 있다. 자연 진자식은 곡선주행 시에 전복에 대해 불리한 방향으로 중심이 이동하기 때문에, 비진자차량에 비하여 조건이 악화된다. 따라서 자연 진자식은 최대로 중심을 낮게 하고, 아울러 진자 중심도 낮추어야 한다. 차량중심의 이동이라는 면에서는 강제경사 방식 쪽이 유리하지만, 제어계(制御系)의 신뢰성 문제와 역방향의 오동작 방지 문제에 대하여 충분히 유의할 필요가 있다.

4.4.46 전력변환 형태

철도차량은 물론 산업계에 널리 이용되고 있는 전력변환(電力變換)의 구체적인 목적은 다음과 같다.

첫째, 직류를 포함한 다상(多相)의 입력(入力)을 다상의 출력(出力)으로 변환한다. 여기서 전력 전달방향은 쌍방향성 성격을 띠고 있어 수시로 전력 전달방향이 바뀔 수 있으므로, 입·출력 구분이 모호해질 때도 있다.

둘째, 제어 목표로는 주파수 변환, 전압 또는 전류제어, 역률제어이며 이 때 변환 효율은 항상 최대 상태를 유지하여야 한다. 전력변환 형태의 예를 〈그림 4-214〉에 나타내었으며, 각 전력변환 형태별 변환기의 명칭은 아래와 같다.

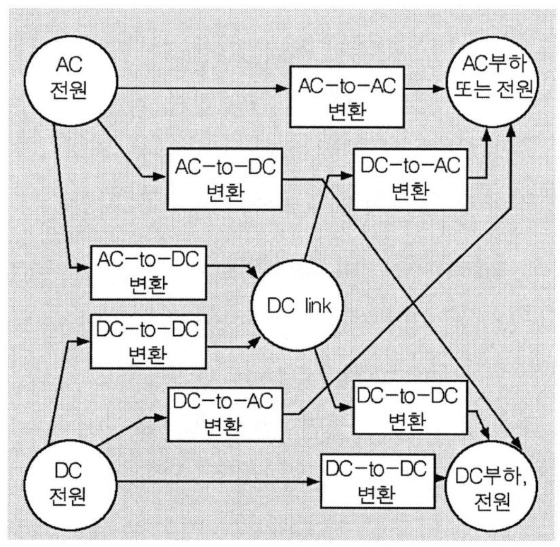

그림 4-214 전력변환 형태

1) AC → AC 변환 : 사이클로 컨버터(Cyclo-Converter) 또는 주파수 변환기(Frequency Changer)
2) DC → DC 변환 : 초퍼(Chopper)
3) AC → DC 변환 : 제어 정류기(Controlled Rectifier) 또는 위상제어 정류기(Phase Controlled Rectifier, 일명 P.C.R)
4) DC → AC 변환 : 인버터(Inverter)

4.4.47 차량의 시험항목

차량의 시험 항목은 차종, 수요자의 요구, 운행 환경, 각 국가 또는 세계적인 규정에 의해 다를 수 있으며, 또한 그 시험의 정도(精度)도 이상과 같은 이유로 차이가 있을 수 있다. 그러나 여러 가지 조건에 관계없이 시험항목만을 나열하면 대략 아래와 같이 크게 나누어 일반시험 항목, 상세시험 항목 두 종류로 구분할 수 있다.

1) 일반시험항목(一般試驗項目)

(1) 구성품 시험

- 외관, 구조 및 치수 검사
- 온도상승 시험
- 저항기의 저항치 시험
- 절연저항 시험
- 접촉압력 시험
- 전압 및 주파수 시험
- 정류 시험
- 열 사이클 시험
- 회생 시험
- 전원, 전압 변동 시험
- 기계적 강도 시험
- 소음 및 진동 시험
- 비파괴 탐상 시험
- 실내 냉·난방 온도 시험
- 성능 및 동작 시험
- 계기류(計器類) 눈금보정(補正) 시험
- 공기누설 시험
- 절연내력 시험
- 내압 시험
- 저전압 가동 시험
- 온도 사이클 시험
- 고온, 고습 및 내한 시험
- 부하변동 시험
- 효율 시험
- 하중 시험
- 재료 시험
- 수명 시험
- 그 외, 기타 필요하다고 인정되는 시험

(2) 완성차 시험

① 완성된 차량은 다음 시험을 실시하며, 형식시험(形式試驗, type test)과 전수시험으로 구분하여 실시한다.

- 외관 및 구조 검사
- 기능에 관한 시험
- 기타 필요한 시험
- 측정에 의한 시험
- 공장 내 주행 시험

② 시험 완료된 부품 및 장치를 장착하여 편성된 차량이 시방서에 규정된 기능 및 성능을 충족하는지 확인하는 시험

③ 그 외, 기타 필요한 시험

2) 상세시험항목(詳細試驗項目)

상세 시험은 조립 전 시험과 조립 후 시험으로 구분하며, 그 세부 시험 항목은 다음과 같다.

(1) 조립전 시험

A. 차체시험

- 수직하중 시험
- 압축하중 시험
- 좌우하중 시험
- 비틀림 하중 시험
- 차체고유진동시험(차체, 완성차)

B. 대차시험

- 프레임하중 시험 : 수직하중, 비틀림 하중, 좌우하중, 제동하중, 모터 기어박스 하중, 조합하중
- 프레임 피로 시험 : 조합하중에서 피로 시험
- 구동장치 시험 : 온도상승 시험, 기어장치의 밀폐·윤활·소음 시험
- 기초제동장치 시험 : 마찰계수 등
- 완성대차 시험 : 각종 하중 시험, 비파괴 시험

C. 추진 동력시스템 시험

① **견인전동기 시험** : 실제 운행조건 또는 그와 유사한 조건에서 시험한다.

- 외관, 구조 및 치수검사
- 절연저항 측정 및 절연내력 시험
- 임피던스측정
- 특성시험(전압, 전류, 출력, 주파수, 역율, 효율, 슬립, 토크 등)
- 온도상승 시험
- 회전수(과속) 시험
- 소음 및 진동 시험

② **전력변환장치** : 단체시험 및 견인 전동기와 조합시험을 실시한다.

○ 단체시험

- 외관, 구조 및 치수 검사
- 절연저항 시험
- 절연내압 시험
- 냉각장치 성능 시험

- AVR 전압 및 내압 시험
- 역행제어 절차 확인
- 제동제어 절차 확인
- 공전, 활주 검지 특성 확인
- 보호동작 절차 확인 시험
- 한류치 패턴 확인
- 온도상승 시험
- 전류, 전압 파형 시험
- 기타 필요한 시험

○ 조합시험

- 역행특성 시험
- 제동특성 시험
- 회생제동 특성 시험
- 전원, 전압 급변 시험
- 전원 중단 순간정전 시험
- 무부하(無負荷) 회생 및 회생부하 변동시험
- 보호회로 동작시험
- 제어 전원 전압저하 시험
- 소음 및 진동 시험
- 유도 노이즈 시험
- 기타 필요한 시험

D. 주변압기 시험

- 외관, 구조 및 치수 검사
- 누설, 유량점검 및 냉각장치 기능 검사
- 절연유 특성시험 및 절연저항 측정시험
- 절연내력 시험
- 온도계 시험
- 절연유 시험

E. 주차단기 시험

- 외관 검사
- 동작 회로계 점검
- 간이 동작시험
- 배관 공기누설검사
- 절연저항 시험
- 내전압 시험

F. 보조전력 시스템

- 외관, 구조 및 치수 검사
- 절열저항 측정 및 절연내력 시험
- 조작회로 및 보호동작 확인 시험
- 특성시험
- 단상부하 시험
- 출력전압 파형 촬영
- 기동시험
- 부하변동 시험
- 출력 단락 시험
- 전압 급상승, 급강하 시험
- 전압중단, 재가압(再加壓) 시험
- 효율측정

- 온도상승시험
- 소음 및 진동시험

G. 그 외, 기타 필요한 시험

(2) 조립 후 시험

A. 외관 및 구조 검사

- 구성품의 상태를 부착상태대로 확인
- 각부 구조, 도장, 배관, 배선 확인
- 각부의 부착, 체결 부, 배관, 배선처리 확인

B. 측정에 의한 검사

- 중량측정
- 차량한계 측정
- 차체 및 대차치수 측정
  - 차체의 휨 측정 : 사이드 빔의 휨
  - 연결기의 높이
  - 언더프레임의 수평도
  - 대차의 수평도
- 곡선통과 시험
- 배선검사
- 절연저항 측정
- 내전압 시험

C. 기능시험

- 집전장치
  - 상승, 하강 확인
  - 최저 동작정압 및 공기압에서의 제어 확인
- 보조전원장치
  - 보조전원장치를 무부하 운전 시 가동상태 확인
  - 충전장치의 출력정압 및 축전지 전압 확인
- 제어 계통
  - 공기 압축기를 운전하여 소정압력까지의 축적시간 확인
  - 보조전원장치를 정규상태로 운전하여 컨버터, 인버터, 주차단기 동작 확인

- 보호 계전기, 검지장치 등의 설정위치 확인

- 전력변환장치
  - 역행 및 회생제동 동작 특성
  - 전류 동작 특성
  - 보호회로 동작 시험
  - 제어전원 전압저하 시험
- 공기제동장치
  - 공기압축기 제어상태 확인
  - 기초제동장치 동작 및 압력계 지시 확인
  - 공기누설 확인
- 냉난방 환기장치
  - 개별, 부하별 제어 확인
- 출입문 개폐장치
  - 개폐 스위치 조작에 의한 조작시간 확인
  - 출입문에 일정 압력을 가한 후 개폐동작확인
  - 비상 코크에 의한 동작 확인
- 기타 기기 동작 확인
  - 전등, 방송장치, 열차무선, 비상 인터폰 등 부속장치 확인
- 차체누수 시험
- 차체기밀 시험
- 차체리프팅 시험

D. 공장구내 주행시험

- 역행시험
  - 전진, 후진, 운행시험
  - 진단상태, 단류기 동작, 기기의 지시 등 확인
- 견인전동기 개방역행시험
  - 견인전동기 1 unit 개방한 후 역행시험
- 제동시험
  - 상용제동 및 비상제동 작동 시험
  - 동작상태, 진공절환 등 확인

E. 그 외, 기타 필요한 시험

(3) 시운전

A. 주행 및 제동성능시험

- 가속도 시험 : 가속시간, 가속거리 시험, 저크(Jerk)시험
- 제동성능시험
  - 감속도 시험 : 제동시간, 제동거리시험, 저크(Jerk)시험
  - 제동 회생율 시험
- 구배등판능력시험 : 각 구배에 따른 속도시험
- 최고속도 시험 : 각 구배 및 곡선에 따른 속도 시험

B. 제동시스템

- 제동밸브 및 ATC/ATS 동작에 의한 동작상태 확인
- 비상제동 스위치 동작 확인
- 제동지령에 의한 공기제동과 회생제동의 교차확인
- 회생제동 실패 시 가선 전압 상승 확인

C. 집전성능 확인

- 팬터그래프 동작 확인
- 이선율 확인을 위한 시험

D. 그 외, 기타 필요한 시험

4.4.48 역행 및 제동 시 축중 이동

1) 개 요

철도차량의 역행(powering) 및 제동(braking)시스템에 대하여, 수요자(需要者)가 요구하는 적정성능을 갖는 경제적인 차량을 설계하기 위해서는, 차량이 운행 중 관련 장치에 부담되는 부하의 상태나 변위량(變位量)을 정확히 산출하여야 한다. 이를 토대로 제작한 부품이 정확한 기능을 확보할 수 있도록 하는 것이, 차량 품질향상은 물론, 경제적인 설계 관점에 있어서 매우 중요하다. 차량 설계 시 이용할 수 있는 차량 축중 부하의 이동 계산법에 대해 살펴본다.

2) 축중(軸重, axle load)의 이동

차량이 정지 상태에서는, 1축 위에 차량중량의 1/4씩(2축 2보기의 경우) 중량이 분담되는데 이 중량을 그대로 점착중량으로 생각할 수 있으나, 가감속 등의 경우에는 차량 중량이 각

축상(軸上)에 분산되어, 축중이동(軸重移動)이 발생한다. 차량의 중심은 가속력, 제동력이 작용하는 점보다 상부에 위치하므로, 차체의 관성에 의해 주행 시는 후부, 제동 시는 전부에 차체를 회전시키는 모멘트가 발생한다. 그래서 역행, 제동 시는 전후(前後) 대차에 여분의 부하 증감이 있다〈그림 4-215〉.

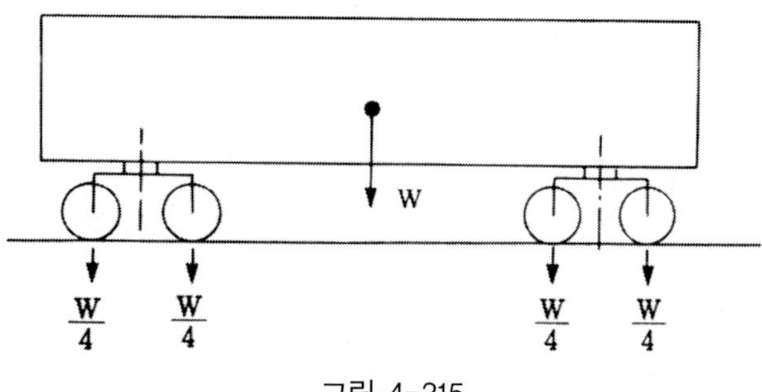

그림 4-215

3) 이동축중 계산

역행과 제동 시는 부하이동이 서로 상반되어 발생하므로, 우선 제동시를 기준하여 검토해 보면 다음과 같다〈그림 4-216〉.

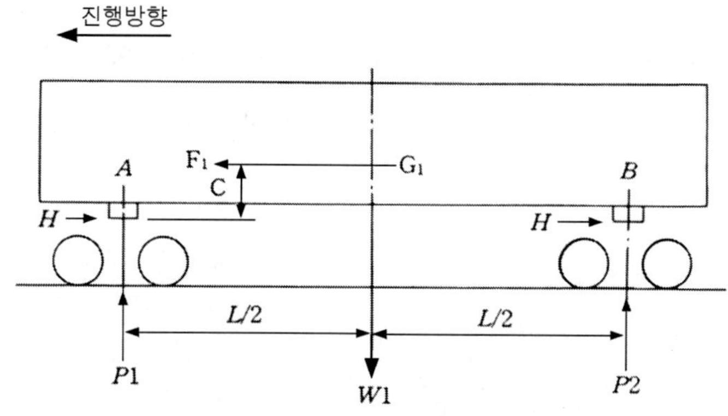

그림 4-216 제동 시 축중 이동

A : 전위(前位)대차의 센터플레이트(center plate)중심

B : 후위(後位)대차의 센터플레이트 중심

G_1 : 차체의 무게중심 W_1 : 차체의 중량

P_1 : 전위대차의 반력(反力) P_2 : 후위대차의 반력

F_1 : 진행방향의 차체 관성력(慣性力)

H : 제동 시 발생하는 반 관성력

C : 센터플레이트에서 무게중심까지의 거리

L : 센터플레이트 사이의 거리

차체의 길이 방향을 부하 상태로 가정하면, 제동력에 의해 α라는 감속도가 생긴다고 할 때 전체 제동력은

$$2H = F_1$$
$$F_1 = W_1/g.a \quad \text{(188)}$$

즉,

$$P_1 = \frac{W_1}{2} + \frac{W_1}{g} \cdot \alpha \cdot \frac{C}{L} \quad \text{(189)}$$
$$P_2 = \frac{W_1}{2} - \left(\frac{W_1}{g}\right) \cdot \alpha \cdot \frac{C}{L} \quad \text{(190)}$$

그래서, 감속도 α가 작용하는 동안에는 후위 대차로부터 전위 대차로 $(W_1/g) \cdot \alpha \cdot \left(\frac{C}{L}\right)$ 라는 중량이 이동하여, 정차중이거나 등속도 운동 중에 후위대차에 걸리는 중량($\frac{W_1}{2}$)보다 가볍게 된다. 따라서 후위 대차의 축중이동 상태를 살펴보면 다음과 같다〈그림 4-217〉.

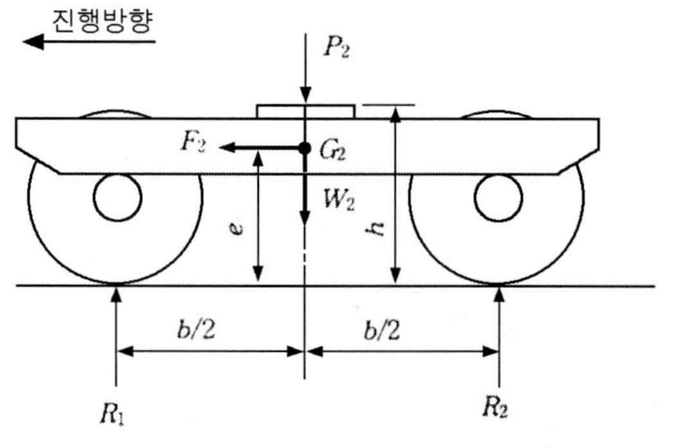

그림 4-217 후위 대차의 축중 이동

G_2 : 대차의 중심
P_2 : 대차 부담중량
F_2 : 진행방향 관성력
W_2 : 대차의 중량
R_1 : 후위대차 전위 축에 걸리는 반력
R_2 : 후위대차 후위 축에 걸리는 반력
h : 레일에서 센터플레이트까지 높이
e : 레일에서 대차중심까지의 높이
b : 고정축 거리
T_a : 바퀴에 작용하는 최대 제동력

$$F_2 = \frac{W_2}{g} \cdot \alpha \quad \text{(191)}$$
$$R_1 + R_2 = P_2 + W_2 \quad \text{(192)}$$
$$R_1 = \frac{(W_1 + 2 \cdot W_2)}{4} - \frac{W_1 \alpha}{2g}\left(\frac{C}{L}\right) + \frac{W_2 \cdot e \cdot \alpha}{b \cdot g} \quad \text{(193)}$$
$$R_2 = \frac{(W_1 + 2 \cdot W_2)}{4} - \frac{W_1 \alpha}{2g}\left(\frac{C}{L}\right) - \frac{W_2 \cdot e \cdot \alpha}{b \cdot g} \quad \text{(194)}$$

감속도 α가 작용하는 제동 시, 후위 대차는 축중이동으로 $\frac{W_1\alpha}{2g}\left(\frac{C}{L}\right)+\frac{W_2\cdot e\cdot\alpha}{b\cdot g}$의 축중 감소가 발생한다. 따라서 4축 중 후위대차 후위축이 제일 가벼우므로, R_2 값을 기준으로 제동력을 산출해야 한다. 즉, 최대 제동력 $T_a=\mu R$이며 차량중량〉점착중량의 관계가 성립하므로, 축중 이동을 고려한 값을 점착중량으로 보는 것이 바람직하다.

4.4.49 여객차의 실내설비

1) 여객차의 정의

여객차(旅客車 : 여객수송용 객차, 전차, 기동차(氣動車)의 총칭 · 사람과 밀접한 관계가 있고 승객에게 호감을 주는 차량)의 실내설계(室內設計, interior design)를 진척시키기 위해 인간과 관련된 것에 대한 기능을 충분히 고려해야 한다.

철도차량은 불특정(不特定) 다수의 승객을 대상으로 하는 공공성(公共性)을 갖고 있어, 한번 승차하여 좌석을 확보하면 환경에 대한 유감(有感)은 많아지며, 손이 미치는 곳은 자유로이 다루게 되므로 필요하지 않는 것까지 움직이고, 당기고, 누르기도 하여 힘을 불필요하게 가하는 경우가 발생한다. 이러한 행동이 파손(破損)과 고장(故障)의 원인이 되고, 나아가서는 차량사고로 이어지기도 한다. 따라서, 예상 가능한 악조건(惡條件)을 가정하여 설계하지 않으면 안 된다. 또 승차감은 양호하더라도 고(高)가감속 운전의 기회가 많아져, 진동에 대한 배려가 필요하다.

철도차량의 내구년한(耐久年限)은 대단히 길어, 그 사이에 매 2~4년에 정기수선(定期修繕)을 위해 공장에 입고된다. 그러나 근년에 와서는 취급하는 차량수가 증가하여 사람의 부족으로 실내설비 관계는 무보수유지(無保守維持, maintenance free)화(化)가 절실히 요망되고 있다.

2) 객실

여객차는 좌석차가 대부분이며 승차시간과 혼잡도(混雜度)에 따라 좌석 배치가 달라진다. 승차 시간이 짧고 혼잡도가 심한 통근(通勤), 통학(通學)용도의 경우에는 좌석은 측창을 따라서 길이방향 의자(縱形, long seat)가 보통이다. 혼잡도가 적으면 차제(此際)에 횡형의자(橫形椅子, cross seat)를 많이 배치한다. 아울러 관광목적, 장거리, 장시간 승차의 성격이 많아지면 거의 횡형의자로 하고, 그것도 마주보는 의자에서 전환의자(轉換椅子)와 회전의자(回轉椅子)로 하여, 자세의 변화를 용이하게 할 수 있는 리클라이닝 의자(reclining seat)로 추진하는 추세이다.

한편, 통근전차의 경우 출입구는 차량의 한쪽에 4군데가 설치되고, 문은 양쪽으로 열리는 식이며 출입구 폭도 1.3m 가 통근전차의 대표적인 모양이고, 혼잡도와 투입선구(投入線區)의 사정에 따라 3개의 문으로도 변화시키고, 승차시간이 길어 승강시간(乘降時間)이 다소 걸려도 그다지 영향이 없는 것은 문 2개로 또는 1개로도 변하고 있다. 문의 폭도 양쪽으로 열릴 필요성이 없으면 한쪽으로 열리는 것이 채용된다. 폭은 1m, 0.7m 가 많다. 또 측창은 기후가 좋은 계절에는 개폐가 자유로운 창이 좋고, 냉방설비를 완비하고 환기방식이 양호하면 고정창화(固定窓化)가 가능하다.

통근차에서는 차내 전부가 객실이지만 장거리, 장시간 승차하는 특급(特急)과 급행(急行)차량의 실내는 객실 외에 출입대(出入臺, vestibule)와 변소, 세면소가 추가되고 차장(車掌, conductor)을 위한 업무용 칸(room)도 배치하지 않으면 안 된다.

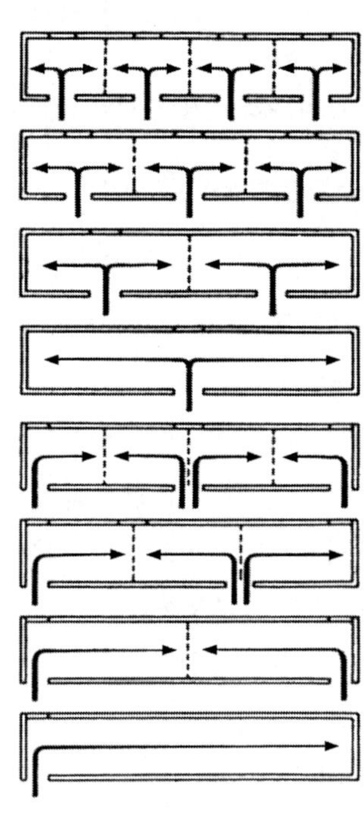
그림 4-219 출입구 위치와 승객의 행동

좌석 차에서도 침대차와 같이 측 낭하(側 廊下, side corridor)가 있어, 좌석이 구분실(區分室, compartment)로 되어 있는 예가, 유럽에서는 많다. 철도의 발달 과정과 그 나라사정에 의한 것으로 생각되지만, 일장일단(一長一短)이 있어 우열을 가리는 것은 어렵다.

서독 국철의 대표적 고속열차, ET403형에서는 차량에 따라 사용을 혼재(混在)하고 있다. 선두 차는 구분실 형식이고, 중간차는 개방실(開放室) 형식이다〈그림 4-218〉. 많은 승객이 입구로 들어와 한 방향으로 이동하는지, 좌우 양측으로 나누어 이동하는지를 통해 객실의 레이아웃(layout)을 정리하면 〈그림 4-219〉와 같이 된다.

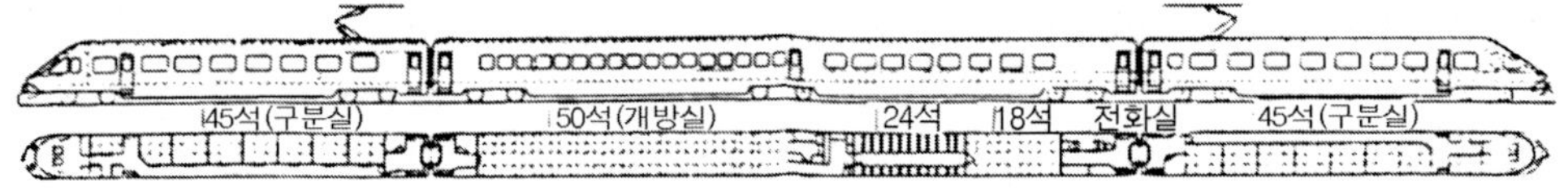

그림 4-218 서독 도시 초고속 열차 ET403형

3) 통근차

대도시권의 수송력의 근간인 통근전차의 실내는 설계조건이 대단히 엄격하게 되어 있다. 앞에서 언급한 것처럼 4곳의 문이 양방향으로 열리고, 긴 의자(long seat)를 설치하고, 의자의 앞쪽 위에는 승객용 가죽 손잡이가 나란히 있고, 많은 개폐창과 냉방 쿨러(cooler)가 있으며, 의자 옆에는 스텐션 폴(stanchion pole)과 짐받이 봉(baggage rack bar)이 있어 혼잡시 서있는 승객이 신체를 지지 할 수 있는 설비를 갖추고 있다. 그러나 상세히 비교하면 꽤 다른 점도 있다는 것을 알게 된다.

문은 스테인리스제로 되어 있으며, 내면은 버핑(buffing)으로 마무리하고, 문에 내장판을 사용하여 한산할 때의 내장판과 문의 색채를 배려하기도 하고 또는 반대로 외면까지 스테인리스 표면을 살려 무도장으로 철저히 한 차량도 있다. 도어 유리의 크기는 유리의 파손 및 도어포켓(door pocket)에 손가락을 넣게 되는 위험성과 지하노선이 늘어남으로 인해 동반되는 연선(沿線) 풍경을 접하는 비율이 적어, 소형화되는 경향이 있으며 도어포켓 창(窓)도 없애는 경향이다. 도어의 수를 증가한 5도어 차량도 탄생하고 있다.

의자(seat)는 서비스 측면에서 꽤 중요시되고 있다. 일반적으로 좌면(座面) 높이가 약간 낮고, 의자 깊이가 약간 깊은 동시에 푹신하다. 차체 폭, 초혼잡 시의 대처(對處), 보수체제(保守體制)를 고려하면서 설계자가 승차감이 좋은 의자를 제공하려는 노력을 하고 있다는 점은 여전하다. 의자 높이가 상당히 낮으면 앉은 사람의 발이 앞으로 나와 서 있는 승객을 귀찮게 한다. 손잡이(hand strap)는 비닐론 섬유와 면직포(綿織布)를 심(芯)으로 한 염화계의 벨트(belt)에 폴리카보네이트(polycarbonate)와 요소수지(尿素樹脂)의 바퀴로 된 것이 많지만, 상당히 길어서 내리는 승객들이 손잡이에서 손을 놓을 때, 다른 승객의 머리와 안경에 부딪쳐 상처를 입히고 안경을 깨는 경우가 있으므로, 최근에는 짧은 것이 추세이다. 고가속(高加速), 고감속(高減速) 운전에 의해 사람이 비틀거릴 때에도 짧은 것이 유리하다. 비틀거리는 것을 방지하기 위해 출입구 상부에 레일방향과 침목방향에도 손잡이를 추가로 설치하고 있지만, 이 손잡이의 높이는 일반 손잡이보다 작고, 높게 하여 승객의 머리를 방해하지 않도록 고려되고 있다.

여객차의 창은 일본의 경우, 국철과 사철은 상당히 다르다. 이것은 혼잡도의 차이와 하강창(下降窓, drop window)의 취급, 그것에 따른 보수조건(保守條件)의 차이에 의한 것으로 생각된다. 국철에서는 상창하승(上窓下昇), 하창상승(下窓上昇)의 2매로 된 창이 많고, 사철에서는 하강 창 차량이 최근 많아졌다. 하강 창 차량은 상승창식(上昇窓式)의 차량에 비교해, 창 아래 부분의 차체골조의 부식이 심하여 부식 대책을 충분히 세울 필요가 있다. 창으로서는 상부로부터 바람이 들어오면 서 있는 승객에 좋고, 앉은 승객은 머리카락이 흐트러지지 않아 괜찮다. 1매 하강 창은 문이 없고 세련되어 보기가 좋은 점을 평가받고 있다. 창은 혼잡 시 환기량(換氣量)을 확보하기 위해 주행 풍을 집어넣을 경우에 필요로 하지만 냉방, 차음효과를 올리기 위해 고정화시키는 경우도 있다.

실내 천장 높이는 쿨러(cooler)가 설치되어 있도록 되어 있고, 최근에는 낮아져 2.2~2.3m이다. 천장은 형광등, 냉방취출구(冷房吹出口), 선풍기 또는 횡류 팬(fan)이 설치되어 있고, 요철이 적은 설계로 되어 있다. 천장에는 이 외에 광고를 게시하므로 미리 염두에 두고 설계할 필요가 있다. 측창 상부는 광고지를 부착하기 쉽도록 고안을 하고 또 천장 중앙에 매달 때는 잘 보이는 위치에 배치한다.

조명은 형광등을 2열로 연속 또는 간격을 두어 배치하는 것이 보통이지만, 프랑스의 마르세이유와 리옹(Lyon) 지하철에 천장 판을 멜라민(melamine) 화장경합금판(化粧輕合金板)을 붙이므로 루브(louvre)식으로 되어 있다. 형광등 2열은 바로 아래는 상당히 잘 보이지만, 약간 비스듬하면 잘 보이지 않는다. 독서면 조도(照度)로는 충분하지만 천장 면은 어둡다.

4) 특급차

특급용 차량의 실내는 승차 시간이 짧은 경우에 대한 차체를 특징짓는 레이아웃(layout)으로 하여 독특한 서비스를 배려하고 있다. 승차시간이 긴 경우는 가능한 한 표준화하는데 노력하고 있다. 그러나 단일화(單一化)된 디자인으로는 매력이 없다. 어떻든 대표적 열차로 하기 위해 디자인에는 각별한 주의를 하지 않으면 안 된다.

특급차는 정차역이 적으므로, 출입구는 한쪽에 문이 1~2개가 있고 차단에 설치된다. 출입구와 객실 사이에 파티션(partition)을 설치하면 차음(遮音), 차열(遮熱)이 가능하여 좋지만, 좌석을 유효하게 배치하여 정원을 조금이라도 확보하기 위해서는 자제하지 않으면 안 되는 경우도 있다. 화장실은 객실에서 떨어져 냄새가 나지 않도록 해야 하므로, 출입구를 사이에 두고 객실 반대 측에 설치한다.

객실은 화려한 분위기(deluxe mood)를 내기 위해서는, 의자가 큰 요소를 차지한다. 대부분은 진행방향으로 향하게 하여, 회전식과 전환식이 채용되고 있으며, 유럽 등에서는 대부분의 차량이 마주보는 고정좌석을 채용하고 있다. 이 경우 진행방향으로 향하는 좌석과 역방향 좌석의 조합 방법으로는 객실을 전후로 2분할하여, 반실은 각각 중앙으로 향하게 한 타입(對面式), 중앙으로부터 서로 등을 지게 앉는 이반형(離反形, 背面式), 통로(通路, aisle)를 사이에 두고, 좌우로 나누어 앉는 타입 등 많은 조합방법이 있으며, 어느 것이나 실제로 존재하고 있다〈그림 4-220, 그림 4-221〉. 선호하는 경향도 다르고 국민성과 습관이 있으므로, 어느 것이 좋은가는 판단하기 어렵다.

어떻든 같은 방향으로 향하면 등을 경사지게 하고 다리를 앞으로 뻗을 수 있어, 편안한 자세를 취할 수 있기 때문에 좋다. 서로 마주보는 경우 앞의 승객의 발과 교차되지 않도록 하려면 발을 뻗을 수 없고, 등을 넘어뜨리면 뒤의 의자와 만나게 되어 쾌적도(快適度)는 없다. 의자 간격은 넓은 쪽이 좋지만, 정원을 감소시킨다. 의자 간격은 보통차에서 0.9~1m, 그린 차(green car, 일본의 경우 1등차)에서 1.16m이다. 의자 간격은 우리나라의 경우도 차종에 따라 차이는 있지만 세계적으로 대동소이하다.

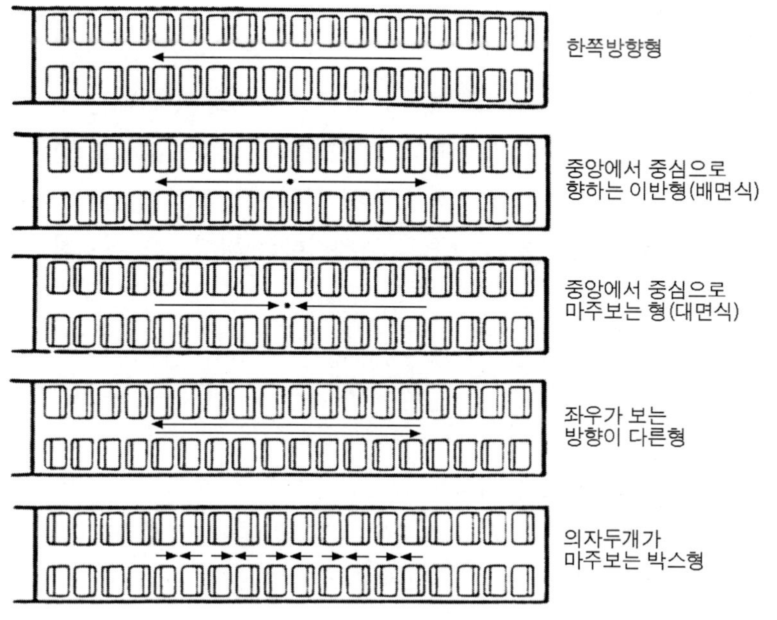

그림 4-220 고정좌석의 조합

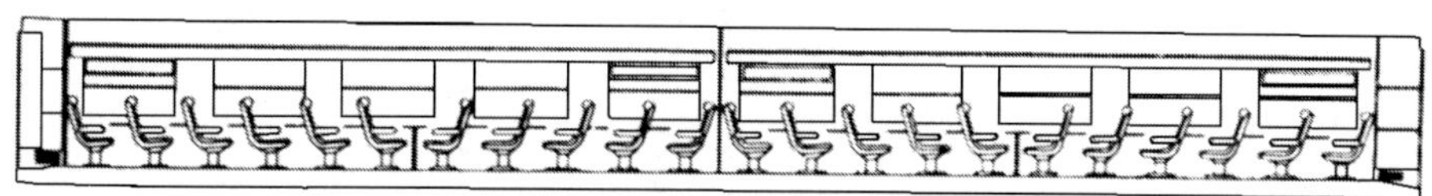

그림 4-221 프랑스 국철 객차의 대면식(對面式) 좌석배치

의자는 등을 저치면, 이른바 리클라이닝 시키면 여러 자세를 얻을 수 있고, 안락도가 증가하므로 좋은 편이다. 회전식 의자를 리클라이닝 의자(reclining seat)로 할 때는 등받이 쿠션 등을 하나씩 각각 기구를 설치하면 좋지만, 전환식 의자는 등받이에 전환기구가 모두 있기 때문에 기구가 꽤 복잡하게 되어 실시 예는 적다.

측창은 냉방효과를 올리기 위해 고정창이 보통이다. 따라서 정선 시와 쿨러 고장의 경우도 고려할 필요가 있으므로, 일부에 개폐할 수 있는 창을 설치한다. 창의 크기는 좌석 2열 분을 1창으로 하면 커서 전망이 좋고, 횡으로 길게 하면 차창에 흐르는 풍경도 보기가 쉽지만, 만일 파손되면 교환에 시간이 걸린다. 좌석 1열 분으로 하면 전망은 좁게 되지만, 어쩐지 스스로 자기들 두 사람의 창이라는 독점욕을 만족시키는 때문인지 호평할 때도 있다.

승객의 하물은 자신의 손 가까이 놓고 싶은 기대가 있으므로, 짐받이(baggage rack)는 밑에서 하물이 있는지 여부를 확인할 수 있을 것과, 내릴 때에 잊어버리지 않도록 보이게 하는 것이 필요하다. 보통은 먼지가 쌓이지 않도록 봉(棒, bar)식으로 하지만 상자 식으로 하는 경우는 일부가 아래 부분을 둥글도록 배려하고 있다.

차내 벽면은 천장을 포함하여, 멜라민(melamine)수지 화장 경합금 판(化粧 輕合金 板)이지만, 성형 FRP(fiberglass reinforced plastic)로 하는 것도 있다. 유지보수의 용이함 때문에 무도장화도 요구되고, 앞의 내장 판 이외는 경합금 알루마이트(alumite)표면 처리한 것과 스테인리스 판이 많다. 색채조절과 분위기 조성을 고려하여 취부 나사가 많다고 하는 비판도 높다. 그래서 최근의 신제 차량에서는 이러한 결점을 순차적으로 제거하는 방향으로 설계하고 있다.

5) 침대차

침대차(寢臺車)는 호텔처럼 편안한 수면을 얻을 수 있도록 소음, 공기조화, 프라이버시(privacy)를 중요시해야 하고, 더구나 한정된 공간 내에서 완성해야 할 필요가 있다. 승차하여 바로 취침하는 것은 아니므로, 취침 전과 기상 후에 앉을 수 있는 것이 필요하다. 수면 중의 도난방지도 배려하여 소지품을 넣는 것도 고려하여야 하고, 승객의 사용편리를 고려하여 침대등(燈)을 커튼으로 차폐(遮幣) 할 수 있도록 고려하는 것도 중요하다.

침대의 치수와 쿠션(cushion)은 레이아웃에 따르지만, 대체로 동양인용으로는 길이 1.9m, 폭 0.7~0.9 m이다. 2단식(2층구조)일 때는 하단을 전술(前述)한 이유로 의자로도 사용해야 하므로 앉는 구조에 가깝다. 상단은 매트리스로 약간 얇게 한다. 침실의 높이에는 제한이 있으므로, 하단의 상면부터 높이를 적게 하고 상단의 침대 프레임과 매트를 얇게 하여 설치하고, 교체하는 등의 동작 공간을 고려하여야 한다〈그림 4-222〉.

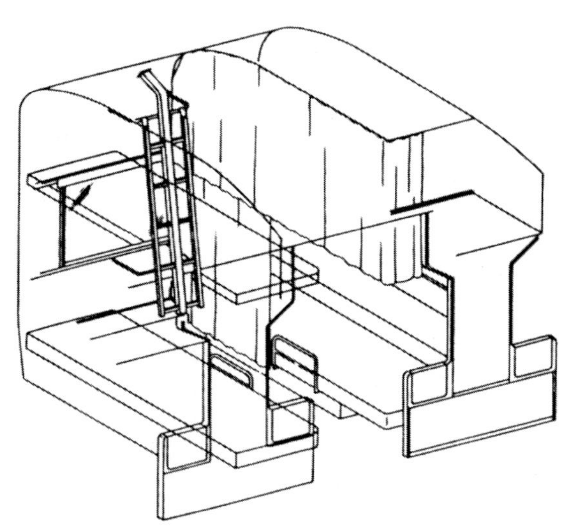

그림 4-222 2단식 침대 객차

3단식의 침대에서는 더욱 엄격하다. 하단을 낮게 하면 마루의 먼지를 빨아들이는 감이 들어, 이것도 좋지는 않다. 침대는 객차 B침대처럼 침목방향(횡 방향)으로 배치된 것과, 객차 A침대와 전차 B침대처럼 레일 방향(차량 길이 방향)으로 배치된 것도 있다. 침대용 등(燈)은 손으로 취급이 좋게, 침대용 커튼은 침대에서 낙하하지 않도록 안전 선반과 안전벨트를 설치하여 취급은 쉽게, 위험이 없도록 하여야 한다. 침대용 사다리도 취급은 쉽게, 위험하지 않은 것으로 하지 않으면 안 되지만, 불필요 시 두는 장소 혹은 비치를 생각할 필요가 있다.

상단의 침대 프레임은, FRP계나 경합금제이다. 침대차는 어떻든 중심이 높게 되므로 경량화할 필요가 있다.

6) 식당차(食堂車)

여행을 즐기면서 식사를 하는 식당차는 인테리어의 자유도가 높다. 그러나 조리실은 좁으므로 일하는 사람이 순서에 맞게 동작할 수 있는 공간을 고려하여, 배치를 하지 않으면 작업능률이 저하된다. 특히 차량이 움직이고 있는 중에서의 작업이 많으므로, 조리대에서 미끄러져 떨어지지 않도록 하는 등 특별의 배려가 필요하다.

프랑스 국철에는 그릴 익스프레스(grill express), 서독 국철에서는 퀵빅이라 하는 셀프서비스(self-service) 식당차가 있다. 여기서는 마음대로 진열장(case)에서 음식물을 꺼내어 계산대 있는 곳에서 대금을 지불한다. 테이블도 잘 어울리게 배치되고 색상도 우아하다. 따뜻한 요리는 미리 신청하면 전자레인지에서 따뜻하게 하여 제공한다. 식당차의 디자인은 수요자의 요구성향에 따라 그 형태가 많이 변화하고 있다.

4.4.50 승차감 기준

열차의 속도를 향상하는 경우에 주행안정성 및 안전성의 확보는 물론 승차감을 일정수준 이상으로 유지하는 것이 승객의 서비스를 위해 필수적이다. 일본의 경우, 과거 시험결과와 기타 외국의 예 등을 바탕으로 하여 현재 다음과 같이 승차감 기준이 정해져 있다. 우리나라도 이 기준과 뒤에 설명할 ISO기준을 준용하고 있다.

1) 일반적인 승차감 기준

일본은 국철 당시, 철도기술연구소가 중심이 되어 인체시험과 현차시험 등을 통해 1963년에 승차감을 판정하는 기준을 만들었다. 이 내용은 다음과 같다.

좌우 진동에 있어서는, 진동수 f가 0~1Hz의 범위는 0.08g, 1~4Hz의 범위는 0.08g/f, 4~12Hz의 범위는 0.02g, 12Hz 이상은 0.0016g · f로 한다.

전후진동에 있어서는, 진동수 f가 4~15Hz의 범위는 0.025g, 15Hz 이상은 0.0016g·f로 한다.

상하진동에 있어서는, 진동수 f가 1~6Hz의 범위는 0.2g/f, 6~20Hz의 범위는 0.033g, 20Hz 이상은 0.0016g·f로 한다.

이들의 관계를 〈그림 4-223〉에 나타낸다. 또 승차감 지수의 고려방법으로서 이상의 한계치를 승차감 계수 1로 하고 진동가속도가 2배, 3배 됨에 따라 승차감 지수도 2, 3으로 나타낸다.

현차시험의 결과에 의한 승차감 및 승차감계수는 〈표 4-38〉와 같다.

표4-38 승차감 기준 (현차시험 결과)

구 분	승차감 계수	승 차 감
(1)	1 이하	매우 좋음
(2)	1 ~ 1.5	좋 음
(3)	1.5 ~ 2	보 통
(4)	2 ~ 3	나 쁨
(5)	3 이상	매우 나쁨

이 기준은 짧은 구간의 시험과 정상적으로 반복하는 진동에 대한 승차감의 판정에는 좋지만, 장거리 열차의 승객이 받는 평균 진동과 이것으로 인한 피로는 다른 관점에서의 승차감 기준이 필요하다.

2) 곡선통과 시의 승차감 기준

차량이 캔트 부족상태에서 곡선구간을 통과할 때에 승객은 원곡선(圓曲線, curve) 부분에서 횡방향의 정상가속도를, 완화곡선(緩和曲線, transition curve) 부분에서는 횡방향의 가속도의 변화를 받는다. 일본 국철에서는 1961~1962년에 시험을 통하여 5%의 승객이 허용하지 않은 횡방향의 정상가속도 한계는 0.08~0.09g라는 것을 알게 되었다. 또 횡방향 가속도의 변화율 한계치는 0.03g/s로 했다〈표 4-39 참조〉.

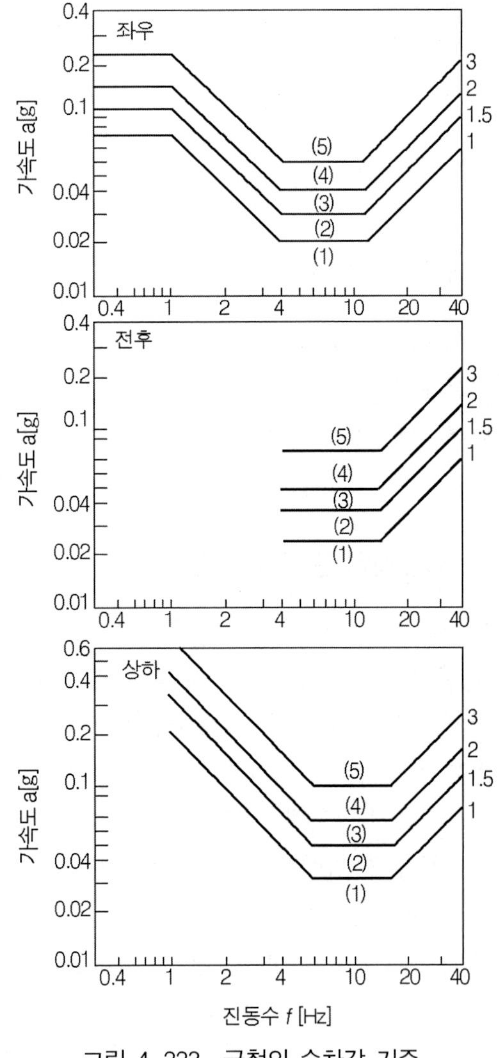

그림 4-223 국철의 승차감 기준

표4-39 곡선에서 승차감시험 결과

심리량 / g	감 각 (강하게 느낀다고 말할 수 있는 확률)	기 분 (정말 불유쾌하다고 말할 수 있는 확률)	판 단 (승차감으로서 허용할 수 없는 것으로 말할 수 있는 확률)
0.04	0.00	0.01	0.01
0.06	0.06	0.02	0.03
0.08	0.15	0.03	0.06
0.10	0.18	0.04	0.08
0.12	0.19	0.05	0.11

※ g에 대하여 각 심리 평정의 최고수준이 판정될 확률

완화곡선의 출입구에서 차체가 경사되어 있을 때, 서 있는 승객이 일종의 전도감각(轉倒感覺)에 의한 불쾌감을 느낄 수 있다. 차체의 경사 시에 서 있는 승객의 경우 승차감 한도에 대하여, 일본 국철에서는 1983년에 진자전차(振子電車)를 사용한 평가시험으로 차체경사 각속도(角速度) 5deg/s, 차체경사 각가속도(角加速度) 15deg/s^2 이내이면 승차감이 양호하다는 결과를 얻었다. 또 종곡선(縱曲線, vertical curve)에서의 상하방향 정상가속도의 한계치는, 프랑스 국철에서는 항공기의 주행시뮬레이션에 의해 철(凸)곡선에서 0.045g, 요(凹)곡선에서 0.06g로 하고 있다.

3) 가속시 및 감속시의 승차감 한도

차량의 가속, 감속 시는 일반적으로는 진행방향의 정상가속도(또는 감속도)와 그 변화가 승차감에 관계된다.

일본 국철에서는 1960~1962년 전차를 사용한 시험 등에 의해 대부분(90~95%)의 승객이 허용한 한도는 앉아 있는 사람의 경우에는 감속도 0.1g, 감속도 변화율 0.07g/s, 서 있는 사람의 경우에는 감속도 0.08g, 감속도 변화율 0.05g/s를 얻으면 실용상 충분하다는 결과를 얻었다.

승차감 지수의 평가

지수	평가
4~5	약간 불쾌한 느낌
3~4	조금 걱정이 됨
2~3	약간 느끼지만 알 수 있음
1~2	신경을 쓰면 알 수 있음
0~1	가속·감속을 느끼지 못함

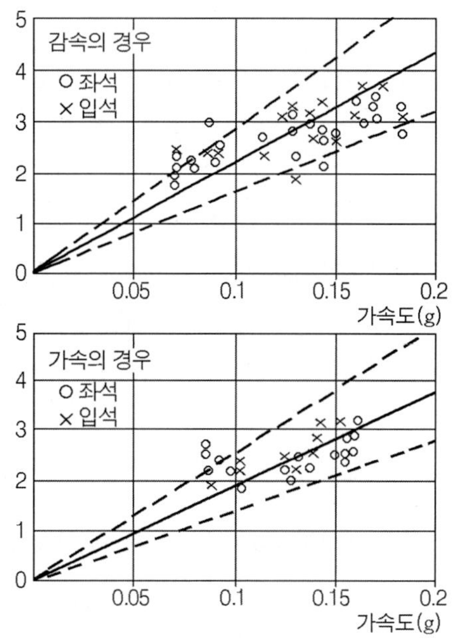

그림 4-224 가속도·감속도(전후방향)의 승차감 평가

4) ISO의 기준을 바탕으로 한 새로운 승차감 기준

국제표준화기구(ISO)는 1975년에 인체에 영향을 주는 진동의 평가지침(ISO-2631)을 제안했다. 이 지침은 승차감 외에 공해(公害)・진동 등의 평가도 포함되어 있다. 이 ISO기준은 주파수와 진동가속도의 관계로 된 등감각 곡선과 진동아래 허용시간에 관한 사항으로 되어 있다. 진동가속도에 대한 인간의 감각은 주파수에 의해 변하는데 동일감각인 곳을 연결한 선이 등감각(等感覺) 곡선이다〈그림 4-225, 4-226, 4-227 참조〉.

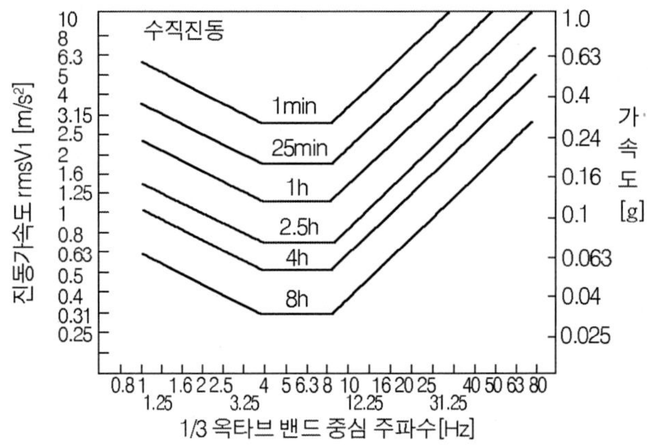

그림 4-225 ISO 제안 능률감퇴 경계에서 수직진동 가속도와 주파수 관계(폭로(暴露)시간 파라미터)

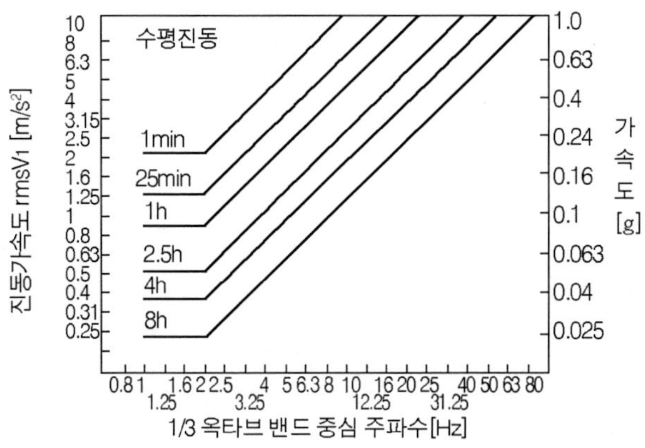

그림 4-226 ISO 제안 능률감퇴 경계에서 수평진동 가속도와 주파수 관계(폭로시간 파라미터)

이 ISO기준에 대해, 구체적으로 어떻게 하여 승차감을 평가하는가에 대해 아래에 간단하게 서술한다. 우선 측정된 진동가속도를 ISO-2631의 감각곡선으로 감각 보정(補正)한다. 진동주파수에 의해 가속도를 느끼는 것이 다르기 때문에 동일한 감각이 되도록 측정한 가속도 값을 보정한다. 이 보정된 가속도 값(시간과 더불어 변함)을 바탕으로 일정 시간 내의 실효값(평균제곱근)을 구한다. 실효값은 다음 식으로 표시된다.

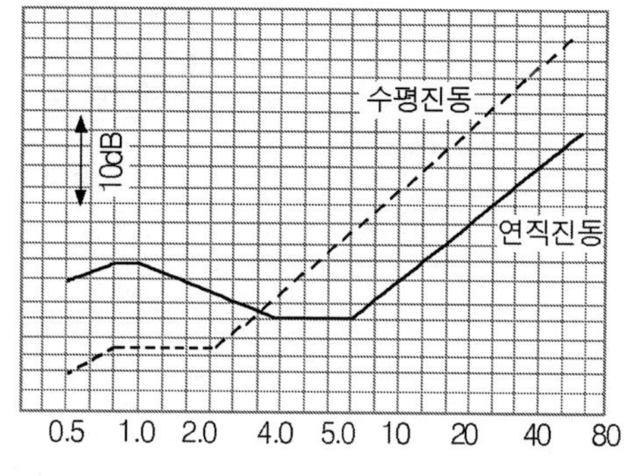

그림 4-227 등감각 곡선(等感覺 曲線)

$$A = \frac{1}{T} \times \int_0^T a^2(t)dt \quad \text{(195)}$$

A : 진동가속도 실효값 [m/s²]
$a(t)$: 시간 t일 때의 감각 보정한 진동가속도 [m/s²]
T : 평균기간 [s]

승차감 등 인간감각은 등(等)간격 스케일보다도 대수(對數) 스케일 쪽이 잘 맞기 때문에 이 실효값을 대수로 표시하고, 이것을 승차감 레벨이라고 부른다. 이것은 다음 식으로 나타내진다.

$$L_T = 20\log_{10} a/a_{ref} \quad \text{(196)}$$

L_T : 승차감레벨 [dB]
a : 진동가속도의 실효값[m/s²]
a_{ref} : 10^{-5} [m/s²]

일본 국철은, 1982년 승차감기준에 관한 연구위원회에서 검토를 진행하여 아래와 같은 승차감 레벨과 진동구분의 관계를 정하여 승차감 판정기준으로 하였다〈표 4-40 참조〉. 이 진동구분 3은 승객이 느끼는 승차감 레벨의 중앙 값이고, 진동구분 값이 작게 되는 만큼 쾌적함이 높게 되는 것을 나타낸다.

현재 도호쿠・죠에츠 신간선에서는, 이 ISO의 기준에 따른 새로운 승차감 기준에 의해 승차감 관리를 실시하고 있다. 이 새로운 승차감 기준은 현장에서의 승차감 관리에는 편하지만, 연구개발 분야에서는 세부적인 파악에 대하여 종래기준이 편리하므로 쌍방을 병행하는 것이 바람직하다고 판단된다.

표4-40 진동구분에 따른 승차감 레벨

진 동 구 분	승차감 레벨
1	83 dB 이하
2	83~88 dB
3	88~93 dB
4	93~98 dB
5	98 dB 이상

4.4.51 가공 단선식(架空 單線式, overhead single line system)

전기운전을 위해 일반적으로 사용되는 전차선로 방식. 이 가공선식에서는 트롤리선(trolley line, contact wire)을 매닮으로써 트롤리선의 중량에 의해 처짐(deflection)이 생겨 트롤리선이 이루는 곡선을 「현수곡선(懸垂曲線)」 이라 한다. 이러한 처짐은 트롤리선의 지지간격(支持間隔)이 길수록, 트롤리선이 무거울수록, 트롤리선의 장력이 약할수록 커진다. 트롤리선의 처짐이 약간 크게 되어도 전기차량의 속도가 낮을 때는 집전장치(集電裝置, current collection equipment)의 트롤리선에 대한 추수성(追隨性)은 지장 없지만, 속도가 높아지면 집전장치의 상하 움직임이 심하게 되어 트롤리선에서 이선(離線, de-wiring)을 일으켜 아크(arc)의 발생 등의 장해를 일으키기 쉽다. 그러므로 사용 조건에 따라서 각종 지지방식이 채용된다. 이 트롤리선을 지지하는 방법에 따라 직접 조가방식(direct hang system), 현수 조가방식(catenary suspension system), 강체 조가방식 등이 있다.

직접 조가방식은 조가선(弔架線, messenger wire)을 설치하지 않고 직접 트롤리선을 달아맨 것으로 설비비가 저렴하지만 조가점(点) 아래가 경점(硬点, spot point, 방향이 굴절함)이 되는 것이 결점이며, 저속의 역구내 측선과 노면 전차선 등에 채용된다. 현수 조가방식은 조가선을 따로 설치하여, 그 조가선에 약 5m 간격의 행거(hanger)로 트롤리선을 매달아 조가선이 현수곡선으로 되어 도 트롤리선의 처짐은 대단히 작다. 강체 조가방식(rigid catenary system)은 터널구간과 교외철도(郊外鐵道)에 직통하는 가선식의 지하철 등에 채용된다. 일반적으로 사용되는 커티너리 조가방식에는 여러 가지 종류가 있으며, 열차의 속도 · 집전 전류의 대소 · 특성 · 보수성 · 설비비용 등을 종합하여 선정된다. 기존선은 일반적으로 심플 커티너리식(simple catenary system)이 채용되고, 많은 간선(幹線)에는 컴파운드 커티너리 식(compound catenary system), 변(變) Y심플 커티너리 식(Y-stiched simple catenary system) 등 초고속 운전의 신간선에는 처짐이 매우 적은 헤비 컴파운드 커티너리 식(compound catenary system) 등이, 열차밀도가 큰 대도시 전차선에는 더블 심플 커티너리 식(double simple catenary system)이 채용되고 있다. 팬터그래프의 접판(摺板, contact strip, slider)의 슬라이딩 플레이트의 일정 위치에서만 트롤리선과 접촉하면 접판의 위치만 마모(摩耗)하기 때문에 트롤리선은 지그재그가 되도록 설치된다. 트롤리선의 재질은 일반적으로 경동(硬銅)이 사용된다.

4.4.52 가스터빈 기관 (gas-turbine engine)

가스터빈 차량에 사용되는 가스터빈 기관은 연소기(燃燒器) 등에서 만들어진 고온·고압의 가스를 회전 임펠러(impeller)에 부딪혀 기계적 에너지로 변화하는 열기관의 일종. 즉, 공기를 회전식 압축기로 압축하여 가열하고, 연소기에 직접 연료를 분사(噴射)시켜 혼합·연소시켜 발생된 고온·고압가스의 팽창력(膨脹力)으로 압축기와 직결한 터빈을 고속 회전시키는 기구가 일반적이며, 터빈의 발생출력과 압축기의 구동출력의 차이가 유효출력(有效出力)이 된다. 회전수가 다른 내연기관보다 매우 높으며, 디젤기관 등에 비하면 중량당 출력이 큰 것이 특색이지만 초고속 회전, 고온도 등으로 재료·정도(精度) 등 높은 기술수준이 요구된다. 사이클 측면에서는 연소배기를 대기(大氣)로 방출하여 다른 새로운 공기를 흡입하는 오픈 사이클 식(open cycle system)과 가열기로 공기를 가열시켜 연소가스 대신에 공기를 순환시키는 클로즈 사이클 식(close cycle system) 2종류가 있다. 출력 당 중량, 동력효율 등은 각각 장·단점이 있지만, 차량용은 경량(輕量)의 이유로 액체연료에 의한 오픈 사이클 식이 사용되고 있다. 출력 터빈의 회전수는 30,000~50,000rpm으로 상당히 높으며, 축류 압축기(軸流壓縮機)는 직결로 하고 있지만, 발전기와 차륜 구동축을 회전시키기 위해 감속기구(減速機構)가 필요하다. 또 기관의 연소음(燃燒音)이 대단히 큰 것도 결점이다. 그 때문에 감속장치와 소음장치 등의 용적·중량이 증가하여 경량 대출력의 이점이 삭감된다.

4.4.53 강체 조가식(剛體 弔架式, rigid catenary system)

지상의 철도에 직통하는 가선식(架線式) 지하철 등에 채용되는 강체로 된 단선(單線) 조가식(弔架式). 즉, 커티너리 조가식에서는 현수장치(懸垂裝置)에 높이가 있어 터널 단면적이 커지기 때문에 강체조가식이 채용된다. 터널의 천장에 알루미늄 합금제의 T형재(形材)를 애자(碍子, insulator)로 지지하고 이 아랫면에 알루미늄 합금 이어(ear, 매다는 金具)에 의해 트롤리선을 연결·고정되어 있다. 형재(形材)와 일체로 되어 있기 때문에 강성이 크고 전기차량의 집전장치가 주행 중에 동요(動搖)로 말미암아 이착선(離着線)시에 도약(跳躍)하기 쉽고, 고속운전에는 팬터그래프의 압상력(押上力)을 강하게 하거나, 전차 쪽에서 인통선(引通線, train line)으로 하는 등의 대책이 이루어진다. T형재는 궤전선(feeding line)을 겸하므로, 단선(斷線)의 위험도 없고 터널 상부의 높이를 낮게 할 수 있는 것이 최대의 이점이다. 또 지하구간의 강체가선과 지상구간의 카티너리 가선과의 접속하는 곳은 가선의 스프링 상수(spring constant)를 서서히 저감시키는 구조로 하여 일반적으로 더블 심플 카티너리 가선 등이 채용되고 있다.

4.4.54 고무 스프링(rubber spring)

고무 스프링에는 천연 고무(NR)가 일반적으로 사용되고 있지만, 보다 높은 감쇠(減衰) 성능이 필요한 경우는 스틸렌 브타젠의 합성 고무(SBR)가 사용되는 경우가 있다. 고무 스프링은 하나로 많은 방향의 운동을 허용하기 위해, 부품 개수의 저감과 경량화의 목적으로 대차에 사용되고 있다. 대차의 사용 예로서는 구동력이나 제동력을 대차에서 차체로 전달하는 볼스터 앵커나 링크(1개 링크, Z링크 등) 장치부의 완충 고무, 대차의 수직 방향과 피칭(pitching) 방향의 운동을 감쇠시키는 축 댐퍼(axle damper) 장치부의 완충 고무, 차체의 좌우 방향과 요잉 방향의 운동을 감쇠시키는 좌우 댐퍼 장치부의 완충 고무 등이 있다.

4.4.55 고무타이어 지하철(rubber-tired subway)

프랑스 파리 지하철의 일부 노선에 1957년 최초로 고무 타이어 방식이 채용되어, 현재 15개 노선 중 5개 노선에 보급되어 있다. 그 후 프랑스의 각 도시·몬트리올·멕시코시티·산티아고·삿포로(札幌) 등의 도시에도 사용되고 있다. 1983년에 개통한 프랑스의 릴르 지하철(VAL이라고 부름)은 세계 최초로 무인운전(unmaned operation, 편성 2량)으로 하고 있다. 고무 타이어 지하철은 저소음(低騷音)과 고점착(高粘着)에 의한 가속성능이 우수하지만 기존철도와 궤도 시스템이 다르므로 직통운전을 할 수 없다. 구조가 복잡하여 차량비용 비율이 높고 복잡한 기구로 된 분기기, 고무 차륜의 마모수명도 철 차륜(鐵 車輪)보다 약 1/3로 짧다. 그리고 고무차륜의 주행저항(走行抵抗)이 크기 때문에 동력비가 커지며, 눈이 많은 국가 또는 지방의 고가구간에서는 융설대책(隆雪對策)으로 쉘터(shelter)설치 등의 불리한 점도 많다.

4.4.56 고장 (故障, trouble & damage)

시설 · 차량 · 기계나 부품 등이 정상적으로 기능(機能)하지 않는 것. 철도에서의 고장은 신호기(信號機)의 예와 같이 각각에 그치지 않고 영향이 광범위하게 미친다. 사람이 만든 것이므로 고장이 없다는 것은 있을 수 없다고 전제(前提)로 하고, 더한층 고장의 감소를 목표로 한 신뢰성 향상(信賴性 向上)으로 설계면 · 품질면 · 정비 보수면 등의 개선이 끊임없이 진행되고 있다. 고장에는 초기 고장, 우발 고장, 돌발 고장, 오용 고장, 경(經) 고장, 중(重) 고장, 치명(致命) 고장, 단일 고장, 부분 고장, 복합 고장, 마모 고장, 열화 고장, 파국 고장 등 여러 가지가 있다. 또 시간과 고장의 일반적인 경향은 초기 고장기, 우발 고장기, 열화 고장기로 되어 있다.

4.4.57 공기력(空氣力, aerodynamic force)

공기의 흐름이 물체에 미치는 힘 및 모멘트. 통상 3차원 공간의 전후, 상하, 좌우의 좌표축 방향으로 분해하여 취급된다(각각 항력 또는 저항, 양력, 횡력). 또 각 좌표 축 주변의 모멘트(pitching, rolling, yawing)를 포함하는 경우도 있다. 이상, 3개의 힘과 3개의 모멘트를 합쳐서 6분력이라 한다. 또 전후 축과 상하 축으로 만들어지는 세로의 면내에 작용하는 힘과 모멘트, 즉 항력, 양력, 피칭모멘트를 합쳐서 3분력이라 한다. 좌표축이나 공기력 및 모멘트의 방향 · 방향의 정의에 대해서는 풍동시험(風洞試驗, wind tunnel test)이나 차량운동 등 분야에 따라서 차이가 있으므로 주의가 필요하다.

4.4.58 공기스프링(air spring, air cushion)

대차에 사용되는 공기스프링은 고무 용기에 봉입(封入)된 공기의 압력으로 하중을 지탱하고 압축성(壓縮性)에 의해 스프링 작용을 한다. 근대화 차량이 탄생한 1950년대에 시험적으로 사용이 시작되어, 최근의 여객차량의 대차에서는 채용이 원칙으로 되어 있다. 고무 벨로즈(rubber bellows) 또는 다이어프램(diaphragm)의 내부에 공기 제동관으로부터 압력 공기를 넣어 하중을 지탱하는 구조로, 공기를 보내는 보조 공기실과의 통로에 적당한 조절판(throttling)을 설치되어 있다. 이 조절판에 의해 적당한 감쇠력(減衰力)을 줄 수 있어, 특별한 댐퍼를 필요로 하지 않는 등 대차의 스프링으로서 매우 우수한 성능을 가지고 있다. 차량의 진동성능을 좋게 하는 데는 고유진동수(固有振動數)를 내리는 것, 즉 스프링을 소프트(soft)하게 하는 것이 필요하다. 금속 스프링의 경우 적차(積車)와 공차(空車)에서 차체 높이의 차(差)의 제한 때문에 스프링 정수(spring constant)를 어느 정도 이상 작게는 할 수 없다.

공기스프링의 경우는 하중에 의한 스프링 높이의 변화에 따라서, 높이 조정밸브의 작용에 의해 공기량을 조정(調整)하여 차체 높이를 일정하게 유지할 수 있고, 또한 공기의 용적을 크게 함으로써 스프링 정수를 작게 할 수 있다. 그 때문에 최근의 여객차에서는 기본설계에 채용되어 승차감 계수(coefficient of riding)의 개선과 소음방지 효과가 크다. 적공(積空) 차이가 크고 주행성능이 요구되는 고속화차(高速貨車)에도 채용되고 있다. 당초에는 벨로즈 형이 채용되었지만 최근에는 다이어프램 형이 보급되고 있다. 벨로즈 형은 주름이 3층으로 되어 있는 제등형(提燈形)으로, 금속링(metallic ring)으로 모양이 규제되고 있다. 벨로즈 형은 횡방향의 복원력(復元力)을 충분히 얻을 수 없기 때문에 스윙행거(swing hanger) 등에 사용하고 있다. 그 후 횡방향의 복원력은 얻을 수 있도록 개발된 다이어프램 형은 에어돔(air dome)의 작용에 의해 횡 강성

(橫 剛性, 횡방향의 복원력)을 얻어, 대차 구조의 간이 · 경량화(簡易 · 輕量化)에 크게 공헌하고 있다. 공기스프링 중에는 고무블록(rubber block)이 장치되어 있어, 공기원(空氣源)이 없어져서 침하(沈下)된 경우에 고무 스프링으로서 작용하는 구조로 되어 있다.

4.4.59 교통(交通, transport)

어떤 장소에서 다른 장소로, 사람이나 물건 또는 정보(情報)가 이동하는 것을 말한다. 이것은 넓은 의미에서의 교통이며, 정보전달이 통신(通信, communication)과 구별되는 경우에는 사람이나 물건이 이동(移動)하거나 통행(通行)하는 것을 교통이라 부른다. 이처럼 좁은 의미에서의 교통은 운수(運輸), 수송(輸送), 운송(運送) 등의 명칭으로도 부른다. 인류의 역사를 살펴보면 생활수준의 개선을 위해서 노동 생산성(生産性)의 향상을 도모하고, 그 수단으로서 일의 분업으로 이행되어 기계발명·기술혁신·공업생산 등에 의한 산업혁명(産業革命)이 일어나고, 그 경과로 인한 사람의 교류와 물건의 수송을 위해서 교통이 급속하게 발달되어 왔다. 영국에서 세계 최초의 철도탄생은 수송력과 속도에서 마차(馬車)나 운하(運河)를 대신하는 교통의 혁명적인 개선책(改善策)이었다. 그 후 각종 교통기관이 생겨나고 있지만, 교통 없이는 현재의 사회도 국가도 성립하지 못한다.

4.4.60 궤간변경(軌間變更, gauge conversion)

궤간을 바꾸는 것. 궤간을 바꾸려면 차량의 차륜개조가 따르기 때문에 쉽지 않다. 오스트레일리아에서는 철도 창업 시에 각 주(州)가 협조가 되지 않아, 각 주가 다른 궤간을 채용하여 1,600 · 1,435 · 1,067mm의 3종류로 되었다. 당초에는 각 주의 주요 도시 및 항구와 내륙과의 수송을 주로 하여 궤간의 불통일로 인한 지장이 없었지만, 철도가 주(州)와 주 사이로 연장되면서 궤간이 통일되지 않은 이유로 인한 불이익은 명확하게 나타나게 되어, 전쟁 전에 1,435mm로 통일하는 방침이 결정되었다. 그러나 궤간의 변경에는 막대한 자금이 소요되기 때문에 전쟁 전에 실행된 것은 111km뿐이었다.

전쟁 후에는 국방상(國防上)이나 산업상(産業上)의 이유에서 궤간 통일의 추진을 꾀하여, 1970년에 동서를 연결하는 횡단 선은 1,435mm로 통일하고, 최근 빅토리아 주(州)의 멜버런(Melbourne)을 제외하고 각 주의 주도(州都)가 1,435mm로 연결되었다. 궤간이 다른 국제노선 사이에서는 기관차를 교체하고 객차·화차의 대차(台車)를 교환하거나 환승(換乘, transferring)·짐을 옮겨 싣고 있지만 일반적으로 전자(前者)가 많다. 스페인과 프랑스, 스위스 사이에 운행하고 있는 탈고(Talgo) 객차는 차륜의 궤간을 변경할 수 있는 구조를 채용하고 있다.

4.4.61 궤간전쟁(battle of the gauges)

1825년에 영국에서 창업된 철도는 1,435mm의 궤간이 채용되어, 이 궤간의 철도가 전국적으로 보급되기 시작하였다. 그런데, 많은 기계를 만들어 철도 등의 발전에 공헌한 만능기사 I. K. 브루넬(1806~1859)은 미래의 철도 고속화를 위해서는 궤간이 넓은 쪽이 절대적으로 유리하다고 판단하여 넓은 궤간을 제창하였다. 1833년에 런던에서 서남부에 건설된 그레이트·웨스턴 철도에는 7피트(2,134mm)의 궤간이 채용되어 착실하게 신장되었다. 그러나, 그 후 철도의 신장(伸長) 시에 궤간이 달라, 서로 직통 운행할 수 없는 것은 치명적인 불이익으로, 궤간 통일의 시비(是非)로 인해 당시의 영국 정부도 궤간의 취급 때문에 고생하였다. 그 때문에 1,435mm와 2,134mm 궤간 기관차의 성능비교시험을 하여 우열을 확인한 다음 통일궤간(統一軌間)을 결정하기로 하였다.

양 궤간의 대표 기관차에 의한 비교시험에서는 2,134mm의 기관차의 속도성능이 약 15% 우수하였다. 그러나 2,134mm 궤간이 우수함에도 불구하고, 영국 국회는 최종적으로 1,435mm를 표준궤간(standard gauge)으로 결의하여 궤간 전쟁에 종지부를 찍었다. 기관차 성능시험의 결과에 반하여 1,435mm를 택한 최대의 이유는 당시의 양 궤간의 영업 킬로가 3,000km 대(對) 300km의 큰 차이로 1,435mm가 점점 많아져 철도회사의 지지를 많이 받았기 때문이다. 이 결정에 패한 그레이트·웨스턴 철도는 그 후도 개량궤간을 거부하고 2,134mm 궤간을 지키며, 다른 표준궤도 철도보다 빠른 열차의 운행을 59년간 계속하였지만, 1892년에 표준궤간으로 바꾸었다. 이 궤간에 대한 대립분쟁(對立紛爭)을 「궤간전쟁」 이라 한다.

4.4.62 세계 궤간의 종류

영국에서 철도 창업 시(1825년)에 사용된 1,435mm를 표준궤간으로 하고, 이것보다 좁은 것은 협궤(陝軌, narrow gauge), 넓은 것은 광궤(廣軌, broad gauge)라 부르고 있다. 세계적으로는 표준궤도가 유럽과 미국을 중심으로 사용되어, 세계 전체 영업 킬로 115만km의 약 59%로 가장 많다. 옛 소련 · 핀란드 · 몽골 등의 1,524mm가 15%, 일본 · 남아메리카 · 인도네시아 · 뉴질랜드 등의 1,067mm가 9%, 타이 · 말레이시아 · 인도 · 케냐 · 브라질 등의 1,000mm가 8%로 이다. 옛 소련의 1,524mm보다 넓은 궤간으로는 오스트레일리아 · 브라질의 1,600mm, 스페인 · 포르투칼의 1,668mm, 인도 · 파키스탄 · 아르헨티나 등의 1,676mm가 있다. 오스트레일리아(1,600, 1,435, 1,067mm), 인도(1,676, 1,000, 762mm), 브라질(1,600, 1,000mm), 아르헨티나(1,676, 1,435, 1,000mm) 등의 궤간이 통일되지 않은 예가 있으며, 직통(直通)할 수 없기 때문에 불이익은 크다.

4.4.63 궤도회로(軌道回路, track circuit)

궤도회로는 레일을 전기 회로의 일부로 사용하여, 레일상의 열차를 검지하는 회로 및 레일을 전송로(電送路)로 하여 지상에서 차상(車上)에 정보를 전달하는 회로를 말한다. 궤도회로의 기본형은 궤도를 소요의 길이로 구분하여, 그 양단의 레일 이음매를 전기적으로 절연하여 그 한 끝에 전원을, 다른 끝에 궤도 계전기를 접속한 전기회로이다. 열차가 없을 때는 궤도 계전기가 작동을 계속하지만, 그 구간에 열차나 차량이 진입하면 레일 사이가 차축에서 단락(短絡)되어 궤도 계전기가 작동을 않고, 열차나 차량이 그 구간에 들어가고 있는 것을 검지한다.

또 레일에 흐르는 신호전류에 따라서 할 수 있는 자계(磁界)로서 열차의 전두부(前頭部)에 설치한 수전기(受電器)에 신호전압을 유기시켜 ATC 등을 작동시키는 정보가 전해진다. 경계레일의 이음매에 절연물을 넣고, 구간 내의 이음매는 레일본드(rail bond)로 접속하여 전기저항을 낮게 한다. 레일 이음매의 절연은 전천후(全天候) 하에서 열차의 동적하중에 견디어야 하므로, 일반적으로 강도가 큰 유기 절연 재료판(有機 絶緣 材料板)을 레일과 강제 이음매판(steel joint plate)과의 사이에 삽입하고, 절연 튜브를 개입시켜 볼트로 단단히 조인다. 레일의 파단(破斷)이나 단선(斷線)·정전(停電) 등의 경우에는 열차가 있는 상태와 같은 페일 세이프(二重安全裝置, fail-safe)로 된다.

4.4.64 궤전계통(饋電系統, feeding system)

열차가 전기운전을 하기 위해서는 일반 전력계통의 전력을 전기운전에 적합한 형태로 변성(變成)한 변전소에서 전력을 전기차량에 공급하는 전차선로(電車線路, catenary)가 필요하다. 변전소로부터 전차선로를 거쳐 전기차량에 전기를 공급하는 회로를 궤전계통이라 부른다. 궤전계통은 이동하면서 변동이 많은 전기차량의 부하에 따라 원활한 전기를 공급할 수 있어야 하고, 높은 신뢰성과 신설 및 보전비용의 경감 등의 조건이 요구된다. 또 일반적으로 레일을 귀선로(歸線路)로 하기 위해 다른 땅속의 매설물에 전식방지(電食防止)나 통신선에 대한 유도장해방지도 고려된다. 직류 궤전계통에서 변전소는 전식대책의 이유로 전차선 쪽을 정(正), 레일 쪽을 부(負)로 하여 궤전하고 있다. 전류가 크기 때문에 전차선과 병행하여 궤전선을 설치하고, 궤전선은 변전소의 상호간을 병렬로 접속하여 전기차량의 부하에 의한 전압강하의 경감을 도모하는 것이 통례이다. 변전소의 중간에 차단기 등의 개폐장치를 설치한 궤전 구분소를 설치하고, 사고나 보전작업을 할 때 궤전 구분을 하도록 하고 있다. 교류 궤전계통의 구성에서는 한국의 교류방식의 전압은 25kV로 하고 있다. UIC(國際鐵道聯合) 등의 표준전압은 25kV로 되어 있다. 교류방식에서는 전압이 직류방식보다 한 자리나

높기 때문에 변전소의 간격은 30~50km로 직류방식의 5~10km보다 몇 배로 되고, 또 부하전류가 직류방식에 비해서 1/10 이하로 작게 되기 때문에 전차선·궤전선은 가는 선(細線)으로 한다. 그러나 인접 변전소의 궤전압이 같은 경우에도 교류 전압 위상이 다를 경우 병렬 운전을 할 수 없기 때문에 중간점에 궤구 분소(饋區分所)를 설치하여 변전소에서 궤전 분소까지의 구간을 단독 궤전으로 하고 있다. 일반적인 3상 전원보다 운전용의 단상부하를 취함으로써 발생하는 상(相, phase) 사이의 불균형을 경감하기 위해 변전소의 궤전용 변압기를 스콧 결선(Scott-connected, 3상에서 2상을 얻는 결선 방식)으로 하고, 위상이 90도가 다른 M상(相) 및 T상(相)을 방향별 또는 상하별로 궤전한다. 또 단상 교류궤전에서는 교류전류에 의해 통신선에 전자유도(電磁誘導)를 발생시키기 위해서 이것을 경감하는데 BT궤전 또는 AT궤전 방식이 채용되고 있다.

4.4.65 귀선로(歸線路, return feeder)

전기차량에 공급된 전력을 변전소로 되돌리기 위한 회로. 일반적으로 귀선레일(귀선로에 사용하는 주행 레일) · 레일본드 · 보조귀선 등으로 구성되어 있다. 귀선로의 전기저항이 높은 경우에는 전압강하나 전력손실이 커져, 대지(大地)에 대한 누설 전류가 증대하여 전식(電蝕, electric corrosion)이나 통신유도장해를 일으키기 쉽다. 그 때문에 귀선로의 전기저항은 아주 경감할 필요가 있어, 레일의 이음매에 동(銅)으로 꼬은 선인 본드를 설치해서 전기의 흐름을 좋게 하여, 부하전류(負荷電流)가 많은 대도시 전차선로나 구배구간 등에서는 평행하게 보조귀선을 설치한다. 강 레일(steel rail)의 전기저항은 동의 11~13배로, 50kg/m 레일의 귀선로의 도체저항(導體抵抗)은 0.017 Ω/km 정도이다. 교류방식에서는 통신선로의 유도장해를 경감하기 위해 가공방식(架空方式, catenary type)의 부궤전선(負饋電線) 등을 설치한다.

4.4.66 기준 운전시분(基準 運轉時分, regular running time)

역과 역 사이에서 열차운전의 기준이 되는 시분(時分). 선로조건(최고속도·곡선속도·분기기 속도 등의 제한)을 전제로 하여 기관차 열차의 경우에는 기관차의 성능과 견인정수(牽引定數, 견인톤수로 차량중량 10톤을 1량의 환산량수로 하고 있음)의 다소(多少)에 따라 바뀐다. 동력분산 여객열차는 차량성능과 편성내용(전차의 경우는 MT 비율, 디젤동차의 경우에는 강력형과 일반형의 비율), 승차율(승객이 많을 때나 러시아워 등)에 따라 운전시분이 바뀐다. 여객열차의 승차율(乘車率)은 특급열차 등의 정원열차에서는 정원승차로, 기타 열차는 승객이 많을 때(예, 150% 이상)와 러시아워 때(예, 200%)의 승차를 조건으로 한다. 계획상 최소 소요의 기준 운전시분은 역 사이마다 운전곡선(運轉曲線, 거리와 속도·시분의 관계도)을 작성하여 사정(査定)한다. 이 시분은 15초 단위로 하여 사정시분이 4분 9초와 같이 15초미만의 경우에는 절상하여 기준시분을 4분 15초로 한다. 또 최고속도나 곡선 등의 제한속도에 대해서는 약 3km/h 내린 속도로 기준 운전시분을 산정한다. 이 사정시분은 순수하게 운전가능한 시분이다. 실제 운행표 시분의 사정은 선로공사 등으로 인하여 서행도 있을 수 있고, 또 지연 시에 운행표의 회복 등을 고려하여 다소 여유시분(餘裕時分)이 가해진다. 그 여유율은 열차종별에 따라 다소 다르며, 단선의 경우는 3~5%, 복선의 경우는 2~3% 정도로 하고 있다. 이러한 여유시분은 전 구간에서 일률적인 것이 아니고, 승강 객이 많은 역 부근 구간에 따라서 감안된다. 여유시분이 너무 적으면 하루하루의 운행표로 만성적인 지연을 발생시키는 요인이 되며, 또 너무 많을 경우에는 소요시분의 연장을 초래하고, 서비스·효율 측면에서도 좋지 않다. 최근에는 속도향상(speed up)의 요청으로 이러한 여유도 매우 감축되는 경향이지만, 실제 운전 지연실적(遲延實績)을 정밀 조사·해석하여 사정된다.

4.4.67 남북한 철도시스템 비교(railroad system comparison in south & north Korea)

남북한을 연결하여 운행 가능한 경의선이 5년 전에 이미 연결되었지만, 남한의 철마는 북한 철로를 달릴 수 없다. 이유는 서로 다른 교통체계 때문이다. 디젤기관차라면 자체적으로 움직이기 때문에 물리적 제약은 없다. 그러나 신호방식이 상이하여 사고 위험을 감수해야 한다. 전기기관차는 아예 남북한을 오갈 수 없다. 이유는 남북한 국가표준 차이다〈표 4-41 참조〉.

표4-41

구 분	남 한	북 한
전기기관차 사용전철화 비율	교류 25,000V 21%	직류 3,000V 80%
궤 간	표준궤 (1435mm)	표준궤 및 일부협궤 (10%, 762mm)
신호통신 시스템	자 동 식	수 동 식
비 고	미국, 일본 영향	러시아, 중국 영향

※ 중앙일보 2005. 8. 26

4.4.68 내용년수(耐用年數, service life)

보통의 상태 · 조건 아래서 통상의 보수(補修)를 실시하는 것을 전제로, 고정자산이 설비로서 어느 만큼 유효하게 사용할 수 있는가의 예정 기간 또는 추정년한(推定年限)을 의미한다. 견고한 고정자산은 수십 년의 오랜 기간에 걸쳐서 사용에 견딜 수 있지만, 수년밖에 사용에 견딜 수 없는 고정 자산도 있다. 또 특허권 기타의 무형 고정자산에 대해서는 세월의 경과에 따라 그 특권을 자연스럽게 소실하는 것은 처음부터 내용년수를 예정할 수 있지만, 고정자산 중에는 쉽게 측정할 수 없는 것이 많이 있다. 또 동일 종류의 고정 자산이라도 그 용도의 차이, 구조 및 재료의 차이에 따라서 내용 연수는 다르다. 예를 들면, 철도에서의 고정 자산으로서는 차량, 궤도, 역사(驛舍), 고가교(高架橋) 등이 대표적인 것이다.

4.4.69 노선선정 (路線選定, selection of location)

노선의 선정에서는 발착점(發着点) 외에도 주요한 통과점 등은 미리 결정되어, 비교적 완만한 곡선과 구배로 직선적으로 연결하는 것이 원칙이다. 그러나 실제적으로는 지형 등에서 평면적으로도 입체적으로도 지장이 되는 것이 있어, 그 사이의 노선에 대해서는 다수의 후보선(候補線)을 생각하여, 이들 중에서 수송조건(輸送條件), 자연조건(自然條件), 건설비(建設費), 공기(工期), 운영비(運營費), 환경(環境)과의 조화 등을 종합하여 결정된다. 노선선정(路線選定)의 궁극적인 것은 그 노선의 사명에 합치하고, 철도의 특징인 안전(安全), 고속(高速), 고효율(高效率), 저가격(低價格) 등을 만족시키는 것이 조건이 된다. 직선 또는 큰 곡선이 바람직하며, 작은 반경의 S곡선과 이전(移轉)이 어려운 지장물은 피한다. 지형에 따라 공사비가 비싸지 않는 완만한 구배를 채용한다.

옛날 증기기관차의 시대는 급구배에서는 수송이 어려웠지만, 후년에 개량되어 여객수송만의 경우에서 전차운전을 전제(前提)로 하면 35‰ 정도의 구배는 문제가 없다. 프랑스 TGV 남동선은 완만한 지형의 좋은 조건에 더하여 35‰의 급구배를 채용하여 터널 없이 건설하여 건설비를 대폭적으로 경감하였다. 재해(災害)가 발생하기 쉽거나 선로 보수상 문제가 되는 산사태, 눈이 많이 오는 지대를 피한다. 하천(河川)을 횡단하는 교량은 될수록 직선이고, 하천과 교량이 직각이 바람직하지만, 전후의 선형과도 종합하여 결정한다. 터널은 짧은 것이 바람직하지만 운영비 등을 감안하여 종합적으로 결정한다. 터널노선은 특히 지질을 조사하여, 굴착에 어려움이 수반되는 파쇄대(破碎帶) 등은 피한다.

4.4.70 녹다운 방식 (knock-down system)

차량의 구체(構體)나 개개의 장치를 미리 제작한 후, 현지(現地)로 수송하여 현지공장에서 조립하여 의장(艤裝)하는 생산방식(生産方式)을 일컫는다. 이 방식을 채용하는 이유의 하나는 완성품을 수송하기보다도 부품을 수송하는 쪽이 운임도 절약할 수 있고, 현지의 값싼 노동력(勞動力)을 조립·의장에 이용할 수 있는 등이다. 또 고도의 기술을 요하는 부품만을 운송하여, 현지제품과 조립하는 방식의 예도 있다.

4.4.71 더블 스택 트레인(DST, Double Stack Train)

국제간의 컨테이너 수송에 대응하여, 미국 철도에서 1980년대부터 해상(海上) 컨테이너(높이 2.9m)를 2단 쌓기로 수송하는 더블 스택 트레인(DST)이 개발되었다. 피기백 방식(piggy back system)에 비하여 적재효율(積載效率)이 현격하게 우수하여, 항구와 내륙간의 수송의 주역으로 되어 있다. 2단 컨테이너 높이는 차량한계를 훨씬 넘는 6m 이상도 있지만, 이것은 전철화 구간과 터널이 없고 축중 30톤인 유리한 선로조건을 충분히 살리고 있다. DST 전용화차는 관절대차방식(關節台車方式)으로서 대차사이의 상면(床面, floor)을 최저로 하여, 아래에 길이가 짧은 컨테이너, 위에 긴 컨테이너를 적재하고 있다. 터널이 없고 차량한계가 큰 캐나다, 오스트레일리아에서 최근 보급되고 있다.

4.4.72 독립차륜대차(獨立車輪臺車, independently rotating wheel bogie)

좌우의 차륜이 독립적으로 회전 가능한 윤축을 짜 넣은 대차. 통상 대차는 좌우의 차륜을 차축에 압입한 일체 윤축을 사용하고 있다. 일체 윤축은 좌우의 차륜이 동일한 속도로 회전하기 때문에, 차륜 · 레일 접촉점에서 좌우의 차륜 지름이 변화하였을 때, 각각의 차륜 지름에 맞춘 회전수가 잡히지 않고 세로로 미끄러짐이 생겨, 세로 크리프 힘(creep force)이 발생한다. 이것에 대해서 독립 차륜은 좌우의 차륜이 각각의 차륜 지름에 맞춘 회전수로 회전하기 때문에, 세로 크리프 힘이 발생하지 않는다. 세로 크리프 힘은 사행동을 발생시키는 원인이 되지만, 직선에서는 윤축을 궤도의 중앙으로 되돌리는 복원 기능과 곡선에서의 조타(操舵) 기능을 가지고 있다. 따라서 독립 차륜을 사용한 대차는 주행 안정성은 향상되지만, 복원기능, 조타성능은 저하하는 경향이 있다.

독립 차륜 대차의 이점으로서, (1) 주행 안정성이 향상되어 축 거리를 단축할 수 있어 경량화 할 수 있다. (2) 세로 미끄러짐이 없기 때문에, 차륜의 마모, 삐걱거리는 소리를 저감할 수 있다, (3) 긴 차축을 필요로 하지 않기 때문에 경량화, 저상화(底床化) 등을 할 수 있는 등을 들 수 있으며, 결점으로는 (1) 직선에서 복원기능이 없기 때문에, 바퀴 축이 한쪽의 레일에 치우쳐 주행한다, (2) 조타기능이 없기 때문에 곡선에서 횡압이 큰 경향이 있다는 것을 들 수 있다. 실용화된 독립 차륜 대차로서 스페인 국철의 TALGO 차량이 유명하고, 이 대차에는 궤간 가변 기구와 조타 기구가 설비되어 있다. 최근에는 독일의 아헨 공과 대학의 교수에 의해 고안된 독립 차륜 대차인 EDF 방식과 EEF 방식이 실용화되어 있다.

4.4.73 레일 수명 (life of rail)

레일은 열차의 통과에 의해 반복하중을 받고, 차륜의 주행에 의해 마모(摩耗)·변형(變形)·피로손상(疲勞損傷)되고, 세월이 지나감에 따라 부식(腐蝕, corrosion)·전식(電蝕, electrolytic corrosion, 직류 전철화 구간의 터널 내부 등)된다. 직선부에서의 마모는 적지만, 곡선부에서는 횡압이 걸리기 때문에 레일 두부(頭部)의 마모가 크다. 습도(濕度)가 높은 터널 내부와 해안 가까이 있는 노선 등에서는 레일 부식이 진행되는 것도 적지 않다. 레일은 위와 같은 손상과 마모에 의해 교환되며, 50kg 레일의 경우 마모에 의한 교환 시기는 높이로는 약 15mm, 단면적으로는 약 20%를 허용한도로 하고 있다. 급곡선에서 열차횟수가 많은 대도시 전차구간에서는 1년도 되지 않아 교환하는 것도 있지만, 통과 톤수로 2~5억 톤 정도가 레일 교환의 표준으로 되어있다. 보통은 10~25년을 표준으로 하고 있지만, 실제는 열차속도 등의 조건, 궤도보수의 정도(精度), 경영상황 등에 따라 레일의 수명이 결정된다.

4.4.74 레일의 횡압 (lateral force, side thrust)

차륜 · 레일 사이에 작용하는 힘 중, 레일 방향에 대해 수직인 평면내(平面內)에 있으며, 또한 좌우방향 성분의 분력(分力)을 횡압(橫壓)이라 한다. 통상 관용적으로 기호 Q로 나타내며, 차륜 플랜지(wheel flange)가 레일에 대하여 누르는 쪽을 정(正)으로 하고 있다. 차륜 · 레일 사이에 작용하는 힘은 접촉평면에 수직인 방향의 법선력(法線力) N과 접하는 방향의 접선력(接線力) T로 나누어지지만, 이 두 개의 힘을 레일 방향에 대해 수직인 평면내의 좌우 방향에 투영한 힘의 합(和)이 횡압 Q 가 된다. 접선력은 크리프 힘(creep force)이므로, 윤중(輪重, wheel load)이나 마찰계수 및 윤축(wheel-set)의 어택각(angle of attack)의 값은 횡압의 값에 영향을 미친다.

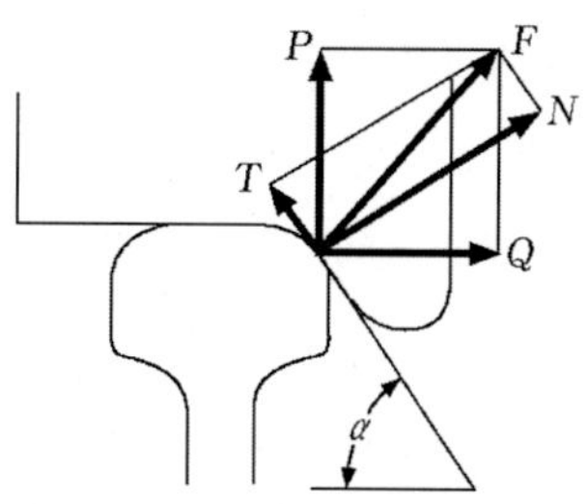

그림4-228 레일의 횡압

횡압의 주된 발생 원인으로는 (1) 곡선 통과 중의 윤축 · 대차(bogie)의 전향력(轉向力), (2) 곡선 통과 중의 초과원심력(超過遠心力)을 지탱하기 위한 정상적 횡력(橫力), (3) 궤도부정(軌道不整, irregularity of track, 궤도가 고르지 못한 여러 종류를 총칭하는 말임) 주행 시의 윤축의 횡력, (4) 레일 이음매부의 부정(不整, irregularity), 사행동(蛇行動, hunting)에 의해 차륜 플랜지가 레일에 충돌할 때의 충격적횡력(衝擊的橫力) 등을 들 수 있다.횡압은 탈선, 궤도부정, 레일 · 차륜의 마모 원인이 된다. 횡압의 측정법은 스트레인 게이지(strain gauge)를 붙인 측정 윤축을 끼워넣은 시험 차량을 주행시킴으로써, 시험 구간에 있어서의 특이한 수치의 파악이나 궤도조건 · 운전조건의 차이를 비교할 수 있는 차상측정(車上測定)에 의한 방법과, 스트레인 게이지를 붙인 특정한 레일 위를 차량을 주행시킴으로써, 운전조건이나 차종 · 차축의 차이를 비교할 수 있는 차상측정에 의한 2 종류의 방법이 있다. 주행안전성의 확인에 있어서는 탈선한계(脫線限界, 윤중 포함), 레일 체결장치의 설계하중, 스파이크(spike)뽑기 · 압출(押出)에 대한 한도, 급격한 궤도부정에 대한 횡압한도(윤축횡압 및 윤중)에 대해 횡압 측정값을 이용한다. 곡선 주행 시 횡압을 저감시키기 위해서, 차륜답면 형상이나 저널박스 지지강성의 최적화(最適化)가 수행된다. 또 링크기구(link mechanism)에서 윤축의 조타(操舵, steering)를 하는 방법 등이 제안되어 일부 실용화되어 있다.

4.4.75 로켓호 기관차 (Rocket)

1830년 영국의 리버풀~맨체스터 사이 50km에 걸쳐 개통된 철도에서 사용된 기관차. 1825년 스톡턴~달링턴 사이의 40km 구간에서 세계 최초로 철도가 창업되었지만, 기관차의 성능은 아직 신뢰성이 낮아서 일반으로부터 후보 기관차를 모집하는 컨테스트(contest)를 시행하여, 그 성적에 의해 채용 여부를 결정하기로 하였다. 컨테스트에서 기관차의 사양 조건은 중량 6.1톤 이하, 보일러 압력 3.5kg/㎠ 이하, 가격은 550 파운드 이하, 20톤의 열차를 16km/h 이상으로 견인할 수 있어야 하고, 컨테스트 당일에 렌힐의 평탄구간(平坦區間) 3km를 10왕복 주행할 수 있을 것 등이었다.

컨테스트에는 전국에서 5량이 응모하였는데, 2량은 자격조건에서 실격하였고, 2량은 고장으로 달리지 못했으며, 조지 스티븐슨(1781~1848년)이 고안 · 제작한 로켓호(Rocket)가 목표 이상의 고성능을 나타내고 합격하여, 7량의 제작을 수주하였다. 축 배치 A1, 운전정비중량 4.3톤, 동륜경(動輪徑) 1,435mm, 보일러 압력 3.3kg/cm² 으로, 연관식(煙管式)의 보일러, 연소(燃燒)를 돕는 블라스트 장치(blast device), 좌우 실린더에 의한 크랭크 구동장치 등의 합리적인 설계는, 그 후 증기기관차의 기본 구조로 되었다. 로켓호 기관차 견인에 의한 철도는 우수한 교통기관으로 인정되어, 철도의 본격적 보급이 시작되었다.

4.4.76 리니어 인덕션 모터 (linear induction motor)

리니어 인덕션 모터(LIM)는 1차 코일과 2차 도체(reaction plate)로 구성되어 있다. 일반적인 LIM은 1차 코일에 3상 교류를 흘리면, 회전형의 유도전동기의 회전 자계와 같은 모양으로 진행 자계가 생기고, 그 자속(磁束)을 2차 도체를 가로 지를 때에 전류를 유기(誘起)시켜, 상호 흡인 · 반발 작용에 의하여 추력(推力)을 발생시키는 원리이다. 모터의 최대속도 V는, 회전형의 유도전동기와 같은 모양으로 $V=2f\tau$ 로 나타낸다. 여기서 f는 궤전 주파수, τ는 폴 피치(pole pitch)이다. 속도제어는 궤전 주파수를 바꾸든지 폴 피치를 변경하는 것이 있지만, 폴 피치를 변경하는 것이 권선의 연결 바꿈을 하는 것을 의미하는 것이 됨으로 현실적이지는 않고, 일반적으로는 주파수제어를 한다. 리니어 인덕션 모터의 구조로서는, 1차 코일이 짧은 경우를 쇼트 스테이터(stator)형, 2차 도체의 쪽이 짧은 경우를 쇼트 로터(rotor) 형이라고 부르고 있다.

앞에서 설명한 것과 같이 리니어 모터는 어느 쪽이든지 한쪽은 주행구간 전체에 걸쳐서 지상 측에 병행할 필요가 있으므로 코스트가 적은 1차 코일을 짧게 한 쇼트 스테이터 형이 채용되는 경우가 많다. 2차 도체에는 일반적으로 자성체(철판) 또는 비자성체(동판이나 알루미늄 판 등)가 사용되지만, 양자의 특징을 겸비한 복합판(철과 알루미늄의 clad재 등)이 일반적으로 사용되고 있다. 이 2차 도체에는 유도전류가 흐르는 것뿐임으로, 외부로부터 급전할 필요는 없다. 리니어 인덕션 모터는 차상 1차 방식의 경우, 추진을 위하여 전력을 지상설비로부터 집전하고, 차상에 전력 변환이나 제어를 위한 장치를 설치하게 됨으로 차량중량은 무거워 진다. 지상측은 2차 도체만의 설비로 되어 건설비는 지상 1차 방식과 비교해서 훨씬 싸다. 따라서 리니어 인덕션 모터는 차상 1차 방식이 비교적 많다. 그러나 수송밀도가 높은 노선에서는 차량중량의 경감과 지상 측에서 열차제어를 할 수 있는 지상 1차 방식 쪽이 유리하다는 연구도 있다.

4.4.77 모노레일 (monorail)

도로와의 평면교차(平面交叉)를 피하여, 고가(高架) 1개의 궤도 거더(track girder, track beam, PC girder, steel girder) 위를 고무 타이어 또는 강제차륜(鋼製車輪)에 의해 주행하는 철도. 최근 철도와 버스의 중간적인 교통기관으로서 도시 근교에 주로 채용되며, 차량의 지지방식(支持方式)에 따라 과좌식(跨座式, straddled type, 걸터앉는 식)과 현수식(懸垂式, suspension type, 매어다는 식)으로 나뉜다. 과좌식으로는 독일에서 개발된 알웨그식(ALWEG system)과 미국에서 개발된 록히드식(Lockheed system)이 있으며, 또한 현수식으로는 프랑스에서 개발된 사페지식(SAFAGE system)이 실용화되어 있다. 과좌식·현수식 모두 주행 거더가 강제지지 기둥으로 지지되는 고가구조(高架構造)로 되어 있다. 모노레일의 장점으로는 도로나 하천 위 등의 공간을 이용하여 건설할 수 있어서 도로교통에 지장이 없고, 지하철에 비하여 건설비가 약 40%로 저렴하다. 전기운전의 차륜에 고무 타이어를 사용하기 때문에 소음공해(騷音公害)가 적고, 급구배(急勾配) 운행도 지장이 없으며, 폭이 좁은 이중 타이어(double tire)의 주행을 위해 철도보다 반경이 작은 급곡선 운전도 가능하다. 현수식은 특히 곡선 반경이 작다.

한편, 문제점으로서 주행장치(走行裝置)에 많은 안내차륜을 필요로 하기 때문에, 1대차에 고무 타이어 10개 정도를 장비하게 되므로, 차량의 기구가 약간 복잡하여 값이 비싸진다. 철도에 비하여 고속성능이 뒤떨어지고, 고무 타이어로 인해 동력비(動力費)가 높으며, 보통철도와 궤도방식이 다르기 때문에 상호 직통연결이 불가능하다. 분기기는 무거운 주행거더를 이동시키기 위해 구조가 복잡하여 전환에 약간의 시간이 필요하다. 그 때문에 분기기의 변경·증설 등의 공사는 보통철도에 비하여 쉽지 않다. 과좌식과 현수식에는 장단점이 있으며, 현재는 어느 것이나 병행하여 채용되고 있다. 실적 측면에서는 과좌식은 도시미관(都市美觀), 주행성능(走行性能), 차체중량(車體重量) 등에서 현수식보다 우수하다. 부지(敷地, site)에 여유가 있는 경우는 과좌식이, 부지에 여유가 없고 급곡선이 들어있는 경우는 현수식이 채용되고 있다.

4.4.78 보전(保全, maintenance)

장치가 고장 나는 일 없이 안전하게 가동(加動)하도록 보수를 하는 것을 말한다. 보전방법으로서는 예방보전과 사후보전으로 대별된다. 예방보전은 정기적으로 검사하는 것으로, 기능이 정지하기 전에 기기의 교환이니 수리를 하는 것으로, 신호에서는 신호 전구의 수명관리나 릴레이의 동작관리, 기기의 점검이 이에 해당한다. 한편, 사후보전은 장치가 고장 난 후에 교환, 수리를 하는 것으로 ATC 등과 같이 다중화 되어 있는 경우는 그 중의 하나의 계가 고장 난 후에 그 계의 교환을 실시하고 있다. 전자기기에서는 기기가 서서히 열화(劣化)되는 일없이 갑자기 고장 남으로 고장의 예지가 힘들고, 사후보전으로 된다. 그 때문에 높은 신뢰도가 요구되는 경우에는 다중계화(多重系化)가 필수적이다.

4.4.79 보조기기(補助機器, auxiliary machine)

동력차의 주 동력기기 이외의 기기. 전기차량에는 많은 보조기기(補助機器, auxiliary machinery and tools)가 설비되어 있다. 직류차량의 경우 주전동기와 주저항기 등의 냉각용 전동송풍기, 전동공기압축기 등은 전차선 전압에 의해 직접 구동되고, 제어와 조명 등의 전원은 전동발전기(電動發電機, MG, motor generator) 보다 저압으로 하고 있다. MG 전동기는 복권형으로 전차선 전압 및 부하의 변동에 대하여 출력전압의 변동이 최소한이 되도록 고려되어 있다.

최근에는 교류부하가 많아지고 있기 때문에 발생 측(發生 側)을 교류로 하는 MG가 채용되고, 그 경우의 제어용 등의 직류전원은 정류기를 경유하고 있다. 최근의 반도체 기술의 진보에 따라 회전형의 MG 대신에 반도체와 마이컴을 사용한 정지형 인버터(SIV, static inverter)가 보급되고 있다. 회전형 MG에 비해 경량으로 소형, 고효율, 저소음, 보수성이 우수한 것 등의 이점이 있다. 교류차량의 경우는 주변압기에서 강압된 후 상변환기(相變換機, phase converter)에 의해 효율이 우수한 3상 교류로 하고, 유도전동기에 의한 보조 회전기로 하는 방식이 일반적이다. 교류 전기기관차에서는 주변압기·정류기·주전동기 냉각용 전동기도 있기 때문에 상변환기의 용량은 100kVA에 이른다. 압축공기는 공기제동용 외에 팬터그래프 승강용·공기차단기·단위 스위치·경적·공기스프링, 문의 개폐 등에 사용되기 때문에 소요 용량에 부합하는 전동 공기압축기가 설치된다. 전동 공기압축기는 효율이 좋은 왕복식이 원칙으로, 전기기관차는 피스톤이 미는 양이 3000 L/min, 전차는 1량당 500 L/min 정도, 공기압력은 8 kgf/cm² 로 하고 있다. 공기압축기의 구동전동기는 직류차량에서는 직권전동기가, 교류차량에서는 유도전동기가 사용된다. 전차용의 공기압축기는 상상(床上)이 객실이기 때문에 소음대책이 요구된다. 최근 독일에서 개발된 스크류 식(screw type) 공기압축기가 통근형 전차에 채용되고 있는 예도 있다.

4.4.80 부상식철도의 주행저항 (浮上式鐵道走行抵抗, running resistance of levitation railway, drag force of levitation railroad)

주행 중인 차량에 대하여 작용하는 저항력(抵抗力). 재래식 철도에서는 주행저항은 주로 구름저항, 공기저항, 구배저항으로 되어있으나, 초전도자기부상식철도에서는 이것들에 첨가해 지상코일에 흐르는 루프(loop)전류 및 소선(素線)의 와전류손(渦電流損)에 의한 저항, 혹은 지상구조물에서 발생하는 와전류손에 의한 저항 등 소위 자기저항(磁氣抵抗)이다. 구름저항에 대해서는 차륜 주행 시에만, 구배저항은 상구배(上勾配) 구간에서만 발생한다. 이러한 주행저항 중 자기저항에 대하여는 지상코일 구조 및 구성 등이나 철근 사이의 절연 등의 최적화에 의해, 공기저항에 있어서는 차체의 선두형상의 최적화나 측면의 평활화(平滑化) 등에 의해, 구름저항은 타이어 트레드(tire tread)면의 패턴 등의 최적화로 저감을 실시하고 있다. 일본의 야마나시 실험선(山梨實驗線)에서는 자기저항 저감 가능한 지상코일로 구성하여 부상코일을 가이드 웨이(guide-way) 측벽에 배치한 측벽부상방식(側壁浮上方式)을 사용한다. 아울러, 부상식 철도에서는 고속주행이기 때문에 주행저항의 대부분은 공기저항이다.

4.4.81 BT 궤전방식 (booster transformer feeding system)

단상교류전화설비(單相交流電化設備)에서는 교류전류에 의해 통신선(通信線)에 전자유도(電磁誘導)를 발생시키기 때문에 이것을 경감하기 위해 BT 궤전(饋電, feeding) 또는 AT 궤전방식(automatic transformer feeding system)이 채용되고 있다. BT 궤전방식은 부궤전선의 레일과 접속선(接續線, 吸上線)의 각 중간마다 부궤전선과 트롤리 선과의 사이에 권수비(卷數比) 1 : 1의 BT(吸上變壓器)를 약 4km마다 삽입하여 부하전류를 부궤전선으로 빨아올려, 부하전류가 레일을 흐르는 구간을 한정시킴으로써 전자유도로 통신선에 유기되는 유기전압(誘起電壓)을 1/10 이하로 경감하고 있다. 그러나 트롤리선에 부스터 섹션(booster section)을 설치하지 않으면 안 된다. 이 경우 부하전류가 크게 되려면 부스터 섹션에서 아크(arc)가 발생하여 팬터그래프와 트롤리선을 용손(溶

損)시킬 우려가 있기 때문에 보수상의 불이익이 수반된다.

4.4.82 선로 용량(線路容量, track capacity)

열차설정에서 열차를 하루에 몇 대 주행시킬 수 있는가를 말하며, 선구의 열차 설정능력(列車設定能力)을 나타내는 수치척도가 선로용량이다. 선로용량은 역간 평균 운전시분(단선의 경우), 설정 열차의 속도종별, 열차단위, 신호기의 종별, 선로 이용률 등에 따라서 결정되며, 선로 이용률은 60%를 표준으로 하고, 단선의 경우에는 60~80회, 복선의 경우에는 200~300회 정도가 된다. 대도시의 전차선구(電車線區) 등에서는 러시아워에 열차 설정능력이 문제가 되기 때문에, 선로용량은 피크 시(peak time) 1시간당 몇 회로 표시한다. 복선의 경우 선로용량은 열차의 속도를 같게 한 평행 운행표(parallel diagram)가 가장 많게 되고, 대도시의 전차선구와 간선의 야간 시간대에 채용되며 전자(前者)에서 약 30회를 최대로 하고 있다.

4.4.83 쇄정 · 해정(鎖錠·解錠, locking·releasing)

신호기(信號機)·전철기(轉轍器)에는 정위(定位)와 반위(反位)가 있으며, 언제나 정위로 위치하고 있다. 일반적으로 신호기는 정지현시(停止現示)를 정위, 다른 것은 반위로 하고, 전철기는 주요 선으로의 개통방향을 정위, 다른 것을 반위로 하고 있다. 신호기·전철기를 정위 또는 반위로 하기 위해서 신호레버·전철레버가 사용된다. 이들의 레버는 임의로 전환할 수 없도록 쇄정장치(鎖錠裝置)를 설치하고 있다. 레버가 전환할 수 있는 상태를 해정(解錠)하고 있다고 말하며, 전환할 수 없는 상태를 쇄정하고 있다고 한다.

쇄정에는 철차(轍叉)쇄정·진로(進路)쇄정·접근쇄정 등의 종류가 있다. 철차쇄정에는 전철기를 포함한 궤도회로(軌道回路)에 열차 또는 차량이 있을 경우 전철기가 잘못으로 전환되지 않도록 쇄정하는 것이다. 진로쇄정은 신호기가 지시하는 진로에 열차 또는 차량이 진입하였을 경우 관계 전철기를 포함한 궤도회로를 통과하여 끝나기까지 그 전철기가 전환할 수 없도록 쇄정한다. 접근쇄정은 열차 또는 차량이 신호기에 접근한 다음 급히 정지현시로 바뀌어 진로를 변경하고자 하는 전철기를 변환하면 열차 또는 차량은 바로 정지할 수 없어 전철기에서 타고 오르는 위험이 있다. 따라서 열차가 접근하여 있을 때 신호기를 정지현시로 한 경우, 일정시간(전차구간은 1분) 경과하지 않으면 관계 전철기를 전환할 수 없도록 쇄정한다.

4.4.84 스프링 장치(spring rigging)

철도차량에서는 하중의 전달과 충격 흡수 때문에, 차체 · 대차간(臺車間)이나 대차 · 윤축 간에 장비된 스프링 장치를 말함. 차체와 대차 간의 스프링 장치로서는 스윙 볼스터, 스윙 볼스터 행거 및 볼스터 스프링 등으로 구성된 스윙 볼스터 방식, 부품 개수를 삭감하기 위해서 볼스터를 생략하고 공기 스프링을 사용한 볼스터리스 방식 등이 대표적인 예이다.

볼스타리스 대차용 공기 스프링은 단체(單體)로 수직방향, 침목방향 및 진행(전후)방향의 변위를 허용하고, 내부의 오리피스를 이용한 수직방향의 감쇠를 갖기 때문에, 볼스터 스프링과 병열로 댐퍼를 장비할 필요가 없는 등 많은 이점이 있다. 대차와 윤축 간의 스프링 장치는 일반적으로 축상지지장치(軸箱支持裝置)라고 불리며, 대차 프레임에 대하는 윤축위치 결정 기능도 겸하고 있다. 페데스탈 식(pedestal type), 민덴 식, 알스톰 식, 축빔 식(軸梁式), IS 식 등이 있다. 근년에는 수직 하중은 코일 스프링으로 전후 방향과 침목 방향의 하중은 고무 스프링으로 받는 구조로 하고 있는 경우가 많다. 이 고무 스프링은 불안정한 진동이 생기지 않는 양호한 주행 안정성과, 횡압을 저감시키는 효과 양방이 요구되기 때문에 차량과 주행조건에 따라 스프링 정수의 적당한 값이 선정된다.

4.4.85 신교통 시스템 (new traffic system)

도시교통 등에 대처할 수 있도록 전자공학 등의 신기술을 적극적으로 활용하여 전용의 가이드 웨이(guide-way)를 이용하여, 차량을 자동제어로 주행시키는 고무 타이어식 중량궤도 수송방식(中量軌道 輸送方式). 모노레일(monorail)과 마찬가지로 지하철과 버스의 중간인 중량수송 교통기관이지만, 신교통 시스템의 수송력의 실적은 모노레일을 밑돈다. 신도시 가장 가까운 철도역에 접근수송(access transport) 등을 목적으로, 이용객수가 철도로는 채산(採算)이 맞지 않고, 버스로는 러시아워에 대응하기 곤란한 경우를 대상으로 하고 있다. 이 시스템도 모노레일과 같이 도로 위 등 고가궤도(高架軌道)로 하므로, 특히 용지비가 필요하지 않고 전기동력에 의한 고무 타이어로 된 소형·경량차량으로 궤도 구조물 비용을 경감하여 자동 운전제어로 인해 생력화(省力化)를 도모하고 있다. 시스템으로는 모노레일에 가깝고 도로나 하천 위 등의 공간에 건설할 수 있으며 지하철에 비해서 건설비가 저렴하다.

전기운전의 바퀴에 고무 타이어를 사용하기 때문에 소음공해(騷音公害)가 적고 급구배(急勾配) 운행도 지장이 없는 등의 이점을 들 수 있다. 한편, 불리한 점으로는 철도에 비하면 고속성능이 떨어지고, 고무 타이어로 인해 동력비가 올라가고, 보통철도와 궤도방식이 달라 상호직통이 불가능하고 분기기는 구조가 복잡하여 변경(變更)·증설(增設) 등의 공사는 보통철도에 비해서 쉽지 않다. 따라서, 차량의 소형·경량화를 도모하고 정원승차로 하여 궤도 구조물의 건설비를 경감하고 있기 때문에, km당 건설비는 지하철의 약 20%, 모노레일의 약 50% 정도이다. 일본의 경우 이 시스템은 1969년경부터 차량 제작사(6개사 : 日本車輛, 川崎重工, 三菱重工, 日立·東急車輛, 新戶製鋼, 新潟鐵工) 등에서 자체개발 또는 기술제휴에 의해 6가지 방식이 생겨났으나, 구조·성능·수송력 등은 대동소이(大同小異)하다. 공통의 특징으로서는 주행은 전기 동력, 고무 타이어 차륜 부착 소형·경량 2축 차량의 연결운전, 도로 위 등 고가(高架)의 가이드 웨이(guide-way)에 운행, 역에 승강장 도어(platform door)의 설치, ATO 제어, 열차의 운행관리는 컴퓨터로 집중관리, 자동 무인(無人) 운전이 가능하고, 최대 수송력은 5,000～15,000명/시간 정도, 고가 구조물의 하중제한을 위해 정원승차(定員乘車)를 규정하는 것 등이다. 이처럼 개발회사가 다른 각각의 시스템들은 거의 같은 수송력·성능이었지만 구조·크기 등이 다소 달라 이 시스템을 보급하기에는 바람직하지 않으므로, 정부가 기본사양 등을 제정 · 고시할 필요가 있다. 신교통 시스템이나 모노레일 고무 타이어 바퀴의 동향으로는, 런던의 템즈 강을 따라 추진된 시가지 개발에서 최근 건설된 도크랜드(Docklands) 경철도(輕鐵道)는 2계통(系統) 12km의 고가선(高架線)으로 철차륜 전차(2량 1 unit, 28m, 축중 6톤)를 채용하고, 저소음, 40m곡선, 45‰ 구배를 실현하고 있다. 고무 타이어 바퀴 사용의 이점을 살린 철도를 추진하는 프랑스에 반해, 철도 창시국인 영국은 기존의 강차륜(鋼車輪)을 그대로 사용하고 있다.

4.4.86 신뢰성(信頼性, reliability)

시스템, 기기, 부품 등을 대상으로 하여 고장을 일으키기 어려운 성질을 나타내는 말. 정량적으로는 사용 시의 환경 조건을 설정하여, 특정한 종류의 부하가 있는 양이 되기까지는 고장이 발생하지 않을 확률을 신뢰도로서 나타내고, 이것을 지표의 하나로서 이용하는 것이 많다. 여기서, 고장이란 대상으로 하는 것에 요구되는 기능이 수행할 수 없는 것을 말한다. 또 사용 시의 환경 조건이란, 온도, 습도, 진동 등을 가리키며, 부하는 스트레스의 종류를 고려한 위에서, 이것을 나타내는 것으로서 경과 시간을 이용하는 것이 많지만, 고장 메커니즘에 따라서 가동 시간, 사용 회수 등을 잡는 것도 있다.

수학적으로는 예를 들면 부하의 양으로서 경과 시간 t 를 잡았을 경우, 사용을 개시하고 나서 고장이 발생하기까지의 경과 시간(수명 값)에 관한 확률 법칙은 수명 분포(분포 함수 $F(t)$로 나타낼 수 있지만, 신뢰도 함수 $R(t)$는 이것을 사용하여 $R(t)=1-F(t)$로 나타낼 수 있다. 또 수명 분포에서는 정상으로 가동하고 있는 상태에서 고장 상태로 이행하기까지의 시간을 말하지만, 반대로 고장 상태에서 정상 상태로 이행하기까지의 시간, 즉 수리의 완료까지의 시간을 판단하여 이것에 관한 확률 법칙을 수리 시간 분포로서 나타낼 수 있다. 평균값인 수명 값, 즉 수명 분포의 평균값을 MTTF(Mean Time To Failure), 평균인 수리 시간, 즉 수리 시간 분포의 평균값을 MTTR(Mean Time To Repair)이라 한다. 사용과 수리를 교대로 반복하여 사용되는 기기의 경우, 평균적인 고장 발생의 간격, 즉 평균 고장 간격(MTBF, Mean Time Between Failure) MTBF＝MTTF＋MTTR로 표시되며, 또 전체 시간에 차지하는 가동 시간의 비율은 가용성(availability)이라 하며, MTTF / MTBF = MTTF / (MTTF+MTTR)로 나타낸다.

4.4.87 신호기의 종류 (signal classification)

열차의 운전조건을 지시하는 신호기에는 지상(地上)신호기와 차내신호기(車內信號機)가 있다. 지상신호기는 신호를 나타내는 기간에 따라서 상치신호기(常置信號機, fixed signal)와 임시신호기(臨時信號機, temporary signal)로 나뉜다. 지상신호기에는 구조나 조작 방식, 목적에 따라 여러 가지의 종류가 있다. 구조에 따라 완목식 신호기(腕木式 信號機, semaphore signal) · 색등식 신호기(色燈式 信號機, color light signal) · 등열식 신호기(燈列式 信號機, position light signal)가 있으나, 오랜 세월 동안 사용되었던 완목식 신호기는 최근에는 거의 찾아볼 수 없다. 조작방식에 따라서는 작업자가 취급하는 수동신호기(手動信號機, manual signal)와, 궤도회로와 열차의 유무에 따라 자동적으로 제어되는 자동신호기, 그리고 작업자의 필요에 따라서 자동적으로 취급할 수 있는 반자동신호기(半自動信號機, 자동신호구간의 장내신호기·출발신호기 등)가 있다.

신호기의 목적에 따라 방호(防護, protection)하는 구간을 가진 주신호기(main signal, 장내신호기·출발신호기·폐색신호기·유도신호기·입환신호기), 주신호기가 현시하는 신호의 확인거리를 보충하기 위한 종속신호기(從屬信號機, subsidiary signal, 원방신호기·중계신호기), 신호기에 부속하여 그 신호기가 지시해야 하는 조건을 보충하기 위한 신호 부속기(진로 표시기)로 분류된다. 열차의 속도가 느렸던 시대의 신호기는 진행(進行)과 정지(停止)의 2개의 현시(route signal)만으로도 충분하였다. 그 후 열차 속도의 향상과 각 진로의 제한속도 등에 따라서 운전상의 속도 조건에 적응한 많은 현시(speed signal이라 함)가 채용되어 있다. 현재, 채용되고 있는 신호현시는 2위식(二位式, two position signal, G : 진행·R : 정지), 3위식(三位式, three position signal, G : 진행·Y : 주의·R : 정지), 대도시의 수송밀도가 많은 전차구간에서는 4위식(四位式, four position signal, G : 진행·YG : 감속·Y : 주의·R : 정지, 또는 G : 진행·Y : 주의·YY : 경계·R : 정지), 그리고 5위식(G : 진행·YG : 감속·Y : 주의·YY : 경계·R : 정지) 등이 있다. 정지신호에서 열차는 이것을 넘어서 진행할 수 없다.

단, 폐색신호기의 정지현시의 경우, 열차의 정지가 1분을 경과하거나 연락에 의해 정지신호현시 그대로도 무폐색 운전이 담당하는 15km/h 이하의 속도로 진행하는 것으로 하고 있다. 경계신호(警戒信號, restriction speed signal)는, 다음 신호기의 정지신호를 확인할 수 있는 지점에서부터 상용제동으로 정지시킬 수 없을 때 사용한다. 이 조건에서 열차는 25km/h 이하의 속도로 진행하게 된다. 주의신호(主意信號, caution signal)는 다음 신호기가 정지 또는 경계신호인 조건으로 열차는 45km/h 이하의 속도(최근에는 제동성능의 개선에 따라 55km/h 전후로 높이고 있는 예도 있음)로 진행하게 된다. 감속신호(減速信號, slow-down signal)는 다음 신호기가 주의 또는 경계신호인 조건으로 열차는 65km/h 이하(최근에는 제동성능의 개선에 따라 75km/h로 높이고 있는 예도 있음)의 속도로 진행하게 된다. 진행신호(進行信號, proceed signal)에서는 열차가 진행할 수 있다. 유도신호(calling-on signal)는 정차장에 진입하는 경우 등으로 열차 편성의 병합(倂合) 등을 위해서 진로 상에 열차 또는 차량이 있는 것을 전제(前提)로 15km/h 이하의 속도로 진행한다. 신호기의 안쪽은 신호기를 방호하고 있는 방향을, 바깥쪽은 신호를 현시하고 있는 방향을 말한다.

4.4.88 AT 궤전방식 (AT feeding system)

단상 교류전철화 설비에서 교류전류에 의해 통신선에 전자유도(電磁誘導)를 발생시키므로 이를 경감하는 데 BT 궤전(Booster Transformer feeding system) 또는 AT 궤전방식이 채용되고 있다. AT 궤전방식(Automatic Transformer feeding system)은 트롤리선과 궤전선 사이에 권수분비(卷數分比) 1/m의 AT 트랜스포머(1차 및 2차의 회로가 공통의 변압기, 간격은 일본의 경우 신간선 약 10km, 기존선 약 15km)를 삽입하여, 권선의 중간점에 레일을 접속시킨 궤전방식. 일반적으로 AT 트랜스포머의 권수분비는 1/2이며, 분로권선(分路卷線)과 직렬권선의 권수분비는 1 : 1로 하고 있으므로, 트롤리선과 레일 사이의 전압은 레일과 궤전선 사이의 전압과 같아진다. 이 방식에 따르면 변전소(substation)의 궤전전압은 전기차량에 급전하는 전압의 2배가 되므로 변전소 간격이 넓어져 전압 강하가 경감된다. 이 방식의 부하전류는 AT 트랜스포머의 전원 측에서는 트롤리선과 궤전선에 흘러 전자유도 장해가 경감된다.

4.4.89 연동장치 (連動裝置, interlocking device)

정차장 사이 등은 폐색방식에 의해 1폐색구간 1열차로, 열차운전의 안전이 확보되어 있지만, 정차장 구내에서는 많은 분기선(分岐線)이 있어, 열차의 분할(分割)·조성(組成) 등의 작업에 즈음해서는 동일한 폐색방식을 사용할 수 없다. 따라서, 정차장 구내에서의 열차운전의 안전을 확보하기 위해서 입구의 장내신호기, 발차선(發車線)의 출발신호기, 입환운전(入換運轉)을 위한 입환 신호기 등의 상호간과 이러한 신호기와 전철기의 상호간에 결정된 조건일 때만 작동하도록 한 「연쇄(連鎖)」를 시행하고 있다. 이 연쇄관계를 유지하면서 작동하는 것을 「연동(連動, interlocking)한다」고 하며, 이러한 연동을 확보하는 장치가 연동장치이다.

정차장에서는 이러한 연동장치의 채용이 원칙으로 되어 있다. 연동장치에는 방식에 따라 제1종 연동장치(first class interlocking device)와 제2종 연동장치(second class interlocking device)가 있다. 제1종은 신호기·전철기 등의 레버를 모두 한 곳에 집중하여 원격조작(遠隔操作)하고, 이러한 상호간의 연쇄는 제1종 연동기에 따라 수행한다. 제2종은 신호기의 레버는 집중취급하고, 전철기의 변환조작은 현장에서 취급하며, 이로써 상호간의 연쇄는 각 전철기 부근에 설치된 쇄정기(鎖錠器)에 따라 각각으로 수행한다.

최근에는 CTC의 보급에 따라 이러한 것은 센터에서 원격제어된다. 전용선이 있다든지, 입환 등을 수행하는 역 등은 역 독자취급(獨自取扱)으로 하고 있다. 연동장치에는 구조에 따라 기계식과 전기식이 있으며, 기계식 연동장치(mechanical interlocking device)는 큰 레버를 조작원(操作員)의 손으로 취급하고, 기계적인 쇄정장치를 개입하여 전철기를 전환하는 것으로써, 노력과 시간을 요하기 때문에, 최근에는 거의가 전기식으로 이행되고 있다. 전기식의 계전연동장치(繼電連動裝置)는 계전회로에 의해 전기적으로 신호기·전철기 등의 순서로 쇄정을 수행하고 전철기의 전환은 전기 동력에 따르고 있으므로, 조작원은 집중 제어반의 스위치와 푸시 버튼(push button)을 취급한다. 기존의 계전연동장치는 전자석(電磁石, electromagnet)을 이용하여 계전기의 접점을 개폐하겠지만, 최근 보급되고 있는 전자연동장치(電子連動裝置, electronic interlocking device)에서는 계전기 대신에 마이컴을 사용하여 신뢰성·경제성이 보다 향상되어, 취급 장소와 기기실이 소형화되고 있다.

4.4.90 연접열차 (連接列車, articulated train)

서로 이웃한 복수의 차체가 대차(연접대차)를 공유하는 구조의 열차를 연접 열차라고 부르고 있다. 연접 차는 종래의 보기차와 비교해서 대차의 위치가 객실에서 떨어져 있기 때문에, 객실 소음을 적게 하고 차체 중심을 내리거나, 침목 스프링지지 높이를 높게 하는 등, 차량 운동 면에서 유리한 설계를 하기 쉽다. 반면, 한량 당의 축의 개수가 적기 때문에, 1차량의 정원수를 확보하려면, 윤중이 커지고 또한, 차량의 분할 · 병합에 수고가 드는 등의 불리한 점도 있다.

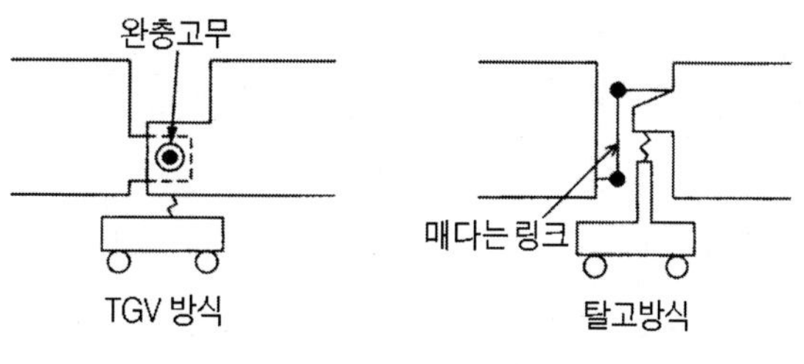

그림4-229 접속부 지지방식의 예

연접구조의 열차로서는 프랑스의 TGV가 유명하며, 또 스페인의 탈고(Talgo)와 같이 연접 대차에 일축대차를 채용한 것이 있다. 차체간의 연결 방식으로서는, 완충 고무 센터 피봇을 사용하고 있는 것(TGV), 매다는 링을 사용하고 있는 것(탈고) 등이 있다. 모든 연접 대차는 인접하는 한쪽의 차량을 직접 지지하고 있다.

4.4.91 열차 다이어그램(train diagram)

열차의 운전계획(運轉計劃) · 운전관리(運轉管理)에 채용되는 열차 다이어그램은 열차계획에 기초하여 구체적으로 열차를 설정하는 것이므로, 열차가 주행상황을 일목요연(一目瞭然)하게 알 수 있도록 도표(圖表)로 나타내고 있다. 열차 다이어그램은 세로축에 거리·역을, 가로축에 시각(時刻)으로 한 좌표가 일반적이며, 열차가 달리는 궤적(軌跡)을 사선으로 기입하고 있다. 여기서, 역 사이의 속도가 구배 등으로 변하는 경우 열차의 궤적은 꺾은선이 되지만, 역 사이의 간격을 거리가 아닌 속도에 따라 조정하여, 열차의 궤적이 직선으로 되도록 하고 있다. 이러한 종류의 열차 다이어그램의 기원은 영국이며, 영국인 기사 W. F. 페이지에 의해 만들어졌다. 다이어그램의 설정은 필요에 따라서 개정하는 예가 대부분이다.

다이어그램의 개정은 신선개통, 선증설(線增設)·전철화(電鐵化, electrification) 등의 시설개량, 신형 차량의 투입·차량증비(車輛增備) 등의 기회와 수송의 증감 변화에 대응하여 종합하여 실시하는 경우가 많다. 다이어그램의 개정은 수송량의 상정과 이용실적을 근거로 삼아 책정하며, 완성 다이어그램의 책정작업은 기준 운전시분(運轉時分), 열차 상호간의 속행간격(續行間隔), 다른 열차와의 경합(競合, 예 : 아침 통근열차·화물열차), 역 설비(발착선 능력, 대피선 등), 평면교차의 지장시분(支障時分), 다른 선구의 열차와의 접속확보, 선로 및 전차선의 보수(保守) 타이밍의 확보 등을 종합하여 시행된다. 열차밀도가 높은 대도시 근교 전차구간은 최종 열차로부터 처음 출발 열차까지 심야대(深夜帶)가 선로와 전차선의 보수 작업시간으로 되지만, 다수의 야행 열차가 설정되는 간선 등에는 보수작업을 위해서 열차가 주행하지 않는 시간대를 설정할 필요가 있다. 운전이 미리 예상되는 임시열차 등도 될 수 있는 한 예정 다이어그램을 설정하여 둔다.

열차 다이어그램에는 용도에 따라 시간눈금의 조밀(粗密)에 따라 1시간 눈금 · 10분 눈금 · 2분 눈금 · 1분 눈금 등이 사용된다. 이상의 다이어그램 책정(策定)은 종래는 관계자의 수작업(手作業)으로 많은 노력과 시간이 필요하였지만, 최근에는 컴퓨터에 의한 신속화와 효율화가 도모되고 있다. 즉, 수요동향(需要動向)에 즉시 대응하여 기동적(機動的)인 수송 서비스를 제공(提供)할 수 있도록 단시일 또한 능률적으로 실시할 수 있는 개선이 진행되고 있다.

4.4.92 열차 최소시격(列車 最小時隔, minimum train headway)

수송력(輸送力)을 증가시키는 방책(方策)의 하나는 열차시격(列車時隔, train headway)을 좁혀 열차편수를 증가시키는 것이지만, 이 경우 열차 최소시격이 문제가 된다. 열차시격의 기본은 후속열차가 항상 진행신호현시(進行信號現示)에 따라 원활하게 운전하도록 하는 것이다. 따라서, 자동폐색구간에 있어서는 전후열차의 간격은 2개 이상의 폐색구간(block section)을 사이에 두고

(two section clear라고 함), 폐색구간이 특히 짧은 대도시 근교구간에서는 3폐색 구간을 사이에 두도록 설정되기 때문에, 최소 열차시격은 2~3 폐색구간+열차길이를 주행하는 시분이 된다. 여기서, 신호기의 간격을 줄여 열차의 속도성능을 높이면, 열차시격을 단축할 수 있으며 증발(增發)이 가능하게 되지만 실제 열차시격은 그 선구를 통하여 가장 큰 시격으로 제약된다. 대도시 근교구간의 지하철의 역 사이의 운전에서 최소시격은 1분 정도로 단축할 수 있다. 그러나 실제 운전에서 주로 시격의 제약이 되는 것은 역 사이에는 없고, 승강(乘降)이 많은 정차 역 부근과 터미널을 되돌아오는 열차의 시격이다.

따라서 승강이 많은 역의 정차시분, 되돌리는 시분, 다이어그램 회복여유(回復餘裕) 등을 위해, 다이어 설정상의 최소 열차시격은 가감속이 빠른 10량 편성 통근전차에서 2분 정도로 하고 있다. 그 외 여객열차에서 3분, 화물열차 등의 긴 편성 열차에서는 6분 정도로 하고 있다. 혼잡이 심한 대도시 근교구간의 러시(rush) 대책으로서, 역에서의 승강시분의 연신(延伸)을 억제하여, 열차시격의 단축 또는 확보를 위해서 승강이 많은 역 승강장의 양 측선(側線)에서 교호발착(交互發着), 양 면 승강장에 의한 승강별 사용, 긴 승강장에서의 속행(續行) 2열차의 발착 등으로 하고 있다. 또 러시 대책으로 최근에는 전차의 승강문의 증설(한쪽 4 → 5・6개), 문폭의 확대(1.3 → 1.8m) 등이 일부에 채용되고 있다. 또 시격단축의 근본책으로서 폐색신호기에 의하지 않고, 선행열차(先行列車)의 운전 상황(주행・정지・속도 등)을 살피면서 안전한 전후 거리를 제어하는 이동 폐색식(移動 閉塞式, moving block system)의 연구가 진행되고 있다.

4.4.93 인버터(inverter)

직류 → 교류변환을 역변환(逆變換)이라 하며, 이것을 수행하는 장치를 의미함. 반대로 교류 → 직류변환을 순 변환(順 變換)이라 하며, 장치를 컨버터(converter)라 한다. 사이리스터(Thyrister), GTO(gate turn off), 파워트랜지스터(power transistor), IGBT(insulated gate bipolar transistor) 등을 스위칭(switching・전류의 on, off) 소자(素子, component, element)로 한 정지형(靜止形)인버터(static inverter)는 무정전 전원(無停電 電源), 형광등(螢光燈) 등에 사용하는 CVCF(固定電壓 固定周波數)와, 유도전동기・ 동기전동기를 구동하는 VVVF (variable voltage variable frequency, 可變電壓 可變周波數)로 대별된다.

회로 상(上)으로는 출력으로부터 직류 측에 리액터(reactor)를 갖춘 전류 형과, 콘덴서(condenser)를 갖춘 전압 형으로 나누어지고, 제어방식은 출력진폭을 변조(變調)하는 PAM(pulse amplitude modulation)과 출력 시간 폭(時間 幅)을 변조하는 PWM(pulse width modulation)이 있다. 스위칭에 수반되는 고조파에 대해서, 인버터의 다중화(多重化), 멀티레벨(multi-level)화(化), 필터 설치 등의 대책이 필요하다. 철도에서의 인버터의 최대 용도(用途)는 전압 형 PWM제어 VVVF 출력에 의한 유도전동기 구동(驅動)이다. 직류 전기차에서는 가선 전압을 직접 인버터로 3상 교류로 변환

한다. 교류 전기차에서는 교류 → 컨버터 → 직류 → 인버터와 회로를 만든다. GTO 소자는 용량이 크고, 하나의 인버터로 여러 개 전동기를 구동할 수 있다. IGBT에서는 1인버터 1모터의 개별 제어나, 전압 3레벨 화(化)로 고조파 저감을 도모하고 있다. TGV(프랑스 고속열차)에서는 전류 형 인버터로 동기전동기(同期電動機, synchronous motor)를 구동하고 있다. 또 마글레브(MAGLEV, 磁氣浮上式鐵道)의 리니어(linear) 동기전동기도 인버터 구동이다. 철 차륜(steel wheel) · 철 레일(steel rail) 사이의 점착제어 방법으로서는, 토크가 일정한 V/f 제어나 벡터제어(vector control)가 도입되고 있다. 또 지상에서는 교류궤전(交流饋電)의 SVG, RPC 등의 자려식 전압변동 보상장치(自勵式 電壓變動補償裝置)가 인버터를 사용한다. CVCF(constant voltage constant frequency)는 차량의 보조전원(SIV나 DC-DC 컨버터)이나 컴퓨터의 무 정전 전원 등에 이용된다.

4.4.94 1M과 MM′ (single motor car and double motor car)

전차인 전동차가 1량 단위(1M 방식) 또는 2량 단위(MM′방식)인 것. 구형 전차는 1량의 전동차에 필요한 동력장치나 기기가 탑재되었지만, 근대화 전차에서는 고성능 전기제동의 채용(직렬연결로 주전동기의 단자(端子)전압을 내리면 고속에서 저속까지 발전제동을 효력 있게 하는 것이 가능)과 기기의 집중화(集中化)에 의한 차량가격의 저감(1M에 비해서 약 8% 감소)을 도모할 이유로 MM′방식인 2량 단위의 전동차가 많아지고 있다.

MM′방식에서는 팬터그래프(pantograph), 제어장치(control device), 보조기(補助機) 등은 2량 단위에 하나밖에 설치되어 있지 않기 때문에 2량 단위가 아니면 운전할 수 없다. 따라서 MT가 반(半)인 편성의 경우에는 바람직한 최소 단위가 4량으로 되고, 또 2량의 작은 단위 편성에서는 2량의 전동차가 있어야 하므로 차량가격 면에서 불리한 점도 있으므로, 편성단위의 사용조건 등을 고려하여 선정한다. 일반적으로 긴 편성의 본선 열차는 MM′방식이, 짧은 편성의 지선(支線, spur, local line)은 1M 방식으로 하고 있으며, 최근에는 인버터 제어방식이 채용되고 있으며, 본선용(本線用)도 편성의 분할 · 병합(分割 · 倂合)에 의한 수송력 조정을 합리적으로 하기 위해 1M 방식도 아울러 채용하는 추세이다.

4.4.95 재점착 특성(再粘着 特性, re-adhesion characteristic)

기관차는 주행 중에 동요(動搖), 선로의 평면도(平面度)의 변화, 레일의 건습(乾濕) 등의 상태에 따라 축중과 마찰계수(摩擦係數, coefficient of friction)가 변동하기 때문에, 인장력이 크지 않은 경우에서도 동륜의 공전(空轉, slip)은 피할 수 없다. 이 경우 공전하여도 바로 멈추고 재점착하여 주면 인장력의 유지에 유리하기 때문에 재점착하기 쉬운 특성이 요망된다. 공전하지 않는 경우의 동륜과 레일과의 정(靜)마찰계수(건조 시)의 평균값은 0.41, 표준편차 0.048의 측정값이 있으나, 공전 시의 동(動)마찰계수는 정마찰 계수를 상당히 밑돌아 평균치에서 많이 벗어난다. 인장력이 점착 인장력을 넘어 공전을 시작한 경우, 공전속도가 증가함에 따라서 인장력이 점착력을 밑돌면 공전이 멈춘다. 공전의 증가에 따라서 인장력이 감소하는 특성은 전동기의 종류 등에 따라서 다르다.

이 특성은 교류 유도전동기가 가장 좋으며 직류 직권전동기가 그 다음이고 교류 정류자전동기가 열세이다. 최근 인버터 제어방식의 개발에 따라서 교류 유도전동기를 탑재한 전기차량이 생겨나, 우수한 재 점착 특성이 인장력 성능을 소생시키고 있다. 또한 직류 전기기관차의 경우, 저항기가 개재(介在)되어 있으면 공전 시의 저항기 전압강하가 감소되고 전동기의 역기전력(逆起電力)이 크게 되어 저항기가 개재되어 있지 않은 경우보다 공전하기 쉬운 특성을 가진다.

또한 직병렬 접속에서는 같은 이론에서 병렬 쪽이 공전 시의 전류 전기 변화도가 커져, 저항 및 직병렬제어의 직류기보다 저항기가 없는 병렬연결의 교류 전기기관차 쪽이 재 점착 특성이 우수하다. 다음에 공전하였을 경우, 이상의 특성에 의하지 않고 빨리 재 점착시키는 대책도 채용되고 있다. 즉, 바로 인장력을 일시 내리는 방법으로써 공전되면 자동적으로 제어노치(control notch)를 되돌리거나 전기자(電機子)를 저항분로(抵抗分路, 전기자 분로법)시켜, 가벼운 공기제동을 거는 등, 또 동륜(動輪)과 레일과의 마찰계수를 올리기 위해 자동적으로 레일에 모래를 뿌리는 방법이 있다. 전기자 분로법에서는 재 점착 후에는 재 공전(再 空轉)하지 않도록 시한을 두고 분로저항기를 해방한다. 동륜의 공전속도검지(空轉速度檢知)는 각 동축(動軸)에 설치된 속도발전기(speed generator)의 전압 차이나 각 주전동기의 단자 전압차(端子 電壓差) 등에 따르고 있다.

4.4.96 전기 · 궤도종합시험차 (電氣 · 軌道綜合試驗車, electric and track inspection car)

지상 설비를 주행 상태에서 검사기능을 갖고 있는 차량.

일본의 경우, 차량은 전기 관계 6량, 궤도 관계 1량, 계 7량으로 구성되어 있으며, 주행 속도 210 km/h에서 설비의 기능 검사가 가능하다. 도카이도(東海道) · 산요(山陽) 신간선에서는 외장 색이 노란색인 관계로 닥터 옐로우(doctor yellow)라고 부르고 있다. 도호쿠(東北) 신간선에서는 아이보리 화이트와 녹색의 트윈 칼라이다. 측정 항목은 전차선 관계로는 트롤리선의 경점(更點, spot point) · 높이 · 편위(偏位) · 지장물 검출 · 지장물 위치검출 · 이선(離線, de-wiring) · 집전 상태의 관측 등이며, 변전 관계로는 이상전압 · 교체 개폐기 동작상황 · 전차선 전압 · 전차전류 등이다.

신호 관계는 궤도회로 전류 레벨 · 궤도회로 전류의 신호주파수 · 신호종별 · 귀선 불평형

전류 · 지점검지 차상자의 주파수 특성 · 열차 검지용 궤도 회로 전류 레벨 등이며, 통신 관계에서는 열차 무선 전계 강도 · 잡음 · 전파 전환 지점 · 열차무선 접속률 · 명료도(明瞭度) · 요해도(了解度) 등이다. 궤도 관계에서는 궤도의 고저 · 통과 · 수준 · 평면성 · 궤간 · 차량 진동가속도 · 소음 레벨 등이다. 각 측정 장치로부터의 데이터는, 데이터 레코더에 기록됨과 동시에, 펜 차트 등에 기록된다. 설비에 이상이 발견된 경우에는 차상에서 각 현장 기관에 속보(速報)되어 곧 수복이 실시된다. 또 측정값이 보전관리 한계를 넘는 장소는 데이터 처리 장치로 주행 후에 처리되어, 일람표로서 작표(作表)되어 기록된다. 이 데이터는 각 현장 기관에 송부되어 보수관리에 도움을 준다.

또 데이터 레코더에 기록된 상세 데이터는 지상의 대형 컴퓨터에 의해 통계처리가 실시되어, 설비 장해의 예지(豫知, 미리 알림)나 작업계획의 자료로서 현장기관에 송부된다.

4.4.97 전복(轉覆, overturning, upset)

차량이 큰 횡력을 받아서 전도(轉倒)하는 것을 말한다. 횡력으로서는 횡풍에 의한 풍압력(風壓力)이나 좌우 진동 관성력, 곡선 통과시의 초과 원심력 등이 차량의 전복에 큰 영향을 미친다. 특히 곡선 통과 속도의 향상이나 차량의 경량화 경향이 현저하여, 오늘날에는 차량의 전복에 대한 안전성이 점점 중요하다. 또 사회 일반적으로는 전복과 탈선이 같은 뜻으로 사용하는 것이 많지만, 그 원인이나 메커니즘에 명확히 다르기 때문에 차량의 주행안전성을 고려하는 데는 양자를 구별하고 있다.

전복은 엄밀하게는 동역학의 문제이기는 하지만, 차량에 작용하는 힘의 변화나 차량 운동의 과도현상의 상세를 파악하는 것은 곤란하기 때문에, 정역학의 문제로 치환하여 취급되는 것이 많다. 횡풍을 고려한 차량 전복 이론 해석은 1972년 제안되어 널리 사용되고 있다. 이 이론 식은 작용력을 일정하게 하여, 차량에 작용하는 외력이나 모멘트의 정적인 균형으로 전복에 대한 안전한도를 해석한 것이며, 실용적 보다 우선 신뢰해야할 결과를 인도할 수 있기 때문에 차량 · 궤도의 설계에 활용되고 있다.

전복하기 어려운 차량의 조건은 (1) 차량 중심 높이가 낮다, (2) 차량 무게가 무겁다, (3) 스프링계가 단단하다, (4) 차체 측면적(側面積)이 작다, (5) 풍압 중심 높이가 낮고, 횡풍에 대한 항력 계수가 작은 형상 등이 고려된다. 단, (2), (3)과 같이 궤도로의 영향, 승차감 영향 등, 다른 조건에서 고려하면 상반하는 요소도 있다. 또 특히 곡선통과속도향상을 위해서는, (1)차량 중심 높이를 낮게 하는 것이 중요하다.

4.4.98 제3레일식 (third rail system)

전차선로의 일종으로 선로 곁에 급전용(給電用)의 제3레일을 부설하고, 전기차량은 하부 측면에 설치되어 있는 집전 슈(current collection shoe)로 집전한다. 선로 가까이에 전도체(電導體)가 설치되어 있어 감전의 위험이 있기 때문에, 일반적으로 건널목이 없는 지하철 등에 한정된다. 영국 런던의 근교선에서는 입체교차 구간의 개수(改修)를 피하기 위해 제3레일식을 사용하고 있는 예도 있다. 일본의 제3레일 채용 지하철에서는 직류 600~750V를 사용하고 있다. 제3레일의 재질은 주행 레일보다 전기저항이 적은 저탄소강(低炭素鋼, low carbon steel, 성분 C 0.04%, Mn 0.15%, Cu 0.067%, 인장강도 50~75kgf/mm²) 등이 사용되고 있다. 집전 슈와의 접촉 위치에 따라서 상면 접촉식(上面 接觸式), 하면(下面) 접촉식, 측면(側面) 접촉식 등이 있다.

4.4.99 지상1차 시스템

지상 1차 방식을 채용한 리니어 모터 추진의 수송 시스템을 말한다. 이 시스템에서는 차량에 리니어 모터의 2차 측으로서의 계자극(界磁極) 또는 2차 도체를 탑재하여, 지상에 설치한 1차 측의 전기자 코일(추진용 지상코일)에 차량의 주행 속도에 따른 가변전압 가변주파수(VVVF) 전력을 공급하여 차량을 주행시킨다. 이 방식에서는 리니어 모터의 효율과 역률을 향상시키기 위해서, 추진용 전력을 공급하는 지상 코일의 범위를 차량이 주행하고 있는 근방에 한정하는 방법이 채용되며, 전력을 공급하는 지상 코일의 단위를 섹션(section)이라 부르고 있다. 지상 1차의 리니어 모터는 1차(電機子) 코일의 전압을 비교적 높게 하는 것이 가능하므로, 고속에서 대용량의 수송이 가능하다. 고속에서 주행하려면 리니어 모터의 공극(空隙, 틈)이 큰 것이 바람직하고, 모터의 공극을 크게 하여도 모터로서의 특성이 그다지 저하되지 않는 리니어 동기 모터(LSM)가 채용되는 것이 대부분이다.

차상에 탑재되는 계자극으로서는 통상 전자석이 채용되지만, 영구자석이나 리액션 플레이트(reaction plate, LIM 방식의 경우)를 사용하는 것도 가능하다. 계자용 전자석으로서는 통상 유철심(有鐵心) 상전도 전자석(常電導 電磁石)을 사용하는 방식(독일의 Transrapid)과 무철심(無鐵心)의 초전도(超傳導)전자석으로 사용하는 방식(JR MAGLEV)이 있으며, 초전도 전자석은 자기부상(磁氣浮上)이나 자기안내(磁氣案內)의 차상 자석으로서도 겸용된다. 차상 전자석에 공급되는 전력(초전도 자석의 냉동시스템에서 소비되는 것도 포함)은 작으므로, 축전지와 조합한 비접촉 집전(非接觸 集電)에서 조달하는 것도 가능하다. 지상 1차 리니어 모터 추진 방식에서는 지상의 전기설비가 차상 1차 방식에 비교하여 복잡하게 되어, 건설비가 고가(高價)로 되기 때문에 지상설비의 가동률(稼動率)이 좋은 고밀도 수송기관에 적합한 시스템이라 할 수 있다.

4.4.100 차량기지(車輛基地, depot)

차량기지는 기관차·전차·디젤동차·객차·범용 이외의 화차 등 각종 차량의 유치(留置, storage), 열차편성의 재조합, 정비·청소·검사·수선 등을 수행하는 곳이며, 동시에 열차를 운전하는 승무원의 거점(據點)으로 되어 있는 기지가 많다. 취급하는 차량의 종류에 따라서 기관구·전차구·기동차구·객차구·화차구 등 복수의 차종을 취급하는 차량기지로서 운전구·운전소 등이 설치되어 있다. 범용화차를 제외하고 차량은 각각의 차량기지에 배속되어, 미리 정해진 계획에 따라서 차량기지를 출발하여 운용되며 기지로 돌아오는 것을 원칙으로 하고 있다. 차량기지에서는 소정의 정비·청소·검사·수선 등의 작업이 이루어지며, 대수선(大修繕)이나 전반적 검사(全般的 檢査)는 회송되어 철도에 부대(附帶)된 차량공장에서 실시된다.

4.4.101 차량동요 승차감(車輛動搖 乘車感, riding comfort, riding quality)

일반적으로 승차감이란 차내 환경이 여객에게 주는 심리적 · 생리적 반응을 말한다. 이 요인에는 진동, 가속도, 소음, 온습도, 통풍, 빛의 양, 압력, 냄새 등 모든 인자가 포함된다. 그 중 차량의 주행에 따라서 발생하는 진동이나 가속도에 따라서 기인하는 여객의 반응을 좁은 의미의 승차감으로서 정의하고 있다. 차량의 주행에 따르는 승차감을 검토할 경우 보통, 진동 승차감, 곡선 통과시의 승차감, 가 · 감속시의 승차감 및 진자 차량의 승차감의 4종류로 분류되고 있다.

진동 승차감은 가장 일반적인 승차감으로, 차량의 주행에 따르는 상하, 좌우, 전후 진동 가속도를 평가 지표로서 사용한다. 평가 방법으로서는 승차감 계수나 승차감 레벨이 있다. 곡선 통과시의 승차감은 현 시점에서는 차량이 곡선 및 분기기 곡선 측을 통과할 때에 승객에게 걸리는 좌우 정상 가속도로 평가하고 있다. 일본의 경우에는 시험에 의해, 5%의 승객이 허락하지 않는다고 하는 좌우 정상 가속도로서 0.8 m/s^2를 채용하고 있다. 단, 전원 착석을 전제로 한, 신간선 「노조미」에서는 0.9m/s^2를 허용하고 있다. 또 좌우 정상 가속도와 진동 가속도와의 조합으로 평가하는 방법도 제안되고 있다. 세로 곡선 통과 시는 상하 정상 가속도도 승차감에 영향을 준다. 가감속시의 승차감은 차량의 가속, 감속 시를 고려하여, 가감속도와 각가속도도 평가한다. 진자 차량의 승차감은 진자 차량이 곡선을 통과할 때의 차체 경사에 대한 승차감으로 차체 롤링 각속도(차체 경사각 속도)와 차체 롤링 각 가속도(차체 경사각 가속도)로 평가한다. 일본에서는 1983년에 진자 전차에서 실시한 시험에 따라 각각 5deg/s^2 , 15deg/s^2 라는 목표 값이 제안되어 있다. 같은 진동이어도 승객의 자세나 그 때의 몸의 상태 등에 따라서 느끼는 반응은 다르다.

현대의 여객의 감각에 맞추고 또한 차량, 궤도의 설계, 보수에 반영하기 쉬운 객관적인 승차감 평가방법을 확립하는 연구가 현재도 계속되고 있다. 승차감이라 표기하는 경우도 있다.

4.4.102 차량의 여러 가지 진동

차량은 일반적으로 차체(car body)와 대차(bogie) 등 주행장치(running gear)로 구성되고, 대차에는 충격완화를 위해 스프링이 설치되고 윤축(輪軸, wheel-set)에 대해서 전후좌우로 다소의 유간(遊間, gap, clearance)을 가지고 있다. 레일이 완전한 직선이고 주행하는 차륜이 완전한 원호(圓弧) 또한 불균형이 아무 것도 없으면, 차량은 거울 위를 달리는 것처럼 진동을 일으키지 않을 것이다. 그러나 실제 주행장치 등의 정도(精度)는 완벽하지 않고 또 궤도 측 레일의 고저, 좌우에 다소의 틀림이나 도상 침하량(道上 沈下量)의 불 균일은 피할 수 없으며, 레일과 차륜 플랜지(flange) 사이에도 약간의 유간(직선 구간인 경우 한쪽으로 약 6mm)을 설치하고 있기 때문에, 이 범위 내에서의 작은 이동도 생긴다. 이러한 조건이 서로 영향을 미쳐 차량의 진동을 일으킨다. 차량진동은 진동수(振動數, frequency)에 따라 동요(動搖)와 「비비리」 진동(frequency of chattering , 기계 및 부품이 딱딱 또는 덜덜 소리를 내면서 발생되는 진동)으로 나누어진다. 차체는 거의 강체(剛體)로 운동하며 그 동요는 주로 3~5Hz의 진동이다. 차체가 탄성체(彈性體)로서 운동하는 것이 「비비리」 진동이며, 진동은 약 10Hz 이상의 진동을 말한다. 지나친 「비비리」 진동이 없는 한, 일반적으로 승차감에서 문제로 되는 것은 동요이다. 진동은 그 모양과 방향에 따라서 다음의 6종류로 분류된다.

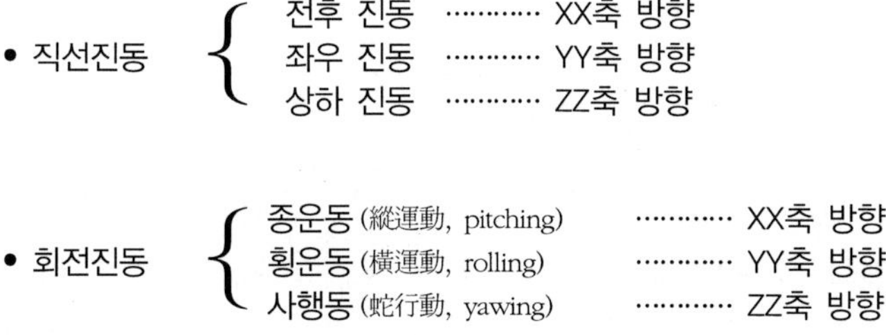

전후진동과 사행동은 스프링하 중량(unsprung mass)이 레일에 대한 상대 운동의 경우가 많고, 상하진동과 롤링 및 피칭은 스프링상 중량(sprung mass, 주로 차체)의 스프링하 중량에 대한 경우가 대부분이다. 이러한 진동 가운데 전후 및 상하진동과 피칭 및 요잉은 각각 단독으로 존재하지만, 좌우 진동과 롤링은 일반적으로 단독으로는 존재하지 않고, 서로 연관되어 발생한다. 또 롤링에는 XX축이 대차 부근의 아래쪽에 있는 제1차(下心) 롤링과 차체의 위쪽 부근에 있는 제2차(上心) 롤링이 있다. 차륜은 곡선을 원활하게 주행하도록 답면이 구배로 되어 있기 때문에, 직선레일 위를 굴러가면 진행방향 운동과 횡 방향(레일과 차륜 플랜지의 유간)만의 병진운동(竝進運動)이 합성된다. 즉, 좌우 진동과 요잉의 합성된 운동인 사행동(蛇行動, hunting, snake motion)이 된다.

4.4.103 철도신호의 종류

운전에 종사하는 사람에 있어서 열차의 진행(進行)·정지(停止), 속도(速度)와 진로(進路) 등의 운전조건을 지시하는 장치의 총칭. 일반적으로 사용되고 있는 철도신호는 신호(信號)·전호(傳號, sign)·표지(標識, indicator, sign marker)로 분류된다. 신호는 철도신호에서 가장 중요한 위치를 차지하고 있다. 즉, 형상(形狀)·색(色)·음(音) 등에 의해 열차 또는 차량에 대하여 일정구간을 운전할 때의 조건을 지시(指示, indication)하는 것이므로, 신호를 현시하는 기구를 신호기(信號機, signal)라고 한다. 형상(形狀)으로 나타내는 것의 예로는 완목식(腕木式) 신호기·등열식(燈列式) 신호기, 색으로 나타내는 것에 색등식(色燈式) 신호기, 음으로 나타내는 것에 발뢰(發雷) 신호기가 있다. 전호는 형상·색·음 등으로 관계자 상호간에 의지(意志)를 전하는 것이다.

대표적인 것으로 형상과 색으로 수행하는 입환통고신호(入換通告信號)·제동시험신호(制動試驗信號)·정지위치지시신호(停止位置指示信號), 음으로 전하는 기적신호(汽笛信號)·무선기에 의한 신호 등의 예가 있다. 표지는 형상·색 등에 의해 사물의 위치·방향·조건 등을 표시하는 것을 말한다. 예로서 입환표지(入換標識)·열차표지(列車標識)·입환차량표지(入換車輛標識)·열차정지표지(列車停止標識)·차정지표지(車停止標識)·일단정지표지(一端停止標識)·차량접촉한계표지(車輛接觸限界標識)·가선종단표지(架線終端標識)·전철기표지(轉轍器標識)·속도제한표지(速度制限標識)·기적취명표지(汽笛吹鳴標識) 등이 있다.

4.4.104 철도차량의 내용수명 (service life of rolling stock)

대표적인 것으로 물리적·경제적·진부적 등의 내용수명이 있다. 물리적 수명(物理的壽命, physical life)은 내용가능(耐用可能)을 한계로 하는 연수(年數)이다. 많은 부품의 집합체인 차량에서는 언더프레임(under frame)과 구체(構體, structure) 등 비용적으로 주체인 부품의 수명에 의거하지만, 전기차량과 디젤차량 등은 고가인 부품이 많아 결정적인 수단이 되는 주체부품(主體部品)이 없기 때문에 물리적 수명을 헤아리는 것은 어렵다. 경제적 수명(經濟的壽命, economical life)은 경과연수에 따른 보수비의 증가와 상각비(償却費)의 감소와의 합계가 최소가 되는 연수(年數)로 한 것으로, 경제적인 갱신연수(更新年數)를 결정하는 MAPI(machinery and allied products institute)방식 등이 채용된다.

사용조건이나 보수방법에 따라 상당한 폭이 있으며, 기존선 차량으로 20~30년 정도, 일본의 경우 신간선 차량으로 15~20년 정도이다. 진부적 수명(陳腐的壽命, commonplace life)은 시대의 진전이나 신예차량(新銳車輛)의 탄생 등에 의해 시대에 뒤떨어지게 되는 예로서, 신형 차량에 의한 치환효과(置換效果)의 정도 등에 의해 연수의 폭이 상당한 차이가 있다. 따라서 3가지의 내용연수는 물리적·경제적·진부적 순서로 짧게 되어 있다.

철도차량의 내용연수는 최근에 빠른 템포로 세상에 반영되어 짧아지는 경향이 있지만, 자동차 등에 비하여 긴 것이 특징이다. 이것은, 철도차량은 편성운전(編成運轉)으로 인해 충격하중(衝擊荷重)을 피할 수 없는 것, 여객차량의 경우는 상당한 정원초과 승차의 하중이 있는 것, 철도의 공공적 수송에서 고장방지의 요청이 특히 요망되고 있는 것 등의 이유로, 강풍(强風)에 견디고, 높은 안전성이 요구되는 항공기의 내용연수가 비교적 긴 것과 같이 설계의 기본(基本)이기 때문이다.

4.4.105 초저상식 경쾌전차 (超低床式 輕快電車, lower floor light rail vehicle)

1984년에 획기적이라고 할 수 있는 초저상식 경쾌전차가 스위스의 제네바 시(市)에서 채용된 것이 최초로서, 그 후 서구의 기존 노면철도나 라이트 레일(light rail)에 적극적으로 채용되고 있다.

이 전차는 플랫폼이 없는 노상에서도 1단(段, step)에서 쉽게 승강할 수 있도록 바닥면 높이를 300~400mm로 낮다. 저상면적(低床面積)의 비율에 따라 부분(部分) 저상형·반(半)저상형·전(全)저상형 등이 있다. 기본구조는 교차점(交叉點) 등의 급곡선 통과를 위해 차체가 짧은 연접형(連接形)이 원칙으로서 필요에 따라 연결운전(連結運轉)하고 있다. 저상화를 가능하게 한 것은 인버터 제어에 의한 소형 유도전동기의 채용과 기기의 하이테크(high technology) 소형화로 기기는 지붕 위에 설치되어 있다. 중량당 출력은 9~13kW/t, 최고속도는 70km/h 정도이다. 서구의 경우 냉방장치를 필요로 하지 않는 조건은 초저상식(超低床式) 전차의 설계도 충족하고 있다. 대차와 구동방식의 해결방법으로서 회전하지 않는 오목한(凹形) 빔 차축(beam axle, 좌우의 차륜이 따로따로 회전) 또는 차축이 없는 독립차륜으로서 의자 아래의 공간에 넣어 주전동기에 직각 카르단 구동방식, 소경차륜(小徑車輪) 중간대차 등이 사용되고 있다. 특히 참신한 것으로 전동기·차륜구동장치·차륜을 일체로 한 유닛 독립차륜도 개발되어 시험적으로 사용되고 있다. 현재는 차량 제작사에 의해 경쟁적으로 제작되어 다양한 형식이 생겨나고 있다. 원가저감(原價低減)을 위해 표준화 양산이 요망되지만, 초저상식은 노면전차가 살아남을 수 있었던 하나의 방향이라 판단된다.

4.4.106 K-AGT (Korea - Automated Guideway Transit)

한국형 표준 고무차륜 경량전철을 말함. 1999년 하반기인 11월부터 시작하여 2004년 말까지 약 5년 2월에 걸쳐 개발한 한국 최초의 고무 차륜식 경량전철. 사업주관부처인 건설교통부의 협조 하에 총괄주관기관인 한국철도기술연구원(KRRI)과 차량분야 주관기관인 (주)우진산전이 공동으로 노력하여 설계, 제작, 시험한 차량으로 2005년 10월 현재 25,000km 주행시험(주관, 한국철도기술연구원)을 완료하고 계속하여 전용 시험선(경북 경산시)에서 각종 시험과 내구성 시험을 계속하고 있다. 시험선은 경북 경산시 남천면에 위치하고 2003년 12월에 착공하여 2004년 7월에 완공하였으며, 설치 목적은 개발차량인 고무차륜 경량전철 차량 시스템 성능 및 안전시험 인증을 위한 것이며, 선로 총 길이는 2.4km(본선 1.9km, 측선 0.5km)로 되어 있으며 한국철도기술연구원이 건설하였다. 이 시험선에서 성능 및 안전 인증에 필요한 각 종 시험을 실시하였으며, 개발차량 2량 1편성으로 영업최고속도 70km/h도 달성하였다. 차량 크기는 1량의 길이는 9.8m, 폭 2.4m, 높이 3.5m이며 차체재질은 알루미늄으로 되어 있고, 운전방식은 무인자동운전이다. 이 차량은 부산시 3호선 2단계 구간인 반송선 미남~안평 사이에 (주)우진산전이 양산하여 납품예정으로 2005년 10월 현재 부산교통공단과 계약 체결한 상태이며, 양산 차량의 납기는 2009년 하반기로 되어 있다. 한국철도기술연구원과 (주)우진산전은 개발차량으로 과학기술부가 수여하는 신기술인증(KT)상을 공동으로 2005년 10월에 수상하였다.(이상은 2005년 11월 기준임)

4.4.107 KTX (Korea Train eXpress)

대한민국에서 운행 중인 유일한 고속열차. 1992년 6월 30일 착공하여, 서울~부산 간 총 연장 약 410km 중 1단계 공사를 완공하여, 2004년 4월1일 부터 영업운행이 시작되었다. 영업최고속도는 300km/h이며, 직선구간에서는 이보다 속도를 더 낼 수 있다. 서울~부산 간에 주요 역은 광명, 천안아산, 대전, 동대구 등이 있으며, 운행은 stop & skip 형태로 하고 있어 이용에 편리하다. 동대구에서 경주를 거쳐 부산까지의 2단계 공사구간은 2010년 11월에 완공 및 개통되었다. 2단계 구간에서는 경주역이 추가되었다. 열차 설계의 기본 개념은 프랑스에서 오랜 동안 운행으로 입증된 TGV 시스템을 도입하여, 우리나라 실정에 맞게 개량하였다.

4.4.108 타이어 형상 (tyre contour)

차륜이 레일과 접촉하는 윤곽(輪郭)을 말한다. 그 형상은 차량이 레일 위에 안내되어 안전하고 원활하게 주행하기 위해서는 특히 중요하다. 타이어 형상에 필요한 조건으로서는 탈선(脫線, derailment)에 대한 안전성(安全性, safety)이 높을 것, 주행 안정성(安定性, stability)이 우수할 것, 곡선을 원활하게 통과할 수 있을 것, 레일과의 접촉응력(接觸應力)이 작을 것, 레일과의 주행마모가 적고, 마모되어 삭정(削正, re-profiling)까지의 기간이 길어 삭정 시의 낭비가 적은 것 등을 들 수 있다.

일본의 경우, 기존선에 사용되고 있는 기본 타이어 형상은 사용실적과 오랜 세월의 연구로 약간의 수정을 가하여 약 90년 전에 정식으로 제정된 것인데, 전후에 제정된 국제철도연합

(UIC)의 표준규격이나 구미(歐美) 각국에서 채용되고 있는 평균적인 타이어 형상에도 가깝다.

기본 타이어 형상의 플랜지 각도(flange angle)는 59도이었지만, 신간선에서는 탈선에 대한 안전을 우선하여 플랜지 각도를 70°로 하고 있다. 화차에 사용되고 있는 N답면 타이어 형상은 사고에 대비하여 화차의 대탈선성(對脫線性)을 높이기 위해 채용되었다. 즉, 탈선방지를 우선으로 하면서 사행동(蛇行動, hunting, snake motion) 대책과 마모방지 등도 고려하여, 탈선방지에 있어 플랜지 각도를 65도로 크게 하고, 플랜지 높이도 30mm(기본은 26mm)로 가능한 한 높게 하고 있다.

최근의 고속전차 등에서는 횡압(橫壓, lateral force)을 감소시켜, 곡선속도를 향상하고 승차감을 보다 개선하기 위해 플랜지는 N답면 형상으로 하여 표준 타이어 형상을 $R=14$mm에서 답면으로 변하는 곳을 반지름 100mm와 350mm의 원호(圓弧)로 한 원호 타이어 형상을 채용하고 있다.

차륜 타이어 형상은 플랜지와 답면의 안쪽이 주로 마모되어 당초의 기본 형상에서 변형되어 원활한 주행을 방해하기 때문에 마모량에 따라서 주행 10~30만km(속도와 선로의 조건에 좌우 됨)에서 삭정하여 기본 형상으로 되돌아가게 된다. 따라서 차륜의 마모감소는 주행에 의한 마모보다도 삭정에 의한 마모의 양이 많으며, 이런 경향은 플랜지 각도가 클수록 많아지는 경향이 있다. 차륜의 주행에 의한 마모는 곡선 레일과 접촉하는 플랜지부(部)가 특히 많아, 마모를 줄이기 위해서 플랜지부에 담금질(燒入, quenching)을 실시하여 경도(硬度, hardness)를 높이는 것도 있다. 또한 마모가 많은 차륜(전기기관차의 최 전위, 최 후위의 차륜 등)에는 주행에 따라서 자동적으로 플랜지부에 기름이 도포(塗布)되는 플랜지 자동도유기(自動塗油器, automatic lubrication)가 설치되어 있다.

- **차륜의 두께** : 통상 120~145 등(mm)
- **차륜직경의 종류** : 520, 610, 660, 760, 762, 800, 810, 850, 860, 880, 890, 910, 915 920, 1030, 1100, 1120 등(mm)
- **차륜 답면 구배의 종류** : 1/4, 1/6, 1/7, 1/9, 1/12, 1/16, 1/18, 1/20, 1/40 등

4.4.109 통근수송(通勤輸送, commuter transportation, commuter transport)

철도는 대량 수송에 적합하며 수요가 증가하여도 소요 시간이 늘어나지 않는다는 특징으로부터 도시의 통근 수송에서는 주요한 역할을 담당한다. 통상은 통학 수송을 포함한다. 어떤 업무지로 통근하는 사람이 거주하는 범위를 통근권이라 하며, 행정구획을 넘어서 도시범위의 목표가 된다. 대도시 근교 수송에서는 50km 정도의 범위이다. 통근 수송은 업무의

필요성에서 혼잡시 집중이 심하고, 도심 방향의 여객의 피크 1시간 집중율은 40% 정도로도 되는 것이 있다. 이것은 철도를 다른 기관보다 유리하게 하는 요인이기도 하지만, 혼잡에 의한 쾌적성의 저하나 수송력 확보를 위한 속도의 저하라는 문제점을 발생하고 있다. 이러한 문제의 근본적인 개선을 위해서는 선로증설(線路增設) 등의 대규모 투자가 필요하다. 그러나 토지 취득의 곤란함이나 공기(工期)가 장기에 걸쳐 진행되므로 공사비에 대한 이자의 증가 등으로 많은 액수의 비용이 드는 등 장해가 많으므로 운임의 개정 등을 검토해야 한다. 그 때문에 보다 효율적인 수송 개선책으로서, 승강 시분의 단축을 모색하기 위해 문짝이 많은 차량이나 쾌적성의 확보를 위한 차량에 대한 여러 가지 대책이 필요하다.

4.4.110 통표 폐색식 (通票 閉塞式, tablet block system)

단선구간 폐색장치의 결정판으로서, 많은 사고의 교훈으로부터 영국에서 철도 성장기라 할 수 있는 1870년경에 개발된 이후 세계적으로 보급되어 현재도 많은 나라에서 사용되고 있다. 역 사이의 폐색구간의 운전은 그 구간 고유의 통표(通票, tablet)를 휴행(携行)하는 것이 절대적인 조건으로, 통표는 양역(兩驛) 어디엔가 있는 폐색기로부터 1매(枚)만은 빠져지지 않는다. 즉, 양역에 한 쌍의 통표폐색기가 있어, 상호 전기적으로 쇄정(鎖錠)되어 양역에서 일정한 수순으로 취급하면, 발차 역 쪽에서 1매만 금속제 원반(金屬製 圓盤)의 통표가 뽑아지는 구조로 되어 있다. 통표를 넣은 캐리어(carrier)를 열차의 기관사가 휴대하고 운전하여, 캐리어를 도착역에서 건네고, 양역의 공동조작으로 통표를 도착역의 통표폐색기에 넣으면 원래 상태로 되돌아온다. 통표에는 각 역 사이에 고유의 노치(notch, 일반적으로 4종류)가 있기 때문에, 통표 폐색기에는 다른 구간의 통표를 잘못 거두어들이는 것은 불가능하다. 자동·특수자동·연사(連査)의 각 폐색장치가 출발신호기와 전기적으로 연쇄(連鎖)되어 있는 것에 대해서, 통표폐색장치는 출발신호기와의 사이에 연쇄가 없으므로, 이러한 것은 역장(驛長, station master, station agent)의 취급과 기관사의 확인에 따라서 보완할 수밖에 없다. 또한, 기관사에게는 캐리어 수수(授受) 등의 취급과 캐리어 운반의 번거로움이 결점이다.

4.4.111 튜브식 철도 (tube train)

원형(圓形)의 수송 공간 가운데를 원형인 차체를 가진 열차가 활주하는 방식. 차체의 구동방식으로서는 보통의 점착력 또는 리니어 모터에 의해 튜브 내의 공기는 저항력으로만 작용하는 것과, 튜브 내에 정상류(定常流)를 흘려 두는 것, 차체 전후에 압력차를 설치 구동원(驅動源)으로 하는 것, 튜브 내를 진공으로 하여 중력을 이용하는 것 등, 여러 가지 방식이 고려되고 있다. 소형 · 저속의 것에서는 기송우편(氣送郵便)이 각국에서 실용화되고 있다. 그러나 이와 같은 튜브 타입 철도는 고속철도에 있어서 그 이점이 가장 살릴 수 있다고 생각된다. 차량에 작용하는 저항은 고속에서는 공기저항이 대부분을 차지하기 때문에, 공기저항을 튜브를 사용하여 제어하고, 에너지 효율을 높이는 동시에 속도향상을 달성할 수 있다. 또 튜브가 지하에 건설되기 때문에, 지상의 환경조건과 분리되어 소음 등의 환경문제를 발생하지 않는 다는 이점이 있다. 한편으로, 튜브 내의 온도상승 대책 등 기술적 과제의 해결과 함께, 경제성 및 보수 · 긴급 시 대책 등의 검토가 필요하다.

1974년부터 시작된 스위스의 쥬네브(Geneve) ~ 장트가렌 사이 약 300km에 고속 튜브식 철도를 건설하는 계획은 주식회사 스위스 메트로(Metro)가 예비연구를 계속하고 있으며, 21세기까지 프로트 타입(prototype) 구간에서 작업을 개시할 목표이다. 또 일본에서는 신 화물 수송시스템으로서 1970년부터 1978년경까지 국철에 있어서 연구개발이 진행되었지만, 실용화에는 이르지 못하였다. 그 외에도 터널공사의 갱(坑) 밖으로 실어 내는 흙 반출 시스템을 실용화하고 있는 스미토모(住友) 금속공업주식회사의 캡슐 라이너(capsule liner)와 의미가 약간 다르지만, 터널 내에서 비행기를 날리는 지오플레인(geo-plane) 구상이 주식회사 후지타(富士田)를 중심으로 연구가 진행되고 있다. 이 튜브식 철도에 관한 연구는 우리나라의 경우, 경기도 의왕시 월암동에 위치한 한국철도기술연구원에 연구 · 개발하는 조직이 몇 년 전부터 구성되어 있다.

4.4.112 페일 세이프 (fail-safe)

그 장치의 기능의 유지·달성이 안전성에 관여하고 있는 경우, 장치의 일부에 고장(fault)이 발생해도, 그 장치를 사전에 정해진 「안전상태」로 고정하고, 폴트의 영향을 한정할 수가 있는 시스템의 능력, 혹은 이것을 달성하도록 하는 설계방법을 말한다.

열차제어 관계 장치에서는 종래는 릴레이(relay) 등의 고장 모드의 비대칭성을 사용하여, 고장 난 경우에 시스템의 상태를 안전 측에 고장하는 것이 일반적이었다. 이것은 동작에너지의 비대칭성 등 각 요소 혹은 서브시스템에 고유의 성질을 이용해서 고장 시의 안전 상태로 천이(遷移)를 수행하게 하고 이것에 따라 페일 세이프를 실현시키는 것이다. 이것에 대해서 통상의 고장에서는 불안전측으로 천이하는 일도 있는 기기를 사용하여 시스템 구성을 하고 이것에 고장검지 · 제어 기구를 부가하여 고장 시에는 시스템 전체로서 안전 측으로의 제어를 행하는 구성이 고려되고 있다. 이 구성은 불안전측으로의 천이 확률을 작게 하기 위해서 고장검지 · 제어기구 자체는 페일 세이프 한 것으로 하든가, 혹은 충분한 신뢰성을 가지는 다중계(多業系)로 하는 등의 대책이 필요하지만, 이와 같은 시스템 구성은 넓은 의미로의 페일 세이프 성질을 갖는 것이 된다.

4.4.113 푸시풀 열차(push-pull train)

열차편성의 맨 앞뒤에 운전실이 있는 객차를 편성하여, 편성된 그대로 전후방향으로 운전할 수 있는 열차. 우리나라 신형 새마을 열차와 KTX 열차가 그 좋은 예이다. 기존 간선에서 초고속 운전을 하는 영국의 IC225(최고속도 225km/h)와 스웨덴의 X2000(최고속도 200km/h) 등도 푸시풀 열차이다.

4.4.114 플랫(flat, slide flat)

레일면 상의 습윤(濕潤)이나 오염에 의하여 제동 시에는 차륜의 활주가 일어나기 쉬어지고 그 결과 때때로 차륜 답면에 플랫이라고 칭하는 활주 상처가 생긴다. 플랫은 차륜 답면의 국부직인 형싱 부정을 초래하는 외, 재료직으로는 차륜 깅의 열처리・템퍼링(tempering, 담금질) 조직과 열 균열을 수반한 일종의 마모 변질 층을 생성한다. 더욱이 플랫 발생 후의 차륜 전동에 의하여 열 균열은 구름 피로 균열로 발전하고, 그 결과 답면박리(踏面剝離)에 이른다. 또 이 경우 내린 눈이나 차량 배수 등의 물이 차륜, 레일 사이에 침입하면 구름 감으로 인해 지친 균열이 내부 진전은 심해지고, 그 결과 박리 깊이는 커진다. 플랫 발생방지로는 활주의 발생을 억제하는 일이 근본적인 대책으로 답면 청소자(清掃子)나 세라믹 분자장치의 적용 등 주로 기초 접착력을 향상시키는 방책과 활주검지 시스템의 적용에 의한 활주 속도의 증대를 미연에 방지하는 방책이 있다.

4.4.115 PQ 축(measuring wheel-set of wheel/rail contact force)

차륜과 레일의 접촉점에 작용하는 수직방향의 힘 윤중(輪重, P), 수평방향의 힘(橫壓, Q), 경우에 따라서는 레일방향의 힘(接線力, T)을 측정하기 위해서 사용되는 윤축(輪軸). 차륜에 스트레인 게이지(strain gauge)를 붙여 미리 교정하여 로드 셀(load cell)을 구성한다. 차륜 및 차축에는 측정 배선용 구멍 가공이 행해진다. 그 외, 측정용 슬립 링(slip ring)이나 텔리미터(telemeter) 취부에 필요한 가공이 주로 축단에 행해진다. 이와 같이 PQ 축에는 많은 배선이나 가공이 행해지고 있어, 취급에는 충분히 주의할 필요가 있다. 통상 주행시험 등을 실시하는 차량의 윤축을 가공해서 제작하고 시험 종료 후에는 떼 내어 일반 윤축과 교환한다. 독일, 프랑스에서는 차륜에는 없고, 차축에 스트레인 게이지를 붙이고, 브리지(bridge) 결선하고 차축의 벤딩 응력에서 윤중, 횡압을 측정한다. 소경차륜의 차량의 측정에 이와 같은 측정법을 사용하는데, 이것도 PQ축(軸)의 일종이다.

4.4.116 PQ 측정(measurement of wheel /rail contact force)

차륜과 레일의 접촉점에 작용하는 수직방향의 힘(윤중, P), 수평방향의 힘(횡압, Q)을 측정하는 것. 측정용의 윤축(PQ 축)을 장비한 차량에 의하여 차상에서 측정하는 방법과 레일에 스트레인 게이지 등을 장비하여 지상에서 측정하는 방법이 있다.

차상에서 측정하는 경우는 차륜을 이용하여 로드 셀을 구성하는 경우와 차축 벤딩 응력을 측정해서 윤중(輪重), 횡압으로 환산하는 방법이 있다. 전자는 일본, 북미, 북유럽 여러 나라에서 사용되고, 유럽에서는 일반적으로 후자가 사용되고 있다. 차상 측정에서는 측정 차량이나 측정 축은 한정되지만 많은 선형(線形, alignment)조건이나 궤도조건에 대해서 데이터를 얻을 수가 있다.

지상측정에서는 한정된 선형조건과 궤도 상태하의 데이터 밖에 얻을 수 없지만 많은 차종, 차량, 윤축의 위치에 대한 데이터를 얻을 수 있다. 시험목적이나 주행조건, 시험일정 등을 감안한 적절한 측정방법을 선택할 필요가 있다. 탈선의 재현 시험 등에서는 양자를 병용하는 경우가 많다. 윤중, 횡압측정은 차량의 주행상태나 궤도의 상태를 알기 위한 가장 기본적인 측정이며, 데이터에는 많은 정보가 포함돼있다. 통상은 탈선계수나 윤중으로부터의 주행안전성의 판정, 차량이 궤도에 주는 동적인 부하의 파악, 궤도와 차량의 동적인 응답특성이나 상호작용의 파악, 차량, 궤도나 운전조건이 그것들에게 주는 영향 등에 관하는 정보가 얻어지지만, 많은 비용이나 인력을 필요로 한다. 시험목적이나 필요한 시험조건등을 정밀히 조사하고, 목적에 맞는 시험을 착실히 실시하고, 정도(精度) 좋은 데이터를 수집하고 이들을 목적에 맞추어서 평가하는 것이 중요하다. 또한 유럽에서는 윤중을 Q, 횡압을 Y로 나타낸다. 같은 기호 Q가 다른 힘을 나타냄으로 주위가 필요하다.

4.4.117 하이브리드 구조(hybrid structure)

하나의 부재가 2종류 이상의 다른 재료로 구성되는 합성구조(合成構造)와 이종재료(異種材料)로 구성되는 부재를 짜 맞은 구조 시스템인 혼합구조(混合構造)의 총칭이다. 심재(心材)의 표면을 이종재료(異種材料)를 끼운 샌드위치 구조가 대표적이다. 이종재료는 각각 다른 기능을 갖는다. 토목구조물에서는 교각의 경우에는 철근 콘크리트의 강판 감기, 혹은 교량의 합성 항(合成 桁) 등도 하이브리드 구조의 일종이다. 이 경우 주로 콘크리트는 압축력에 저항하고 강(鋼)은 인장력(引張力)에 저항한다.

4.4.118 하이브리드 구체 (hybrid car body shell)

고속차량용 구체로서 다기능 · 고성능화를 목표로 하여 적재적소에 재료를 배치한 구체이다. 경량화의 주재료로 알루미늄 합금, 상하기기(床下機器)의 발열, 발화에 견디고 충돌시의 차체단부(車体端部)의 파괴손상을 적게 하기 위하여 스테인리스 강, 또한 벤딩 강성 증대에 기여율이 높은 부위에 고강성(高剛性) 재료를 사용하는 등의 설계개념이다.

4.4.119 화물역 설비 (貨物驛設備, freight facilities)

철도 화물수송은 차량화물과 컨테이너 화물로 크게 나누어지며, 하주(荷主)가 각각 화차 또는 컨테이너를 전세 내어 수송한다. 그 경우 주된 수속·절차는 보내는 하주가 화물의 운송을 역에 신청하며, 역은 화차·컨테이너의 제공·준비를 수행한다. 그리고 하주는 화물·컨테이너를 역에 운송하여 화차에 싣고, 실은 화차는 봉인(封印)하여 목적한 역으로 수송되며, 도착 연락을 받은 수취인(受取人)은 역무원의 입회하에 봉인을 뜯고 화물은 화차에서 내려 운송된다. 이러한 업무 중 하주와의 업무나 운송 등은 전문적인 통운업자(通運業者)에게 위탁하는 경우가 많다. 이러한 업무가 수행되는 소요 설비는 역사(驛舍), 화물을 싣는 설비, 화물 분류설비(分類設備), 화물 보관설비(保管設備), 화차나 컨테이너와 트럭의 일시 체류설비(滯留設備) 등이 있다. 또 최근에는 즉시에 화차나 컨테이너의 움직임을 파악(把握)하여 대응할 수 있는 새로운 정보 시스템이 정비되어 있다. 대도시 등의 화물역에서는 용지의 유효이용을 위해 보관설비 등과 입체화(立體化)하고 있는 것도 적지 않다.

최근 철도수송으로 취급하는 화물은 탱크차·호퍼차 등과 같은 물자별 전용화차를 사용하거나 컨테이너에 적재하는 것이 대부분을 차지하며 따라서 컨테이너의 비율이 해마다 증가하고 있다. 이러한 동향과 화물수송의 거점화(據點化) · 전문화(專門化)에 대응하여 화물역은 컨테이너 열차 전용터미널, 물자별 화물을 취급하는 전용역, 전부 화물을 취급하는 복합 터미널 등이 설치되어 있다. 사람 손에 의한 하역(荷役, unloading)은 코스트나 시간이 많이 필요하기 때문에 역에서의 하역은 기계화를 원칙으로 하고 있다. 최근에 화물역에서의 주요한 하역기계는 디젤구동의 포크리프트(forklift)가 컨테이너(container)를 포함하여 화물의 싣고 내림에 사용되고 있다. 이전에는 화차의 바닥면에 높이를 맞춘 화물홈(높이 960~1,060mm)이 설비되어 있었지만, 최근에는 포크리프트의 사용에 의해 궤도면과 같은 높이의 낮은 플랫홈이 원칙으로 되어 있다. 물자별 화물을 취급하는 역은 석유·시멘트·석회석·사료·종이·펄프 등에 대응한 기계하역·저장설비가 있다.

4.4.120 활주 검지장치(滑走 檢知裝置, slip & skid detector)

차량에 제동을 걸었을 때 차륜이 활주하는 것을 검출(檢出)하는 장치. 방식에는 기계식과 전기식이 있지만, 일반적으로는 전기식이 채용되고 있다. 기계식은 차륜의 회전에 의해 구동(驅動, driving)되는 플라이 휠(fly wheel) 등이 활주할 때 차륜에 대하여 회전 방향의 벗어남을 발생함으로써 검출하는 방식이다. 전기식에는 주전동기의 단자전압을 비교하는 주전동기 유기전압 비교방식(主電動機誘起電壓比較方式), 차축 단부에 설치된 속도발전기(速度發電機, speed generator)에 의한 발생전압의 차이로부터 검지하는 속도차 비교방식(速度差 比較方式), 축 속도의 변화량 크기로 검지하는 감속도 검지방식(減速度 檢知方式) 등이 있다.

4.4.121 휴먼에러(human error)

부주의(不注意)·오인(誤認)·착오(錯誤)·억측(憶測, 지레짐작)·태만(怠慢) 등 사람의 판단 실수와 표준 조작(標準操作)의 불이행 등으로 인해 발생하는 운전사고로, 사고방지의 일환으로서 그 대책이 중요한 과제이다.

사고실적의 원인 등을 상세하게 조사하여 보면, 실무의 지식이 결여(缺如)하다든지 미숙(未熟) 등으로 인한 사고의 예는 의외로 적다. 휴먼에러는 사람의 대뇌의 활동상태에 좌우되는 내적요인(內的要因)과 작업에 관계되는 여러 가지 환경 등의 외적요인(外的要因)이 복합하여 사고를 야기하는 경우가 많다.

또 이 휴먼에러는 쉬운 쪽으로 흐르기 쉬운 인간 특유의 약점과 특성이 시간적으로 동요하기 쉬운 성질에서 유래되는 것으로, 어찌할 수 없는 현상이라고도 한다. 또 대뇌의 활동상태가 정상으로 동작하고 있을 때의 인간행동의 신뢰도(信賴度)는 0.99~0.99999 이상이다. 그러나 긴급사태(緊急事態)가 발생하였을 때는 움직임이 바뀌어 주의가 일점(一點)으로 한정되어, 긴급방호반응(緊急防護反應)이 작용되어 판단능력이 정지 또는 현저하게 저하하여 그 신뢰도가 0.9 이하로 된다는 연구 데이터도 있다. 그 때문에 인간의 특성(特性)과 심리(心理)를 규명하는 연구가 인간공학(人間工學) 등에서도 이루어지고 있다.

05 차체의 경사시스템

5.1 고속화와 차체경사

열차를 목적지까지 도달시간을 단축하기 위해서는 최고운전속도 향상, 가감속도 증대 및 곡선과 분기기 통과속도 향상을 이행할 필요가 있다. 고속운전을 위한 전용선(專用線)을 건설하거나, 곡선반경이 크게 되도록 선형(線形, alignment)을 개량하는 것은 막대한 비용을 필요로 하므로, 상당한 수송수요가 예상되지 않는 선구에서는 채용할 수 없다. 이 때문에 곡선의 통과속도 향상을 목적으로 한 「진자차량(振子車輛, pendulum car, tilting car)」과 차체 경사(傾斜) 시스템이 개발되었다.

유럽에서는 1996년 현재, 사용 중이거나 발주를 끝낸 차체경사 차량은 이미 256 편성이나 되고, 발주 예정인 150편성을 더하면 총 406편성으로, TGV, ICE, AVE와 ETR500의 고속열차 600편성과 비슷한 기세를 부리고 있다. 미국의 북동지역에도 차체경사 기술을 사양으로 채택한 TGV가 등장할 계획이다.

이러한 유럽의 차체경사 시스템의 개요를 아래에 소개한다.

5.2 차체경사의 필요성

곡선을 통과하는 경우, 차량은 외측으로 원심력이 작용한다. 그것을 완화하기 위해 외측 레일(rail)을 내측보다도 높게 한 「캔트(cant)」를 설정하고 있다. 캔트를 크게 하면 내측 레일에 하중 부담이 걸리며, 곡선 위에 정차한 경우를 위해 차량의 안정을 고려할 필요가 있다. 또 여러 가지 속도의 열차가 통과하는 선구(線區)에서는 모든 열차에 적당한 캔트로 하는 것은 불가능하다.

따라서 고속열차는 캔트 부족(cant deficiency)으로 〈그림 5-1〉과 같이 어느 정도의 초과원심력(超過遠心力)이 작용하게 되며, 그것을 전제(前提)로 하여 곡선통과속도(曲線通過速度)를 설정하고 있다. 초과원심력의 크기는 여객의 승차감(乘車感)에 관련되어 있다. 개인이 느끼는 차이도 있지만, 우선 목표로서 일본에서는 초과원심력을 0.08g 이하가 되도록, 곡선반경마다 허용통과

속도(許容通過速度)를 규정하고 있다. 유럽의 경우에는 0.1g를 넘어서고 있다.

곡선통과 시에 차체를 내측(內側)으로 기울여, 여객이 느끼는 원심력을 내리고 곡선통과속도를 올리는 최초의 시도가 프랑스에서 있었다. 그러나 실용화에 이르지는 못하였다. 일본에서는 1973년에 재래선에서 381계 특급형 전차에 의한 영업운전이 개시되었지만, 유럽에서는 1988년 이탈리아의 펜돌리노(pendolino)가 나올 때까지 기다리지 않으면 안 되었다.

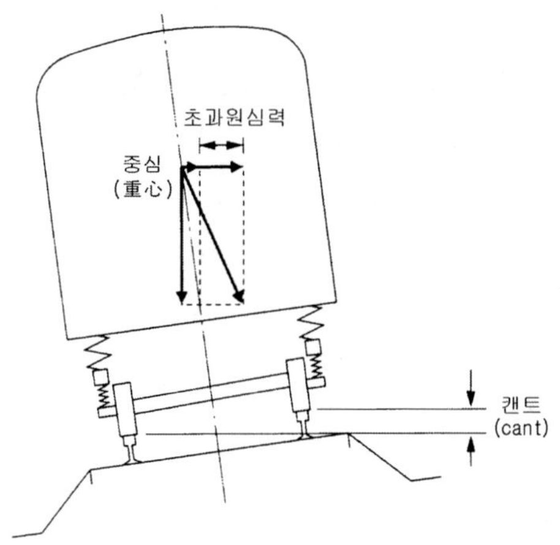

열차가 곡선을 통과하면 원심력이 작용한다. 이상적으로는 중력(重力)과 원심력(遠心力)을 합성한 힘이 궤도의 수직선상에 작용하도록 외측과 내측 레일의 고저차인 "캔트"를 설정한다. 실제적으로는 통과하는 열차속도는 여러 가지이므로 일반적으로는 캔트가 부족하도록 하여 초과원심력을 어느 정도 허용한다.

그림 5-1 곡선통과 시 원심력

5.3 차체경사의 기술적 과제

차체경사 시스템을 구성하기 위한 과제는 아래와 같다. 각각의 지혜를 모아 아래에 항목별로 소개한다.

① 차체를 경사(傾斜)시키는 타이밍(timing)은 어떻게 할 것인가
② 무엇을 사용하여 경사시킬 것인가
③ 어떻게 경사시킬 것인가
④ 전기차량의 경우, 곡선통과 중에 집전(集電)을 어떻게 할 것인가
⑤ 차륜과 구동장치(驅動裝置) 사이의 변위를 어떻게 흡수할 것인가

1) 경사시기의 검지와 제어

일본의 381계 전차에 채용되고 있는 「자연진자(自然振子)」는 〈그림 5-2〉에 나타낸 것처럼, 곡선에 진입한 후에 원심력의 작용으로 차체를 기울이는 것으로서, 차량 측(車輛 側)에서 곡선을 검지할 필요가 없다. 그러나 진자작용(振子作用)이 늦어지므로 승차감면에서 문제가 있다고 말할 수 있다.

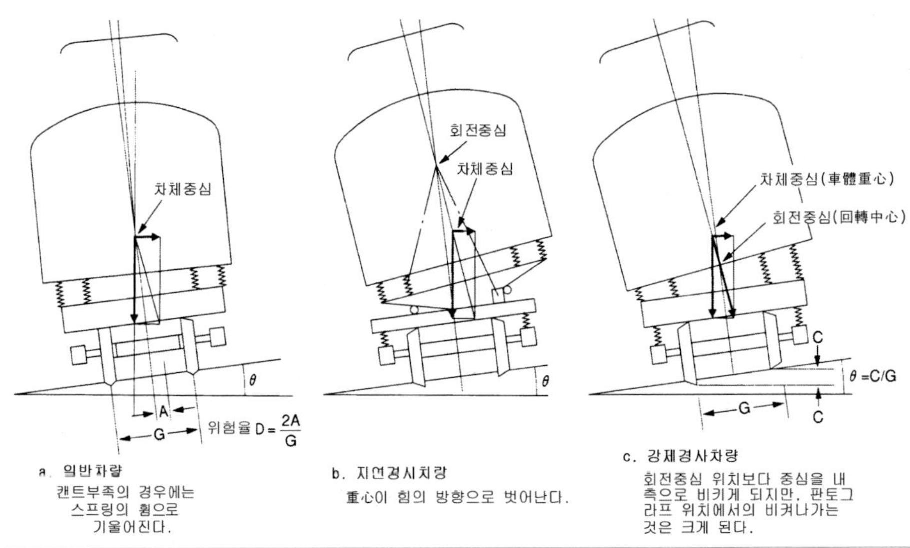

대차 내에 진자 빔을 설치하고 롤러로 대차프레임에 대하여 좌우방향으로 움직이도록 하고 있다. 진자 회전 중심(中心)을 중심(重心)보다 높게 하여, 열차가 곡선에 들어가 원심력이 작용하면 자연히 진자 빔처럼 공기스프링으로 지지되고 있는 차체가 기울어진다.

그림 5-2 자연진자의 원리

유럽 방식은 선두차에 자이로스코프(gyroscope)와 가속도 센서를 설치하여, 가속도의 변화에 따라 곡선에 진입한 것을 검지하여 유압실린더 등으로 차체를 기울이는 「강제진자(强制振子)」가 주류로 되어 있다. 〈그림 5-3〉에 ETR450의 예를 나타낸다.

가속도 센서가 과민하면, 궤도의 상태를 그대로 검지하여 보수상태(保守狀態)가 나쁜 구간을 곡선으로 혼돈하게 되어 불필요한 제어를 이행할 가능성이 있다. 이 때문에 센서로부터 신호를 취합하여 보내는 부분에 필터를 설치하여 감도(感度)를 조정하고 있다.

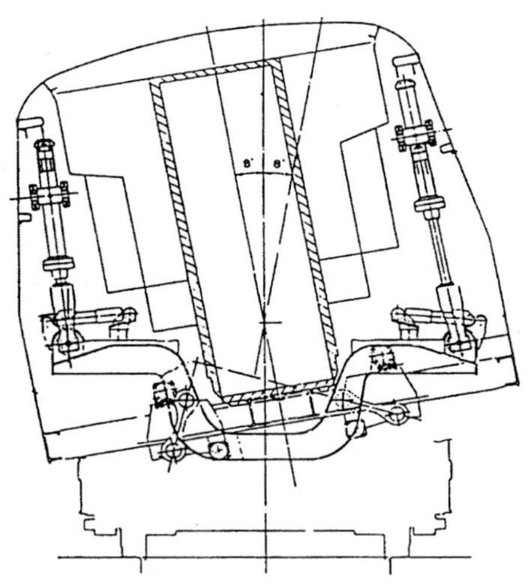

ETR450의 예를 나타낸다. 선두 차의 자이로스코프로 곡선에 진입한 것을 검지하여, 유압실린더로 차체를 기울인다.

그림 5-3 강제진자의 원리

역 구내(驛 構內)의 분기기를 통과하는 경우에도 차체경사제어(車體傾斜制御)를 멈추게 할 필요가 있다. 대부분의 차량에서는 50~70km/h 이하에서는 차체경사 기능을 작용시키지 않는다. 또 이탈리아 방식은 자이로스코프에 의한 캔트량 검지를 병용(倂用)하여 유압실린더의 제어량을 조정하고 있다.

2) 집전의 안정화

팬터그래프(pantograph)의 홈 마모(溝 摩耗, groove wear)를 방지하기 위해, 일본의 경우 트롤리선을 200mm 폭으로 지그재그로 당기고 있다. 차체가 경사함에 따라 곡선통과 시에는 팬터그래프 중심이 내측으로 치우쳐 팬터그래프가 벗어날 우려가 있다. 이것을 방지하기 위해 일본에서는 381계 전차를 도입할 때, 전철화개업(電鐵化開業)과 동시에 있었던 것으로, 주오혼선(中央本線) 등의 트롤리선의 진폭(振幅)을 150mm로 하고 있다. 차체경사각이 최대 5도 이었으므로 이 정도의 변경으로 해결하고 있다.

차체 경사각이 크게 되면 곡선에서 팬터그래프의 위치를 외측에 보정(補正)할 필요가 있다. JR사국(四國) 8000계 전차는, 대차의 운동과 연동(連動)되는 와이어 로 롤러가 부착된 대상(臺上)에 설치된 팬터그래프 위치를 보정하고 있다. JR규슈(九州) 883계 전차와 JR 동일본 E351계 전차는, 대차 위에 팬터그래프의 위치를 보정하는 노(櫓)를 갖고 있다.

이탈리아의 펜돌리노는 최초는 대차 위에 직접 탑재한 노(櫓, oar, scull)에 팬터그래프를 부착하고 있었지만, ETR450부터는 대차의 진동이 직접 팬터그래프에 전달되지 않도록 노(櫓)를 스프링 위에 설치하고, 곡선 통과 시에도 대차와 평행을 유지하도록 한, 링크 기구를 설치하고 있다. 영국의 APT도 〈그림 5-4〉처럼 대차와지지 기둥으로 연결된 프레임에 팬터그래프를 탑재하고 있다.

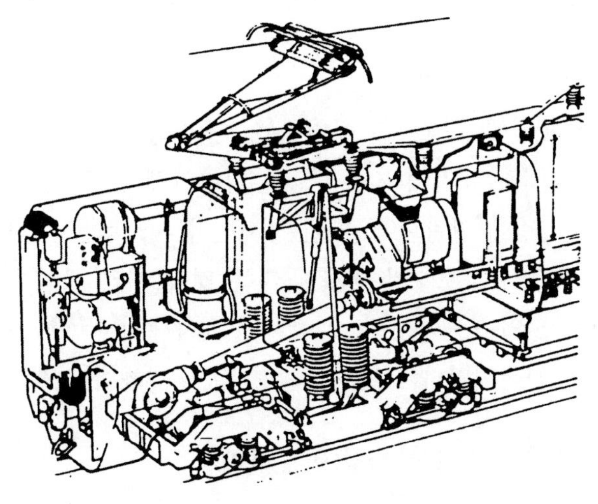

팬터그래프는 대차와 지주에 의해 연결되어 있는 기관차의 차체 프레임에 부착되어 있고, 차체가 기울어져도 팬터그래프는 기울어지지 않도록 되어 있다.

그림 5-4 APT 팬터그래프 지지방식

JR 동일본 재래선의 시작차 TRY-Z는 유압실린더로 팬터그래프의 위치를 보정하고 있다. 뒤에서 기술한 스웨덴 X2000은 팬터그래프를 탑재한 기관차를 기울이지 않도록 하여, 이 귀찮은 과제를 피하고 있다. 스페인의 탈고(TALGO)도 객차만의 차체경사이다.

5.4 차체경사기술의 역사

1) 진자의 시조(프랑스)

(1) 최초의 시작차

1940년대에 미국과 프랑스에서는 독자적으로 차체경사 시스템의 실험(實驗)을 실시하였고, 이탈리아에서도 프랑스와 같은 실험이 실시되었다. 미국의 것은 잘 알려져 있지 않고 프랑스의 것은 객차의 차체내부에 독립된 구분실을 현가(懸架, suspension)하여 반경 800m를 160km/h로 주행하여 결과를 확인했다. 1956년에 SNCF는 차체를 18°까지 기울이는 강제진자전차(强制振子電車)를 시험 제작했다. 대차는 4개의 독립차륜과 4대의 구동용 전동기로 구성되며, 디스크 제동을 장비하고 있다. 다만, 집전장치를 설치한 전차를 연결하여 집전과 관련된 문제는 피했다. 약 10년간의 시험을 통해 우수한 성능을 얻었다.

(2) 객차에 시도

1970년대에 제작된 아키테누 호(号) 등에 사용된 그랑·콘펠 형 특급객차는 차체 경사기구를 설치하는 것이 가능하도록 상부차체(上部車體)를 좁게 하였다. 1970년대에는 그랑·콘펠형 객차 2량에 간략화(簡略化)된 강제진자 시스템을 부착하여 시험을 실시했다. 그러나 차량구조가 복잡하고 보수가 번잡해 지는 것을 꺼려 곡선개량에 의한 속도 향상을 선택하고 진자차량의 도입을 단념했다. 시작차는 폐차해체(廢車解體)되었고, 대차(bogie)만이 1976년에 비슈앙 공장에 보존되었다. 그랑·콘펠형 객차도 차체 경사기구 없이 사용되었다.

2) 최초의 실용차량(이탈리아)

(1) 시작차 Y-0160

이탈리아는 산지(山地)가 많기 때문에, 곡선이 많은 선구에서의 속도향상을 위해 1957년과 1967년에 2종류의 시작차를 만들었다. 또한, 피아트 회사는 250km/h로 운전하는 강제진자차량의 개발에 착수하여, 1971년에 시작차 Y-0160을 완성했다. 이것은 최초의 양산차 ETR450의 기본이 되었다. 직류 3kV의 전동차 1량만으로 375kW 전동기 2대를 상하에 탑재하고, 카르단 축으로 양단대차(兩端臺車)의 차체중심에 가까운 차축을 구동했다. 자이로스코프로 완화곡선(緩和曲線, transition curve)의 진입을 검지하여, 차체경사 지령을 내어 유압실린더에 의해 차체를 기울인다. 스틸(steel) 차체이면서도 중량 40톤으로 경량화를 달성했다. 250km/h까지의 각종 시험에서 양호한 결과를 기록했다.

(2) 최초의 영업운전(ETR401)

앞에서 기술한 시작차에 이어, 보다 실용화를 목표로 한 2량 편성 시작차 ETR401이 1975년에 완성되었다. 1976년에는 중간차 2량을 추가하여 4량 편성으로 되었다. 기본시스템은 Y-0160을 답습하며 「진자(振子, pendulum)」를 의미하는 「펜돌리노(pendolino)」로 이름지었다. 모두 전동차로 전기적으로는 2량 1 유닛(unit)이었다. 전동기 출력은 225kW이고 알미늄 차체를 채용했으며, 축중은 10.8톤으로 되었다. 시험은 성공하여 1976년부터 영업운전을 개시했다. 전부 1등으로 좌석정원(座席定員)은 171명이고, 뷔페와 바(bar)를 설치했다. 정원이 적으므로 간선인 로마(Rome)~밀라노(Milano) 사이에서는 사용할 수 없었고, 로마~앙코나(Ancona) 사이에서 사용되었다. 기술적으로는 성공(成功)이라 말하고 있지만, 노동조합의 반대도 있어, 1988년 ETR450의 영업운전 개시까지 진척이 없었다.

3) 강제 진자에서 자연 진자로(스페인)

(1) 이탈리아와 공동개발 443형 전차

이탈리아에서의 개발과 평행하여, 1972년에는 피아트 회사와 스페인의 제작사 CAF가 공동으로 직류 3kV의 강제진자차량(强制振子車輛) 443형 전차의 개발에 착수하여 1976년에 완성했다. 황(黄)색과 차(茶)색인 외부도색 때문에 「바스크랑테」로 이름 지어졌다. 궤간 1,668mm, 최고운전속도 180km/h, 전동기 출력 220kW이고, 발전제동과 공기제동을 병용하고 있다. 스틸 차체를 채용하고 전체 길이 107.17m, 중량 198톤, 1, 2 등차 편성으로 정원 116명이었다.

기본시스템은 이탈리아의 ETR401과 거의 같으므로, 선두 차에 설치된 가속도 센서와 자이로스코프로 곡선진입을 검지하여 차체를 기울인다. 1976년부터 1987년까지 영업운전을 실시하고 1977년에는 시험으로 200km/h를 기록했다. 기술상 문제가 많아 5년 만에 일선에서 은퇴하고, 단체 대절용(團体 貸切用) 열차가 되었다. 고속 팬터그래프의 시험차로서 206km/h를 1987년에 기록했지만, 4량 1편성만으로 그치고 양산으로는 이어지지 않았다.

(2) 탈고의 발전과 진자 「펜듈럼」 형의 등장

「탈고(Talgo)」 회사는 처음에는 미국에서 경량 1축 연접객차(連接客車) 탈고(TALGO)를 개발하여, 1942년에 시작차를 완성했다. 스페인에 판로를 넓혀 1950년에 최초의 영업운전이 실시되었다. 이것은 한쪽 방향으로만 운전할 수 있는 것이었다. 1964년 양산차 TALGOIII형으로 양방향 운전이 가능하게 되어, 스페인 전국토로 운전구간을 확대했다. 1969년에는 궤간가변기구(軌間可變機構)를 채용한 TALGO RD형이 등장하여 바르셀로나~쥬네브 사이의 「카타랑·탈고」로서 영업을 개시했다.

1981년에 차체경사기구를 설치한 TALGO펜듈럼(pendulum)을 개발하여, 파리~마드리드(Madrid) 사이의 열차에 투입되었다. 이 차체 경사기구는 〈그림5-5〉에 나타낸 것처럼 1축 연접대차의 지점(支点)을 위로 하여, 좌우의 공기 스프링 내의 공기유통(流通)을 가능하게 하고, 곡선 통과 시에 원심력에 의한 자연 진자 작용을 실시한 것이다. 저속일 때는 공기 스프링 사이의 공기통로를 막고 분기기에서 차체의 흔들림을 방지하고 있다. 성적이 양호했으므로 443형 전차의 운명이 결정지어지게 되었다.

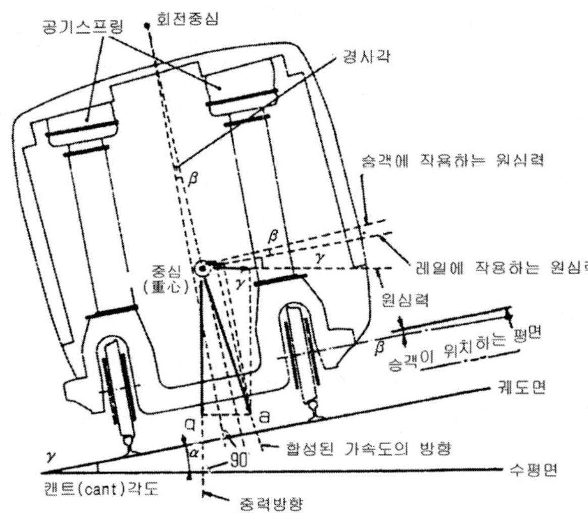

대차의 지지 점을 높게 하여 회전중심을 중심(重心)보다도 높여, 공기스프링의 앤티 롤링(anti-rolling) 기능이 정지되면 공기 스프링은 순수한 탄성체로서 작용하고, 곡선통과 시의 원심력으로 차체는 자연적으로 기울어진다.

그림 5-5 TALGO RD 차체 경사기구

4) 스위스의 도전과 실패

1972년 강제진자 차량 스위스·익스프레스(Swiss Express)형 객차를 72량 제작했다. 곡선이 많은 스위스에서의 속도향상을 목표로 한 것이다. 상면(床面, floor)에 부착된 자이로스코프로 곡선진입을 검지하며, 차체 경사각도의 지령을 내어 강제적으로 차체를 기울인다. 동력원은 불명확하며 4종류가 시험 제작되었지만, 1986년에 진자차량으로서의 사용을 멈추고, 루체른(Luzern)~ 쮜리히(Zürich) 공항 사이의 연락열차(連絡列車)로 사용되고 있다.

5) 공기스프링의 응용(독일)

독일은 1974년에 200km/h 운전용 ET403/404형 전차를 개발했다. 모두 1등차 4량 편성의 전부 전동차이고, 출력 3,840kW, 전체길이 109m이었다. 이 차량과 VT614형 기동차로 공기스프링을 이용한 차체경사시스템을 시험했다. 곡선 통과 시에 곡선외측(曲線外側)과 내측(內側)의 공기스프링 압력을 변하게 하여 차체를 경사시킨다.

1997년 제작한 JR북해도 201형 통근형 기동차에 채용되었던 간이진자(簡易振子)와 동등한 것이며, 기구상의 제약으로 인해 경사각도가 작다. 시험의 결과는 그다지 좋지 않아 양산(量産)으로는 이어지지 않았다.

6) 단명으로 끝난 진자열차(영국)

1972년에 등장한 APT-E는, 차체 경사기구 부착 연접식 4량 편성의 가스터빈 동차이다. 〈그림 5-6〉 및 〈그림 5-7〉에 나타낸 것처럼 연접대차(連接台車, articulated bogie)의 끝단 프레임에 설치한 U자형 진자 빔을 유압실린더로 기울이고 있다. 경사각은 9° 이다. 알루미늄 차체와 액압식제동(液壓式制動)의 독창적인 기술을 채용하여 245km/h를 기록했다.

영국 국철의 고속운전(高速運轉)을 위한 희망으로 인정되었으며, 1976년에 시험을 종료했다. 1974년에 연비(燃費)가 나쁜 가스터빈 대신에 동력으로서 전기가 선정되어, 전기기관차 2량을 중앙에 배치하고 양측에 객차 6량씩을 연결한 APT가 개발되었다.

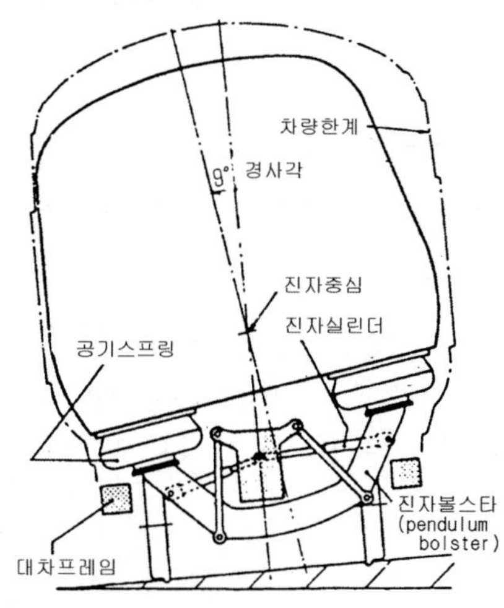

연접대차의 끝단 프레임에 설치된 진자 빔을 유압실린더로 눌러 차체를 기울인다.

그림 5-6 APT 차체 경사기구

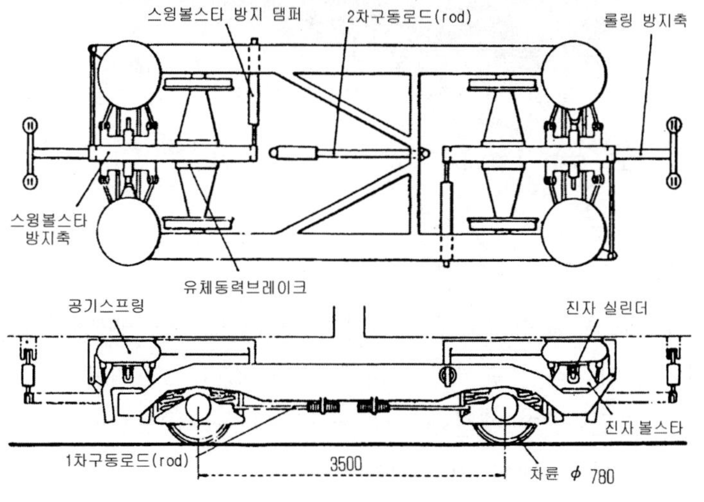

대차프레임에 4개의 공기스프링을 설치하고 2개의 차체를 지지하고 있다. 대차 끝단 프레임에 2세트의 진자 빔을 가지고 있다.

그림 5-7 APT 부수대차 구조

3편성의 시작계획(試作計劃)으로 1977년에 최초의 동력차가 완성되었고, 1976년에 6량의 객차와 조합하여 257km/h를 기록했다. 3편성을 완성하는 1980년에 영업운전이 예정되어 있었지만, 탈선사고(脫線事故)와 연이은 기술적 문제가 속출되어, 1981년의 일시적인 영업운전을 제외하고는 궁지(窮地)를 탈출하지 못하여 1986년에 폐차되었다.

5.5 이탈리아 펜돌리노의 발전

1) ETR450

편성은 9량(8M1T)으로 모두 1등차이다. 전기방식은 이탈리아 표준인 직류 3kV로 사이리스트·초퍼세어의 직류전동기 구동이다. 차체 상하(床下)에 출력 310kW 전동기를 2대 부착하고, 추진축(推進軸)으로 각 대차의 차체 중심에 가까운 축을 구동한다. 최고운전속도 250km/h로 곡선 통과속도를 종래보다도 25~30% 향상시키고 있다. 차체 경사기구와 대차를 〈그림 5-8〉에 나타낸다. 차체경사각도는 10° 이다.

차체 경사기구와 대차의 볼스터 스프링부는 차내로 나오게 하여 객실공간이 좁혀져 있다

그림 5-8 ETR450 차체 경사구조와 대차

2) ETR460과 ETR470

개발부터 약 20년의 세월을 거쳐 영업운전을 개시한 펜돌리노는 차체경사기술(車體傾斜技術)을 제외하면, 디자인 면이나 기술적인 면에서 시대에 뒤떨어졌다. 또, 차체 폭이 좁은 것도 영업상 약점이 되었다고 생각된다. 이 때문에 1995년에는 개량형 ETR460이 등장했다. 1996년에는 스위스와의 직통운전용인 ETR470이 탄생되었다. 차체경사의 기본기술은 ETR450을 답습하였고, 유압 기구를 컴팩트(compact)하게 하여 객실의 유효상면적(有效床面積)을 확대했다.

또 차체 경사각도를 8°로 하고 차체 폭을 100mm 넓혀 2,800mm로 하였다. 차체는 알루미늄 중공형재(中空型材)를 채용하고, 차체 내측치수의 확대와 더불어 제작비용을 낮추었다.

3) 차체경사기술의 수출

(1) 독일

차체 경사기술은 독일에 수출되어, 독일 철도 기동차 VT610형에 채용되었다. 1992년부터 뉘른베르그~바이로이트(Bayreuth) 사이 및 뉘른베르그~호프(Hof) 사이의 쾌속열차(快速列車)에 사용되고 있다. 차체경사기구는 ETR460의 것을 한발 빠르게 채용하고 있다. 610형은 2량 고정편성으로, 출력 485kW인 디젤기관과 교류발전기의 유닛을 상하에 2세트 탑재하고, 컨버터와 인버터에 의해 VVVF인 3상 교류를 전동기에 공급하여 속도를 제어한다. 주 전동기로서 3상 유도전동기 3대를 상하에 장착하고, 추진축으로 차축에 동력을 전달한다.

이 동력전달 기구는 전원을 없애면 ETR460과 같다. 또 기동차이기 때문에 전차선과 팬터그래프 같은 귀찮은 문제를 피할 수 있었다. 차체와 대차를 포함하는 기계부품은 MAN, 뒤박(DEUWAG) 및 MBB가, 엔진은 MAN이, 전기부품은 AEG, ABB 및 Siemens 회사가 제작했다. 피아트(Fiat) 회사는 차체경사기술을 제공하고 있다. 독일은 진자를 의미하는 이탈리아 말 「펜돌리노」는 없애고 독일어로 경사를 의미하는 「Neig-technik(나이크 테크닉)」을 사용하고 있다.

(2) 핀란드

도시 간 열차의 고속화를 위해 차체 경사 식 차량 6량 편성 2개를 시험제작하여, 1996년부터 시험을 개시했다. 양산차 23편성을 추가하여 1998년부터 본격적으로 영업운전을 계획하고 있다. 교류 25kV, 50Hz, 궤간 1,524mm, 차체 폭 3,150mm 및 편성 구성을 제외하면, 이탈리아의 ETR460과 같다. 피아트 회사가 노하우(know-how)를 제공하고, 핀란드 기업이 제작했다. 한냉지(寒冷地)에서 사용되기 때문에 공기가 들어가는 구멍은 눈(雪) 및 동결대책(凍結對策)을 실시하고 있다.

(3) 오스트리아

급행용 전차로서 6량 편성 6편을 개발 중이다. 차체는 오스트리아의 제작사 SGP, 전기기기(電氣機器)는 ABB가 만들고, 차체 경사기술은 피아트 회사가 제공한다. ETR460을 기본으로 전기방식을 교류 15kV, 16⅔Hz로 하고 있다.

(4) 기타

스위스 및 포르투칼도 펜돌리노 기술을 채용하기로 결정하고, 24편성과 10편성을 발주(發注)했다. 처음에는 차체경사 시스템의 개발에 착수한 프랑스는, 독일의 VT610형을 빌려 중앙산지에서 시험을 실시하고 있다. 하지만 프랑스와 영국에 널리 알려져 있는 차량 제작사인 GEC-ALSTHOM사(1998년 ALSTOM으로 회사이름 변경)가 피아트 회사와 제휴(提携)하고 있으므로, 프랑스에도 이탈리아 기술을 빌린 진자차량이 등장할 날도 멀지 않다고 생각된다.

5.6 스웨덴 차량

1) X2000

ABB의 전신(前身)인 ASEA 회사가, 약 20년에 걸쳐 개발한 시스템으로 기관차 1량과 객차 5량으로 된 푸시풀(push-pull) 열차이다. 최고운전속도는 250km/h까지 가능하지만, 재래선 구간에서는 200km/h 운전한다.

선두대차(先頭台車)에 설치한 진동가속도 센서(gyroscope)로 곡선진입을 검지하여, 유압실린더에 신호를 보내 차체를 기울인다. 다만, 앞에서 언급한 것처럼 기관차는 차체경사를 실시하지 않으므로, 기관차 선두의 경우와 객차선두의 경우는 응답속도(應答速度)가 다르다는 지적도 있었다.

차체 경사기구는 펜돌리노와 다르며, 〈그림 5-9〉에 나타낸 것처럼, 대차프레임과 링크로 연결되는 진자 빔과 볼스터 사이에 유압링크를 설치하고, 차체 경사지령에 맞추어 유압실린더를 작동시켜 차체를 기울인다.

이 때문에 경사기구는 전부 대차 내에 들어가 있다. 대차는 눈의 침입방지와 같은 한냉지 주행을 위한 대책을 이행하고 있다.

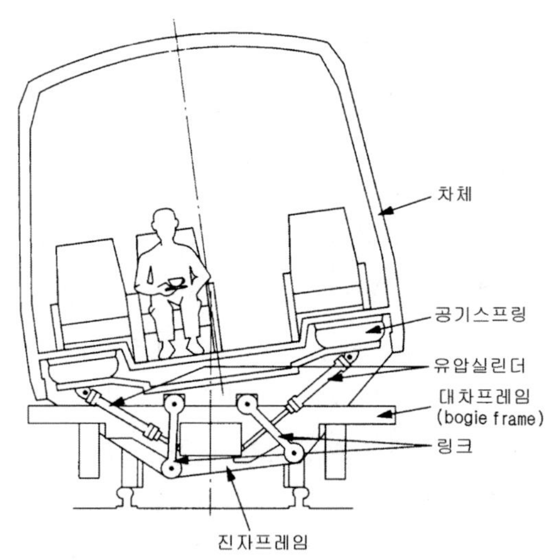

대차프레임과 링크로 연결되어 있는 진자프레임(pendulum frame, pendulum beam)을 유압실린더로 눌러 차체를 경사시킨다. 경사기구는 컴팩트하게 만들어 대차 내에 있다.

그림 5-9 X2000의 차체 경사기구

또 저널박스(journal box)는 쉐부론 고무지지로 〈그림 5-10〉에 나타낸 것처럼, 곡선통과 시에 차축의 전후방향변위(前後方向變位)를 허용하여 곡선에 따라서, 차축이 회전하는 구조이다.

차체는 유럽에서는 보기 드문 스테인리스로 만들어졌다.

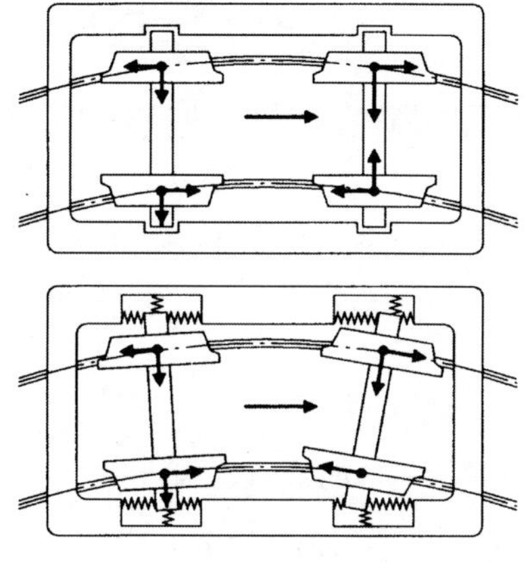

저널박스 지지강성을 부드럽게 하여, 곡선 통과 시에 차축을 곡선중심으로 향하게 한다.

그림 5-10 X2000 스티어링 기구

2) X2000 기술수출

ABB는 자사(自社)가 개발한 차체 경사기술을 다른 나라에 수출할 노력을 했지만, 팬터그래프를 탑재한 차량은 차체경사가 불가능한 것으로 되어, 이탈리아의 펜돌리노에게 고배(苦杯)를 맛보게 되었다. ABB와 다이믈러·벤츠그룹이 설립한 독일의 차량 종합제작사인 ADTRANZ회사는 DB의 VT611형 기동차 수주(受注)에 성공하여 ABB의 차체경사기술이 독일에서도 채용되게 되었다.

※ 제 5장은 「세계의 고속철도」 (1999년 6월 발간)의 내용을 인용하였음

06 차량의 재료

6.1 차축

차축(車軸, axle)은 주행 중에 발생하는 반복응력을 받기 때문에 피로강도(疲勞强度)가 높아야 하며, 저널(journal)부는 베어링과의 마찰(摩擦)에 의해 마모(磨耗)하기 때문에 내마모성(耐磨耗性)이 좋은 재료가 필요하다.

피로강도와 내마모성도 재질의 인성(靭性, toughness)이 강한만큼 양호하므로 차축에 사용하는 재료는 인성이 강한(high toughness) 강(鋼, steel)이 필요하다. 차축에는 탄소강(炭素鋼, carbon steel)이 사용된다.

평로 또는 전기로에 용해된 강괴(鋼塊)를 압연(壓延, rolling) 또는 단조(鍛造, forging)하여 강편(鋼片)으로 만들어, 베어링 부분을 다시 수축하여 제조한 단조소재를 약 850℃로 가열하여 노멀라이징(燒準, nomalizing)을 하고, 결정입(結晶粒)을 미세하게 함과 동시에 조직을 균일하게 한다.

강괴로부터 단련만으로 제조할 때는 단련계수(鍛鍊係數)를 4이상으로 하고, 압연강편으로부터 단조할 때는 강괴에 대한 단련계수를 8이상으로 한다.

차축의 화학성분(化學成分, chemical composition) 및 기계적 성질(機械的性質, mechanical property)은 〈표 6-1〉에 나타나 있다. 전차용 차축에는 JIS 차축 제3종을 사용하는 것이 있지만, 이 경우는 단조 후 노멀라이징을 시행하고 약 850℃로 가열하여 기름 속에서 급냉(油中急冷)시켜 담금질(燒入, quenching)을 시행한 후 약 600℃로 가열시켜 템퍼링(燒戾, tempering)을 하여 사용한다.

차축은 직경이 약 100mm이므로 탄소강으로는 완전한 담금질 효과를 얻지 못한다. 즉, 조직은 페라이트(ferrite)+펄라이트(pearlite)로 된다. 그러나 노멀라이징을 시행한 경우 페라이트+펄라이트 조직보다는 인성이 풍부하고 동일한 인장강도에 대해서 연신율, 수축율, 충격치(衝擊値)가 크게 된다.

주행 중 차축에 작용하는 반복응력은 주로 윤심을 끼워 넣은 부분의 내측 끝단에 집중하여, 이 부분에 피로파괴를 일으키는 것이 많다. 이때 소식(燒蝕, fretting corrosion)을 동반하며 피로파괴를 촉진하게 된다.

차축에 고주파(高周波) 담금질에 의한 표면경화(表面硬化)를 실시하는 것은 윤심을 끼워 넣은 부분의 응력집중을 완화하여 피로강도를 향상하고, 또한 저널 부(部)의 마모방지에도 효과가 있다. 이 경우는 기계구조용 탄소강 제7종(S40C)을 사용하는 것이 좋다.

0.45% 이상의 탄소량을 함유한 탄소강은 고주파 담금질할 때에 담금질 크랙(quenching crack)을 일으킬 염려가 있다. 이때의 담금질 깊이는 약 3mm로 하여 담금질 전에는 반드시 노멀라이징을 실시하고, 담금질 후에 약 200℃로 하여 템퍼링 처리를 한다. 이렇게 해서 담금질로 인한 변형을 제거해 두는 것이 필요하다.

표6-1 차축의 조성 및 기계적 성질

종 류	기호	C %	Si %	Mn %	P %	S %	Cu %	항복점 kg/mm^2	인장강도 kg/mm^2	연신율 %	단 면 수축율 %	경도 HB	충격치 kg·m/cm^2
JIS 제1종	SFA55	–	–	–	〈0.045	〈0.050	–	–	〉55	〉23	〉35	–	–
ED 213	〃	0.40	0.20	0.71	0.031	0.048	–	–	58.6 ~61.0	25.0 ~31.0	40.6 ~50.6	170 ~182	3~6
JIS 제2종	SFA60	–	–	–	〈0.045	〈0.050	–	–	〉60	〉20	〉30	–	–
모하 80014	〃	0.50	0.30	0.90	0.040	0.032	–	–	63.5 ~70.7	24.2 ~25.5	40.6 ~42.0	196 ~217	4.3 ~4.6
JIS 제3종	SFA65	–	–	–	〈0.045	〈0.050	–	〉35	〉65	〉23	〉45	–	–
–	〃	0.48 ~0.69	0.14 ~0.20	0.65 ~0.71	0.009 ~0.010	0.037 ~0.039	0.22 ~0.25	37.7 ~42.9	65.1 ~71.5	28.0 ~31.0	54.8 ~61.3	172 ~192	4.2~8.8

6.2 타이어

일반적으로 타이어(tyre, tire)는 내마모성과 인성이 필요하여, 이 때문에 고탄소강(高炭素鋼, high carbon steel)이 사용되고 있다.

일본의 경우, 타이어 강(鋼) 규격은 최초 기계적 강도만 지정되었지만, 1952년에 이르러 처음으로 화학성분을 규정화하게 되어 C %를 명시하였다. 타이어 강의 C %는 레일의 탄소 퍼센트와 같아 0.60~0.75%이다.

따라서 고탄소강으로 존재하기 때문에 단압연(鍛壓延) 후는 그대로 상온까지 공랭(空冷)시키는 것 없이 400℃~150℃ 사이까지 서서히 냉각하여, 소위 C.C.처리를 하여 흰점(hair crack)의 발생을 방지하는 것이 바람직하다.

완전 풀림(燒鈍, annealing)은 강도를 저하시키므로 좋지 않다. 일본에서는 타이어 강의 규격 성분은 하나로 되어 있지만, 미국에서는 C %의 다소에 따라 3등급으로 분류하여 각각 용도를 지정하고 있다. 이것에 따라, 일본에서도 최근에는 규격 C % 중에서 높은 것을 축중(軸重)이 무거운 기관차에, 낮은 것을 가벼운 차에 사용하도록 하고 있다.

하지만, 마모를 적게 하지 않으면 안 되는 기관차의 동륜 타이어 등의 플랜지(flange) 부근은 아세틸렌화염 혹은 고주파에 의해 담금질로 경화(硬化)하고 있다. 이것을 타이어의 플랜지 담금질이라고 한다. 또 요즈음에는 타이어의 마모와 손상방지를 위해 타이어 전체 담금질, 템퍼링을 시행하고 있다. 이것을 열처리(熱處理, heat treatment) 타이어라고 한다.

〈표 6-2〉에 미국과 일본 타이어 강의 규격을 나타내고 〈표 6-3〉에 미국의 열처리 타이어 규격을 나타내고 있다. 타이어를 현차(現車)에 사용하여 가장 위험한 사고가 되는 것은 제동·번(burn)·크랙에 의한 손상이다. 이것은 타이어 특히, 플랜지 정점 부분이 제동열(制動熱, 1,000℃ 정도가 됨)에 의해 담금질, 템퍼링 되어 마치 그라인딩 크랙(grinding crack)과 동일한 손상을 발생시킨다.

이것을 제동·번(burn)·크랙이라고 하고 있지만, 노치 감수성(notch sensitivity)이 강한 타이어 강은 크랙 타이어 손상을 일으키는 것이 있다.

고속, 고하중의 운전이 될수록 제동·번·크랙에 의한 손상율이 많아진다. 이것을 방지하기 위해서는, 타이어 강의 노치 감수성(感受性)을 약하게 하도록 하는 조치를 하면 좋으며, 이것에는 타이어에 열처리를 실시하여 그 조직을 미세한 입자모양으로 하는 것이 좋다. 또한, Cr, Mn, V 등을 첨가하여 입상화(粒狀化)를 조성시키는 것이 효과가 있다. 미국에서는 제동·번·크랙 등에 의한 손상을 발생하지 않도록 한 타이어(정확하게는 wheel임)를 프리덤 휠(freedom wheel)이라고 하며, 고속·고제동용에 사용하도록 권장하고 있다.

일본에서는 Cr, Mn을 첨가하여 특수강 타이어로 하여 이것을 열처리(quenching, tempering)하여 오늘날 현차에서 시험 중에 있다.

타이어는 윤심(輪心)에 수축 끼워 맞춤(shrinkage fit)하여 사용하므로 타이어가 손상되면 중대한 사고를 일으키게 된다. 이 때문에 타이어 강의 재질과 처리에는 신중을 기하고 있지만, 타이어 손상을 방지하는 하나의 방법으로서는 소극적이기는 하지만 일체차륜(一體車輪), 즉 휠(wheel)을 사용하는 것도 좋은 방법이다. 이것은 타이어와 윤심을 일체로 압연되어 견고하므로 손상사고는 발생하기 어렵다. 일체차륜은 미국에서는 오래전부터 사용되고 있지만, 일본에서는 최근의 일이다. 일체차륜은 열처리하여 사용하기가 좋기 때문에 이것에는 림(rim)부분만을 열처리(R) 하는 것과 전체 열처리(E)하는 것 두 종류가 있다.

〈표 6-4〉에는 휠의 성분규격 및 열처리를 나타낸 것이다. 휠에는 압연강재(壓延鋼材)외에 칠드 휠(chilled wheel)과 주강(鑄鋼) 휠 두 가지가 있다.

미국의 경우, 칠드 휠은 단지 화차에 사용되고 있는 것에 불과하고, 일본에서는 과거에 만철(灣鐵)에서 이것을 사용한 정도이고, 국철에서는 사용하지 않았다.

그 성분의 예를 나타내면 〈표 6-5〉와 같다. 주강 휠은 최근 사용하기 시작하였다. 미국에서는 1.5% C 주강 휠을 사용하고 있으며, 일본에서는 0.4% C, 1.3% Mn 주강 휠을 사철(私鐵)에서 시험으로 사용하고 있다. 모두 열처리를 실시하여 그 경도(硬度)를 브리넬 경도 Hb(Brinell hardness)는 300~350으로 하고 있다. 이러한 일례를 〈표 6-6〉에 표시하였다.

표6-2 타이어 강의 성분 규격

규격		C %	Si %	Mn %	P %	S %	인장강도 kg/mm^2	연신율 %	단면 수축율%
JIS (1952)		0.60 ~0.75	0.15 ~0.35	0.50 ~0.75	〈0.050	〈0.050	80~98	〉10	〉14
ASTM(1944)	A급	0.50 ~0.65	0.15 ~0.35	0.50 ~0.75	〈0.05	〈0.05	〉73.5	〉12	〉16
AAR(1951)	B급	0.60 ~0.75	〃	〃	〃	〃	〉80.5	〉10	〉14
	C급	0.70 ~0.85	〃	〃	〃	〃	〉87.5	〉8	〉12

※ A급 : 객차용　B급 : 화차, 기관차용　C급 : 입환 기관차용(入換機關車用)

표6-3 타이어의 열처리 규격 ASTM(1950), AAR(1951)

종별	C %	Si %	Mn %	P %	S %	인장강도 kg/mm^2	연신율 %	단면 수축율%	경도 HB
A 급	0.52 ~0.62	0.15 ~0.35	0.60 ~0.90	〈0.05	〈0.05	〉77	〉16.0	〉32.0	〉223
B 급	0.62 ~0.72	〃	〃	〃	〃	〉87.5	〉14.0	〉28.0	〉255
C 급	0.72 ~0.82	〃	〃	〃	〃	〉98	〉12.0	〉24.0	285~331
D 급	〃	〃	〃	〃	〃	〉108.5	〉10.0	〉20.0	321~363

※ Cr % 〈 0.15,　Ni % 〈 0.25,　Mo % 〈 0.06

A급 : 객차용　B급 : 화차, 기관차용

C급 : 입환 기관차용　D급 : 입환 기관차용(중하중용(重荷重用))

표6-4 휠의 규격

규 격		C %	Si %	Mn %	P %	S %	Cr %	HB	열처리
일본국철 (1952)		0.60 ~0.75	0.15 ~0.35	0.60 ~0.90	〈0.055	〈0.050	0.50 ~1.00	313~368	열처리
ASTM (1948)	U급	0.65~0.77	〉0.15	0.60 ~0.85	〈0.05	〈0.05		–	안 함
	A급	〈0.63	〃	〃	〃	〃		225~321	열처리
	B급	0.57~0.67	〃	〃	〃	〃		277~342	〃
	C급	0.67~0.77	〃	〃	〃	〃		321~363	〃

※ U급 : 일반용, 열처리 안함 A급 : 고속, 중(中)하중용 B급 : 고속, 중(重)하중용
C급 : 중속, 중(重)하중용

표6-5 칠드 휠(Chilled Wheel)의 화학성분(일례)

	C %	Si %	Mn %	P %	S %
미 국	3.80	0.51	0.54	0.238	0.095
중국 만주	3.40	0.84	0.70	0.134	0.069

표6-6 주강 휠의 일례

	C %	Mn %	Cr %	Hs
일 본 N.	0.35	1.2	–	40 ~ 45
일 본 T.	0.42 ~ 0.48	1.2 ~ 1.5	0.4 ~ 0.7	45 ~ 50
미 국	1.5	–	–	40

표6-7 윤심의 조성과 기계적 성질

종 별	C %	Si %	Mn %	P %	S %	Cu %	인장강도 kg/mm^2	연신율 %	단면 수축율%	경도 HB	충격치 $kg{\cdot}m/cm^2$
JIS SC 46	–	–	–	〈0.050	〈0.050	–	〉46	〉22	〉30	–	–
일본국철 시방서 SC47R	–	–	–	〈0.055	〈0.060	–	〉47	〉22	〉30	–	–
윤심 A	0.25	0.34	1.14	0.017	0.012	0.10	51.8 ~53.4	28.6 ~30.8	47.3 ~55.5	153 ~165	3~5
윤심 B	0.25	0.33	0.6 4	0.026	0.011	–	47.8 ~48.7	23.6 ~31.4	47.3 ~48.0	148 ~152	2.1~2.3

표6-8 압연차륜의 조성과 기계적 성질

구분	C %	Si %	Mn %	P %	S %	Cu %	Cr %	답면 담금질 ℃	뜨임 (tempering) ℃
Rim부 Disc부 Boss부	0.60	0.27	0.61	0.036	0.037	0.15	0.08	850 분수 냉 (噴水 冷)	500 공냉

구분	항복점 kg/mm^2	인장강도 kg/mm^2	연신율 %	단면 수축율%	충격치 $kg{\cdot}m/cm^2$	경도 HB
Rim부	54.4~61.1	92.3~99.5	18.3~20.6	34.7~36.3	2.7~3.2	278~235
Disc부	41.2~45.1	75.9~83.8	20.0~22.9	29.7~37.9	2.1~3.6	202~224
Boss부	39.6~43.1	78.7~81.3	12.6~20.0	16.8~17.4	0.6~1.1	185~214

6.3 윤심

윤심(輪心, wheel center)은 전기로에서 융해되어 건조형(乾燥形)으로 주조(鑄造)한 탄소강 주물(鑄物, castings)이다. 타이어와 윤심을 일체로 한 차륜은 타이어에 사용하는 재질과 동일한 탄소강을 사용한다. 강괴를 절단한 강편을 단압(鍛壓) 프레스에 의해 고정하고, 타이어 밀(tire mill)을 사용하여 압연하여 성형한다. 주물은 주조 후 약 900℃에서 가열하여 확산, 풀림(annealing)을 겸하여 조직의 균일화와 변형(distortion)제거를 도모한다. 주로 압연된 것은, 주조 압연 후 피트(pit) 가운데 또는 겹겹이 쌓인 채로 서서히 냉각된다. 그 후 약 850℃에서 가열된 후, 타이어의 답면부(踏面部)만의 분수(噴水)담금질을 시행한다. 약 500℃에서 템퍼링을 하여 내마모성을 얻는다.

〈표 6-7〉은 윤심의 조성과 기계적 성질을 나타내고, 〈표 6-8〉은 압연 차륜의 조성과 기계적 성질을 나타낸다. 압연 차륜의 답면 물 담금질(water quenching)부는 경도 Hs 35~40으로 되고 물 담금질을 답면보다 약 50mm 깊게 했을 때 HB 60~80 정도 상승한다.

6.4 치차

일본의 경우, 전기차량에 사용되고 있는 치차, 특히 소 치차(小 齒車)는 이 전에는 Ni - Cr강을 주로 사용하였지만, 자원관계로 Si - Mn - Cr강으로 대체하였다. 그러나 치차 이빨의 손상이 많아 사용성적이 좋지 않아 현재는 Cr - Mo강(鋼)이 사용되고 있다. 이 강제(鋼製) 소 치차는 기름으로만 담금질, 템퍼링을 실시한다. 치선(齒先) 경도를 쇼어(Shore)로 50 이상, 치저경도를 브리넬 경도로 311~415로 조정하여 사용하고 있다. 이러한 소 치차는 치차 이빨부의 토각치선(兎角齒先)의 마멸보다도 치저로부터 피로 손상되는 것이 많기 때문에, 치저경도(齒底硬度)를 확보하는 것이 매우 중요하다.

이것에는 담금질을 염두에 두고 시행한다. 특히 치저에 담금질이 충분히 들어가도록 노력하는 것이 중요하다. 또한, 치저의 노치 감수성(notch sensitivity)을 적게 하기 위해 환저치(丸底齒, 치차 이빨뿌리)에 기계 가공하는 것이 바람직하다.

최근, 치저의 열처리를 확보하여 치차이빨의 피로 손상을 방지하고, 동시에 치선의 마멸을 방지하는 방법으로서 고주파 담금질이 사용되고 있다. 이를 위해 S40C 정도의 탄소강이 사용되고 있다. 이때는 치선경도를 Hs 60 이상, 치저를 Hs 55 이상으로 열처리하는 것으로 규정되어 있다. 소 치차와 맞물린 대(大)치차는 C강(0.5~0.65%C) 또는 SF60재(0.4~0.5%C)로 조질(調質)한 것이 사용되고 있다. 치선 경도는 쇼아 Hs로 40 이상이다. 최근에는 소 치차와 동일한 S40C재의 고주파 담금질(치선경도 Hs 60 이상, 치저경도 Hs 55 이상)의 것이 사용되고 있다. 종래, 대 치차는 소 치차보다 손상 및 마멸이 적어 그다지 문제가 없었다. 〈표 6-9〉는 현재 사용되고 있는 치차의 화학성분을 나타낸다.

표6-9 치차용 강의 화학성분

종 류	C %	Si %	Mn %	P %	S %	Cr %	Mo %	비고
소 치차	0.35~0.43 0.35~0.45	0.15~0.35 0.15~0.35	0.60~0.85 0.50~0.80	〈0.030 〃	〈0.030 〃	0.90~1.20 –	0.15~0.35 –	– • 고주파 담금질용
대 치차	0.55~0.65 0.35~0.45	0.15~0.40 0.15~0.35	0.40~0.80 0.50~0.80	〈0.045 〈0.030	〈0.045 〈0.030	– –	– –	•조질용(調質用) • 고주파 담금질용

6.5 스프링 강

철도차량용 스프링 강에는 주로 탄소강이 사용되고 있다. 반면 자동차용 스프링 강이 특수강(Si-Mn, Cr-Mn, Cr-V鋼)을 사용하고 있는 것과는 대조적이다. 탄소 스프링 강에서도 판스프링용(Sup. 3)은 코일 스프링용(Sup. 4)보다도 약간 C%의 낮은 것을(약 0.2%C 낮음) 사용하는 것이 관례이다.

또한, 독일이나 영국에서는 물 담금질용으로서 0.55%C 보다 낮은 저탄소강을 아직까지 사용하고 있는 경우도 있다. 차량용 판스프링의 두께는 13mm(1/2in)가 대부분이며, 이 정도의 판 두께가 되면 0.75~0.90%C Sup. 3급에서는 기름에서의 담금질이 되지 않고 담금질 경도는 브리넬(Brinell) HB 400에 이른다.

따라서 물 담금질에 의해서든지 또는 특수강을 사용하지 않는 한 완전히 담금질이 된 스프링은 얻을 수 없다. 차량용 스프링의 성능을 좋게 하기 위해서 최근에는 판 두께를 증가시켜 매수를 줄이는 방법이 추진되고 있다. 이렇게 되면 판 두께는 20~25mm로 되는 것은 드물지 않기 때문에, 이 경우에는 보론(boron)처리한 스프링 강 또는 Cr-Mn강 등의 특수강을 사용한다. 또한 판스프링은 그 표면의 좋고 나쁨에 따라 현격하게 수명이 좌우되므로, 요즈음에는 검은 표면과 탈탄층(脫炭層)을 그라인딩(grinding) 연마한 연마스프링과 쇼트피닝(shot pining)한 스프링을 즐겨 사용하고 있다. 또 판스프링의 성능향상을 도모하기 위해 니프(nip) 응력을 지정하기도 하고, 판 사이에 그라인딩 그리스를 주입하는 등의 방법이 강구되고 있다. 코일스프링은 전부 연마를 한 Sup. 4 및 Cr-Mn강으로 제작되어 쇼트피닝을 실시한 후 녹 방지처리를 실시하여 사용하고 있다.

이상 철도차량용 스프링 강으로서는 현재의 경우 탄소강이 주이지만, 열처리성과 기계적 성질 등에 있어서 부적합한 점이 많기 때문에 여러 나라들이 점차 특수강으로 이동하고 있다. 특수강 가운데서는 Cr-Mn강, Cr-V강 등이 우수하여 장래성이 있다.

〈표 6-10〉은 철도차량용 스프링강의 화학성분규격을 나타낸 것이다.

표6-10 철도차량용 스프링강의 화학성분

<table>
<tr><th>강 종</th><th>용 도</th><th>규격부호</th><th>C %</th><th>Si %</th><th>Mn %</th><th>P %</th><th>S %</th><th>Cr %</th><th>V %</th></tr>
<tr><td rowspan="7">탄소강</td><td rowspan="4">판스프링</td><td>JIS.Sup.3</td><td>0.75
~0.90</td><td>0.15
~0.35</td><td>0.30
~0.60</td><td>〈0.035</td><td>〈0.035</td><td></td><td></td></tr>
<tr><td>ASTM
A 68-49</td><td>0.90
~1.05</td><td>0.15
~0.30</td><td>0.30
~0.50</td><td>〈0.040</td><td>〈0.050</td><td></td><td></td></tr>
<tr><td>BS. En 42</td><td>0.70
~0.85</td><td>0.10
~0.40</td><td>0.55
~0.75</td><td>〈0.05</td><td>〈0.05</td><td></td><td></td></tr>
<tr><td>BS. En 43</td><td>0.45
~0.60</td><td>〃</td><td>0.60
~0.80</td><td>〃</td><td>〃</td><td></td><td></td></tr>
<tr><td rowspan="3">코일
스프링</td><td>JIS.Sup.4</td><td>0.90
~1.10</td><td>0.15
~0.35</td><td>0.30
~0.60</td><td>〈0.035</td><td>〈0.035</td><td></td><td></td></tr>
<tr><td>ASTM
A 68-49</td><td>0.90
~1.05</td><td>0.15
~0.30</td><td>0.30
~0.50</td><td>〈0.040</td><td>〈0.050</td><td></td><td></td></tr>
<tr><td>BS. En 44</td><td>0.90
~1.20</td><td>〈0.30</td><td>0.40
~0.70</td><td>〈0.05</td><td>〈0.05</td><td></td><td></td></tr>
</table>

강 종	용 도	규격부호	C %	Si %	Mn %	P %	S %	Cr %	V %
특수강	판스프링	JIS.Sup.6	0.55 ~0.65	1.50 ~1.80	0.70 ~1.10	〈0.035	〈0.035		
		ASTM A 60-49	0.48 ~0.53	0.20 ~0.35	0.70 ~0.90	〈0.040	〈0.040	0.80 ~1.10	〉0.15
		AISI 5160	0.55 ~0.65	〃	0.75 ~1.00	〃	〃	0.70 ~0.90	
		BS En 45	0.50 ~0.65	1.50 ~2.00	0.70 ~1.00	〈0.05	〈0.05		
		DIN 51 Si 7	0.48 ~0.55	1.50 ~1.80	0.50 ~0.80	〃	〃		
		DIN 50 CrV 4	0.47 ~0.55	0.15 ~0.35	0.80 ~1.10	〈0.035	〈0.035	0.90 ~1.20	0.07 ~0.12
	코일 스프링	BS En 45	0.50 ~0.65	1.50 ~2.00	0.70 ~1.00	〈0.05	〈0.05		
		AISI 5160	0.55 ~0.65	0.20 ~0.35	0.75 ~1.00	〈0.040	〈0.040	0.70 ~0.90	
		DIN 70 Si 7	0.65 ~0.75	1.50 ~1.80	0.60 ~0.80	〈0.035	〈0.035		
		DIN 50 CrV 4	0.47 ~0.55	0.15 ~0.35	0.80 ~1.10	〃	〃	0.90 ~1.20	0.07 ~0.12

6.6 연결기

연결기(連結器) 본체와 주(肘, 팔꿈치 모양으로 구부러진 레버)는 탄소강 주물로 되어 있고, 주(肘)핀은 단강 품이 사용되고 있다. 본체 및 주는 염기성(鹽基性) 전기 호광로(電氣 弧光爐)에서 용해된 후, 생형(生形) 또는 건조형으로 주조한다. 주조 후는, 약 900℃로 가열 후에 서서히 냉각하여 확산・어닐링・템퍼링을 통하여 주조 변형의 제거와 조직의 조정을 이행한다.

〈표 6-11〉은 그 화학성분과 기계적 성질을 나타낸다.

최근 연결기의 경량화를 도모하기 위해 저(低)망간강 주강품을 사용한 것도 있다. 〈표 6-12〉 및 〈표 6-13〉에 그 조직과 기계적 성질을 나타내었다. 이 경우는 주조 후, 약 980℃에서 확산・풀림(annealing)을 실시하고 다음으로 약 900℃로 가열하여 공중냉방 후 약 650℃로 템퍼링을 시행하여 조직을 가능한 균일한 페라이트+소르바이트(ferrite+sorbite) 조직으로 하여 인성(靭性)을 충분하게 한다. 이때 소량의 바나듐과 티타늄을 함유시키는 것은, 결정입자가 미세 균일하여 신축을 현저하게 향상시키기 위한 것이다.

표6-11 탄소강주강품 연결기의 성질

종 별	C%	Si%	Mn%	P%	S%	인장강도 kg/mm^2	연신율 %	단면 수축율%	경도 HB	회전굽힘 피로한도 kg/mm^2
일본국철 시방서 SC 47 R	–	–	–	〈0.055	〈0.060	〉47	〉22	〉30	–	–
JIS SC 46	–	–	–	〈0.050	〈0.050	〉46	〉22	〉30	–	–
본체	0.21	0.63	0.29	0.044	0.036	47.1 ~48.1	29.2 ~31.4	38.8 ~47.2	142 ~153	–
시험편	0.23	0.66	0.35	0.016	0.015	48.7	33.5	45.9	131 ~137	20

표6-12 저망간강 주강품 연결기의 기계적 성질

종 별	시험편경 mm	항복점 kg/mm^2	인장강도 kg/mm^2	연신율 %	단면수축율 %	경도 HB	회전굽힘 피로한도 kg/mm^2
일본국철 시방서 XSA-14	14	〉40	〉60	〉20	〉35	–	–
JIG G 5111 SCA 2	14	〉40	〉60	〉20	〉35	〉170	–
본체	9.00	42.4	59.1	17.1	31.6	184	–
주(肘)	9.00	42.4	60.8	24.1	53.8	195	–
시험편	14	42.9	65.0	27.0	46.0	174~183	22

※ JIS G 5111, SCA 2 열처리
(Annealing > 980℃ 서냉
Quenching 870~930℃ 급냉
Tempering 600~680℃ 급냉)

표6-13 저망간강 주강품 연결기 조성

종 별	C %	Si %	Mn %	P %	S %	Ni %	Cr %	Cu %	V %	Ti %
일본국철 시방서 XSA-14	0.25~0.35	〈0.50	1.00 ~1.60	〈0.030	〈0.030	–	–	–	–	–
JISG 5111 SCA 2	0.25~0.35	〈0.50	1.00 ~1.60	〈0.030	〈0.030	–	–	–	–	–
본 체	0.27	0.43	1.41	0.011	0.013	0.13	0.25	0.17	0.16	0.032
주(肘)	0.30	0.41	1.40	0.011	0.011	0.14	0.18	0.16	0.15	0.030
시험편	0.29	0.35	1.45	0.020	0.013	0.24	–	–	–	–

6.7 로드 및 크랭크축

로드(rod)류에는 SF55 또는 SF60 등의 단강품(鍛鋼品)을 사용한다. 염기성(鹽基性) 전기로(電氣爐) 또는 평로(平爐)에서 용해된 강괴를 압연 또는 단련하여 강편으로 만들어 이것으로 소재를 단조하고 단조 후는 노멀라이징을 실시하며 결정입의 미세화를 도모하여 조직을 정렬한다. 〈표 6-14〉는 탄소강제 피스톤(piston)봉의 조성과 기계적 성질의 일례이다. 연결봉의 대 단부(大 端部) 또는 소 단부(小 端部)에서 핀(pin)으로 결합된 부분은 사용 중 마모된다. 이것을 육성용접(內盛鎔接)으로 보수하는 것은, 이 부분의 피로강도를 현저하게 저하시키므로 피하는 편이 좋다. 피스톤 봉으로는 〈표 6-15〉에 표시한 것처럼 Cr-Mn강을 사용하는 것이 있다.

표6-14 탄소강제 피스톤봉의 조성과 기계적 성질

종 별	C %	Si %	Mn %	P %	S %	Cu %
JIS SF 55	–	–	–	〈0.045	〈0.050	–
C 5790 호 피스톤 봉	0.30	0.16	0.82	0.028	0.026	0.19
종 별	**항복점 kg/mm^2**	**인장강도 kg/mm^2**	**연신율 %**	**단면 수축율%**	**경도 HB**	**충격치 $kg{\cdot}m/cm^2$**
JIS SF 55	–	55~60	TS+1.5El 〉90	–	–	–
C 5790 호 피스톤 봉	–	57.6	98.7	52.0	155	6

이 경우는 강편보다 소재를 단조하여 노멀라이징을 실시한 후 기계가공을 한 다음에 약 850℃로 가열 후 유냉(油冷)시켜 담금질을 실시하고, 약 600℃로 가열 후 급냉시켜 템퍼링을 실시한다. 이때 접동(摺動, slide)부분만을 충분히 담금질하기 위해, 접동부분 이외에는 점토(粘土)등을 도포(塗布)하여 이것을 석면판으로 쌓아 담금질 때의 냉각속도를 늦추어 경화를 방지한다. 이 부분의 기계가공을 용이하게 하기 위해, 담금질변형 발생을 되도록 저지하기 위한 것이다.

Cr-Mn강은 탄소강에 비교해 피로강도와 내마모성이 우수하다. 디젤기관의 크랭크축에는 〈표 6-16〉에 표시된 것처럼 탄소강 또는 저(低)Ni-Cr-Mo강을 사용한다.

염기성 전기로에서 용해하여 강괴로 만들어 이것을 단조하여 강편으로 만든 후에 형타단조(形打段造) 하든지 또는 핀부를 트위스팅(twisting, torsion)하여 소재를 제조한다. 탄소강의 경우는 소재를 약 850℃로 가열하여 노멀라이징을 실시하고 기계가공한 후 핀 부의 내마모성을 증가시키기 위해 고주파 담금질을 실시한다. 담금질 깊이는 약 3mm이다. 그 후 약 200℃로 하여 응력제거 풀림(annealing)을 하지 않고 템퍼링(tempering)을 실시한다.

표6-15 크롬 망간(Cr-Mn)강제 피스톤 봉의 조성과 기계적 성질

종 별	C %	Si %	Mn %	P %	S %	Cr %
JIS SCr 1	0.30 ~0.40	0.20 ~0.50	0.70 ~1.00	〈0.030	〈0.030	0.80 ~1.10
일본국철 시방서 SMn C 100 R	0.33 ~0.43	〈0.70	0.80 ~1.20	〈0.035	〈0.035	0.80 ~1.20
C 58188	0.43	1.14	0.94	0.019	0.016	1.04
구항격(旧航格) E 234 갑	0.33 ~0.43	0.80 ~1.20	0.80 ~1.20	〈0.030	〈0.030	0.80 ~1.20

종 별	항복점 kg/mm^2	인장강도 kg/mm^2	연신율 %	단면 수축율 %	경도 HB	충격치 kg·m/cm^2
JIS SCr 1	〉70	〉85	〉17	〉50	241~302	〉8
일본국철시방서 SMn C 100 R	–	〉100	〉10	〉40	286~380	〉5
C 58188	–	95.0 ~110.0	13.2 ~24.8	49.5 ~56.3	264~275	3.0~3.6
구항격(旧航格) E 234 갑	〉70	〉90	〉18	〉50	262~321	〉7

표6-16 디젤 크랭크축의 조성 및 기계적 성질

종 별	C %	Si %	Mn %	P %	S %	Cu %
JIS S 40 CA	0.35~0.45	0.15~0.40	0.40~0.80	〈0.045	〈0.045	〈0.35
기하 44005 DMH 17 A-14	0.45	0.22	0.41	0.019	0.007	–
DMH 17	0.38	0.26	0.60	0.012	0.011	0.13

종 별	항복점 kg/mm^2	인장강도 kg/mm^2	연신율 %	단면 수축율%	경도 HB	충격치 kg·m/cm^2
JIS S 40 CA	〉33	〉55	〉22	〉45	156~217	〉6
기하 44005 DMH 17 A-14	–	56.3~62.5	26.6~30.2	51.3~62.0	180~183	6.8~8.0
DMH 17	34.5	58.5	33	51	163	6.7

Ni-Cr-Mo강의 경우는 단조 후, 약 850℃로 가열하여 노멀라이징을 실시한다. 그 다음 기계가공을 한 후, 약 850℃로 가열하여 기름 중에서 급냉 담금질을 실시하고 난 뒤 약 650℃로 가열하여 템퍼링을 실시하고, 기계 그라인딩을 한다. 그 후 핀 부에 고주파 담금질을 실시하고, 약 200℃에서 템퍼링을 하여 최종 마무리를 한다.

크랭크축(crank shaft)은 핀 부의 마모와 핀(pin)과 암(arm)과의 모서리 육부 근처에 발생하는 피로파괴에 견딜 필요가 있다. 이를 위해서 재료는 매크로 스트락 플로우(macro-strack-flaw), 비금속 개재물(介在物) 등이 적고, 결정입이 미세 균일하고, 아울러 담금질이 양호한 것이 바람직하다. 또한, 내마모성과 피로손상 감도가 낮은 것이 요구되므로, 인성이 강한 것을 필요로 하고 가공도중의 변형발생을 가능한 한 적게 하기 위해, 열처리에 의한 잔류응력(殘溜應力)을 되도록 적게 하도록 하며 가열냉각 조작(操作)중에 충분한 주의를 할 필요가 있다. 따라서 크랭크축에 사용되는 강은 담금질성이 양호하고 템퍼링 성이 적고 인성이 충분한 Ni-Cr-Mo강을 사용하는 것이 바람직하다.

디젤기관의 로드(rod)에는 Cr-Mo강을 사용한다. 반복응력에 의한 피로파괴에 견디기 위해서이다. 염기성 전기로에서 용해하여 강괴로 만들고 이것을 압연 또는 단조하여 강편으로 한 것을 형타단조(形打鍛造)하여 제조한다. 형타 단조 후, 약 850℃로 가열하여 노멀라이징을 실시한 후 기계가공을 한다. 다음으로 약 850℃로 가열한 후 기름에서 냉각시켜 담금질을 실시한 후 약 600℃로 가열 유냉시켜 템퍼링을 실시하여 마무리 가공한다. 핀과 결합되는 부분 이외를 형타 단조한 흑피(黑皮) 그대로 사용할 때는 단조 후, 노멀라이징(normalizing), 담금질(quenching), 템퍼링(tempering)을 실시하여 기계가공을 한다. 〈표 6-17〉은 그 조성과 기계적 성질이다.

표6-17 디젤기관 연결봉의 조성과 기계적 성질

종 별	C %		Si %	Mn %	P %	S %	Cr %	Mo %
JIS SCMO 85	0.28~0.33		0.15~0.35	0.60~0.85	〈0.035	〈0.035	0.90 ~1.20	0.15~0.35
종 별	**담금질 ℃**	**템퍼링 ℃**	**항복점 kg/mm²**	**인장강도 kg/mm²**	**연신율 %**	**단면 수축율%**	**경도 HB**	**충격치 kg·m/cm²**
JIS SCMO 85	830~880 유냉 (수냉)	550~650 급냉	〉70	〉85	〉15	〉50	241 ~302	〉9

6.8 실린더 및 실린더 라이너

실린더는 보통 회주철(恢鑄鐵)을 사용하며, 큐폴라(熔銑爐, cupola)에서 용해되어 건조형으로 주조한다. 실린더 라이나 또는 실린더 슬리브(cylinder sleeve)도 회주철이지만, 디젤 기관용 라이나는 원심주조법(遠心鑄造法)에 의해 주조하는 것이 많다. 증기 기관차용 슬리브는 건조형으로 주조한다. 이러한 것은 모두 내마모성이 양호한 것을 필요로 한다. 그 때문에 이러한 주물의 조직은 완전한 펄라이트와 편상흑연(片狀黑鉛)으로 구성되지 않으면 안 된다.

망간의 함유량을 높이고 펄라이트를 조밀하게 하고, 흑연의 크기도 중위(中位)로 하여 그 분포를 균일하게 한다. 유리(遊離) 페라이트(ferrite)가 존재하면 내마모성을 현저히 저하시킨다. 공정흑연(共晶黑煙), 로즈(rose)모양의 흑연 등의 석출도 좋지 않다. 또한 주물은 기밀(氣密)의 양호 등이 필요로 하므로 재질이 조밀해야 하며, 조송화(粗鬆化), 핀 홀(pin hole) 등의 결함이 있어서는 안 된다.

주조 후는 약 500℃에서 응력제거 풀림을 시행하는 것이 바람직하다. 〈표 6-18〉은 실린더 라이나의 조성이다. 여기에 포함되어 있는 니켈 또는 동(銅)은 흑연화를 촉진하고 재질을 강하게 하며 크롬은 시멘타이트(cementite, Fe3C) 분해를 방지하여 내마모성의 향상 및 유지 보존에 도움이 된다. 실린더 라이나의 내마모성을 향상하기 위해 내면(內面), 특히 제1링의 접동하는 부분에 고주파 담금질을 하든지, 경질 크롬도금을 시행하는 것이 있다. 경질 크롬도금에서는 특히 윤활을 도와주기 위해서 도금(鍍金) 면을 다공질(多孔質)로 하여 소위 다공질 크롬 도금(porous chromium coating)을 실시한다. 도금은 밀착성(密着性)이 양호하여야 하고 사용 중 박리(剝離)되는 염려가 없어야 한다.

표6-18 실린더 및 실린더 라이나의 조성과 기계적 성질

종 별	T.C%	Si%	Mn%	P%	S%	Cu%	Ni%	Cr%	경도HRB	비고
일본국철 시방서 Ni-Cr주철	2.80 ~3.40	1.30 ~2.20	0.40 ~1.00	〈0.03	〈0.12	-	0.20 ~0.50	0.20 ~0.40	97 ~103	디젤용 실린더 라이나
일본국철 시방서 Cu-Cr주철	2.80 ~3.40	1.30 ~2.20	0.40 ~1.00	〈0.03	〈0.12	0.20 ~0.50	-	0.20 ~0.40	97~103	〃
기하 42532	3.15	1.70	0.70	0.062	0.112	0.39	0.41	0.22	91~95	〃
-	3.4 ~3.8	1.8 ~2.8	0.5 ~1.0	0.3 ~0.8	〈0.15	-	〈1.0	〈0.5	95~105	피스톤링
-	2.8 ~3.2	1.5 ~2.0	〃	〃	〃	〃	〃	〃	〃	피스톤링
-	3.25	1.75	0.80	0.50	0.06	-	-	-	-	기관차용 피스톤링
-	3.1 ~3.4	1.8 ~2.4	0.5 ~0.9	〈0.3	0.08 ~0.12	-	-	-	-	기관차용 실린더블록

6.9 피스톤 링

피스톤 링(piston ring)은 균일한 장력(張力)과 내마모성을 유지 보존하지 않으면 안 된다. 피스톤링에는 회주철이 사용되고 있지만, 균일하고 아울러 적당한 장력을 유지하기 위해서는 가능한 한 항복점(降伏點, yield point), 인장강도를 높이고 아울러 사용온도에서 크립(creep)특성이 좋아야 한다. 크립 강도는 인장강도 정도로 높고 또 사용온도에서 시멘타이트(炭火鐵, cementite)가 흑연화(黑煙化)되지 않도록 하는 것이 필요하다. 그것 때문에 소량의 크롬을 첨가하는 것이다. 또한 내마모성이 양호하기 위해서는 재질의 인성이 강하고 유리(遊離) 페라이트(ferrite)가 존재하지 않고 펄라이트가 조밀하여 흑연이 가능한 한 미세하고 균일한 분포로 되는 것이 필요하다. 특히, 흑연의 윤활작용을 기대하기 위해서 비교적 가는 편상흑연을 다량으로 분포시키고, 아울러 기지(基地)가 인성(toughness)이 강한 것이 필요하다. 그 때문에 니켈 또는 동(銅)을 첨가하는 것이다.

〈표 6-19〉는 대표적인 피스톤링의 조성 예이다. 큐폴라 또는 전기로에서 용해하여 한 개를 취하여 링 모양, 또는 여러 개로 된 원통모양으로 주조한다. 주형은 생형(生型)의 경우가 많다. 이것을 기계 가공하여 최종마무리 공정 전에 응력제거(應力除去) 풀림을 하여, 약 500℃에서 적당한 시간동안 가열하여 서냉(徐冷)한다. 이 경우 균일한 장력을 확보하기 위해서 피스톤링은 치구(治具)를 사용하여 장력을 가진 상태로 풀림을 실시한다. 피스톤링의 내마모성을 향상시키기 위해 경질(硬質) 크롬 도금을 실시하는 것은, 동시에 실린더 라이나의 마모를 방지하기 위한 효과가 매우 크다.

표6-19 피스톤링의 조성과 기계적 성질

종 별	C %	Si %	Mn %	P %	S %	Ni%	Cr%	Mo%	Cu%	노멀라이징℃
JIS SNCM 6	0.38 ~0.43	0.15 ~0.35	0.70 ~1.00	〈0.030	〈0.030	0.40 ~0.70	0.40 ~0.65	0.15 ~0.30	–	850 ~870
DMH 17	0.41	0.24	0.80	0.013	0.010	0.54	0.45	0.19	0.17	870 공냉

종 별	담금질 ℃	담금질 ℃	항복점 kg/mm^2	인장강도 kg/mm^2	연신율 %	단면수축율 %	경도 HB	충격치 kg·m/cm^2	비고
JIS SNCM 6	820 ~870 유냉	580 ~680 공냉	〉50	〉70	〉22	〉50	–	〉7	기계적 성질은 일본국철 시방서
DMH 17	850 유냉	650 공냉	52.4	72.4	26	62	218	16.7	

※ PIN부, 저널부, 베어링부 고주파 담금질 후의 경도 HS 65~85

특히 디젤기관에서는 제1링에서 그 효과가 현저하다. 경질크롬 도금을 시행한 제1링을 사용함으로써, 실린더 라이나의 마모량을 약 1/3로 감소시킨 예가 있다.

피스톤링의 경질 크롬도금을 실시한 때는 그것의 조합되는 실린더 라이나의 내면에는 크롬도금을 실시하지 않는다. 실린더 라이나의 내면에 크롬도금을 하는 것보다도 피스톤링에 크롬도금을 하여 사용하는 것이 더 유용한 경우가 많다. 도금을 하지 않은 피스톤링의 경도는 그것에 조합되는 실린더 라이나의 경도보다 약간 낮게 할 필요가 있다. 피스톤링의 산화피막(酸化皮膜)을 만드는 처리도, 라이나(liner) 및 링의 마모감소에 효과가 있다.

6.10 베어링

1) 롤러베어링 (roller bearing)

롤러베어링은 큰 압축하중에 의해 롤러가 내 · 외륜(內 · 外輪) 사이를 전동(轉動)한다. 베어링의 재료는 이 전동 피로에 대한 피로강도가 높아야 한다. 또한 큰 압축하중으로 인해 항복되지 않도록 항복점이 높은 재료이어야 하며, 아울러 내마모성이 높아야 한다.

따라서 여기에 사용되는 재료는 항복점이 높고 인성이 강하고 강도도 비교적 높은 비금속체, 매크로 스트락 플로우(macro-strak-flaw) 등의 내부결함이 적은 우량한 강이 필요하다. 통 고(高)탄소 크롬강이 사용되며, 대형 베어링에는 담금질성(hardenability)이 양호한 고 탄소 Cr-Mn강이 사용된다.

〈표 6-20〉은 베어링강의 조성이다. 정선(精選)된 원료를 전기로에서 용해하여 강괴를 만들고 충분히 고르게 가열한 후 이것을 압연하여 강편으로 만든다. 이것에 구상화 및 구상화(球狀化) 풀림을 실시하여 유리 탄화물을 충분히 구상화시켜, 매크로 스트락 플로우 검사, 비금속 불순물 검사, 육안 조직검사 등을 거쳐서 우수한 재질을 선택하여 롤러(roller) 또는 레이스(lace) 소재를 단조한다.

표6-20 베어링강의 조성

종 류	기 호	C %	Si %	Mn %	P %	S %	Cr %
JIS 1 종	SUJ 1	0.95~1.10	0.15~0.35	〈0.50	〈0.030	〈0.030	0.90~1.20
JIS 2 종	SUJ 2	0.95~1.10	0.15~0.35	〈0.50	〈0.030	〈0.030	1.30~1.60
JIS 3 종	SUJ 3	0.95~1.10	0.40~0.70	0.90~1.15	〈0.030	〈0.030	0.90~1.20

기계가공 전에 풀림을 시행한 후, 내부응력을 제거하고 또 중간 공정에 서 약 750~800℃에 장시간 가열하여 구상화 풀림(annealing)을 실시한 후, 약 850℃로 가열하여 유냉 또는 수냉(水冷)시켜 담금질을 실시한다. 이 경우 잔류 오스테나이트(austenite)가 생기는 것을 방지하기 위해 서브제로처리(sub-zero-treatment)를 실시한다. 다음으로 약 180℃에서 장시간 가열 템퍼링을 하여 사용 중 시효변형 발생을 방지한다.

연마균열을 방지하기 위해서라도 이 템퍼링(tempering)은 충분히 실시하지 않으면 안 된다. 템퍼링의 강도는 HRC 63 이상으로 한다. 대형 베어링에서는 질량효과를 피하는 것이 어렵기 때문에, 기소강(肌燒鋼)으로 Ni-Cr-Mo강을 사용하고, 이것에 침탄한 후 담금질, 풀림을 실시하여 사용하는 경우도 있다. 롤러베어링을 보존(保存)·유지(維持)하는 기구는 주물 또는 프레스 가공에 의해 제조한다. 내마모성이 양호하고 절삭가공(切削加工) 또는 소성(塑性)가공이 용이함과, 아울러 사용 중 변형을 발생하기 어려운 것이 필요하다. 일반적으로는 저탄소강, 특수 알루미늄, 청동 또는 납을 포함한 특수 고력황동(高力黃銅)이 사용된다.

〈표 6-21〉은 보존유지 기구의 조성이다.

표6-21 보지기용 동합금(保持器用 銅合金) 및 강판, 강재

종별	기호	Cu %	Zn %	Al %	Fe %	Ni %	Mn %	Sn %
특수 알루미늄 청동 봉	ABB	나머지	–	7.0~12.0	2.0~5.0	0.5~2.0	0.5~2.0	–
특수 고력황동 주물	TM-HBsC	55.0 ~62.0	33.0 ~37.0	0.1~1.0	1.0~2.0	–	2.0~4.0	0.1~1.0
고력황동 주물 제일종	HBsCl	52.0 ~59.0	나머지	Al + Fe + Ni + Mn + Sn 〈 6.0				
종별	**기호**	**C %**	**Si %**	**Mn %**	**P %**	**S %**	**Cu %**	
강판 및 강대	–	0.13 ~0.23	〈0.1	〈0.5	〈0.030	〈0.030	〈0.25	
Pb%	**Si%**	**P%**	**℃**	**℃**	**℃**	**인장강도 kg/mm²**	**연신율 %**	**경도HB**
–	–	–	약 300	약 650	약 250	〉70	〉15	〉170
0.1~1.0	〈 0.2	0.1~1.0	약 350			〉50	〉25	〉90
–	–	–	약 350			〉44	〉20	〉90
인장강도 Kg/mm²	**연신율 %**	**굽힘각도**	**굴곡반경**	**경도 HV**				
				〈1.5 mm	**≥1.5 mm**			
〉35	〉25	180°	r=T	〈 120	HRB〈 70			

저탄소강을 사용할 때는 강판 또는 강대로 하여 제조된 소재로부터 펀칭프레스(punching press)로 가공하여 보존·유지기구(保持器)를 제조하고, 또 특수 알루미늄, 청동은 형타단조(形打鍛造)하여 납(鉛)을 포함한 특수 고력황동에서는 금형주물로 하여 보존·유지 기구를 제조한다. 어떠한 경우에도 가공 또는 주조변형을 제거하기 위해 저온 풀림의 실시가 필요하다.

2) 평 베어링

평 베어링(plain bearing)에는 그 하중, 마찰속도 등의 조건에 부합한 적당한 재료를 선택하여 사용하지 않으면 안 된다. 고 하중, 저(低)마찰속도에서 하중에 견디며 내마모성이 좋고 아울러 소착(燒着, metal penetration)을 일으키기 어려운 재료로서 연청동이 널리 사용된다.

〈표6-22〉는 그 조성과 경도이다. 하중이 낮고 마찰속도가 빠른 경우에 납함유량이 높은 것을 사용한다. 이러한 베어링은 모래 주물 또는 금형 주물로서 제조한다. 저널베어링 또는 디젤기관의 주축베어링 등의 고하중, 고(高)마찰속도의 경우는 소착방지를 제1목표로 고려하고, 연질에서 윤활유와의 친화력이 우수하고 또 윤활유에 대하여 내식성이 양호하여 베어링 성능이 우수한 석기(錫基) 또는 연기(鉛基), 바비트 메탈(백색합금) 또는 동·납합금(캘메트)이 사용된다.

표6-22 베어링용 청동 주물의 조성 및 경도

종류	기호	Cu %	Sn %	Pb %	불순물	경도 HB
JIS	BC 5 A	83~87	9~11	4~6	〈2.5	약 75
청동주물 5종	BC 5 B	78~82	9~11	9~11	〈3.0	약 70
	BC 5 C	75~79	7~9	14~16	〈3.0	약 65

〈표 6-23〉은 그 조성과 경도이다.

기관차 등의 저널베어링(journal bearing)에는 석기 화이트 메탈, 객화차 등에는 연기 화이트 메탈, 디젤기관 등의 주축(主軸) 베어링에는 동·납합금이 사용된다.

전차의 전동기 지지부의 서스펜션 메탈(suspension metal)에는 연청동 또는 동망(銅網, wired copper)이 들어간 석기 화이트메탈, 소위 아로넬 메탈이 사용된다. 저하중 고마찰 속도의 베어링에는, 함유 베어링 합금으로서 동·주석·흑연으로 된 소결합금(燒結合金, sintered metal), 순철·흑연 소결합금 또는 풀림한 성장주철 등에 윤활유를 침투시킨 것이 사용된다.

〈표 6-24〉는 그 조성 예이다.

일반적으로 저널베어링, 디젤기관 주축베어링 등에 사용되고 있는 화이트 메탈 또는 캘메트는 이금(異金)으로 이장하여 사용한다.

저널베어링의 이금에는 포금을 사용하고, 디젤기관의 주축베어링은 0.10～0.15%C 저탄소강을 사용한다. 저널베어링은 이금을 약 200℃로 예열하여 이것에 화이트메탈을 주입하여 용착시킨 후 수냉시켜 주조한다. 디젤기관 주축베어링은 이금에 캘메트를 주입한 후 재용해하여 원심력을 가하고 분수(噴水)로 급냉시켜 용착시키는 경우와 약 1,000℃에서 예열한 원통상 이금에 원심주조법에 따라 캘메트를 주입하여 분수에서 급냉하여 주조하는 경우도 있다.

화이트메탈에서는 화합물이 편석하기 쉽고 캘메트에서는 납이 편석(偏析)하기 쉽기 때문에 급냉시켜 이것을 방지한다. 또 캘메트에서는 조직을 균일한 수지상조직(樹枝狀組織)으로 하기 위해 니켈 또는 은(銀)을 첨가한다. 납의 편석을 방지하기 위해 소량의 유황을 첨가한다.

주석(朱錫)을 가한 캘메트는 조직이 입자모양으로 되고, 경도가 높게 되기 쉽고 베어링 성능이 열화(劣化)되어 소착을 일으키게 된다. 캘메트 베어링에서는 그 표면에 1/100～2/100mm의 납 또는 납·주석의 합금을 도금하여 사용하면 베어링 성능이 현저히 개선된다.

소결베어링 합금은 분말을 금형에 넣어서 가압 성형하고, 이것을 환원성(還元性) 또는 중성의 분위기 중에서 가열하여 소결한 후 윤활유 중에 담근 후 가압 또는 감압하여 합금 내에 윤활유를 침투시켜 제조한다.

성장주철, 주철 주물을 약 900℃에서 장시간 가열하여 주철 흑연을 성장시킴과 동시에, 재질을 조송화(粗鬆化)한 후 이것을 윤활유 중에 담가 침투시키는 것이다. 이러한 함유(含油) 베어링 합금은 사용 중 그 베어링 면에 윤활유가 스며 나와 윤활상태를 잘 보존·유지하여 저하중의 베어링에서는 지극히 우수한 성능을 발휘한다.

표6-23 화이트 메탈 및 캘메트의 조성과 경도

종 별	기호	Sn %	Sb %	Cu %	Pb %	Ni Ag%	Fe %	기타 Fe+Zn+Al+As	경도 HB
JIS 화이트메탈 2 종	WJ2	83～87	8～10	5～7	〉0.5	–	–	〈 0.15	약 20
〃 4 종	WJ4	68～72	11～13	3～5	13～15	–	–	〃	약 20
〃 7 종	WJ7	11～13	13～15	〈1	71～75	–	–	〈 1.0	약 18
〃 8 종	WJ8	6～8	16～18	〈1	74～78	–	–	〃	약 18
JIS 캘메트 2 종	KJ2	〈1	–	나머지	33～37	〈2	〈0.08	〈 1	HV〈35
캘메트 3 종	KJ3	〈1	–	나머지	28～32	〈2	〈0.08	〈 1	HV〈40

표6-24 소결 베어링 합금

종별	조 성			비 중	경도 HB	함유량 Vol %	항압력 kg/mm^2
	흑연 %	Sn %	Cu %				
기름함유 베어링	2-5	8-10	나머지	6-7	20-45	15-25	20-48

6.11 보일러

보일러(boiler)용 재료는 일반적으로 내식성(耐蝕性)이 양호하여 인성이 강하고, 열전도가 양호한 것이 필요하다. 또 보일러 판(板) 및 연관(煙管) 등은 벤딩(bending) 가공 혹은 압연 가공 등을 시행하기 때문에 소성(塑性)이 양호하지 않으면 안 된다.

따라서 옛날에는 동판 및 동관이 널리 사용되었지만, 현재는 강도를 필요로 하기 때문에 저탄소강을 사용한다. 내식성, 열전도성(熱傳導性), 소성 등은 탄소함유량이 적은 것이 뛰어나고, 강도(强度)를 높이기 위해서는 탄소량을 증가시켜야 한다. 하지만, 400℃ 근처의 크리프(creep) 강도에 대해서는 크롬 및 몰리브덴을 합금하는 쪽이 유리하고, 탄소량을 증가시키는 것은 장시간 걸리는 크리프에 대해서는 그다지 효과가 없다. 최근에는 용접구조에 의한 것이 매우 많아졌기 때문에, 용접성이 양호한 것이 요구되는데, 그것을 위해서는 탄소량이 적은 쪽이 좋고, 또 림드강(rimmed steel) 보다도 킬드강(killed steel)쪽이 용접성이 우수하다.

킬드강은 림드강에 비교하여 코스트가 작고 라미네이션(lamination) 등 내부결함을 발생하는 것이 적고, 시효성화(時效性化)에 대해서도 안정적이어서 현재는 저탄소 킬드강이 많이 사용된다.

〈표 6-25〉는 보일러용 강판 및 강관조성과 그 기계적 성질이다.

보일러용 강은 염기성 평로에서 용해하여 강괴로 만들고, 이것을 압연하여 강판으로 하고, 또 강관에서는 압연한 후 인발(引拔)하여 제조하는 이음매 없는 강관과 압연하여 후프(hoop)로 된 것을 전기 용접하여 제조하는 전봉강관(電縫鋼管)이라는 것이 있다.

전봉강관은 용접 후 풀림(annealing) 및 노멀라이징(normalizing)을 시행하여 전봉부(電縫部)의 탄소의 편석(偏析), 경도의 상승, 결정립의 조대불균일(粗大不均一)로 된 것을 제거하지 않으면 안 된다. 이음매가 없는 강관과 전봉 강관과는 실용적으로 성능은 거의 동등하다. 보일러에 사용하는 종류는 보일러 물이 높은 알칼리성일 때는 네이블 황동(naval brass) 주물을 사용한다. 청동 주물에서 납이 포함된 것은 현저하게 침식된다. 알칼리도가 낮은 경우는, 보통 청동 주물에서는 지장이 생기지 않는다.

표6-25 보일러용 강판과 강관의 조성과 기계적 성질

종 별	두께 mm	C%	Si%	Mn%	P%	S%	인장강도(T) kg/mm^2	항복점 kg/mm^2	연신율 %
JIS SB 35 B	〈19	〈0.20	–	〈0.80	〈0.035	〈0.040	35~42	〉0.5×T	〉1090/T
SB 42 B	〈25	〈0.24	0.15 ~0.30	〈0.80	〈0.035	〈0.040	42~45	〉0.5×T	〉1090/T
SB 46 B	〈25	〈0.28	0.15 ~0.30	〈0.90	〈0.035	〈0.040	46~55	〉0.5×T	〉1125/T
STL	–	0.08 ~0.18	〈0.35	0.25 ~0.60	〈0.040	〈0.040	〈30	–	〉30

6.12 대차 및 언더프레임

대차 프레임은 옛날에는 형강(形鋼)을 병접(鋲接)하여 제조되었지만 최근에는 생형주조(生型鑄造)에 의해 일체 주강품이 많이 사용되고 있으며, 아울러 경량화 때문에 용접구조에 의한 것이 많아지고 있다. 병접해서 제조하는 것으로는 일반적인 압연강재 SS41 정도가 많이 사용되고, 주조하는 것으로는 탄소강 주강품 SC46이 사용된다. 언더프레임에는 최근 경량화를 하기 위해 고장력강(高張力鋼)을 사용하는 추세이다. 〈표 6-26〉은 고장력강의 조성과 기계적 성질을 나타낸 것이다.

표6-26 고장력강의 조성과 기계적 성질

종 별	기 호	C %	Si %	Mn %	P %	S %	Cu %
저합금 고장력강 제1종	SHT1	〈0.18	〈0.5	〈1.3	〈0.040	〈0.040	〉0.20
제2종	SHT2	〈0.18	〈0.7	〈1.4	〈0.040	〈0.040	〉0.20

종 별	항복점 kg/mm^2	인장강도 kg/mm^2	연신율 %	굽힘각도	내측반경 mm	용 도 별	
저합금 고장력강 제1종	〉32	40~57	〈20	180°	r=0.5T	Deep Drawing용	
제2종	〉36	55~65	〈18	180°	r=1.5T	일반용	

6.13 디젤기관 흡배기밸브

디젤기관의 흡배기 밸브(吸排氣 弁)는 고온에서 반복되는 응력을 받으므로, 고온에서 강도가 큰 강(鋼)이 필요하며, 축 부분은 가이드(guide)와의 사이에서 마찰에 의해 마모되고 그 단부는 반복마찰에 의해 마모되기 쉽다.

따라서 밸브에는 Si - Cr - Mo 내열강(耐熱鋼)이 사용된다. 이 내열강은 Cr 탄화물이 편석(偏析, banding, de-mixing, segregation), 취약(脆弱, brashness, fragility)하게 되면 약해지고 또 열처리가 적절히 처리되지 않는 때에도 인성이 낮아 파손(破損, breakage)하기 쉽다.

전기로에서 용해하여 강괴를 만들어 이것을 단련하여 강편으로 만들고 이것에 의해 형타 단조하여 밸브를 제조한다. 단조 후 풀림을 실시하고 기계가공을 시행한 후, 약 1,000℃에서 가열유중(加熱油中) 담금질을 실시하여, 다음으로 약 900℃로 가열하여 템퍼링을 실시한다. 템퍼 브리틀니스(temper brittleness)를 일으키기 쉽기 때문에 템퍼링 후는 유냉(油冷)시키는 것이 바람직하다.

〈표 6-27〉은 밸브의 조성과 기계적 성질이다. 축단(軸端)은 마모방지를 위해 불 담금질(火焼入) 등으로 국부 담금질을 실시한다.

표6-27 디젤 흡배기 밸브의 조성과 기계적 성질

종 별	C %	Si %	Mn %	P %	S %	Cr %	Mo%	W%
JIS SEH 3	0.35 ~0.45	1.80 ~2.50	〈0.60	〈0.030	〈0.030	10.00 ~13.00	0.70 ~1.30	–
구항격(旧航格) E332	0.35 ~0.45	1.50 ~2.50	〈0.60	〈0.030	〈0.030	10.00 ~13.00	–	0.70 ~1.30
–	0.44	1.87	0.54	–	–	10.60	–	0.95
기하 45047 DMH 17	0.35	2.02	0.38	0.030	0.007	10.53	0.15	3.57
종 별	**항복점 kg/mm^2**	**인장강도 kg/mm^2**	**연신율 %**	**단면 수축율 %**	**경도 HB**	**충격치 $kg{\cdot}m/cm^2$**		
JIS SEH 3	〉70	〉95	〉15	〉35	〉269	〈3		
구항격(旧航格) E332								
–	–	102.0	18.3	47.6	313	–		
기하 45047 DMH 17	–	110.6	9.4	32.7	350	–		

※ 주 : 담금질 980~1080℃ 유냉, 템퍼링 800~950℃ 유냉 또는 공냉
축단 국부담금질경도 HRC〉45, 기타 HRC 24~35

표6-28 디젤기관 피스톤재의 조성과 기계적 성질

종별	기호	Cu%	Si%	Mg%	Zn%	Fe%	Mn%	Ni%	Ti%
JIS 5 종A	AC5A-T6	3.5 ~4.5	〈0.6	1.2 ~1.8	〈0.1	〈0.8	〈0.1	1.7 ~2.3	〈0.2
JIS 8 종A	AC8A-T6	0.8 ~1.3	11.0 ~13.0	0.7 ~1.3	〈0.1	〈0.8	〈0.1	1.0 ~2.5	〈0.2
종별	**기호**	**Al%**	**담금질 ℃**	**템퍼링 ℃**	**인장강도 kg/mm^2**	**연신율 %**	**경도 HB**	**비고**	
JIS 5 종A	AC5A-T6	나머지	약 510 공냉,수냉	약 200 약 6시간	〉30	-	약 90	Y합금	
JIS 8 종A	AC8A-T6	나머지	약 520 수냉	약 170 약 16시간	〉28	-	약100	Low Ex.	

6.14 디젤기관 피스톤

디젤기관 피스톤은 고온에서 충분한 강도를 가지고 열전도가 양호하여 열팽창계수(熱膨脹係數)가 가능한 한 낮고, 가벼운 것이 필요하다.

이것에는 내열 알루미늄합금 주물을 사용한다. 〈표 6-28〉은 그 조성과 기계적 성질이다.

Y합금은 고온강도가 높고, 로-엑서(Low-Ex.) 합금은 열팽창계수가 낮은 것이 특징이다. 전기로를 사용하여 흑연 도가니 속에서 용해하여 용탕에 염소가스를 넣어 탈(脫)가스를 실시한 후, 금형에 주입한다. 주물은 풀림을 실시한 후, Y합금에서는 약 510℃로 가열하여 물 담금질을 시행한 후 약 200℃에서 약 6시간 템퍼링한다. 로-엑서(Low-Ex.) 합금에서는 약 520℃부터 수중 담금질한 후, 약 170℃에서 16시간 정도 템퍼링을 실시하고, 기계 가공하여 마무리한다. 피스톤의 두부(頭部)는 사용 중 템퍼링 온도 부근으로 가열되어 경도가 저하되는 것이 많다.

이 때 온도가 300℃가 넘으면 경도 HB80 이하로 현저하게 연화(軟化)되어, 여러 차례 실린더 라이나에 소착(燒着)되거나, 또는 피스톤링 홈 부분에 균열이 발생되고, 또는 피스톤링 홈이 이상하게 마모하는 것이 있다.

07 고속철도건설의 기술파급효과

7.1 개요

고속철도 건설에 따른 기술의 파급은 대규모 건설사업의 수행에 의한 기술수준 향상, 수요증가 유발, 산업구조 고도화 등을 통해 장기적, 직·간접적으로 기술발전의 원동력이 되고 국제산업 경쟁력을 제고시키는 효과가 크다. 또한, 고속철도 기술은 첨단기술의 집합체로서 기계(機械), 전기(電氣), 전자(電子), 통신(通信), 제어(制御), 토목(土木), 건축(建築) 등 종합적인 시스템 기술이다. 따라서 고속철도 건설에 따른 철도산업의 기반 및 응용기술, 설계, 제작 및 운용기술 등 광범한 산업부문 기술에 대한 수준향상이 기대된다.

7.2 고속철도 기술특성

차륜식(車輪式, wheel-on-rail) 고속철도는 선로 위를 바퀴가 굴러서 간다는 기본적 원리는 일반철도와 동일하나, 그동안 고속운행을 제한해 왔던 기술적인 문제들이 철도기술의 발달로 해결되면서 고속운행이 가능하게 되었다. 통상 고속철도는 200km/h 이상 속도로 운행되는 차량을 말한다. 일반철도와는 달리, 200km/h 이상으로 운행하면 차량, 전차선, 신호, 선로 등에 저속에서는 일어나지 않는 여러 가지 현상이 발생한다. 200km/h 이상으로 운행되는 고속철도 시스템의 기술적 특징은 다음과 같다.

1) 차량

① 낮은 공기저항
② 고출력의 동력 및 제어
③ 높은 제동성능
④ 고속대차
⑤ 경량화
⑥ 차량기밀
⑦ 고속집전

2) 신호

① 차상현시 방식
② 자동열차제어(ATC)장치
③ 연속신호
④ 2중 안전장치(fail-safe)

3) 급전설비

① 단권변압기(AT) 급전방식
② 고장력 전차선

4) 하부구조물

① 강화노반
② PC박스교량
③ 중량레일
④ 가동분기기

5) 환경

① 방음설비
② 방진설비
③ 전자파 유도장해 대책
④ 터널 미기압파 등 공기역학적 대책

7.3 고속철도건설의 관련산업 파급효과

7.3.1 관련산업에 미치는 기대효과

고속철도건설이 산업분야에 미치는 기대효과로는 장기간 공사, 대규모 투자의 사업이므로 그 투자에 의한 인적 및 물적 자원의 투입으로 관련 산업에 파급되는 영향이 크다. 그 기술적 특징에 의해 첨단기술을 필요로 하므로 관련 첨단 기술의 국내 도입으로 기술개발에 기여할 것이며, 종합적인 시스템 공학(system engineering)의 기술을 요하므로 수송기계 산업뿐만 아니라 전기, 토목, 건설, 통신, 전자 등의 다양한 부분들이 망라되어 전반적 기술 향상에 기여할 수 있을 것이다. 그러나 그 기대효과를 정확하게 분석하는 것은 지극히 어렵다.

그 이유로는 기술발전은 투자와 밀접한 관계를 가지고 있으나, 영업운행 이후에 실제로 발생할 기술개발 및 투자효과를 측정할 수 있는 자료수집이 어려우며, 각 기술 분야별 투자는 다른 여건들과 연계하여 일어나므로, 이를 분석 또는 예측하는 것이 쉽지 않다. 파급효과는 정량적으로 파악되는 것이 바람직하나, 기술개발이 산업에 투입 시 가져오는 효과를 정량적으로 파악하기가 어렵다. 따라서 고속철도 건설이 관련 산업에 미치는 기술적 효과를 분석하기 위해서는 고속철도 건설에 관련된 요소기술들의 구조체계도인 고속철도 기술계통도를 작성하여야 한다. 이를 토대로 각 기술요소들이 속하는 산업분야들의 전체적인 관련 산업과의 연관성을 파악하고, 각 산업분야에 대한 기술적 파급효과를 기술이전 및 기술개발을 통해 얻어지는 기술수준의 향상과 산업경쟁력의 강화 측면에서 검토되어야 한다.

7.3.2 고속철도 기술의 산업연관성

고속철도 건설에 따른 관련 산업 파급효과를 분석하기 위해서는 관련 요소기술들의 수직적, 수평적 연계성을 나타내는 기술계통도를 통해 파악할 수 있으며, 이를 토대로 각 요소기술이 속하는 산업분야와의 연관성을 나타낼 수 있다.

1) 고속철도 기술계통도

고속철도 기술은 종합시스템을 구성하는 주요 기술 분야별로 차량, 시설설비, 열차제어 및 통신, 시스템 등 4개 기술 분야로 구분할 수 있으며, 중심 기술 분야와 부분기술들을 상호 연계시킴으로써 관련 산업과의 연관성을 쉽게 파악할 수 있다〈그림 7-1 참조〉. 이를 다음과 같이 나눌 수 있다.

(1) 차량기술

① 차량의 기본구조인 차체 및 설비기술
② 차량의 동적운동에 관한 주행 및 제동장치 기술
③ 차량의 집전에 관한 집전장치 기술
④ 차량을 구동 및 운행하기 위한 차량전기 기술

(2) 시설설비 기술

① 철도의 기본 구조설비로서의 토목 및 궤도기술
② 철도의 운수, 운전상의 설비인 건축구조기술
③ 전력에너지의 공급에 대한 전력설비기술

(3) 열차제어 및 통신기술

① 열차운행의 안전성과 효율성에 관련한 신호통신기술
② 열차운행 제어시스템에 관한 운전제어기술
③ 차량시스템의 신뢰성과 안전성 향상에 관련된 감시 및 자기 진단 기술

(4) 시스템 기술

① 각 단위 기술 간의 상관관계를 종합하는 시스템 엔지니어링 기술

② 고속철도 건설의 사업관리기법

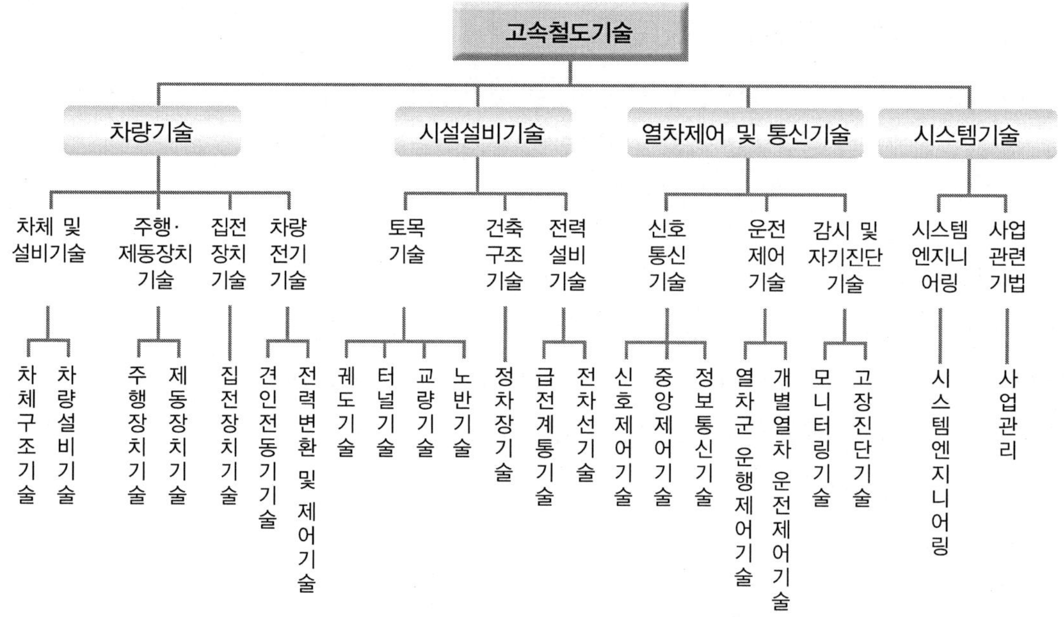

그림 7-1 고속철도 기술계통도

2) 고속철도 기술의 산업연관성

고속철도 기술계통도를 기준으로 하여 각 부분기술에 대한 기술적 연계성과 파급효과가 큰 관련 산업들을 중점적인 분석 대상으로 선정하면, 그 산업연관 구조는 다음과 같이 고속철도 건설에 직·간접적으로 연관되어 있다.

(1) 직접적으로 관련된 산업분야

① 전철차량의 제작 등과 관련된 수송기계 산업

② 차체, 제동재료, 선로 등의 소재산업

③ 주 에너지원인 전력의 공급을 위한 전기산업

④ 지상구조물과 설비의 시공에 필요한 토목, 건설 산업

⑤ 열차운행 및 제어와 관련된 전자 및 소프트웨어 산업

⑥ 차량의 동력원과 관련된 중전기기 산업

(2) 간접적 또는 부분적으로 관련된 산업분야

① 시멘트, 철강 등 구조물 건설에 필요한 건설자재산업

② 수송능력의 확대로 수·출입 화물 및 생산원자재의 적기 수송이 가능함에 따른 컨테이너 등의 운송 산업

③ 기술적인 공통점에 의해 동반적 발전을 기대할 수 있는 자동차 및 항공 산업.

7.3.3 고속철도 기술 분야별 관련 산업 파급효과

1) 기술 분야별 기대효과

고속철도 건설에 따른 기술 분야별 기대효과는 고속철도 기술의 산업 연관성을 고려하여 볼 때, 국내 고속철도 기술수준의 향상에 기여하며 기술 분야별 관련 산업에의 기술발전 파급효과가 다음과 같이 기대된다〈표7-1 참조〉.

표7-1 기술 분야별 파급 기대효과

기 술 분 야		기 술 파 급 기 대 효 과
차량기술	차량시스템 설계기술	- 차체구조기술의 습득 - 주행, 제동 및 추진동력기술의 습득 - 시스템 종합 설계기술의 습득 - 시스템 구성기술의 습득
	차량시스템 제작기술	- 핵심부품 제작기술의 습득 - 생산관리 기술의 습득
	소재기술	- 철강, 비철금속, 고무 등 소재기술의 습득
	집전기술	- 팬터그래프/가선과의 동력학적 해석기술의 습득 - 팬터그래프 설계 및 제작기술의 습득 - 팬터그래프의 소형, 경량화 및 내구성 기술의 습득
	전기기기 기술	- 차량전기 기기의 국산화 - 추진제어시스템 설계 및 제작기술의 습득
시설설비 기술	토목, 궤도 및 전기설비 시공기술	- 첨단 및 고급시공 기술의 체계화 - 국내 경험 축적이 없는 첨단 공법의 습득 - 시공의 기계화, 자동화 기술의 습득 - 궤도의 동력학적인 해석기술의 습득 - 궤도, 터널 및 교량의 설계, 감리, 유지관리 기술향상 - 공사 관리기술의 습득
	건설장비 기술	- 고급 및 첨단 건설장비 개발 - 건설장비 기술의 발전으로 인한 인력절감

기술분야		기술파급 기대효과
시설설비 기술	전력설비 기술	- 전력설비 요소기기의 국산화 - 전력계통의 해석 및 설계기술의 습득 - 최적시스템 구성기술의 습득 - 송전손실의 최소화 및 변전효율 향상 기술의 습득 - 원격 감시제어기술의 향상
열차제어 및 통신기술	정보통신 기술	- 반도체, 교환기, 광통신분야 기술의 향상 - 유무선 통신기기 기반기술의 습득 - 통신기기부품 제작기술의 습득 - 통신 서비스시스템 체제의 확립 - 정보처리기술의 향상
	열차제어 기술	- 운전제어설비의 하드웨어/소프트웨어 기술향상 - 차상 자동열차 제어설비 기술의 습득 - 지상 자동열차제어설비 기술의 습득 - 중앙 제어시스템 설계 및 운용기술의 습득
	신호제어 기술	- 첨단 자동신호제어기술의 향상
	감시 및 진단기술	- 자동진단 및 모니터링 설비기술의 습득
시스템 기술	시스템엔지니어링	- 시스템 및 인터페이스 기술의 습득
	사업관리기법	- 공정 및 사업비 관리 등 사업관리 기술의 습득 - 사업관리의 전산화

2) 상세기술별 관련 산업에 미치는 기술발전의 파급효과

경부고속철도 건설에 따른 관련 산업의 기술관련 파급효과는, 주요 시스템 및 설비에 대한 설계 및 제작 기술 등을 국내 관련 산업계가 전수받고 신기술 향상을 위한 연구개발을 병행하여 수행함으로써 제고될 것이다.

상세 기술 분야별 파급효과가 예상되는 산업별 철도기술 분야를 요약하면 〈표 7-2〉와 같으며 구체적으로 기술하면 다음과 같다.

(1) 차량기술 분야

A. 차체 및 설비기술

가. 차체 구조기술

- 설계 : 최신의 공기역학적 구조설계 기법은 철도차량, 자동차 및 항공 산업에 파급효과 기대
- 경량화 : 알루미늄 등 비철금속 소재산업 및 신소재개발 분야 발전에 기여
- 용접기술 : 자동차, 조선, 플랜트 등 건설 산업에 기술향상 기여

나. 차량 설비기술

- 실내 : 안락성, 쾌적성 및 인간공학적 설계로 인테리어 설비산업에 파급효과 기대
- 내장재 : 난연성 및 불연성 재료 개발로 각종 건물의 실내장식용 재료산업에 파급효과 기대
- 냉방장치기술 : 심한 진동에 견디는 냉방장치 개발로 냉방기기업계에 기술적 파급효과 기대
- 기밀설계기술 : 항공 산업은 물론, 고층용 엘리베이터 산업에 기술파급 기대

B. 주행 및 제동장치 기술

가. 주행장치 기술

- 대차설계 : 국내·외 철도차량의 주행장치의 독자 설계 및 제작으로 철도차량 제작업계의 국제 경쟁력 확보 가능
- 소재분야 : 각종 고무요소 개발로 국내 고무산업의 기술 수준향상
- 시험기술 : 지상 고속 교통수단에 대한 시험기술 향상
- 부품설계 : 차륜, 대차프레임 및 댐퍼 등 자동차, 정밀기계, 특수강 및 스프링 제작업계에 기술향상 기여

나. 제동장치 기술

- 설계분야 : 제동 시스템기술 향상으로 수송기계 산업에 기술수준 제고
- 소재분야 : 제동용 소재개발로 항공, 자동차산업에 파급효과 기대
- 첨단전자장치 브레이크 개발로 수송기계 및 전자산업분야 국산화에 기여
- 공기 및 회생제동의 기술개발로 인한 공기기계 및 전기산업에 기술파급 영향

다. 집전장치기술

- 설계분야 : 동적 시뮬레이션의 기술개발로 인한 수송기계(철도차량 등) 및 중전기 산업의 기술향상에 기여
- 소재분야 : 접촉판(마모판) 재질개발로 신소재 기술향상으로 소재산업의 파급효과 기대

C. 차량 전기기술

가. 견인전동기 기술

- 크기, 중량, 내구성(耐久性) 및 내진성(耐振性)을 고려한 전동기 설계기법의 향상으로 인한 철도차량용, 전기산업은 물론 중전기 업계의 파급효과 기대
- 각종 산업용 전동기 등의 제어기술 향상으로 인한, 전자 및 자동제어산업에 파급

효과 기대

- 모노레일 및 전기자동차 등의 신제품 개발 기술 향상을 통해 전동기차량 자동차 산업에 기여

나. 전력변환 및 제어기술

- 고전압 대용량의 효율적인 스위칭 소자의 개발로 인한 반도체업계의 파급효과
- 전력집전 기술의 향상으로 인한 산업전반에 걸친 전력계통의 효율화에 따른 전기 및 전자부품업계에 파급영향
- 원격제어 감시기술의 향상으로 인한 통신설비업계 및 자동화업계의 기술향상 기대
- 고부가 가치의 중전기(重電氣) 개발 기술습득으로 인한 중전기 업계의 기술수준 제고
- 전력변환 장치 등의 냉각기술 개발로 냉장고, 에어컨 등 가전업계에 파급효과 기대
- 각종 조명기기 등의 고 효율화 등에 따른 조명기기 업계의 기술수준 향상기대

(2) 시설설비기술 분야

A. 토목기술

가. 궤도기술

- 설계 및 시공 : 궤도의 설계 및 시공기술개발로 건설장비업 등 건설업계에 기여
- 생활환경 : 저소음, 저(低)진동의 궤도구조 개발로 인한 소음, 진동 대책기술개발을 통해 방음, 방진설비업계 등 공해방지시설 산업에 기술발전효과
- 제작 및 시험기술 : 장대레일 제작 및 고강도 콘크리트제작 기술은, 타 건설 분야의 용접 및 재료의 고강도화 기술발전에 기여함에 따라 철강 및 콘크리트 산업, 궤도부품업계에 기술향상 기여

나. 터널기술

- 설계 및 시공 : 터널의 설계 및 시공기술은 일반철도 및 자동차용 터널 설계 기술수준향상을 가져오고 토목시공 및 철강, 콘크리트 산업계에 기여
- 시험 및 해석 : 공기 미기압파(微氣壓波)의 영향 및 열차의 공기저항을 줄이기 위한 최적 터널 해석 및 시험기술개발은 장대교량 및 초고층 건물의 내풍(耐風) 안전성 확보 등의 기술개발을 통해 토목시공 산업, 철근콘크리트 산업 등의 기술향상에 기여

다. 교량기술

- 설계 및 시공 : 고속철도용 교량의 설계 및 시공기술은 일반철도 및 자동차용 교량의 설계수준 향상을 통해 철골공사, 토목시공, 철강 산업에 기술향상 기여

- 생활환경 : 저소음, 저진동 교량 구조개발로 인한 교량의 소음, 진동대책 기술개발을 통해 방음, 방진설비업계에 기술파급 효과기대
- 장대화 및 고강도화 : 고강도 콘크리트 장대교량 가설 기술은, 타 교통 분야 교량의 장대화 및 고강도화 기술발전을 통해 철강 및 콘크리트 산업의 기술향상에 기여

라. 노반기술

- 설계 및 시공 : 지반의 지지력을 증가시키기 위한 각종 지반개량공법, 안정화 공법 및 노반 강화기술은, 타 건설 분야의 기초지지력 강화기술 개발을 통해 토목시공 업계의 기술향상에 기여
- 생활환경 : 지반 내 진동의 방진대책은, 타 건설 분야에 적극적인 활용을 통해 토목시험 업계에 기술파급효과 기대

B. 건축구조기술

가. 정차장 기술

- 설계 및 시공 : 외관이 수려하고 주변 환경과 조화를 이루는 정차장 설계기술 발전을 통해 철근콘크리트 공사업계, 건축설계업계, 건축재료 업계의 기술향상 기여
- 생활환경 : 저소음(低騷音), 저진동 및 공력의 영향을 최소화하는 정차장 설계를 통해 정차장 외의 제반 건축물 설계기술 발전은 물론 소음진동방지 시설업계에 기술파급효과 기대

C. 전력설비기술

가. 급전계통 기술

- 송변전기기 : 변압기, 차단기 등 요소기기들의 기술발전 동기부여를 통한 전기 및 전력기기 산업에 기여
- 각종 애자 및 완철, 송신선 등의 효율적인 설계 및 생산으로 인한 전기기기 부품 및 소재산업의 파급효과
- 전력계통의 해석기술 및 최적투자 설계기술 등 기반기술의 습득으로 인한 전력공급계통 산업계의 효율화 및 최적화에 기여
- 변전기기 자동화 및 표준화(標準化, standardization)를 통해 전력기기 업계의 기술수준 향상에 기여

나. 전차선 기술

- 고속에서 집전성능 및 내마모성(耐磨耗性)이 우수한 전차선 소재의 개발로 인한 전선 산업계 및 금속 소재 산업의 파급효과 기대

- 대용량의 전차선 개발로 인한 기존전철의 효율향상을 통해 철도차량 제작 및 전선업계에 기여

(3) 열차제어 및 통신기술 분야

A. 신호통신 기술

가. 신호제어 기술

- 각종 신호기 등의 안전성 및 신뢰성 있는 설계기술의 습득으로 인한 교통신호 업계에 파급효과 부여
- 각종 센서 및 계전기류의 개발 및 신뢰성 향상에 대한 기반기술 제고를 통한 전자산업의 기술수준 향상에 기여
- 신호제어 기법의 성능향상으로 인한 각종 자동제어 장치 등의 성능향상을 통해 자동제어 기기업체의 기술향상에 기여

나. 중앙제어 기술

- 각종 선진 교환전화 설비의 기술습득으로 인한 국내 교환기 설비업계의 수준향상에 기여
- 역무자동화(驛務自動化) 설비의 효율적인 운영으로 인한 전자부품업계에 기여
- 컴퓨터 화(化)된 집중제어장치 등의 기술습득으로 인한 각종 산업설비의 자동화 및 빌딩자동화 등에 대한 컴퓨터, 전자산업 및 자동제어업계에 파급효과 기대

다. 정보통신 기술

- 광통신 기술 등의 향상으로 인한 정보통신 기기업체 및 통신서비스업 등에 파급효과기대
- 첨단 통신장비에 대한 국산화 동기부여 및 시장제공을 통해 전자, 통신설비 업계의 기술향상에 기여

B. 운전제어 기술

가. 열차군 운행제어 기술

- 자동방송시스템의 개발로 인한, 음성정보 시스템 분야의 음향기기업계에 파급효과 기대
- 신호제어 시스템의 기술습득으로 인한, 각종 교통신호산업 분야에 파급효과
- 열차의 운행 및 조건 등에 관한 제어기술 습득으로 인한 기존철도망의 수송효율화를 통해 철도차량 등에 기여
- 최첨단 컴퓨터 제어기술의 습득으로 인한 H/W 및 S/W분야의 컴퓨터 업계에 파

급효과 기대

나. 개별 열차제어 기술

- 각종 무선통신의 방식 및 송신기, 수신기 등의 기술습득으로 인한 통신기기 관련 업계에 파급효과 기대
- 속도 제어장치 등의 제어기법 기술습득으로, 공장기계 등 정밀 기계 업계에 파급효과 기대
- 전자 연동장치 등의 컴퓨터화 된 자동제어 기술을 응용하여 공장자동화 분야 및 산업자동제어 시스템의 성능 향상을 통해 전자산업의 기술향상에 기여
- 안전 및 보안장치들에 대한 기술습득으로 인한 안전설비업계에 기여
- 전자화된 시스템 제어기법의 습득으로 자동차 및 항공기산업의 전자제어장치 분야에 파급효과 기대

C. 감시 및 자기진단 기술

가. 모니터링 기술

- 정보의 수집 및 분석기능들에 대한 기술향상으로, 정보처리 산업의 파급효과가 기대되며, 각종 표시기기 및 기록기기 등의 개발로 인한 부품산업 등 정보기기 업계의 파급효과 기대
- 정보 전송장치의 대용량화 및 고속처리 능력 등의 기술습득으로 인한 통신 서비스업계와 정보 통신망업계의 확충에 기여

나. 고장진단 기술

- 각종 진단장치와 관련된 산업용 시스템설계 및 제작에 대한 전자, S/W 자동제어 및 모니터링 설비업계에 기술수준 향상기대
- 고장진단 장치에 의한 사전예방 기술습득으로 인해 철도차량, 항공업계와 차량 정비 업계에 파급효과
- 각종 진단기법들에 대한 신기술 습득으로 의료기기 생산업체 및 계측기 생산업계 등의 분야에 파급효과 기대

(4) 시스템기술 분야

A. 시스템 엔지니어링

- 시스템 기술 : 외국 첨단기술에 대한 종합적인 시스템 기술습득을 통해 차량제작 업체와 관련 부품업체 등 수송기계 산업, 엔지니어링 업계에 기술향상 기여

B. 사업관리 기법

- 공정관리, 사업비관리, 자료관리 등에 대한 건설체계 기법을 활용 · 개발을 통해 엔지니어링 및 건설 산업계에 파급효과 부여

표7-2 기술 분야별 파급효과 대상 산업

철도기술 분야		파급효과가 예상되는 산업
차량기술	차 체 구 조	철도차량, 자동차, 항공, 소재, 조선, 플랜트 등
	차 량 설 비	철도차량, 자동차, 항공, 인테리어설비, 냉난방기기, 엘리베이터 등
	주 행 장 치	철도차량, 자동차, 정밀기계, 특수강, 스프링제작 등, 제조업, 고무소재 등
	제 동 장 치	철도차량, 자동차, 항공, 공기기계, 전기, 전자산업, 마찰소재 등
	집 전 장 치	철도차량, 중전기, 신소재 등
	견 인 전 동 기	철도차량, 자동차, 중전기기, 전자, 전장품, 자동제어 등
	전 력 변 환	반도체, 전자부품, 통신설비, 자동화, 중전기, 가전, 조명기기 등
시설설비기술	궤 도	건설장비, 방음설비, 철강 및 콘크리트, 철도궤도부품 등
	터 널	토목시공, 철강, 콘크리트 등
	교 량	철골공사, 토목시공, 방음·방진설비, 철강, 콘크리트 등
	노 반	토목시공, 토목시험 등
	정 차 장	철근콘크리트, 건축설계, 건축재료, 소음·진동 방지시설 등
	급 전 계 통	전력기기, 전기소재부품, 전력공급계통 등
	전 차 선	전선, 금속소재, 전력설비 등
열차제어 및 통신기술	신 호 제 어	교통신호, 전자, 자동제어기기 등
	중 앙 제 어	교환기설비, 전자부품, 컴퓨터, 전자, 자동제어 등
	정 보 통 신	전자, 정보통신기기, 통신서비스 등
	열차군 운행제어	철도차량, 음향기기, 교통신호, 컴퓨터(S/W) 등
	개별 열차제어	통신기기, 정밀기계, 전자, 안전설비, 전자제어 등
	모 니 터 링	정보처리, 정보기기, 통신서비스 등
	고 장 진 단	철도차량, 항공, 전자, S/W, 자동제어, 모니터링 설비, 차량정비, 의료기기, 계측기 등
시스템기술	시스템 엔지니어링	철도차량, 엔지니어링 등
	사 업 관 리	

7.3.4 기술도입 및 국산화개발

고속철도 건설에 따른 관련 산업에의 기술발전 파급효과를 극대화시키기 위해서는, 선진 외국 첨단기술을 습득하고 확산시킬 수 있도록, 다음과 같은 고속철도 건설의 기술자립 방안을 수립하여 추진해 나가야 할 것이다.

(1) 선진 고속철도시스템 도입을 통한 기술습득

① 차량, 전차선, 열차제어 등의 주요 핵심요소 기술과 시스템 설계기술 등 엔지니어링 기술의 습득이 필요하다.

② 시스템 선진국으로부터 각종 기술자료, 전산코드, 교육훈련, 기술자문 등의 기술도입을 통해서 관련기술을 최대한 소화 및 흡수할 수 있도록 범부처, 산·학·연의 공동 참여로 추진해야 한다.

(2) 첨단 고속전철기술의 국내도입 및 정착체계 확립

① 외국의 기술제공 업체(donor)로부터 도입할 기술내용 및 범위 등 기술도입 및 국산화 정책, 대상업체(recipient) 선정 등에 대한 기술자립 체계방안을 수립 추진해야 한다.

② 국내기술 수준을 감안하여 국내업체의 국산화개발 촉진과 더불어 기술이전을 병행 추진되어야 한다.

(3) 체계적이고 지속적인 한국형 고속철도개발 기반구축필요

① 외국의 첨단기술 습득에 따른 도입기술의 활용과 속도향상 및 서비스 향상을 위한 신기술의 연구개발 등 자체 기술개발을 통해 한국형 고속철도 시스템의 국산화 개발을 체계적이고 지속적으로 추진해야 한다.

(4) 고속철도 관련 산업의 국제경쟁력 강화를 위한 국산화 기술개발 촉진 방안

① 도입대상 기술에 대해 관련기술의 개발경험 및 제품생산 능력이 있는 업체를 연계시킬 수 있도록 국산화 전략이 필요하다.

② 도입기술이 대기업인 차량제작업체에 독점되지 않고, 중소규모의 전문 부품생산업체로도 이전될 수 있도록 제도적 장치가 보완되어야 한다.

주요 기술이전 대상품목별 국산화 개발 가능업체와 외국첨단 기술도입에 따른 관련기술의 예상파급효과를 요약하면 〈표 7-3〉과 같다.

표7-3 주요 기술이전 대상품목별 예상파급효과

분야 및 품목		파급효과 예상기술
차체구조	1) 차량제작 및 조립 (동력차, 객차)	• 제작/조립기술 • 설계 및 시험기술 • subsystem 구성기술 • 부품개발기술
	2) 차체구조	• 설계/제작기술
	3) 차체재료	• 압출기술
	4) 연결통로	• 설계/제작기술 • 기밀기술 • 재료기술
	5) 연결 장치	• 설계/제작기술 • 가공기술 • 소재기술 • 비파괴검사기술 • 부품개발기술
	6) 고무완충기(draft gear)	• 설계/제작기술 • 소재기술
차량설비	1) 공조냉동(HVAC) 시스템	설계/제작기술 Subsystem구성기술
	2) 창문 및 유리	설계/제작기술 부품개발기술 기밀기술
	3) 승강대문	설계/제작기술 Subsystem구성기술 기밀기술
	4) 출입문	설계/제작기술 기밀기술
	5) 의자	설계/제작기술 인간공학적 분석기술
	6) 여객정보장치	설계/제작기술
	7) 오물처리장치	설계/제작기술 Subsystem구성기술 기밀기술
	8) 급수장치	부품설계기술 소재기술 설계/제작기술
	9) 객차용 측창구조	설계/제작기술
	10) 출입문 제어	설계/제작기술
	11) 내장재 및 인테리어 부품	설계/제작기술
	12) 객차용 난방장치	설계/제작기술
	13) 차량도장	도장기술

분야 및 품목		파급효과 예상기술
주행장치	1) 대차시스템 • 차축 • 차륜 • 대차프레임 등	설계/제작/조립기술 Subsystem구성기술 진동/소음분석기술 차량/궤도 동적해석기술 용접기술 가공기술 재료기술 열처리기술 부품개발기술
	2) 관절시스템	Subsystem 구성기술
	3) 차축 및 차륜	설계기술 열처리기술 가공기술 비파괴 검사기술 주강기술
	4) 액슬박스(axle box)	설계/제작기술 가공기술
	5) 공기스프링	설계/제작기술 소재기술
	6) 현가장치(치차스프링)	설계/제작기술
	7) 저널베어링	설계/제작기술 소재기술
제동장치	1) 제동장치	설계/제작기술 subsystem구성기술
	2) 제동장치 부품 (대차 및 차체 부착품)	subsystem 구성기술 부품개발기술
	3) 디스크제동 Ass'y	설계/제작기술
	4) 제동기류	설계/제작기술
	5) 브레이크 라이닝	설계/제작기술
집전장치	1) 팬터그래프	subsystem 구성기술 팬터/전차선 동력학 및 interface기술 설계/제작기술
	2) 주변압기	설계/제작기술
	3) 진공차단기	설계/제작기술

분야 및 품목		파급효과 예상기술
차량전기	1) 견인전동기	설계/제작기술
	2) 전력변환장치 및 제어장치	설계/제작기술 subsystem구성기술 부품개발기술
	3) PWM 컨버터	설계/제작기술
	4) 정지형 인버터	설계/제작기술
	5) 보조 컨버터	설계/제작기술
	6) 보조전원 제어	설계/제작기술
	7) 제어기기	설계/제작기술
	8) 차량전기 분야 조립/시험/시운전	시험기술 subsystem구성기술
	9) 조명기류	설계/제작기술
	10) 스위치 판넬 등	설계/제작기술
	11) 릴레이	설계/제작기술
	12) 축전지	설계/제작기술
전력설비	1) 전차선	설계/제작기술 subsystem구성기술
	2) 전선류	설계/제작기술
신호통신	1) 열차무선장치	설계/제작기술 subsystem구성기술 부품개발기술
	2) 광전송장치	설계/제작기술 subsystem구성기술
운전제어	1) 열차제어/운전 장치(ATC/ATO)	설계/제작기술 subsystem구성기술 부품개발기술
	2) 열차집중제어장치(CTC)	설계/제작기술 subsystem구성기술
	3) 연동장치(Interlocking)	설계/제작기술 subsystem구성기술 부품개발기술
	4) 컴퓨터시스템	설계/제작기술 subsystem구성기술
감시진단	1) 모니터	설계/제작기술
시스템	1) 시스템엔지니어링	시스템설계기술

7.4 결론

고속철도 건설에 따른 기술발전 파급효과는 첨단 고속철도 시스템의 설계, 제작 및 관리 기술 등의 국내도입과 신기술 향상을 위한 연구개발을 추진함으로써, 고속철도 관련 산업계의 기술개발능력 배양과 국제경쟁력 재고에 미치는 영향이 매우 크다고 할 수 있다.

경부고속철도 건설사업의 성공적인 수행을 통해, 국내 산업분야의 기술발전 파급효과를 극대화하기 위해서는 다음과 같은 과제들을 적극 추진해 나가야 한다.

① 첨단 고속철도 기술의 국내도입과 기술제고 등 기술자립 기반구축
② 한국형 고속철도 시스템의 개발을 목표로 해외진출의 기반조성
③ 고속철도 건설에 필요한 시스템 엔지니어링 및 설계기술의 확보
④ 첨단기술의 최대한 도입을 통해 범부처 · 산 · 학 · 연 공동으로 자체기술 개발과 연구 · 개발을 동시에 추진

또한 첨단기술의 도입으로 인한 국내산업에 파급효과를 요약하면 다음과 같다.

① 차량, 전기, 전자, 제어, 토목 등 소재부품의 설계 · 생산기술의 향상과 관련 산업 활성화
② 최첨단 기술의 국내도입으로 국제경쟁력 제고
③ 국산화 정책에 따라 고속철도 차량의 국내제작 기반구축으로 지하철 차량 등 철도차량의 국산화율 향상과 차량제작기술의 국제경쟁력 향상예상
④ 북방교역 및 국제철도망과의 연결에 대비하여 참여기반 구축

08 철도차량용 연구·시험장비

8.1 개 론

한국철도기술연구원(韓國鐵道技術硏究院, KRRI, Korea Railroad Research Institute)은 철도정책의 수립 · 시행에 관한 조사, 철도기술의 연구개발 및 육성과 그 성과를 보급함으로써 국가발전에 기여하기 위하여 설립된 지식경제부 산하 산업기술연구회 소속의 정부출연 연구기관으로서, 철도분야의 기술개발 및 정책연구를 통해 철도교통의 발달과 철도산업의 경쟁력 강화를 목적으로 1996년 3월 2일 설립된 국내 유일의 철도종합연구기관이다.

첨단 · 핵심 원천기술 개발을 통한 철도기술 선진화와 철도교통의 새로운 미래를 제시하기 위해 끊임없이 노력하고 있다. 350km/h급 한국형 고속열차, K-AGT 경량전철, 틸팅열차, 도시철도 표준화 및 유지보수 정보화시스템 등을 성공적으로 개발하여 국내 상용화는 물론 기술 확산을 진행 중이다.

또한 430km/h 분산형 고속열차 및 초고속 열차, 차세대 도시철도, 바이모달 저상트램, 철도물류 표준화, 철도 안전체계 구축을 추진하고 있다. 이상과 같은 프로젝트를 수행 · 완성하기 위해, 연구원 설립 후 지금까지 많은 연구 · 시험 장비를 도입하였으며, 아울러 장비관리 시스템의 구축도 완료하였다. 차후로는 체계적인 장비관리는 물론, 연구원 및 외부기관과의 공동 활용도 가능하다. 위의 제목은 철도차량용 연구시험장비로 되어 있으나, 다음에 설명할 장비는 차량은 물론 철도전체에 걸쳐 사용되는 장비 중에서 우리 연구원에 구축 · 설치되어 있는 대형장비 18종에 대해 장비의 용도, 시험항목, 주요사양 등을 기술한다. 대부분의 연구 · 시험장비가 2010년 이전에 구축되었으며, 연구원은 물론, 외부 기관도 일정한 수수료를 연구원에 지불하고 사용하고 있다. 아래의 시험장비 18종을 모두 다 보유한 기관은 우리나라에서는 유일하게 한국철도기술연구원 뿐이다.

한편, 철도선진국인 영국, 프랑스, 독일, 일본, 중국 등의 국가는 아래의 시험 장비를 이미 오래전부터 보유하고 있다고 판단된다.

8.2 대차동특성주행시험기(臺車動特性走行試驗機, Bogie Dynamic Simulator)

일본의 경우는 철도총합기술연구소에 1957년에 설치된 구(舊) 차량시험대(車輛試驗臺)가 있었다. 이것은 한국철도기술연구원의 대차동특성주행시험기에 해당하며, 도카이도 신간선용 고속대차의 개발을 비롯하여, 화차의 탈선 방지 대책의 연구, 신형 대차의 개발 등 많은 연구개발에 공헌함과 동시에, 국외의 기술 개발 협력에도 중요한 역할을 담당하였다.

그러나 설치 이래 약 30년이 경과하여 노후화가 현저하고, 또 기능적으로도 제한되어 있어, 국철분할 민영화(1987년) 전인 1986년에 이 구(舊) 차량시험대를 교체하게 되어, 반차량(半車輛, 1대차)의 시험을 할 수 있는 새로운 대차시험대가 1986년도 말에 설치되었다.

이 새로운 대차시험대는, 민영분할 후인 JR 각사의 필요에 의해, 고성능 대차의 개발 등, 속도향상이나 기능 향상의 연구 · 개발에 그 위력을 발휘하였다. 그러나 이 장치는 1대차(臺車, bogie, truck) 대응의 시험 장치이며, 1차량에서의 여러 가지 특성을 조사하기에는 규모, 기능이 불충분하기 때문에, 장치의 1량화 대응과 기능향상을 위해 1986년도부터 3개년 계획으로 실시되어, 1990년 11월 완성되었다.

한편, 철도선진국인 영국(Derby 시험소), 독일(뮌헨 시험소), 프랑스(Vitry 시험소), 중국(CARS) 등에도 오래전에 이러한 장치가 설치되어 있다.

1) 장비의 용도

열차 주행 시 궤도부정(軌道不整, irregularity, 궤도가 여러 가지 면에서 고르지 못한 상태를 총칭함) 등으로 인하여 대차에 전달되는 진동 특성 등의 연구를 위해, 시험실 내에서 레일에 해당하는 궤조륜 시스템과 궤도부정을 모의(模擬)하기 위한 유압 가진(加振) 시스템 등으로 구성하여 실제 열차가 영업선에서 주행하는 것과 동일한 조건을 구현함으로써 1 bogie (半車輛) 또는 1 Car (車輛)에 대한 동특성 메커니즘을 평가하기 위한 장비이다.

사진 8-1 대차동특성주행시험기

2) 시험항목

- 주행안정성(走行安定性, 임계속도) 시험
- 주행동적특성(走行動特性) 시험

- 주행모의(走行模擬) 시험

3) 주요사양

- 최고시험속도 : 420km/h
- 최대 축중 : 20ton
- 시험대상 : 2축 대차 1대 및 차량 1량(half carbody 방식)
- 궤간 : 표준궤간(1435mm) 및 광궤(1676mm)
- 축간거리 : 1400～3500mm까지 유동적(調整)으로 시험가능
- 궤조륜(軌條輪) 직경 : 1376mm
- 가진장치(加振裝置)
  - One Table 가진 방식
  - 가진 제어 : 정현파(正弦波, sine wave), 구형파(矩形波, square wave), 임의파형 및 실궤도 불규칙파(不規則波)
  - 액추에이터 : 7대(수직 4대, 수평 3대)
  - 횡 방향 가진 : ±1.5～10mm (40～6Hz)
  - 수직방향 가진 : ±1.5～10mm (30～6Hz)
  - 회전방향 가진 : 2.5′ ～ 12′ (20～6Hz)

4) 주요 구성품

- 궤조륜 모듈 : 휠(wheel) 직경 1,376mm, 2세트
- 궤조륜 구동 모터 : 1,500kW, 2대
- 유압가진 시스템 : 1식(액추에이터 7대, 유압펌프 3대, 유압탱크 1개)
- 궤조륜 베어링 윤활시스템 : 1식(윤활유 공급시스템 및 제어장치)
- 작동유 냉각시스템 : 1식 [100RT(ton of refrigeration)] 수냉식 냉각시스템)

5) 메커니즘 그림 및 사진

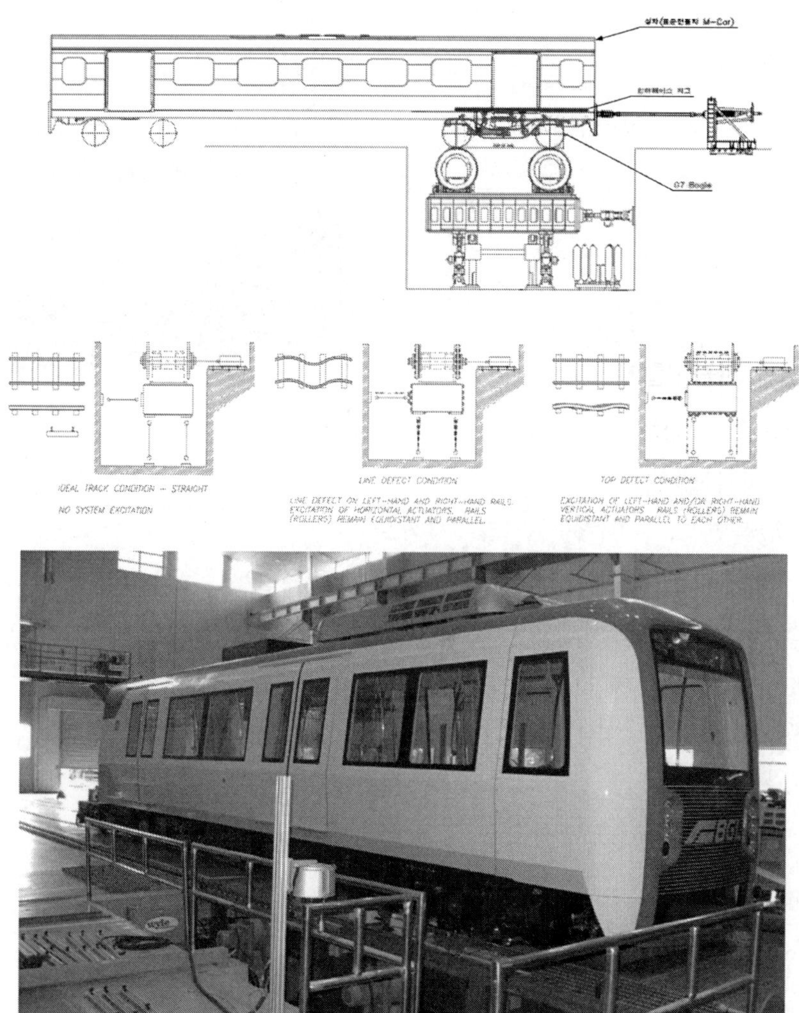

사진 8-2 대차동특성주행시험기

8.3 제동성능시험기(制動性能試驗機, Brake Performance Tester)

1) 장비의 용도

사진 8-3 제동성능시험기

국내 고속철도, 국철, 도시철도용 차상(車上) ATC 장치의 기능 및 환경시험을 수행하기 위한 연구 · 시험 장비이다.

2) 시험항목

(1) 차상 ATC 기능시험기

- 고속철도 차상 ATC 주요기능시험
  - 초기화시험
  - 연속/불연속 정보수신시험(과속시험포함) 등
- 국철 차상 ATC 주요기능시험
  - 운전모드시험
  - 속도수신 및 과속시험 등
- 도시철도 차상 ATC 주요기능시험
  - 운전모드시험
  - 속도수신 및 과속시험 등

(2) 온습도 진동 시험기

- KRS(Korea Railroad Standard)에 따른 철도신호설비 온습도 시험
- KRS에 따른 철도신호설비 진동시험

3) 주요사양

- 온습도진동복합 시험기
  - 온습도 챔버 : +200 ~ −73℃
  - 진동시험기 : 24 kN, 5~2,500 Hz
- ATC 차상기능시험설비
  - VXI Main Frame, Embedded Controller, Switch Matrix
  - Digital Oscilloscope, Multi-Function Synthesizer, Pulse Generator, Dynamic Signal Analyzer, Frequency Response Analyzer

- ATC 차상기능시험설비 제어기
  - Pentium-II Dual CPU 1GHz, 256M RAM

4) 주요 구성품

- 차상기능 시험장치 : 1식(Digital Oscilloscope, Multi-Function Synthesizer, Pulse Generator, Dynamic Signal Analyzer, Frequency Response Analyzer 외)
- 궤도회로 특성 시험장치 : 1식(LCR meter, RLC Decade Box 외)
- 직류전원공급 장치 : 1식(DC 24V 7kW, DC 72V 3kW, DC 100V 3kW)
- 온습도진동 복합시험기 : 1식
- 무정전 전원공급 장치

5) 메커니즘 그림 및 사진

사진 8-4 제동성능시험기

8.4 드라이빙기어시험기(Driving Gear Tester)

1) 장비의 용도

고속열차 및 전동차용 감속구동장치(減速驅動裝置)의 부하에 따른 진동(振動), 소음(騷音), 누유(漏油), 기어 강도(gear strength), 온도(溫度), 베어링의 이상 유무(異常 有無), 기계효율(機械效率) 등의 성능측정과 내구성(耐久性)을 평가하고 확인하기 위한 시험 장비이다

2) 시험항목

- 기어의 굽힘강도 및 치면(齒面) 피로에 대한 내구성 시험
- 감속기 오일 누유시험
- 온도상승시험
- 효율시험
- 진동시험
- 소음시험
- 백래쉬 측정(tooth clearance)
- 치면 접촉 상태 및 베어링 이상 유무

3) 주요사양

- 입출력 모터 : 1,300kW (690V)
- 토크 : 57,000Nm
- 시험대상 : 전동차, KTX 등의 감속기
- 측정인자 : 토크, 회전수, 진동, 온도
- 시험방식 : 동력흡수식(動力吸收式)

4) 주요 구성품

입출력 구동 모터(1,300kW) 각 1대, Dummy Gear Box 2세트, 고정식 윤활시스템 1식, 이동식 윤활시스템 1식, 윤활유 냉각시스템(40RT) 1식, 제어 및 DAQ시스템 등

5) 메커니즘 그림 및 사진

사진 8-5 드라이빙기어시험기

8.5 스프링시험기(Spring Tester)

1) 장비의 용도

철도차량의 1, 2차 현가요소(懸架要素)에 대한 특성 및 성능 분석을 위한 시험 장치이다.

사진 8-6 스프링시험기

2) 시험항목

- 스프링의 특성, 내구시험
- 댐퍼의 특성, 내구시험
- 부시(bush) 및 고무종류 특성시험

3) 주요사양

(1) 스프링시험기

- 시험하중 : 수직 40톤, 수평 10톤
- 액추에이터 변위 : 수직 150mm, 수평 130mm
- 동적성능 : 수직 2Hz, 25mm, 수평 2Hz, 50mm 이상
- 피시험체 : 코일/고무 액슬박스 스프링, 공기스프링, 부시 및 스프링 종류

(2) 댐퍼시험기

- 시험하중 : 3톤
- 최대변위 : 200mm
- 동적성능 : 10Hz, 10mm
- 피시험체 : 1차, 2차 오일댐퍼, 요 댐퍼(yaw damper), 차체 간 댐퍼 등

4) 주요 구성품

- 스프링 시험기 : 수직 액추에이터, 수평 액추에이터
- 댐퍼시험기 : 수평액추에이터

5) 메커니즘 그림 및 사진

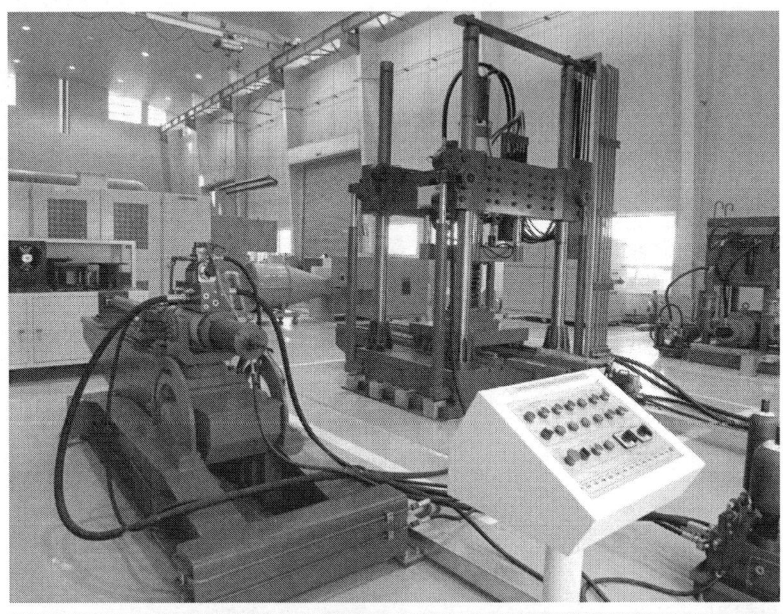

사진 8-7 스프링시험기

8.6 팬터그래프시험기 (Pantograph Tester)

1) 장비의 용도

전차선(電車線, catenary)으로부터 전력을 받아 차량에 전력을 공급하는 팬터그래프의 인증시험(認證試驗), 형식시험(形式試驗, type test) 및 전수시험(全數試驗, one hundred percentage test) 등의 각종 정적특성시험과 내구성 시험 및 팬터그래프 동적거동(動的擧動) 평가 등의 연구개발을 위한 장비이다.

2) 시험항목

팬터그래프 압상력(押上力)시험, 동작시험(動作試驗), 내구성(耐久性) 시험, 동적시험(動的試驗) 등

3) 주요 사양

(1) 팬터그래프 정적시험기

- 근접센서 : 20mm, 100Hz
- Load sell : 0~490 N
- Distance Gauge : 4,000mm, 0~10V RS-232
- Servo Motor : AC220V, 800W
- Lead Screw : Ball Screw, BNF4010-5
- Electric Cylinder : 40kgf · m
- 이동대차 자동고정설치 : 유압 클램프 방식

(2) 팬터그래프 내구성시험기

- 근접센서 : 20mm, 100Hz
- Servo Motor : AC220V, 800W
- Lead Screw : Ball Screw, BNF4010-5
- 이동대차 자동고정설치 : 유압 클램프 방식

(3) 팬터그래프 동적시험기

- 유압 가진기 : 용량 20kN, 최대진폭 1mm, 최대주파수 50Hz
- 가속도센서 : 최대가속도 50G

- 변위센서 : AML/E±100
- 이동대차 자동고정설치 : 유압 클램프 방식
- Service Block : High/Low System, Accumulator, Filter
- 모터구동장치 : 형식 Stepping Motor, 제어방식 펄스(Pulse) 제어, 좌우이동 ±400mm

4) 주요 구성품

- Tester Load Frame & Fixture : 3set
- Electric Control Console : 3set
- HPS(hydraulic power system) : 1set

5) 메커니즘 그림 및 사진

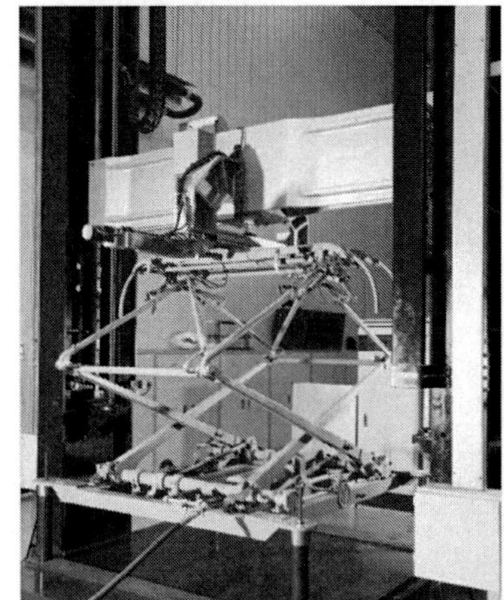

그림 8-8 팬터그래프시험기

8.7 추진장치성능시험설비(推進裝置性能試驗設備, Propulsion Equipment Performance Tester)

1) 장비의 용도

추진 장치 성능시험설비는, 추진 인버터와 전동기의 조합인 피 시험체의 성능시험을 실시하며, 추진 장치의 개발 또는 형식인증 단계에서 추진 장치의 성능을 시험하고 검증하는 장비이다.

사진 8-9 추진장치성능시험설비

2) 시험항목

- 시험대상 : DC 1.5KV, DC 750KV, AC 22KV 차량의 추진 장치시험
- 시험항목 : 추진 장치에 대한 속도, 부하 제어 및 속도-토크, 전류, 전압, 출력, 손실, 온도 등을 측정

3) 주요사양

- 정격용량 : 1대 단독운전 660kW, 3500N.m / 2대 연결운전 1320kW, 7,000N.m
- 최대 시험속도 : 5,000rpm
- 최대 토크시험 : 10,000N.m
- 교류전원설비 : 정격 3000kVA, 25kVA 단상 AC, 2500kW, 상평형(相平衡)장치
- 직류전원설비 : 정격전압 750V/1500V, 제어범위 450V~1000V, 900V~2000V
- 부하설비 : 660kW 4대 유도전동기, 인버터제어방식, 4상한 토크 · 속도제어
- 제어 및 DAS(data acquisition system) 설비 : Rack mount PC with Windows OS, Local Control System, Data Report/저장기록

4) 주요 구성품

고압 배전반, 직류전원 설비, 교류전원 설비, 부하설비, 보조전원 설비

5) 메커니즘 그림 및 사진

사진 8-10 추진장치성능시험설비

8.8 견인전동기성능시험기(牽引電動機性能試驗機, Traction Motor Tester)

1) 장비의 용도

- 철도차량용 견인전동기(traction motor)의 성능시험을 위해 실제 차량과 동일한 제어환경을 구성하여 견인전동기의 전반적인 기능과 성능을 확인하고, 차량운행조건에 대한 특성시험을 수행하는 시험 장비이다.
- 철도차량의 견인전동기를 주행상태의 부하 및 여러 조건하에서 시험 가능한 장비이다.

2) 시험항목

- 무부하(無負荷) 특성시험
- 부하특성시험
- 구속시험
- 연속정격 온도상승시험

3) 주요사양

- 정격전압 : 3,000V, 1,500V, 750V
- 부하발전기 : 660kW 능형(菱形)유도전동기 2대
- 제어장치 : 벡터제어 인버터
- 제어방식 : 토크/속도제어
- 최대시험속도 : 5,000rpm
- 토크시험검출용량 : 3,000N · m, 10,000N · m
- 정격용량 : 1대 단독운전 660kW, 3,500N · m / 2대 연결운전 1,320kW, 7,000N · m
- Rack Mount PC with Windows OS
- PLC Base Local Control System
- Data Report / 저장기록

4) 주요 구성품

- 부하용 전동기
- 전원공급설비 : 고압배전반, PWM Converter, VVVF Inverter, 승압용 변압기, Sine Fiter, RC Filter, 여자기(勵磁機)
- 제어설비

5) 메커니즘 그림 및 사진

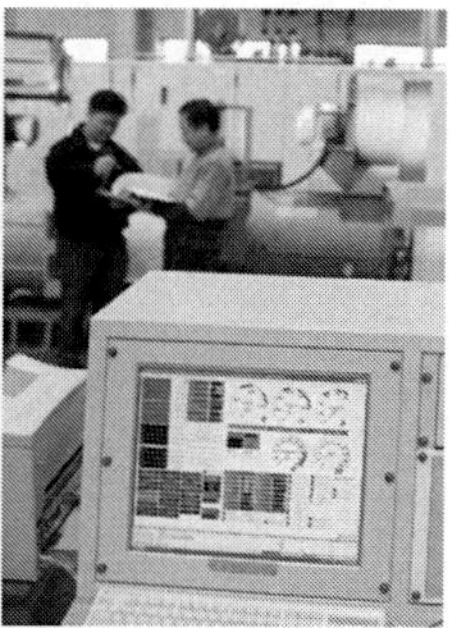

사진 8-11 견인전동기성능시험기

8.9 ATC시험기 (Tester for ATC System)

1) 장비의 용도

열차의 안전을 확보해주는 ATC시스템 차상제어장치의 기능을 시험 및 분석하기 위한 연구 시험 장비이다.

- 철도신호시스템의 운용환경시험을 위한 온습도 진동 복합시험기
- ATC 차상장치시험 기능을 갖춘 시험기
- 피시험체와의 인터페이스 : 각각 독립된 인터페이스 박스를 통해 해당 피 시험체와 인터페이스 시험
- 운용환경시험 : 온습도진동 복합시험기를 통한 온도, 습도 및 진동에 대한 복합적인 시험가능 환경 제공
- 사용전원 : AC 220 V

2) 시험항목

(1) 철도신호설비 운용환경 시험

- 온도/진동 등의 운용환경 시험으로 활용(한국형 고속전철 시제품 시험, 로템 신호설비 시험)

(2) ATC 차상장치 운전모드 및 기능분석에 활용

- ATC 차상장치의 주요 기능 분석 및 동작 메커니즘 분석 용도로 활용(도시철도 및 고속철도용 차상장치 동작메커니즘 분석하는 등 다수 연구과제에 활용)

3) 주요사양

- 진동시험기 : 24kN, 5～2500Hz
- ATC 차상기능시험설비
  - VXI MainFrame, Embedded Controller, Switch Matrix
  - Digital Oscilloscope, Multi Function Synthesizer, Pulse Generator, Dynamic Signal Analyzer, Frequency, Response Analyzer
- ATC 차상기능시험설비 제어기
  - Pentium-III Dual CPU 1GHz, 256M RAM 온습도 진동복합 시험기
  - 온습도 챔버 : +200c ～ −73c

- 진동시험기 : 24kN, 5～2,500Hz

4) 주요 구성품

ATC 차상장치 시험기, 온습도 진동 복합 시험기

5) 메커니즘 그림 및 사진

사진 8-12 ATC시험기

8.10 레일체결장치 다축 피로시험장비

(Multi-Axial Fatigue Testing System for Rail Fastening System & Components)

1) 장비의 용도

강제프레임에 고정된 유압 액추에이터를 이용하여 철도 현장의 열차하중 재하상태를 정적 및 동적으로 유사하게 모사하여 피 시험체인 레일, 침목, 레일체결장치 등 궤도구성품의 응답특성을 분석하는 장비임과 동시에, 본 장비는 레일체결 장치의 성능평가시험을 목적으로 제작된 장비이지만, 일반적인 철도 궤도 구성품 및 일반부품에 대한 강도시험 및 피로시험도 수행할 수 있는 장비이다.

2) 시험항목

- 레일체결장치 성능관련 시험
  - 정적 · 동적 수직 스프링계수시험 - 초기체결력 시험
  - 종방향저항력 시험 - 비틀림저항력 시험
  - 반복하중재하 시험 - 인발저항 시험
- 일반적인 피로시험 • 일반적인 강도시험

3) 주요사양

- Static Force Rating : ±250kN, ±100kN, ±50kN, ±25kN
- Dynamic Force Rating : ±200kN, ±80kN, ±40kN, ±20kN or more
- Dynamic Displacement : 150mm or more
- Hydraulic Performance : minimum ±1.5mm at 20Hz of 200kN dynamic load
- LVDT : Internally mounted in cylinder rod, Non-linearity 〈 0.25% of full range
- Load cell : Nominal load limit capacity ≧ 50% of full range
- Non-linearity ≦ ±0.05% of full scale or better
- Hysteresis ≦ ±0.05% of full scale or better
- Repeatability ≦ ±0.02%

4) 주요 구성품

Hydraulic Actuator System, Hydraulic Power System, Control System, Software, Test bed & Fixtures, Environment Chamber

5) 메커니즘 그림 및 사진

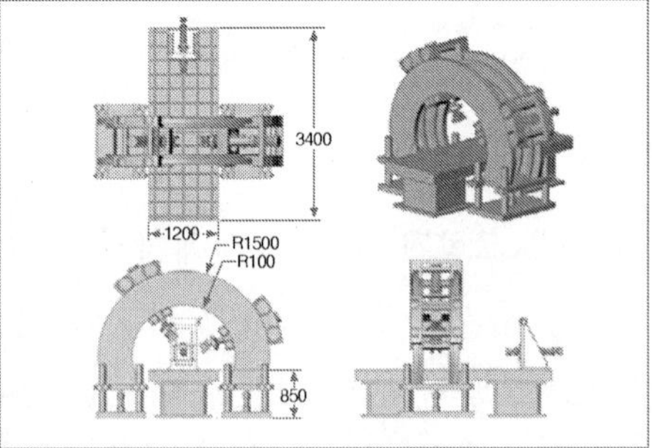

사진 8-13 레일체결장치 다축 피로시험장비

사진 8-14 레일체결장치 다축 피로시험장비

8.11 대형삼축압축시험기(大型三軸壓縮試驗機, Large Triaxial Testing System)

1) 장비의 용도

도상자갈, 암성토(岩盛土) 재료와 같은 조립재료의 정적강도, 동적물성, 탄성계수 등 정·동적 물성 획득을 목적으로 하는 요소시험 장비이다.

2) 시험항목

- 정적 삼축압축시험(UU, CU, CKoU, CD)
- 정적 삼축인장시험
- 삼축투수, Ko압밀, 이방압밀, 온도제어(동결/융해)시험
- 대형 오이도미터(1차원 압축) 시험
- 동적삼축압축시험(Liquefaction Test, Shear Modulus, Damping Ratio, Resilient Modulus)
- 평면변형률(중간주응력) 제어 시험

- 최대전단탄성계수(Gmax) 시험

3) 주요사양

- Main Frame : 4,800(kN) Hydraulic Clamp Cylinder, 400(kN) Hydraulic Up/Down Cylinder
- Static Actuator : 2000kN, Stroke ±200mm, Hydraulic performance maximum test speed 500mm/min & Minimum test speed 0.01mm/min
- Dynamic Actuator : 200kN, Stroke ±200mm, Hydraulic performance minimum ±10mm at 10Hz on 160kN dynamic load
- Load cell : 2,000kN, 200kN, 내압 방수형
- Triaxial cell : Confining pressure : 2MPa
  - 500ø×900H (1set) : specimen size : 150ø×300H, 1 set for general triaxial test
  - 700ø×1200H (2 set) : specimen size : 300ø×600H,
    : 1 set for general triaxial test & 1 set for frozen soil & gravel triaxial test specimen size
  - 900ø×1650H (2 set) : specimen size : 500ø×1000H,
    : 1 set for general triaxial test - 1 set for intermediate principal stress control test
- Oedometer Cell 1,000ø×600H (1set), 600ø×600H (1set)

4) 주요 구성품

Actuator(200kN, 2,000kN), 내압방수형 Load Cell, Triaxial Cell(5set), Oedometer Cell(2set), Compactor, Large Sieve Analysis Apparatus, Temperature Control System,
Small Strain Measuring System, Intermediate Principal Stress Control System,
De-airing System etc.

5) 메커니즘 그림 및 사진

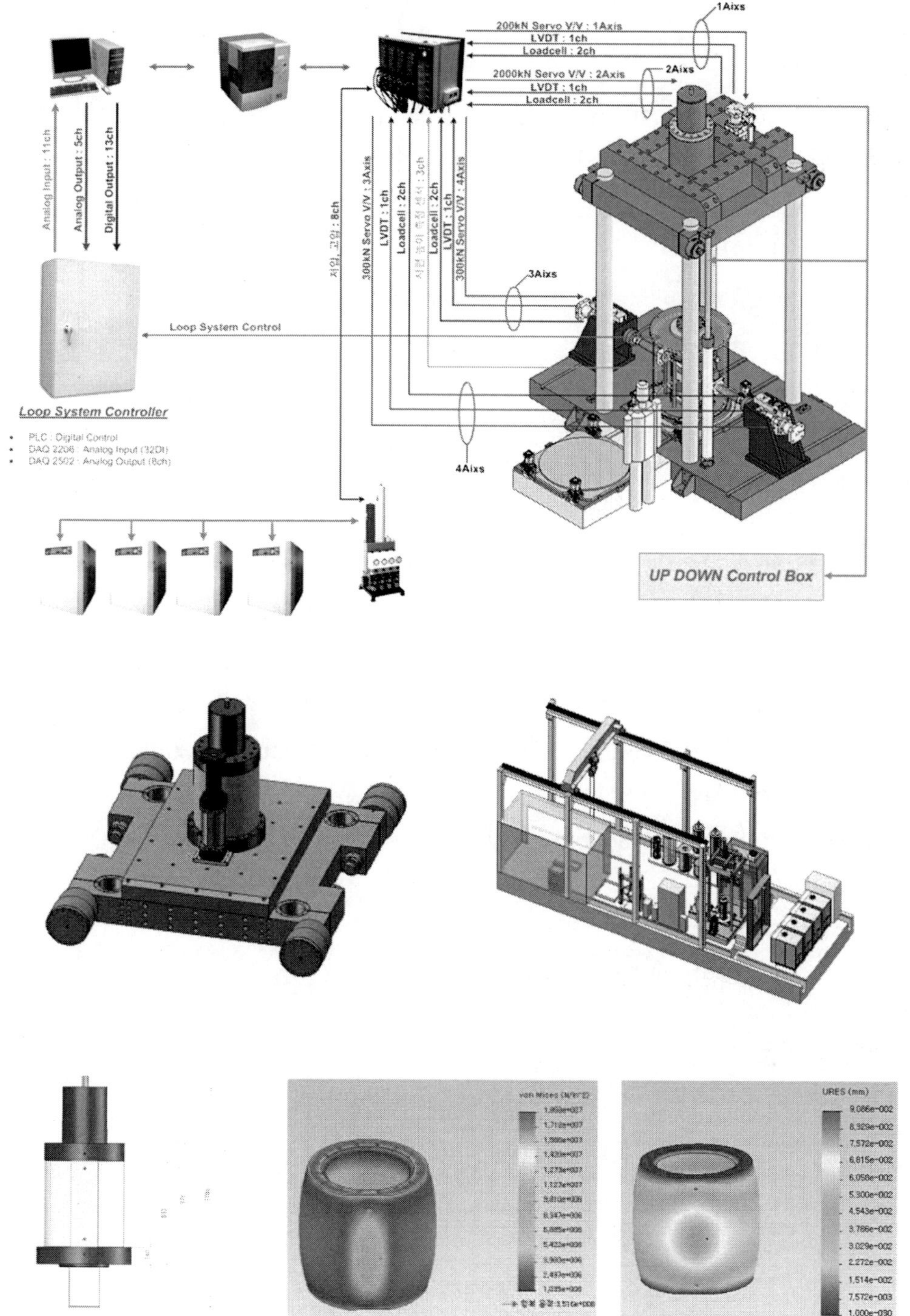

사진 8-15 대형 삼축압축시험기

8.12 철도구조물성능시험기(鐵道構造物性能試驗機, Universal Railway Structure Testing Machine)

1) 장비의 용도

철도교량모형, 궤도구조, 건축구조, 철도차량 등의 모형 또는 실물 크기 실험체에 대한 정·동적 시험을 수행하는 시험설비로 2,500KN의 수직 액추에이터, 500KN의 수평 액추에이터 및 유압펌프, 컨트롤러로 구성된 유압가진 시스템이며 재하프레임 일체형으로 2축 동시 재하가 가능한 장비이다.

2) 시험항목

- 휨, 전단(剪斷), 압축(壓縮), 인장(引張)시험
- 2축 동시 재하(載荷) 동적시험
- 피로시험

3) 주요사양

250톤 Actuator 외

- 재하 프레임 : 허용 수직최대하중 250kN, 허용 수평최대하중 500kN
- 500kN 동적 액추에이터 : 1기 (stroke 100mm, ±10mm at 5Hz)
- 2,500kN 동적 액추에이터 : 1기 (stroke 150mm, ±3mm at 5Hz)
- Hydraulic Pump : 680 L/M
- Hydraulic Service Manifold : 2개
- Controller
- DAQ : 64Ch (EDX-2000A)
- 그 외 하드라인, 제어용 PC 등

4) 주요 구성품

Frame Assembly, Vertical & Horizontal Actuator Set, Pump unit, Controller

5) 메커니즘 그림 및 사진

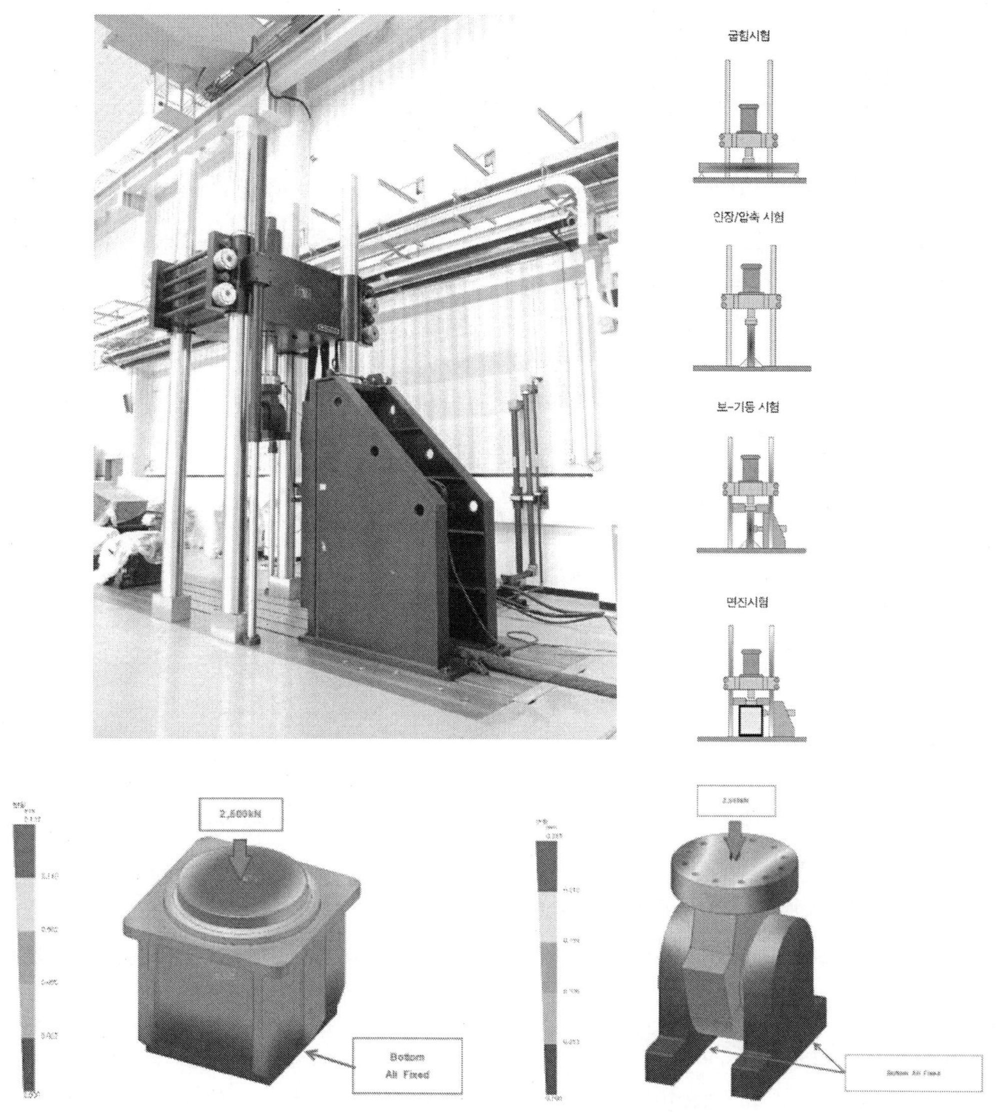

사진 8-16 철도구조물성능시험기

8.13 실대형 통합성능시험시스템(Fully Integrated Test Equipment for Railroad Infrastructure)

1) 장비의 용도

철도교량, 궤도구조, 건축구조, 철도차량 등 실물 크기 실험체에 대한 정·동적 시험을 수행하는 시험설비로 반력벽(反力壁) 및 반력상(反力床) 등, 다양한 용량(250~5,000kN)의 액추에이터 및 유압펌프, 컨트롤러로 구성된 유압가진 시스템이며 궤도노반 재하용 자주식(自走式) 이동프레임, 재료시험기 등으로 구성되어 있는 시험 장비이다.

2) 시험항목

- 정적 재하 및 파괴시험
- 고사양(高仕樣, High Frequency & Long Stroke) 동적 가진 시험
- 피로시험
- Quasi-Static & Pseudo-Dynamic 시험
- 실시간 하이브리드(Real Time Hybrid)시험
- 이 외, 실 대형(實 大型) 구조물에 대한 성능시험

3) 주요사양

- 45.5m(L)×14.4m(W)×1.2m(T) 외
- 반력벽 : (13.5+10)m(L)8m(W)2m(T)
- 반력상 : 45.5m(L)14.4m(W)1.2m(T)
- 재하용 이동프레임 : 자주식 이동, 허용 수직최대하중 250kN×6개, 허용 수평최대하중 250kN×3개
- 250kN 동적 액추에이터 : 12기 (stroke 250mm, ±12mm at 50Hz/250kN)
- 250kN 동적 액추에이터 : 4기 (stroke 250mm, ±5mm at 50Hz/250kN)
- 250kN 동적 액추에이터 : 4기 (stroke 750mm, ±80mm at 5Hz/250kN)
- 500kN 동적 액추에이터 : 4기 (stroke 250mm, ±10mm at 5Hz/500kN)
- 2,000kN 정적 액추에이터 : 2기 (stroke 750mm)
- 5,000kN 정적 액추에이터 : 1기 (stroke 750mm)
- 500kN Material Tester 1기
- 2,500kN Rock & Concrete Tester 1기
- Hydraulic Pump : 180gpm×6=1080gpm(gallon per minute)

- Hydraulic Service Manifold : 250gpm 12개, 100gpm 19개, 50gpm 1개
- Controller : 4ch 4기, 18ch 1기
- DAQ : 64Ch (National Instruments)
- 그 외 하드라인, 제어용 PC 등

4) 주요 구성품

동적 액추에이터 24기, 정적 액추에이터 3기, 재료시험기 2기, 컨트롤러, DAQ 및 제어 PC, 유압펌프, HSM(hydraulic service manifold) 및 관련 하드라인, 반력벽 및 반력상

5) 메커니즘 그림 및 사진

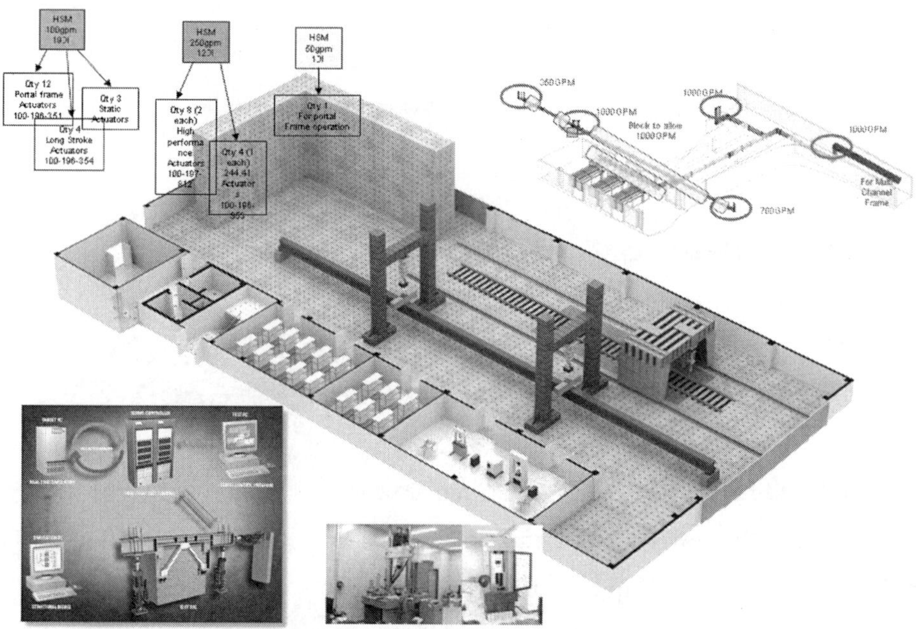

사진 8-17 실대형 통합성능시험시스템

8.14 고속 레일 – 차륜 접촉시험기(High Speed Rail-Wheel Contact Simulator)

1) 장비의 용도

- 차륜 및 레일의 접촉성능평가
- 차륜과 레일의 프로파일 최적화
- 레일과 차륜의 피로수명 산정
- 직 · 곡선부 레일 마모현상 규명
- 레일과 차륜의 점착특성 규명
- 레일과 차륜의 마찰특성 규명 등을 수행하는 시험 장비이다.

2) 시험항목

- 레일, 차륜 회전 접촉 시험 (rolling contact fatigue test)
- 레일, 차륜 마모 시험
- 레일, 차륜 마찰계수 측정 시험
- 레일, 차륜 점착계수 측정 시험 등

3) 주요사양

- Specimen : Wheel & Rail 300～1000mm (diameter)
- Driving Motor : 355kW Servo Motor,
- Radial Loader : Max. 180kN, ±2.5mm @ 20Hz
- Thrust Loader : Max. 100kN, ±7.5mm @ 20Hz
- Test speed : 0～2,470rpm @ 1000mm (445km/h)
- Slip rate : -10～+100%
- Contact angle range : 0～3°
- Attack angle range : −3° ～ +3°
- Environment Control : Dry, Wet, Sand, Oil, Temperature, Humidit

4) 주요 구성품

Base Frame, Wheel Driver, Torsional Loader, Radial Loader, Thrust Loader, Contact Angle Adjuster, Attack Angle Adjuster, Environment Chamber, Hydraulic Service Manifold(HSM), Hydraulic Power Supply (HPS), Safety Frame, Specimen, Accessary

5) 메커니즘 그림 및 사진

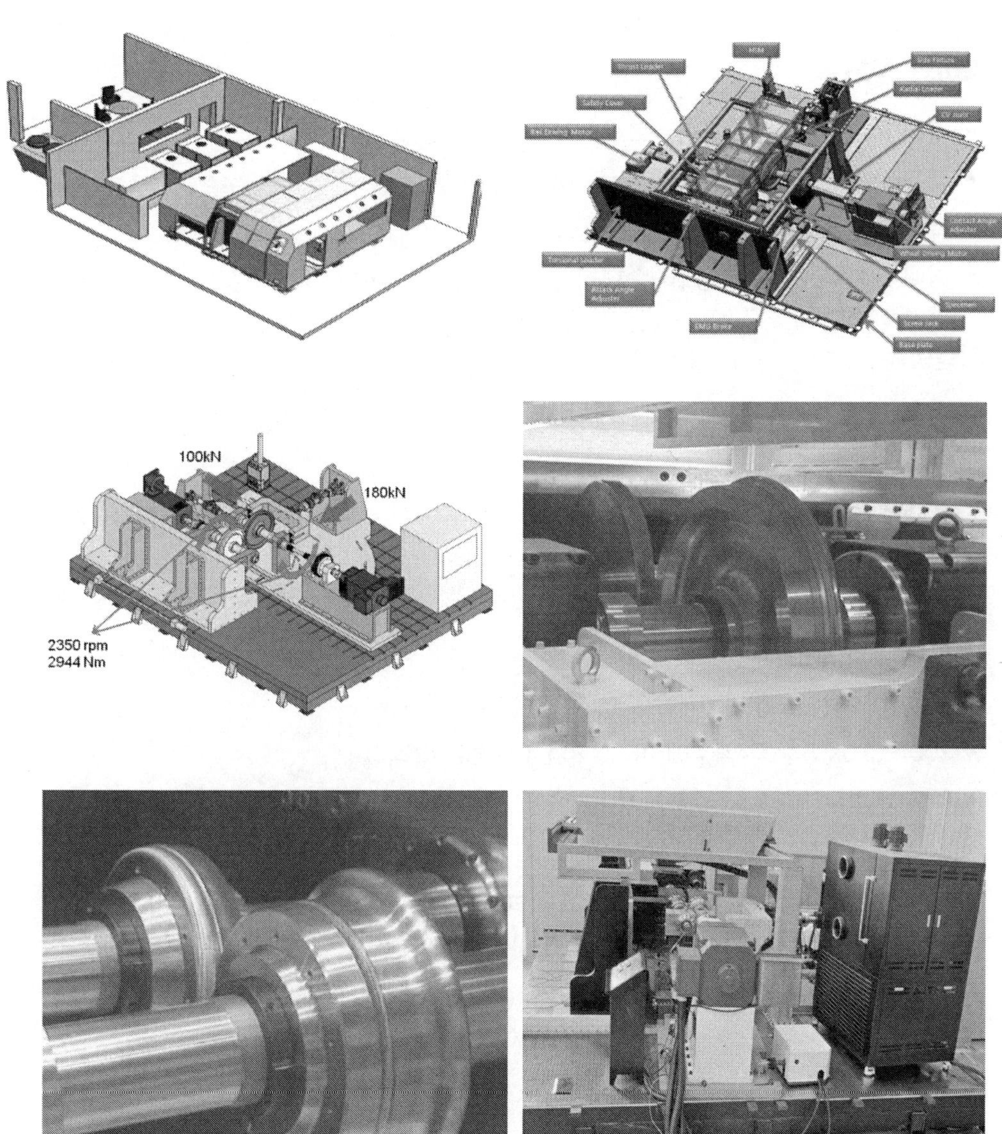

사진 8-18 고속 레일-차륜 접촉시험기

8.15 6-자유도 진동대 (6-DOF Shake Table Platform)

1) 장비의 용도

- 지진파(지반가속도 이력) 모사 장비
- 토목/건축구조물 및 기계 구성품의 진동시험
- 축소모형실험 및 유사 동적실험
- 최대 6-자유도 제어 등을 수행하는 시험 장비이다.

2) 시험항목

- 토목/건축 (비)구조체의 내진성능 시험 및 기계구성품 진동시험

3) 주요사양

- 진동대 평면 : 4.1m×4.1m
- 최대(공칭)시편 중량 : 30톤 (20톤)
- 구동 주파수대역 : 0.1~60Hz
- 부상식 면진 콘크리트 기초 : 1,440톤
- 300~320kN 동적 액추에이터 : 8기 (수평4, 수직4)
- 주요 주파수대역(1~2.0Hz) 최대가속도 : ± 0.8~1.7g
- 최대 스트로크 : ± 200~300mm
- 최대 수평 전도저항모멘트(무게중심 2.5m기준) : 1,200 kN · m
- 수평 부가질량 모사장비 : Hydrostatic방식의 저(低)마찰 Mass-Rig
- Sabio 계열 6자유도 제어시스템 및 소프트웨어

4) 주요 구성품

Hydraulic Actuators, Hydraulic Service Manifolds & Hard Lines, Parking Frame, Seismic Table, Air-Spring System & Its Supplements, Concrete Reaction Mass, Additional Horizontal Mass Rig with Hydrostatic Bearings, Control Softwares & Computer Systems, LVDTs, Accelerometers, Strain Gages & DAQ equipment, Jigs & Lab Accessories

5) 메커니즘 그림 및 사진

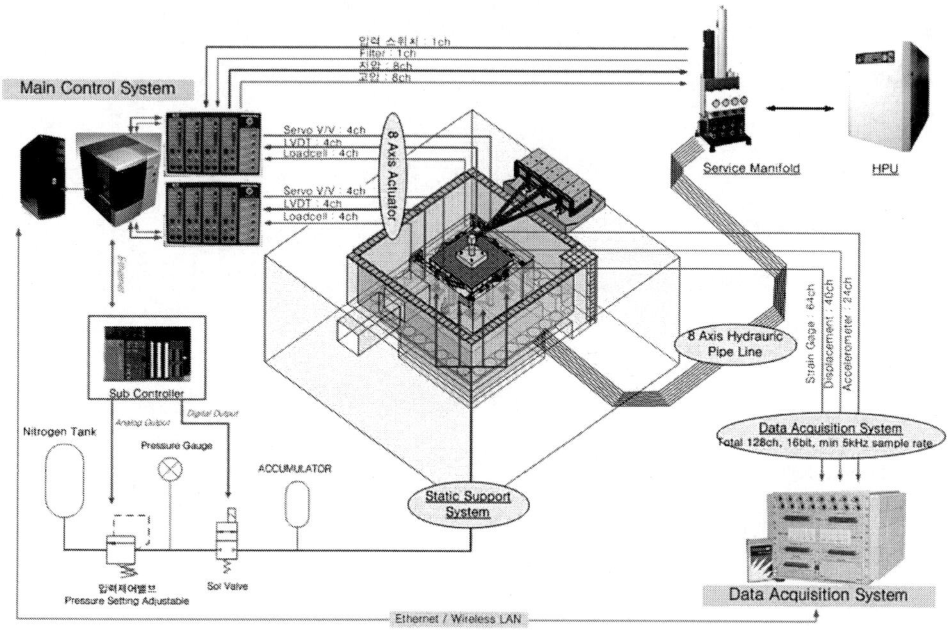

사진 8-19 6-자유도 진동대

8.16 환경실험용 범용 클린룸(Environmental Clean Room)

1) 장비의 용도

- 철도차량 에어필터 성능평가
- 공기청정기 성능평가
- Bio aerosol 분석
- 석면분석
- 철도자재 오염물질 분석
- 실내 공기질 분석

2) 시험항목

시험규격

- EN779 G4 grade, SPS KACA 002-132ASTM D6670
- ISO 16000-9, ISO/IEC 28360
- JIS A 1901, JIS A 1902

3) 주요사양

- 크기 : 13,000(W)×24,000(D)×3,000(H) mm
- 대형 챔버시스템(24㎥, 5㎥)
- 소형 챔버(20 liter)
- 클린룸
- 입자상분석시설
  - Scanning mobility particle sizer
  - Gravity convection oven
- 바이오 에어로졸 분석시설
  - UV-APS
  - Bio aerosol spectrometer
  - Bio aerosol preparation system
- 가스성분 분석시설
  - Ambient Air Quality Monitoring System
  - Asbestos Analyzing System
  - GCMS, HPLC, UV-VIS, O3 analyzer, Ion chromatography

4) 주요 구성품

클린룸 부스(class 1000), 대형 방출챔버(24㎥, 5㎥), 소형 고온방출챔버, 가스 성분 분석설비, 바이오 에어로졸 분석설비

5) 메커니즘 그림 및 사진

사진 8-20 환경실험용 범용 클린룸

8.17 철도차량 실대형 환경챔버(Real-Scale Environmental Chamber for Railroad Passenger Cabin)

1) 장비의 용도

- 철도차량 객실의 냉방성능 시험
- 철도차량 객실의 난방성능 시험
- 객실 내 온도, 기류 분포 시험
- 객실 내 닥트의 풍량 분포 시험
- 철도차량 객실용 공기정화장치의 성능시험 등을 수행하는 시험 장비이다.

2) 시험항목

시험규격

- UIC 553, 553-1 규격 시험
- ISO 7726 규격 시험
- EN 13129-1·2 규격, EN 14750-1·2 규격, EN 14813-1·2 규격시험

3) 주요사양

- 챔버 크기 : 34(L) × 6(W) × 6(H) m
  [시험가능 차량크기 : 27(L) × 3.6(W) × 4.8(H) m]
- 고온 및 저온 구현 : +40 ~ 60 ℃
- 고습 및 저습 구현 : 10 ~ 95 RH%
- 결빙 성능 : −10℃에서 10mm 이상
- 태양광 모사 : 500~1,120 W/㎡
- 풍동 성능 : 0~15 km/h
- 객실 내 100지점 동시 온도 모니터링 가능
- 객실 내 20지점 동시 3차원 풍향풍속 모니터링 가능
- 객실 내 2지점 동시 닥트 풍량 측정 가능
- 객차 내·외부 표면 온도 측정 가능

4) 주요 구성품

(1) 챔버 시스템

- Temperature Controller : −40~60 ℃
- Humidity Control : 10~95 RH%
- Ice Former : 10 mm at −10 ℃
- Solar Irradiation System : 500~1,000 W/m^2
- Car Pulling System
- Cabin Temperature Monitoring System : 100 points
- Wind Tunnel : 0~15 km/h

(2) 객실 환경 설비

- Chamber Main/Sub Controller

5) 메커니즘 그림 및 사진

사진 8-21 철도차량 실대형 환경챔버

8.18 전차선로 – 집전계 주행특성시험기

(電車線路-集電系 走行特性試驗機, Catenary-Current Collection Run Tester)

1) 장비의 용도

- 소형 집전 차량의 주행 상태에서 집전상태 모의시험 연구
- 전차선로 및 금구류의 특성 및 신뢰성 평가
- 팬터그래프 동특성 및 성능 평가
- 이선 아크 계측기, 텔레메트리(telemetry) 등 전차선로 장비 검증
- 전차선로와 팬터그래프 조합의 집전 성능(離線率) 평가
- 전차선로와 팬터그래프의 Real or Down Scaled Impact Factor Parameter Study 등을 수행하는 시험 장비이다.

2) 시험항목

- 전차선로-팬터그래프 사이의 집전 악조건 모의시험(模擬試驗)
- 팬터그래프 동특성 평가 시험
- 전차선로 및 금구류 특성 평가 및 신뢰성 평가 시험
- 이선 아크 계측기, 텔리미트리 등 전차선로 장비 성능 검증시험(檢證試驗)

3) 주요사양

- 주행로 길이 : 400m (단선, 한 방향 주행(팬터그래프 설치 때문임), 1435mm 표준궤간 레일)
- 속도 : 최대 약 100km/h
- 주행대차(집전대차) 무게 : 약 6톤
- 주행대차 추진 방식 : LIM(linear induction motor)
- 250km/h 급 전차선로 및 250km/h 급 가동브래킷
- DST(double stack train, 컨테이너 2단 적재 열차)를 위한 터널 브래킷
- 전차선로 진동 발생용 가진 설비
- 300km/h급 싱글 암 팬터그래프(single arm pantograph)
- EN50317에 따른 전차선로 이선 아크 계측기
- 활선(活線) 전차선로 온라인 계측용 텔레메트리 장치
- 20톤급 전철 모터카 : 최대 속도 50km/h

4) 주요 구성품

주행대차(집전대차), 전차선로 및 터널 브래킷, 팬터그래프, 전차선 이선 아크 계측기, 전철 모터카

5) 메커니즘 그림 및 사진

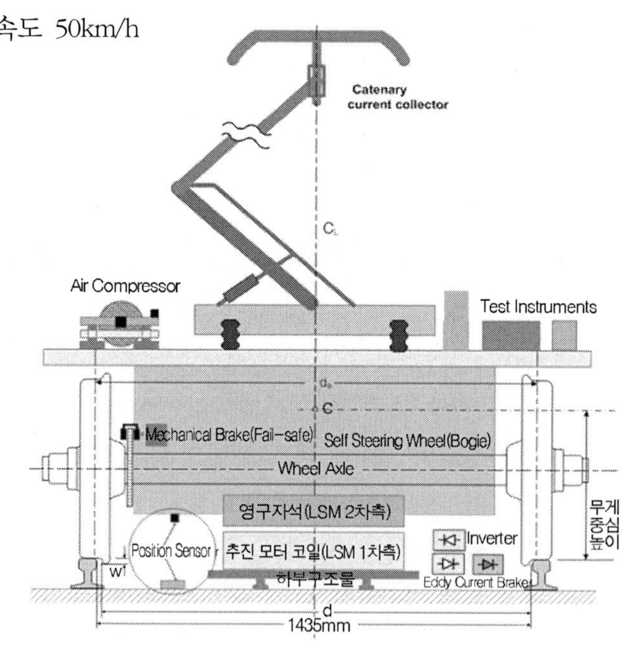

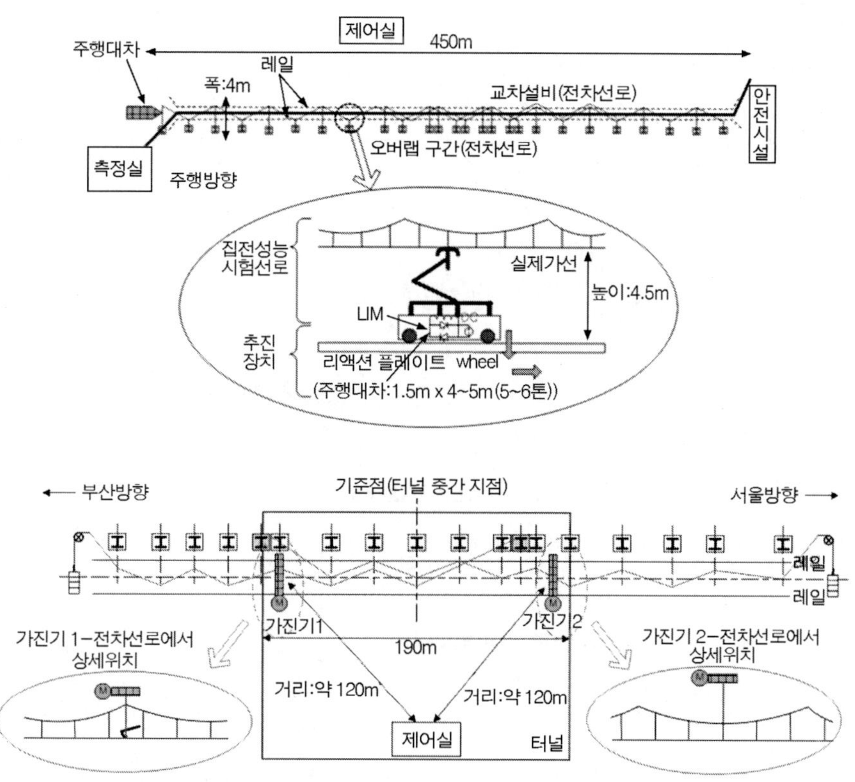

사진 8-22 전차선로 – 집전계 주행특성시험기

8.19 오염토양 정밀조사 지오프로브(Geo-Probe for the Close Inspection of Contaminated Soil)

1) 장비의 용도

- 철도오염토양 및 지하수 샘플링
- 대상 부지의 오염도 현장조사
- 오염물질 농도 분석 등을 수행하는 시험 장비이다.

2) 시험항목

- 시료채취(試料採取)
- 유류농도(油類濃度) 검사
- 중금속(重金屬)농도 검사

3) 주요사양

- 스트로크 : 1,560～1,600mm
- 최대 심도 15m까지 샘플 채취 가능
- 멀티 시료 주입 및 검출
- 70개 이상 무기물질 동시분석
- 분석항목별 자동 프로그램 설정
- 시료 전처리 및 분석 동시에 시행

4) 주요 구성품

- 토양시료 채취장비
- Gas Chromatography/Electron Capture Detector
- Gas Chromatography/Mass Spectrometer
- Inductively Coupled Plasma
- High Performance Liquid Chromatography

5) 메커니즘 그림 및 사진

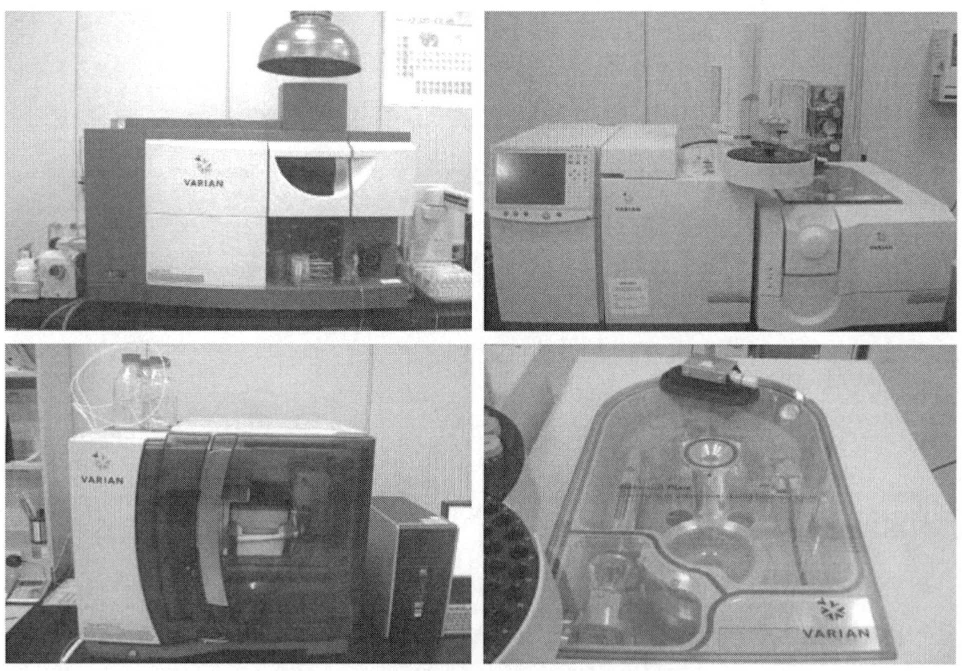

사진 8-23 오염토양 정밀조사 지오프로브

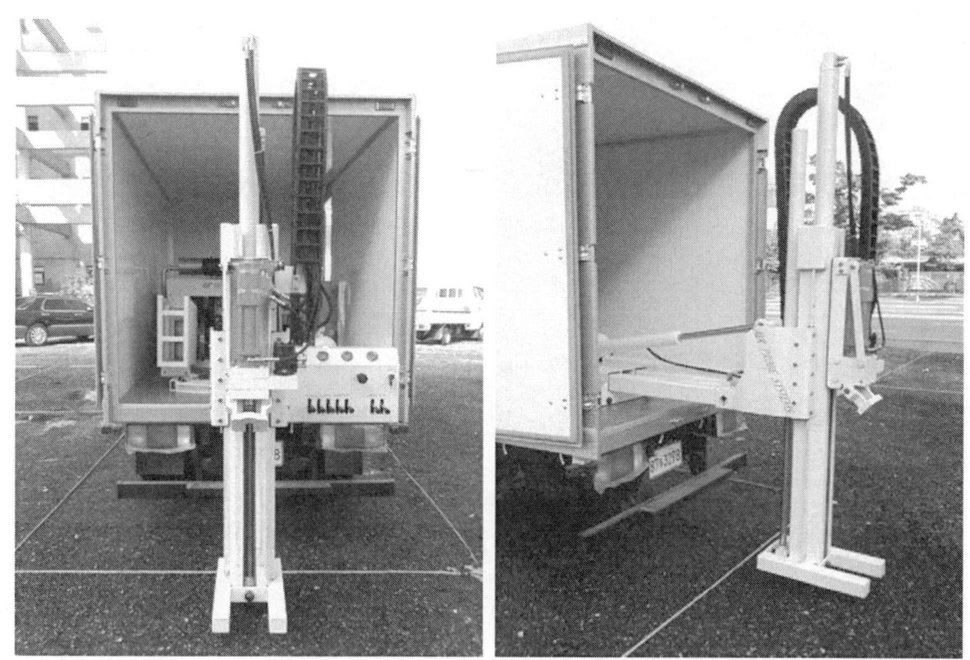

사진 8-24 오염토양 정밀조사 지오프로브

09 철도차량의 용어

철도차량의 용어(Glossary of Terms for Railway Rolling Stock)는 철도차량 분야를 차량일반(車輛一般), 주행장치(走行裝置), 동력장치(動力裝置), 차체(車體), 부속장치(附屬裝置), 제어장치(制御裝置), 제동장치(制動裝置) 등으로 구분하여 정의하였다.

9.1 차량일반

1) 차량의 종류

일반

차량【車輛, rolling stock, vehicle, car】 레일 또는 이에 준하는 것(궤도 빔(beam))에 차륜 등을 사용하여 중량을 부담시켜, 인력(人力) 또는 축력(畜力) 이외의 동력을 사용하여 운행되는 것. 통상 "철도차량" 이라고 한다.

현수식 모노레일 차량【suspended monorail car, suspended type monorail car】 레일 또는 이에 준하는 것(궤도 빔)에 현수하여(달아매어져) 동력을 사용하여 운행되는 차량.

걸쳐 타기형식 모노레일 차량【straddled monorail car, straddled type monorail car, 벌려타기형식 모노레일 차량】 레일 또는 이에 준하는 것(궤도 빔)에 걸쳐 타서, 동력을 사용하여 운행되는 차량.

무궤도 전차【無軌道電車, trolley bus, trolley coach】 전동기 및 운전 장치를 가지며, 차량 외부로부터 전력의 공급을 받아 자동차와 같이 고무 타이어 부착 차륜으로 일반 도로 위를 운행되는 전차.

노면 전차【路面電車, tramcar, tram, streetcar】 도로상에 부설된 레일 위를 운행하는 전차.

와이어로프식 차량【鋼索式車輛, funicular railway car, wire rope type car】 와이어로프

로 견인되어 레일 위를 주행하는 차량.

삭도 운반기【索道運搬器, cable suspension transporter】 케이블에 직접 또는 간접으로 부착되어 사람 또는 물품을 수송하는 기구.

동력차【動力車, motive power unit, motor car, power car】 원동기를 가지고 단독 또는 자기 이외의 차량과 연결되어 운행되는 차량으로 기관차, 전동차 및 내연동차의 총칭(제어차 및 부수차는 포함되지 않음).

제어차【制御車, driving trailer, control trailer】 총괄제어를 하는 차량으로 원동기를 가지지 않으나, 운전실을 갖춘 전차 및 내연동차.

부수차【附隨車, trailer】 총괄제어를 하는 차량으로 원동기 및 운전실을 가지지 않은 전차 및 내연동차

객화차【客貨車, passenger and freight car】 원동기 및 총괄 제어장치를 가지지 않은 차량으로, 기관차에 견인(牽引)되는 객차 및 화차의 총칭.

내연차【內燃車, internal combustion rolling stock】 원동기로 내연기관을 사용하는 동력차(내연기관차, 내연동차 등) 및 이와 연결되어 운행되는 제어차와 부수차.

디젤차【diesel rolling stock, diesel car】 원동기로 디젤기관을 사용하는 동력차(디젤기관차, 디젤동차 등) 및 이와 연결되어 운행되는 제어차와 부수차.

전기차【電氣車, electric rolling stock】 원동기로 전동기를 사용하는 동력차(전기기관차, 전동차 등) 및 이와 연결되어 운행되는 제어차와 부수차.

기관차【機關車, locomotive】 원동기 및 운전 장치를 가지고 있지만, 수송 설비를 갖추지 않고 객화차를 견인하여 운행되는 차량.

여객차【旅客車, passenger carrying car, passenger car, coach】 여객을 수송하기 위해 사용되는 기관차 이외의 차량. 이것 이외의 목적의 것이라도 원칙적으로 여객 열차에 연결되어 사용되는 것은 일반적으로 이 가운데에 포함된다.

화물차【貨物車, freight-train car, freight car】 화물을 수송하기 위해 사용되는 기관차 이외의 차량. 이것 이외의 목적의 것이라도 원칙적으로 화물 열차에 연결되어 사용되는 것은 일반적으로 이 가운데에 포함된다.

입환 기관차【入換機關車, shunting engine, shunting locomotive】 주로 정차장, 조차장(操車場, shunting yard) 등의 입환 작업에 사용되는 기관차.

강제차【鋼製車, steel car】 측면 등의 외면이 강제인 차량. 일반적으로 기관차 이외의 것에 대하여 말한다.

전금속제차 【全金屬製車, all-metal car】 차체의 골조, 내외면, 설비품 등이 원칙적으로 전부 금속제(보통강, 합금강, 경합금 등)인 차량. 일반적으로 기관차 이외의 차량에 대하여 말한다.

목제차 【木製車, wooden car】 언더프레임(under frame) 이외의 차체 구조부가 목제인 차량. 일반적으로 기관차 이외의 차량에 대하여 말한다.

2축차 【二軸車, two-axle car, four-wheel car】 2쌍의 윤축(輪軸, wheel-set)을 가진 차량. 일반적으로 기관차 이외의 차량에 대하여 말한다.

3축차 【三軸車, three-axle car, six-wheel car】 3쌍의 차륜 축을 가진 차량. 일반적으로 기관차 이외의 차량에 대하여 말한다.

보기차 【bogie car】 대치(bogie, truck)가 2개 이상으로서 대차와 차체의 사이에서 회진할 수 있도록 지지된 차량. 일반적으로 기관차 이외의 차량에 대하여 말한다.

2축 보기차 【two-axle bogie car, four-wheel bogie car】 2쌍의 윤축을 가진 대차 2개로 지지된 보기차. 일반적으로 기관차 이외의 차량에 대하여 말한다.

3축 보기차 【three-axle bogie car, six-wheel bogie car】 3쌍의 윤축을 가진 대차 2개로 지지된 보기차. 일반적으로 기관차 이외의 차량에 대하여 말한다.

복식 보기차 【multi-axle bogie car, car with multiple bogies】 2쌍 이상의 윤축을 가진 대차를 조합하여 1단위(unit)로 사용되는 복식(複式)의 보기차. 일반적으로 기관차 이외의 것에 대하여 말한다.

연접차 【連接車, 連節車, 關節車, articulated car】 2개의 차체의 끝을 1개의 대차로 지지하여 연결되어 있는 차량. 일반적으로 기관차 이외의 것에 대하여 말한다.

좌석차 【座席車, coach, day coach】 여객을 위한 의자가 있는 여객차.

침대차 【寢臺車, sleeping car, sleeper】 여객을 위한 침대가 있는 여객차.

식당차 【食堂車, dining car, diner, restaurant car, buffet car】 여객을 위해 음식물을 제공하는 설비를 갖춘 여객차.

우편차 【郵便車, postal car, mail car, post office car】 우편물을 수송하며 또한 차량 내에서 이것을 구분하는 설비가 있는 여객차.

하물차 【荷物車, baggage car, luggage van】 수하물(手荷物) 및 소하물(小荷物)을 수송하는 설비를 가진 여객차.

합조차 【合造車, combination car, combined car, composite car】 좌석 및 식당 또는 좌석 및 하물실과 같이 2종 이상의 차내 설비를 1개 차량에 병설되어 있는 여객차.

완급차【緩急車, car with hand-brake, brake-van, caboose】 운전 업무를 하는 차장실(車掌室) 또는 칸막이(partition)를 설치한 바닥면(floor)이 있으며, 여기서 브레이크 조작을 하는 설비를 갖춘 객화차.

업무차【業務車, office car, railway service car】 업무용 차량.

증기 기관차

증기 기관차【蒸氣機關車, steam locomotive】 원동기로 증기기관(蒸氣機關, steam engine)을 사용하는 기관차.

포화증기 기관차【saturated steam locomotive】 동력원으로 포화증기(飽和蒸氣)를 사용하는 증기 기관차.

과열증기 기관차【superheated steam locomotive】 동력원으로 과열증기(過熱蒸氣)를 사용하는 증기 기관차.

탱크 기관차【tank engine, tank locomotive】 기관차 자체로서 물탱크 및 연료창고를 갖추고 있어 별도로 탄수차(炭水車)가 연결되지 않는 증기 기관차.

텐더 기관차【tender engine, tender locomotive】 탄수차로부터 연료 및 물의 보급을 받는 증기 기관차. 일반적으로 탄수차를 포함하여 말한다.

탄수차【炭水車, tender】 텐더 기관차의 후부에 부속 · 연결되어 기관차에 보급하기 위해 연료 및 물을 적재하고 있는 차량.

전기 기관차

전기 기관차【電氣機關車, electric locomotive】 원동기로 전동기(電動機, motor)를 사용하는 기관차.

직류 전기 기관차【DC electric locomotive】 차량 외부로부터 직류 전력을 공급 받아 운행되는 전기 기관차.

교류 전기 기관차【AC electric locomotive】 차량 외부로부터 교류 전력을 공급 받아 운행되는 전기 기관차.

교·직류 전기 기관차【AC-DC dual current electric locomotive】 교류 급전구간(交流 給電區間) 및 직류 급전구간 구분 없이 직통 운전할 수 있는 전기 기관차.

축전지 기관차【蓄電池機關車, storage battery locomotive】 차체에 적재한 축전지로부터 전력을 공급 받아 운행되는 전기 기관차.

내연 기관차

내연 기관차【內燃機關車, internal combustion locomotive】 원동기로 내연기관을 사용하는 기관차.

디젤 기관차【diesel locomotive】 원동기로 디젤기관을 사용하는 내연기관차.

전기식 디젤 기관차【diesel electric locomotive】 전동장치(傳動裝置)로 발전기 및 전동기를 사용하는 디젤 기관차.

액체식 디젤 기관차【diesel hydraulic locomotive】 전동장치로 유체변속기(流體變速機)를 사용하는 디젤 기관차.

기계식 디젤 기관차【diesel mechanical locomotive】 전동장치로 치차 변속기(齒車變速機)를 사용하는 디젤 기관차.

전 차

전차【電車, electric railcar】 전동차와 이에 연결하는 제어차 및 부수차의 총칭. 일반적으로 여객차만을 말한다.

직류 전차【直流電車, DC electric railcar】 차량 외부로부터 직류전력을 공급 받아 운행되는 전차.

교류 전차【交流電車, AC electric railcar】 차량 외부로부터 교류전력을 공급 받아 운행되는 전차.

교·직류 전차【交·直流電車, AC-DC dual current electric railcar】 교류 급전구간 및 직류 급전구간 구분 없이 직통 운행할 수 있는 전차.

전동차【電動車, electric motor car, electric motor coach】 원동기로 전동기를 사용하는 전차.

전동화차【電動貨車, electric motored freight car】 원동기로 전동기를 사용하는 화물차.

내연 동차

내연 동차【內燃動車, internal combustion railcar】 원동기로 내연기관을 사용하는 기관차 이외의 동력차와 이에 연결하는 제어차 및 부수차의 총칭. 일반적으로 여객차만을 말한다. 또한, 제어차 및 부수차를 제외한 협의의 의미로도 사용된다.

디젤동차【diesel railcar, diesel motor car】 원동기로 디젤기관을 사용하는 내연동차.

전기식 디젤동차【diesel electric railcar】 전동장치에 발전기 및 전동기를 사용하는 디젤동차.

액체식 디젤동차 **【diesel hydraulic railcar】** 전동장치로 유체 변속기를 사용하는 디젤동차.

기계식 디젤동차 **【diesel mechanical railcar】** 전동장치로 치차 변속기를 사용하는 디젤동차. 치차식(齒車式) 디젤동차라고도 한다.

내연 화차 **【內燃貨車, internal combustion freight car】** 원동기로 내연기관을 사용하는 화물차.

객 차

객차 **【客車, passenger car, coach】** 원동기 및 총괄 제어장치를 가지고 있지 않고 기관차에 견인되는 여객차.

화 차

화차 **【貨車, wagon, freight car】** 원동기 및 총괄 제어장치를 가지고 있지 않고 기관차에 견인되는 화물차.

유개화차 **【有蓋貨車, roofed freight car】** 지붕이 있는 화차의 총칭.

무개화차 **【無蓋貨車. uncovered freight car, open-top car】** 지붕이 없는 화차의 총칭.

유개차 **【有蓋車, box car, covered wagon】** 각종의 화물 수송에 널리 사용되고 있는 유개화차.

냉장차 **【冷藏車, refrigerator car】** 부패하기 쉬운 화물(주로 생선, 식료품류)을 냉장하면서 수송하는 유개화차.

통풍차 **【通風車, ventilated car】** 과일 및 야채를 수송하기 위하여 적당한 통풍이 되게 만든 구조의 유개화차.

가축차 **【家畜車, stock car, cattle van】** 가축(家畜)을 수송하기 위하여 적당한 통풍이 되게 만든 유개화차.

돼지 적재차 **【double deck stock car】** 돼지를 수송하기 위하여 선반, 급수장치 및 부속실을 설치한 유개화차.

활어차 **【活魚車, live-fish car】** 수온조정 및 수중의 산소 보급을 할 수 있는 물탱크를 가지며 어류를 산 채로 수송하는 유개화차.

도기차 **【陶器車. porcelain car】** 착탈(着脫)을 자유로이 할 수 있는 선반을 가지며 도자기를 개별로 적재하여 수송하는 유개화차.

무개차 【無蓋車, gondola car, open wagon】 각종 화물 수송에 널리 사용되는 무개화차.

장물차 【長物車, platform truck, flat car】 목재, 레일, 강재(鋼材) 등의 길이가 긴 화물을 수송하기 위하여 앞뒤와 측구조가 없고, 착탈 및 전도(轉倒)가 쉬운 울타리 기둥을 갖추고 있는 무개화차.

대물차 【大物車, depressed centre car, high-capacity wagon, well car】 중량 및 부피가 현저하게 큰 것을 수송하는 무개화차. 중앙부를 낮은 바닥으로 한 것, 중앙부를 수송하는 화물자체로 연결되어 언더프레임(underframe)의 강도를 보강한 구조로 된 것 등이 있다.

차 운반차 【車運搬車, car carrier】 자동차를 수송하기 위한 특수한 구조를 가진 화차.

컨테이너차 【container car】 컨테이너 수송을 하기 위해 컨테이너 고정장치를 갖춘 무개화차.

탱크차 【tank car】 액체, 분체(紛体) 등을 수송하기 위한 탱크를 가진 화차.

호퍼차 【hopper car】 분체 및 입체(粒体)를 비포장 적재 수송하기 위하여, 밑바닥이 열리거나 또는 옆 아래 부분이 열리는 구조의 호퍼를 가진 화차.

석탄차 【石炭車, coal car】 석탄을 수송하기 위하여 밑바닥이 열리거나 또는 옆, 아래 부분이 열리는 구조의 호퍼를 가진 무개화차.

토양 운반차 【土壤運搬車, ballast car】 토양, 자갈 및 모래를 수송하는 무개화차.

물 운반차 【water tank car】 증기 기관차의 보일러 용수, 음료수 등을 수송하는 탱크를 가진 화차.

차장차 【車掌車, caboose, brake-van】 차장(車掌, conductor)이 업무를 수행하고 또 브레이크 조작을 하는 설비를 가진 유개화차. 일반적으로 화물을 적재하지 않은 것을 말한다.

기 타

가선 시험차 【架線試驗車, catenary testing car】 가선(架線) 및 집전장치(集電裝置)의 상태를 주행 중에 측정하는 장치를 가진 차량.

전기 시험차 【電氣 試驗車, electric testing car】 가선, 변전(變電), 신호 및 통신 관계 제 설비의 상태를 주행 중에 측정하는 장치를 가진 차량.

차량성능 시험차 【車輛性能試驗車, dynamometer car】 차량 성능을 주행 중에 측정하는 장치를 가진 차량.

궤도 시험차 【軌道試驗車, track testing car, track-recording coach】 궤도의 부설상태 및 그 관련 사항을 주행 중에 측정하는 장치를 가진 차량.

한계 측정차 【限界測定車, clearance car】 구조물이 건축한계 내에 들어가 있는가의 여부를 측정하는 장치를 가진 차량.

레일 탐상차 【rail-defect detector】 부설한 레일의 내부 및 외부의 흠을 발견하기 위한 기기를 가진 차량.

난방차 【暖房車, heating boiler car, steam generating car】 객차의 난방용 증기를 발생하는 설비를 가진 차량.

검중차 【檢重車, scale test car, weight bridge) 차량의 중량 측정기의 검정에 사용하기 위하여 분동(分銅) 및 그 조작 기구 등을 가진 차량.

공작차 【工作車, tool car】 공사용의 기계 등을 적재, 현지공사를 할 수 있는 설비를 가진 차량.

조중차 【操重車, crane car, wrecking crane】 중량품을 달아 올리거나 또는 교량의 빔(beam) 가설용의 크레인을 설비한 차량. 일반적으로 달아 올리거나 또는 자체 주행을 하기 위한 동력을 가진다.

이동 변전차 【移動變電車, movable power plant】 전철화구간(電鐵化區間)에서 시기적으로 다른 지구에 수송 증가를 하지 않으면 안 될 경우, 또는 변전소 사고 등의 경우에 이동하여 사용하는 변전설비를 가진 차량.

제설차 【除雪車, snow-plough car】 선로 상에 싸인 눈을 제거하여 열차의 운행에 지장이 없도록 하는 차량. 일반적으로 기관차에 의하여 추진된다.

러셀 제설차 【wedge type snow-plough, Russel snow-plough】 머리부가 쐐기 형으로 되어 있고, 쌓인 눈을 양쪽 또는 한쪽으로 튕겨 날리게 한 구조의 제설차.

회전 제설차 【rotary snow-plough】 머리부에 동력으로 회전하는 임펠러 날개(impeller)를 가지며, 쌓인 눈을 원심력으로 멀리 옆 방향으로 날리는 구조의 제설차.

광폭 제설차 【snow spreader】 팔자형의 긴 날개를 가지고, 구내 또는 제방 위의 적설을 넓게 밀어내는 구조로 된 제설차.

긁어모으기 제설차 【collecting snow-plough】 뒷부분에 역팔자형(逆八字形)의 긴 날개를 가지며, 선로 양측의 적설을 선로 상에 긁어모으는 구조로 된 제설차. 단, 그렇게 한 후 회전제설차를 운행하여 멀리 눈을 치운다.

보조차 【補助車, auxiliary service car】 주로 구내, 차량 운반선의 이동 가능한 교량 등에서 기관차가 직접 들어갈 수 없는 경우 등에서 연결하는 차량.

2) 차량의 치수, 중량, 용적, 기타

차량의 치수

차량한계 【車輛限界, rolling stock gauge, vehicle gauge, car gauge】 차량이 직접 레일 위 바른 위치에 있을 경우 적차(積車), 공차(空車), 기타 어떠한 조건에 있어도 차량 각 부분이 돌출해서는 안 되는 좌우상하의 한계.

연결기 중심높이 【連結面中心高, height of coupler centre above rail level】 레일 윗면으로부터 연결기 중심까지의 수직거리.

최대길이 【最大長, maximum length over couplers, length between couplings, total length over coupling faces】 앞뒤 양쪽 연결기의 연결 면 사이의 수평거리

최대높이 【最大高, maximum height above rail level】 레일 윗면으로부터 차체 최고부(부속 부품을 포함하며 집전장치는 접은 상태에서 측정함)까지의 수직거리.

최대너비 【最大幅, maximum width】 차량의 측면에 있어서 최대 돌출부와 차체 중심선과의 거리의 2배.

차체 외부길이 【outside length of car body】 차체 양 앞 끝단 외면 사이의 수평거리. 다만, 앞 뒤판이 없는 것에서는 양끝 돌출부의 외면 사이, 탱크차에서는 언더프레임 또는 탱크의 양끝 최대 돌출점 사이의 수평거리.

차체 외부너비 【outside width of car body】 차체 양쪽의 측면 판 외면간의 수평거리. 다만, 측면 판이 없는 것에서는 울타리 기둥의 외면 사이, 사이드 실(side sill)의 외면 사이 또는 동판(胴板)의 외부 사이의 수평거리 중에서 최대인 것.

중심판사이 거리 【distance between centre plates】 보기차에 있어서의 전후 대차의 회전 중심사이의 수평거리.

축간 거리 【軸距, wheel base】 차축 상호의 중심 사이의 수평거리.

고정 축간 거리 【固定軸距, rigid wheel base】 1개의 굽혀지지 않는 언드프레임 또는 대차의 프레임에 있어서 특히 옆 흔들림 여유를 주지 않은 윤축(wheel-set), 가장 앞 위치에 있는 것과 가장 뒤 위치에 있는 것과의 차축 중심 사이의 수평거리.

전체 축간 거리 【total wheel base】 1량의 차량의 전후 양끝에 있는 차축의 수평 중심

거리.

화물적재높이 【loading height of freight above floor level】 무개차, 토양 운반차(차체가 전도하는 것은 제외함), 장물차 및 컨테이너 차에 적재할 수 있는 화물의 상면(floor)으로 부터의 제한 높이.

차축 배치 【車軸配置, axle arrangement】 차량 또는 그 대차의 앞 위치로부터 뒤 위치에 걸쳐서의 윤축의 배치 방법.

차량의 중량

차륜 하중 【車輪輪重, wheel load】 차륜의 중량에 의해 각 차륜마다 레일에 미치는 중량. 윤중(輪重)이라고도 한다.

축중 【軸重, axle load】 1축에 있어서의 좌우 윤중의 합.

자중 【tare weight】 공차(空車)시의 중량.

운전정비중량 【運轉整備重量, weight in working order】 승무원이 승차하고 연료, 물, 모래, 공구류 등 운전상 필요한 기구, 물자를 적재하여 운전가능하게 정비된 차량의 중량을 말하며, 주로 기관차에 사용한다.

적차 중량 【積車重量, weight of loaded car】 공차에 정원 승객 및 승무원이 승차하고 연료, 물, 모래 등 운전 정비에 필요한 물자를 적재하고 또는 표기하중(標記荷重)에 상당하는 물자를 적재한 경우의 차량의 중량. 주로 여객차 및 화물차에 사용한다.

하중 【荷重, loading capacity】 여객차, 화물차 등에 표기되어 사용되는 경우 적재할 수 있는 수송화물, 우편물 등의 제한중량(制限重量).

석탄 하중 【石炭荷重, loading capacity for coal】 무개차에 적재할 수 있는 석탄의 제한 중량.

환산량수 【換算輛數, number of cars in terms of 10 ton weight】 차량의 중량 10톤을 1량으로 환산하여 표시한 수.

점착 중량 【粘着 重量, adhesive weight, adhesion weight】 동력차의 중량 가운데 동륜(動輪)이 부담하는 부분의 중량.

스프링 상 중량 【sprung mass, suspended weight, sprung weight】 차량의 중량 가운데 스프링에 의하여 지지되는 부분의 중량.

스프링 하 중량 【non-suspended weight, unsprung weight, unsprung mass】 차량의 중량 가운데 스프링에 의하여 지지되고 있지 않은 부분의 중량.

차량의 용적, 기타

바닥 면적 【floor area】 차실 내부의 길이와 너비의 곱으로 산출한 면적.

용적 【容積, volumetric capacity】 하물차 및 우편차의 경우, 하물실 또는 우편실의 바닥 면적과 차실 내부의 측면부의 높이와의 곱으로 산출한 용적. 탱크차, 호퍼차 및 대물차를 제외한 화물차의 경우 상면적과 차실 내부의 측면높이 또는 화물적재 높이와의 곱으로 산출한 용적.

실용적 【實容積, effective volumetric capacity, effective cubic capacity】 탱크차의 경우 탱크 본체의 용적으로부터 돔 격판, 가열관 및 기타의 장치가 차지하는 용적을 뺀 남은 용적.

공차 【空車, empty car】 승객, 승무원 및 하물을 적재하지 않고 물, 연료, 모래, 공구류 등을 포함하지 않은 상태의 차량.

정원 【定員, nominal riding capacity, seating capacity】 여객을 위한 좌석 또는 침대의 수. 다만, 통근차 등에서는 좌석수와 입석 설비에 맞추어 정한 수의 합.

3) 차량의 성능, 운전

차량의 성능

인장특성 【引張特性, tractive characteristics】 동력차의 속도와 인장력과의 관계를 표시하는 특성.

견인정수 【牽引定數, hauling capacity】 동력차가 어떤 구간에 있어서, 속도종별에 맞추어 견인할 수 있는 능력을 환산 차량수로 표시한 것.

점착계수 【粘着係數, adhesive coefficient, adhesion coefficient】 레일 및 차륜 답면(wheel tread) 사이의 마찰 계수

동륜주 인장력 【動輪周引張力, tractive force at wheel rim】 동력차가 실제로 동륜주(動輪周)에서 내는 인장력.

인장봉 인장력 【引張棒引張力, draw-bar pull】 동력차의 연결기 부분에서 내는 인장력. 즉 동륜주 인장력에서 동력차 자체가 움직이는데 필요한 인장력을 뺀 힘.

실린더 인장력 【cylinder tractive force】 증기 기관차에서 실린더의 크기 및 증기압력으로부터 정해지는 인장력.

점착 인장력 【adhesive tractive force】 동력차에서 점착계수 및 점착중량으로부터 정

해지는 인장력.

보일러 인장력 【boiler tractive force】 증기 기관차에서 보일러의 최대 증발량에 의해 정해지는 인장력.

차량의 운전

열차저항 【列車抵抗, train resistance】 열차를 운행하는 경우, 그 진행에 대하여 발생하는 저항으로서 주행저항, 구배저항, 곡선저항, 가속저항, 출발저항, 터널저항 등이 포함된 저항.

주행저항 【走行抵抗, running resistance】 차량이 평탄한 직선 선로를 무풍 상태에서 등속도(等速度)로 주행하는 경우의 저항.

구배저항 【勾配抵抗, grade resistance】 차량이 선로의 구배방향에 따라 중력의 분력에 의하여 받는 저항.

곡선저항 【曲線抵抗, curve resistance】 차량이 평탄한 곡선 선로에 의하여 받는 저항.

가속저항 【加速抵抗, acceleration resistance】 차량이 가속하는 경우 관성(慣性)에 의한 저항.

출발저항 【出發抵抗, starting resistance】 열차가 출발하는 경우의 저항. 기동저항(起動抵抗)이라고도 한다.

터널저항 【tunnel resistance】 차량이 터널을 주행할 경우 받는 저항.

9.2 주행장치

1) 일반

주행장치 【走行裝置, running gear】 차체를 지지하는 장치로서, 차량의 주행을 직접 담당하는 부분의 총칭.

대차 【臺車, truck, bogie】 차륜, 축, 액슬박스, 대차 프레임, 스프링 장치, 기초 제동장치, 기타로 구성되어 주행에 직접 관련되는 것으로, 주로 차체에 대하여 회전할 수 있도록 되어 있는 것.

1축 대차 【single axle truck, two wheel truck】 1쌍의 윤축(輪軸, wheel-set, wheel and axle)을 갖는 대차의 총칭.

2축 대차 【two axle truck, four wheel truck】 2쌍의 윤축을 갖는 대차의 총칭.

3축 대차 【three axle truck, six wheel truck】 3쌍의 윤축을 갖는 대차의 총칭.

단대차 【單臺車, single truck】 2축 차에 사용되는 2축 대차.

연접대차 【連接臺車, articulated truck】 연접차의 연접부에 사용하는 대차. 연절(連節)대차, 관절(關節)대차라고도 한다.

앞 대차 【leading truck】 기관차의 동륜 또는 주(主)대차의 앞에 있는 대차.

주대차 【主臺車, main truck】 기관차의 동력대차.

종대차 【從臺車, trailing truck】 기관차의 동륜, 또는 주 대차의 뒤쪽 또는 이들 사이에 끼인 대차.

동력 대차 【動力臺車, driving truck】 동력차에 사용하는 대차 가운데 전동장치에 결합되어 원동기로부터 동력을 전달하는 장치.

부수 대차 【附隨臺車, trailing truck】 동력대차 이외의 대차. 다만, 기관차의 경우를 제외한다.

앞단 대차 【end truck】 3개 이상의 대차를 사용하는 차량에서, 양끝에 위치하는 대차.

중간 대차 【middle truck】 3개 이상의 대차를 사용하는 차량에서, 양끝에 위치하지 않는 대차.

능형 대차 【菱形臺車, arch bar truck, diamond truck】 마름모꼴 모양의 사이드 프레임(side frame) 등으로 구성된 대차.

2) 윤축

윤축 【輪軸, wheel–set, wheel and axle】 차륜과 차축을 조립한 것.

차륜 【wheel】 차량의 중량을 받으면서 차축을 중심으로 레일 위를 구르는 것.

일체압연 차륜 【一体壓延車輪, solid rolled wheel】 타이어와 내부차륜(內部車輪, 윤심)이 일체로 되어 있으며, 압연하여 제작된 차륜.

디스크 차륜 【disc wheel】 림(rim)과 보스(boss) 사이가 원판 모양으로 되어 있는 차륜. 판 차륜(板 車輪)이라고도 한다.

스포오크 차륜 【spoked wheel, spoke wheel】 림과 보스 사이를 스포오크(spoke)로 연결된 차륜.

박스형 차륜 【box wheel】 림과 보스 사이를 서로 떨어진 2장의 원판으로 연결된 차륜.

양 플랜지 부착 차륜 【double flange wheel】 답면(踏面)의 양측이 플랜지(flange)로 되어 있는 차륜. 분기점이 없는 레일 위를 달리는 차량에만 사용되며 답면(wheel tread)에 구배가 없다.

플랜지 없는 차륜 【flange-less wheel】 플랜지를 붙이지 않고, 특히 윤축이 횡 운동을 하지 않도록 되어 있는 차륜. 평(平)차륜이라고도 한다.

탄성 차륜 【彈性車輪, resilient wheel】 소음방지 및 진동방지를 목적으로 타이어에서 보스까지 사이에 고무 등의 탄성체를 삽입한 차륜.

타이어 【tyre, tire】 윤심(輪心)의 바깥 둘레에 가열 끼워 맞춤되어 있고, 레일 위를 굴러가는 링 모양의 것.

플랜지 【flange, wheel flange, tyre flange】 차륜이 레일 위를 회전하면서 진행하도록 유도하기 위하여 그 바깥 둘레에 연속하여 붙인 돌기(突起) 부분.

타이어의 기준 홈 【groove of base circle】 타이어 외측에 링(ring)모양으로 형성되어 있는 타이어 치수 측정을 위한 홈.

답면 【踏面, wheel tread】 레일에 접하는 차륜의 원통 모양의 마모되는 부분.

윤심 【輪心, wheel centre】 가열 끼워 맞춤으로 타이어와 결합되어 차륜을 구성하는 중심 부분.

멈춤 링 【retaining ring】 타이어의 탈출을 방지하기 위하여 타이어 안쪽에 끼워 박은 링.

독립차륜 【獨立車輪, independent wheel】 좌우의 차륜이 단독으로 회전할 수 있는 윤축.

차축 【車軸, axle】 차륜을 부착하는 축.

횡동 축 【橫動軸, lateral playing wheel】 차량의 곡선 통과를 용이하게 하기 위하여 대차 프레임 또는 언더프레임에 대하여, 특히 크게 횡운동할 수 있도록 한 윤축.

중공 차축 【中空車軸, hollow axles】 속이 비어 있는 차축.

칼러 【collar】 평축 베어링을 사용하는 차축 양끝의 확대 부분.

저널 【journal】 차축의 부담 하중을 받는 부분.

윤좌 【輪座, wheel seat, wheel fit】 차륜 또는 축심을 고정시키는 차축의 부분.

기어 시트 【gear seat】 차축의 전동용(傳動用) 대치차를 고정시키는 부분.

먼지 막이 시트 【dust guard seat】 저널의 안쪽에서 먼지 막이를 끼우는 부분

종륜 【從輪, trailing wheel】 동륜 이외의 차륜

동륜 【動輪, driving wheel】 동력을 전달하는 차륜

주동륜 【main driving wheel】 연결봉으로 다른 동륜을 구동(驅動)하는 동륜.

종동륜 【coupled driving wheel】 연결봉으로 주 동륜으로부터 구동되는 동륜. 연결동륜이라고도 한다.

평형추 【平衡錘, balance weight】 윤축의 불균형 힘의 크기를 적게 하기 위한 추.

장축 【長軸】 표준궤간에 적용할 수 있는 저널 중심거리를 갖고 있는 차축

단축 【短軸】 장축에 대응하여 사용하는 용어로서, 협궤에만 적용할 수 있는 저널 중심거리를 가지고 있는 차축.

종축 【trailing axle】 동축 이외의 차축.

동축 【driving axle】 동륜에 고정된 차축.

주동축 【main driving axle】 주 동륜에 고정된 차축.

크랭크 핀 【crank pin】 기관차의 동륜에 연결봉으로 동력을 전달하는 핀.

내면 거리 【back gauge】 윤축에 있어서 좌우 양 차륜의 내면의 거리.

차륜 지름 【車輪徑, wheel diameter】 차륜의 소정거리에 대하여 측정한 답면지름.

타이어 폭 【width of tyre】 타이어 너비.

타이어 두께 【thickness of tyre】 타이어의 두께.

플랜지 두께 【thickness of tyre flange】 차륜 지름 측정 점에서 소정 치수의 위치에서 차륜의 안쪽으로부터 측정한 플랜지의 두께.

플랜지 높이 【height of tyre flange】 차륜 지름 측정 점으로부터 측정한 플랜지 정상까지의 거리.

3) 액슬 박스 및 그 부속품

액슬 박스 【軸箱, axle box, journal box】 저널 부분의 베어링을 안에 담는 상자.

바깥 액슬 박스 【outside axle box】 차륜의 바깥쪽에 배치된 액슬 박스.

안쪽 액슬 박스 【inside axle box】 차륜의 안쪽에 배치된 액슬 박스.

롤러 베어링 박스 【roller bearing box】 롤러 베어링용의 액슬 박스.

베어링 메탈 【bearing metal, journal metal, bearing brass】 저널의 상반부에 걸쳐 있는

평 베어링.

저널 베어링 쐐기 【journal bearing wedge, journal box wedge】 능형 대차용 평 베어링의 액슬 박스 몸체 윗벽과 베어링 메탈과의 사이에 넣는 쐐기 모양의 것.

액슬 박스 몸체 【axle box body】 액슬 박스를 구성하는 몸체.

앞 뚜껑 【front cover, axle box lid】 액슬 박스의 차축 끝 쪽의 뚜껑.

작은 뚜껑 【peak lid】 앞 뚜껑에 부착되어 있는 뚜껑.

뒷 뚜껑 【back cover】 액슬 박스 뒷면의 뚜껑.

먼지막이 뚜껑 【dust guard cover】 액슬 박스의 먼지막이 부분을 보호하는 뚜껑.

슬링거 【slinger】 롤러 액슬 박스 안의 기름이 새어 나오지 않도록 차축의 먼지 막이 시트에 압입하여 끼운 링.

액슬 박스 기름받이 【oil keeper】 안쪽 액슬 박스의 경우에 액슬 박스 몸체의 밑에 끼우고 그 안에 기름에 담근 패드 등을 넣는 상자.

패드 【lubricating oil pad】 평 베어링의 베어링 면에 급유하기 위한 저널 밑면에 대는 방석 같은 것.

먼지막이 【dust guard】 액슬 박스 안에 끼워 넣어 먼지막이 시트에 접하여 먼지의 침입 및 기름누설을 방지하는 것.

액슬 박스 지지 장치 【axle box suspension】 액슬 박스의 위치를 유지하는 장치.

액슬 박스 가드 【axle box guard, pedestal】 언더프레임 및 대차 프레임에 설치된 액슬 박스의 안내.

액슬 박스 가드 슈 【horn block shoe】 액슬 박스 안내면에 부착한 블럭.

액슬 박스 가드 마찰판 【pedestal wear plate】 액슬 박스 가드 및 액슬 박스 가드 슈의 미끄럼면에 부착하는 마찰판.

액슬 박스 가드 스테이 【pedestal tie bar, horn stay】 앞뒤의 액슬 박스 가드를 연결하는 버팀.

액슬 박스 가드 쐐기 【horn block wedge】 액슬 박스 가드 슈의 미끄름면의 틈새를 조정하는 쐐기.

4) 대차의 주요 구조부

대차 틀 【truck frame, bogie frame】 대차를 형성하는 주요 구성 틀. 대차 프레임.

측면 틀 【side frame】 대차 틀을 구성하는 좌우 틀의 조합.

측면 빔 【side beam, side sill】 대차 틀을 구성하는 좌우의 빔.

가로 빔 【transom, cross beam】 대차 틀의 중앙부에 있으며 측면 빔 또는 측면 틀을 연결하는 가로 방향의 빔.

볼스터 【bolster】 차체 중량을 주로 받는 가로 빔.

끝단 빔 【end beam, end brace】 측면 틀 또는 측면 빔의 양끝을 연결하는 가로 방향의 빔.

측면 빔 스테이 【side frame tie bar】 앞뒤의 액슬박스 대를 연결하는 받침 봉.

평형 빔 【equalizing beam, equalizer】 몇 개의 액슬박스에 걸리는 하중 또는 스프링에 걸리는 하중을 평행시키기 위한 빔.

스윙 볼스터 【swing bolster】 대차 틀에 대하여 횡 운동이 가능하도록 지지되어 있는 가로 방향의 빔.

상향 스윙 볼스터 【upper swing bolster】 좌우의 볼스터 스프링 위에 걸쳐진 스윙 볼스터.

하향 스윙 볼스터 【lower swing bolster】 볼스터 스프링의 아래쪽에 있으며, 그 하중을 받고 있는 스윙 볼스터.

스프링 플랭크 【spring plank】 볼스터의 아래에 있으며, 볼스터 스프링을 지지하고 있는 가로 방향의 빔.

스윙 볼스터 행거 【swing bolster hanger, swing hanger】 상단을 대차 틀에 연결되고 하단에서 하향 스윙 볼스터를 달아매는 링크.

스윙 볼스터 연결봉 【swing bolster connecting rod】 상향 스윙 볼스터와 하향 스윙 볼스터를 가로 방향으로 연결하는 연결봉.

스윙 볼스터 가이드 【swing bolster guide】 스윙 볼스터를 앞뒤 방향으로 구속하는 안내구조.

스윙 볼스터 슈 【swing bolster shoe】 스윙 볼스터 가이드의 접촉면에 부착되는 마찰판.

측면 베어링 【side bearing】 대차의 좌우에서 차체의 하중을 받는 장치.

측면 베어링 마찰판 【side bearing wear plate】 대차의 측면 베어링의 미끄럼 면에 부착되는 마찰판.

센터 플레이트, 센터 피봇 【centre plate, centre pivot】 대차와 차체와의 결합부로서 대차의 회전 중심이 되며, 수직 하중 및 수평력 또는 수평력만을 전달하는 것.

상향 센터 플레이트 【upper centre plate, upper centre pivot】 위쪽에 부착되는 센터 플레이트.

하향 센터 플레이트 【lower centre plate, lower centre pivot】 아래쪽에 부착되는 센터 플레이트.

센터 플레이트 라이너 【centre pivot liner】 센터 플레이트 높이를 조정하기 위한 조정판.

센터 플레이트 마찰판 【centre pivot wearing plate】 위쪽 센터 플레이트와 아래쪽 센터 플레이트 사이의 미끄럼 면에 넣는 마찰판.

센터 플레이트 부시 【centre pivot bush】 센터 플레이트 원통부의 마모 부분에 끼우는 부시.

센터 핀 【centre pin, king bolt】 위쪽 센터 플레이트와 아래쪽 센터 플레이트를 관통하여 연결하는 핀.

5) 스프링 장치

스프링 장치 【spring rigging, spring gear】 차량 주행 중에 차륜이 레일로부터 받는 충격을 스프링으로 완화하는 장치.

축 스프링 장치 【axle spring gear, primary suspension gear】 액슬 박스와 대차 틀 사이의 충격을 완화하는 스프링 장치.

볼스터 스프링 장치 【secondary suspension gear】 대차로부터의 충격을 완화하는 대차 틀과 차체 사이의 스프링 장치.

스윙 볼스터 장치 【swing bolster device】 스윙 볼스터 등으로 되어 있으며, 가로 방향의 성능을 좋게 하기 위하여 대차에 설치된 장치.

베어링 스프링 【bearing spring, carriage spring】 차체를 지지하는 겹판 스프링.

스프링 행거 【spring hanger】 한쪽 끝을 베어링 스프링의 끝에 다른 쪽 끝을 차체 언더프레임 또는 스프링 장치의 평형 빔에 결합시켜 차량의 스프링 상향 질량을 스프링에 전달하는 링크 또는 봉.

스프링 행거 클립 【spring hanger bracket, scroll iron】 스프링 행거를 지지하는 받침쇠.

스프링 새들 【spring saddle】 봉대 틀을 걸쳐서 액슬박스 위에 놓여 베어링 스프링의 버클을 받는 쇠붙이.

스프링 행거 클립 【spring hanger clip】 베어링 스프링의 끝 부분과 스프링 행거와의 사이에 끼우는 산모양의 와셔(washer).

스프링 행거 코터 【spring hanger cotter】 스프링 행거의 끝 부근의 코터 구멍에 박아서 스프링 행거 클립을 고정하는 코터.

평행 빔 브래킷 【equalizer bracket, equalizer fulcrum】 기관차의 언더프레임에 부착되어 스프링 장치의 평형 빔의 중간을 핀으로 지지하는 쇠붙이.

2중 스프링 【load and empty elliptic spring】 타원 스프링을 주 스프링으로 하고, 그 안쪽에 겹판 스프링을 보조 스프링으로 조립한 것.

윙형 액슬 스프링 방식 【wing type axle spring system】 액슬박스의 양끝에 차축 스프링을 부착하는 방식

액슬 스프링 【axle spring, bearing spring】 액슬박스와 대차 틀 사이에 사용되는 스프링. 단, 평형 스프링을 제외한다.

볼스터 스프링 【bolster spring】 대차 틀과 차체 사이에 사용되는 스프링.

공기 스프링 【air spring】 압축 공기의 탄성을 이용한 스프링.

평형 스프링 【equalizer spring】 평형 빔 위에 있어서 차체의 중량을 지지하는 스프링.

공기 스프링 차압 밸브 【differential pressure valve】 하나의 대차에 부착된 좌우 공기 스프링의 압력차를 일정치 이하로 유지하도록 누르는 밸브.

6) 대차 보조 구조부

대차 복원 장치 【臺車復原裝置, truck controlling device】 차량이 대차 복원력을 발생하도록 대차에 설치된 장치.

볼스터 앵커 【bolster anchor】 스윙 볼스터와 차체 또는 대차틀 사이에 개재하여 전후 방향의 힘을 전달하는 막대 모양의 것.

자동 높이 조정 장치 【automatic level controlling device】 자동 높이 조정 밸브에 의하여 공기 스프링의 높이를 일정한 범위에 유지하는 장치.

자동 높이 조정 밸브 【leveling valve, automatic level controlling valve】 공기 스프링의 높이를 일정 범위로 유지하기 위해 스프링의 부하에 대응하여 공기압을 자동적으로 조정하는 밸브.

안티 롤링 장치 【anti-rolling device】 차량의 롤링 운동을 억제하는 장치.

배장기 【排障器, life guard, rail guard】 주행 중에 레일 위의 장애물을 치우는 장치.

보조 배장기 【補助排障器, auxiliary life guard, auxiliary rail guard】 배장기의 효과를 크게 하기 위하여 고무판 등으로 장애물을 궤도 밖으로 치우는 장치.

모래상자 【sand box】 모래를 넣어 두는 상자.

플랜지 도유기 【塗油器, flange lubricator】 회전하는 차륜의 플랜지에 적당량의 기름을 공급하는 것. 플랜지 급유기(給油器)라고도 한다.

7) 기초 제동장치

기초 제동장치 【基礎制動裝置, foundation brake rigging, foundation brake gear】 브레이크 실린더 등의 힘을 받아서 차량에 제동을 거는 장치.

브레이크 디스크 【brake disc】 디스크 브레이크용 윤축에 고정하는 마찰 원판.

브레이크 드럼 【brake drum】 밴드 브레이크에 사용하는 마찰 드럼.

제륜자 【制輪子, brake shoe, brake block】 브레이크 작동 면에 밀어 부치는 브레이크 편(片).

합성 제륜자 【合成制輪子, composition brake shoe】 합성수지를 주체로 하여 성형된 제륜자. 레진(resin) 제륜자라고도 한다.

브레이크 라이닝 【brake lining】 디스크용 브레이크 슈의 라이닝.

브레이크 헤드 【brake head】 제륜자를 지지하는 쇠붙이.

브레이크 슈 코터 【brake shoe cotter】 브레이크 슈를 브레이크 헤드에 고정하는 가로 쐐기.

브레이크 슈 행거 【brake shoe hanger】 브레이크 슈를 대차 틀 등에 달 아 매는 링크.

브레이크 레버 【brake lever】 기초 제동장치용 레버.

브레이크 슈 가감장치 【brake shoe adjusting device】 브레이크 슈와 브레이크 마찰 면과의 평형도를 유지하는 장치.

브레이크 빔 【brake beam】 좌우의 브레이크 슈 또는 브레이크 레버를 연결하는 빔.

브레이크 봉 【braking rod】 제동력을 전달하기 위한 봉.

브레이크 축 【制動軸, braking shaft】 토크에 의하여 제동력을 전달하는 축.

8) 기타

센터 플레이트 하중 【centre plate load】 센터 플레이트에 가해지는 수직하중.

측면 베어링 하중 【side bearing load】 측면 베어링에 가해지는 수직하중.

차축 부담 하중 【車軸負擔荷重, axle loading capacity】 차축의 저널부에 가해지는 수직하중.

축중 이동 【軸重移動, axle-weight transfer】 가속주행 또는 제동에 따르는 전후의 축 무게의 증감.

활주 【滑走, skid】 제동 시에 제동력이 차량의 점착력보다 클 때에 생기는 차륜과 레일과의 사이의 미끄럼.

공전 【空轉, slip】 출발 시나 가속 시 등에서 인장력이 차량의 점착력보다 클 때에 생기는 차륜과 레일과의 사이의 미끄럼.

휠 플랫 【wheel flat】 활주에 의해 답면이 평면모양으로 되는 마모현상.

타이어 이완 【loosing of tyre】 타이어 죔 힘의 이완.

플랜지 직립 마모 【vertical wear of tyre flange】 차륜 플랜지의 수직상의 마모.

플랜지 담금질 【flange quenching】 답면으로부터 플랜지 기슭에 걸치는 담금질.

답면 담금질 【rim quenching】 차륜 답면의 담금질.

윤축의 가로 이동 【lateral play of wheel and axle】 대차 틀에 대한 윤축의 가로 변위.

대차의 가로 이동 【lateral play of truck】 차체에 대한 대차 틀의 가로 변위.

대차 복원력 【臺車復原力, truck controlling force】 차체에 대하여 편심을 일으킨 대차를 본래의 위치로 되돌리는 힘. 대차 복심력(臺車復心力)이라고도 한다.

인장력 전달 높이 【height of tractive-effort transmission】 차체와 대차와의 사이에 작용하는 앞뒤 방향의 착력점인 레일 면 위의 유효 높이.

9.3 동력장치

1) 일반

동력장치 【動力裝置, power plant and transmission】 차량의 주행을 직접 담당하는 원동기, 그 부속장치 및 전동장치의 총칭.

전동장치 【傳動裝置, transmission gear】 원동기의 출력을 동축(動軸)에 전달하는 장치.

구동장치 【驅動裝置, driving gear】 동력을 기계적으로 동축에 전달하는 장치.

변속장치 【變速裝置, speed change gear】 단계적 또는 연속적으로 속도 비를 바꾸어 주는 장치.

2) 내연차

전동장치

전기식 전동장치 【電氣式電動裝置, electrical transmission gear】 주 발전기, 주 전동기 등에 의한 전동장치.

기계식 전동장치 【機械式電動裝置, mechanical transmission gear】 치차 등에 의한 전동장치.

액체식 전동장치 【液體式, hydraulic transmission gear】 토크 컨버터, 유압 펌프 등의 액체를 매개로 한 전동장치.

유체 변속기 【流體變速機, hydraulic converter】 토크 컨버터, 유체 커플링 또는 그의 한 쪽과 치차 등으로 구성되어 토크를 변환하는 기계.

토크 컨버터 【hydraulic torque converter】 유체 회로에 펌프 깃, 터빈 깃(vane) 및 안내 깃을 가지고, 토크를 변환하여 동력을 전달하는 기계.

유체 커플링 【fluid coupling, hydraulic coupling】 유체 회로에 펌프 깃 및 터빈 깃을 가지고, 토크를 변환하지 않은 채 동력을 전달하는 기계.

충배유식 【充排油式, filling and empty type】 토크 컨버터 또는 유체 커플링 속의 액체를 충전 또는 배출하여 동력을 전달·차단하는 방식.

클러치 점 【clutch point】 토크 컨버터에서 입력 토크와 출력 토크의 비가 1이 되는 점.

직결 【直結, direct drive position】 변속장치에서 입력축과 출력축이 직접 연결되어 있는 상태.

변속 【變速, converter drive position】 변속장치에서 입력축과 출력축 사이에 개재된 토크 컨버터가 작동하고 있는 상태.

중립 【中立, neutral position】 변속장치에서 입력축과 출력축 사이에서 전동을 중단하고 있는 상태.

속도비 【速度比, velocity ratio】 변속장치, 유체 변속기 등에서 출력축 회전속도와 입력축 회전속도의 비.

감속비 【減速比, reduction gear ratio】 감속기 등에서 출력축 회전속도와 입력축 회전속도의 비.

정회전 【正回轉, normal rotation】 역전기구인 역전치차를 거치지 않고, 동력을 전달하는 경우의 회전방향.

역전 【逆轉, reverse rotation】 역전기구인 역전치차를 거쳐 동력을 전달하는 경우의 회전방향.

슬립율 【slip ratio】 유체 커플링에서, 입력축 회전속도로부터 출력축 회전속도를 뺀 것과 입력축 회전속도와의 비.

스톨 【stall】 토크 컨버터의 출력축을 정지시키고, 입력축을 회전시키고 있는 상태.

드래그 토크 【drag torque】 유체 커플링에서 슬립율 100% 경우의 입력축 토크.

킥 다운 【kick down】 유체 변속기의 직결로부터 변속으로의 전환점을 고속도비의 영역으로 변화시켜 높은 토크를 얻는 방법.

역전기 【逆轉機, reversing gear】 주로 차량의 전·후진을 변환시키는 치차장치.

보조 물림 장치 【auxiliary meshing device】 역전 치차 기구의 물림을 신속 확실하게 하기 위하여, 역전 클러치의 위상을 지체시키는 장치.

추진축 【推進軸,propeller shaft】 동륜을 구동시키기 위하여 동력을 전달하는 회전축.

원동기(原動機)

주 발전기 【main generator】 전기식 내연차에서 구동용 전력의 발생을 주목적으로 하는 발전기.

3) 전기차

구동장치

전동기 차체장가 구동장치 【driving device with body mounted motor】 주 전동기를 차체에 부착한 구동장치.

전동기 대차장가 구동장치 【driving device with bogie mounted motor】 주 전동기를 대차에 부착한 구동장치.

1전동기 다축 구동장치 【mono-motor driving device, mono-motor bogie system】 1개의 주전동기를 1대차에 부착한 2개 내지 3개의 동축에 대한 구동장치.

현수식 지지장치 【懸垂式支持裝置, nose suspension device】 주전동기의 일부를 차축에,

나머지 부분을 대차틀에 부착한 지지장치.

완충현수식 지지장치 【緩衝懸垂式支持裝置, flexible nose suspension device】 차축 측에도 완충장치를 설치하여, 사실상 주전동기를 스프링 위에 부착한 현수식 지지장치.

퀼 구동장치 【quill driving device】 동축을 포위하는 퀼(quill)에 대치차를 부착하고, 유연성을 가진 구동장치.

카르단 축 구동장치 【cardan driving device】 주전동기 및 차축 사이에 카르단축을 사용하여 유연성을 가진 구동장치.

직각 카르단 축 구동장치 【right angle cardan driving device】 차축에 대하여 주전동기 축을 직각으로 배치한 카르단 축 구동장치.

평행 카르단 축 구동장치 【parallel cardan driving device】 차축에 대하여 주전동기 축을 평행하게 배치한 카르단 축 구동장치.

중공 축 평행 카르단 구동장치 【hollow shaft parallel cardan driving device】 중공(中空)의 주발전기 축 속에 비틈축을 관통시킨 평행 카르단 구동장치.

치차형 굽힘 커플링 평행 카르단 구동장치 【cardan driving device with flexible gear coupling】 치차형의 유연한 커플링을 사용한 평행 카르단 구동장치.

퀼 【quill】 차축과의 상대 변위를 허용하여 대치차(大齒車)를 붙인 중공축.

카르단 축 【cardan shaft】 굽힘 커플링 또는 유니버설 조인트를 가진 축.

치차 상자 지지장치 【gear case suspension device】 치차 상자의 무게 및 토크의 반력을 지지하는 장치.

원동기

주 전동기 【主電動機, traction motor, main motor】 동륜을 구동하여 차량을 주행시키는 전동기.

주 변압기 【主變壓器, main transformer】 교류 전기차에서, 전차선(catenary) 전압을 강압하여 주 전동기에 공급하는 것을 주목적으로 하는 변압기.

주 정류기 【主整流器, main rectifier】 교류 전기차에서 구동용의 직류전력을 얻는 것을 주목적으로 하는 정류기.

실리콘 주 정류기 【silicon main rectifier】 실리콘 정류소자를 사용한 주 정류기.

실리콘제어 주 정류기 【silicon controlled main rectifier】 실리콘제어 정류소자(thyristor)를 사용한 주 정류기.

9.4 차체분야

1) 공 통

일 반

차체 【車體, car body, body of a car】 주행장치에 지지되어 여객, 하물, 화물, 승무원, 운전용 기기 등을 적재하는 차량 부분의 총칭.

용 도

객실 【客室, passenger room】 여객차에서 여객용의 좌석, 입석 또는 침대를 설비한 칸.

구분실 【區分室, compartment】 객실의 일부를 수 개의 칸막이를 하여 만든 칸 또는 구획.

구분 침실 【區分寢室, compartment bedroom】 일인용 또는 다수인용인 침대 등을 설비한 구분실.

일인용 침실 【一人用寢室, roomette】 일인용의 구분 침실.

개방 침실 【開放寢室, open section in sleeping car】 통로 양쪽에 침대를 길이 방향으로 배치한 침실.

흡연실 【吸煙室, smoking room】 침실 등에 부속되어, 여객이 항상 흡연할 수 있도록 한 칸 또는 구획.

휴게실 【休憩室, resting room】 식당, 침실 등에 부속되어 여객이 휴식하는 칸 또는 구획.

갱의실 【更依室, dressing room】 침대차에서 여객이 옷을 갈아입을 수 있도록 마련된 칸 또는 구획.

전망실 【展望室, observation room】 열차의 앞쪽, 뒤쪽 또는 2층식 여객차의 위층을 이용하여 창을 크게 내는 등 여객이 밖을 내다보기에 알맞은 구조로 한 객실.

식당 【食堂, dining room】 식당차 또는 그의 겸용차로서 여객이 식사를 하는 칸.

부페 【buffet】 간식 및 음료수를 여객에게 제공하는 설비를 갖춘 칸. 다만, 일반적으로 요리하는 부분과 음식물을 제공하는 부분사이에 완전한 칸막이를 하지 않는다.

요리실 【料理室, kitchen】 식당차 또는 그의 겸용차로서 요리 설비를 설치한 칸. 조리실이라고도 한다.

변소 【便所, lavatory】 용변을 위하여 설비된 칸.

화장실 【化粧室, toilet】 세면 및 화장을 위하여 설비된 칸 또는 구획.

우편실 【郵便室, mail room】 우편차 또는 그의 겸용차로서 우편물 주머니를 적재하며, 또 그 속의 우편물을 구분하는 설비가 있는 칸. 또한, 우편물 주머니를 적재하는 부분과 우편물을 구분하는 부분이 별실로 되어 있는 경우에는 각각 우편물 주머니실 및 우편물 구분실이라 한다.

하물실 【荷物室, baggage room】 하물차 또는 그의 겸용차로서 수하물 및 소하물을 적재하는 칸.

하물 보관실 【baggage shelves】 여객차로서 여객의 소지품을 보관하는 칸 또는 구획.

하치실 【荷置室, storage】 여객차에서 침대용품, 식당용품 등의 업무용품을 두는 칸 또는 구획.

화물실 【貨物室, freight room】 완급차(緩急車)에서 화물을 적재하는 칸.

승무원실 【乘務員室, crew's room】 여객차에서 승무원이 전용하는 칸의 총칭.

운전실 【運轉室, cab, driver's cab】 동력차 및 제어차로서 운전 조작을 하기 위하여 설비된 칸 또는 구획. 또한, 제설차의 경우 제설장치의 조작, 하역차의 경우 크레인의 조작 등을 위하여 설비된 칸 또는 구획을 포함한다.

차장실 【車掌室, guard's room, conductor's room】 차장이 전용으로 하는 칸.

기기실 【機器室, equipment room】 운전실 이외에 기기류를 설비한 칸. 기계실이라고도 한다.

통로 【通路, passage】 여객 또는 승무원이 차내를 통행하기 위한 부분.

복도 【回廊, corridor】 통로 가운데 부분으로 양측이 측구조, 칸막이 등으로 벽 모양으로 되어 있는 부분. 또한 한 쪽이 측면으로 되어 있는 경우에는 측복도라 한다.

출입대 【出入臺, vestibule, platform】 여객 또는 승무원이 차내로 드나드는 출입구로서 칸막이 또는 바깥 칸막이(차량 끝단 프레임)로 된 부분.

구 조

구체 【構体, car body, car body structure】 차체를 구성하고 있는 주요 구조 부분.

구체골조 【構體骨組, body framing】 구체를 구성하는 주요 골조. 다만, 언더프레임 과 외판은 포함되지 않는다.

내부 구체 【內部構體, inside body】 냉장고 등의 구조체로서 내장 판을 붙이는 골조와 외장 판을 붙이는 골조가 독립되어 구성되는 경우 전자를 가리킨다.

외피보강 구조 【外皮補强構造, skin-stressed sheet metal body construction, monocoque construction】 차체의 강도를 구체가 일체로 되어 부담하며, 외곽이 강도 및 강성을 갖는 구조.

측면개방 구조 【側面開放構造, full opened side door construction】 측면의 전부를 개구부로 한 구조.

2) 차체 언더프레임

차체 프레임 【underframe】 일반적으로 센터 실(centre sill), 사이드 실(side sill), 볼스터(bolster), 엔드 실(end sill), 크로스 빔(cross beam) 등으로 구성되어 차체의 기본이 되는 골조.

어복형 언더프레임 【fish-belly underframe】 센터 실 또는 사이드 실의 중앙부 밑변을 크고, 또한 강하게 한 언더프레임.

센터 실 【centre sill】 언더프레임의 중앙에서 길이 방향으로 배치된 부재.

사이드 실 【side sill】 일반적으로 받침틀(언더프레임)의 좌우 외측 면에서 길이 방향으로 지른 부재. 다만, 차체 구조에 따라 외측 면 보다 안쪽에 배치된 경우도 있다.

엔드 빔 【end beam】 받침틀의 앞끝, 뒤끝을 형성하는 가로 방향으로 배치된 부재.

볼스터 【body bolster, bolster】 보기차의 언더프레임으로서 대차 중심 위에 있는 가로 방향의 큰 부재.

센터 필러 【center filler】 볼스터의 일부로서 센터 실이 걸쳐지고, 특히 센터 피봇 설치부분으로서 별도로 설치된 부재.

크로스 빔 【cross beam】 엔드 실, 볼스터 및 센터 필러를 제외한 언더프레임의 가로 방향의 부재.

로켓 레일 브래킷 【rocket rail bracket】 로켓 레일과 사이드 실을 잇는 가로 방향의 부재.

스티프너 【stiffener】 부재의 부분적인 변형, 파괴 등을 방지하기 위하여 끼워 넣은 보조적인 부재.

붙임판 【patch, plate, stiffening plate】 접속 또는 보강을 위하여 빔의 아래 위 등에 붙이는 판.

웹 플레이트 【web plate】 용접 조립의 홈 모양, I 모양, 상자 모양 등의 빔의 상판, 하판을 연결하는 종방향 부재.

거셋 플레이트 【gusset plate】 서로 각도를 이룬 부재의 결합부분을 보강하기 위하여 양쪽 부재에 걸쳐진 판.

인장 상자 【引張箱, drawgear housing】 연결기에 완충 장치를 장치하기 위하여 언더프레임 하부에 설치된 부재.

차체 볼스터 앵커 브래킷 【bolster anchor bracket of a body】 대차의 견인력을 차체에 전달하기 위하여 차체로부터 하부에 돌출된 부재.

데크 플레이트 【steel deck】 바닥판(床板) 등에 사용되는 받침대 모양으로 성형한 판. 일반적으로 키스톤 플레이트(keystone plate)라고 한다.

맞부딪힘 대 【anti-climber】 차량이 충돌했을 경우, 올라타 파고 들어오는 것을 막기 위해 엔드 빔에 설치된 바(bar) 또는 빔.

잭킹 패드 【jacking pads】 차체를 들어올릴 경우 재크(jack)를 걸기 위하여 설치한 부재.

대차 걸림새 【truck hanger】 대차를 차체와 동시에 끌어올리기 위하여 언더프레임에 조립된 와이어로프를 거는 쇠붙이.

3) 측면 및 끝면

측면 【side】 차체의 외부로서 일반적으로 지붕과 바닥을 결합하여 주고 차체의 길이 방향을 구성하는 구분.

끝면 【end】 차체의 외부로서 일반적으로 지붕과 바닥을 결합하여 주고, 차체의 양끝을 구성하는 부분. 또한, 출입대가 있는 것에서는 출입대와 객실과의 구획을 내측 끝면부라 하고 차끝 끝면부를 바깥 끝면이라 한다.

칸막이 【partition】 차체의 내부를 구분하는 경우, 그의 경계가 되는 부분.

측구조 【side framing, side construction】 차체의 측면 구조.

끝단 구조 【end framing, end construction】 차체의 끝단 구조.

칸막이 구조 【partition framing, partition construction】 차체의 칸막이 구조.

록커 레일 【rock rail】 차체의 구조에 따라, 측구조의 최하부에 길이 방향으로 걸쳐서 기둥을 지지하는 부재.

엔드 레일 【end rail】 차체의 구조에 따라 끝구조의 최하부를 가로 방향으로 걸쳐서 기둥을 지지하는 부재.

기둥 【post】 구체의 중요한 수직 부재.

구석 기둥 【corner post】 일반적으로 구체의 구석에 설치된 기둥.

측면 기둥 【side post】 구석 기둥을 제외한 측면 구조를 구성하는 기둥.

끝단 기둥 【end post】 구석 기둥을 제외한 끝단 구조를 구성하는 기둥.

입구 기둥 【door post】 구체로서 출입구를 구성하는 기둥.

도어 포켓 기둥 【door pocket post】 입구 기둥 가운데 문이 설치되도록 배치한 기둥.

도어 정지 기둥 【door stop post】 문을 더 이상 열리지 못하게 막아주는 기둥.

도어 끝단 기둥 【door end post】 도어 포켓 기둥의 가장 안쪽 기둥.

칸막이 기둥 【partition post】 칸막이를 구성하는 기둥.

캔트 레일 【cant rail, side plate】 측구조의 가장 윗부분을 해당하는 구조. 지붕구조와 측 구조를 연결해 주는 부재.

옆 도리 【side longitudinal member】 창틀, 측 구조 기둥 사이를 이은 수평 부재

끝 도리 【end plate】 끝단 구조를 구성하는 골조 가운데 구석 기둥의 상부에 걸친 부재.

칸막이 도리 【partition plate】 칸막이 구조를 구성하는 골조의 상부를 칸막이의 온 길이에 걸쳐서 배치된 부재.

퍼링 【furring】 기둥 사이 또는 이에 준하는 골조를 가로 또는 세로 방향으로 이은 부재.

윈도우 헤더 【window header】 측구조의 골조 가운데 창의 아래 부분을 지나는 수평 부재.

벨트 레일 【belt rail】 측구조의 골조 가운데 창의 아래 부를 지나는 수평 부재.

외판 【外板, outside plate, outside sheet, outside sheathing】 차체의 외부에 붙인 금속판.

측면 판 【side plate, side sheet, side sheathing】 측 구조에 붙인 판.

끝판 【end plate, end sheet, end sheathing】 끝 구조에 붙인 판.

가로 판 【frieze board】 캔트레일과 윈도우헤더 사이에 붙인 판.

아래 창틀 【wainscot panel, wainscot sheathing】 벨트레일에서 하부에 붙여진 판.

칸막이 판 【partition panel】 칸막이를 구성하는 판.

내장 판 【inside panel, wainscoting】 내장 또는 보온 등을 위하여 천장 및 바닥 이외의 차체 내부에 붙인 판.

굴곡 판자【corrugated plate】 주로 외판 등에 사용되는 굴곡모양으로 성형된 판.

아래 받침판【skirting】 내장 판 밑에 별도로 붙인 판.

기둥 커버【post moulding, post cover】 차체의 내부에 붙인 기둥 커버.

도어 헤더【door header, door lintel】 입구 또는 이에 준하는 곳의 상부의 부재.

창문 벽【pier panel】 위아래를 윈도우헤더 및 벨트레일로 경계를 지은 창 사이와 그리고 창 및 구석 기둥의 사이 또는 이들에 준하는 부분.

측면 입구【側面入口, side entrance】 측면에 마련된 입구.

끝단 입구【end entrance, vestibule end entrance】 끝단에 마련된 입구.

통로【通路, gangway】 차량을 연결한 경우 여객 또는 승무원이 다음 차량으로 건너가기 위한 통로.

비상구【非常口, emergency way out】 차량 화재 등 비상시에만 사용하는 여객의 탈출을 위한 개구부(開口部).

덧붙이 나무【nailing strip, furring strip】 기둥 또는 이에 준하는 골조에 덧붙인 나무.

4) 지붕

지붕【roof】 측구조 및 끝구조로 지지되어 차체의 상부를 구성하는 부분.

원형 지붕【arched roof】 외형이 아치형으로 된 지붕.

각형 지붕【tapered roof】 측면을 향하여 구배를 가진 지붕.

모니터형 지붕【monitior top】 지붕의 중심부가 일정한 폭으로 되어 있으면서 돌기 형으로 된 2단식 지붕.

착탈 지붕【removable roof】 떼어낼 수 있도록 만든 지붕.

개폐 지붕【movable roof】 개폐할 수 있도록 한 지붕.

지붕 구조【roof framing, roof construction】 지붕의 구조.

카라인【carline】 양측면의 캔트레일(cant rail) 사이 또는 이에 준하는 부분을 이어서 지붕을 구성하는 부재.

퍼라인【purline】 지붕구조를 구성하는 골조 가운데 카라인(carline) 부재를 차체의 길이 방향으로 이은 부재.

아치 레일【arch rail】 여객차의 칸막이 또는 끝단을 구성하는 골조 가운데 양측의 캔트레일 사이를 아치 모양으로 이은 부재.

오름 도리 【end hood bow】 지붕의 골조 가운데 안쪽 끝단의 아치 도리와 바깥 끝단의 아치, 도리 사이 또는 끝단도리와 서까래 사이를 이은 활모양의 부재.

지붕 판 【roof sheets, roof sheathing, roof board】 지붕의 윗면을 붙인 판.

지붕 덮개포 【roof sheet】 지붕 판의 외면에 붙인 천.

절연 지붕 덮개포 【electric insulated roof sheet】 주로 전기 절연을 위하여 붙인 지붕 덮개포.

천장 【ceiling】 주로 지붕의 내부 또는 아랫면.

천장 판 【ceiling board, head lining】 천장의 하면에 붙인 판.

루프 패널 【roof panel】 끝단 구조 또는 칸막이 구조의 상부에 있는 반달 모양의 내장판.

빗물받이 【rain gutter, gutter】 지붕의 빗물이 측면 및 끝 면으로 흘러내려가지 않도록 받는 홈 모양의 부재.

5) 바닥

바닥 【floor】 언더프레임의 상부에 설치되어 여객, 하물, 화물 등을 직접 적재하는 한 층 또는 몇 층으로 된 부분.

방진 바닥 【floating floor】 여객차에서 고무 또는 발포제 등을 사용하여 방음, 방진을 위하여 상하 방향으로 탄성을 갖게 한 바닥.

바닥 구조 【floor framing, floor construction】 언더프레임 및 바닥의 구조. 상구조(床構造) 라고도 한다.

바닥 받침 【floor beam, stringer, joist】 여객차 및 화물차에서 바닥을 지지하여 바닥 위의 하중을 언더프레임에 전달하는 부재.

바닥 판 【floor board, floor plate】 바닥을 구성하는 나무판, 합판, 금속판 등의 판재.

바닥 마무리 재 【floor covering】 여객차에서 바닥의 표면 다듬질에 사용하는 재료.

문지방 【threshold, door sill】 출입구 또는 이에 준하는 부분의 하부 부재.

물빼기 구멍 【drain hole】 바닥 등의 물을 빼기 위하여 마련하여 만든 구멍.

하물 보호나무 【rack bar】 수하물, 소하물 등 하물을 보호함과 동시에 취급을 편리하게 하고, 또한 차체의 내부를 보호하기 위하여 바닥, 내장판 등에 붙인 나무.

6) 창 및 문

창 【window】 차내의 채광, 환기 및 차내로부터 외부의 관찰, 전망을 위하여 설치한 개구부.

옆 창 【side window】 측 구조에 설치된 창.

끝 창 【end window】 끝단에 설치된 창.

앞 창 【front window】 운전실 등의 전면에 설치된 창.

뒤 창 【back window】 주로 후부를 관찰하기 위하여 운전실의 뒷면에 설치된 창.

올려닫이 창 【raising window】 창문을 올려서 여는 창.

내려닫이 창 【drop window】 창문을 내려서 여는 창.

미닫이 창 【sliding window】 창문을 옆 방향으로 밀어서 개폐하는 창.

고정 창 【fixed window】 유리 등을 고정하여 개폐할 수 없는 창.

천장 창 【skylight】 지붕에 설치된 창.

채광 창 【採光窓, skylight】 주로 채광을 위하여 설치된 창.

통풍 창 【通風窓, ventilating window】 환기용 또는 냉각용 등의 공기의 취입 또는 배출을 위하여 설치된 창.

차일 창 【遮日窓, blind window】 빗물이 흘러 들어오는 것을 방지하기 위하여 깃판(vane)을 설치한 통풍창.

유닛 창 【unit assembled window】 창문, 창문 걸이봉 등을 미리 창틀 속에 조립하여 설치한 창.

창문 【窓門, sash-window】 창에 설치하여 개폐할 수 있는 것.

유리 창문 【glass window, sash】 유리를 끼운 창문.

차일 창문 【blind】 차광, 통풍을 위하여 깃판(vane)을 설치한 창문.

망 창문 【網窓門, window screen】 매연 등을 방지하기 위하여 망을 설치한 창문.

창문 걸쇠 【sash-lock, window lock】 창문을 걸고 또한 개폐 도중에 받치기 위한 쇠고리.

창 멈추개 【sash lock rack, sash stop bar】 창문 쇠고리를 받치기 위하여 받침 구멍 또는 턱을 만든 창문의 안내 쇠붙이.

창 쇠시리 【parting bead, parting strip】 창문을 개폐하기 위한 안내.

손잡이 【sash lift】 창문을 손으로 개폐할 경우 손잡이 부분. 다만, 쇠고리(lock)는 포함하지 않는다.

창 평형기 【sash balancer】 창문의 개폐를 가볍게 하기 위하여 스프링 등을 사용하여 창문의 질량에 평형을 주는 장치.

창문받이 고무 【sash–window cushion rubber】 창문을 개폐할 경우 완충을 위하여 사용하는 고무.

창 커튼 【window curtain, window shade】 차광(遮光)을 위하여 창에 설치된 커튼.

창 보호봉 【window guards】 창에 부착한 보호봉.

창 문지방 【window sill】 창의 밑 부분의 부재.

챙 【eaves】 물받이 등을 위하여 창의 윗부분에 설치한 돌출부.

문 【door】 출입구 등에 설치하여 개폐하는 문의 총칭.

미닫이 문 【sliding door】 옆으로 끌어서 개폐하는 문.

쌍미닫이 문 【double sliding door】 서로 반대 방향으로 개폐되는 두짝 미닫이 문.

두짝 미닫이 【double sliding door】 같은 방향으로 개폐되는 두짝 미닫이 문.

경첩 문 【hinged door】 경첩 등으로 문의 한 끝을 개폐하는 문.

접개 문 【folding door】 경첩 등으로 복수로 접어서 개폐되는 문.

바깥걸이 문 【outside suspended door, outside hanging door】 문틀을 설치하지 않고 차체의 외부에 매단 미닫이 문.

비상 문짝 【emergency door】 비상구에 설치된 문짝.

도어 포켓 【door pocket, door guards】 창문, 미닫이 문 등을 사용한 경우 그것이 왕래되는 공간.

셔터 【shutter】 많은 깃을 이어서 유연성을 갖게 한 창.

사이드 드롭 도어 【side drop door, side dump door】 화차의 측면 또는 그의 일부를 형성하고 아래 끝에 경첩을 달아 아래쪽으로 여는 문.

밑 열이 문 【bottom operated door】 호퍼(hopper)화차 등의 아래 부분을 열어서 적재물을 떨어뜨리기 위한 문.

문틀 【door frame】 문을 구성하는 골조.

문틀 판 【door panel】 문의 골조에 설치하여 그의 표면을 구성하는 판.

문 롤러 【door sheave, door roller】 미닫이문의 개폐를 쉽게 하기 위하여 문의 무게를 지탱하고 또한 안내하여 활주하는 롤러.

미닫이문 누르기 롤러 【anti-rattling roller】 미닫이문의 진동을 방지하기 위하여 문을 밀어대는 롤러.

미닫이문 레일 【door track】 미닫이문을 개폐하기 위하여 안내하는 레일.

문 앞끝 【door end】 문의 앞 끝.

문 뒤끝 【door end】 미닫이 뒤끝 또는 경첩문의 경첩 부분.

문받이 【door stop】 미닫이문의 문 끝 또는 경첩 문을 받는 부분.

문 앞끝 고무 【door stop rubber】 미닫이문의 문 앞 끝에 붙인 고무.

문받이 고무 【door stop cushion rubber】 문을 개폐하는 경우 그의 충격을 완충하기 위하여 문받이 문 뒤끝 기둥 등에 붙인 고무.

받침 고무 【weather strip rubber】 기밀(氣密) 및 수밀(水密)을 위하여 창문 또는 문에 부가하여 붙인 고무.

유리 끼우기 고무 【glazing rubber】 유리 등을 고정하기 위하여 사용하는 성형 고무.

사이드 덤프 도어 스토퍼 【side dump door stopper】 사이드 드롭 도어를 열 때 그의 충격을 완화하기 위하여 붙인 스프링.

미닫이문 걸쇠 【sliding door latch】 개폐 손잡이와 연동하여 미닫이문을 폐쇄하여 두는 걸쇠.

경첩문 걸쇠 【hinged door latch】 개폐 손잡이와 연동하여 경첩문을 폐쇄하여 두는 걸쇠.

빗장 걸쇠 【lock bolt】 창호, 문 등을 폐쇄하기 위하여 끼워서 잠그는 걸쇠.

은폐 걸쇠 【night lock】 열쇠를 사용하여 창호, 문 등을 폐쇄하는 걸쇠.

자물쇠 【latch】 문을 폐쇄하기 위하여 사용하는 회전식의 쇠붙이.

경첩문 정지구 【hinged door holder stop】 경첩 문을 연 상태로 유지하여 두는 쇠붙이.

미닫이문 정지구 【sliding door holder stop】 미닫이문을 연 상태로 유지하여 두는 쇠붙이.

미닫이문 반개 정지구 【sliding door holder, bull bar】 주로 화차에서 미닫이문을 절반 연 상태로 유지하여 두는 쇠붙이.

7) 기타

누름 널판지 【batten】 천장판, 내장판 등의 이음매가 보이지 않도록 하기 위하여 대는 목제, 금속제 등의 판대기.

바닥누름 널판지 【batten for floor】 바닥과 벽의 이음매를 보이지 않도록 대는 목제, 금속제 등의 판대기.

물받이 【eaves, drip】 창 또는 출입구의 상부, 경첩문의 하부 등에 설치하여 빗물이 내부로 흘러 들어오는 것을 방지하는 것.

발판 【footstep】 차량에 타고 내리기 위하여 바닥면보다 낮게 한 부분.

발받이 판 【footstep riser, kick board】 발판 또는 의자 하부 등에 발끝이 닿는 부분에 설치한 판.

문지방 판 【threadhold plate】 입구의 바닥편에 통로에 대하여 직각으로 놓은 판.

발디딤 판 【step tread】 발판에서 발을 올려 놓는 부분.

보행판 【running board】 차량의 지붕 위, 기관차 실내의 통로, 탱크차의 측면 등에 설치한 보행용 판.

가교판 【apron】 관통로(貫通路)에 설치한 보행용 판.

건넘판 【gangway footplate】 가교 판으로 지지하여 건너기 쉽게 한 보행용의 판.

밑바닥 덮개 【apron, skirt】 기관차 및 여객차 바닥 밑의 기기를 보호하거나 모양을 갖추기 위하여 앞부분 또는 측면을 따라 언더프레임의 하부에 설치한 덮개.

손걸이 【hand holder】 지붕 등으로 올라가기 위하여 손발을 거는 쇠붙이.

발걸이 【footstep, footrest】 차체의 외부, 의자 앞 등에 설치하여 발을 올려놓는 쇠붙이.

망걸이 【rope fastener】 차량을 이동할 경우 또는 화물차에서 하물을 고정할 경우 망을 거는 쇠붙이.

등걸이 【light holder】 표지 등을 거는 쇠붙이.

손잡이 막대 【hand holder, commode handle】 몸을 지지하기 위하여 잡는 막대.

손잡이 난간 【hand rail】 몸을 지지하기 위하여 통로에 설치한 봉으로 된 손잡이 보호봉(guard). 사람 또는 유리 등을 보호하기 위한 막대.

통풍구 【vent hole】 환기용 또는 냉각용 등으로 공기를 취입 또는 배출하는 구멍.

닥트 【air duct】 환기용 또는 냉각용 등 공기를 유도하기 위한 것.

굴절 덕트 【flexible air duct】 상대 위치에서 움직일 수 있는 2개의 기기 또는 닥트 사이를 연결하여 신축, 굴곡(屈曲)되는 닥트.

단열재 【斷熱材, heat insulating material】 차량의 천장, 측면, 끝 면, 바닥 등에 사용하

는 열 절연재(絶緣材).

방열판 【放熱板, heat insulating board】 기기 등으로부터의 열전달을 방지하기 위하여 붙인 석면 또는 강판제 등으로 된 판자. 차열판(遮熱板)이라고도 한다.

9.5 제동장치

1) 공통

제동장치 【制動裝置, brake equipment】 차량을 감속, 제동, 정지 또는 어떤 위치에 보존 유지하기 위하여 사용하는 일련의 기구.

공기 제동장치 【air brake equipment】 공기압 작동에 의한 제동장치.

유압 제동장치 【oil hydraulic brake equipment】 유압 작동에 의한 제동장치.

진공 제동장치 【vacuum brake equipment】 공기의 부압(負壓)에 의하여 작동하는 제동장치.

전기지령 제동장치 【electric command brake equipment】 제동 지령을 전기신호로 하는 제동장치.

관통 제동장치 【continuous brake equipment】 연결된 온 차량에 대하여 작동하는 제동장치.

직통공기 제동장치 【straight air brake equipment】 직통관에 의하여 제동 지령을 전달하는 공기 제동장치.

자동공기 제동장치 【automatic air brake equipment】 제동판에 의하여 제동 지령을 전달하는 공기 제동장치.

다이내믹 제동장치 【dynamic brake equipment】 마찰제동 이외의 방법으로 제동 힘을 얻는 제동장치.

전기 제동장치 【electric brake equipment】 차량의 운동에너지를 전기에너지로 바꾸어 제동력을 얻는 다이내믹 제동장치.

발전 제동장치 【rheostatic brake equipment】 주전동기를 발전기로서 사용하고, 이것에 의하여 발생한 전력을 열로 바꾸어 방산하는 전기 제동장치.

회생 제동장치 【regenerative brake equipment】 주 전동기를 발전기로서 사용하고 이에 따라 발생한 전력을 전차선으로 돌려보내는 전기 제동장치.

전자직통 공기 제동장치 【automatic electromagnetic air brake equipment】 전자 밸브를 사용한 직통 공기 제동장치.

전자 유압 제동장치 【electrohydraulic rail brake equipment】 전자 밸브를 사용한 자동 공기 제동장치.

전자자동 공기 제동장치 【automatic electromagnetic air brake equipment】 전자변을 병용한 자동 공기 제동장치.

전자흡착 제동장치 【electromagnetic rail brake equipment】 전자 작용에 의하여 제동슈를 레일에 흡작(吸着)시켜 제동력을 얻는 제동장치.

적공 제동장치 【empty and load brake equipment】 화차에서의 적차(積車)상태 또는 공차 상태에 적절하도록 제동력을 바꾸는 세동장치.

보안 제동장치 【security brake equipment】 제동장치의 다중계화에 의하여, 신뢰성 및 안전성을 도모하기 위하여 설계된 보조 제동장치.

직통예비 제동장치 【straight air reserve brake equipment】 주로 전기신호를 받아 제동 실린더에 압축공기를 직접 공급하는 보조 제동장치.

손 제동장치 【手 制動裝置, hand brake equipment】 손으로 제동력을 발생시키는 제동장치.

측 제동장치 【側 制動裝置, side brake equipment】 차량 측면에 부착되어 있고 인력으로 제동력을 발생시키는 발 제동장치.

2) 브레이크 부품

공기 압축기 【空氣壓縮機, air compressor】 차량의 각 공기 기기의 동력원이 되는 압축공기를 만드는 기기.

압력 조정기 【壓力調整器, pressure governor】 주 공기탱크의 압력을 일정 범위로 유지하기 위하여 공기 압축기의 송출 작용을 제어하는 기기.

충기 밸브 【蟲氣弁, charging valve】 제동장치에 압축공기를 최초로 충진하는 경우 비상 밸브를 주공기조의 압력으로 제동을 건 상태로 유지하는 밸브.

공기탱크 【air reservoir】 압축공기를 저장하는 용기.

주 공기탱크 【main air reservoir】 공기 압축기에 연결되어 모든 기기로의 공급원이 되는 공기탱크.

공급 공기탱크 【supply air reservoir】 제동 실린더로 공급하는 압축공기를 저장하는 공기탱크.

보조 공기탱크 【auxiliary air reservoir】 자동공기 제동장치로서, 브레이크 실린더로 압축공기를 공급하는 공기탱크.

부가 공기탱크 【supplementary air reservoir】 보조 탱크와 병용하여 비상 브레이크 및 완화 작용을 효과적으로 하도록 하는 공기탱크.

평형 공기탱크 【equalizing air reservoir】 제동관의 감압제어를 용이하게 하기 위하여 설치된 공기탱크.

정압 공기탱크 【constant pressure air reservoir】 3압력식 제어 밸브에 사용되며, 일정한 압력의 공기를 저장해 두는 공기탱크.

급동 공기탱크 【quick action air reservoir】 급동 작용을 하는 공기탱크.

제동 밸브 【制動弁, brake valve】 공기 제동장치로서 기관사가 제동 지령을 발생시키는 기기.

단독 제동 밸브 【independent brake valve】 기관차용 브레이크 밸브 가운데 열차에 관계없이 기관차에만 제동 작용을 시키는 브레이크 밸브.

자동 제동 밸브 【automatic brake valve】 기관차용 제동변 가운데 제동관의 압력을 제어하는 제동변.

제동 제어기 【brake controller】 전기 지령 제동장치로서 운전자가 제동 지령을 내는 기기.

전공 제어기 【電空制御器, electropneumatic master controller】 전기 지령을 병용하는 공기 제동장치로서, 주로 제동 밸브에서의 지령 압력과 피제어측 공기관의 피드백(feed back) 압력과의 차압(差壓)에 의하여 전자 밸브 회로를 개폐하는 기기.

전자 직통 제어기 【電子直通制御器, electropneumatic straight air brake controller】 전자 직통 공기 제동장치로서, 주로 제동 밸브로부터의 지령 압력과 직통관에서의 피드 백 압력과의 차압에 의하여 전자밸브 회로를 개폐하는 기기.

제동 지령기 【制動指令器, brake command amplifier】 제동 제어기의 신호를 전기적으로 증폭하여 열차의 인통선으로 보내는 기기.

작용 전자밸브 【作用電磁弁, application magnet valve】 전자 직통 공기 제동장치로서, 직통관에 압축공기를 공급하는 전자 밸브.

완해 전자밸브 【緩解電磁弁, release magnet valve】 전자 직통 공기 제동장치로서, 직통관에 압축공기를 배기하는 전자 밸브.

차단 전자밸브 【遮斷電磁弁, lockout magnet valve】 전공 병용 제동장치로서, 전기 제동 작동 중 제동 실린더의 압축공기를 차단하는 전자 밸브.

전자공급 배출밸브 【電磁供給排出弁, magnet supply and dischagrge valve】 전자 밸브의 작동에 의하여 압축공기의 공급 배출을 하는 밸브.

전자 송출밸브 【電磁送出弁, magnet discharge valve】 전자 밸브의 작동에 의하여 제동관 압력을 감소시키는 밸브.

제동 수량기 【制動受量器, brake operating device】 열차의 인통선으로부터 제동 지령을 받아 제동 제어장치에 제동 지령을 보내는 기기.

스트레이너 【strainer】 공기통로 안의 고형물(固形物)을 포집하기 위하여 쇠망, 다공판, 휠터 등을 내장한 여과기.

원심 집진기 【遠心集塵器, centrifugal dirt collector】 공기통로 안의 먼지나 미세한 고형물 등을 원심력을 이용하여 분리·제거하는 기기.

차단 콕 【cut-out cock】 공기 통로의 개폐를 이행하는 콕.

앵글 콕 【angle cock】 차량 상호간을 연결하는 공기 호스를 부착하는 아래로 굽는 차단콕.

드레인 콕 【drain cock】 드레인을 수행하기 위하여 사용하는 콕.

차장 밸브 【車掌弁, conductor's valve】 주로 차장이 비상시에 수동으로 제동이 걸릴 수 있도록 제동관의 압축공기를 송출하는 밸브.

비상 제동 스위치 【emergency brake switch】 비상시 수동으로 비상 제동 작용을 시키는 스위치.

열차관 【列車管, train pipe】 열차를 관통하고 있는 제동 제어용 공기관.

주 공기탱크관 【main air reservoir pipe】 주 공기탱크로부터 압축공기를 유도하는 공기관.

직통관 【直通管, straight air pipe】 압력을 증가하여 제동 지령을 전달하는 열차관.

제동관 【制動管, brake pipe】 압력을 감압하여 제동 지령을 전달하는 열차관.

균형관 【均衡管, equalizing pipe】 중연(重連) 기관차 상호간의 제동 실린더의 압력을 균형시키기 위하여 연결 통과시킨 공기관.

제동 실린더 관 【brake cylinder pipe】 공기관의 연결에 사용하는 호스.

공기 호스 【air hose】 공기관의 연결에 사용하는 호스.

호스 연결기 【hose coupling】 차량 사이에 공기 호스를 연결하는 기기.

호스 연결기 마개 【dummy coupling】 호스 연결기를 풀었을 때 이물의 침입 등을 방지하는 쇠붙이.

압력조정 밸브 【壓力調整弁, pressure regulating valve】 압축공기를 일정한 압력으로 조정 또는 감압하는 밸브.

억압 밸브 【抑壓弁, in-shot valve】 전공 병용 제동장치로서, 발전 제동장치의 작동 중 제동 실린더의 압력을 일정하게 유지하기 위한 밸브.

급동 밸브 【急動弁, quick action valve】 신속히 작용을 하는 밸브.

급제동 밸브 【急制動弁, quick service valve】 급제동 작용을 하는 밸브.

제동제어장치 【制動制御裝置, brake operating unit】 제동 지령을 받아, 주로 제동 실린더의 압력을 제어하는 기기류를 집약한 장치.

제어 밸브 【制御弁, control valve】 제어관의 압력 변화에 의하여 제어 실린더의 압력을 제어하는 밸브.

3압력식 제어 밸브 【three-pressure type control valve】 제동관, 정압 공기탱크 및 제동 실린더의 3압력에 의하여 작동하는 제어 밸브.

비상밸브 【非常弁, emergency valve】 열차관의 급격한 감압 속도를 검지하여 비상 제동 작용을 하는 밸브.

전공변환 밸브 【electropneumatic change valve】 전기적인 입력 신호에 대응한 공기압 출력을 얻는 밸브.

전공 변환 밸브 증폭기 【electropnematic change valve amplifier】 전공 변환 밸브를 작동시키는 증폭기.

중계 밸브 【中繼弁, relay valve】 지령 공기압의 변화를 중계하여, 대용량의 압축공기의 공급·배출 등을 하는 밸브.

복식 중계 밸브 【compound relay valve】 동일한 지령의 공기압에 대하여 2종 이상의 다른 공기압을 얻는 중계 밸브.

연산 중계밸브 【演算中繼弁, calculating relay valve】 복수의 지령 공기압의 연산(演算)을 하는 중계 밸브

응하중 밸브 【應荷重弁, load valve】 차량의 적재 질량에 대응하여 제동력을 자동으로 가감하는 밸브

기압 저항기 【actuator】 공기압에 대응하여 작동하는 가변 저항기.

측중밸브 【測重弁, load sensing valve】 차량의 적재 질량을 공기압으로 변환하여 응하중 밸브로 전달하는 밸브.

변환밸브 【變換弁, transfer valve】 공기 통로의 변환을 공기압, 스프링 압축력 또는 수동으로 하는 밸브.

적공변환밸브 【積空變換弁, empty and load change-over valve】 화차에서 적차(積車) 또는 공차(空車) 상태에 따라서 공기 통로를 변환하는 밸브.

활주방지밸브 【滑走防止弁, anti-skid valve】 제동 작용 중 활주(滑走)가 생겼을 때 다른 곳으로부터의 지령에 의하여 제동 실린더의 압력을 내려서 활주를 방지하는 밸브.

자동간극 조정기 【自動間隙調整器, automatic slack adjuster】 제동 슈와 답면과의 사이 또는 제동 디스크와 제동 라이닝의 사이를 자동적으로 조정하는 기기.

제동 실린더 【brake cylinder】 유체 압력을 피스톤의 로드를 통하여 기초 제동장치에 전달하는 기기.

차동 브레이크 실린더 【differential brake cylinder】 수압면적(受壓面積)이 다른 두 개의 피스톤을 이용하여 제동력을 변환하는 제동 실린더.

증압 실린더 【pressure intensifier】 유체 압력을 증대시키기 위하여 수압면적이 다른 피스톤을 가진 제동 실린더.

유압 제동 실린더 【oil brake cylinder】 유압을 사용하는 제동 실린더.

3) 취급 및 작동

상용제동 【常用制動, service braking, service application】 평상시에 사용하는 제동의 조작 및 작동 상태의 총칭.

전제동 【全制動, full service braking, full service application】 최대 제동력을 얻을 수 있는 상용 제동.

비상제동 【emergency braking, emergency application】 비상시에 사용하는 제동 조작 및 작동 상태의 총칭.

억속제동 【抑速制動, holding braking】 하구배를 주행하는 경우, 가속을 억제하는 제동의 조작 및 작동 상태의 총칭.

국부감압 【局部減壓, partial reduction】 급제동의 작용에 의한 제동관의 국부적인 감압.

급제동 작용【急制動作用, quick service】 상용 제동의 경우 제동 작용의 전달 속도를 빠르게 하기 위하여 제동관 중도에서 국부 감압을 하는 작용.

급동 작용【急動作用, quick action】 비상 제동의 경우 제동 작용의 전달속도를 빠르게 하기 위하여 제동관 중도에서 압축공기를 급격히 송출하는 작용.

4) 성능

제동시간【制動時間, braking time】 제동 지령이 보내진 후 소정의 속도로 감속할 때까지의 시간.

공주시간【空走時間, idle running time】 제동시간 중에서 제동력이 작용하지 않는 시간.

실 제동시간【實 制動時間, actual braking time】 제동시간에서 공주시간을 뺀 시간.

제동거리【制動距離, braking distance】 제동시간에 주행한 거리.

공주거리【空走距離, idle running distance】 공주시간에 주행한 거리.

실 제동거리【actual braking distance】 실 제동시간에 주행한 거리.

제동력【制動力, braking force】 차량을 감속, 억속, 정지시키거나 또는 어떤 위치에 보존 유지하는 힘.

제동율【制動率, braking ratio】 제동 슈가 누르는 총 압력과 차량중량과의 백분율.

축제동율【軸制動率, braking ratio for braked axle】 한 축에 작용하는 제동 슈의 압부력(押付力)과 축중과의 백분율.

제동효율【制動效率, braking efficiency】 순수한 제동 슈 총압부력과 기계적인 제 손실을 고려하지 않은 외관상의 브레이크 슈의 총 압부력과의 백분율.

제동배율【制動倍率, braking leverage】 제동 효율을 100%로 한 경우의 제동 슈의 총압부력과 브레이크 실린더의 실린더 힘과의 비.

평균 감속도【平均減速度, average braking deceleration】 제동시간 중에서 속도차를 제동 시간으로 나눈 값.

제동 초속도【制動初速度, initial speed braking】 제동지령이 주어졌을 때의 속도.

9.6 제어장치

1) 공통

제어장치【制御裝置, control equipment】 차량 주행의 제어 및 차량용 기기(機器)의 제어에 사용하는 장치.

속도제어【速度制御, speed control】 차량의 주행속도 제어.

총괄제어【總括制御, multiple unit control】 복수의 차량을 일괄하여 실시하는 제어.

초퍼제어【chopper control】 초퍼에 의하여 이행되는 제어(초퍼 : 고속, 높은 빈도에서 강제 온-오프(on-off) 기능을 가진 제어장치).

역행【力行, powering, power running】 동력을 공급 받아서 차량이 주행하는 상태.

타행【惰行, coasting】 동력을 공급받지 않고 차량이 관성(慣性)으로 주행하는 것.

주 회로【主回路, main circuit, power circuit】 주전동기 전류가 흐르는 회로.

제어회로【制御回路, control circuit】 주 회로용 기기를 제어하는 회로.

보조회로【補助回路, auxiliary circuit】 전동 발전기, 냉난방 장치, 조명장치 등의 보조기기의 회로.

2) 전기차

전압제어【電壓制御, voltage control】 주전동기의 전압을 변화시켜서 주전동기의 전류, 전압, 회전수 및 토크를 제어하는 것.

저항제어【抵抗制御, rheostatic control】 주전동기에 직렬 또는 병렬로 접속된 주저항기의 저항치를 변화시켜 이행하는 전압제어.

저항 초퍼제어【rheostatic chopper control】 초퍼에 의한 저항제어.

전기자 초퍼제어【armature chopper control】 주전동기의 전기자(電機子)에 접속된 초퍼에 의한 전압제어.

직·병렬제어【直·竝列制御, series parallel control】 주 전동기를 직렬접속에서 병렬접속으로 또는 그 반대로 바꾸어 실시하는 전압제어.

탭 제어【tap control】 주변압기의 탭을 바꾸어 이행하는 전압제어.

위상제어【位相制御, phase control】 주로 사이리스터(thyrister)의 점호위상(點呼位相) 등을 변화시켜서 이행하는 전압제어.

버니어 제어【vernier control】 스텝 사이를 더욱 세분 또는 무단(無斷)으로 하여 스텝 진단 시의 토크 변화를 적게 하는 제어.

계자제어【界磁制御, field control】 주전동기의 계자전류를 변화시켜서 주전동기의 전류, 전압, 회전수 및 토크를 제어하는 것.

계자 초퍼제어【field chopper control】 초퍼에 의한 계자 제어.

약계자 제어【弱界磁制御, field weakening control, weak field control】 주전동기의 계자를 약하게 해서 이행하는 계자 제어.

분권계자 제어【分卷界磁制御, shunt field control】 주전동기의 분권계자 전류를 변화시켜서 이행하는 계자 제어.

한류제어【限流制御, current limiting control】 동력 주행 시 또는 제동 시에 주전동기 전류를 미리 설정한 값으로 유지하도록 하는 제어.

한압 제어【限壓制御, voltage limiting control】 고속으로부터의 제동 시에 주전동기 전압이 설정치를 넘지 않도록 제한하는 제어.

스포팅【spotting】 타행 중에 발전제동 회로를 구성하고, 약한 제동 전류를 흐르게 하여, 열차속도에 따라 저항 스텝을 자동적으로 선택해 놓고, 제동 전류의 동작시작을 빠르게 하는 것

브리지 변환【bridge transition】 직병렬 제어에서 주저항기 및 주 전동기에 의하여 브리지 회로를 구성하고, 주전동기 회로를 열지 않고 직렬에서 병렬로 바꾸는 것.

단락변환【短絡變換, short circuit transition】 직병렬 제어에서 일부의 주 전동기를 단락시킨 후 직렬에서 병렬로 바꾸는 것.

재 역행【re-powering】 타행을 하다가 다시 역행을 하는 것.

연속시험【連續試驗, sequence test】 주전동기 전류를 보내지 않고, 노치 지령을 보내어 제어 장치를 작동시키는 것.

스텝【step】 제어 상태가 단계적으로 변하는 경우 중도의 각 단계.

모선【母線, bus, bus-line】 전력을 공급하기 위해 인통된 선.

주간제어기【主幹制御器, master controller】 총괄 제어 장치로서 기관사에 의하여 조작되며, 역행, 제동, 속도변경, 운전방향의 전환 등 제어 신호를 지령하는 제어기.

주 제어기【主制御器, main controller】 주간 제어기 등에서 제어 신호를 받아 주로 속도제어, 회로의 전환 등을 이행하기 위하여 저항제어기, 계자제어기, 역전기(逆轉器),

전환기(轉換器) 등의 각 기기에 의하여 구성된 제어기.

캠축 제어기 【cam-shaft controller】 캠축을 사용한 주회로의 제어기.

탭 전환기 【tap changer】 탭 제어를 하는 캠축 제어기.

단위 스위치 【unit switch】 직류 주회로의 개폐 등에 사용되는 전자(電磁) 공기 조작식의 기중 개폐기(氣中 開閉器).

고속도차단기 【高速度遮斷器, high speed circuit breaker】 과전류 검출 기구를 구비하고, 과전류가 흐르면 급히 회로를 차단하는 기기.

고속도감류기 【高速度減流器, high speed current limiter】 사고 전류를 감류(減流)시키는 고속도 차단기.

차단기 【遮斷器, line breaker】 주회로의 과전류 및 상시 전류를 차단하는데 사용하는 장치. 단류기(斷流器)라고도 한다.

주 변압기 【主變壓器, main transformer】 교류 전기차의 주회로 전원에 사용하는 변압기.

전환기 【轉換器, change-over switch】 역행, 제동 또는 직류, 교류 등에 대하여 주 회로를 전환하는 제어기.

역전기 【逆轉器, reverser】 계자 또는 전기자의 전류 방향을 바꾸어 주전동기의 회전 방향을 바꾸는 기기.

주 단로기 【主斷路器, main disconnecting swith】 주회로의 전원을 개방하는 단로기.

팬터그래프 단로기 【pantograph disconnecting switch】 팬터그래프 에 접속되어 그것을 개방하는 단로기.

주전동기 개방기 【主電動機開放器, traction motor cut-out switch, main motor cut-out switch】 주 전동기를 주 회로에서 끊는 개방기.

제어회로 개방기 【制御回路開放器, control circuit cut-out switch】 제어 회로를 전원 및 제어 인통선에서 끊는 개방기.

접지 스위치 【ground switch】 회로의 접지 측에 접속하여 회로를 접지선에서 끊는 스위치.

메인 퓨즈 【main fuse】 주회로 보호에 사용하는 퓨즈.

분로저항기 【分路抵抗器, shunting resistor, shunt resistor】 계자 전류 등의 일부를 분류시키는 저항기. 분류저항기라고도 함.

주 저항기 【main resistor】 주회로에 접속하여 주전동기의 저항제어, 속도제어 및 발전제동에 사용하는 저항기.

감류 저항기 【current decreasing resistor】 감류 차단에 사용하는 저항기.

전기자분로저항기 【電機子分路抵抗器, armature shunting resistor】 공전 시, 주전동기의 전기자와 병렬로 접속하여 공전을 억제하는 저항기.

한계전류계전기 【限界電流繼電器, current limiting relay】 주전동기 전류가 설정치 이하로 되면 스텝 진행신호를 발생하는 계전기.

한계전압계전기 【限界電壓繼電器, voltage limiting relay】 주전동기 전압이 설정치 이하로 되면 스텝 진행신호를 발생하는 계전기.

공전검지장치 【空轉檢知裝置, slip detecter】 공전(空轉)을 검지하는 장치.

가선전압검지장치 【架線電壓檢知裝置, trolley voltage detector】 전차선 전압의 유무를 집전장치 없이 검지하는 장치.

예비여자장치 【豫備勵磁裝置, pre-exciter】 전기 제동을 거는 경우, 전류의 동작시작을 빠르게 하기 위하여 계자를 다른 전원으로부터 여자하는 장치.

데드맨 장치 【dead-man's device】 기관사가 실신 등의 이상 상태가 된 것을 검지하여, 제동 등의 조작을 이행하는 장치.

유도분류기 【誘導分流器, inductive shunt】 약 계자제어 시 계자에 대하여 병렬로 접속되는 인덕턴스 및 저항으로 구성되는 기기.

조합 캠축 【combination cam-shaft】 캠축 제어기에서 회로의 조합, 전환 등을 이행하는 캠축.

저항 캠축 【rheostatic control cam-shaft】 캠축 제어기에서 저항 제어 등을 이행하는 캠축.

대항 캠축 【opposition cam-shaft】 캠축의 회전 토크를 평균화시키는 캠축.

3) 내연차

공기제어 【空氣制御, pneumatic control】 제어 공기압을 직접 조정함에 따라 시행되는 기관 출력등의 제어.

전공제어 【電空制御, electropneumatic control】 복수개의 전자 밸브의 조합에 의하여 공기압을 통해서 하는 기관 출력 등의 제어.

전자유압제어 【電子油壓制御, electrohydrostatic control】 복수개의 전자 밸브의 조합에 의하여 유압을 통해서 하는 기관 출력등의 제어.

연료제어장치 【燃料制御裝置, throttle control device】 주간 제어기 또는 그 밖의 계전기로부터의 지령에 따라서 연료의 분사량을 제어하는 장치.

인터럽터 장치 【interrupter】 변속기를 운전 중에 "변속"으로부터 "직결"로 바꾸는 경우에 발생하는 충격을 완화하기 위하여 연료를 일시적으로 차단하는 장치.

기관 주발전기 조합특성 【機關主發電機組合特性, engine-generator combined characteristic】 전기식 디젤차에서 기관의 출력 특성과 주발전기의 출력 특성을 조합하여 전압 및 전류에 의하여 나타나는 특성.

부하조정저항기 【負荷調整抵抗器, load regulating reslstor】 전기식 디젤차에서 기관출력과 주발전기 출력이 항상 균형이 되도록 부하의 다소에 따라 주발전기의 출력을 제어하기 위하여 여자기(勵磁器) 또는 주발전기 계자회로에 삽입하는 저항기.

9.7 부속장치

1) 공통

일 반

부속장치 【附屬裝置, attached equipment】 주행장치 및 차체에 부속하는 장치 가운데 동력장치, 제어장치 및 제동장치를 제외한 것의 총칭.

연결장치

연결장치 【連結裝置, coupling device】 차량의 상호 연결 및 해방하는 장치로서 인장장치, 완충기 등의 총칭.

중간 연결장치 【intermediate coupling device】 기관차의 2개의 언더프레임 사이에 장착된 연결장치.

인장장치 【引張裝置, draft gear】 상호의 차량을 연결하여 인장하는 기능을 갖는 장치.

연결기 【連結器, coupler】 차량을 상호 연결하거나 또는 해방하는 기능을 갖는 것.

자동 연결기 【automatic coupler】 해방 레버(lever)에 의하여 걸쇠를 조작한 경우, 연결기를 서로 밀든가 또는 잡아당기기만 하여 연결 및 해방할 수 있는 너클(knuckle)

형의 연결기.

밀착 연결기 【密着連結器, tight lock coupler】 연결 면이 서로 밀착하는 연결기.

밀착식 자동연결기 【密着式自動連結器, tight lock type automatic coupler】 연결 면이 서로 밀착하는 연결기로서 자동연결기와도 연결할 수 있는 것.

봉 연결기 【rod type coupler】 연결기 몸체의 모양이 특히 봉 모양을 한 연결기.

양용 연결기 【兩用連結器, duplex coupler】 2종의 연결기와 연결할 수 있는 쌍두(双頭)의 연결기.

나사 연결기 【screw coupler】 나사봉의 중앙에 있는 핸들을 조작하여 연결 및 해방을 하는 연결기.

연결기 요크 【coupler yoke】 연결기 본체의 뒷부분에 결합되어 연결기에 작용하는 힘을 반판(伴板, 완충기, 언더프레임) 등에 전달하는 프레임.

요크 조인트 【yoke joint】 연결기 본체와 연결기 틀 사이에 설치된 커플링.

반판 【伴板, follower plate, followers】 연결기 프레임으로부터 받는 힘을 반판 받침에 전달하는 판.

반판 받침 【伴板守, draft lug, draft stop】 반판으로부터 받는 힘을 언더프레임 등에 전달하는 것.

섕크 가이드 【shank guide】 연결기 몸통을 지지함과 동시에 좌우 이동의 안내를 하는 것.

복심장치 【復心裝置, centering device】 연결기의 위치가 차체 중심선으로부터 벗어났을 때, 원 위치로 복원하는 장치.

해방장치 【解放裝置, uncoupling device】 연결기의 쇠사슬을 벗기는 장치.

완충기 【緩衝器, draft gear】 차량 사이에 발생하는 충격을 흡수 완화하는 것.

중간 완충기 【intermediate draft gear】 기관차의 2개의 언더프레임 사이에 설치된 완충기.

고무 완충기 【rubber draft gear】 고무를 사용하여 충격을 흡수완화하는 완충기.

유압 완충기 【油壓緩衝器, hydraulic gear】 유압에 의해 충격을 흡수완화하는 완충기.

전등장치, 표지 및 경보장치

전등장치 【電燈裝置, lighting equipment】 차량 실내외에 사용하는 조명기구 및 그 부속기구의 총칭.

전조등【前照燈, headlight】 열차의 앞부분의 표지가 되는 조명기구.

실내등【室內燈, room light】 차량 실내에 사용하는 조명 기구.

예비등【豫備燈, room stand-by light】 주전원이 끊어진 경우, 예비 전원에 의한 조명 기구.

차측 표시등【車側表示燈, car side pilot lamp】 미닫이문, 문 등의 개폐상태 또는 기기의 작동 상태를 표시하기 위해 차량 측면에 설치한 조명기구.

후미등【後尾燈, tail light】 열차의 뒤 끝 부분 표지가 되는 조명기구.

동시점멸등【同時點滅燈, simultaneous train light controller】 편성 차량의 전등을 한 곳에서 동시에 점멸·제어하는 기구.

차축 발전기【車軸發電機, axle generator】 차축에 의하여 구동되는 발전기.

자막 권양 장치【sign belt winding device】 행선지 표시 등의 자막을 교환하는 권양장치.

차내 경보장치【車內警報裝置, cab warning device】 지상 신호기의 표시에 따라 그 정보를 차량 내(차상(車上))로 보내어 필요한 운전상의 조작을 하는 장치.

비상경보기【非常警報器, emergency alarm】 비상의 경우 여객이 승무원에게 통보하는 경보 장치.

기적【汽笛, whistle】 음향에 의하여 신호 또는 경보를 전달하는 것. 공기식 기적 및 전기식 기적으로 분류된다.

공기조화장치 및 통풍장치

공기조화장치【空氣調和裝置, air conditioning equipment】 차량 실내를 공기조화(空氣調和)하는 장치.

증기발생장치【蒸氣發生裝置, steam generator】 기관차에 적재되어 열차의 난방에 사용하는 증기를 발생하는 장치.

통풍장치【通風裝置, ventilating device】 차 실내의 통풍을 이행하는 장치.

통풍기【通風器, ventilator】 주로 차량의 주행에 의한 풍압에 의해 통풍을 이행하는 것.

보기(補機)

보기【auxiliary machine】 동력장치에 대하여 보조적인 역할을 하는 차량의 탑재 기기류의 총칭.

보조 전동기【補助電動機, auxiliary motor】 보기를 구동하는 전동기.

전동발전기 【電動發電機, motor generator】 전동기와 그것으로 구동하는 차량의 발전기를 조합한 것.

전동공기 압축기 【電動空氣壓縮機, motor-driven air compressor】 전동기와 그것으로 구동하는 차량의 공기 압축기를 조합한 것.

회전공기 압축기 【回轉空氣壓縮機, rotary air compressor】 회전 운동 압축 기구를 가진 차량의 공기 압축기.

전동 송풍기 【電動送風機, motor-driven blower】 전동기로 구동하는 차량의 송풍기.

전동 기름펌프 【motor-driven oil pump】 전동기로 구동하는 차량의 기름펌프.

토출 진공기 【吐出眞空器, vacuum exhauster】 공기를 토출하여 진공 상태를 얻은 차량의 기기. 진공 배기기(眞空排氣機)라고도 한다.

계기류(計器類)

속도계 【速度計, speedometer】 차량의 속도를 지시하는 계기.

기록 속도계 【記錄速度計, recording speedometer】 차량의 속도를 지시함과 동시에 자동적으로 기록하는 계기.

속도계 발전기 【速度計發電機, tachometer generator】 차축 또는 주전동기 축에 의해, 직접 또는 간접으로 구동하고, 속도에 따른 전압 또는 펄스를 발생하는 소형의 발전기.

속도계 보상기 【速度計補償器, speedometer compensator】 차륜의 마모 등에 의하여 발생하는 지시계의 오차를 보상하는 것.

문닫이 장치

문닫이 장치 【door operating equipment】 문닫이 기계 및 그의 부속 기구를 포함한 것.

문닫이 기계 【door engine】 문을 개폐하기 위한 작동기기.

단동식 문닫이 기계 【single-acting door engine】 안 지름이 일정한 공기 실린더를 사용하여 압축공기의 급배기에 의하여 작동하는 문닫이 기계.

자동식 문닫이 기계 【differential door engine】 공기 실린더의 안지름의 차에 의한 힘의 차이로서 작동하는 문닫이 기계.

문닫이 연동 계전기 【door close interlocking relay】 문의 개폐에 연동하여 작동하는 계전기

차장 스위치 【conductor's switch】 문의 개폐를 조작하는 스위치.

문닫이 스위치 【door close switch】 문의 개폐에 연동하여 표시등(表示燈)을 점멸하기 위한 스위치.

기 타

모래 뿌리기 장치 【sanding device】 동륜의 공전(空轉) 및 활주(滑走)를 방지하기 위하여 레일에 모래를 뿌리는 장치.

모래 뿌리기 【sander】 레일에 모래를 뿌리는 작용을 하는 모래 뿌리기 장치의 주요 구성부분.

모래 뿌리기 밸브 【sanding valve】 모래 상자로부터 레일에 모래를 뿌리는 것을 조작하는 밸브.

제설기 【除雪機, snow plough】 차체 앞면 아래에 장착하여 눈을 제거하는 것.

통표 받이 【tablet receiver】 통과역에서 차량이 주행 중에 통표(通票)를 받는 장치.

디프로스터 【defroster】 운전실의 전면 창에 설치되어 서리, 얼음, 눈, 등에 의한 흐림이 발생하지 않도록 하는 장치.

창 닦이 【window wiper】 비, 눈 등이 올 경우, 운전실의 전면창의 바깥을 닦는 기능을 갖는 것. 공기식(空氣式) 및 수동식(手動式)으로 분류된다.

2) 전기차

보조 회전기 【補助回轉機, auxiliary rotating electrical machine】 주 전동기에 대하여 보조적인 역할을 하는 전기 회전기류의 총칭.

상변환기 【相變換機, phase converter】 상수(相數)를 변환하는 차량의 컨버터.

인버터 【inverter】 직류를 교류로 변환하는 차량의 전기 장치.

3) 내연차

기관예열장치 【機關豫熱裝置, engine preheating device】 한냉 시에 기관의 시동을 쉽게 하기 위하여 연소실, 냉각수 등을 예열하는 장치.

보기구동장치 【補機驅動裝置, auxiliary driving gear】 벨트, 체인, 축, 기어 등에 의하여 기관으로부터 보기에 동력을 전달하는 장치.

보기구동출력 【補機驅動出力, auxiliary driving power, driving power for auxiliary machine】

기관출력 가운데 공기 압축기, 송풍기 등의 보기구동에 소비되는 출력.

4) 여객차

의자 【椅子, seat】 여객 및 승무원 등이 앉기 위한 차량의 설비.

긴 의자 【long seat】 차체의 길이 방향으로 설치된 의자의 총칭.

가로 의자 【横椅子, cross seat】 차체의 길이 방향에 대하여 직각으로 설치된 의자의 총칭.

고정 의자 【固定椅子, fixed seat】 차체에 고정되어 회전, 방향 변환 등을 할 수 없는 의자.

리크라이닝 의자 【reclining seat】 의자 자체의 회전이 가능하며, 또한 의자 등받이(back of seat)의 경사각을 조절할 수 있는 의자.

회전 의자 【回轉椅子, rotating seat】 의자의 등받이의 기울기가 일정하고, 의자 자체의 회전이 가능한 의자.

방향전환 의자 【方向轉換椅子, walkover seat, reversible seat】 의자의 등받이 좌석의 앞뒤로 전환할 수 있는 의자.

접는 의자 【folding seat】 접을 수 있는 의자.

보조 의자 【補助椅子, auxiliary seat】 좌석의 보조로서 사용되는 의자.

풀먼 침대 【Pullman type upper berth】 침대차의 옆 천장에 설치된 배 모양의 침대.

다이어프램 【diaphragm】 관통로(貫通路)의 바깥 둘레를 형성하는 포장.

수양장치 【水揚裝置, water supply equipment】 변소, 화장실 등으로 공급하는 물을 바닥 아래(床下) 등의 탱크로부터 압축공기를 사용하여 공급하는 장치.

급수장치 【給水裝置, feed water equipment】 변소, 화장실 등으로 급수하는 장치.

오물처리장치 【汚物處理裝置, excrete disposer, disposal equipment】 여객차의 변소 오물의 분쇄, 여과, 탈취, 살균 등을 하는 부속 장치.

5) 화물차

컨테이너 【container】 협동 일관수송(協同一貫輸送)에 사용되며, 반복 사용에도 견디는 용기.

컨테이너 고정 장치 【container locking device】 컨테이너를 고정하기 위하여, 컨테이너 및 컨테이너 차 등에 설치된 장치의 총칭.

찾아보기(한글, 영문)

ㄴ

ㄷ

ㅈ

ㅊ

ㅋ

ㅌ

ㅍ

ㅎ

A

B

C

D

E

F

N

O

P

S

T

U

V

W

Y

기타

참고 문헌

1) 백남욱 · 구동회, 『**철도차량과 설계기술**』, 기전연구사, 1996. 3
2) 백남욱, 『**기차대탐험**』, 교학사, 1997. 10
3) 백남욱 · 장경수 · 강부병 · 김효식 『**철도차량총서**』, 기전연구사, 1997. 11
4) 백남욱 · 장경수, 『**철도차량핸드북**』, 기전연구사, 1999. 1
5) 백남욱 · 장경수 · 김기환, 『**세계의 고속철도**』, 도서출판 골든벨, 1999. 6
6) 백남욱 · 이상진 『**세계의 고속철도와 속도향상 & 자기부상식 철도기술**』, 도서출판 골든벨, 2001. 1
7) 백남욱 · 이상진 · 이병송, 『**철도의 속도향상**』, 도서출판 골든벨, 2001. 4
8) 백남욱 · 이병송 외, 『**경량전철기술**』, 도서출판 명신, 2001. 5
9) 백남욱 · 장경수, 『**철도공학핸드북**』, 도서출판 골든벨, 2002. 7
10) 백남욱 · 이상진 · 장경수, 『**철도기술총서**』, 도서출판 골든벨, 2003. 4
11) 백남욱 · 장경수, 『**철도공학용어해설서**』, 아카데미서적, 2003. 12
12) 백남욱 · 장경수, 『**철도기술총론**』, 아카데미서적, 2004.8
13) 백남욱 · 이상진, 『**철도기술용어해설집**』, 도서출판 골든벨, 2004. 10
14) 백남욱 · 이상진, 『**철도기술소사전**』, 도서출판 골든벨, 2005. 9
15) 백남욱 · 이상진, 『**철도관련 큰사전**』, 도서출판 골든벨, 2006. 4
16) 백남욱 · 이병송 · 이상진, 『**철도대사전**』, 도서출판 골든벨, 2007. 9.
17) 백남욱 · 이성혁 · 김정일 · 천민철 · 이병송 · 이상진, 『**모노레일과 신교통시스템**』, 도서출판 골든벨, 2008.3
18) 백남욱 · 이성혁 · 김정일 · 천민철 · 전한준 · 조용성 외 『**연구시험장비총람**』, 한국철도기술연구원, 2009.12
19) 백남욱 · 이성혁 『**기차 철도 속이보인다**』, 도서출판 골든벨, 2010. 5
20) 백남욱 · 이성혁 · 이병송 『**철도차량 메커니즘 도감**』, 도서출판 골든벨, 2012. 5
21) 백남욱 著, "高速鐵道 建設에 따른 技術發展 波及效果 調查硏究", 韓國高速鐵道建設公團, 技術硏究報告 VOL. 2, 1993. 12.
22) 백남욱 著, "Carbon/Carbon Braking Device", 韓國高速鐵道建設公團, Report, 1996. 12.
23) 小林 勇, 伊藤富雄, 後藤尙男 共著, "鐵道工學", 丸善株式會社, 昭和 36年 12月.
24) 澤田植一, 横井忠夫 共著, 最新 車兩材料, 交友社, 昭和 60年 3.
25) 李鍾得 著, "鐵道工學", 蘆海出版社, 1989. 5.
26) 韓國高速鐵道建設公團, "鐵道一般", 高速鐵道敎養敎育敎材, 1992.
27) 韓國高速鐵道建設公團, "高速鐵道핸드북", 1993. 2.
28) 大塚誠之 외 13名 共著, " 鐵道車兩", 日刊工業新聞社, 昭和 32年 9.
29) 韓國高速鐵道建設公團, "고속철도 실무기술(車輛分野)", 1996. 12.
30) 韓國高速鐵道建設公團, 高速鐵道 技術硏究報告, Vol. 1, 1992. 10.
31) 伊原一夫, "鐵道車兩メカニズム図鑑", グランプリ 出版.
32) 日本國有鐵道, 鐵道技術硏究所 監修, "高速鐵道の硏究", (財) 硏友社
33) 小野純朗 著, "鐵道のスピードアップ", (社)日本鐵道運轉協會, 昭和 63. 11.
34) 久保田 博 著, "最新 鐵道車兩工學", (株)交友社, 昭和 51년 2.
35) 大宇重工業(株), "電動車 强度에 관한 硏究(S.M.G. 2號線)", 1980. 11.
36) "Technical Glossary English-French/Francais-Anglais."

37) Hungarian State Railways(MÅV Rt. Budapest), "UIC Railway Dictionary" , First edition.
38) Japanese Industrial Standards Committee(日本工業標準 調査會 審議), 日本規格協會 發行, "Glossary of Terms for Railway Rolling Stock" ,
JIS E4001-1972, E4002-1973, E4003-1974, E4004-1974,
E4005-1974, E4006-1976, E4007-1976, E4010-1973
39) ブライアンニペレン著, 秋山芳弘, 青木眞美 譯, フランスの高速鐵道, "TGV ハンドブック" , (株)電氣車研究會.
40) 日本機械學會編, "鐵道車両のダイナミクス(最新の臺車 テクノロジ-)" , (株)電氣車研究會.
41) Railroad Dictionary
42) 鄭然澤, 李德出 共著 "最新 電氣鐵道" , 東明社, 1990. 7.
43) 한국표준협회, "KS R 철도관련규격"
44) 林田 聰, "TGV- Duplex の 槪要" , JREA Vol. 40, No. 4, 1997.
45) M. Cross, "GEC-ALSTHOM TECHNICAL REVIEW" No. 12, 1993.
46) 韓鳳熙 譯, "金屬材料" , 喜重堂, 1993. 8.
47) 孫明煥, 康明順 共著, "最新 機械工作法" , 文運堂, 1988. 7.
48) 독일, "ICE 소음관련자료" , 입수 1990. 4.
49) (株) 鐵道ジャーナル社, "鐵道ジャーナル(Railway Joural)" , No. 365, 1997. 3.
50) "철도 ピクトリアル(The Railway Pictorial)" , 1997. 4.
51) "Weight Of Car Body Framework and Natural Vibration Frequency" (株) 서룡, 입수 1990. 6.
52) 韓國機械研究所, "機械와 材料" , VOL. 3 NO. 3, 1991 秋.
53) 廣重巖 著, "輪軸" , 交友社
54) (財) 鐵道統合技術研究所, "在來鐵道 運轉速度向上 のための 技術方策" , 在來鐵道 運轉速度向上 研究會, 平成 5年 5月.
55) 日本機械學會, 鐵道車両の ダイナミクス, 株式會社 電氣車研究會, 平成 8. 3.

저자 약력

白　南　旭

- 1954년　경상남도 합천군 율곡면 내천리 457번지 생
- 1967년　영전초등학교 졸업(제23회, 율곡면 소새)
- 1970년　합천중학교 졸업(제24회, 합천읍 소재)
- 1974년　부산남고등학교 4년 졸업(제17회)
- 1979년 4월　육군만기전역(포병 하사)
- 1981년 2월　고려대학교 기계공학과 졸업
- 1981년 1월~1992년 12월　대우중공업(주)철도차량연구소 (철도차량설계 · 제작지원 업무담당) 과장 · 선임연구원
- 1993년 1월~1997년 12월　한국고속철도건설공단　연구개발본부 · 차량본부 · 고속전철기술개발사업단 부장 · 수석연구원
- 1997년 12월~ 2001년 1월　한국철도기술연구원 시험시설건설팀(건설업무 담당) 책임연구원
- 2001년 1월~ 2005년 2월　한국철도기술연구원 경량전철연구팀 책임연구원
- 2005년 2월 ~　2007년 8월　한국철도기술연구원 표준화연구팀 책임연구원
- 2007년 8월 ~ 2008년 4월　한국철도기술연구원 연구시설건설사업단 장비구축관리팀 책임연구원
- 2008년 4월 ~ 2012년 5월　한국철도기술연구원 연구시설건설단 책임연구원
- 2012년 5월 ~ 현재　한국철도기술연구원 미래녹색교통연구단지건설단 책임연구원

포 상

표 창 명 : **건설교통부장관 표창**

내　　용 : 「한국형 무인운전 경량전철시스템 개발」에 공헌

수 상 일 : 2006년 2월 21일(화요일), 서울교육문화회관

교 육

1996년 6월 5일 ~ 1996년 12월 4일
차세대 고속전철기술 연구·개발(R&D)
“Carbon/Carbon Braking Devices” 분야 기술전수교육 수료
L. M. L(Laboratoire de Mecanique de Lille)
Ecole Centrale de Lille(릴르 대학교), Lille(릴르)市, 프랑스

저 서

『기차 대탐험』, 교학사, 1997년 10월 30일
『철도차량총서』, 기전연구사 , 1997년 11월 25일(1998년 우수학술도서 선정,
「기술과학」 분야, 문화관광부 공고 제1998-30호, 1998. 8.6)
『경량전철기술』, 도서출판 명신, 2001년 5월 31일
『철도기술총서』, 도서출판 골든벨, 2003년 4월 10일
『철도공학용어해설서』, 아카데미서적, 2003년 12월 30일
『철도기술총론』, 아카데미서적, 2004년 8월 2일
『철도기술용어해설집』, 도서출판 골든벨, 2004년 10월 30일
『철도기술소사전』, 도서출판 골든벨, 2005년 9월 30일
『철도관련큰사전』, 도서출판 골든벨, 2006년 4월 29일
(2006년 교양도서선정, 「총류」 분야, 문화관광부 11월)
『철도대사전』, 도서출판 골든벨, 2007년 9월 10일
『연구시험장비총람』, 한국철도기술연구원, 2009년 12월 30일(비매품)
『철도차량시스템공학』, 도서출판 골든벨, 2013년 1월 10일

편·번역서

『철도차량과 설계기술』, 기전연구사, 1996년 3월 30일
『철도차량 핸드북』, 기전연구사, 1999년 1월 20일
『세계의 고속철도』, 도서출판 골든벨, 1999년 6월 30일
『세계의 고속철도와 속도향상 & 자기부상식철도기술』 도서출판 골든벨, 2001년 1월 5일
『철도의 속도향상』, 도서출판 골든벨, 2001년 4월 19일
『철도공학 핸드북』, 도서출판 골든벨, 2002년 7월 1일
『모노레일과 신교통시스템』, 도서출판 골든벨, 2008년 3월 10일
『기차 철도 속이보인다』, 도서출판 골든벨, 2010년 5월 20일
『철도차량 메커니즘 도감』, 도서출판 골든벨, 2012년 5월 10일

李　炳　松

- 1960년 6월　경기도 김포 생
- 1979년 2월　서울 중동고등학교 졸업
- 1988년 2월　서울과학기술대학교(舊,서울산업대학교) 전기공학과 졸업(공학사)
- 1995년 8월　중앙대학교 대학원 전기공학과 졸업(공학박사)
- 1996년 7월~1997년 12월　한국고속철도건설공단 차량본부 차량연구실 선임연구원
- 1997년 12월~2002년 12월　한국철도기술연구원 경량전철연구팀 팀장 책임연구원
- 2003년 1월~2010년 11월　한국철도기술연구원 리니어전철연구팀 책임연구원
- 2010년 11월~2012년 5월　한국철도기술연구원 추진시스템연구단 팀장 책임연구원
- 2012년 6월~현재　한국철도기술연구원 첨단추진·무선급전시스템 연구단 팀장 책임연구원

교　육

1996년 10월 ~ 1997년 9월(1년)　차세대 고속전철기술 연구·개발(R&D)
“New Components for traction system ”분야 기술전수교육 수료
Ecole Centrale de Lille(릴르 대학교), Lille(릴르)市, 프랑스

주요저서 및 번역서

『**전력전자공학**』,도서출판 태영문화사, 2000년 2월 10일
『**경량전철기술**』, 도서출판 명신, 2001년 5월 31일
『**철도의 속도향상**』, 도서출판 골든벨, 2001년 4월 19일
『**철도대사전**』, 도서출판 골든벨, 2007년 9월 10일
『**모노레일과 신교통시스템**』, 도서출판 골든벨, 2008년 3월 10일
『**철도차량 메커니즘 도감**』, 도서출판 골든벨, 2012년 5월 10일
『**철도차량시스템공학**』, 도서출판 골든벨, 2013년 1월 10일

주요 연구보고서

『**경량전철 종합시스템 엔지니어링 기술개발**』
『**고속틸팅열차의 유도장애 시험평가 및 대책기술연구**』
『**소형궤도열차 급전/네트워크운행제어시스템 개념설계**』
『The design evaluation of inductive power-transformer for personal rapid transit by measuring impedance(Journal of Applied Physics(Vol.103, No.7, 2008))』 외 다수

李　晟　赫

- 1965년 1월　대구 출생
- 1984년 2월　대구고등학교 졸업
- 1990년 2월　영남대학교 공과대학 토목공학과 졸업(공학사)
- 1993년 8월　영남대학교 대학원 토목공학과 졸업(공학석사)
- 2005년 2월　아주대학교 대학원 건설교통공학과 졸업(공학박사)
- 1995년 4월~1999년 5월　궤도토목연구팀 선임연구원
- 1999년 6월~2000년 12월　철도노반방재연구팀 선임연구원
- 2000년 1월~2003년 5월　궤도노반연구팀 선임연구원
- 2003년 6월~2004년 11월　경량전철연구팀 선임연구원
- 2004년 12월~2010년 4월　연구시설건설단 단장 책임연구원
- 2010년 5월~2012년 5월　철도구조연구실 · 고속철도연구본부 고속철도인프라시스템 연구단 책임연구원
- 2013년 6월~현재　고속철도연구본부 첨단인프라연구단 책임연구원

포 상

표 창 명 : **건설교통부장관 표창** [수상일 : 2007년 9월 18일(화요일)]
내　　용 : 「국가철도산업발전」에 기여

주요저서 및 번역서

『철도차량시스템공학』, 도서출판 골든벨, 2013년 1월 10일
『철도차량 메커니즘 도감』, 도서출판 골든벨, 2012년 5월 10일
『기차 철도 속이보인다』, 도서출판 골든벨, 2010년 5월20일
『연구시험장비총람』, 한국철도기술연구원, 2009년 12월 30일(비매품)
『모노레일과 신교통시스템』, 도서출판 골든벨, 2008년 3월 10일
『말뚝기초의 설계시공노하우』, 탐구문화사, 1993년 6월

주요 연구보고서

『변상터널 보강공법에 관한 연구』 / 『철도강화노반재료 및 지지력 강화방안에 관한 연구』
『철도노반재로서의 고로슬래그의 활용화 방안 연구』
『경부고속전철 제1-2공구 터널 내 노반 안전성 확보 방안에 관한 연구』
『강우 시 선로 및 사면 방재를 위한 강우자동 경보장치 개발』
『모사반복 열차하중 재하시의 메카스톤 보강토 옹벽의 성능평가』
『기존선 노반 확폭을 위한 보강성토공법에 관한 연구』 외 다수

姜 扶 秉

- 1969년 6월　경기 안성 출생
- 1988년 2월　평택고등학교 졸업
- 1992년 2월　고려대학교 공과대학 기계공학과 졸업(공학사)
- 1996년 2월　고려대학교 대학원 기계공학과 졸업(공학석사)
- 2008년 9월　영국 임페리얼대학 대학원 기계공학과 졸업(공학박사)
- 1996년 4월~1997년 12월　한국고속철도건설공단 연구개발본부 · 차량본부 · 고속전철기술개발사업단 주임연구원
- 1997년 12월~2004년 8월　한국철도기술연구원 차량연구본부 선임연구원
- 2008년 9월~2011년 8월　한국철도기술연구원 초고속열차연구실 선임연구원
- 2011년 9월~현재　우송대학교 소방방재학과 조교수

포 상

표 창 명 : **지경부장관 표창**
내　　용 : 「우수연구자상」
수 상 일 : 2010년 12월 31일

교 육

1996년 5월 1일 ~ 1997년 4월 30일(1년) 차세대 고속전철기술 연구·개발(R&D)
"High power braking discs" 분야 기술전수교육 수료
L.M.L(Laboratoire de Mecanique de Lille), Ecole Centrale de Lille(릴르 대학교), Lille(릴르)市, 프랑스

주요저서 및 번역서

『**철도차량총서**』, 기전연구사, 1997년 11월 25일(1998년 우수학술도서 선정, 「기술과학」 분야, 문화관광부 공고 제1998-30호, 1998. 8.6)

『**ISO 18436-7 규격에 따른 기계설비의 상태감시와 진단 열화상 영역 I**』, 한국설비진단자격인증원, 2010년 10월13일

『**철도차량시스템공학**』, 도서출판 골든벨, 2013년 1월 10일

주요 연구보고서

『차량동특성 해석 및 대차설계기술 연구』 한국고속철도건설공단, 1997.7

『제동시스템의 시험평가 기술 개발』 건설교통부 1999.10

『차량주행시험대 개선 및 자동진단방안 연구』 철도청 1999.12

『기존선 이용에 따른 제반기술연구(대구－부산간 기존경부선에 고속열차 운행시 제반 기술검토)』 한국고속철도건설공단, 1999.12

『차륜/레일 마모예측 및 유지보수 기준 연구』 한국고속철도건설공단 1999.12

『철도터널 내공단면적 저감을 위한 통풍공의 공기역학설계기술 및 수직구 굴착공법 개발』 건설교통부 2002.2

『고속철도 터널 공력설계 및 터널후드 개발』 건설교통부 2002.10

『고속전철 열차 시험 및 성능 평가 기술 개발』 건설교통부 2002.10

『고속철도운행을 위한 철도시설정비사업 및 기존선 전철화사업 기술자문』 철도청 2001.12

『고속철도차량 주행특성 연구』 한국고속철도건설공단 2003.12

『KTX 차륜의 최적 마모 관리방안 연구』 한국고속철도건설공단 2004.3

『철도종합안전기술개발사업 기획연구』 건설교통부 2004.4

『초고속 튜브철도 차량 핵심기술 개발』 지경부 산업기술연구회 2010.12 외 다수

철도차량시스템공학

초판발행 | 2013년 1월 10일
재판발행 | 2026년 3월 2일

지 은 이 | 백남욱 · 이병송 · 이성혁 · 강부병
발 행 인 | 김 길 현
발 행 처 | [주]골든벨
등 록 | 제 3—132호(87. 12. 11) © 2013 Golden Bell
I S B N | 978-89-97571-35-2
가 격 | **28,000원**

㊙04316 서울특별시 용산구 원효로 245(원효로1가 53-1) 골든벨 빌딩 6F
• TEL : 도서 주문 및 발송 02-713-4135 / 회계 경리 02-713-4137
내용 관련 문의 070-8854-3656 / 해외 오퍼 및 광고 02-713-7453
• FAX : 02-718-5510 • http : // www.gbbook.co.kr • E-mail : 7134135@ naver.com

본 도서의 내용(텍스트, 도해, 도표, 이미지 등)은 저작권자의 사전 서면 승인 없이 아래와 같은 행위는 금지되며, 위반 시 「저작권법」 제125조(손해배상의 청구) 및 관련 조항에 따라 민·형사상 책임을 질 수 있습니다.
① 개인 학습 목적을 넘어 도서의 전부 또는 일부를 무단 복제·배포하는 행위
② 학교·학원·공공기관·기업·단체 등에서 영리 또는 비영리 목적을 불문하고 허락 없이 복제·전송·배포하는 행위
③ 전자책, PDF, 스캔본, 사진 촬영본, 클라우드 공유, 온라인 커뮤니티 게시, SNS 업로드, 파일 공유 서비스 등을 통한 무단 이용
④ 기타 디지털 복제·전송 수단(USB, 디스크, 서버 저장, 스트리밍 등)을 이용한 무단 사용

※ 파본은 구입하신 서점에서 교환해 드립니다.